硅与植物逆境胁迫

蔡昆争　主编

科学出版社
北　京

内 容 简 介

本书系统整理了国内外硅与植物逆境胁迫及硅应用于农业生产的研究成果，并结合编者及合作者多年的研究工作，阐述了硅在土壤中的分布、存在形态及硅的循环，植物对硅的吸收、转运和积累，非生物逆境胁迫（盐害、干旱、温度、重金属、紫外辐射等）和生物逆境胁迫（病害、虫害等）下硅对植物抗性的影响及作用机制，硅对作物的影响及硅产品在农业生产中的应用，世界各国对硅与植物的研究概况，以及土壤、肥料、植物中硅的分析测定方法等。书后附有1987～2017年国内外硅与植物研究领域的文献计量学分析及历届硅与农业国际大会介绍。

本书可作为生物学、生态学、作物学、农业资源与环境、植物保护等领域的科研人员和管理部门技术人员的参考书，也可作为相关专业本科生、研究生的参考书。

图书在版编目（CIP）数据

硅与植物逆境胁迫/蔡昆争主编. —北京：科学出版社, 2021.6
ISBN 978-7-03-069088-3

Ⅰ. ①硅…　Ⅱ. ①蔡…　Ⅲ. ①硅–土壤成分–关系–植物生理学
Ⅳ. ①S153.6　②Q945

中国版本图书馆CIP数据核字(2021)第108900号

责任编辑：王海光　王　好　陈　倩 / 责任校对：郑金红
责任印制：苏铁锁 / 封面设计：北京图阅盛世文化传媒有限公司

科学出版社出版
北京东黄城根北街16号
邮政编码：100717
http://www.sciencep.com
北京凌奇印刷有限责任公司印刷
科学出版社发行　各地新华书店经销
*
2021年6月第　一　版　开本：787×1092　1/16
2021年8月第二次印刷　印张：21 3/4
字数：516 000

POD定价： 198.00元
（如有印装质量问题，我社负责调换）

《硅与植物逆境胁迫》编委会

主　编　蔡昆争

编　委

第 1 章　宁川川　蔡昆争

第 2 章　姜倪皓

第 3 章　宫海军　朱永兴　石　玉　胡万行

第 4 章　黄　飞

第 5 章　沈雪峰

第 6 章　林威鹏　蔡昆争

第 7 章　韩永强　侯茂林

第 8 章　董奇好　蔡昆争

第 9 章　蔡昆争　林威鹏

第 10 章　宁川川　范雪滢　蔡昆争

附录Ⅰ　林威鹏

附录Ⅱ　蔡昆争

前　言

硅在地壳中的含量居第二位，丰度约为 28%，主要存在形式是 SiO_2 和硅酸盐，其中 SiO_2 占土壤的 50%～70%。在土壤溶液中，硅元素的浓度与 K、Ca 等营养元素的浓度相近，为 0.1～0.6mmol/L，远超过 P 的浓度。pH＜9 时，植物根系以单硅酸[$Si(OH)_4$]的形式吸收 Si，吸收的 Si 以此形式随蒸腾流运输到地上部分。尽管 Si 还没有被列为植物生长的必需营养元素，但它在促进植物（特别是水稻、甘蔗等）生长发育和营养吸收、提高植物对非生物逆境胁迫（盐害、干旱、重金属、紫外辐射等）和生物逆境胁迫（病害、虫害等）的抗性等方面都具有重要作用。

近 20 多年来，国内外学者在植物对硅的吸收、转运、沉积，硅提高植物对逆境胁迫抗性的机理，以及硅的生物地球化学循环等方面取得了一系列重要进展，从新的角度阐述了硅的植物生理作用，并开展了大量的硅在农业中的实践应用。自 1999 年第一届“硅与农业国际大会”在美国召开以来，该大会目前已经召开了 7 届。硅与农业国际学会（The International Society for Silicon in Agriculture，ISSAG）于 2016 年成立。与此同时相关学者也撰写了一系列关于硅与植物抗性或农业应用的英文学术著作，如 *Silicon in Agriculture*①、*Soil, Fertilizer, and Plant Silicon Research in Japan*②、*Silicon in Agriculture: from Theory to Practice*③、*Silicon and Plant Diseases*④和 *Silicon in Plants: Advances and Future Prospects*⑤等。我国有部分高校和研究单位（如浙江大学、中国农业科学院、中国农业大学、华中农业大学、天津大学、西北农林科技大学、华南农业大学等）在硅的循环及植物抗性方面的研究取得了一定成果，但与一系列英文著作相比，以硅与植物生理生态为核心内容的中文学术著作仍很缺乏。

《硅与植物逆境胁迫》一书结合编者及合作者多年的研究成果，系统整理了国内外硅与植物逆境胁迫及硅应用于农业生产的研究成果，重点介绍了相关领域的国际最新研究热点，如植物对硅的吸收转化、硅对逆境胁迫的生理和分子调控、组学技术（转录组、基因组、蛋白质组等）在硅研究中的应用等。全书共 10 章。第 1 章介绍了硅在土壤中的分布、存在形态及硅的循环；第 2 章介绍了植物对硅的吸收、转运和积累；第 3～7 章分别对硅介导植物适应逆境胁迫的机理进行了阐述，第 3 章介绍了盐害、干旱和温度逆境胁迫下硅对植物抗性的影响及作用机理，第 4 章介绍了硅提高植物对重金属逆境胁迫抗性的效应及机理，第 5 章介绍了硅与植物的紫外辐射逆境胁迫，第 6 章介绍了硅提高植物对病害逆境胁迫抗性的作用及机理，第 7 章介绍了硅与植物的虫害逆境胁迫；第 8 章介绍了硅对作物的影响及硅产品在农业生产中的应用；第 9 章介绍了世界各国对硅

---

① Datnoff L E, Snyder G H, Korndörfer G H. 2001. Silicon in Agriculture. New York: Elsevier Science
② Ma J F, Takahashi E. 2002. Soil, Fertilizer, and Plant Silicon Research in Japan. Amsterdam: Elsevier Science
③ Liang Y C, Nikolic M, Bélanger R R, et al. 2015. Silicon in Agriculture: from Theory to Practice. Dordrecht: Springer
④ Rodrigues F Á, Datnoff L E. 2015. Silicon and Plant Diseases. Cham: Springer
⑤ Tripathi D K, Singh V P, Ahmad P, et al. 2016. Silicon in Plants: Advances and Future Prospects. Boca Raton: CRC Press

与植物的研究概况；第 10 章介绍了土壤、肥料、植物中硅的分析测定方法。书后附有1987～2017 年国内外硅与植物研究领域的文献计量学分析及历届硅与农业国际大会介绍。

本书由蔡昆争主编、审阅并统稿，图片主要由林威鹏修改制作。参加编写的人员有：华南农业大学的蔡昆争、黄飞、宁川川、沈雪峰、董奇好、范雪滢，广东省农业科学院茶叶研究所的林威鹏，西北农林科技大学的宫海军、朱永兴、石玉和胡万行，中国农业科学院植物保护研究所的侯茂林，楚雄师范学院的姜倪皓，宜春学院的韩永强等。华南农业大学资源环境学院田纪辉副教授及柳瑞、潘韬文、潘伯桂等研究生在书稿的编辑阶段给予了帮助，在此表示感谢。本书部分研究内容得到了国家自然科学基金、广东省自然科学基金的支持，在此表示衷心的感谢！还要特别感谢华南农业大学的骆世明教授、浙江大学的梁永超教授、美国路易斯安那州立大学的 L. E. Datnoff 教授、日本冈山大学的 J. F. Ma 教授等长期以来对编者研究工作的关心和支持。

由于编者水平所限，书中不足之处在所难免，恳请读者指正。

蔡昆争

2019 年 4 月于华南农业大学

目　　录

第1章　硅在土壤中的分布、存在形态及硅的循环

硅是地壳中除氧以外最丰富的元素，在许多生物地球化学过程中起着重要作用。硅是土壤中的重要化学元素，也是绝大多数植物生长的矿质基质。但长期以来硅的重要性一直没有得到应有的重视，目前其只是作为一种有益元素，未被列为植物生长的必需元素（Richmond and Sussman，2003）。主要原因是土壤中硅广泛存在、硅缺乏时植株的症状不明显，以及它在植物中的作用和代谢机理还不完全清楚（Epstein，1999；Ma and Takahashi，2002）。随着作物的长期种植和收获，农田土壤中的硅素养分被大量带走却没有得到补充，因此耕地中硅缺乏的现象日趋严重，对于高硅积累的植物如水稻和甘蔗来说尤为严重。硅在土壤中的存在形态对植物生长的有效性及淋溶流失行为具有重要的影响（Kurtz et al.，2002；胡克伟等，2002），了解硅在土壤中的分布、存在形态及硅的循环是调控和改善土壤硅素水平的前提。

1.1　硅在土壤中的分布及存在形态

1.1.1　硅在土壤中的分布

硅（silicon，Si）是一种极为常见的化学元素，属于元素周期表上第三周期ⅣA族的类金属元素，原子序数为14，相对原子质量为28.0855。硅广泛存在于自然界中，但自然界中从未发现过游离态的硅，它总是与其他元素结合在一起，多以复杂的硅酸盐或二氧化硅的形式存在于岩石、土壤、水体和植物体内。

硅在地壳中的丰度约为28.0%，仅次于氧，居第二位。硅在大多数土壤中是一种基本成分，它主要存在于土体和土壤溶液中，或被吸附在土壤胶体的表面，土壤中硅的平均含量为33.0%（邹邦基，1980；Marschner，1995）。土壤中的硅主要以氧化物和硅酸盐的形式存在，但是其中能被植物吸收利用的有效硅含量较低，不同土壤类型有所差异，一般为50～250mg/kg（刘鸣达和张玉龙，2001），植物所吸收的硅最终来源于土壤中硅酸盐矿物的风化分解（Kurtz et al.，2002；Song et al.，2011）。

1.1.2　硅在土壤中的存在形态

硅在土壤中以多种形态存在（图1-1），分为有机硅和无机硅，其中无机硅所占比例远大于有机硅。有机硅的存在形式多样，如类脂态的硅酸衍生物（R_1—O—Si—R_2）或以Si—C键联结形成的有机硅化合物等（袁可能，1983；Tessier et al.，1979；Kurtz et al.，2002）。其中，以硅氧键（—Si—O—Si—）为骨架组成的聚硅氧烷，是有机硅化合物中为数最多、研究最深、应用最广的一类，约占总用量的90%。

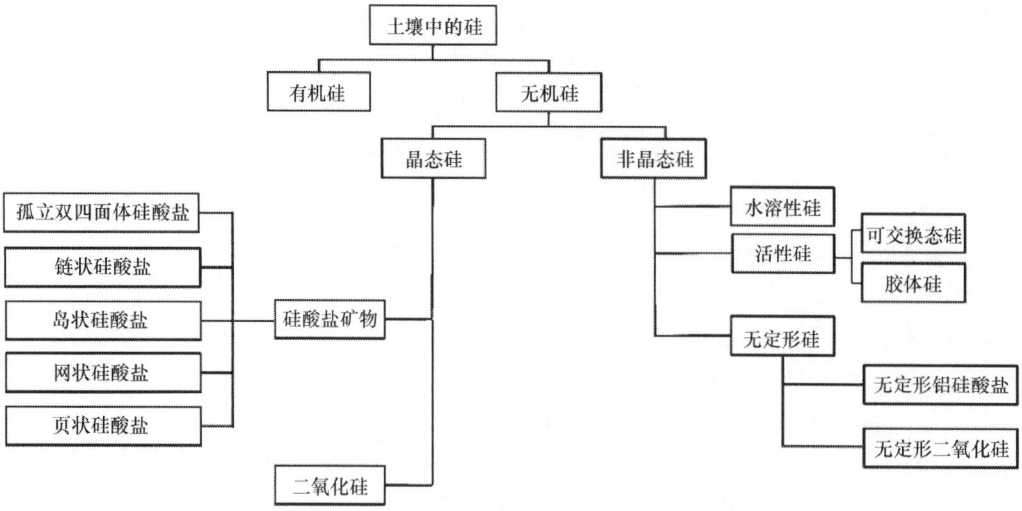

图 1-1 土壤中硅的存在形态

无机硅包含晶态硅和非晶态硅，晶态硅又以两种类型存在。一类是单纯的二氧化硅，常见的有 3 种形态：①石英，密度 2.65g/cm^3，平均折光率 1.5，在 867℃以下形态是稳定的；②鳞石英，密度 220g/cm^3，平均折光率 1.47，在 867～1470℃是稳定的；③方石英，密度 2.32g/cm^3，平均折光率 1.49，在 1470～1713℃是稳定的。另一类是硅与铝或其他元素结合成的硅酸盐矿物，常见的主要有 5 类：①网状硅酸盐，每一个 SiO_4^{4-}四面体所有的氧原子均与相邻的四面体共用，产生一种具有 3 个向度的网格，其中 Si∶O 的值是 1∶2，长石族和沸石族矿物属于这类硅酸盐；②页状硅酸盐，每一个四面体的 3 个氧与邻近的四面体共用而形成扩展的平面层，其 Si∶O 的值为 2∶5，云母和黏土矿物属于这种类型；③链状硅酸盐，其中每一四面体共用两个氧的为连续单链，其 Si∶O 的值为 1∶3，辉石族矿物属于这种类型，而交替地共用两个和 3 个氧的四面体为连续双链，其 Si∶O 的值为 4∶11，角闪石族矿物属于这一类型；④岛状硅酸盐，每个 SiO_4^{4-}四面体的氧都直接连着一个金属阳离子，如 Fe^{3+}、Mg^{2+}等，硅氧四面体呈孤立的形体，橄榄石是这种类型的重要矿物；⑤孤立双四面体硅酸盐，硅-氧四面体通过共用每两个四面体之间的一个氧来联结，其组成为 Si_2O_7，镁黄长石属于这类矿物。上述各种结晶态的硅酸盐或二氧化硅的结构不同，对风化的敏感程度也不一样。矿物的稳定度由小到大为：①橄榄石（岛状硅酸盐），②辉石（单链状硅酸盐），③角闪石（双链状硅酸盐），④黑云母（页状硅酸盐），⑤钾长石（网状硅酸盐），⑥白云母（页状硅酸盐），⑦石英（网状硅酸盐）。尽管晶态硅可通过风化作用缓慢地释放出来以供作物吸收利用，但考虑到释放速率慢和释放量少，因而对植物的营养意义不大。

非晶态硅又称为可提取态硅，是土壤硅库的重要成分，非晶态硅又可以分为水溶性硅、无定形硅和活性硅（Kurtz et al.，2002）。①水溶性硅（water-soluble Si）：是指可溶于土壤溶液中并以单硅酸（H_4SiO_4）形式存在的硅素，容易被植物直接吸收利用，但含量较低，其浓度因土壤的不同而有较大的变化，在土壤中一般为 10～40mg/kg，土壤溶液中硅酸的溶解度为 56mg/L，平均浓度则为 14～20mg/L。土壤中水溶性硅主要分布于土壤有机质、土壤溶液和地下渗漏水中，并与土壤固相中其他形态的硅保持着动态平衡（向万胜等，1993；Raven，2003）。②无定形硅（amorphous Si）：主要由无定形铝硅酸盐和无定形二氧化硅两类组成，并以无定形二氧化硅为主。无定形二氧化硅是硅酸凝胶脱水而成，如蛋白石和焦石英等；无定形铝硅酸盐是硅酸凝胶与氢氧化铝、氢氧化铁凝胶共同形成的混合凝胶，如水铝英石和铁矾土等。无定形硅在土壤中的含量较高，每千克土中可含几克到几十克无定形硅，无定形硅可水化形成胶体硅或溶解于土壤溶液中，但通常情况下溶解度较小。有研究表明，在一定的外界条件下，无定形硅也能够大量转化为有效硅（Wickramasinghe and Rowell，2006）。③活性硅（active Si）：主要包括可交换态硅和胶体硅。可交换态硅是指被土壤固相所吸附的单硅酸，它与水溶性硅保持动态平衡。胶体硅是由单硅酸聚合而成的，当单硅酸聚合而成的多硅酸分子增大到一定程度时，就会形成硅酸溶液，此时如果外界条件改变或者溶胶浓度过高就会形成硅酸胶体，即胶体硅，胶体硅较易溶解。可见，尽管活性硅不能被植物直接吸收，但在特定的环境下能转化成水溶性硅，可作为土壤水溶性硅的重要储备库。

各非晶态硅对植物硅素营养的供应具有重要意义，它们之间存在着相互转化的动态平衡关系（刘鸣达和张玉龙，2001；Sommer et al.，2006）。水溶性硅易被土壤固相所吸附形成可交换态硅，同时单硅酸聚合到一定程度可形成胶体硅，而胶体硅可进一步脱水形成无定形硅；反之，在环境条件改变时，无定形硅一方面可直接溶解为水溶性硅，另一方面可水化形成胶体硅，而胶体硅可进一步解聚为单硅酸，同样，可交换态硅可解吸形成水溶性硅（图 1-2）。

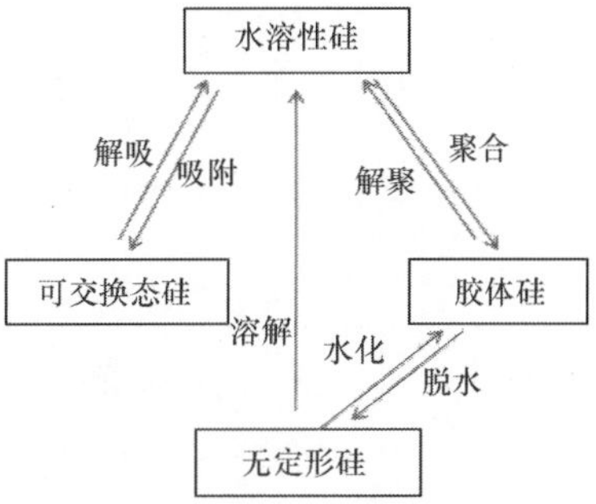

图 1-2　土壤中非晶态硅相互转化的动态平衡关系

1.1.3　土壤有效硅与各种形态硅之间的关系

土壤有效硅（available Si）是土壤中可供当季作物吸收利用的硅素的统称，它包括土壤中的单硅酸及各种易转化为单硅酸的成分，如多硅酸、硅酸盐等，它主要来源于生物植硅体（phytolith）的分解、部分活性硅的解吸或解聚和无定形硅的风化溶解。土壤有效硅不是特定的某种硅的形态，从硅的形态来看，它包括水溶性硅和活性硅中的一部分及无定形硅中的小部分硅酸盐（张兴梅等，1997）。土壤有效硅在不同土壤类型中的含量有所差异，一般为 50～250mg/kg（刘鸣达和张玉龙，2001），它通常被作为衡量土壤供硅能力的指标（袁可能，1983），因为它在作物生长季节容易受作物吸收的影响而出现波动，所以可以借此指导硅肥的施用。土壤有效硅与各种形态硅之间存在着千丝万缕的联系，这应该是学者重点关注的问题，因为只有搞清楚它们之间的关系，才能合理调控土壤硅的有效性。下面详细探讨土壤有效硅与几种形态硅之间的关系。

1.1.3.1 土壤有效硅与水溶性硅之间的关系

水溶性硅是指可溶于土壤溶液中并以单硅酸（H_4SiO_4）形式存在的硅素，能够被植物直接吸收利用，因此水溶性硅属于有效硅。因为水溶性硅在土壤溶液中含量一般都很低，所以它往往与土壤有效硅没有显著的相关关系（张兴梅等，1997）。de Camargo 等（2007）在盆栽实验条件下研究了土壤水溶性硅和有效硅与水稻硅吸收量的相关关系，发现水稻硅吸收量与土壤水溶性硅和有效硅都呈显著正相关，并且水稻硅吸收量与土壤水溶性硅的相关性要远好于土壤有效硅（图 1-3）。可见，尽管水溶性硅在土壤有效硅中占的比例很小，但是它是土壤有效硅中生物有效性较高的部分，土壤有效硅中不属于水溶性硅的那部分有效硅只有转化为水溶性硅，才能被植物吸收。另外，水溶性硅在渍水条件下易随地表径流和地下水下渗而损失掉。

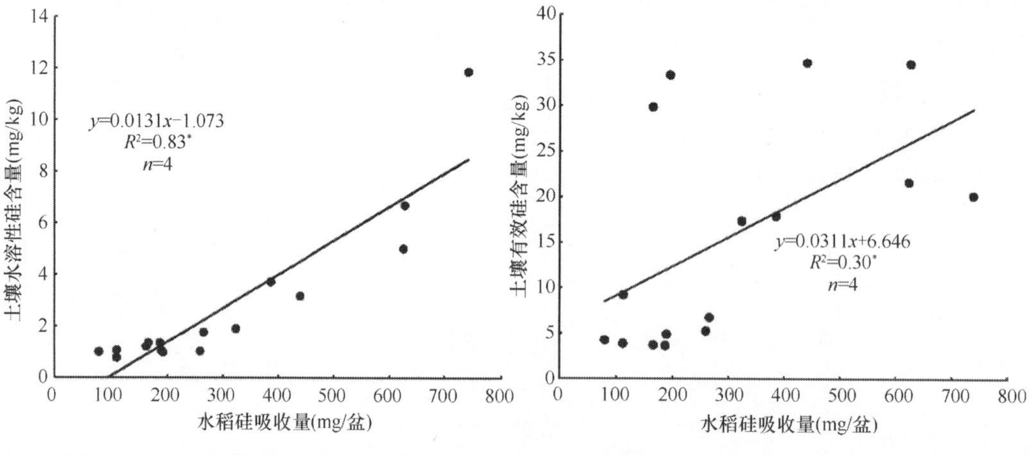

图 1-3 土壤水溶性硅和有效硅与水稻硅吸收量的相关性分析（de Camargo et al.，2007）

*表示相关性达显著水平（$P<0.05$）

1.1.3.2 土壤有效硅与活性硅之间的关系

活性硅中的可交换态硅是指被土壤固相所吸附的单硅酸，它与水溶性硅保持动态平衡。活性硅中的胶体硅由单硅酸聚合脱水而成，也较易溶解。因此，土壤有效硅与活性硅之间存在着很大部分的交集。然而，活性硅不都属于有效硅，只有在特定条件下能够转化为水溶性硅的那部分活性硅才属于有效硅，可见，尽管活性硅不能被植物直接吸收，但可作为土壤水溶性硅的重要后备资源。张兴梅等（1997）的研究表明，在东北地区主要旱地土壤，有效硅含量与活性硅含量的相关关系达极显著水平（r=0.8438**）。向万胜等（1993）则研究发现，不管在水田还是旱地条件下，土壤有效硅含量与活性硅含量均呈正相关关系，尤其在旱地，相关系数为 0.977，达极显著水平；而在水田，相关系数为 0.808，达显著水平（图 1-4）。这是因为在水田条件下，土壤有效硅的有效性相对更高，活性硅会相应转化为水溶性硅，那么水溶性硅占有效硅的比例增加，从而导致活性硅与有效硅之间的相关关系减弱；而在旱地条件，在有效硅的组分中，活性硅占绝对主导地位，所以两者相关关系更强。由此可见，土壤活性硅也可以作为衡量土壤供硅能力的指标之一，尤其是在旱地条件下。

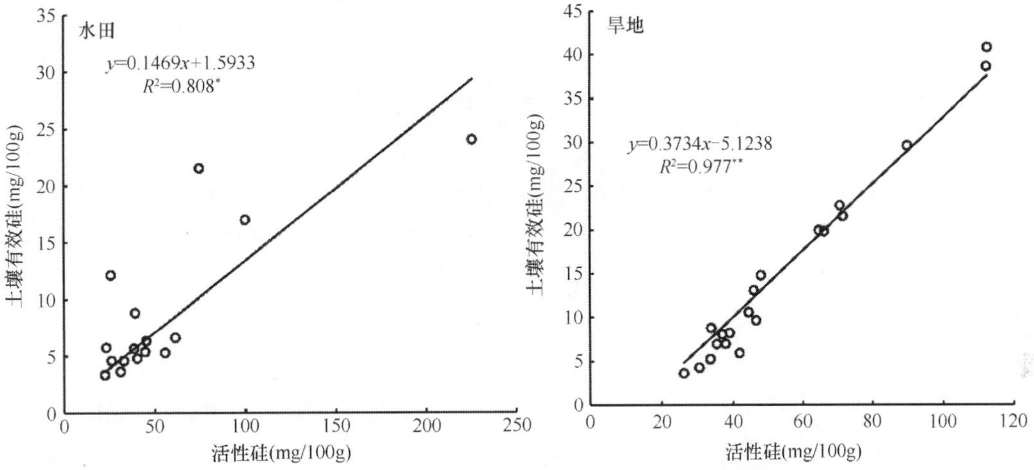

图 1-4　土壤中有效硅与活性硅之间的线性关系（向万胜等，1993）

*表示相关性达显著水平（$P<0.05$），**表示相关性达极显著水平（$P<0.01$）

1.1.3.3　土壤有效硅与无定形硅之间的关系

无定形硅在土壤中的含量较高，每千克土中可达几克到几十克，但无定形硅通常情况下溶解度很小，从有效硅的定义来看，无定形硅中只有小部分易溶的硅酸盐属于有效硅，而另外绝大部分都不属于有效硅。因此，在通常条件下，土壤有效硅与无定形硅之间一般无明显的相关关系（张兴梅等，1997）。宁东峰等（2016）研究了施用钢渣对稻田土壤硅形态的影响，结果表明土壤无定形硅含量随钢渣施用量的增加而下降，而且无定形硅含量与有效硅含量呈显著负相关关系（图 1-5）。这可能是因为随着钢渣施用量的增加，土壤的理化性质发生了强烈的变化，促使无定形硅转化为有效硅。苏玲等（2001）

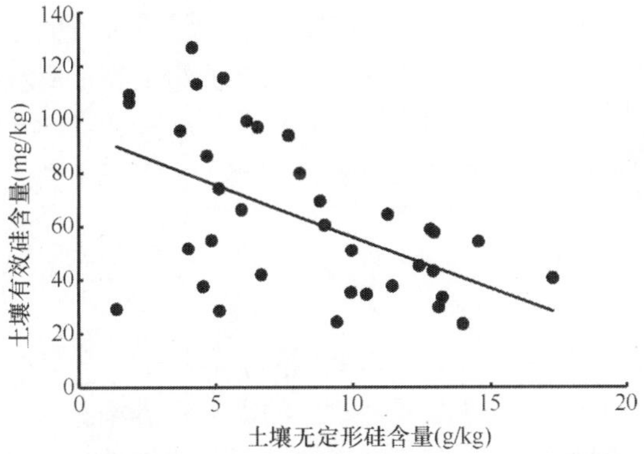

图 1-5　土壤有效硅与无定形硅之间的相关性分析（宁东峰等，2016）

也发现在碱性条件下，无定形硅可发生一定程度的溶解。由此可见，尽管无定形硅通常溶解度很小，但由于它在土壤中的含量很高，其溶解、迁移或保存都可能强烈影响土壤有效硅的分布和含量。在长的时间尺度上，无定形硅可水化成胶体硅或溶解于土壤中，为植物生长提供部分有效硅；但在自然条件下植物生长季节，无定形硅可转化为能被植物吸收的有效硅相当有限，若人为地改变某些外界条件，无定形硅的可利用率将会大大增加。

1.2 影响土壤硅形态的因素

不同岩性发育的土壤中总硅的含量差异很大，各种形态的硅含量也有很大不同。研究表明，土壤有效硅的含量大小顺序一般为：海积物＞冲洪积物＞第四纪红土＞紫色岩＞花岗岩＞凝灰岩（蔡阿瑜等，1996）。由于岩石成土过程漫长而复杂，土壤中的硅还会受到成土母质、地形、生物、气候及人类活动等影响（赵同发和姜年俊，1987；吴英和赵秀春，1987）。土壤中硅的含量直接受到土壤特性的影响，具体的影响因素主要有成土母质、土壤质地、土壤 pH、土壤温度、土壤水分、土壤有机质、离子种类等。

1.2.1 成土母质

土壤中有效硅的含量主要由成土母质的种类及成土过程决定（Sommer et al.，2006）。土壤中的矿物元素大都来自母岩的风化，土壤的化学性质在一定程度上受母岩的直接影响，母岩同时也会影响矿物的风化程度，从而影响土壤中矿物元素的含量（Strahler A N and Strahler A H，1978；龚子同，1983）。不同成土母质发育而成的土壤中硅的含量有很大差别，一般而言，成土母质含易风化矿物多的土壤供硅能力强。例如，发育在花岗岩、石英斑岩和泥炭上的土壤容易缺硅，而发育在玄武岩及新火山灰上的土壤供硅能力较强。蔡彦彬等（2013）测试了 5 种不同岩性类型土壤剖面硅形态的比例变化，在 0～20cm 土层，砂页岩的有效硅比例高于玄武岩，花岗岩的有效硅比例最低；在 20～40cm 土层，同样以砂页岩的有效硅比例最高，而各形态硅在玄武岩和花岗岩中所占的比例相近（图 1-6）。臧惠林和张效朴（1982）对我国南方主要母质发育的水稻土有效硅的研究表明：红砂岩、花岗岩、花岗片麻岩、轻质第四纪红色黏土和浅海沉积物母质发育的水稻土有效硅一般低于 80mg/kg，黏质第四纪红色黏土发育的水稻土有效硅为 120mg/kg，玄武岩、长江冲积物和湖积物及紫色页岩发育的水稻土有效硅多在 200mg/kg 以上。

1.2.2 土壤质地

土壤质地是制约土壤有效硅含量的重要因素。砂壤土有效硅含量最低，中壤土和重壤土有效硅含量较高。土壤质地对土壤有效硅的影响是土壤黏粒、沙粒和粉粒综合作用的结果，这种影响在不同类型土壤中所发挥的作用是不同的。曹克丽（2013）研究发现供试水稻土黏粒含量对有效硅含量有显著影响，＜0.001mm 的物理性黏粒含量（r=0.654，

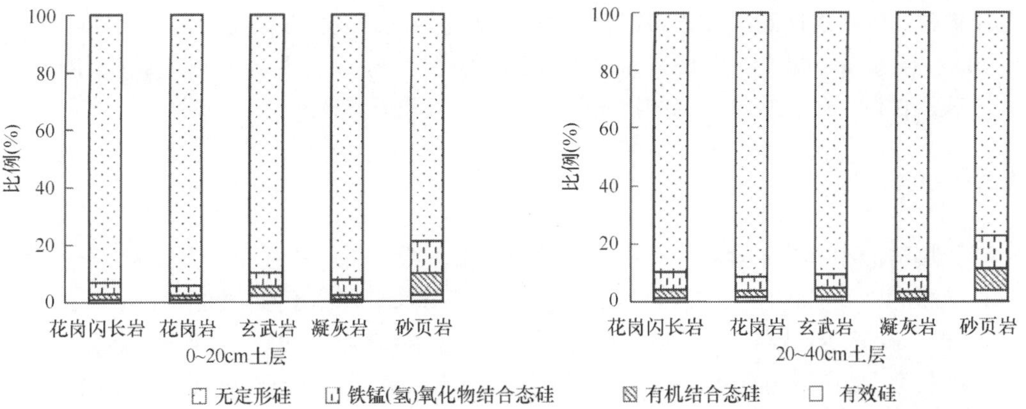

图 1-6　5 种不同岩性类型土壤剖面硅形态的比例变化（蔡彦彬等，2013）

n=27）和＜0.01mm 的物理性黏粒含量（r=0.511，n=27）与有效硅含量间在 0.01 水平均呈显著正相关关系。刘鸣达和张玉龙（2001）指出土壤有效硅含量与土壤黏粒含量呈正相关，这是因为土壤黏粒对硅酸有一定的吸附能力，而且土壤黏粒对硅酸的吸附主要发生在黏粒表面，土壤黏粒含量越高，对硅酸的吸附量越大。但据贺立源和王忠良（1998）的研究，在 pH＞6.5 的土壤中，随着 pH 增加，黏粒含量对土壤有效硅含量的影响逐渐减弱，而粉粒和沙粒含量的影响逐渐增强，原因可能是随着 pH 增加，土壤溶液中可供黏粒吸附的硅酸含量下降。

1.2.3　土壤 pH

土壤 pH 可以影响土壤矿物质的分解速度和土壤溶液中化合物的溶解与沉淀，从而影响矿物养分的有效性。土壤硅形态受 pH 影响，但 pH 对土壤有效硅的影响存在一定的争议。土壤中的石英、硅酸盐等在碱性（pH＞8.5）或强酸性（pH＜2）时溶解度相对较大，但是当土壤 pH＞10 时，氧化铁、氧化铝会吸附硅酸根形成复合体，影响植物对土壤中硅的吸收（Sommer et al.，2006）。胡定金和王富华（1995）的研究表明，土壤 pH 显著影响有效硅的含量，在酸性、中性及微碱性土壤中，pH 与有效硅含量呈正相关。史吉晨等（2014）研究发现，在湿润地区，土壤 pH 与有效硅含量呈正相关；但在半湿润半干旱地区，pH 与有效硅含量呈负相关。事实上，土壤 pH 对土壤有效硅的影响取决于有效硅的补充和损失，在一定 pH 范围内，pH 降低会导致难溶性硅的溶解度增加，转化为有效硅，同时土壤中有效硅可形成单硅酸而存在于土壤溶液中，在长期渍水条件下单硅酸易损失而导致有效硅含量下降，因此，酸性且质地偏砂土壤常是缺硅土壤（曹克丽，2013）。在酸性、中性及微碱性土壤中，土壤对单硅酸的吸附作用随 pH 升高而增强，土壤中的单硅酸可吸附在各种氧化物及铝硅酸盐矿物表面裸露的—OH 基团上，随着土壤 pH 升高，黏粒含量增多，这种吸附作用增强，吸附量增加，一般在 pH 7～9 时达最大值，单硅酸不易淋失，所以有效硅相对增加（向万胜等，1993）。因此，可理解为在酸性、中性及微碱性土壤中，随着土壤 pH 降低，土壤有效硅含量将增加，而且有效硅的有效性亦将增加，但是在渍水条件下容易损失。张永兰等（2002）认为，在一定 pH

范围内，土壤水溶性硅含量随 pH 降低而增加。另外，土壤从微碱性到强碱性的过程中，—OH 在硅原子上配位，降低了 Si—O—Si 键的稳定性，无定形硅会也溶解水化成水溶性硅或活性硅，使土壤中硅的浓度增加（刘鸣达和张玉龙，2001）。

1.2.4 土壤温度

土壤溶液中有效硅含量与土壤温度呈正相关关系（Gérard et al.，2003）。一般情况下，热带和亚热带地区土壤有效硅含量高于温带与寒带（鲍士旦，2000）。土壤温度在 20～40℃时，土温越高，土壤有效硅含量越高；土温越低，土壤有效硅含量越低（刘永涛，1997）。这是因为在一定范围内，随着温度的升高，土壤中母质风化和植物残体分解速度加快，释放出更多的有效硅，同时难溶性硅也向着有效硅方向转化；但是温度过高，土壤将严重风化，而有效硅在高温下更容易损失，导致土壤有效硅含量不升反降。

1.2.5 土壤水分

很多土壤类型中，在一定范围内，随着土壤水分的增加，土壤有效硅含量均有不同程度的增加（胡定金和王富华，1995）。一般在土壤淹水后的开始几天内，有效硅的浓度上升较快，以后渐趋平衡或有所下降（胡定金和王富华，1995；刘鸣达等，2002）。这是因为土壤水分的增加导致土壤氧化还原电位（Eh）下降，铁、锰等元素被还原，被其固定的硅部分释放出来，从而可以提高土壤有效硅的含量（徐文富，1992；马同生，1997）。土壤有效硅在达到平衡后，可能会随着地表径流和地下水下渗而损失掉，所以不会继续增加，甚至出现回落。

1.2.6 土壤有机质

添加有机质（有机肥）会增强土壤微生物活性，加速氧化铁、氧化铝等氧化物的分解和硅的释放，从而增加土壤有效硅含量。在不同有机质的组分中，SiO_2 含量相差很大，胡敏酸中 SiO_2 含量高达 0.96～14.7mg/kg，而富里酸中 SiO_2 含量则相对较低（袁可能，1983）。张杨珠等（1997）研究发现，施用高量和低量有机肥处理的 0～20cm、20～40cm、40～70cm 3 层土壤有效硅含量分别是施用化肥处理相应土层的 116.2%、116.4%、117.2% 和 105.8%、101.1%、110.7%，而且施用有机肥处理的土壤有效硅剖面分异程度要更大一些（图 1-7）。Song 等（2014a）通过 10 年田间试验发现，施加富含硅的猪粪后，0～10cm、10～20cm、20～30cm、30～40cm、40～70cm 土层的有效硅含量均有所增加，而且施用年限越长，增加幅度越大，上层土壤比下层土壤效果更为明显（图 1-8）。赵送来等（2012）的研究表明，在雷竹林中，土壤有效硅含量随雷竹种植和有机物覆盖年限的增加呈先下降后上升趋势。这是因为在开始的几年，雷竹对有效硅的吸收量超过土壤中有效硅的恢复量，随着年限的增加，有机质逐渐分解释放出一定量的硅，除此之外，有机质分解产生的有机酸，其酸根阴离子能与硅络合而增加硅酸盐矿物的溶解度，此谓有机酸的促溶作用。目前，关于具体有机酸种类对土壤硅有效性的研究还很少。魏朝富

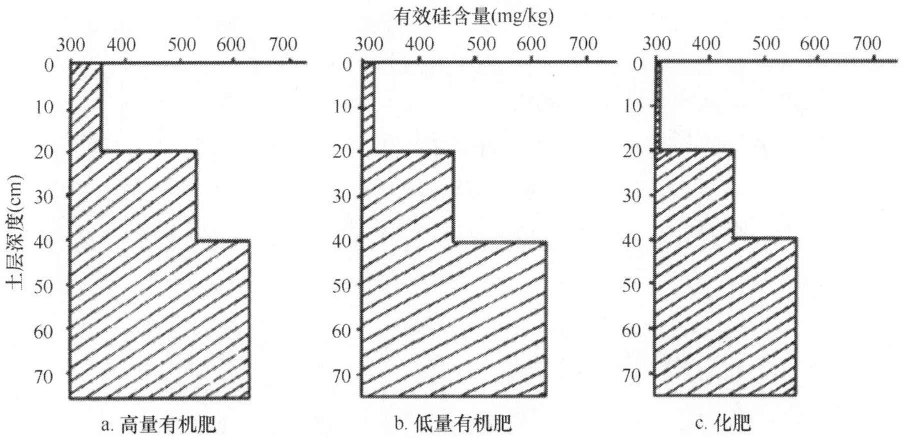

图 1-7　不同有机肥施用量处理土壤有效硅的剖面分布（张杨珠等，1997）

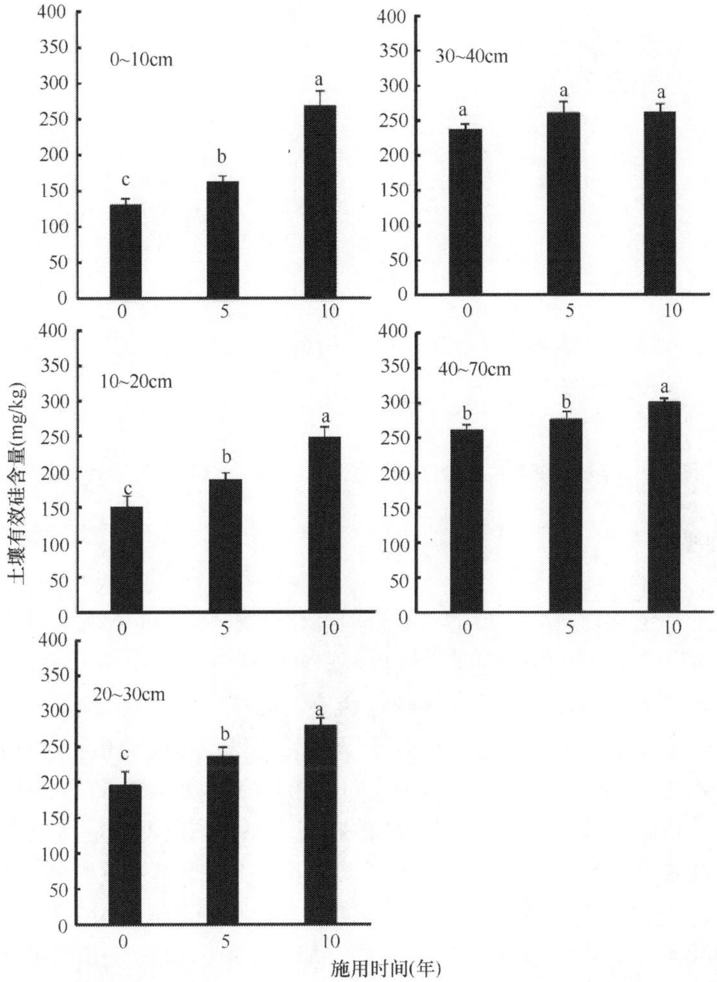

图 1-8　施用富含硅的猪粪对不同深度土壤有效硅含量的影响（Song et al.，2014a）

不同小写字母表示不同处理间差异显著（$P<0.05$）

等（1997a）研究了乙酸、柠檬酸和苹果酸对水稻土硅释放的影响，发现 3 种有机酸均能显著地促进土壤硅的释放，其中柠檬酸的促进能力最强，其次为苹果酸，乙酸最弱（图 1-9）。有机质分解还会增强土壤的还原条件，从而使得与高价铁、锰等共沉淀的无定形铝硅酸盐及被铁、锰氢氧化物包被的硅胶因铁被还原而释放出硅（徐文富，1992；Chen et al.，2003）。另外，有机肥能够掩蔽土壤对硅的吸附位点，特别是通过掩蔽活性氧化铁、氧化铝的吸附位点而降低土壤对硅的吸附量（于群英等，1999）。

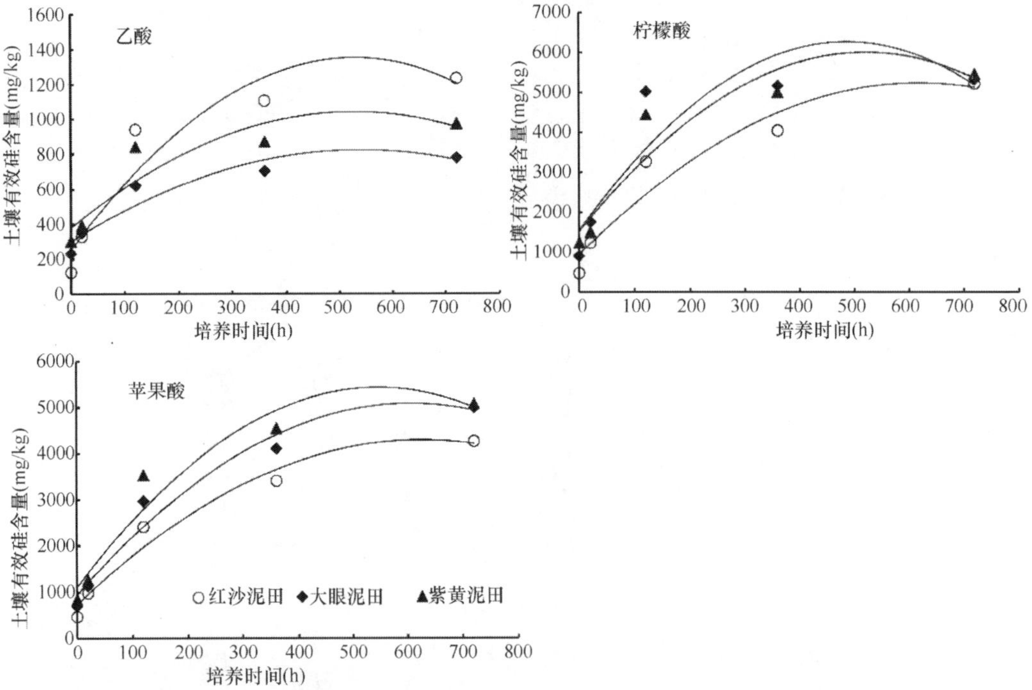

图 1-9　不同有机酸对土壤有效硅含量的影响（魏朝富等，1997a）

1.2.7　离子种类

土壤阳离子是土壤物质组成中的重要部分，对土壤溶液的酸碱度、电导率（electrical conductivity，EC）、盐基饱和度等理化性质有重要影响，同时由于元素与元素之间会存在相互作用，阳离子可能会对土壤有效硅的释放、迁移转化和吸收起到一定作用。研究表明，土壤有效硅及活性硅含量与土壤电导率（EC）呈正相关关系（向万胜等，1993）。土壤电导率反映的是土壤中盐类的总含量，即土壤中不同盐类离子可影响土壤有效硅含量。胡克伟等（2002）研究了土壤中硅和磷的相互关系，发现无论是高肥还是低肥土壤，磷对不同形态硅素的影响表现出同一趋势，即磷添加使得土壤水溶性硅和活性硅含量增加，而无定形硅含量则减少（图 1-10）。在土壤中，硅和磷有强烈的交互作用，二者存在着竞争性吸附关系，其中土壤对磷的吸附结合能力更强，同时土壤对磷的吸附伴随着 H^+的释放，土壤对磷的吸附量越大，释放的 H^+量就越多，其结果必然是降低溶液 pH，加快无定形硅的溶解，这说明高磷不仅可以减少土壤对硅的吸附，而且可以促进硅的解吸（Liang et al.，1994；胡克伟等，2004）。在碱性和弱碱性条件下，钙、钾、钠等离子可与硅胶反应形成可溶于水的表面配合物（陈荣三等，1982）。另外，在一定范围内，土壤中碳酸钙含量越高，其与硅结合形成的硅钙化合物就越多，有效硅含量也就越高；但是如果土壤中碳酸钙等物质含量过高，其也会与硅形成非活性化合物而降低硅的有效性（马同生等，1994；马同生，1997）。

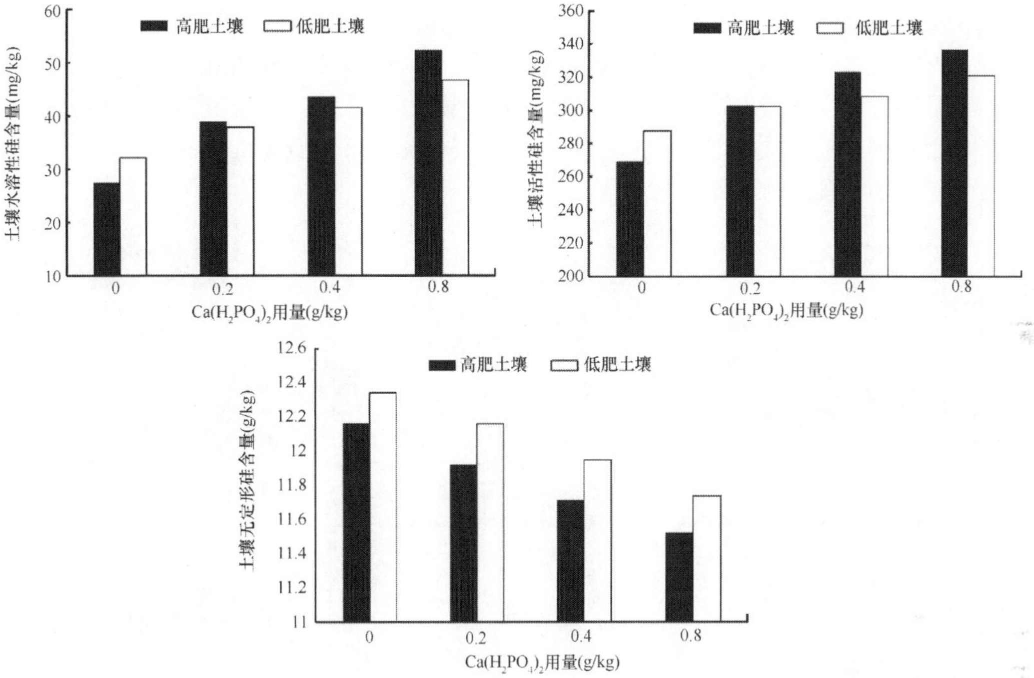

图 1-10　不同施磷量对土壤不同形态硅的影响（胡克伟等，2002）

1.3　硅的生物地球化学循环

地球圈层中大多数硅存在于岩石中，参与生物地球化学循环的硅只占其中很小一部分（Sommer et al.，2006；王惠等，2007）。但是，无论陆地生态系统还是海洋生态系统都在进行强烈的硅的生物地球化学循环。海洋里的硅藻每年固定生物硅（biogenic silica，BSi）约 240Tmol，而陆地植物每年固定生物硅 60～200Tmol，远大于每年从陆地输入海洋中的硅（6.5Tmol），说明陆地硅的生物地球化学循环的重要性（王立军等，2008）。

硅的生物地球化学循环同时包含着地质大循环和生物小循环。硅的生物地球化学循环与全球碳循环和全球气候变化密切相关。硅的生物地球化学循环过程中消耗大量的硅酸盐矿物，而硅酸盐矿物风化作用消耗 CO_2 的量占全球风化作用消耗 CO_2 量的一半以上（58%）（李晶莹和张经，2002）。这部分 CO_2 被固定在湖泊和海洋沉积物中，在短时间尺度内无法返回到大气体系，从长时间尺度来看，硅酸盐矿物的风化作用是消耗大气 CO_2，进而缓解温室效应并调节全球气候的主要因素（Meunier et al.，1999；金章东等，2005）。

1.3.1 硅循环的输送路径

硅循环的输送路径按区域划分，包括陆地硅循环、陆-海硅循环、海洋硅循环（图 1-11）。在陆地生态系统中，包含矿物硅库和生物硅库（Sommer et al.，2006）。首先，硅酸盐矿物经过物理、化学、生物风化过程，其中的硅逐步释放并参与生物地球化学循环，每年释放 19～46Tmol（以 Si 计，下同）溶解硅（dissolved silicate，DSi）至土壤层（Hilley and Porder，2008）。部分溶解硅被植物吸收，形成植硅体，其后随植物死亡、分解而返回土壤，继而溶解、埋藏或进入地表水系（Conley，2002；Struyf et al.，2007）。陆地植被每年所固定的生物硅为 60～200Tmol，储量巨大。部分溶解硅与周围环境中的离子、有机物、矿物质等结合，生成次生矿物（Matichenkov and Snyder，1996），另有部分溶解硅则直接汇入河流。

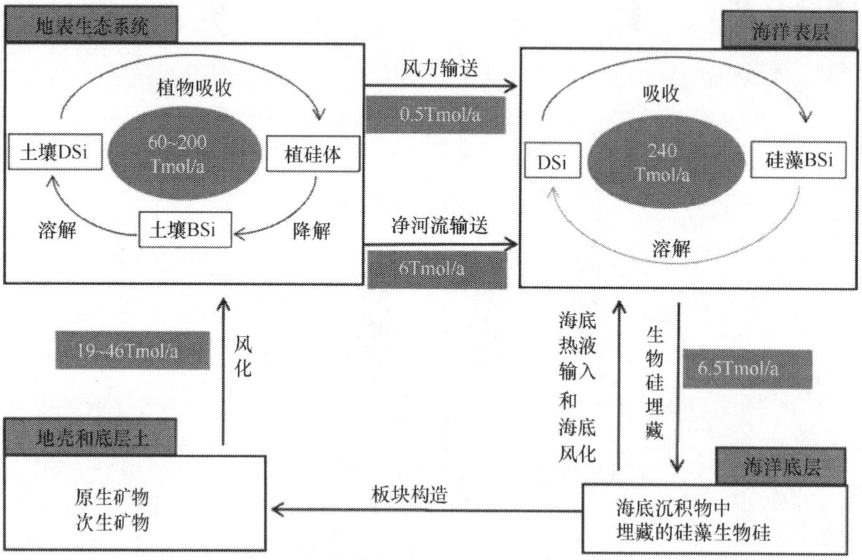

图 1-11 硅的生物地球化学循环（改自 Struyf et al.，2009）

硅酸盐的风化过程可参与大气中 CO_2 浓度的调节，对应的化学反应式为 $CaAl_2Si_2O_8+2CO_2+8H_2O \rightarrow Ca^{2+}+2Al(OH)_3+2H_4SiO_4+2HCO_3^-$。高的 CO_2 浓度导致全球升温，硅酸盐在较高温度下加速风化，消耗较多的 CO_2，使全球气温下降；相反，在较低温度下，硅酸盐风化速度减小，CO_2 消耗较少又导致 CO_2 在大气层中积累，气温回升。硅酸盐矿物风化过程中消耗的大气 CO_2 将部分固定于湖泊和海洋沉积物中，在短时间尺度内无法返回大气体系。因此，风化作用与 CO_2 之间的反馈机制避免了地球气温的大起大落（李晶莹和张经，2002；Sommer et al.，2006）。

溶解硅和生物硅是硅跨区域输送的重要载体，也是硅生物地球化学循环的实际参与者（Conley，2002；Meunier et al.，2008）。土壤中的溶解硅与颗粒硅汇入河流、地下水等，经由湖泊、水库、河口、近岸等组成的陆-海生态系统，经历溶解、生物吸收、埋藏等过程，最终输入海洋。这一系列连续且相互关联的水生态系统相当于“过滤器”（Billen et al.，1991），对陆源硅起到滞留作用，很大程度上减少了硅的入海通量（Goto et al.，2007；Triplett et al.，2008；Struyf and Conley，2012）。

陆源硅输送入海后，被硅藻、硅鞭藻和放射虫等硅质浮游生物吸收形成硅质外壳（Demaster，1981；Martin et al.，2000），随生物的生长、溶解、埋藏参与海洋硅循环。全球海洋中硅的总含量约为 9.5×10^{16}mol（Tréguer et al.，1995），其中生物硅产量为 200～240Tmol/a（Nelson et al.，1995），大部分生物硅溶解至水体重新参与硅循环，约 3%（6.3Tmol/a）的生物硅永久埋藏于海底沉积物，这一埋藏量为河流、大气、海底热液输入及海底风化等外源硅的输入所补偿，且河流输入占绝大部分（5～7Tmol/a），成为陆源硅输送入海的重要途径（Conley，1997）。

1.3.2　硅的生物地球化学循环过程

硅循环中的生物地球化学过程可概括为 3 种形态硅的相互转化，即溶解硅、生物硅、成岩硅（lithogenic silica，LSi），3 种形态硅之间具体的循环过程如图 1-12 所示。在地质时间尺度上，硅酸盐矿物的化学风化是地球表层所有次生硅的来源，各次生硅库又具有不同的形成机制和驱动因子，这导致各硅库的贮存量和循环周期存在明显差异。溶解硅最初来源于地表风化过程，硅酸盐矿物风化速率不仅与降雨、温度、pH 等因素相关，还受大气中二氧化碳浓度的影响（Knoll and James，1987）。部分溶解硅被植物及海洋中硅藻、硅鞭藻和放射虫等硅质浮游生物吸收，形成植硅体或硅质外壳，此即生物硅（图 1-13）。然而，陆源溶解硅、生物硅及海洋硅质生物在迁移、运输过程中，伴随着死亡、分解、溶解并返回土壤或海洋中，除此之外，还会与环境中存在的铝离子、黏土矿物等组合形成新的成岩硅。这一过程称为反风化过程（Michalopoulos et al.，2000；Michalopoulos and Aller，2004），它将阻碍生物硅的进一步溶解，成为影响河口、海洋硅埋藏及保存的关键过程（Tréguer and De La Rocha，2013），不过目前类似的研究还不多，值得进一步关注。

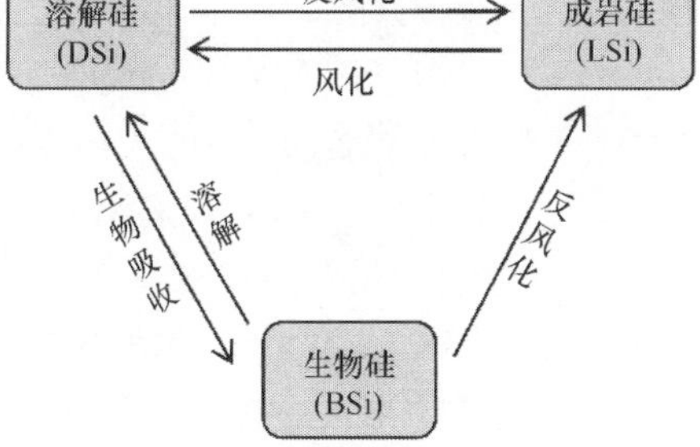

图 1-12　溶解硅、生物硅、成岩硅的相互转化关系

1.3.3　土壤-植物系统中硅的生物地球化学循环

土壤中能被植物吸收的水溶性硅来自于土壤中的生物硅和含硅岩石，它们经过生物、物理、化学风化释放到土壤或水中，以供植物吸收。构成地壳的岩石大部分是硅酸盐类矿物，硅在风化过程中逐步释放并参与生物地球化学循环（周启星和黄国宏，2001）。

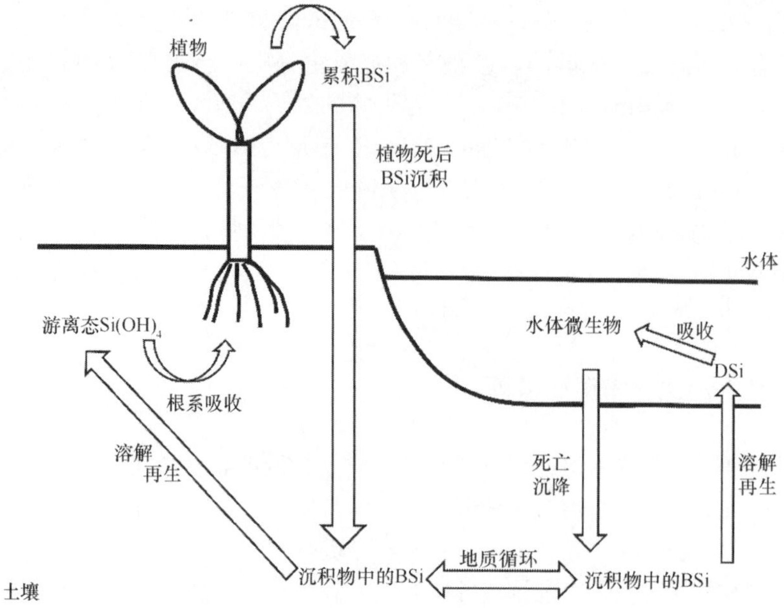

图 1-13　溶解硅和生物硅之间的循环过程

植物通过物理、化学和生物风化作用可以加速硅酸盐矿物风化过程（Moulton et al.，2000；李福春等，2006）。物理作用表现为植物根系在岩石缝隙中生长，加快岩石的碎裂和矿物颗粒的分解，使得矿物裸露，延长雨水在其表面的停留时间，加速岩石矿物的风化（Friedmann，1971；李勇等，2005）。化学风化表现为植物根部及微生物呼吸产生 CO_2 和有机酸，使土壤的 pH 降低，植物根部高浓度的 CO_2 导致土壤水中的 H_2CO_3 浓度比大气中 CO_2 的浓度高很多，从而加速岩石风化（Hinsinger et al.，2001；Raven，2003）。微生物的风化可改变硅酸盐矿物的化学组成和结构（吴涛等，2007）。

土壤-植物系统中硅的生物地球化学循环如图 1-14 所示。土壤-植物系统中硅的生物地球化学循环过程以植物吸收水溶性硅为起点，不同植物对硅的吸收能力与植物体内的 ATP 和蒸腾量有关（Meunier et al.，1999；张玉龙等，2004）。当土壤中的可溶性单硅酸（H_4SiO_4）被植物根系吸收后，先是以非聚合态在植物体内向上运输，而后以毛簇状无定形水合二氧化硅（$m SiO_2 \cdot n H_2O$）（即硅胶）的形式沉积于植物特殊的细胞壁和表层细胞中，此即植硅体（phytolith），又称植物蛋白石（Ma，2003）。植硅体存在于很多高等植物的细胞中，尤其是在莎草科（Cyperaceae）及禾本科（Gramineae）植物的细胞中含量较高（Parr et al.，2010）。植硅体的体形大小在 2～2000μm，不同植物之间差异也较大，一般是在 2～200μm。植硅体的形态类型变化较多，以方型、椭圆型和圆型为主，同时常见的形态类型还包括马鞍型、棒型、哑铃型、长鞍型、尖型、齿型、扇型、球型等（李自民等，2013a，2013b）。植物生长季节结束后，植物枯枝落叶腐烂分解使植物体内的生物硅返回土壤，土壤-植物系统硅输入通量和硅输出通量将影响硅酸盐矿物风化与植硅体动态分布（张新荣等，2007；李仁成等，2010），其中绝大部分生物硅再次被植物吸收，少量生物硅作为亚稳定成分保留在土壤中或者下渗到地下水中汇入河流（Moulton et al.，2000；Mitani et al.，2005）。溶解硅输出量与内部生物地球化学循环通量相比是较少的，这说明土壤-植物内循环系统在整个硅循环过程中起着重要作用，减缓了硅向河流的输出，将大量的硅储存于土壤中。此外，植物的硅循环为土壤溶液提供了大量可溶解的硅，否则，在土壤表层高度风化的地方硅含量将会很低。通过调控土壤和河流中溶解硅的活动，植物对风化速度和陆地上硅通量的影响会更广泛（Zhang et al.，2004）。

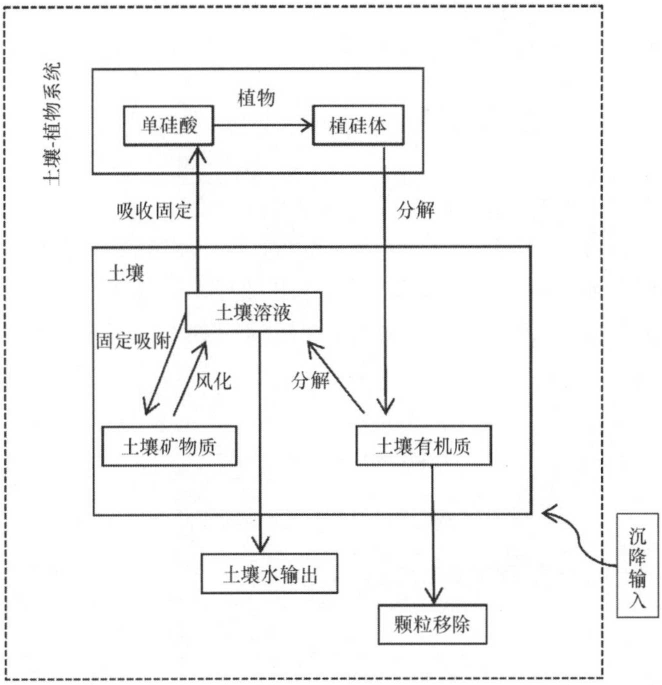

图 1-14　土壤-植物系统中硅的生物地球化学循环（改自 Alexandre et al.，1997）

1.3.4　人类活动对硅循环的影响

近年来，人类活动对硅循环的影响已受到广泛关注（Ittekkot et al.，2006）。人类活动与地表风化过程、生物作用共同影响着全球硅循环（冉祥滨等，2013）。土地利用方式的改变、水体富营养化及筑坝是人类活动中影响陆地生态系统硅浓度、通量及转移的 3 种主要方式（张乾柱等，2015）。在陆地生态系统中，植被对溶解硅的吸收深刻地影响着溶解硅的迁移和转化（Alexandre et al.，1997），土地利用方式的改变会导致植被对硅吸收量的变化，进而影响流域溶解硅的输出通量及结构（Fulweiler and Nixon，2005；Struyf and Conley，2012）。另外，人类将富含营养元素的工业、生活废水排入地表水系，导致流域富营养化，加之流域内拦水大坝的修筑改变了河流的水文水动力条件，增强了河道的滞留能力，这两方面的作用都会刺激硅藻类浮游植物的生长和繁殖（Zhu et al.，2013；Jung et al.，2014），导致更多溶解硅经生物吸收转化为生物硅（Conley et al.，1993）。由于库区水流速度减慢，颗粒硅沉积量明显增加，最终陆源硅的入海通量大量减少（Li et al.，2007；Triplett et al.，2008），仅占陆地硅总量的 10%～25%（Struyf and Conley，2012）。生物硅因其巨大的储量及高于硅酸盐矿物的溶解速率，成为硅跨区域输送的重要载体，其在陆海输送过程中的通量、转化及埋藏机制成为硅循环研究的关键环节。

总之，人类活动深刻影响陆地硅循环，导致河流向海洋输送的硅量减少（Turner et al.，1998），必将对以硅藻为基础的海洋生态系统产生长期的影响。随着海洋生态系统硅的严重匮缺，地球生态系统将会启动补偿机制，即通过洪水、沙尘暴和海底的沉积物向缺硅的水体输入大量的硅。因此，为了保障海洋生态系统的持续发展，维护海洋营养盐中氮、磷、硅比例的稳定，保持营养盐的平衡和浮游植物的平衡，应当减少氮、磷的输入，提高硅的输入（杨东方等，2006）。

1.4 提高农田土壤中硅有效性的途径

农田生态系统中硅的主要来源包括大气、地表水、灌溉、施肥，而输出包括作物收获、淋溶和损失（Song et al.，2014b）。下面以稻田为例介绍土壤补硅的重要性和途径，稻田系统硅循环如图 1-15 所示。稻田中硅的输入项包括矿物硅肥、动物粪便、秸秆或秸秆堆肥、大气沉降、灌溉和土壤的自然风化，输出项主要包括作物吸收、地表径流和地下水下渗。

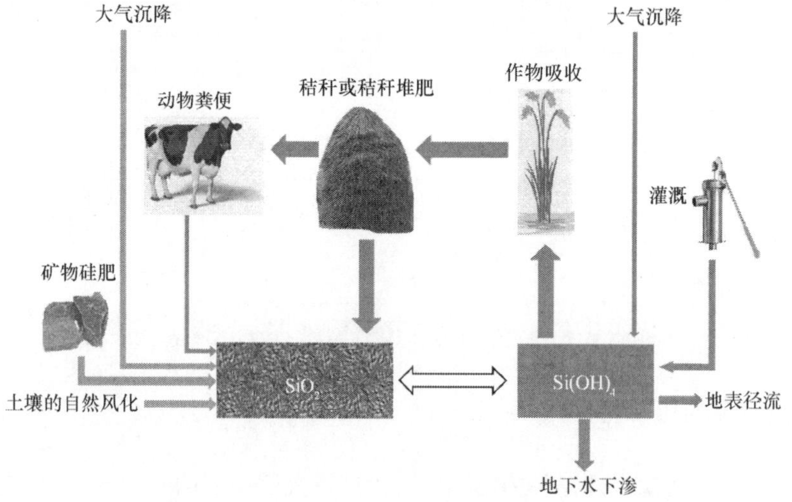

图 1-15　稻田系统硅循环（改自 Meharg C and Meharg A A，2015）（另见封底二维码）
蓝色箭头表示水溶性硅，绿色箭头表示动植物中的硅，灰色箭头表示矿物硅

1.4.1 硅对水稻生长的意义

水稻是典型的喜硅作物，其茎叶中 SiO_2 的含量可达 10%～20%（魏海燕等，2010）。硅在水稻生长发育过程中起着重要作用，缺硅会导致水稻茎叶绵软、叶片披散且出现褐斑，严重影响水稻的正常生长（Ma and Takahashi，2002；张国良等，2003）。硅能够增强水稻植株的机械强度和韧性，增强植株抗倒伏的能力，提高其对生物胁迫（病害、虫害）和非生物胁迫（重金属、盐、干旱、高温、紫外辐射等）的防御能力，此外，硅能够提高水稻根系的抗氧化能力，改善呼吸作用，降低蒸腾作用，促进碳水化合物的转运，提高光能利用率，从而提高水稻的产量和品质（Savant et al.，1997；Ma et al.，2001；Mitani et al.，2005；李文彬等，2005；Guntzer et al.，2012）。

硅还可以调控植物对其他营养元素的吸收。邢雪荣和张蕾（1998）报道了施硅后水稻茎叶中的氮含量略有下降，但穗中的氮含量上升，这有利于水稻籽粒中蛋白质和淀粉的形成，促使籽粒饱满。江立庚等（2004）的研究表明，正常情况下，硅可以促进水稻对氮素的吸收，这是由于硅可以提高水稻叶片转氨酶的活性和籽粒分支酶的活性。硅也可以促进水稻根系对磷素的吸收，原因可能是硅可以置换土壤中的磷酸根从而促进有效磷的释放，硅还可以减少土壤对磷素的吸附进而增加易解吸磷的含量（胡克伟等，2002）。Epstein（1999）研究发现施硅可以提高植物体内磷的利用率，促进磷向籽粒中转移。在一定范围内，施硅有助于水稻对钾素的吸收，但是随着硅含量的增加，水稻植株的钾含量反而降低，这是由于硅会使细胞壁硅质化加速，如细胞壁中凯氏带的硅质化将会阻止 K^+进入细胞内（魏朝富等，1997b）。此外，水稻过高的硅含量会抑制硼、钙、镁、锌等元素的吸收，可见硅在水稻养分吸收上有重要的平衡作用。

1.4.2　稻田补硅原因

水稻所吸收的硅素主要来自灌溉水和土壤，其中 70%以上来自土壤，约 30%来自灌溉水（马同生，1997）。尽管土壤中硅的总量很大，但可供作物吸收利用的有效硅有限，一般为 50～250mg/kg（刘鸣达和张玉龙，2001），加之受土壤母质、植被吸收和淋溶作用等的影响，土壤缺硅问题日趋严重。而水稻对硅的吸收量远大于氮、磷、钾三要素的总和（李发林，1997），每生产 100kg 水稻籽粒需硅 22kg，是氮、磷、钾总和的 4.4 倍，高产水稻一个生长季可从每公顷土壤中带走 1125～1950kg SiO_2（陈平平，1998）。水稻若持续高产，土地复种指数较高，每年从土壤中带走大量的硅，靠土壤硅的自然风化就难以维持平衡（Tsujimoto et al.，2014；Marxen et al.，2016）。再加上地面径流和地下水下渗也会造成部分水溶性硅损失（叶春，1992），在连续种植水稻情况下，若不补充外源硅，土壤有效硅的迅速下降是不可避免的。

在以往的水稻生产中，人们没有足够重视硅对水稻的作用，很少向土壤补充硅肥，结果造成很多土壤缺硅。有关资料显示，朝鲜半岛缺硅土壤约占 30%，日本达 70%以上，东南亚地区达 50%以上；我国有接近一半的耕地缺硅，我国南方广泛分布的由花岗岩、红砂岩及红色黏土等母质发育而成的土壤缺硅问题尤为严重（田福平等，2007）。例如，长江流域缺硅土壤达到 70%以上（管恩太等，2000；刘永涛，1997）。此外，我国主要灌溉水系长江、黄河、淮河、海河的干流及支流的水体中硅含量均较低，也是造成土壤缺硅的原因之一（马朝红等，2009）。

土壤供硅水平的下降，成为制约水稻高产、稳产、优质的重要因素。因此，土壤补硅具有重要的现实意义。

1.4.3　稻田补硅指标

植株或者土壤的硅素状况可以反映作物生产是否需要补充硅。从外观看，水稻茎秆绵软，叶片披散如垂柳状、出现褐斑，可能是缺硅造成的，但还需借助测定植株和土壤含硅量加以综合分析（马国瑞和石伟勇，2002）。臧惠林和张效朴（1982）提出将水稻成熟茎叶 SiO_2 含量在 100mg/g 以下作为应施用硅肥的指标，而秦遂初和马国瑞（1983）

提出把稻草含 SiO_2 量为 110mg/g 作为施硅肥的临界指标。马国瑞和石伟勇（2002）则根据水稻剑叶 SiO_2 含量来判断水稻是否缺硅，其中小于 12%为缺硅，12%～17%为正常，高于 17%为充足。还可通过分析水稻剑叶硅化细胞数来诊断水稻是否缺硅，正常或硅充足的水稻叶脉间可见连续成行排列的硅化细胞，在抽穗以后如叶片中找不到硅化细胞或只有零星分布，表明水稻含硅量极低（低于 5%），属显著缺硅（马国瑞和石伟勇，2002）。

对土壤中有效硅的含量进行诊断可以判断土壤是否缺硅。我国研究人员提出用 0.025mol/L 的柠檬酸浸提法测定土壤有效硅，把 120mg/kg（SiO_2）作为临界指标，低于该值时施硅肥效果显著；土壤有效硅在 120～200mg/kg 时施硅效果明显；土壤有效硅高于 200mg/kg 时施硅基本没有效果。而刘鸣达和张玉龙（2001）提出，目前测定土壤硅素的方法中使用最广泛的是 1mol/L 乙酸钠缓冲液（pH 4.0）法，并以此建立了土壤硅素丰缺临界指标：日本为 105mg/kg；韩国为 100mg/kg；我国南方为 95～100mg/kg，我国台湾为 40mg/kg。但近年的研究发现，这两种方法的测定结果不适用于评价富含碳酸钙水稻土、施用过矿渣的水稻土和偏碱性水稻土的供硅能力，这可能是由于一部分有效硅以非活性的硅钙结合物存在，难以提取。鲍士旦（2000）指出，乙酸钠缓冲液法是较早提出且运用较广的方法，但因该缓冲液难以溶解铁包膜，对砖红壤和红壤等铁质土、中性及石灰性土壤的有效硅浸提能力略有差异，故性质不同的土壤应该有不同的临界指标；而柠檬酸法对于酸性、中性及微碱性土壤具有较为一致的浸提能力，因而得到广泛应用。

1.4.4 提高稻田中硅有效性的途径

缺硅在一定程度上制约了作物的产量和品质，因此，寻找提高土壤硅水平的有效途径成为近年来国内外研究的热点问题。在过去的几十年中，人们应用多种方法改善土壤硅素水平，大体分为非生物方法和生物方法。非生物方法主要有施用矿物硅肥和有机肥，生物方法主要有施用微生物菌剂和改变种植方式。

（1）施用矿物硅肥

在生产实践中，施用矿物硅肥是改善土壤供硅能力最为快速有效的措施。前人通过施加硅肥来改善土壤的供硅能力，促进作物对硅素的吸收，往往起到很好的效果（刘鸣达等，2001；张翠珍等，2003；张国良等，2004）。硅肥分为缓效硅肥和水溶性高效硅肥两大类。缓效硅肥是利用铁钢渣、高炉渣、粉煤灰等工业废渣或硅矿石，经粗加工磨细过筛制成的硅肥，是以硅酸钙为主的枸溶性矿物肥料，此类硅肥一般有效硅含量较低且具有迟效性，当施入土壤后，矿物中的硅素缓慢地释放出来，以供作物吸收利用。杨丹等（2007）研究了几种工矿废渣的硅素累积释放规律，发现高炉渣具有较强的硅素释放能力，而粉煤灰和金刚石矿渣的硅素释放能力较差（图 1-16）。缓效硅肥一般用量较大，一般每公顷需施 1500～2250kg，可能会改变土壤 pH，加快土壤熟化进程，在一定程度上可能会破坏生态环境，影响作物与其他生物之间的生态关系。水溶性高效硅肥主要成分是硅酸的钠盐和钾盐，通常含水溶性硅 25%以上，水溶性高效硅肥施入土壤后会迅速增加土壤中水溶性硅含量，但是有一部分会随水流淋失或被土壤固定。施用硅肥的同时，也为作物提供了大量其他的必需元素，如钙、磷、钾等。

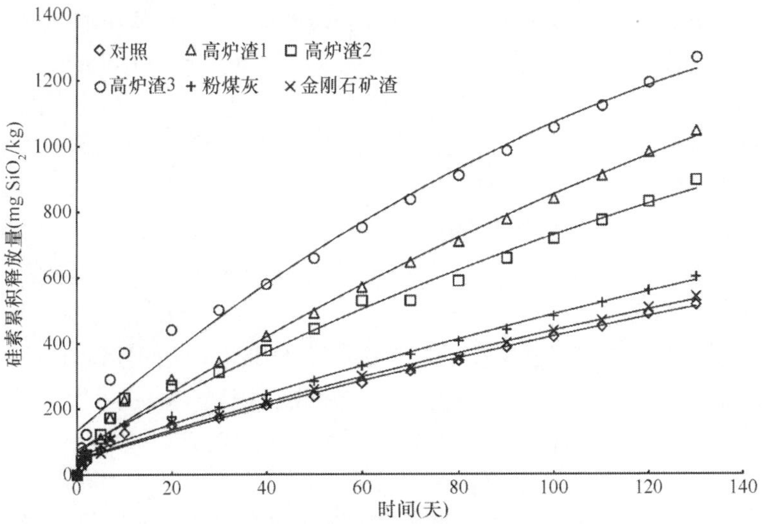

图 1-16　几种工矿废渣的硅素累积释放曲线（杨丹等，2007）

（2）施用有机肥

施用有机肥后，除了有机质释放出一定量的硅，有机质分解产生的有机酸和形成的还原条件可以破坏铁-硅复合体，有助于土壤硅的溶解（徐文富，1992; Chen et al.，2003）。有机肥的原料主要是作物秸秆和动物粪便等。实施稻草还田是补充土壤硅的最简单有效的方法，可在相当程度上缓解或消除水稻土壤供硅不足的问题。高明等（1996）通过大田和盆栽试验均发现，水稻土施用水稻秸秆后，土壤有效硅含量可提高 10%～35%，水溶性硅增加 6%～104%，并促进了水稻植株对硅的吸收，提高了水稻产量。秸秆中的硅素是以植硅体的形式归还土壤，植硅体并非有机物，而是非水溶性、非晶态的 SiO_2，与土壤中大量存在的硅素一样，只有小部分能被当季利用，大多须经过若干年自然风化才能释放出来，并不能立即发挥作用。相比直接秸秆还田，利用水稻秸秆堆肥后再施到土壤中往往会有更好的效果，因为充分腐熟的秸秆对土壤和水环境的污染将减轻，而且其可使硅素释放的效率更高。

（3）施用微生物菌剂

目前，随着微生物肥料研究及应用的深入，人们已经开始运用特定的微生物活菌剂来活化土壤中的各种养分元素。矿物的风化是非生物及生物的各种因素相互作用的结果，微生物在其生命过程中，通过多种方式加速矿物风化进程，从而促进土壤的形成，同时释放出水溶性硅、钾、磷等矿质元素，供植物吸收利用（Buss et al.，2007；Hameeda et al.，2008）。硅酸盐细菌恰是这样一类有益细菌，在我国又称钾细菌，它们能分解土壤中的矿物，释放出可供植物利用的钾、硅、磷、铁、铝等矿质元素。硅酸盐矿物分解细菌对其生存的营养条件要求不高，可分布在钾矿物风化区、花岗岩风化区及由此风化形成的土壤与作物根际土壤，甚至在岩石表面都可进行大量繁殖。但是土壤中硅酸盐细菌的种群和数量不但与土壤类型有关，而且与土壤中的有机质、全氮、pH 等因素有关。目前报道的硅酸盐细菌种类主要有胶质芽孢杆菌（*Bacillus mucilaginosus*）、环状芽孢杆菌（*Bacillus circulans*）、土壤芽孢杆菌（*Bacillus edaphicus*）和假单胞菌等（何琳燕等，2003；盛下放，2004）。硅酸盐细菌能够分解硅酸盐矿物，使其中的硅、磷、钾等元素释放，其机理有以下几个方面（连宾等，2002）：①细菌通过分泌有机酸（主要是草酸和柠檬酸）来分解矿物；②细菌与矿石接触并产生特殊的酶，从而破坏矿石结晶构造；③细菌胞外多糖的形成和低分子量酸性代谢产物（乙酸、乳酸等）促进了矿物的分解；④质子交换和配体络合是微生物分解硅酸盐的主要方式，前者指微生物代谢产生的有机酸和无机酸中的质子通过交换硅酸盐矿物中的正价态元素的方式促进分解，后者指微生物及其代谢物通过络合作用促进矿物分解。

在近一个世纪里，人们对硅酸盐矿物分解细菌的研究从未间断过，并将其应用到工农业各个领域，显示出其广阔的应用前景。采用现代生物工程技术经发酵培养制成的硅酸盐菌剂是一种理想的生物硅肥，可以广泛用于农业生产，适用于水稻、棉花、烟草、花生、甘薯、马铃薯、西瓜、番茄等多种作物，具有壮苗、防病、增产等作用，在贫瘠土壤中效果更为明显。然而，硅酸盐菌剂在农业中的应用也存在着很多问题，如效果不够稳定，对硅酸盐细菌肥料的菌种筛选、生产应用、质量检测等基础性研究滞后等，这些因素制约了硅酸盐菌肥的生产和应用。因此如果对硅酸盐菌肥进行深入的研究和广泛的应用，不仅能很好地增加土壤硅的有效性，而且将会给肥料行业带来重要的影响。

（4）作物间作

作物进行间套作，除了可以增加生物多样性外，还有助于土壤养分的转化、分解及微生物活动，增加土壤速效养分含量，提高作物对养分的利用率。与大量元素氮、磷、钾及中微量元素相比，目前对于作物间套作与硅素养分利用的研究还非常少。研究表明，无论是同一作物不同品种间作还是不同作物间作均可促进喜硅作物（如水稻、小麦等）对硅的吸收和积累（朱有勇，2004；赵平等，2010；宁川川等，2017；Ning et al.，2017）。朱有勇（2004）研究发现，水稻不同品种进行间作时，间作植株中硅含量高于单作植株，其中茎秆、叶片中的硅含量分别增加 5.6%～14.55%、6.43%～10.16%。一项小麦与蚕豆的间作试验表明，间作显著增加了抽穗期和成熟期小麦叶片、茎秆中的硅含量与小麦地上部植株硅的累积量（赵平等，2010）。与单作相比，间作小麦平均硅累积量在分蘖期、拔节期、抽穗期和成熟期分别提高了 33%、41%、51%和 18%，而且分蘖期、拔节期和抽穗期间作小麦对硅的吸收速率显著高于单作，说明间作对硅的吸收累积具有显著优势。水稻与某些水生蔬菜间作也能促进水稻对硅的吸收和积累（宁川川等，2017；Ning et al.，2017）。研究发现，水稻与蕹菜间作可显著增加成熟期水稻茎、叶的硅含量和吸收量（图 1-17），土壤有效硅含量也显著增加。原因是在水稻-蕹菜间作体系中，蕹菜需硅量很小，可供水稻吸收的硅相对增多，而且间作可使水稻获得更多的光照并具有更强的蒸腾作用，促进水稻植株对硅的吸收和积累；此外，两种作物的根际相互作用可引起土壤环境中 pH、Eh 和有机酸等的变化，进而影响土壤中不同形态硅的相互转化，增加土壤硅的有效性。

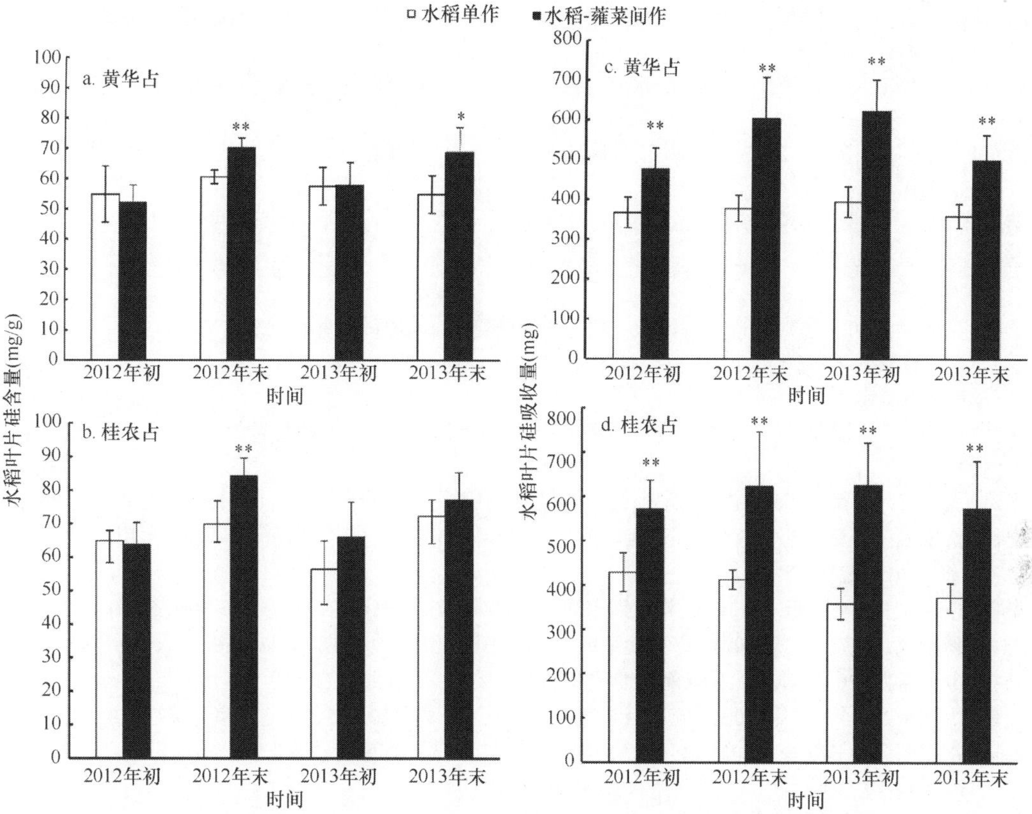

图 1-17　水稻-蕹菜间作对成熟期水稻叶片硅含量和吸收量的影响（Ning et al.，2017）
*表示不同处理间差异显著（$P<0.05$），**表示不同处理间差异极显著（$P<0.01$）

主要参考文献

鲍士旦. 2000. 土壤农化分析. 3 版. 北京：中国农业出版社: 211-236

蔡阿瑜，薛珠政，彭嘉桂，等. 1996. 福建土壤有效硅含量及其变化条件研究. 福建省农科院学报, 4(12): 47-51

蔡彦彬，宋照亮，姜培坤. 2013. 岩性对毛竹林土壤硅形态的影响. 浙江农林大学学报, 30(6): 799-804

曹克丽. 2013. 安徽省水稻土有效硅测定方法及影响因素. 安徽农业科学, 41(28): 11549-11551

陈平平. 1998. 硅在水稻生活中的作用. 生物学通报, 33(8): 5-7

陈荣三，王金晞，柳海澄，等. 1982. 硅酸及其盐的研究——XIV. Ca^{2+}、Na^{+}和 K^{+}与硅胶表面硅羟基的反应. 化学学报, 40(11): 1084-1086

高明，魏朝富，谢德体. 1996. 有机肥对紫色水稻土有效硅的影响. 西南农业大学学报, 18(3): 272-275

龚子同. 1983. 华中亚热带红壤. 长沙：湖南科学技术出版社

管恩太，蔡德龙，邱士可，等. 2000. 硅营养. 磷肥与复肥, 15(5): 64-66

何琳燕，殷永娴，黄为一. 2003. 一株硅酸盐细菌的鉴定及其系统发育学分析. 微生物学报, 43(2): 162-168

贺立源，王忠良. 1998. 土壤机械组成和 pH 与有效硅的关系研究. 土壤, 30(5): 243-246

胡定金，王富华. 1995. 水稻硅素营养. 湖北农业科学, (5): 33-36

胡克伟，颜丽，关连珠. 2004. 土壤硅磷元素交互作用研究进展. 土壤通报, 35(2): 230-233

胡克伟, 肇雪松, 关连珠, 等. 2002. 水稻土中硅磷元素的存在形态及其相互影响研究. 土壤通报, 33(4): 272-274
江立庚, 曹卫星, 甘秀芹, 等. 2004. 水稻氮素吸收、利用与硅素营养的关系. 中国农业科学, 37(5): 648-655
金章东, 李英, 王苏民. 2005. 不同构造带硅酸盐化学风化率的制约: 气候还是构造. 地质论评, 51(6): 672-680
李发林. 1997. 硅肥的功效及施用技术. 云南农业, (9): 16
李福春, 李莎, 杨用钊, 等. 2006. 原生硅酸盐矿物风化产物的研究进展——以云母和长石为例. 岩石矿物学杂志, 25(5): 440-448
李晶莹, 张经. 2002. 流域盆地的风化作用与全球气候变化. 地球科学进展, 17(3): 411-419
李仁成, 谢树成, 顾延生. 2010. 植硅体稳定同位素生物地球化学研究进展. 地球科学进展, 25(8): 812-819
李文彬, 王贺, 张福锁, 等. 2005. 高温胁迫条件下硅对水稻花药开裂及授粉量的影响. 作物学报, 31(1): 134-136
李勇, 张晴雯, 李璐. 2005. 植物根系强化黄土土层化学风化速率的作用. 水土保持学报, 19(1): 5-9
李自民, 宋照亮, 姜培坤. 2013b. 稻田生态系统中植硅体的产生与积累研究——以嘉兴稻田为例. 生态学报, 33(22): 7197-7203
李自民, 宋照亮, 李蓓蕾. 2013a. 白洋淀芦苇湿地植硅体产生和积累的研究. 土壤学报, 50(3): 632-636
连宾, 傅平秋, 莫德明, 等. 2002. 硅酸盐细菌解钾作用机理的综合效应. 矿物学报, 6(2): 179-183
刘鸣达, 张玉龙. 2001. 水稻土硅素肥力的研究现状与展望. 土壤通报, 32(4): 187-192
刘鸣达, 张玉龙, 李军, 等. 2001. 施用钢渣对水稻土硅素肥力的影响. 土壤与环境, 10(3): 220-223
刘鸣达, 张玉龙, 王耀晶. 2002. 施用钢渣对水稻土 pH、水溶态硅动态及水稻产量的影响. 土壤通报, 33(1): 47-50
刘永涛. 1997. 硅肥的应用及开发前景. 河南科技, (11): 6-7
马朝红, 杨利, 胡时友. 2009. 土壤供硅能力与硅肥应用研究进展. 湖北农业科学, 48(4): 987-989
马国瑞, 石伟勇. 2002. 农作物营养失调症原色图谱. 2 版. 北京: 中国农业出版社: 103-107
马同生. 1997. 我国水稻土中硅素丰缺原因. 土壤通报, 28(4): 169-171
马同生, 冯亚军, 梁永超, 等. 1994. 江苏沿江地区水稻土硅素供应力与硅肥施用. 土壤, 26(3): 154-156
宁川川, 杨荣双, 蔡茂霞, 等. 2017. 水稻-雍菜间作系统中种间关系和水稻的硅、氮营养状况. 应用生态学报, 28(2): 474-484
宁东峰, 刘战东, 肖俊夫, 等. 2016. 水稻土施用钢渣硅钙肥对土壤硅素形态和水稻生长的影响. 灌溉排水学报, 35(8): 42-46
秦遂初, 马国瑞. 1983. 植物营养与合理施肥 // 孙羲. 土壤养分. 北京: 中国农业出版社: 152-160
冉祥滨, 于志刚, 臧家业, 等. 2013. 地表过程与人类活动对硅产出影响的研究进展. 地球科学进展, 28(5): 577-587
盛下放. 2004. 硅酸盐细菌在不同生境土壤中的分布. 土壤, 36(1): 81-84
史吉晨, 介冬梅, 李思琪, 等. 2014. 东北芦苇湿地土壤有效硅与 pH 值及物质组成的关系. 天津农业科学, 20(5): 64-70
苏玲, 林咸永, 章永松, 等. 2001. 水稻土淹水过程中不同土层铁形态的变化及对磷吸附解吸特性的影响. 浙江大学学报, 27(2): 124-128
田福平, 陈子萱, 苗小林, 等. 2007. 土壤和植物的硅素营养研究. 山东农业科学, (1): 81-84
王惠, 马振民, 代力民. 2007. 森林生态系统硅素循环研究进展. 生态学报, 27(7): 3010-3017
王立军, 季宏兵, 丁淮剑, 等. 2008. 硅的生物地球化学循环研究进展. 矿物岩石地球化学通报, 27(2): 188-194
魏朝富, 谢德体, 杨剑红, 等. 1997b. 氮钾硅肥配施对水稻产量和养分吸收的影响. 土壤通报, 28(3): 121-123

魏朝富, 杨剑红, 高明等. 1997a. 紫色水稻土硅有效性的研究. 植物营养与肥料学报, 3(3): 229-236
魏海燕, 张洪程, 戴其根, 等. 2010. 水稻硅素营养研究进展. 江苏农业科学, (1): 121-124
吴涛, 陈骏, 连宾. 2007. 微生物对硅酸盐矿物风化作用研究进展. 矿物岩石地球化学通报, 26(3): 263-275
吴英, 赵秀春. 1987. 我省不同类型土壤水稻施硅肥效果的探讨. 黑龙江农业科学, (5): 8-12
向万胜, 何电源, 廖先冬. 1993. 湖南省土壤中硅的形态与土壤性质的关系. 土壤, (3): 146-151
邢雪荣, 张蕾. 1998. 植物的硅素营养研究综述. 植物学通报, 15(2): 33-40
徐文富. 1992. 作物的硅素营养和硅化物的应用. 苏联科学与技术, (5): 45-49
杨丹, 张玉龙, 刘鸣达, 等. 2007. 几种工矿废渣改善土壤供硅能力的效果. 生态环境, 16(2): 449-452
杨东方, 高振会, 秦杰, 等. 2006. 地球生态系统的营养盐硅补充机制. 海洋科学进展, 24(4): 568-579
叶春. 1992. 土壤可溶性硅与水稻生理及产量的关系. 农业科技译丛(杭州), (1): 24-27
于群英, 李孝良, 汪建飞, 等. 1999. 有机肥料对土壤硅素吸附的影响. 安徽农业技术师范学院学报, 13(4): 27-30
袁可能. 1983. 植物营养的土壤化学. 北京: 科学出版社
臧惠林, 张效朴. 1982. 我国南方水稻土供硅能力的研究. 土壤学报, 19(2): 131-139
张翠珍, 邵长泉, 孟凯, 等. 2003. 水稻吸硅特点及硅肥效应研究. 莱阳农学院学报, 20(2): 111-113
张国良, 戴其根, 张洪程, 等. 2003. 水稻硅素营养研究进展. 江苏农业科学, (3): 8-12
张国良, 戴其根, 周青, 等. 2004. 硅肥对水稻群体质量及产量影响研究. 中国农学通报, 20(3): 114-117
张乾柱, 陶贞, 高全洲, 等. 2015. 河流溶解硅的生物地球化学循环研究综述. 地球科学进展, 30(1): 50-59
张新荣, 胡克, 王东坡. 2007. 东北地区泥炭表土中植硅体的形态特征. 地理科学, 27(6): 831-836
张兴梅, 邱忠祥, 刘永菁. 1997. 东北地区主要旱地土壤供硅状况及土壤硅素形态变化的研究. 植物营养与肥料学报, 3(3): 237-242
张杨珠, 欧志宏, 黄运湘, 等. 1997. 稻作制、有机肥和地下水位对红壤性水稻土有效硅含量的影响. 农业现代化研究, 18(2): 97-101
张永兰, 柯怡, 于群英. 2002. pH 值对土壤硅素吸附特性的影响. 安徽技术师范学院学报, 16(1): 43-45
张玉龙, 王喜艳, 刘鸣达. 2004. 植物硅素营养与土壤硅素肥力研究现状和展望. 土壤通报, 35(6): 785-788
赵平, 鲁耀, 董艳, 等. 2010. 小麦蚕豆间作下氮素营养水平对小麦硅营养的影响. 西北农业学报, 19(2): 78-84
赵送来, 宋照亮, 姜培坤, 等. 2012. 西天目集约经营雷竹林土壤硅存在形态与植物有效性研究. 土壤学报, 49(2): 331-338
赵同发, 姜年俊. 1987. 水稻硅肥施用的研究. 土壤学报, (1): 41-42
周启星, 黄国宏. 2001. 环境生物地球化学和全球环境变化. 北京: 科学出版社
朱有勇. 2004. 生物多样性持续控制作物病害理论与技术. 昆明: 云南科技出版社: 175-184
邹邦基. 1980. 植物的硅素营养. 土壤通报, 21(3): 44-45
Alexandre A, Meunier J D, Colin F, et al. 1997. Plant impact on the biogeochemical cycle of silicon and related weathering processes. Geochimica et Cosmochimica Acta, 61(3): 677-682
Billen G, Lancelot C, Meybeck M. 1991. N, P and Si retention along the aquatic continuum from land to ocean // Mantoura R F C, Martin J M, Wollast R. Ocean Margin Processes in Global Change. Chichester: John Wiley & Sons: 19-44
Buss H L, Lüttge A, Brantley S L. 2007. Etch pit formation on iron silicate surfaces during siderophore-promoted dissolution. Chemical Geology, 240: 326-342
Chen J, Gu B H, Royer R A, et al. 2003. The roles of natural organic matter in chemical and microbial reduction of ferric iron. Science of the Total Environment, 307: 167-178
Conley D J. 1997. Riverine contribution of biogenic silica to the oceanic silica budget. Limnology and

Oceanography, 42(4): 774-777
Conley D J. 2002. Terrestrial ecosystems and the global biogeochemical silica cycle. Global Biogeochemical Cycles, 16: 681-688
Conley D J, Schelske C L, Stoermer E F. 1993. Modification of the biogeochemical cycle of silica with eutrophication. Marine Ecology Progress Series, 101: 179-192
de Camargo M S, Pereira H S, Korndörfer G H, et al. 2007. Soil reaction and absorption of silicon by rice. Scientia Agricola, 64: 176-180
DeMaster D J. 1981. The supply and accumulation of silica in the marine environment. Geochimica et Cosmochimica Acta, 45(10): 1715-1732
Epstein E. 1999. Silicon. Annual Review of Plant Physiology and Plant Molecular Biology, 50: 641-664
Friedmann E I. 1971. Light and scanning electron microscopy of the endolithic desert algal habitat. Phycologia, 10: 411-428
Fulweiler R W, Nixon S W. 2005. Terrestrial vegetation and the seasonal cycle of dissolved silica in a southern New England coastal river. Biogeochemistry, 74(1): 115-130
Gérard F, Ranger J, Ménétrier C, et al. 2003. Silicate weathering mechanisms determined using soil solutions held at high matric potential. Chemical Geology, 202(3-4): 443-460
Goto N, Iwata T, Akatsuka T, et al. 2007. Environmental factors which influence the sink of silica in the limnetic system of the large monomictic Lake Biwa and its watershed in Japan. Biogeochemistry, 84(3): 285-295
Guntzer F, Keller C, Meunier J D. 2012. Benefits of plant silicon for crops: a review. Agronomy for Sustainable Development, 32(1): 201-213
Hameeda B, Harini G, Rupela O P, et al. 2008. Growth promotion of maize by phosphate-solubilizing bacteria isolated from composts and macrofauna. Microbiological Research, 163: 234-242
Hilley G E, Porder S. 2008. A framework for predicting global silicate weathering and CO_2 draw down rates over geologic time-scales. Proceedings of the National Academy of Sciences of the United States of America, 105(44): 16855-16859
Hinsinger P, Barros O N, Benedetti M F, et al. 2001. Plant-induced weathering of a basaltic rock: experimental evidence. Geochimica et Cosmochimica Acta, 65: 137-152
Ittekkot V, Unger D, Humborg C, et al. 2006. The Silicon Cycle: Human Perturbations and Impacts on Aquatic Systems. Washington: Island Press: 245-252
Jung S W, Kwon O Y, Yun S M, et al. 2014. Impacts of dam discharge on river environments and phytoplankton communities in a regulated river system, the lower Han River of South Korea. Journal of Ecology and Environment, 37(1): 1-11
Knoll M A, James W C. 1987. Effect of the advent and diversification of vascular land plants on mineral weathering through geologic time. Geology, 15(12): 1099-1102
Kurtz C, Derry L A, Chadwick O A. 2002. Germanium-silicon fractionation in the weathering environment. Geochimica et Cosmochimica Acta, 66: 1525-1537
Li M T, Xu K Q, Watanabe M, et al. 2007. Long-term variations in dissolved silicate, nitrogen, and phosphorus flux from the Yangtze River into the East China Sea and impacts on estuarine ecosystem. Estuarine, Coastal and Shelf Science, 71(1): 3-12
Liang Y C, Ma T S, Li F J, et al. 1994. Silicon availability and response of rice and wheat to silicon in calcareous soils. Communications in Soil Science and Plant Analysis, 25(13-14): 2285-2297
Ma J F. 2003. Functions of silicon in higher plants. Progress in Molecular & Subcellular Biology, 33(2): 127-147
Ma J F, Miyake Y, Takahashi E. 2001. Silicon as a beneficial element for crop plants // Datonoff L, Korndorfer G, Snyder G. Silicon in Agriculture. New York: Elsevier Science Publishing: 17-39
Ma J F, Takahashi E. 2002. Soil, Fertilizer, and Plant Silicon Research in Japan. Amsterdam: Elsevier Science: 73-106
Marschner H. 1995. Mineral Nutrition of Higher Plant. San Diego: Academic Press lnc: 289-306, 417-427
Martin-Jézéquel V, Hildebrand M, Brzezinski M A. 2000. Silicon metabolism in diatoms: implications for

growth. Journal of Phycology, 36(5): 821-840

Marxen A, Klotzbücher T, Jahn R, et al. 2016. Interaction between silicon cycling and straw decomposition in a silicon deficient rice production system. Plant and Soil, 398(1-2): 153-163

Matichenkov V V, Snyder G H. 1996. The mobile silicon compounds in some South Florida soils. Eurasian Soil Science, 12: 1165-1180

Meharg C, Meharg A A. 2015. Silicon, the silver bullet for mitigating biotic and abiotic stress, and improving grain quality, in rice? Environmental and Experimental Botany, 120: 8-17

Meunier J D, Colin F, Alarcon C. 1999. Biogenic silica storage in soils. Geology, 27(9): 835-838

Meunier J D, Guntzer F, Kirman S, et al. 2008. Terrestrial plant-Si and environmental changes. Mineralogical Magazine, 72(1): 263-267

Michalopoulos P, Aller R C. 2004. Early diagenesis of biogenic silica in the Amazon delta: alteration, authigenic clay formation, and storage. Geochimica et Cosmochimica Acta, 68(5): 1061-1085

Michalopoulos P, Aller R C, Reeder R J. 2000. Conversion of diatoms to clays during early diagenesis in tropical, continental shelf muds. Geology, 28(12): 1095-1098

Mitani N, Ma J F, Iwashita T. 2005. Identification of silicon form in xylem sap of rice (*Oryza sativa* L.). Plant and Cell Physiology, 46(2): 279-283

Moulton K L, West J, Bemer R A. 2000. Solute flux and mineral mass balance approaches to the quantification of plant effects on silicate weathering. American Journal of Science, 300: 539-570

Nelson D M, Tréguer P, Brzezinski M A, et al. 1995. Production and dissolution of biogenic silica in the ocean: revised global estimates, comparison with regional data and relationship to biogenic sedimentation. Global Biogeochemical Cycles, 9(3): 359-372

Ning C C, Qu J H, He L Y, et al. 2017. Improvement of yield, pest control and Si nutrition of rice by rice-water spinach intercropping. Field Crops Research, 208: 34-43

Parr J F, Sullivan L, Chen B, et al. 2010. Carbon bio-sequestration within the phytoliths of economic bamboo species. Global Change Biology, 16(10): 2661-2667

Raven J A. 2003. Cycling silicon-the role of accumulation in plants. New Phytologist, 158(3): 419-430

Richmond K E, Sussman M. 2003. Got silicon? The non-essential beneficial plant nutrient. Current Opinion in Plant Biology, 6: 268-272

Savant N K, Snyder G H, Datnoff L E. 1997. Silicon management and sustainable rice production. Advances in Agronomy, 58: 151-199

Sommer M, Kaczorek D, Kuzyakov Y, et al. 2006. Silicon pools and fluxes in soils and landscapes—A review. Journal of Plant Nutrition and Soil Science, 169: 310-329

Song Z L, Müller K, Wang H L. 2014b. Biogeochemical silicon cycle and carbon sequestration in agricultural ecosystems. Earth-Science Reviews, 139: 268-278

Song Z L, Wang H L, Strong P J, et al. 2014a. Increase of available soil silicon by Si-rich manure for sustainable rice production. Agronomy for Sustainable Development, 34(4): 813-819

Song Z L, Zhao S L, Zhang Y Z, et al. 2011. Plant impact on CO_2 consumption by silicate weathering: the role of bamboo. The Botanical Review, 77(3): 208-213

Strahler A N, Strahler A H. 1978. Modern Physical Geography. New York: John Wiley and Sons

Struyf E, Conley D J. 2012. Emerging understanding of the ecosystem silica filter. Biogeochemistry, 107(1-3): 9-18

Struyf E, Smis A, Van Damme S. 2009. The global biogeochemical silicon cycle. Silicon, 1: 207-213

Struyf E, Van Damme S, Gribsholt B, et al. 2007. Phragmites australis and silica cycling in tidal wetlands. Aquatic Botany, 87(2): 134-140

Tessier A, Campbell P G C, Bisson M. 1979. Sequential extraction procedure for the speciation of particulate trace metals. Analytical Chemistry, 51(7): 844-851

Tréguer P J, De La Rocha C L. 2013. The world ocean silica cycle. Annual Review of Marine Science, 5: 477-501

Tréguer P J, Nelson D M, Van Bennekorn A, et al. 1995. The silica balance in the world ocean: a reestimate. Science, 268: 375-379

Triplett L D, Engstrom D R, Conley D J, et al. 2008. Silica fluxes and trapping in two contrasting natural impoundments of the upper Mississippi River. Biogeochemistry, 87(3): 217-230

Tsujimoto Y, Muranaka S, Saito K, et al. 2014. Limited Si-nutrient status of rice plants in relation to plant-available Si of soils, nitrogen fertilizer application, and rice-growing environments across Sub-Saharan Africa. Field Crops Research, 155: 1-9

Turner R E, Qureshi N, Rabalais N N, et al. 1998. Fluctuating silicate: nitrate ratios and coastal plankton food webs. Proceedings of the National Academy of Sciences of the United States of America, 95(22): 13048-13051

Wickramasinghe D B, Rowell D L. 2006. The release of silicon from amorphous silica and rice straw in Sri Lankan soils. Biology and Fertility of Soils, 42(3): 231-240

Zhang Y L, Wang X Y, Liu M D. 2004. The research status and prospects about plant silicon nutrition and soil silicon fertility. Chinese Journal of Soil Science, 35(6): 785-788

Zhu K, Bi Y, Hu Z. 2013. Responses of phytoplankton functional groups to the hydrologic regime in the Daning River, a tributary of Three Gorges Reservoir, China. Science of the Total Environment, 450: 169-177

第 2 章　植物对硅的吸收、转运和积累

硅在地壳中的含量约为 28%，是地壳中含量居第二位的元素（Coskun et al.，2018）。目前，硅虽未被列为植物生长发育所必需的矿质营养元素，但是硅在促进植物生长发育、提高植物对逆境胁迫的抗性等方面的重要作用却不容忽视（Epstein，1999；Cai et al.，2008；Van Bockhaven et al.，2013；Coskun et al.，2018；Lópezpérez et al.，2018）。因此，系统地了解植物吸收、转运、积累硅的机制，将有助于更好地开发和利用硅的诸多有益特性。

2.1　植物对硅的吸收、转运

2.1.1　植物根系对硅的吸收和运输

2.1.1.1　根系吸收硅的部位

硅在土壤中的含量仅次于氧，二氧化硅占土壤的 50%～70%。因此，大部分陆生植物的组织中都含有一定量的硅。不同植物种类或同种植物不同基因型个体对硅的吸收和积累能力不同，通常硅占植物干重的比例为 0.1%～10%（Epstein，1994；Coskun et al.，2018）。

植物主要通过根系吸收硅。不同植物根系对硅的吸收和转运能力存在较大差异，导致不同植物间的硅含量亦不同，如禾本科植物对硅的累积量远高于双子叶植物。Ma 等（2001）的研究利用富硅植物水稻的根毛缺陷型 RH2 和侧根缺陷型 RM109 两种突变型及野生型水稻 WT 作为实验材料，几种实验材料在低硅（0.15mmol/L）和高硅（1.5mmol/L）两种营养液中生长 12h 后，硅含量测定结果显示 RH2 和野生型 WT 的硅吸收量没有显著差异，而 RM109 的硅吸收量明显低于野生型（图 2-1），表明水稻中根毛和侧根在根吸收硅的过程中具有不同的作用，侧根是水稻吸收硅的关键部位。Liang 等（2005）认为黄瓜根系对硅的吸收可能与水稻类似。目前相关研究主要围绕水稻开展，今后需要对不同植物根系硅吸收的过程进行更深入的研究，这将有助于明晰植物根系不同部位在硅吸收过程中的具体作用。

2.1.1.2　土壤中可供植物吸收的硅

土壤中硅的存在形态主要有 3 种：不溶解的固态硅、水溶性硅及土壤颗粒（特别是铁和铝的氧化物/氢氧化物）上吸附的硅。通常认为，无定形硅和晶态硅都是硅的固相存在形式，在临界温度和中性 pH 时的溶解度均很低。吸附在土壤固相上的单硅酸[$Si(OH)_4$]失水可发生聚合作用而形成胶体硅（多硅酸、硅酸溶胶或凝胶），只有胶体硅在水中的溶解度高，但这部分硅只占土壤中硅的很小一部分。水溶性硅或液态硅成分则比较复杂，主要

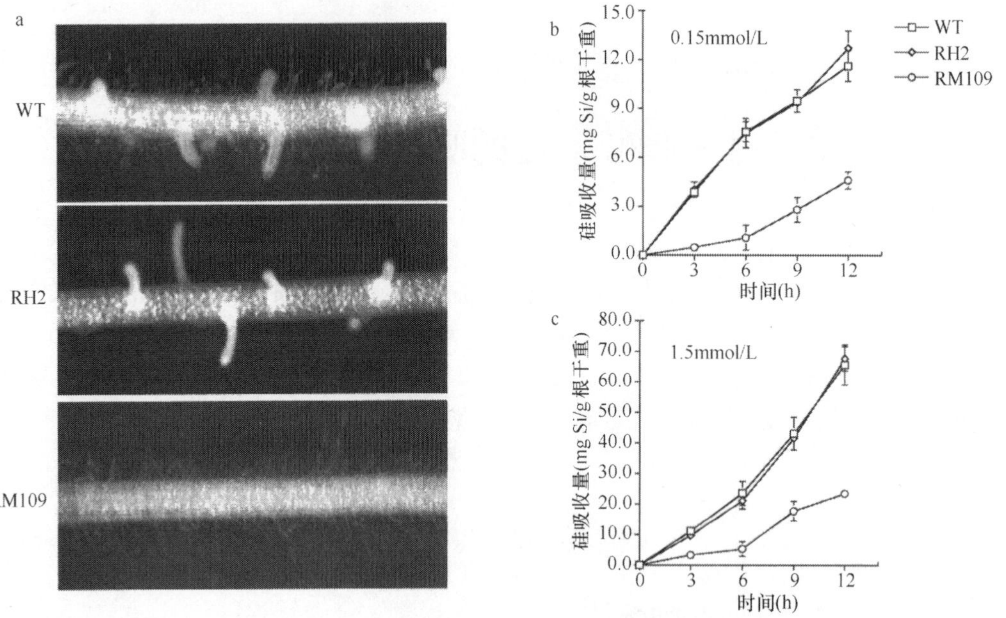

图 2-1 野生型水稻（*Oryza sativa* cv. Oochikara）及其两种突变型水稻的硅吸收（Ma et al.，2001）
a. 野生型（WT）、无根毛突变型（RH2）、无侧根突变型（RM109）水稻的根部；b、c. 野生型水稻及两种突变型水稻的硅吸收曲线，将两周苗龄的水稻苗分别置于 0.15mmol/L 和 1.5mmol/L 的硅酸中，横坐标为处理时间，纵坐标为硅吸收量

存在形式是硅酸，硅浓度通常为 1～40mg/L，在接近田间持水量的土壤中硅含量通常是 16～20mg/L，但当土壤溶液的含硅量达到 65mg/L 以上时，硅酸常发生聚合作用。当 pH 范围为 2～8.5 时，土壤中不同形态硅的溶解度基本上是常量，水溶性硅基本上以硅酸的形式存在，不带电荷也不解离；当 pH＞9 时，硅酸解离产生 $H_3SiO_4^-$（Marschner，1988；Nishimura et al.，1989）。

通常被植物吸收利用的有效硅，是指土壤中的单硅酸及一些易于转化为单硅酸的盐类。目前学界普遍认为植物吸收硅的主要形式是单硅酸[$Si(OH)_4$]，其在土壤溶液中的浓度为 0.1～0.6mmol/L，与 K、Ca 等营养元素浓度相近。当 pH＜9 时，植物根系从土壤溶液中吸收不带电荷的水溶性单硅酸（Marschner，1988）。

2.1.1.3 植物吸收硅的特性

植物吸收硅的特性因植物器官、生育期、种植方式、环境条件等因素的不同而存在一定差异。根据耗竭实验结果，植物吸收硅的速度很快，吸收量随时间呈线性增长；同时，其吸收动态因植物种类不同而存在差异（图 2-2）（Liang et al.，2006）。此外，动力学研究显示，硅的吸收动力学遵循米氏（Michaelis-Menten）方程（图 2-3）（Rains et al.，2006）。

不同植物的不同生育阶段和不同器官的硅吸收速率也不同。例如，小麦在硅含量为 0.5mmol/L（约为土壤溶液中硅浓度的平均值）的营养液中水培，植株从二叶期开始硅吸收速率增大，至八叶期时达最大值，此后变化较小，抽穗时加硅植株同前期不加硅植株的硅吸收速率几乎相同（Savant et al.，1999）。水稻根对硅的吸收量随时间延长而呈

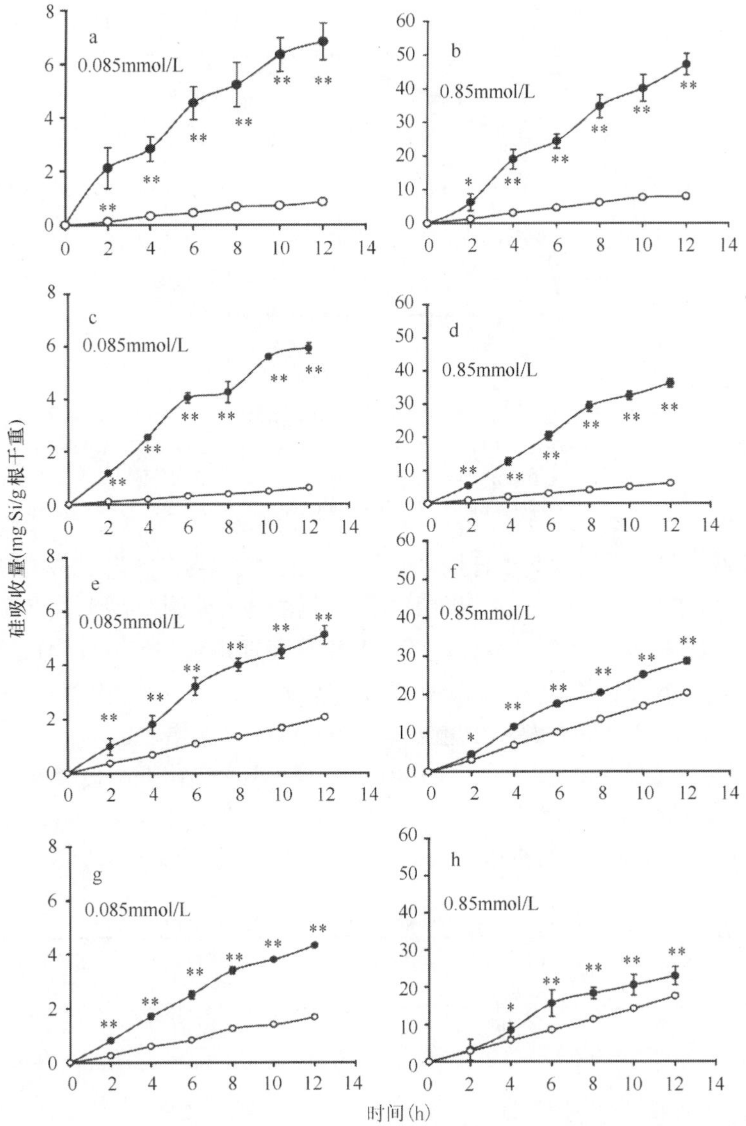

图 2-2　4 种不同植物中硅吸收量测定值（实心圆）和根据蒸腾流估算的硅吸收量（空心圆）（Liang et al.，2006）

a、b，水稻；c、d，玉米；e、f，向日葵，g、h，冬瓜。在 12h 的水培实验期内，植物材料分别生长在硅浓度为 0.85mmol/L 和 0.085mmol/L 的营养液中，营养液的体积为 1mL，通过称重来计算转运造成的水分流失量。实验结束时，收获样品的根部并烘干，测量干重。根据实验时间内溶液中硅含量和水流失量来分析与估算硅转运速率。*（$P<0.05$）和**（$P<0.01$）表示硅吸收测定值与根据蒸腾流估算的硅吸收量之间差异的显著水平

线性增加，预先用硅处理不影响其对硅的吸收，但氯化汞和根皮素（三羟基苯乙酮的衍生物）显著抑制水稻对硅的吸收，对水分吸收的抑制作用则较小，而过硼酸的存在不抑制水稻对硅的吸收。

植物的不同生育期内，植物对硅的吸收表现出明显的时间、季节特性（Tamai and Ma，2003）。栽培在潮土上的水稻拔节至开花吸收的硅占全生育期吸收硅的 36.69%，孕穗至

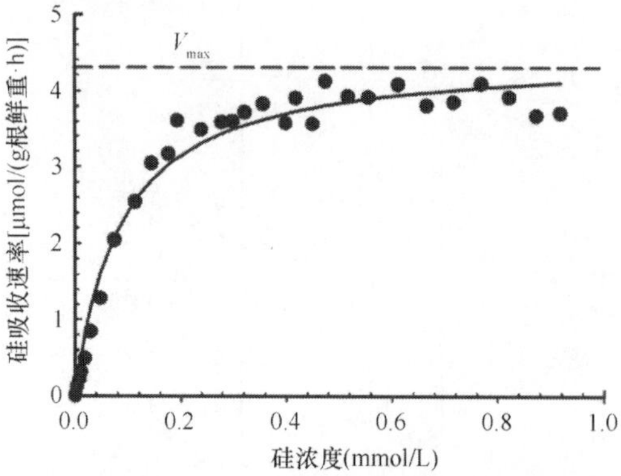

图 2-3 小麦根系对硅的吸收速率与溶液硅浓度的关系（Rains et al.，2006）

将小麦植株转移到含有 1.0mmol/L Na_2SiO_3（pH=6.0）、0.5mmol/L $CaSO_4$ 和 0.02mmol/L KNO_3 的溶液中，处理时间为 5h，其间定时吸取 25mL 的溶液测量硅浓度。用溶液中硅浓度的减少量来表示植物吸收的硅量。数据被转换为线性函数，通过回归分析计算出动力学参数，并通过米氏方程得到曲线

扬花的 23 天内的硅吸收量占其生育期中硅吸收量的 25.74%，扬花至成熟的硅吸收量占全生育期的 51.65%（表 2-1）。从不同生育期水稻的硅含量来看，水稻整株硅含量随生育期呈现“高—低—高—低”的变化趋势，其中分蘖期是水稻整株硅含量最高的时期；在各生育期，地上各器官的硅含量以叶鞘最高，叶片次之，茎、穗相对较低（表 2-2）（杨建堂等，2000）。此外，贺立源和江世文（1999）的研究结果表明，小麦对硅的吸收主要在拔节期以后。但陈兴华和梁永超（1991）认为，小麦出苗期至拔节期是硅吸收的高峰期，这种差异可能源于供试品种不同。玉米四叶期以前硅吸收量较低，拔节期硅吸收量增加，抽穗初期为硅吸收高峰期（肖千明等，1999；徐呈祥和刘友良，2006）。

表 2-1 水稻不同生育阶段的吸硅状况（杨建堂等，2000）

生育阶段	干物质量（kg/hm^2）	硅累积吸收量（kg/hm^2）	硅累积吸收率（%）	硅阶段吸收量（kg/hm^2）	硅阶段吸收量占全生育期吸收总量的比例（%）
移栽—分蘖	398.6	29.3	4.44	29.3	4.44
分蘖—拔节	1 707.2	76.8	11.65	47.5	7.21
拔节—孕穗	2 419.5	149.0	22.60	72.2	10.95
孕穗—开花	4 672.8	318.7	48.35	169.7	25.74
开花—成熟	14 146.6	659.2	100.0	340.5	51.65

表 2-2 水稻不同生育时期地上各器官的硅（SiO_2）含量（%）（杨建堂等，2000）

生育时期	器官				整株
	叶片	叶鞘	茎	穗	
分蘖期	4.98	9.25	—	—	7.34
拔节期	3.56	5.89	2.92	—	4.50
孕穗期	5.68	7.87	4.90	2.04	6.16
开花期	7.67	9.05	4.22	5.07	6.82
成熟期	8.89	9.36	3.80	2.63	4.66

2.1.1.4 根系吸收硅的过程

根系对硅的吸收有多种模式。早期由于硅转运蛋白尚未被发现，且某些植物中硅吸收模式与水分吸收模式一致，人们曾认为硅酸进入植物细胞膜是通过简单的被动扩散的方式。在另一些植物中由于根系硅吸收量与水分吸收速率无相关性，因此早期也有人认为硅吸收是一种主动的营养补充过程。早期一般认为，植物对硅的吸收是一个依赖于蒸腾流的被动过程，土壤溶液中的硅含量和蒸腾的水量控制着植株体内的硅含量。植物若具有主动吸收硅的机制会使相应溶液中的硅浓度显著减少，植物若被动吸收硅则几乎不改变溶液中的硅浓度。相应地，具有排硅机制的植物会排斥硅进入器官，对应外界溶液中的硅浓度会增加（Ma et al.，2001）。因此，Takahashi 等（1990）将多种植物的硅含量与蒸腾速率相结合，提出了高等植物吸收硅的 3 种模式：主动吸收硅（即相对于水分吸收，具有更快或更多的硅吸收）、被动吸收硅（即与水吸收相当）和排硅（即硅吸收比水吸收更慢或更少）。此阶段的研究结果仍然是基于硅含量和蒸腾速率的结果，仍未涉及分子吸收机制（Takahashi et al.，1990；徐呈祥和刘友良，2006）。

通常认为植物根系对硅的吸收包括至少两个过程：①从外部溶液到根皮层细胞的径向运输，②从根皮层细胞释放进入木质部的轴向运输（图 2-4）。

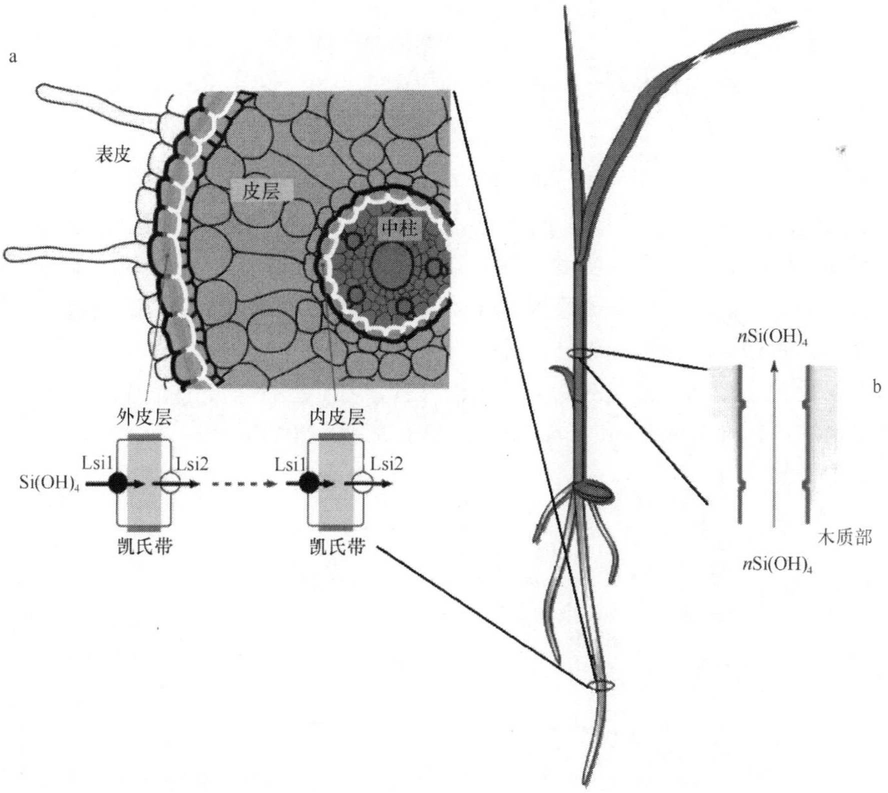

图 2-4　水稻的硅吸收、分布和累积系统示意图（Ma and Yamaji，2006，2008）

a. 水稻根吸收硅的形式是单硅酸，Lsi1 为硅输入转运蛋白，Lsi2 为硅输出转运蛋白；b. 硅继续以单硅酸的形式向地上部分转移

（1）硅从外部溶液到根皮层细胞的径向运输

近年来，随着一系列研究的开展，研究人员对硅吸收中径向运输过程的分子机制有了一些了解。首先，在水稻中已经证实了硅的径向运输有一个 K_m 值为 0.15mmol/L 的跨膜转运蛋白介导的过程。同时，Tamai 和 Ma（2003）发现一种与水稻根系硅吸收有关的蛋白载体，这种载体含有半胱氨酸残基而无赖氨酸残基，其 K_m 值约为 0.32mmol/L，对硅酸表现出低亲和性。动力学研究表明，水稻、黄瓜和番茄根对硅的吸收速率随硅浓度的升高而升高，其中水稻在较高硅浓度（1.5～2mmol/L）时（图 2-5）吸收速率较高（Tamai and Ma，2003）。

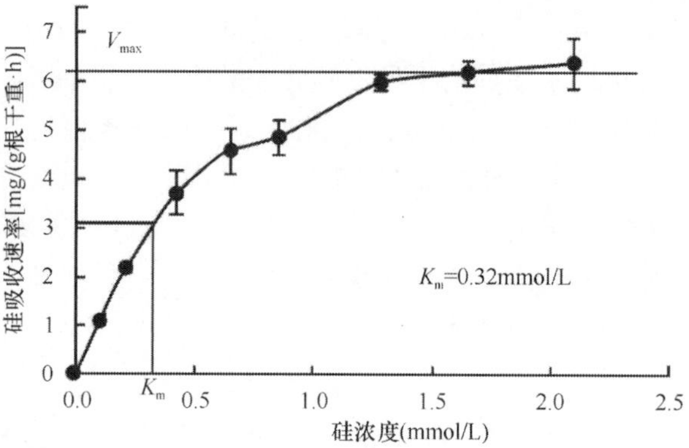

图 2-5　水稻根在不同浓度的硅溶液中的硅吸收速率（Tamai and Ma，2003）

K_m为动力学参数米氏常数

研究表明，水稻、黄瓜和番茄中硅从外部溶液转运到皮层细胞的过程都是由一个 K_m 值约为 0.15mmol/L 的转运蛋白介导的，而 V_{max} 值差异很大（水稻＞黄瓜＞番茄），表明不同植物中硅转运蛋白的密度不同（张玉秀等，2011）。在含 0.5mmol/L 硅的营养液中生长 6h，水稻、黄瓜和番茄等根质外体中硅浓度与营养液中硅浓度接近，而共质体中的硅浓度分别相当于营养液中硅浓度的 7 倍、1.7 倍、1.5 倍（图 2-6）。高硅积累植物中硅的跨根径向运输包含较多的共质体运输过程，同时也有在皮层尤其是内皮层细胞的质外体积累的过程（Tamai and Ma，2003；张玉秀等，2011）。

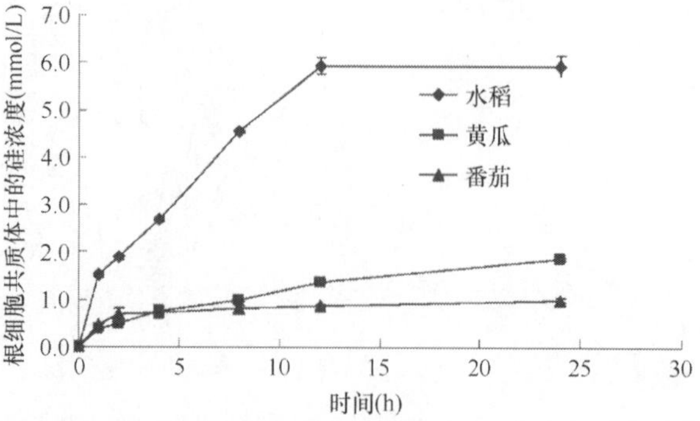

图 2-6　水稻、黄瓜、番茄根细胞共质体中的硅浓度随时间的变化（Mitani and Ma，2005）

Rains 等（2006）发现，代谢抑制剂 2,4-二硝基苯酚（2,4-DNP）和氰化钾（KCN）能抑制小麦对硅的吸收，磷酸根离子对其则无显著影响（图 2-7）；此外，在小麦植株中硅的同族元素锗（Ge）对硅的吸收有竞争性抑制作用。研究还表明，黄瓜对硅的吸收与运输是逆浓度梯度的主动过程，该过程受低温和代谢抑制剂的显著影响。植物根内硅的吸收存在主动过程，该过程与好氧呼吸所产生的能量有关。此外，用代谢抑制剂 2,4-二硝基苯酚或低温处理后，根部共质体中硅的浓度降低，与质外体和营养液中的硅浓度相近，表明植物对硅的吸收是由转运蛋白载体和被动扩散共同介导的，这两种硅吸收方式都广泛存在于植物中，且与植物硅吸收能力无关。随着研究的深入，研究人员近期在高、中硅积累的植物，包括水稻、大麦、玉米、小麦、香蕉和黄瓜中均发现了依赖能量的硅转运体（Ma and Yamaji，2006）。研究认为，硅的径向转运过程包括转运蛋白介导的主动转运过程和被动扩散过程（Tamai and Ma，2003；Mitani and Ma，2005；张玉秀等，2011）。

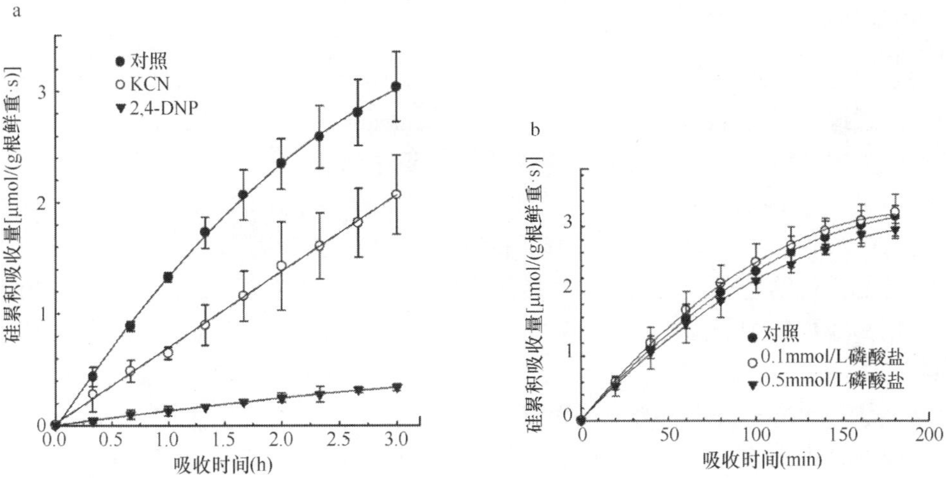

图 2-7　代谢抑制剂及磷酸盐对小麦硅吸收的影响（Rains et al.，2006）

a. 代谢抑制剂对硅吸收的影响；b. 磷酸盐对硅吸收的影响，植株分别置于 0.1mmol/L 和 0.5mmol/L 含硅的磷酸盐溶液（硅浓度为 0.1mmol/L）中

（2）硅从根皮层细胞释放进入木质部的轴向运输

研究认为，对于高硅积累植物，径向运输过程中共质体运输的比重较大，但是同时也存在皮层尤其是内皮层细胞的质外体积累过程（徐呈祥和刘友良，2006）。研究表明，植物中硅的长距离运输仅限于木质部，且一定数量的硅沉积于木质部导管（Raven，1983）。近期研究对木质部液中的硅浓度进行比较后发现，水稻木质部液中的硅浓度显著高于黄瓜和番茄（图 2-8），同时，硅在水稻木质部的装载依赖一系列转运载体，但是在黄瓜和番茄木质部的装载依靠被动扩散。这些结果表明硅在木质部的装载与水稻中高硅累积量密切相关，同时黄瓜和番茄中硅的累积量较低，可能是因为将硅由外部溶液转运到根皮层细胞的径向转运载体较少，且参与硅在木质部装载的载体缺失或功能缺陷（Mitani and Ma，2005），下文介绍硅转运体的段落将对该问题进行详细介绍。

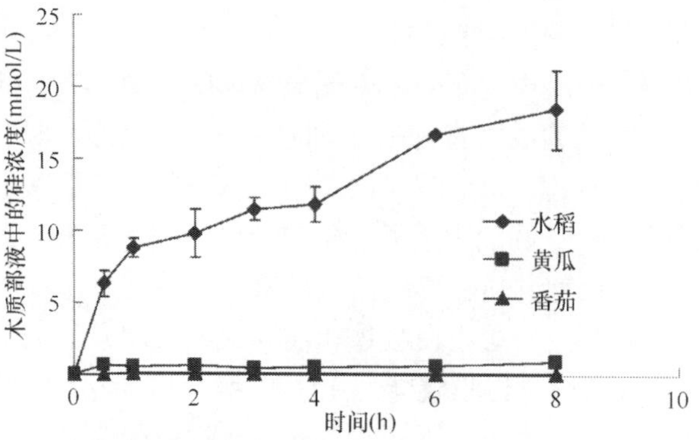

图 2-8　水稻、黄瓜、番茄木质部液中的硅浓度随时间的变化（Mitani and Ma，2005）

2.1.2　植物的硅吸收和转运机制

2.1.2.1　硅的吸收和转运机制

高等植物通过两种途径吸收硅，一种是通过质膜上未知的运载蛋白运输到细胞质，另一种是通过小泡内吞机制直接吸收到液泡（Neumann and Figueiredo，2002），而目前研究较充分的是第一种吸收方式。植物要利用土壤中的硅，必须将硅从土壤溶液转运到植物组织中，而植物根部吸收的硅的主要形态是单硅酸[$Si(OH)_4$]，这个过程需要许多硅转运蛋白的共同协作。硅转运蛋白的基因家族最早是在硅藻中发现的，水稻基因组中没有找到与之同源的基因，将硅藻的硅转运蛋白基因转入烟草中未能提高其对硅的吸收量，说明高等植物中的硅转运系统更为复杂，可能存在着与硅藻完全不同的硅转运蛋白系统（Savvas et al.，2009）。近年来，研究人员在植物中已经发现了多种硅转运蛋白（Liang et al.，2015；Coskun et al.，2018）。

植物对硅的吸收和运输过程中存在特殊的转运蛋白。对硅起转运作用的蛋白主要包括：输入转运蛋白（Lsi1）、输出转运蛋白（Lsi2）和运输蛋白（Lsi6）。目前，已知的参与植物根部吸收硅的转运蛋白为 Lsi1 和 Lsi2，在水稻、大麦、玉米、小麦、南瓜中都曾鉴定出该类转运体，最新研究发现在原始维管蕨类植物问荆中也存在硅输入转运蛋白 Lsi1。通过输入转运蛋白 Lsi1 的作用，硅从土壤溶液进入根部共质体中。随后，在输出转运蛋白 Lsi2 的作用下硅由共质体进入质外体完成木质部装载，然后硅在木质部导管中通过蒸腾流运输到地上部分。在某些植物中，硅的木质部卸载过程是需要转运蛋白参与的主动过程。目前，在水稻、大麦、玉米中都发现了 Lsi6，它是参与硅木质部卸载的一种运输蛋白（Mitani and Ma，2005；Liang et al.，2015）。

OsLsi1 是利用硅吸收缺陷型水稻（*lsi1*）鉴定出的首个高等植物硅转运蛋白。最近，多个硅转运蛋白基因又相继被发现，水稻和玉米中分别发现了 3 个硅转运蛋白（Lsi1、Lsi2 和 Lsi6），大麦中则鉴定出两个硅转运蛋白（Lsi1 和 Lsi2）。水稻 OsLsi1 主要定位在根外皮层和内皮层凯氏带细胞外侧质膜，具有硅输入转运活性；OsLsi2 主要定位在凯氏带细胞内侧质膜，具有硅输出转运活性（图 2-9）。

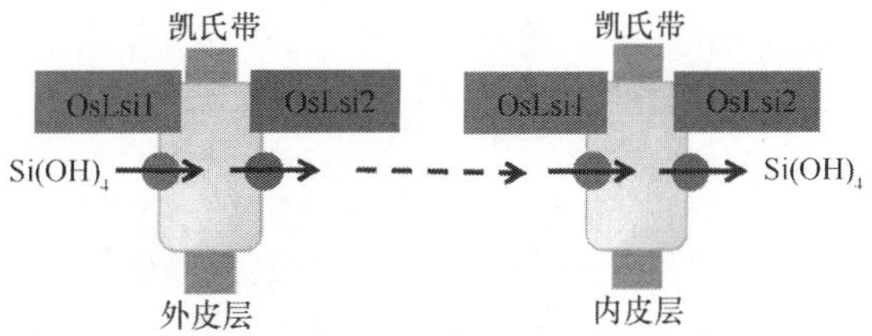

图 2-9　水稻的 Si 吸收系统示意图（Ma and Yamaji，2008）

水稻中硅的吸收转运是一个动态的协作过程。在水稻中，OsLsi1 和 OsLsi2 定位于相同的细胞层，但是分布却呈现极性，这表明硅吸收转运需要二者的协作。研究表明水稻硅的吸收和转运过程包括 4 个步骤（图 2-4，图 2-9）：①外皮层细胞外侧的 OsLsi1 将外部溶液中的硅转运到细胞中，内侧的 OsLsi2 将硅释放到通气组织质外体中；②由内皮层细胞外侧的 OsLsi1 将质外体溶液中的硅转运到内皮层细胞中，OsLsi2 将硅输出转运到中柱中；③中柱中的硅以非聚合态单硅酸形式通过木质部导管随蒸腾流转运至地上部；④在叶鞘和叶片靠近导管一侧木质部薄壁细胞中定位的 OsLsi6 负责木质部硅的卸载和分配，硅酸在蒸腾作用下失水聚合形成硅胶（$m\mathrm{SiO_2}\cdot n\mathrm{H_2O}$），沉积在地上部不同组织器官的细胞壁和细胞间隙中（水稻中 90%以上的硅是以硅胶形式存在的）（张玉秀等，2011；Ma and Yamaji，2015）。

水稻的内、外皮层存在凯氏带，该结构可阻止溶质自由进入中柱，最新研究显示凯氏带被移除的水稻根的硅吸收能力大幅减弱，凯氏带（图 2-9）这一结构的存在与水稻高硅吸收能力密切相关（Sakurai et al.，2015）。凯氏带的存在可能有助于硅的吸收，其原因可能包括：①该结构的存在阻止了中柱中硅的回流；②该结构的存在使得外皮层和内皮层间存在较大的硅浓度梯度。目前关于凯氏带在硅吸收过程中作用的研究较少，且主要围绕水稻开展（Mitani and Ma，2005；张玉秀等，2011；Liang et al.，2015；Ma and Yamaji，2015；Meharg C and Meharg A A，2015）。

大麦和玉米根的组织结构与水稻不同，只有内皮层细胞存在凯氏带，但二者的硅转运蛋白及转运机制与水稻相似。玉米的转运蛋白 ZmLsi1 定位在胚根和冠根的表皮细胞与下皮细胞（皮层细胞的最外层），以及侧根表皮细胞和皮层细胞的外侧质膜。HvLsi1/ZmLsi1 负责吸收土壤溶液中的硅，并通过共质体途径转运到内皮层，再由定位在内皮层凯氏带细胞质膜的 HvLsi2/ZmLsi2 将硅输出到中柱（图 2-10）。ZmLsi6 与 OsLsi6 作用相似，可能参与地上部木质部硅的卸载与分配。然而，目前大麦中未鉴定出类似的 *Lsi6* 基因（Mitani et al.，2009a；张玉秀等，2011）。

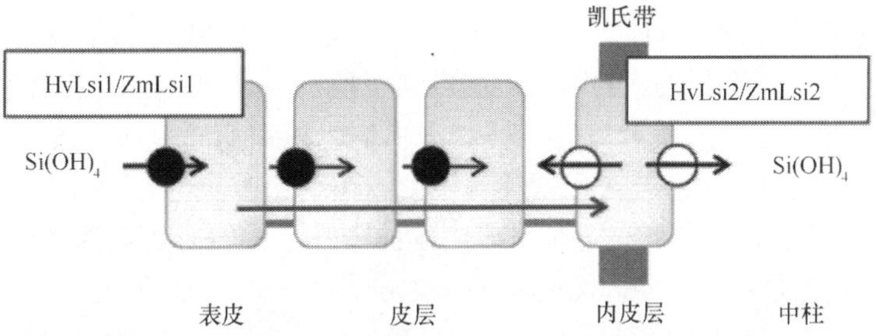

图 2-10　玉米和大麦的 Si 吸收系统示意图（Mitani et al.，2009a）

2.1.2.2 硅转运蛋白 Lsi1

（1）水稻硅转运蛋白 OsLsi1

水稻是一种高硅含量的植物，水稻积累的硅含量占干物质的 10%，水稻中硅的含量甚至高于大量元素氮、磷、钾三者之和。水稻生长和高产都需要充足的硅供应。同时，锗元素（Ge）是硅的同族元素，其与硅的化学性质相近，植物根部对二者的吸收无差别，硅对植物生长有益，但是锗元素对植物有毒害作用，能导致叶片出现褐色斑点。因此利用这些特性，将诱变处理的种子在锗溶液中培养，筛选出一株具有耐锗、硅吸收缺陷特性的水稻突变体 *lsi1*（*low silicon 1*），突变植株生长在含二氧化锗的基质上，观察到突变体 *lsi1* 减产且抗虫、抗病能力减弱。通过采用图位克隆法，最终在 2006 年，日本冈山大学（Okayama University）马建锋（J. F. Ma）教授课题组利用硅吸收缺陷型水稻（*lsi1*）克隆出首个高等植物硅转运蛋白 OsLsi1 的基因，OsLsi1 的基因定位于水稻第 2 条染色体上，含有 4 个内含子和 5 个外显子，其 cDNA 全长 1409bp，推导的编码蛋白有 298 个氨基酸（Ma et al.，2006）。

硅转运蛋白 OsLsi1 是一种典型的水通道蛋白，它参与硅从外部溶液穿过细胞膜的被动运输过程，OsLsi1 硅转运蛋白属类 Nod26 膜内在蛋白（nodulin 26-like intrinsic protein，NIP），因此 OsLsi1 硅转运蛋白也被称作 OsNIP2;1，其氨基酸序列中包含水通道蛋白中典型的高度保守的 6 个跨膜区域和 2 个 Asn-Pro-Ala（NPA）模型（图 2-11）。早期研究虽然已明确，不带电荷的小分子物质通过该植物质膜必须依赖水通道蛋白，但是之前只发现水通道蛋白在水分运输、气体交换及信号转导的生理过程中起作用，如今发现水通道蛋白参与非金属的转运，这在水通道蛋白和植物营养等研究领域是一个振奋人心的发现（Ma et al.，2006）。

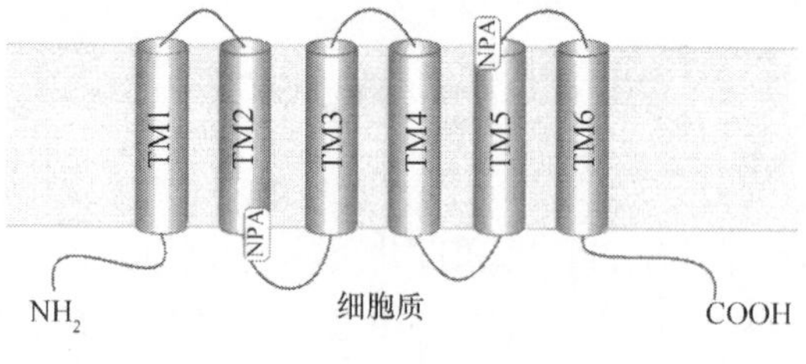

图 2-11 水稻 OsLsi1 结构模型（Ma and Yamaji，2008）

侧根是水稻吸收硅的主要部位，RNA 印迹分析表明 *OsLsi1* 在根中结构性表达，然而，连续 3 天提供硅，*OsLsi1* 的表达量降低了 75%，脱水胁迫和脱落酸（abscisic acid，ABA）处理也可下调其表达。由 *OsLsi1* 启动子驱动 OsLsi1 与绿色荧光蛋白（green fluorescent protein，GFP）融合表达，转基因水稻主根和侧根中均有绿色荧光出现，而根毛中没有，表明 *OsLsi1* 主要在主根和侧根中表达（图 2-12）。此外，*OsLsi1* 在根尖的表达量显著低于其在根基部的表达量，表明硅的吸收应该主要在成熟的根区域内完成。采用兔抗 Lsi1 多克隆抗体（rabbit anti-Lsi1 polyclonal antibody）和二抗（Alexa Fluor 555 goat anti-rabbit IgG）对水稻根切片进行免疫显色，分析表明 Lsi1 定位于根外皮层和内皮层凯氏带细胞外侧质膜（图 2-12）。研究人员在 *OsLsi1* 启动子区域发现了 ABA 响应元件，但是关于 ABA 对该基因的调控机制还不清楚（Ma et al.，2006）。另外，有研究表明 *OsLsi1* 在水稻种子、幼苗和圆锥花序中的不同发育阶段的表达水平也各不相同，以幼苗根部的绝对表达量最高（图 2-13）（Deshmukh and Bélanger，2016）。

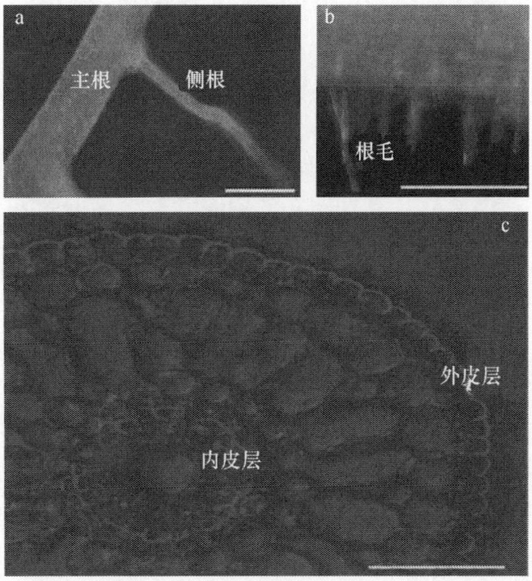

图 2-12　*OsLsi1* 在水稻根中的定位（Ma and Yamaji，2006）

OsLsi1 在水稻根中的定位：主根、侧根（a）和根毛（b），比例尺=500μm；*OsLsi1* 在水稻根中的亚细胞定位（c），比例尺=50μm

将 *OsLsi1* cRNA 注射入爪蟾卵母细胞，在硅酸溶液中孵化 30min，表达 *OsLsi1* 的卵母细胞的硅转运活性是对照（注水）的 2.4 倍，表明 OsLsi1 具有硅输入功能（图 2-14）。进一步研究发现，OsLsi1 还具有硅输出功能，但在根部只表现出输入功能。在等物质的量的尿酸与硼酸存在下，OsLsi1 的硅转运活性不受影响或影响很小，表明 OsLsi1 对硅的吸收和转运具有高度专一性。水通道蛋白转运的底物专一性主要由芳香烃/精氨酸（ar/R）选择性过滤器控制。OsLsi1 的 ar/R 选择性过滤器位于水孔外膜入口的最窄区域，由 4 个残基构成，ar/R 残基分别来自螺旋 2（H2）和螺旋 5（H5），另外 2 个氨基酸残基来源于 LE1 环和 LE2 环。根据水通道蛋白 ar/R 区域的特征将 NIP 分为 3 类：NIPⅠ、NIPⅡ、NIPⅢ。拟南芥 NIPⅠ转运水、甘油和乳酸。与 NIPⅠ相比，NIPⅡ能透过较大的溶质，如尿素、甲酰胺和硼酸。水通道蛋白的活性受磷酸化调控，然而，蛋白磷酸酶和蛋白激酶的抑制剂 K252a 及冈田酸均不影响 *OsLsi1* 的表达，表明磷酸化作用不能调控 *OsLsi1* 的表达。OsLsi1 属于 NIPⅢ，此外，目前不同植物中鉴定的 Lsi1 水通道蛋白都属于 NIPⅢ这一类型，NIPⅢ选择性过滤器由甘氨酸（Gly）、丝氨酸（Ser）和精氨酸（Arg）组成，这些较小的残基形成一个较大的收缩域，可能参与较大硅酸分子（4.38Å）的转运（Ma et al.，2006；Mitani et al.，2008）。

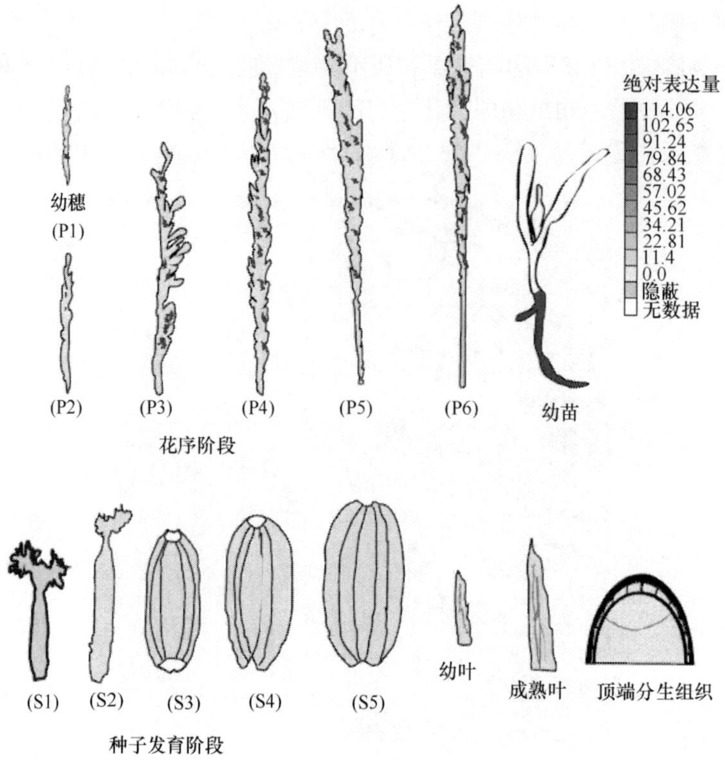

图 2-13　水稻 *OsLsi1* 在种子（S）、幼苗、圆锥花序（P）的不同发育阶段的表达模式（Deshmukh and Bélanger，2016）（另见封底二维码）

红色表示较高的绝对表达量

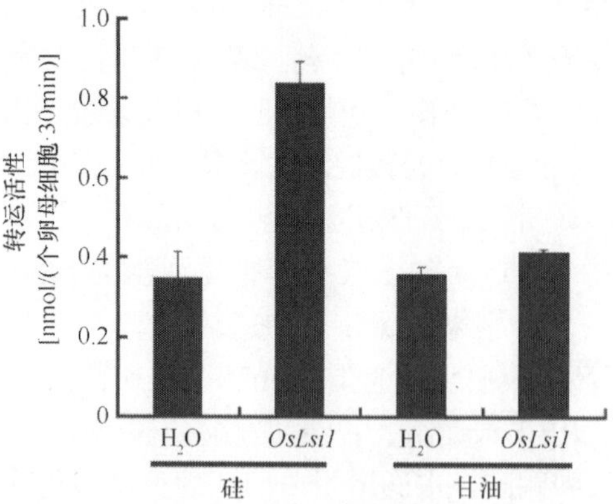

图 2-14　注入 *OsLsi1* cRNA 的爪蟾卵母细胞对硅和甘油的吸收能力（Ma et al.，2006）

（2）几种富硅植物中的硅转运蛋白 Lsi1

大麦和水稻同属禾本科的硅富集植物，利用大麦表达序列标签（expressed sequence tag，EST）克隆得到硅转运蛋白 *HvLsi1* 基因的部分序列，其编码的氨基酸序列与 OsLsi1 相似性高达 81.8%。用 cDNA 末端快速扩增法（rapid amplification of cDNA end，RACE）

从大麦根总 RNA 中分离到全长为 1344bp 的 *HvLsi1* cDNA，其编码 295 个氨基酸。HvLsi1 在水稻硅吸收缺陷型 *lsi1* 中表达，该水稻对硅的吸收能力大大提高，说明 HvLsi1 与 OsLsi1 功能一致，具有硅输入活性。将 HvLsi1 与绿色荧光蛋白（GFP）融合，转到洋葱表皮细胞中，用 1mol/L 甘露醇诱导细胞质壁分离后，结果唯有细胞膜出现绿色荧光，表明 HvLsi1 是一种细胞膜定位蛋白（Mitani et al.，2009b）。玉米 ZmLsi1 是基于玉米基因组和基因数据库研究获得的。Mitani 等（2009b）通过 PCR 技术从玉米根 cDNA 中分离出 *ZmLsi1*，推测其编码的蛋白含有 295 个氨基酸。*ZmLsi1* 与 *OsLsi1* 相似性为 83%，含有 2 个保守的 NPA 及与 *OsLsi1* 相同的 ar/R 选择性过滤器。HvLsi1 和 ZmLsi1 在结构及功能上与 OsLsi1 相似，但由于玉米和大麦根只有内皮层有凯氏带细胞，与水稻的组织结构不同，因此 3 种蛋白在根部的定位和表达模式存在明显差异。OsLsi1 定位于胚根、侧根和冠根的外皮层及内皮层凯氏带细胞的外侧，HvLsi1 定位于胚根的表皮和皮层细胞及侧根的下皮细胞外侧，ZmLsi1 定位于胚根和冠根的表皮与下皮细胞，以及侧根的表皮和皮层细胞外侧。水稻连续 3 天施 Si，*OsLsi1* 表达水平降低到 25%；而当大麦和玉米连续 7 天施硅后，*HvLsi1*/*ZmLsi1* 的表达水平无明显降低，表明启动子区域具有不同的调控元件。此外，*HvLsi1*/*ZmLsi1* 的表达水平与植株对硅的吸收量相关性较小，而水稻 *OsLsi1* 的表达水平与植株对硅的吸收量高度相关，表明 HvLsi1/ZmLsi1 可能不是主要的硅吸收转运蛋白（Mitani et al.，2009b）。

南瓜的转运蛋白 CmLsi1 是首个在双子叶植物中鉴定的硅输入转运蛋白。CmLsi1 被定位于根细胞，定位结果与大麦和玉米类似，但是与水稻 OsLsi1 不同。这种差异可能是由水稻和旱地作物的根结构不同造成的，水稻根部有发达的通气组织，在其中皮层细胞逐渐退化，而旱地作物中没有该种变化。同时，CmLsi1 不存在极性分布，这与水稻 OsLsi1 不同。对于其他双子叶植物，黄瓜地上部分积累的硅较多，黄瓜的叶片中硅含量为 1.8%～2.9%，同时无论是否有外源硅补充，黄瓜木质部液中的硅含量都常比外部溶液高数倍。Nikolic 等（2007）发现黄瓜通过根部吸收硅，并且最终大部分硅都转移到了地上部分。Liang 等（2015）发现低温和代谢抑制剂能够抑制黄瓜的硅吸收，因此首次提出黄瓜的硅吸收过程包括被动扩散过程和主动吸收过程。动力学研究显示黄瓜的硅吸收遵循米氏方程，但是其 V_{max} 显著低于水稻（Ma and Yamaji，2006，2008；Liang et al.，2015）。

在黄瓜果实上经常可以观察到极细的白色粉末（果霜），其主要成分就是二氧化硅。但是，在日本，通过将黄瓜嫁接到某些特别的南瓜品种上，可以得到叶霜、果霜极少的黄瓜（Mitani et al.，2011a）。同时，有报道显示南瓜砧木的粉霜多少实际与根部的硅吸收能力有关（Mitani et al.，2011a）。在爪蟾卵母细胞和硅吸收缺陷型 *lsi1* 突变水稻中进行异源表达试验，研究者发现来自多粉霜砧木南瓜的硅输入转运蛋白（CmLsi1B+）能够转运硅，而来自少粉霜的砧木南瓜的硅转运蛋白（CmLsi1B−）并没有转运硅。深入研究发现，这两个来自不同砧木南瓜的硅转运蛋白有两个氨基酸残基不同，在 242 位存在一个突变（脯氨酸变为亮氨酸），最终导致了少粉霜的砧木失去硅转运的能力（Mitani et al.，2011a）。多粉霜砧木南瓜的硅输入转运蛋白（CmLsi1B+）被定位于南瓜的根细胞质膜上，而来自少粉霜的砧木南瓜的硅转运蛋白（CmLsi1B−）则仅被定位于内质网上。

除了葫芦科植物外，其他双子叶植物的硅转运蛋白的特性一直少有文献报道。最近，两个候选的硅输入转运蛋白在大豆中被鉴定，二者均属于 NIP2 亚族的水通道蛋白，GmNIP2-1 和 GmNIP2-2 的基因在大豆地上部分及根都有表达，同时在增加外源硅补充量时，二者的表达量都下调（Liang et al.，2015）。

（3）其他植物中的硅转运蛋白 Lsi1

近年来，通过对被子植物的基因进行搜索和比对，目前研究者在多种双子叶和单子叶植物中均发现了 NIPIII通道蛋白（Lsi1 类似蛋白）。无油樟（*Amborella trichopoda*）是最接近单子叶和双子叶植物祖先的一种植物，在其中也发现了 *Lsi1* 的同源基因。大部分从被子植物中鉴定的 NIPIII通道蛋白具有 ar/R 氨基酸残基，理论上它们都对硅具有选择透过性。目前，实验中发现 Lsi1 只在禾本科、葫芦科和豆科的某些植物中保有该特性；在其他积累硅的陆生植物（如苔藓植物、石松属及木贼属的蕨类植物）中，并没有发现 NIPIII通道蛋白的类似蛋白，却发现了其他 NIP 蛋白。但是，只有木贼属植物问荆中鉴定的 Lsi1 的类似蛋白 EaNIP3 被证实具有硅选择透过性，而其他苔藓植物及蕨类植物中 Lsi1 的类似蛋白都不具有硅转运能力。比对后发现 EaNIP3 与被子植物的 NIP II 类水通道蛋白更相似，而该类水通道蛋白是硼酸的通道。因此，可知被子植物和蕨类植物问荆的硅转运蛋白的进化过程是完全不同的。研究者在低硅积累植物番茄中发现了 NIPIII同源蛋白。有研究显示，在番茄这种典型的非硅积累植物中（Lópezpérez et al.，2018），*Lsi1* 的同源基因 *SlNIP2-1* 主要在番茄地上部分表达（图 2-15），这可能就导致了番茄的硅吸收量较低，该研究还显示在番茄植株发育早期 *SlNIP2-1* 在根部有明显的表达（Deshmukh and Bélanger，2016）。因此，可知 NIPIII同源蛋白与硅积累并非一直密切相关，而其他很多因素，如表达水平、极性、细胞定位等都能影响 Lsi1，进而影响硅在植物中的积累（Liang et al.，2015）。

2.1.2.3 硅转运蛋白 Lsi2

（1）水稻中的硅转运蛋白 Lsi2

Lsi1 是硅输入转运蛋白，能将硅从外部溶液转运到根细胞内，那么，硅又是如何在皮层中转运并进入中柱的呢？

为了鉴定细胞中的硅输出转运蛋白，马建锋教授课题组利用 *N*-甲基-*N*-亚硝基脲诱变 M3 水稻（cv. Taichung-65）种子，筛选获得一株耐锗突变体 *lsi2*（*low silicon rice 2*），其硅吸收水平远低于野生型水稻。缺硅环境下 *lsi2* 突变体幼苗期与野生型植株在形态和生长方面并无差别。将该植株移植到田间，两者对 P 和 K 等营养元素的吸收没有差异，但 *lsi2* 突变体植株的谷物产量仅为野生型的 40%。采用与克隆 OsLsi1 相似的方法得到水稻 OsLsi2 硅转运蛋白的基因，OsLsi2 的基因定位于第 3 条染色体上，含有 2 个外显子和 1 个内含子，推测编码的蛋白质有 472 个氨基酸，含有 11 个跨膜域。ClustalW 分析表明，OsLsi2 是一个假定的阴离子转运蛋白，与 OsLsi1 不具任何相似性。OsLsi2 也是第一个在高等植物中被鉴定的硅输出转运蛋白（Ma et al.，2007；Yamaji and Ma，2011；Coskun et al.，2018）。

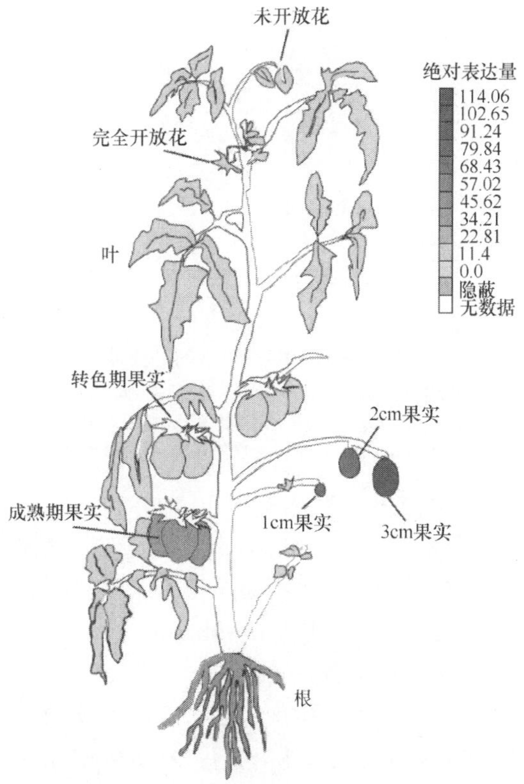

图 2-15　番茄中 *Lsi1* 的同源基因 *SlNIP2-1* 在不同组织中的表达模式（Deshmukh and Bélanger，2016）（另见封底二维码）

红色表示较高的绝对表达量

免疫荧光显色表明，OsLsi2 主要定位于水稻根内皮层与外皮层凯氏带细胞内侧质膜（图 2-16），这意味着 OsLsi2 可能具有不同的硅转运功能。向爪蟾卵母细胞注射 OsLsi2 的实验表明（Ma et al.，2007），OsLsi2 是一个具有硅输出功能的转运蛋白，且硅的输出活性随介质 pH 的降低而升高（图 2-17），其中 OsLsi2 在 pH 6.8 时的 Si 输出活性约是

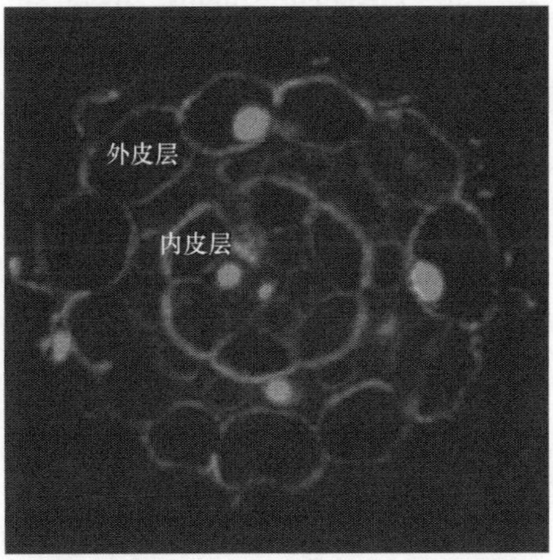

图 2-16　硅转运蛋白在水稻侧根横截面的定位（Yamaji and Ma，2011）（另见封底二维码）

绿色表示 OsLsi1，红色表示 OsLsi2

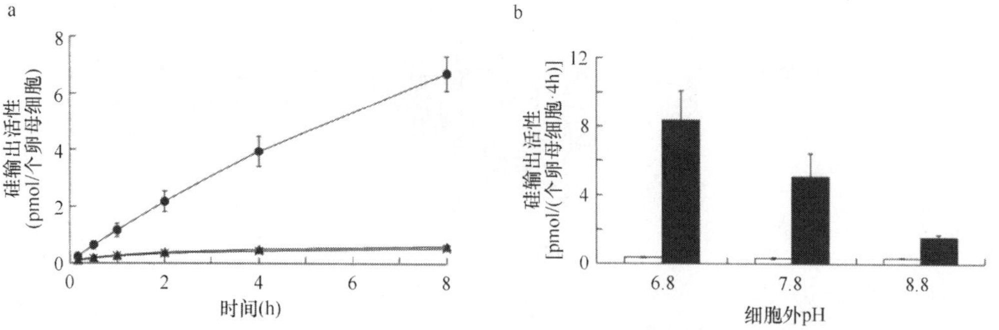

图 2-17　注入 OsLsi2 的爪蟾卵母细胞对硅的外排能力（Ma et al.，2007）

a. 硅输出的时间变化。向爪蟾卵母细胞中注入水（×）、*OsLsi2*（●）、*OsLsi2* cRNA（▲），将爪蟾卵母细胞置于硅浓度为 1mmol/L 的溶液中。OsLsi2 转运蛋白具有硅输出功能。b. 硅输出活性依赖于细胞外 pH。白色柱为水，黑色柱为 *OsLsi2*。OsLsi2 转运蛋白的硅输出活性随介质 pH 的降低而升高

pH 8.8 时的 4 倍。当用低温和 2,4-二硝基苯酚（2,4-DNP）、氰化羰基-3-氯苯腙（CCCP）及三氟甲氧基苯腙羰基氰化物（FCCP）等质子载体及低温处理时，硅的输出活性被抑制，说明 OsLsi2 介导的硅的转运是一个由质子梯度驱动的耗能过程。*OsLsi2* 在根中的表达与 *OsLsi1* 相似，其转录水平在距根尖 0～10mm 处非常低，而在根的成熟区较高，且经外源硅和 ABA 处理后其表达下调。

另外，*OsLsi1*/*OsLsi2* 在水稻抽穗期的表达水平暂时性升高，且从圆锥花序开始到抽穗期植株硅吸收量占整个生育期总量的 67%，表明 *OsLsi1*/*OsLsi2* 的高表达与生殖发育期水稻对硅的高吸收量相一致。*OsLsi1* 与 *OsLsi2* 的启动子序列比对分析表明，二者具有相同转录因子的调控元件，如 *rd22* 基因启动子的 MYB2 和 MYC 调控元件。基于 OsLsi1 和 OsLsi2 在根细胞中的定位（图 2-16）及其转运特性不同，其中任一基因缺失都会导致水稻硅吸收量急剧下降，因此，二者在水稻吸收转运硅过程中具有协同作用。OsLsi1 负责将土壤溶液中的单硅酸[$Si(OH)_4$]输入到根的外皮层细胞中，OsLsi2 将单硅酸释放到质外体轮辐状结构中，接着 OsLsi1 将 $Si(OH)_4$ 转运到内皮层细胞，OsLsi2 再将单硅酸释放到中柱中。硅转运蛋白（Lsi1 和 Lsi2）的这种协同转运，可能是水稻硅累积量显著高于其他禾本科植物的一个重要原因（Ma et al.，2007；Ma and Yamaji，2008，2015；张玉秀等，2011）。

此外，近期研究表明硅转运蛋白 Lsi1 和 Lsi2 都涉及亚砷酸盐的吸收。*OsLsi1* 突变的水稻中砷（As）的吸收显著减少，而 *OsLsi2* 突变的水稻中的砷卸载到木质部并且在地上部分积累，同时导致减产。大田试验也表明，相对于 *OsLsi1* 来说，*OsLsi2* 的突变对水稻地上部的砷积累及产量的影响更大。砷也是通过水稻根部吸收，水稻中也积累了大量的砷，同时砷与硅酸的分子量接近，二者在生理 pH 下都未解离，推测砷可能与硅酸共用相同的转运通道。因此，在水稻生产中，保证土壤有效硅含量充足，似乎可以在某种程度上抑制砷的吸收及迁移（Liang et al.，2015；Hossain et al.，2018）。

（2）OsLsi2 的同源蛋白 Lsi3

近期，一个新的硅转运蛋白基因 *Lsi3* 在水稻茎节中被发现。*Lsi3* 编码的蛋白质在氨基酸水平与 *OsLsi2* 具有 80%的一致性。爪蟾卵母细胞的表达试验发现 Lsi3 同样具有硅输出转运活性，在 *lsi2* 突变体水稻中表达 *Lsi3* 能够显著促进硅的吸收，*Lsi3* 是一个与

OsLsi2 功能相似的硅转运蛋白基因。定位试验显示，Lsi3 位于扩展型维管束（enlarged vascular bundle，EVB）和弥漫型维管束（diffuse vascular bundle，DVB）的维管束鞘细胞间的薄壁组织上，但是 Lsi3 与 Lsi2 不同，它的分布没有极性，同时 Lsi3 不涉及根部输出转运，初步认为其只涉及维管束内的硅转运。Lsi3 在水稻茎节 I 中高表达，*Lsi3* 基因敲除后圆锥花序中的硅减少了，但是水稻旗叶中硅分配增加。同时硅在水稻的圆锥花序和稻壳中的优先分配需要 Lsi3 与 Lsi2 协同完成，但是具体机制仍有待后续研究（Yamaji et al.，2015）。

（3）其他植物中的硅转运蛋白 Lsi2

近年来，研究人员在其他植物中也陆续发现了与 OsLsi2 功能类似的硅转运蛋白。Mitani 等（2009a）分别从大麦和玉米中分离出 2 个与 OsLsi2 功能相似的硅转运蛋白基因，*HvLsi2* 和 *ZmLsi2*，二者编码的蛋白质在氨基酸水平与 OsLsi2 具有 86%的相似性。*HvLsi2*/*ZmLsi2* 均在根中表达，且根基表达水平高于根尖。免疫显色实验表明，*HvLsi2*/*ZmLsi2* 定位于胚根和侧根基部的内皮层细胞，*ZmLsi2* 在玉米特征性结构根尖中没有观察到，也没有发现其具有与 *OsLsi2* 相似的极性分布。8 个大麦品种分析表明，*HvLsi2* 的表达水平与硅的吸收量呈正相关。连续 7 天供硅，*HvLsi2* 和 *ZmLsi2* 的表达水平分别降低至 20%和 50%，表明 *Lsi2* 的表达可能在调控大麦和玉米吸收转运 Si 的过程中起关键作用。水稻连续供硅时，*OsLsi1* 和 *OsLsi2* 的表达水平都降低到原来的 25%，表明水稻与大麦和玉米具有不同的硅吸收调节机制（Mitani et al.，2009a）。

研究人员在两种不同类型的南瓜栽培品种（一种多粉霜，一种少粉霜）中鉴定出了两个硅输出转运蛋白，CmLsi2-1 和 CmLsi2-2。二者都具有硅输出转运活性，并且都在根和地上部分表达。此外，与 CmLsi1 转运蛋白不同，在这两种栽培南瓜中 *CmLsi2-1* 和 *CmLsi2-2* 的基因序列并没有差异。因此，可知在少粉霜的南瓜品种中，只是因为 *CmLsi1* 基因发生突变，进而导致硅吸收量减少（Mitani et al.，2011b；Liang et al.，2015）。

近期，通过基因搜索和比对，研究人员在多种植物中发现了 *Lsi2* 的同源基因。但是，让人意外的是在低硅积累植物拟南芥（*Arabidopsis thaliana*）中，虽然发现了 *Lsi2* 的同源基因，却未找到 NIPⅢ通道蛋白的同源基因。目前，*Lsi2* 只在禾本科和葫芦科中被证实具有硅转运的能力，对 *Lsi2* 的底物特异性方面的研究受限制，因此无法证实其他植物中的 *Lsi2* 的同源基因是否也具有硅转运能力。研究人员在番茄中发现了 Lsi2 同源蛋白，但是番茄是典型的低硅积累植物，Lsi2 同源蛋白与硅积累并非一直密切相关，与 Lsi1 一样，如表达水平、极性、细胞定位等因素均能影响 Lsi2，进而影响硅积累（Liang et al.，2015；Ma and Yamaji，2015）。

在其他一些硅积累植物（如苔藓植物、石松属及木贼属的蕨类植物）中，并没有发现 NIPⅢ通道蛋白的类似蛋白，却发现了其他 NIP 蛋白，*Lsi2* 的同源基因在苔藓植物和蕨类植物中被发现。此外，通常认为裸子植物仅积累少量的硅，而目前研究显示在云杉这种裸子植物中也没有发现 *Lsi2* 的同源基因（Liang et al.，2015）。

2.1.2.4　硅转运蛋白 Lsi6

植物吸收的硅超过 90%被转运至地上部。然而，硅在地上部的转运和分布机制尚不十分清楚。水稻木质部液中硅的浓度分别比黄瓜和番茄的高 20 倍和 100 倍，由此，推测可能有未知的硅转运蛋白参与木质部硅的装载和卸载（图 2-18）。目前，已鉴定的与硅在植物地上部分配有关的硅转运蛋白有水稻 OsLsi6 和玉米 ZmLsi6（Yamaji et al.，2008；Liang et al.，2015）。

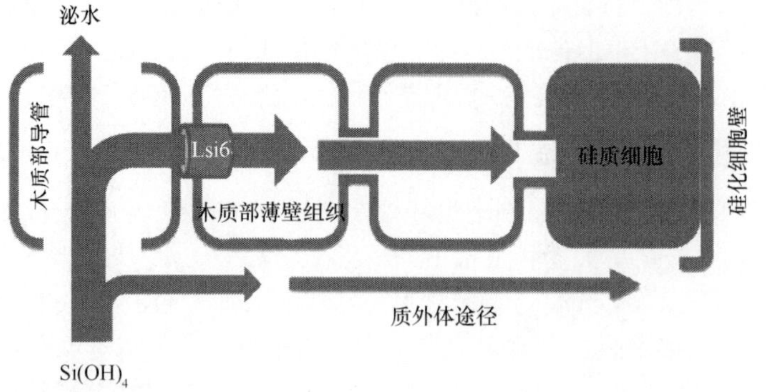

图 2-18　Lsi6 参与的硅木质部卸载过程示意图（Ma et al.，2011）

（1）水稻中的硅转运蛋白 Lsi6

基于硅转运蛋白同源性研究，Yamaji 等（2008）在水稻基因组中发现了一个 *OsLsi1* 的同源基因 *OsNIP2;2*，命名为 *OsLsi6*。*OsLsi6* 含有 4 个内含子和 5 个外显子，可读框（open reading frame，ORF）长 894bp，其编码的蛋白质有 298 个氨基酸，与 OsLsi1 有 77%的相似性。OsLsi6 和 OsLsi1 同属 NIPIII水通道蛋白亚族，具有硅输入转运活性。

不同的是 *OsLsi6* 除在根未成熟区（0～10mm）中表达外，还在叶鞘和叶片中表达。免疫荧光染色结果表明，OsLsi6 主要定位于根未成熟区（距根尖 5mm）所有类型的细胞质膜上，且表现出与 OsLsi1 相似的极性分布，而在成熟区（距根尖 30mm）的表达急剧下降。在地上部 OsLsi6 定位在叶片和叶鞘木质部薄壁细胞（图 2-19），并在靠近导管一侧细胞表现出极性分布特征，表明 OsLsi6 在硅的吸收转运中可能扮演着不同于 OsLsi1 和 OsLsi2 的角色。由于 *OsLsi6* 在根中主要在根尖表达，而根尖缺少具有硅输出功能的 OsLsi2，因此其对硅吸收的贡献甚微，推测 OsLsi6 并不是将吸收的硅转运到地上部，而是留在根尖区以提高根对多种胁迫的抗性，但 OsLsi6 的确切作用还有待深度研究（Yamaji et al.，2008）。

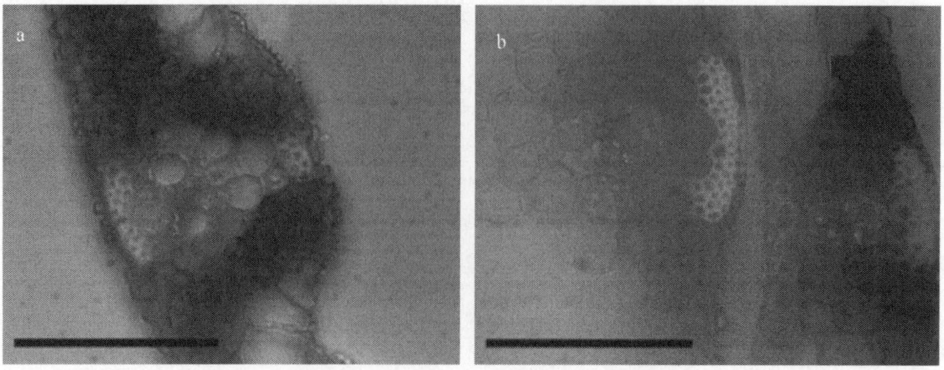

图 2-19　OsLsi6 在水稻叶片（a）和叶鞘（b）的定位（红色）（Yamaji et al.，2008）（另见封底二维码）
比例尺=100μm

在连续 6 天供应硅的实验中，*OsLsi6* 在水稻根和叶片中的表达水平降低，而在叶鞘中的表达基本不受影响。通过 T-DNA 插入突变、RNAi 基因敲除和 Tos17 插入突变 3 种方法抑制 *OsLsi6* 表达，结果均显示突变体木质部液中硅的浓度和野生型基本没有差别，而叶片吐水中硅浓度显著升高，表明抑制 *OsLsi6* 的表达不影响根对硅的吸收，而是改变了木质部液中的硅进入叶片的途径（图 2-20）。同时，研究人员利用扫描电子显微镜（简称扫描电镜）/X 射线能谱仪（SEM/EDX）观察发现，与野生型水稻相比，*OsLsi6* T-DNA 突变体的叶片中硅化细胞的分布发生变化。水稻叶片中有 2 种硅化细胞：硅质细胞（silica cell）和硅质体（silica body）[或硅化运动细胞（silica motor cell）]。硅质细胞主要位于叶脉的表皮，呈哑铃状；硅质体，又称作植物岩、植物蛋白石，位于叶鞘和叶片中的泡状细胞上。野生型叶片中，哑铃状的运动细胞平行于叶脉有序排列（图 2-21）。然而，在 *OsLsi6* T-DNA 突变体中，硅化的表皮细胞很多（野生型中却很少），此外，哑铃型运动细胞的硅密度明显低于野生型（图 2-21），表明抑制 OsLsi6 的表达改变了木质部硅向叶片特异细胞的转运，说明 OsLsi6 可能负责木质部硅的卸载和分配（Yamaji et al.，2008）。

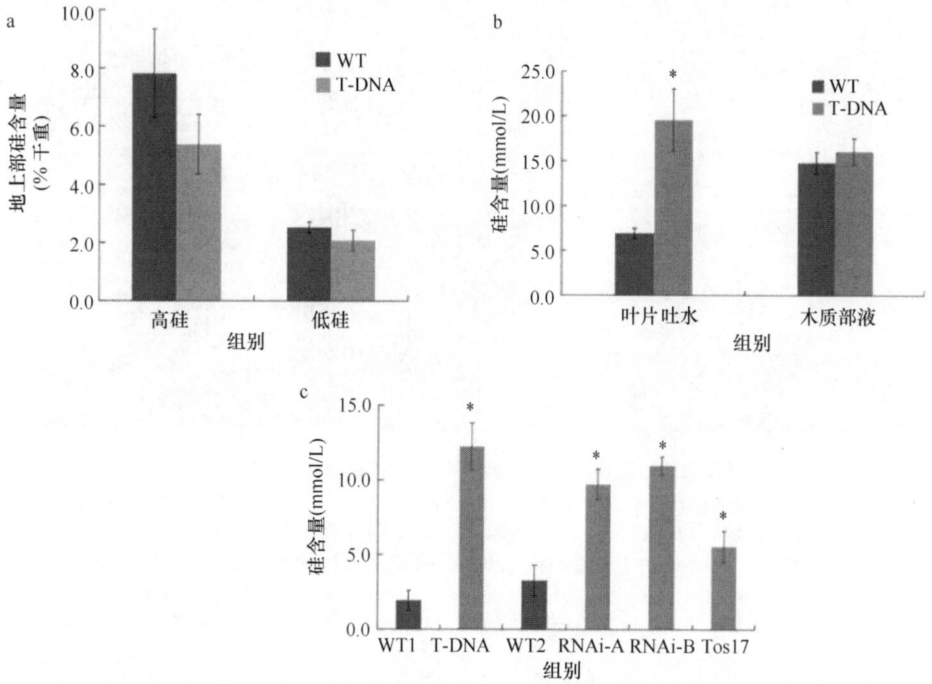

图 2-20　地上部、叶片吐水和木质部液中的硅含量（Yamaji et al.，2008）

a. 地上部分的硅含量。将野生型水稻苗（WT）和 *OsLsi6* T-DNA 插入突变水稻苗（T-DNA）从无硅的水培环境转移到含有硅肥（高硅）和不含硅肥（低硅）的土壤环境中培养，3 周后收获地上部分并测定。b. 叶片吐水和木质部液中的硅含量。温室内栽培（含有 0.5mmol/L 硅）4 周的野生型水稻苗（WT）和 *OsLsi6* T-DNA 插入突变水稻苗（T-DNA）。c. 叶片吐水中的硅含量。温室内栽培 4 周的野生型水稻苗（WT1，cv. Dongjin；WT2，cv. Nipponbare），*OsLsi6* T-DNA 插入突变水稻苗（T-DNA），两个 *OsLsi6* RNAi 基因沉默品系（RNAi-A 和 RNAi-B），以及 Tos17 插入突变系

在禾本科植物中，根部吸收的矿质元素并不是直接运输到谷粒中，而是在植物节点处重新分配，此过程对矿质元素在圆锥花序中的选择性累积起着关键作用。进一步研究发现，在水稻圆锥花序完全出现时，*OsLsi6* 主要在连接旗叶和圆锥花序的第一个节点大

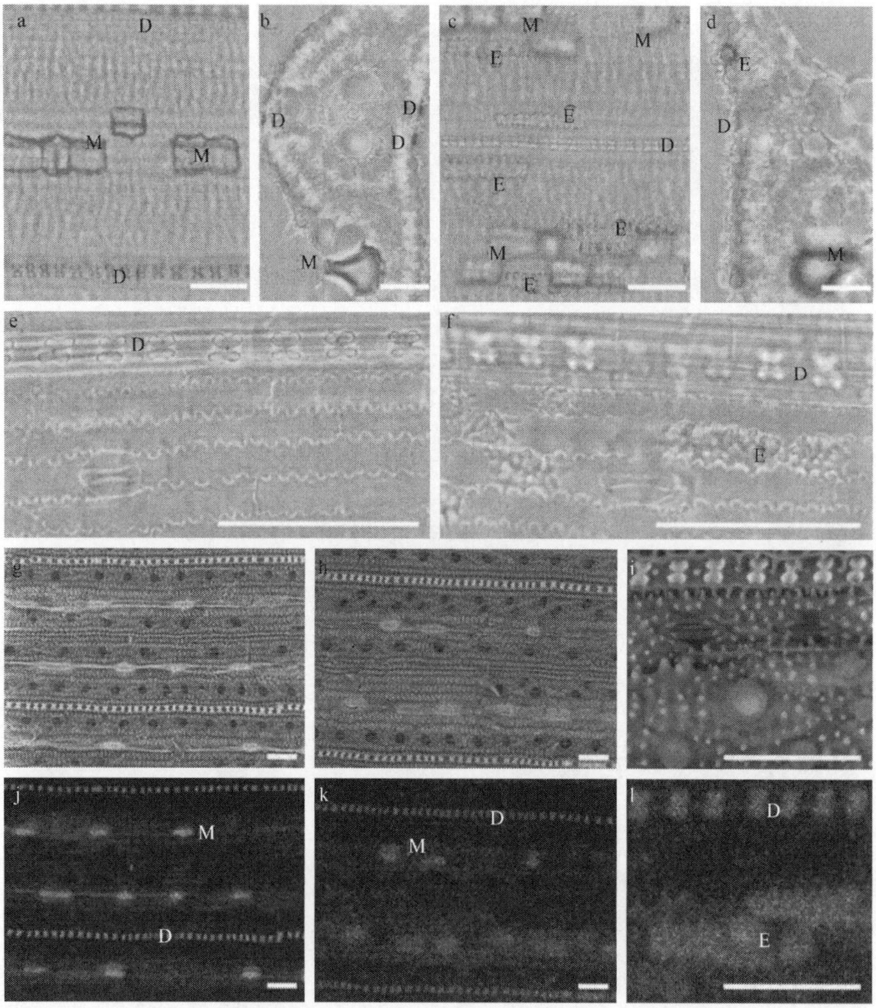

图 2-21 水稻叶片中的硅分布（Yamaji et al.，2008）

a～f. 光学显微镜下两组材料在含硅溶液（0.5mmol/L）中处理 6 天后的叶片；a、b 为苯酚红染料着色的野生型叶片，e 为野生型的叶鞘；c、d 为 *OsLsi6* T-DNA 突变体的叶片，f 为其叶鞘；a、c、e、f 为纵向观察结果，b、d 为横截面的观察结果。g～l. 扫描电子显微镜/X 射线能谱仪（SEM/EDX）下两组材料在 0.5mmol/L 含硅溶液中处理 6 天后的叶片；g、j 为野生型的叶片，h、i、k、l 为 *OsLsi6* T-DNA 突变体的叶片；g、i 为扫描电子显微镜的观察结果；j、l 为用 X 射线能谱仪探测硅的结果，其中黄色区域表示硅的特征 X 射线。D，哑铃状的硅化细胞；M，硅化运动细胞；E，硅化远轴端皮层。比例尺= 50μm

量表达，而在颖果、花叶轴和总花柄等花序组织中未观察到。OsLsi6 定位于木质部传递细胞，敲除 *OsLsi6* 会导致圆锥花序中硅累积降低，而旗叶中硅累积升高（图 2-22），说明 OsLsi6 是一种与维管间运输有关的硅转运蛋白，参与硅由大维管束向连接圆锥花序的分散维管束转运的过程。此外，最新研究表明，敲除 *OsLsi2* 或 *OsLsi3* 基因对硅在圆锥花序的分布影响不大，这再次说明 OsLsi6 对圆锥花序中硅的累积很重要，而 OsLsi2 和 OsLsi3 的作用可能只是为 OsLsi6 提供硅浓度梯度（Yamaji et al.，2015）。但是，由于 *OsLsi6* 在花序器官中不表达，硅酸在节点的重新分配和向圆锥花序中的转运，以及最终在稻壳分配并完成积累的一系列过程可能涉及其他新的硅转运蛋白（如近期新发现的 OsLsi3）（Yamaji et al.，2008；Yamaji and Ma，2009）。

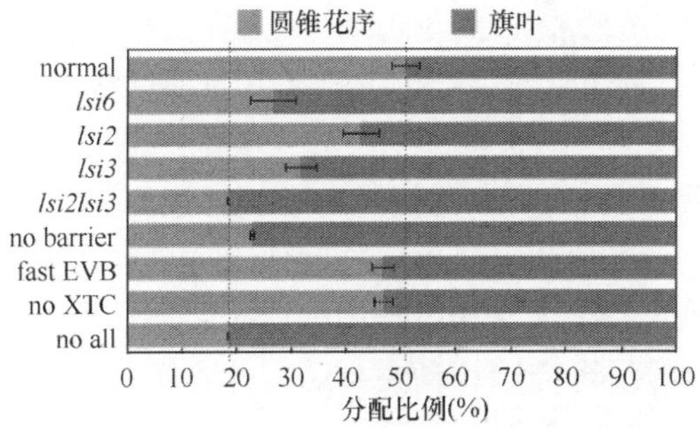

图 2-22　计算机模拟评估多重试验设置条件下硅在圆锥花序和旗叶中的分配（Yamaji et al.，2015）

normal，野生型；*lsi6*，缺失 *OsLsi6*；*lsi2*，缺失 *OsLsi2*；*lsi3*，缺失 *OsLsi3*；*lsi2lsi3*，缺失 *OsLsi2* 和 *OsLsi3*；no barrier，扩展型维管束（EVB）的维管束鞘中非原生质体屏障；fast EVB，硅在 EVB 木质部中的分配速率加快 10 倍；no XTC，*OsLsi6* 的渗透率参数被替换为根部 *OsLsi1* 的渗透率参数；no all，结合以上所有因素

（2）其他植物中的硅转运蛋白 Lsi6

在玉米中，研究人员发现了与OsLsi6同源的硅转运蛋白ZmLsi6，其ORF全长885bp，其预测蛋白有 294 个氨基酸，在氨基酸水平上与 OsLsi6 具有 89%的相似性。ZmLsi6 cRNA 在爪蟾卵母细胞中异源表达，表明 ZmLsi6 具有硅输入转运功能。免疫荧光染色表明 ZmLsi6 在胚根中几乎不表达，而在侧根和根尖中表达，但无极性分布。在地上部 ZmLsi6 主要定位于叶鞘和叶片木质部薄壁细胞上，并在薄壁细胞靠近导管的一侧表现极性分布。此外，连续 7 天供硅，*ZmLsi6* 在胚根、冠根和叶鞘的表达不受影响。由于 *ZmLsi6* 不能被敲除，因此无法直接证明其功能，从其细胞定位和转运功能推测，ZmLsi6 具有与 OsLsi6 相似的木质部硅卸载的功能（Mitani et al.，2009b）。

在大麦中，研究人员发现了与 *OsLsi6* 同源的硅转运蛋白 HvLsi6，其 ORF 全长 900bp，可能编码一个包含 300 个氨基酸的蛋白，在氨基酸水平 HvLsi6 与 OsLsi6 有 88.2%的一致性。HvLsi6 cRNA 在爪蟾卵母细胞中异源表达，表明 HvLsi6 具有硅输入转运功能。在大麦生长阶段，HvLsi6 在根和地上部组织中均有表达，且其表达水平不受外源硅添加的影响。在根部，HvLsi6 被定位于表皮和皮层细胞前端，但是在叶片和叶鞘中 HvLsi6 只存在于维管束的薄壁细胞中。在生殖生长阶段，HvLsi6 在茎节处也有较高表达。HvLsi6 在茎节 I 中在环绕扩大的维管束的传递细胞中靠近木质部导管的一侧极性分布。因此，我们推测根尖硅的吸收、叶片和叶鞘木质部硅的卸载及节点处硅的维管束间运输过程都可能有 HvLsi6 参与。此外，HvLsi2 的定位结果显示，其与 HvLsi6 极性相反，而 HvLsi2 也在节点处有表达，因此推测，在大麦中 HvLsi6 和 HvLsi2 联合起来共同完成硅在维管束间的转运（Yamaji and Ma，2012）。

2.1.2.5　低硅积累的植物中潜在的排硅现象

Liang 等（2006）的生理学研究表明，在向日葵和冬瓜中，低温和代谢抑制剂都可以抑制硅的吸收，特别是在外部硅浓度较低的情况下抑制作用更明显。这可能暗示在这两种植物中，根部硅的吸收过程包括主动和被动吸收的过程，该结果与黄瓜类似，它们的硅吸收都在一定程度上受到外界硅浓度的影响。然而，蚕豆中吸收的硅远低于我们的猜测，这可能是因为排硅/拒硅机制的存在（Liang et al.，2005）。

研究人员通过一系列生理和分子层面的研究后提出一个观点，在硅的吸收部位，通过共质体途径吸收的硅比例若升高，会促使硅向木质部运输，进而转移到地上部分，尤其是在双子叶植物中。但是，在番茄根部，只有少部分硅存在于共质体途径中（Heine et al.，2005）。在蚕豆和番茄的木质部液中，硅的浓度都显著低于外部溶液，并且该浓度不受外界硅浓度影响。在番茄中硅由根部向地上部分转运的比例仅为30%，该比例远低于黄瓜和水稻。因此，在蚕豆和番茄中的硅吸收系统有别于其他硅富集植物。此外，番茄中的硅吸收过程不符合饱和动力学，因此番茄的皮层中可能缺少主动吸收硅的元件。一般情况下，植物如果缺乏硅转运蛋白则无法有效地积累硅。例如，拟南芥是典型的低硅积累植物，在其基因组中并没有找到硅转运蛋白 Lsi1 和 Lsi2 基因的同源基因（Liang et al.，2015）。

目前，所谓的不积累硅的植物，其根部均有排斥硅酸的现象，而且它们的地上部分硅含量也极少。通过同位素标记的方法，同时用代谢抑制剂2,4-二硝基苯酚（2,4-DNP）处理，研究人员发现番茄的硅吸收得到了促进，并且硅由根向地上部分转运的比例有所增加，这表明在皮层的拒硅行为是一个耗能过程。根细胞中存在一种转运蛋白介导的排硅过程，这能够很好地解释某些植物的拒硅现象。目前尚不清楚植物根部为什么存在耗能的拒硅过程（Ma and Yamaji，2006，2008；Liang et al.，2015）。

2.2 植物中硅的沉积

2.2.1 硅的沉积过程

以禾本科植物为例，植物根部在水通道蛋白Lsi1和质子逆向转运体Lsi2的协作下，从外界吸收单硅酸态的硅，在根系中硅主要以单硅酸的形式存在。单硅酸通过蒸腾流以液态硅酸的形式转运到植株地上部分，此过程中硅在通过木质部时必须保持在溶液中，亦即必须保持非聚合的单硅酸状态，随后单硅酸通过另一个水通道蛋白 Lsi6 完成木质部卸载并进入叶片（Ma and Yamaji，2006；Coskun et al.，2018；Lópezpérez et al.，2018）。

随后，在植物组织内，单硅酸脱水，此过程中单硅酸通过聚合反应转化为胶质的硅酸，随着脱水和硅酸浓度增加，最终形成无定形水合二氧化硅（$m\mathrm{SiO_2}\cdot n\mathrm{H_2O}$），即硅胶，在高等植物中将其称作植硅体或植硅石（刘鸣达和张玉龙，2001）。在硅的无定形结构中，Si—O—Si 键角在低温和常压下具较大自由度。据热力学计算结果可知，所有生物体内的硅都是非结晶态的。Mann 和 Perry（1986）认为，植物无定形硅的性质（密度、硬度、黏度、溶解度、构成成分等）直接或间接地受各种细胞水平的影响，其结构与组分具有多样性特点，但 X 射线和电子衍射结果表明无定形硅有极弱的衍射环，说明它同晶态硅（SiO_2）又具一定的相似性，只是在分子结构上仅具有短程有序性及形态确定性而无长程有序性与形态确定性（Mann and Perry，1986；徐呈祥和刘友良，2006）。研究者借助高分辨率电子显微镜观察和场发射扫描电子显微镜能谱分析发现，结缕草（*Zoysia japonica*）叶中硅的高分辨晶格相为不规则、不连续的条纹，超过 1nm（3～4 个 Si—O—Si 单元）

时短程有序性消失，通过 Si—O—Si 键可变键角形成随机排列的 SiO_4^{4-}单元网格，硅柱中均匀分布微量的 S、Cl 和 K，并推测 K、Cl 有可能与多糖有机相结合，但是尚无直接证据。植物与动物体内硅的分子及微观结构也存在差异。虽然植物体内硅的形式多种多样，但大多数结构体均由 $SiO_n(OH)_{4\sim20}$ 球形纳米粒子（10nm）最后组装成各种形状的硅结构体，分子间的弱相互作用力可能也起重要作用（王荔军等，2001；徐呈祥和刘友良，2006）。

2.2.2　硅沉积的模式和机制

目前，主要有两种假说来解释硅的沉积，包括主动过程假说和被动过程假说。

植物对硅的被动吸收过程中，硅化和蒸发间存在特定的空间关系，植硅体最主要的沉积部位与主要的蒸腾作用部位相一致。同时，特殊细胞壁和表皮的结构都能影响生物的硅化。因此，第一种假说认为植物中的硅沉淀是一个被动过程，该过程依赖于植物细胞内溶液中硅酸的自动浓缩、凝聚，认为硅沉积主要是通过蒸腾作用实现的（Kumar et al.，2017）。但是，自然的硅沉积可能会影响植物的生命功能，因此植物的进化机制会形成一种安全的沉积模式。

第二种假说认为，植物中硅化结构的形成是生物体内部生化反应催化的结果。因为，有充分证据表明，在硅沉积过程中，有机大分子物质（包括多胺）作为有机质参与了它的沉积。同时，硅沉积表现为硅和锌或硅和铝的沉积，因此硅和重金属的共沉积是硅增强植物重金属抗性机制的一部分。在增强植物对铝的耐性方面，硅可能有其他的作用：如诱导植物释放大量的黄酮-酚类化合物（如槲皮酮，对铝具有很强的螯合能力），从而提高对重金属的耐性。因此，第二种假说认为硅沉积是一个主动过程（Neumann and Nieden，2001；Neumann and Figueiredo，2002；徐呈祥和刘友良，2006）。

近期，有研究根据硅沉积中硅化和蒸发的关系构建了模型，系统地将大多数细胞中的硅沉积过程分为 3 类。第一类：被动细胞硅化，这种类型主要发生在成熟的和蒸发较强的组织内，硅的浓缩是由蒸发驱动的。这种类型中硅持续输入为硅化细胞的细胞壁，并且这种类型的硅沉积不受细胞代谢控制。第二类：受控制的细胞壁硅化，这种类型中硅直接沉积在组织细胞的细胞壁中，无论该组织是否暴露在空气中或者存在蒸发作用。这种类型中通过细胞壁聚合，硅化作用可能被模板化。第三类：壁旁硅化，这种类型中的硅沉积在某些功能质膜的表面，而且不依赖于蒸腾作用，这可能是由于这类质膜含有吸引硅沉积的化学物质。此外，有时某种细胞的硅化也分为两个阶段：早期是细胞壁硅化，当细胞死亡后则是在无效腔形成颗粒状硅沉淀。因此，硅沉积和硅化不一定完全是主动或被动过程，不同细胞类型其机制也不同（Kumar et al.，2017）。

另外，如前文所述，植物根系从外界吸收单硅酸，并借助不同的硅转运蛋白将硅以单硅酸的形态转运，最终在不同器官沉积。但是一般认为，当硅酸浓度超过 2mmol/L 时，硅酸则聚合成为硅胶。在水稻和小麦木质部液中，硅的浓度常常超过 2mmol/L，但是其木质部液中的硅主要形态仍然是单硅酸。同时，木质部液中的高浓度单硅酸只是短暂存在，因为如果在植物体外环境，如此高浓度的单硅酸极易发生聚合。然而阻止硅聚合及调控其运输的机制还有待深入研究（Epstein，1999；Mitani and Ma，2005；徐呈祥和刘友良，2006；Liang et al.，2015）。另外，可能也存在一种未知的硅转运蛋白参与硅在叶片中的进一步转移和在特定目标区域的沉积（Kumar et al.，2017）。

植物体内硅沉积的分子机制，目前还未得到很好的揭示，但近年这方面的研究已取得明显进展。研究者从水稻叶片的新鲜植硅体中分离到一种与硅紧密结合、可诱导硅沉积的蛋白质——硅结合蛋白（silica-binding protein，SBP），有证据表明该蛋白质可能参与诱导和控制硅在植物中的沉积，其氨基酸组成与在硅藻中发现的硅结合蛋白相似，富含带正电荷的碱性氨基酸，但氨基酸序列明显不同。另外，研究者通过免疫印迹检测发现，与SBPIII同源的硅结合蛋白在积累硅的禾本科植物中广泛存在，用组织印迹法所做的定位分析表明该蛋白主要分布在水稻根、茎、叶的外表皮中，在根和叶的维管组织中也有分布，结果与硅在水稻植株中的分布相一致。随后研究者从芦苇叶片植硅石中分离出了蛋白质降解产生的各种氨基酸，表明高等植物中很可能存在控制硅沉积的蛋白质分子（李文彬，2004；Shi et al.，2005；徐呈祥和刘友良，2006）。

研究者对硅沉积物的遗传基础进行了检测分析，发现双子叶植物南瓜的果实植硅体沉积与一个称作硬果皮（hard rind，Hr）的突变位点有关，而在单子叶植物玉米中植硅体沉积似乎是与一个称作颖苞构造（teosinte glume architecture 1，tga1）基因的突变位点相关联。在这两种植物中，硅化作用似乎与木质化作用位点有关。有研究显示，增加叶片中的硅含量可以诱导其木质素及植保素（phytoalexin）的产生，并能诱导细胞壁氧化交联（oxidative crosslinking）反应（Sun et al.，2010）。在悬浮培养的水稻细胞中，研究者发现硅主要通过共价交联（covalent crosslinking）与半纤维素（hemicellulose）联系，进而影响细胞的机械特性（He et al.，2015）。硅转运蛋白 Lsi1 和 Lsi2 的基因敲除后，突变体的细胞壁中积累较多木质素，以此来抵消低硅含量带来的负面影响。相较于对照组，在缺硅条件下水稻叶片柔软下垂，且缺硅使叶片中糖类、纤维素和木质素的含量增多，推测植物通过这种补偿作用来弥补缺硅给叶片机械结构完整性带来的不利影响。此外，$Si(OH)_4$ 和参与木质素合成的有机多羟基化合物有很强的亲和性，因此，目前仍不能确定硅化是否与木质化有关或者能否促进木质化作用（Meharg C and Meharg A A，2015）。

2.2.3 硅的沉积部位

硅在地上部分的分布受蒸腾作用影响，同时因为硅不是易于迁移的元素，所以，通常植物体中较多的硅积累在较成熟的组织中（Meharg C and Meharg A A，2015；Kumar et al.，2017）。

水稻是典型的硅积累植物，水稻中硅沉积的研究也较多。在禾本科植物中，硅可以沉积在所有组织，但硅沉积最多的组织通常是根外皮层、叶片表皮、花序苞片远轴端表皮（图 2-23）。此外，大多数情况下，这些组织内细胞的细胞壁中硅化程度很高，这有助于增加细胞壁强度，改善组织物理性状。但是，不同植物和不同类型的细胞之间，硅化程度也存在差异，进而影响硅沉积（Meharg C and Meharg A A，2015；Kumar et al.，2017）。

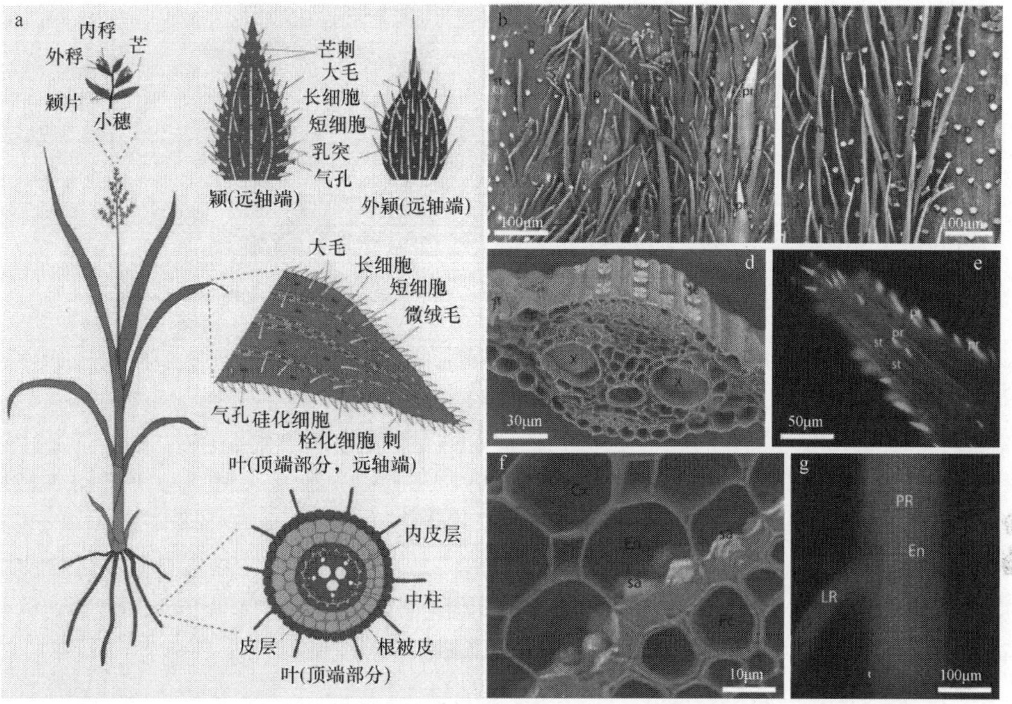

图 2-23　禾本科植物的硅沉积（Kumar et al.，2017）

a. 禾本科植物的模型，展示花序、叶片表皮、根部的典型硅化模式，其中白色表示硅化细胞；b. 小麦颖远轴端表皮电镜图；c. 小麦外颖远轴端表皮电镜图；d. 高粱叶片横截面电镜图，示表皮硅化细胞；e. 高粱叶尖刺的荧光显微镜图；f. 高粱根横切面电镜图，硅复合体锚定在内皮层细胞壁；g. 高粱根部荧光显微镜图，大量硅聚合物分布在根内皮层。Cx，皮层；En，内皮层；Ep，表皮；LR，侧根；ma，大毛；p，乳突；Pc，中柱鞘；PR，主根；pr，刺细胞；sa，硅聚合；sc，硅化细胞；st，气孔；X，木质部

在细胞水平上，硅主要沉积在细胞壁和细胞间隙中。透射电镜观察显示，在结缕草和高羊茅叶片中，硅均以细胞壁和细胞膜为模板沉积在细胞间隙，其中，$Si(OH)_4$ 分子与模板通过亲水羟基作用聚合成二聚体和环式聚合物，形成无定形 SiO_2 颗粒，初期 SiO_2 颗粒大小约 20nm，其表面进一步生长形成有序排列的柱状结构体（徐呈祥和刘友良，2006）。

2.2.3.1　水稻中硅的沉积模式

在水稻中，超过 90%的硅以硅胶的形态存在于地上部分，类似的积累模式也在黄瓜叶片中被发现。硅在植物体内沉积可形成某些特殊结构，如水稻叶片中的硅沉积在紧邻角质层下面形成约为 2.5μm 的薄层，称为“角质-双硅层”（cuticle-Si double layer）（图 2-24），该结构可作为一种物理屏障在抵抗多种生物和非生物胁迫中发挥重要作用。除叶片以外，硅化细胞还在以下组织中被发现：茎的表皮和维管组织、叶鞘、圆锥花序（刺毛、乳突、长细胞和大毛等）（Kumar et al.，2017）。在叶鞘中，硅的沉积区域主要是表皮细胞壁、薄壁组织、维管束及薄壁组织的细胞壁；在花序苞片和稻壳中，以角质层和表皮细胞间的空隙及维管束为主；在根系中总体上分布均匀，但主要集中在发育完全的老根区，伸长区沉积的硅数量极少（Wang et al.，1999；张玉秀等，2011；Kumar et al.，2017）。

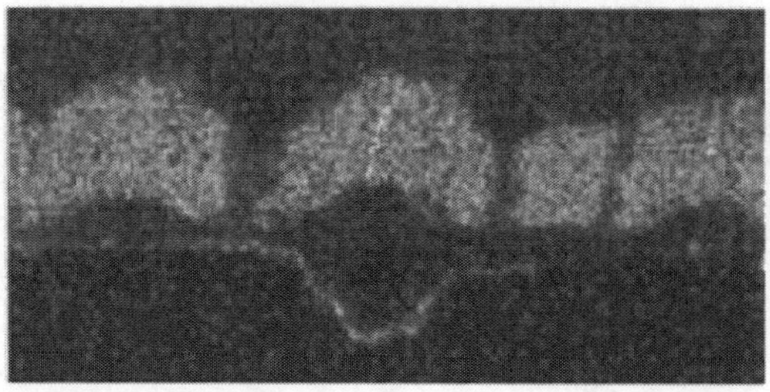

图 2-24　水稻叶片角质层下硅沉积形成的角质-双硅层（Ma and Yamaji，2006）

在水稻这种典型的硅累积植物中，硅优先沉积在水稻叶片中，在水稻叶中有两种类型的硅化细胞：硅质细胞和硅质体（或硅化运动细胞）。水稻叶片中，硅质体位于泡状细胞中。在水稻叶片发育的过程中，硅化作用的强度仅次于木质化作用，细胞的硅化程度不断加深，硅质细胞将逐步向硅质体转化。硅质细胞位于维管束，呈哑铃状（图 2-25）。此外，有研究者通过对几种草坪草和两种莎草叶片中硅质细胞形态的研究发现，这些实验材料中的 C_3 和 C_4 植物叶片中硅质细胞形态有明显差异，其中 C_3 植物叶片中的硅质细胞大部分呈椭圆形，而 C_4 植物叶片中的硅质细胞大部分呈哑铃状（Kaufman and Takeoka，1985；Lanning and Eleuterius，1989；Epstein，1994）。

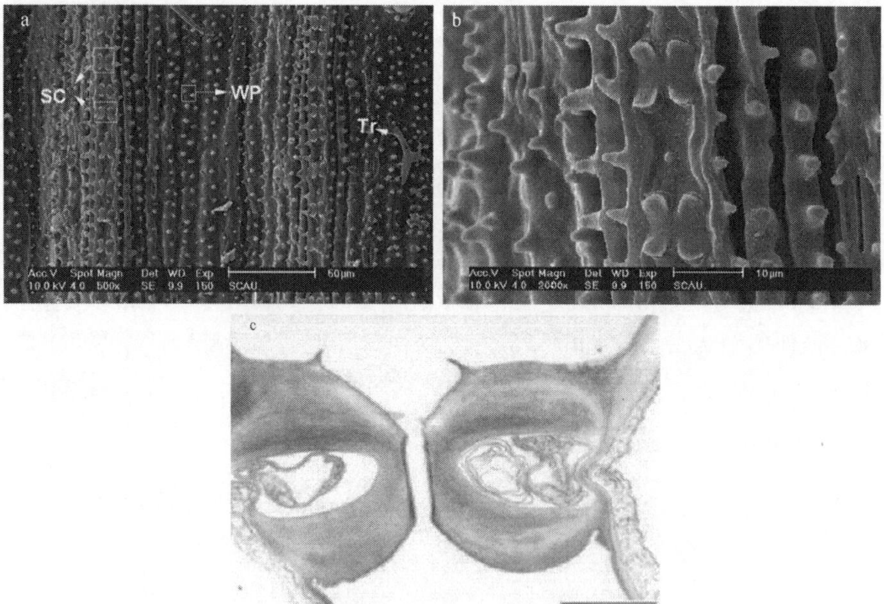

图 2-25　不同尺度下水稻叶片表面哑铃状硅化细胞的电镜照片

（Ueno and Agarie，2005；Cai et al.，2008）

a. 分辨率 50μm 下的照片；b. 分辨率 10μm 下的照片；c. 分辨率 1μm 下的照片。SC，硅质细胞；Tr，毛状体；WP，乳突

此外，研究者通过追踪硅酸的类似物，锗酸（germanic acid），发现硅也在发育的种子中沉积。硅的沉积能够保护植物免受多种生物及非生物的胁迫危害等。例如，在水稻成熟期时，硅酸会选择性地有限转移到圆锥花序内，这种现象一方面可能是因为

此时期库强度增强；另一方面，在圆锥花序中，硅主要在花序苞片中浓缩和沉积。进一步研究发现，硅的沉积仅限于外果皮毛、糊粉层外壁，在颖果胚乳外壁并没有积累（图 2-23），由此推测，这种特别时期的硅沉积模式可以为发育中的颖果提供更多保护并兼具减少水分蒸发的作用。在水稻中将 β-D-葡聚糖（beta-D-glucan）相关的基因敲除，可导致硅在叶片的沉积被改变，叶片的机械强度也减弱。因此，β-D-葡聚糖对于水稻是必需的，且该葡聚糖与硅化细胞壁的形成密切相关（Meharg C and Meharg A A，2015；Kumar et al.，2017）。

2.2.3.2　植硅体

高等植物液泡中的晶体状结构、细胞质中及液泡膜上的沉积物里也可贮存大量的硅，这些硅最终形成含水非晶态二氧化硅颗粒，称为植物硅酸体，简称植硅体（phytolith），又称为植硅石。人们观察到的多种多样的植硅体形态是硅沉积物形成部位的有机基质作用的结果。不同植物所形成的硅化结构及其形态不同，可用于植物分类、鉴定及古气候与环境变化的研究。研究者普遍认为植硅体（植硅石）的形态受遗传因素控制的程度较大，因为它们的外部形态在不同种属的植物中有不同的特征且比较稳定，所以被当作分类鉴定的标志。水稻植硅体的形态结构特点还从另一个方面揭示了水稻的起源与演化方向。研究发现，无论是普通野生稻、粳稻品种还是籼稻品种，水稻颖壳中的植硅体都具有外壁边缘光滑的泡网纹状丘形隆起，且在外壁的隆起部位往往具双乳头状突起，其中粳稻的丘形隆起明显，双乳头状突起细小、较圆钝；籼稻的丘形隆起较平缓，双乳头状突起粗大且较尖锐，与粳稻表现出较明显的差异；普通野生稻的植硅体在形态上多介于籼稻、粳稻之间，在其向粳稻的演化中，其基部的丘形隆起变得明显、凸凹度增大，外缘的双乳头状突起增大（陈报章和王象坤，1995；高桂在等，2016）。

在禾本科植物中，植硅石主要有齿型、哑铃型、鞍型、长鞍型、棒型、尖型和扇型 7 种类型（表 2-3；图 2-26），其中前 4 种类型均起源于叶表皮组织的短细胞，齿型多来自于羊茅属（*Festuca*），哑铃型常见于黍属（*Panicum*），鞍型主要起源于虎尾草（*Chloris virgata*）、芦竹（*Arundo donax*）、画眉草（*Eragrostis pilosa*）和苦竹（*Pleioblastus amarus*），长鞍型主要见于赤竹属（*Sasa*）（高桂在等，2016）。利用植硅石的形态特征进行植物分类、鉴定和古气候与环境变化研究，渐渐受到学者的重视（Lu et al.，2001；徐呈祥和刘友良，2006；高桂在等，2016）。

表 2-3　禾本科不同亚科的独特植硅体类型及植硅体组合特征（高桂在等，2016）

禾本科不同亚科	独特植硅体类型	植硅体组合特征
早熟禾亚科	边缘加厚棒型、枕木状、针茅哑铃型、帽型	以齿型和帽型为主，也含有哑铃型、长方型、正方型、棒型、尖型等
黍亚科	黍哑铃型、黍 η 型	以哑铃型和多铃型为主，也含有帽型、尖型、正方型、棒型、表皮植硅体等
稻亚科	水稻哑铃型、水稻扇型、十字型、双峰颖片	以鞍型、帽型和哑铃型为主，也含有扇型、尖型、棒型、导管型等
竹亚科	长鞍型、丘斯夸竹属型、塌陷鞍型、近椭圆型	以长鞍型、帽型、哑铃型为主，也含有扇型、方型、棒型、尖型、硅化气孔等
芦竹亚科	扇型、中鞍型	以鞍型和帽型为主，棒型、尖型、扇型等相对较少
画眉草亚科	短鞍型、侧面凸起的鞍型、顶端凸起的哑铃型	以短鞍型和哑铃型为主，棒型、尖型、扇型和导管型等相对较少

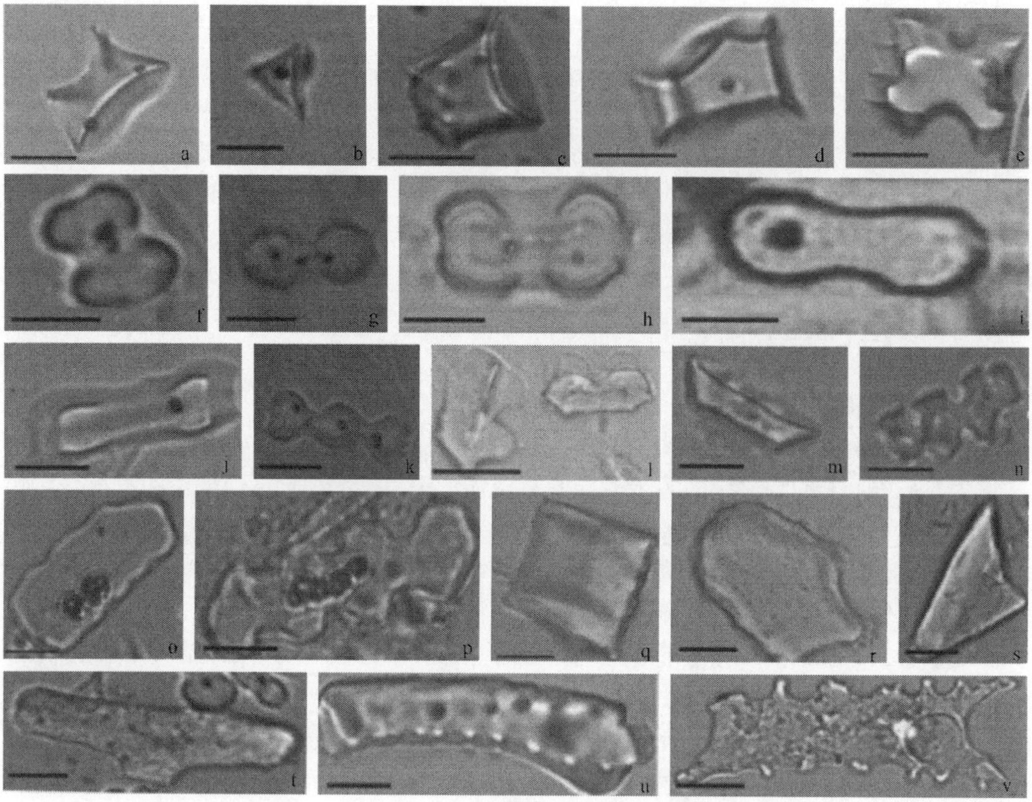

图 2-26 禾本科植硅体常见类型（高桂在等，2016）

a. 鞍型；b. 尖顶帽型；c. 平顶帽型；d. 帽型；e、l. 双峰颖片；f、g、j. 黍哑铃型；h. 水稻哑铃型；i. 针茅哑铃型；k. 多铃型；m. 长鞍型；n. 椎骨状；o. 弱齿型；p. 齿型；q. 方型；r. 芦苇扇型；s. 尖型；t. 有树突的棒型；u. 疣状突起棒型；v. 牛角棒型。比例尺=20μm

2.3 硅在植物中的分布

硅在土壤中的含量仅次于氧，二氧化硅占土壤的50%～70%。对全球范围内报道的植物硅含量进行分析，结果显示植物中硅含量存在较大差异，含量范围大致为0.1%～10%（Epstein，1994；Ma et al.，2007；张玉秀等，2011；Coskun et al.，2018），有时甚至比大量元素N、P、K的含量还要高（表2-4）。

表 2-4 植物中矿质元素的含量（Epstein，1994）

元素	含量范围（干重）	备注
氮（N）	0.5%～6%	必需大量元素
磷（P）	0.15%～0.5%	
硫（S）	0.1%～1.5%	
钾（K）	0.8%～8%	
钙（Ca）	0.1%～6%	
镁（Mg）	0.05%～1%	

续表

元素	含量范围（干重）	备注
铁（Fe）	20～600mg/kg	必需微量元素
锰（Mn）	10～600mg/kg	
锌（Zn）	10～250mg/kg	
铜（Cu）	2～50mg/kg	
镍（Ni）	0.05～5mg/kg	
硼（B）	0.2～800mg/kg	
氯（Cl）	10～8000mg/kg	
钼（Mo）	0.1～10mg/kg	
钴（Co）	0.05～10mg/kg	固氮系统中必需元素
钠（Na）	0.001%～8%	某些植物中必需；通常有益
硅（Si）	0.1%～10%	
铝（Al）	0.1～500mg/kg	非必需；酸性土壤中常致毒

Takahashi 等（1990）对生长在同一土壤上的 175 种植物的硅含量进行了分析，结果显示干叶片中硅含量在 1.0%以上的有 34 种（占 19%），被认为是硅积累植物，主要是禾本科（Gramineae）、木贼科（Equisetaceae）、莎草科（Cyperaceae）和荨麻科（Urticaceae）的植物，它们的平均硅含量为 1.96%，其余的 141 种植物（占 81%），它们的平均硅含量为 0.25%，被认为是非硅积累植物；而且，在所分析的 9 种矿质元素中硅的含量变化最大。植物对硅的吸收能力相差很大，同时植物中硅含量的变化幅度在矿质元素中位居首位，因此硅在植物中的含量与植物种类有密切的关系（Nishimura et al.，1989；Takahashi et al.，1990；Coskun et al.，2018）。

一般情况下，硅在单子叶植物体内积累较多，有研究表明单子叶植物的硅含量远高于双子叶植物，含量差异达 10～20 倍。双子叶植物含硅量较高的主要集中在大麻属（*Cannabis*）和荨麻属（*Urtica*）。邹邦基（1980）的研究表明，树木叶片的硅含量低于禾本科植物的叶片硅含量，但木兰科（Magnoliaceae）、桑科（Moraceae）、榆科（Ulmaceae）、壳斗科（Fagaceae）及棕榈科（Palmae）树种的硅含量也很高，该研究认为木本植物叶片的硅含量可以作为植物的一个特征，而硅在一个生态系统的生物累积量又是该生态系统的一个特征。邹邦基（1980）等的研究表明，根据植物体内硅含量（以 SiO_2 表示）的差异，可将植物分为 3 类：第一类是蕨类植物（如木贼属的问荆）和湿地禾本科植物（如水稻），其硅含量很高，为 10%～15%；第二类是旱地禾本科植物（如甘蔗和大多数谷类作物）及一些双子叶植物，其硅含量为 1%～3%；第三类为大部分双子叶植物，尤其是豆科植物，其硅含量小于 0.5%（图 2-27）（邹邦基，1980；张玉秀等，2011；Liang et al.，2015；Coskun et al.，2018）。

同一种植物不同器官的硅含量也存在明显差异，而且这种差异远大于植物种间的差异（Takahashi et al.，1981）。一般积累植物体内的硅 90%以上分布在地上部，然而在一些植物中，硅平均分布于植株地上部和根部，如番茄、萝卜、洋葱和甘蓝等，这几种植物的硅含量较低，且地上、地下部硅含量大致相等或地下部硅含量略高。有些植物地

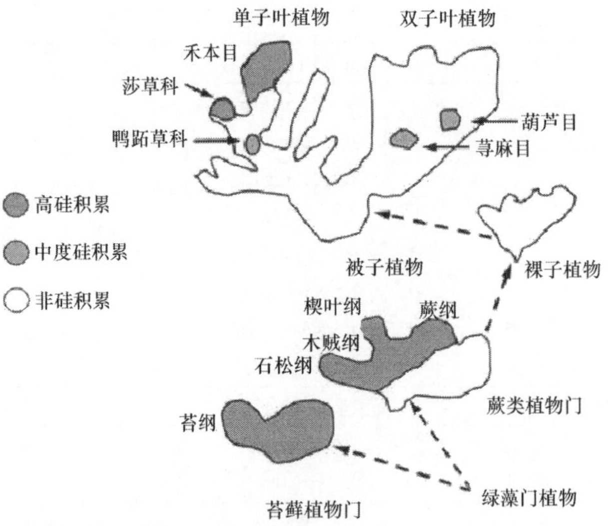

图 2-27 硅在植物中的分布（Epstein，1999）（另见封底二维码）

上部分的硅含量低于根中的硅含量，如绛车轴草（*Trifolium incarnatum*），被认为是一种"非硅积累植物"，但是其不同器官的硅含量差异也很大，其根中硅含量约为地上部分的 8 倍（Epstein，1999）。

水稻和燕麦这类所谓的"硅积累植物"体内硅含量很高，硅主要集中于植株地上部分。同时，硅在这类植株地上部分的分布也不均匀，燕麦根中硅的累积量不足整个植株中硅总量的 2%，其硅含量以穗中最高，其次为叶和茎，谷粒中最低，在小麦、黑麦与大麦中也有类似的分布规律。但水稻和上述麦类作物略有不同，其穗中硅含量仅为植株总硅量的 10%～15%。何电源（1980）的研究认为硅在水稻植株体内的分布符合"末端分布规律"，即地上部＞地下部、颖壳＞叶片＞叶鞘＞茎＞根。另外，对于同一器官来说，以叶片为例，一般老叶的硅含量高于新叶（Ma et al.，2003）。在甘蔗中硅含量与汁液中氯化物含量呈负相关，与氨基酸和磷的含量及蔗渣体积呈正相关（Thangavelu and Rao，2002；徐呈祥和刘友良，2006）。

在细胞和亚细胞水平上关于植物硅含量的研究不多。目前，研究发现不同细胞或细胞器的硅含量也存在一定差异。Mengel 和 Kirkby（1982）的研究表明，筒柱藻（*Cylindrotheca fusiformis*）10^6 个细胞的硅含量如下：叶绿体中为 0.96ng，线粒体中为 1.44ng，泡囊中为 0.15ng，微粒体中为 0.12ng。Xu 等（2006）利用 X 射线能谱分析发现，芦荟（*Aloe vera*）根尖表皮细胞的硅相对含量最高，皮层细胞和中柱细胞的硅相对含量相当且均显著低于表皮细胞；叶片中也是以表皮细胞的硅相对含量最高，其后细胞硅含量从高到低的排序依次为：同化薄壁细胞、贮水薄壁细胞和维管束细胞（Mengel and Kirkby，1982；徐呈祥和刘友良，2006）。

2.4 结　　语

目前，越来越多的研究表明，硅是一种对植物有益的元素，这种有益作用很大程度上体现在硅能促进植物生长发育、提高逆境胁迫抗性等方面。植物中硅的吸收、运输和沉积是硅在植物体中发挥作用的基础与关键，近年来相关研究获得了较大进展，但仍有许多方面有待深入探索。

1）目前，在植物中仅发现了涉及硅吸收、硅木质部卸载、维管内硅转移的 3 种不同的硅转运蛋白（Lsi1、Lsi2、Lsi6），这 3 种硅转运蛋白的研究主要局限在部分禾本科的硅富集植物中，其他植物中的相关研究还不够深入，因此，未来有必要对不同植物中硅转运蛋白的定位和表达模式进行深入研究。同时，不同植物中硅吸收存在差异，这种差异是否由硅转运蛋白亚细胞定位不同、硅转运蛋白的密度不同或其活性差异所造成，仍需进一步研究（张玉秀等，2011；Ma et al.，2011；Ma and Yamaji，2015）。

2）其他参与植物不同组织的硅吸收累积过程的硅转运蛋白仍有待发掘。例如，木质部装载相关的硅转运蛋白仍未发现；在水稻叶片中，硅沉积在哑铃状维管束细胞，而在稻粒中，硅主要沉积在稻壳中，因此，应该存在负责细胞专一性硅沉积的硅转运蛋白，但是目前特殊细胞中（如水稻运动细胞）的硅沉积相关的转运体仍有待发现；水稻节中，在 Lsi6 的参与下硅从扩展型维管束（EVB）卸载，之后需要某种与 Lsi6 协同的硅转运蛋白把硅装载到弥漫型维管束（DVB）并完成硅的优先分配，但是该类型硅转运蛋白仍有待发现（Ma et al.，2011；Ma and Yamaji，2015）。

3）硅通道和硅外排转运体在细胞中的极性分布对于植物从土壤中定向转运硅非常重要，但是目前极性分布的机理仍有待研究（徐呈祥和刘友良，2006）。

4）硅转运蛋白的表达调控过程、不同硅转运蛋白之间的协同过程都有待深入研究。

5）硅吸收与运输过程中同其他元素的交互作用还需继续探索。

6）硅的沉积特性实际上可能不仅仅是植物的一种特征。虽然，目前认为只有水溶性硅在植物体内才能发挥作用，但是植物体内的硅沉积与硅相关功能的发挥可能亦有密切关系。

今后，对硅的吸收、运输和沉积机制的深入研究，有利于理解硅吸收转运及调控系统，并有助于阐明硅在植物中的确切作用，从而服务于生产，为合理运用硅肥提供理论依据，无论是生产上还是理论上，都有重大的意义。

主要参考文献

陈报章，王象坤. 1995. 水稻颖壳硅石的初步研究及其意义. 中国水稻科学, 9(4): 242-244

陈兴华，梁永超. 1991. 小麦对硅素养分吸收的初探. 中国土壤与肥料, (5): 38-40

高桂在，介冬梅，刘利丹，等. 2016. 植硅体形态的研究进展. 微体古生物学报, 33(2): 180-189

何电源. 1980. 土壤和植物中的硅. 土壤学进展, 21: 1-11

贺立源，江世文. 1999. 小麦施用硅钙肥效应的研究. 中国土壤与肥料, 27(3): 8-11

李文彬. 2004. 水稻体内硅的生理功能及沉积机理的研究. 北京：中国农业大学博士学位论文

刘鸣达，张玉龙. 2001. 水稻土硅素肥力的研究现状与展望. 土壤通报, 32(4): 187-192

王荔军，李敏，李铁津，等. 2001. 植物体内的纳米结构 SiO_2. 科学通报, 46(8): 625-632

肖千明，马兴全，娄春荣，等. 1999. 玉米硅的阶段营养与土壤有效硅关系研究. 土壤通报, 30(4): 185-188

徐呈祥，刘友良. 2006. 植物对硅的吸收、运输和沉积. 西北植物学报, 26(5): 1071-1078

杨建堂, 高尔明, 霍晓婷, 等. 2000. 沿黄稻区水稻硅素吸收、分配特点研究. 河南农业大学学报, 34(1): 37-39

张玉秀, 刘金光, 柴团耀, 等. 2011. 植物对硅的吸收转运机制研究进展. 生物化学与生物物理进展, 38(5): 400-407

邹邦基. 1980. 植物生活中的硅. 植物生理学报, 3(2): 14-20

Cai K Z, Gao D, Luo S, et al. 2008. Physiological and cytological mechanisms of silicon-induced resistance in rice against blast disease. Physiologia Plantarum, 134(2): 324-333

Coskun D, Deshmukh R, Sonah H, et al. 2019. The controversies of silicon's role in plant biology. New Phytologist, 221(1): 67-85

Deshmukh R, Bélanger R R. 2016. Molecular evolution of aquaporins and silicon influx in plants. Functional Ecology, 30(8): 1277-1285

Epstein E. 1994. The anomaly of silicon in plant biology. Proceedings of the National Academy of Sciences of the United States of America, 91(1): 11-17

Epstein E. 1999. Silicon. Annual Review of Plant Physiology and Plant Molecular Biology, 50: 641-664

He C, Ma J, Wang L. 2015. A hemicellulose-bound form of silicon with potential to improve the mechanical properties and regeneration of the cell wall of rice. New Phytologist, 206(3): 1051-1062

Heine G, Tikum G, Horst W J, et al. 2005. Silicon nutrition of tomato and bitter gourd with special emphasis on silicon distribution in root fractions. Journal of Plant Nutrition and Soil Science, 168(4): 600-606

Hossain M M, Khatun M A, Haque M N, et al. 2018. Silicon alleviates arsenic-induced toxicity in wheat through vacuolar sequestration and ROS scavenging. International Journal of Phytoremediation, 20(8): 796-804

Kaufman P B, Takeoka Y. 1985. Structure and function of silica bodies in the epidermal system of grass shoots. Annals of Botany, 55(4): 487-507

Kumar S, Soukup M, Elbaum R. 2017. Silicification in grasses: variation between different cell types. Frontiers in Plant Science, 8: 438

Lanning F C, Eleuterius L N. 1989. Silica deposition in some C_3 and C_4 species of grasses, sedges and composites in the USA. Annals of Botany, 64(4): 395-410

Liang Y C, Hua H, Zhu Y G, et al. 2006. Importance of plant species and external silicon concentration to active silicon uptake and transport. New Phytologist, 172(1): 63-72

Liang Y C, Nikolic M, Bélanger R R, et al. 2015. Silicon uptake and transport in plants: physiological and molecular aspects // Liang Y C, Nikolic M, Bélanger R R, et al. Silicon in Agriculture: from Theory to Practice. Dordrecht: Springer: 69-79

Liang Y C, Si J, Römheld V. 2005. Silicon uptake and transport is an active process in *Cucumis sativus*. New Phytologist, 167(3): 797-804

Lópezpérez M C, Pérezlabrada F, Ramírezpérez L J, et al. 2018. Dynamic modeling of silicon bioavailability, uptake, transport, and accumulation: applicability in improving the nutritional quality of tomato. Frontiers in Plant Science, 9: 647

Lu H, Jia J, Wang W, et al. 2001. On the meaning of phytolith and its classification in Gramineae. Acta Micropalaeontologica Sinica, 19(4): 389-396

Ma J F, Goto S, Tamai K, et al. 2001. Role of root hairs and lateral roots in silicon uptake by rice. Plant Physiology, 127(4): 1773-1780

Ma J F, Higashitani A, Sato K, et al. 2003. Genotypic variation in silicon concentration of barley grain. Plant and Soil, 249(2): 383-387

Ma J F, Tamai K, Yamaji N, et al. 2006. A silicon transporter in rice. Nature, 440(7084): 688-691

Ma J F, Yamaji N. 2006. Silicon uptake and accumulation in higher plants. Trends in Plant Science, 11(8): 392-397

Ma J F, Yamaji N. 2008. Functions and transport of silicon in plants. Cellular and Molecular Life Sciences, 65(19): 3049-3057

Ma J F, Yamaji N. 2015. A cooperative system of silicon transport in plants. Trends in Plant Science, 20(7): 435-442

Ma J F, Yamaji N, Mitani N. 2011. Transport of silicon from roots to panicles in plants. Proceedings of the Japan Academy Series B-Physical and Biological Sciences, 87(7): 377-385
Ma J F, Yamaji N, Mitani N, et al. 2007. An efflux transporter of silicon in rice. Nature, 448(7150): 209-212
Mann S, Perry C C. 1986. Structural aspects of biogenic silica. CIBA Foundation Symposium, 121(1): 40-58
Marschner H. 1988. Mineral nutrition of higher plants. Journal of Ecology, 76(4): 681-861
Meharg C, Meharg A A. 2015. Silicon, the silver bullet for mitigating biotic and abiotic stress, and improving grain quality, in rice? Environmental & Experimental Botany, 120: 8-17
Mengel K, Kirkby E A. 1982. Principles of Plant Nutrition. Bern: International Potash Institute: 639-655
Mitani N, Chiba Y, Yamaji N. 2009a. Identification and characterization of maize and barley Lsi2-like silicon efflux transporters reveals a distinct silicon uptake system from that in rice. Plant Cell, 21(7): 2133-2142
Mitani N, Ma J F. 2005. Uptake system of silicon in different plant species. Journal of Experimental Botany, 56(414): 1255-1261
Mitani N, Yamaji N, Ago Y, et al. 2011a. Isolation and functional characterization of an influx silicon transporter in two pumpkin cultivars contrasting in silicon accumulation. Plant Journal, 66(2): 231-240
Mitani N, Yamaji N, Ma J F. 2008. Characterization of substrate specificity of a rice silicon transporter, Lsi1. Pflugers Archiv-European Journal of Physiology, 456(4): 679-686
Mitani N, Yamaji N, Ma J F. 2009b. Identification of maize silicon influx transporters. Plant and Cell Physiology, 50(1): 5-12
Mitani N, Yamaji N, Ma J F. 2011b. Silicon efflux transporters isolated from two pumpkin cultivars contrasting in Si uptake. Plant Signaling & Behavior, 6(7): 991-994
Neumann D, Figueiredo C D. 2002. A novel mechanism of silicon uptake. Protoplasma, 220(1-2): 59-67
Neumann D, Nieden U. 2001. Silicon and heavy metal tolerance of higher plants. Phytochemistry, 56(7): 685-692
Nikolic M, Nikolic N, Liang Y, et al. 2007. Germanium-68 as an adequate tracer for silicon transport in plants. Characterization of silicon uptake in different crop species. Plant Physiology, 143(1): 495-503
Rains D W, Epstein E, Zasoski R J, et al. 2006. Active silicon uptake by wheat. Plant and Soil, 280(1-2): 223-228
Raven J A. 1983. The transport and function of silicon in plants. Biological Reviews, 58(2): 179-207
Sakurai G, Satake A, Yamaji N, et al. 2015. In silico simulation modeling reveals the importance of the casparian strip for efficient silicon uptake in rice roots. Plant Cell Physiology, 56(4): 631-639
Savant N K, Korndörfer G H, Datnoff L E, et al. 1999. Silicon nutrition and sugarcane production: a review. Journal of Plant Nutrition, 22(12): 1853-1903
Savvas D, Giotis D, Chatzieustratiou E, et al. 2009. Silicon supply in soilless cultivations of zucchini alleviates stress induced by salinity and powdery mildew infections. Environmental and Experimental Botany, 65(1): 11-17
Shi X H, Qin C D, Song J L, et al. 2005. Immunoblot detection of silica-binding protein in rice and other graminaceous plants. Progress in Biochemistry & Biophysics, 32(4): 371-376
Sun W, Zhang J, Fan Q, et al. 2010. Silicon-enhanced resistance to rice blast is attributed to silicon-mediated defence resistance and its role as physical barrier. European Journal of Plant Pathology, 128(1): 39-49
Takahashi E, Ma J F, Miyake Y. 1990. The possibility of silicon as an essential element for higher plants. Comments on Agricultural & Food Chemistry, 21(2): 99-102
Takahashi E, Tanaka H, Miyake Y. 1981. Distribution of silicon accumulating plants in the plant kingdom. Journal of Soil Plant Nutrition, 52: 511-515
Tamai K, Ma J F. 2003. Characterization of silicon uptake by rice roots. New Phytologist, 158(3): 431-436
Thangavelu S, Rao K C. 2002. Silicon content in juice of sugarcane clones and its association with other characters at different stages of maturity. Sugar Tech, 4(1-2): 57-60
Ueno O, Agarie S. 2005. Silica deposition in cell walls of the stomatal apparatus of rice leaves. Plant Production Science, 8(1): 71-73
Van Bockhaven J, De Vleesschauwer D, Höfte M. 2013. Towards establishing broad-spectrum disease resistance in plants: silicon leads the way. Journal of Experimental Botany, 64(5): 1281-1293

Wang L J, Guo Z M, Li T J, et al. 1999. Biomineralized nanostructured materials and plant silicon nutrition. Progress in Chemistry, 11(2): 119-128

Xu C X, Liu Y L, Zheng Q S, et al. 2006. Silicate improves growth and ion absorption and distribution in *Aloe vera* under salt stress. Journal of Plant Physiology and Molecular Biology, 32(1): 73-78

Yamaji N, Ma J F. 2009. A transporter at the node responsible for intervascular transfer of silicon in rice. The Plant Cell, 21(9): 2878-2883

Yamaji N, Ma J F. 2011. Further characterization of a rice Si efflux transporter, Lsi2. Soil Science and Plant Nutrition, 57(2): 259-564

Yamaji N, Ma J F. 2012. Functional characterization of a silicon transporter gene implicated in silicon distribution in barley. Plant Physiology, 160(3): 1491-1497

Yamaji N, Mitatni N, Ma J F. 2008. A transporter regulating silicon distribution in rice shoots. Plant Cell, 20(5): 1381-1389

Yamaji N, Sakurai G, Mitani N, et al. 2015. Orchestration of three transporters and distinct vascular structures in node for intervascular transfer of silicon in rice. Proceedings of the National Academy of Sciences of the United States of America, 112(36): 11401-11406

第 3 章 硅与植物的盐害、干旱和温度逆境胁迫

土壤盐渍化是限制农业发展的关键环境因素之一。据统计，全球约 7%的陆地、20%的可用耕地受到土壤盐渍化的影响（Liang et al.，1996；Zhu and Gong，2014）。土壤盐渍化分为初生盐渍化和次生盐渍化。初生盐渍化是由土壤或地表水盐分长期自然沉积而成的；次生盐渍化主要是人为因素造成的，如利用盐水灌溉和过度灌溉。目前我国有 2000 万 hm^2 以上的盐渍土，约占可用耕地面积的 20%（王存纲和王跃强，2011），并且呈现逐年增加的趋势。在全球范围内，预计到 21 世纪中期盐碱地面积将达到可耕作土壤面积的一半以上（Mahajan and Tuteja，2005）。

水资源（尤其是淡水资源）短缺是制约农业发展的一个全球性问题。全球每年因干旱造成的粮食减产相当于其他所有环境因子所造成损失的总和（Berthelot et al.，2005；Hasanuzzaman and Fujita，2011；Saint Pierre et al.，2012）。由于气候的变化，干旱问题将越来越严重。全球约 30%的陆地属于干旱或半干旱地区（Eneji et al.，2008）。在我国，干旱与半干旱地区达到国土面积的一半（耿芳等，2011），即使在非干旱地区，也经常发生阶段性或难以预测的旱灾。

随着温室效应的加剧，高温天气的出现越来越频繁。高温可影响植物的生长发育，造成高温胁迫。高温胁迫通常是指在植物的某个生育阶段，温度超过阈值并持续一段时间而使其发生不可逆的损伤（Wahid et al.，2007）。在全球变暖的情况下，气温变化异常，农作物的低温灾害也频繁出现。根据低温程度和作物的受害情况，低温灾害（低温胁迫）分为冷害（0℃以上低温）和冻害（低于 0℃）。极端高温和低温是制约作物高产稳产的重要因素。

目前已有不少研究显示，硅可提高植物对盐害、干旱、低温和高温胁迫的抗性（Zhu and Gong，2014；Rizwan et al.，2015；Debona et al.，2017）。人们对硅的抗盐、抗旱和抗极端温度的机理也进行了一些探讨。本章在介绍各种非生物逆境对植物伤害的基础上，重点对硅缓解这些逆境胁迫的效应和机理的研究进展进行了系统总结。

3.1 盐害、干旱和温度胁迫对植物的影响

盐害、干旱和温度胁迫影响植物生理代谢的各个方面，下面分别从植物生长发育、光合作用、水分关系、抗氧化防御系统、离子吸收与转运、激素信号等方面介绍这些胁迫对植物的影响。

3.1.1 胁迫对植物生长发育的影响

种子在适宜条件下的萌发能力对于植物后期的生长发育和繁殖具有重要的意义

（Hubbard et al.，2012）。作为植物生长发育的最初阶段，种子萌发对不利的环境因素（如盐害、干旱、低温和高温）非常敏感（Rajjou et al.，2012）。例如，在土壤含水量较低时，种子萌发率下降，甚至不萌发。一定浓度范围内的盐分可促进种子萌发，但盐浓度过高则会抑制种子萌发。随着盐浓度的升高，种子发芽率、发芽指数和活力指数均会明显下降（潘兴等，2012）。温度也影响种子的萌发，低温可打破种子的休眠。通常在一定温度范围内，随着温度的升高，种子的萌发速率升高；但超过一定的温度阈值（因植物种类和品种而不同）时，种子萌发速率下降（王玉峰，2015）。

环境胁迫影响植物的营养生长和生殖生长。例如，盐胁迫会造成叶片扩展速率下降，随着盐浓度的增加和胁迫时间延长，叶片生长停止，植株鲜重和干重显著下降（Parida and Das，2005）。Djanaguiraman 等（2003，2006）研究发现，盐胁迫对水稻地上部的影响大于对根系的影响，并且盐胁迫使水稻的花粉不育率增加，影响开花和成熟的时间；此外，在植株花序分化的阶段进行盐胁迫处理会使植株提前进入生殖生长阶段，但会降低小穗数量。在一些谷类和豆类作物中，与对照植株相比，经盐胁迫处理的植株开花会提前，并且花粉的活力下降，从而导致籽粒数目减少。在低温胁迫下，植物叶片会发生脱水症状，植株生长缓慢或受阻（许英等，2015）。高温同样影响植物的营养生长和生殖生长。例如，在黄瓜苗期遇到高温会发生苗的徒长现象，过高的温度则使其叶片发生萎蔫，甚至枯死（田婧和郭世荣，2012）。水稻生殖生长期比营养生长期对高温更为敏感，温度高于 35℃超过 1h 即可诱导颖花的不育（穰中文和周清明，2015）。

3.1.2 胁迫对光合作用的影响

光合作用为植物的生长发育提供物质和能量，是作物产量形成的生理基础。然而，光合作用也是最易被干旱、盐害和极端温度等不利环境因素所影响的代谢过程之一。

3.1.2.1 引起光合限制的气孔因素和非气孔因素

气孔是植物与环境间进行水分和气体交换的主要通道。气孔大小和开度及叶片内外 CO_2 浓度梯度直接决定了植物的蒸腾速率与光合作用（Hetherington and Woodward，2003）。植物在受到胁迫时光合速率下降，其原因包括气孔因素和非气孔因素（Graan and Boyer，1990；Tissue et al.，2005；Yu et al.，2009；Varone et al.，2012）。前者是指植物叶片水势随着胁迫程度的增加而下降，致使气孔导度降低，CO_2 通过气孔进入叶片细胞的阻力增加，从而使光合速率降低，这是植物对不良环境的一种适应性反应；后者是指环境胁迫使植物的光合器官受到了不可逆的损伤，包括叶绿素降解、光能捕获效率降低、光合同化力的产生减少、光系统Ⅰ（PSⅠ）和光系统Ⅱ（PSⅡ）的活性受到抑制、核酮糖-1,5-双磷酸羧化酶/加氧酶（Rubisco）的含量和活性下降、光合磷酸化作用和电子传递受阻等（Signarbieux and Feller，2011）。在干旱、盐害和极端温度等不利环境条件下，植物光合速率的下降是气孔因素还是非气孔因素所致，在不同植物基因型中、不同胁迫强度和胁迫方式下可能有所不同。有研究表明，在轻度水分胁迫下或胁迫初期，光合速率的下降主要是因气孔关闭而造成 CO_2 供应受阻，即气孔因素起主导作用；而在重度水分胁迫下或胁迫后期，叶肉细胞的光合活性下降则主要由非气孔因素引起（Werner and

Klaus，2000；Ramachandra et al.，2004；Campos et al.，2014）。

光合作用的气孔限制或非气孔限制可通过 Farquhar 和 Sharkey（1982）提出的气体交换模型来判断：当叶片胞间 CO_2 浓度下降而气孔限制值升高时，气孔导度降低（气孔限制）是光合速率降低的主要原因；相反，若光合速率降低的同时伴随着胞间 CO_2 浓度的升高，则非气孔限制是光合速率受抑的主导因子。

气孔限制值（L_s）的计算公式为

$$L_s = 1 - C_i/C_a \tag{3-1}$$

式中，C_i 为胞间 CO_2 浓度；C_a 为大气 CO_2 浓度。

3.1.2.2　胁迫对光合色素含量的影响

叶绿体是植物进行光合作用的主要场所，而光合色素在光能的吸收、传递、转换及激发能的耗散等方面均具有重要作用，其含量可作为衡量叶片光合能力强弱的重要指标（李彦等，2008）。高温和低温胁迫均导致叶绿素含量下降，这是由于一方面温度胁迫导致色素合成酶活性下降，另一方面胁迫产生的过量活性氧又会破坏叶绿素（袁红艳等，2010；姜籽竹等，2015）。短期的低温使番茄叶绿素（a 和 b）总含量下降，并且叶绿素 b 的降解速度往往大于叶绿素 a，导致叶绿素 a 与叶绿素 b 的比值增大（姜籽竹等，2015）。叶绿素 a 的比例增加有利于光能的转换，从而使植物适应不利的环境。盐胁迫下叶绿素含量通常下降，叶绿体基粒片层结构膨大，叶绿体结构遭到破坏（张景云和吴凤芝，2009）。研究表明，盐胁迫可提高叶绿素酶活性、促进叶绿素降解，导致类囊体膜上叶绿素含量降低、色素蛋白复合体的功能受到抑制（Hu et al.，2013；Akcin and Yalcin，2015）。但关于盐胁迫下叶绿素含量的变化也有不同的报道，Brugnoli 和 Björkman（1992）发现，盐胁迫提高了棉花的叶绿素含量。这些不同的报道可能与胁迫强度和胁迫持续时间有关。

3.1.2.3　胁迫对叶绿素荧光参数的影响

叶绿素荧光参数可反映植物在自身生理变化及受到环境胁迫时其光合作用强弱的变化情况，是研究植物光合作用，包括 PSⅡ及其电子传递过程的重要手段。目前，叶绿素荧光技术已被广泛用于植物生理生态学研究中。

叶绿素荧光参数 PSⅡ最大光化学效率（F_v/F_m）反映的是 PSⅡ反应中心的光能转化效率，在叶片暗适应之后测得。该参数在非胁迫条件下稳定，但在胁迫条件下往往会下降（魏霞等，2007；刘晓龙等，2014）。PSⅡ光化学猝灭系数（qP）、PSⅡ有效光化学量子效率（F_v'/F_m'）和 PSⅡ实际光化学效率（Φ_{PSII}）也被用于反映植物在光下的 PSⅡ活性。qP 反映的是光下 PSⅡ捕光色素所吸收的光能用于光化学电子传递的份额，该值越大，则表明 PSⅡ的电子传递活性越大（孙常刚等，2012）；F_v'/F_m'表示开放的 PSⅡ反应中心对激发能捕获的效率；Φ_{PSII}则由 qP 和 F_v'/F_m'共同决定，反映 PSⅡ反应中心部分关闭的情况下实际原初光能捕获效率（李孟洋等，2015）。PSⅡ非光化学猝灭系数（以 NPQ 或 qN 表示）反映的是 PSⅡ捕光色素吸收的且无法被用于光合电子传递而以热能形式耗散的光能部分（孙常刚等，2012；Maxwell and Johnson，2000）。

研究表明，盐胁迫下叶绿素荧光参数如 F_v/F_m、F_v'/F_m'、Φ_{PSII}及 qP 均呈下降趋势，而 NPQ 却通常随着盐浓度的增大而增大（Shu et al.，2012）。这可能是由于盐胁迫对叶片造成了一系列伤害（例如，降低叶绿素含量和光合酶活性），阻碍光合电子传递，抑制 PSⅡ活性和光化学反应（Gorbe and Calatayud，2012；李孟洋等，2015）。NPQ 在胁迫条件下升高则可能是植物对光合机构的一种保护机制，通过将过剩的光能以热的形式耗散掉来避免净光合速率的过度下降（孙璐等，2012）。在干旱和极端温度胁迫下，叶绿素荧光参数也往往呈现与上述类似的变化（滕中华等，2008；杨华庚和林位夫，2009；刘志梅等，2012）。

3.1.3 胁迫对植物水分关系的影响

植物的水分状况由根系吸水、水分在植物体内的传输和叶片蒸腾失水几个过程共同决定。根系吸水是水分由根系表面向根木质部的径向运动过程；水分在植物体内的传输则是指水分由根木质部向地上部的轴向运输过程（杨启良等，2011）。通常轴向运输比径向运输的阻力要小得多（Steudle and Peterson，1998）。根系吸水的过程包括质外体途径、共质体途径和跨膜途径，后两者统称为细胞到细胞途径。质外体途径水流阻力小、速度快，共质体途径水分运输速度慢，而跨膜水分运输速度取决于膜内外水势梯度的大小和膜的渗透性(杨启良等,2011)。在胁迫条件下，水分的运输以跨膜途径为主(Steudle，1994）。水孔蛋白在水分跨膜运输中起着关键的作用。另外，渗透调节对植物在干旱、盐害等胁迫下水分的吸收也起着重要的作用。

3.1.3.1 水孔蛋白

水孔蛋白（aquaporin，AQP）是位于细胞质膜和内膜上能高效转运水分子的蛋白，最初称为主体内在蛋白（major intrinsic protein，MIP）（Maurel et al.，2015）。根据氨基酸序列的同源性和序列特征，通常将水孔蛋白分为 5 类：质膜内在蛋白(plasma membrane intrinsic protein，PIP）、液泡膜内在蛋白（tonoplast intrinsic protein，TIP）、类 Nod26 膜内在蛋白（nodulin 26-like intrinsic protein，NIP）、小分子碱性膜内在蛋白（small basic intrinsic protein，SIP）和其他特征尚不清楚的未知膜内在蛋白（uncategorized (X) intrinsic protein，XIP）（Maurel et al.，2015）。PIP 和 TIP 是水分跨细胞与细胞内转运的核心蛋白（Maurel et al.，2008），因而目前有关逆境对水孔蛋白调控的研究大多集中在 PIP 和 TIP 上（表 3-1）。这两类水孔蛋白在维持干旱、盐害等胁迫下植物的水分平衡中起着重要的作用（李红梅等，2010）。

Zhu 等（2005）的研究表明，以 200mmol/L NaCl 处理玉米 24h 后其根部大多 *ZmPIP* 和 *ZmTIP* 表达受到抑制、活性下降，叶片含水量持续下降。在大麦中，盐胁迫下叶片 *HvPIP1;6* 的表达显著上升（Fricke et al.，2006）。在玉米和西兰花中也发现盐胁迫后 PIP 蛋白的丰度显著上升（Marulanda et al.，2010；Muries et al.，2011）。低温胁迫下，水稻叶片的 *PIP1;1*（Li et al.，2000）和根系的 *TIP4;1* 与 *TIP4;3*（Vysotskaya et al.，2010）表达显著下调。但另一项研究则表明，耐性水稻品种茎秆 *PIP2;7* 的表达在低温胁迫下显著上调（Li et al.，2009）。Zhang 等（2008）研究发现，干旱下小麦 *TIP1* 的表达在地上

表 3-1　盐害、干旱和温度胁迫下水孔蛋白或基因表达的变化

胁迫	植物种/组织	基因/蛋白	表达变化	文献
盐害	玉米/根	*PIP1;2*、*PIP1;5*、*PIP1;6*、*PIP2;4*、*PIP2;5*、*PIP2;6*、*TIP1;1*、*TIP1;2*、*TIP2;1*、*TIP2;2*、*TIP2;4*	下调	Zhu et al.，2005
	大麦/叶片	*PIP1;6*	上调	Fricke et al.，2006
	玉米	PIP1	上调	Marulanda et al.，2010
	西兰花	PIP1、PIP2	上调	Muries et al.，2011
	柑橘/根	*PIP1*、*PIP2*	未变	Rodríguez-Gamir et al.，2012
干旱、盐害	水稻	*TIP*	大多数上调	Li et al.，2008
干旱	小麦	*TIP1*	地上部上调；根系下调	Zhang et al.，2008
	柑橘/根	*PIP*	下调	Rodríguez-Gamir et al.，2011
	水稻	*PIP*	*PIP1;3* 上调；*PIP1;1* 和 *PIP2;8* 下调；其余未变	Grondin et al.，2016
	陆地棉	*PIP2;7*	上调	Zhang et al.，2013
低温	水稻/叶	*PIP1;1*	下调	Li et al.，2000
	水稻/根	*TIP4;1*、*TIP4;3*	下调	Vysotskaya et al.，2010
	耐低温水稻品种/茎秆	*PIP2;7*	上调	Li et al.，2009

部分上调、在根部下调，表明 *TIP1* 参与了水分的再分配，即水分由较充足的根组织向较匮乏的地上部分移动。Li 等（2008）同时研究了干旱和盐胁迫下水稻 *TIP* 的表达变化，发现大多数 *TIP* 的表达在胁迫下均显著上调，表明其在维持植物水分平衡中起着重要的作用。Rodríguez-Gamir 等（2011）认为，干旱条件下柑橘根 *PIP* 基因表达的下调有利于细胞水分的保留，从而提高其抗旱性。Cui 等（2008）研究发现，在拟南芥中表达 *VfPIP1* 提高了植株的抗旱性。但 Wang 等（2011）的研究则认为，在拟南芥中过表达 *GsTIP2;1* 促进了植株叶片的水分丧失，降低了植株对盐害和干旱的抗性。这些研究结果的差异可能与不同水孔蛋白的功能和表达模式不同有关（Cui et al.，2008），也可能与所研究的水孔蛋白和其他水孔蛋白或基因存在相互协调作用有关（Srivastava et al.，2010；Wang et al.，2011）。

也有研究报道胁迫对水孔蛋白基因表达没有影响。例如，Rodríguez-Gamir 等（2012）的研究表明，盐胁迫后柑橘根系 *PIP1* 和 *PIP2* 的表达未发生变化。在很多情况下，过表达水孔蛋白对植物抗逆性的积极影响似乎是在控制较好的环境下进行的；而在复杂的自然条件下，过表达单个水孔蛋白的抗逆效果可能并不明显（Kapilan et al.，2018）。总之，水孔蛋白在调控胁迫条件下植物的水分关系中起着重要的作用。

3.1.3.2　渗透调节

在土壤干旱和盐胁迫下，植物根系周围的土壤渗透势下降，使植物难以从土壤中吸收水和养分，导致水分吸收和生理代谢紊乱（Chaudhuri and Choudhuri，1997）。当面临干旱或盐胁迫时，植物可通过主动积累一些小分子物质降低自身水势，从而提高水分吸收能力，此过程即为渗透调节（Ming et al.，2012；Yin et al.，2013）。渗透调节对植物提高自身在胁迫条件下的抗逆性具有重要的作用。

参与植物渗透调节的物质主要分为两类：一类是无机离子，如 Na^+、K^+、Cl^-等；另一类是细胞内合成的有机物（如脯氨酸、甘氨酸、糖醇、甜菜碱等），以及小分子热激蛋白、胚胎发生晚期丰富蛋白（late embryogenesis abundant protein，LEA 蛋白）等逆境诱导蛋白（Parida and Das，2005；Zhu and Gong，2014）。这些有机物被称为细胞相容性物质，具有分子量小、在胁迫条件下可迅速积累、在浓度较高的情况下也不会干扰细胞正常的功能、易溶于水、不带电荷等特点（Zhifang and Loescher，2003）。表 3-2 列出了操纵部分渗透调节物质合成的相关基因、转基因材料抗性增强的例子。

表 3-2　渗透调节物质合成相关基因对植物抗逆性的影响

基因	编码的蛋白	转基因植物	抗逆性表型	参考文献
SacB	果糖基转移酶	烟草	改善水分胁迫下植株的生长	Pilon-Smits et al.，1995
TPS1、*otsA*	海藻糖-6-磷酸合成酶	烟草	促进水分胁迫下植株的光合和干物质积累，提高抗性	Romero et al.，1997；Pilon-Smits et al.，1998
CodA	胆碱氧化酶	烟草	提高抗盐性	Huang et al.，2000
		杨树	提高盐胁迫和干旱下光系统Ⅱ的活性与胁迫抗性	Ke et al.，2016
p5cs	吡咯啉-5-羧酸还原酶	水稻	提高水分与盐胁迫下植株的生物量	Zhu et al.，1998
		小麦	提高抗盐性	Sawahel and Hassan，2002
mt1D	甘露醇-1-磷酸脱氢酶	小麦	改善渗透胁迫下植株的生长	Abebe et al.，2003
AhCMO	胆碱单加氧酶	棉花	提高抗盐性	Zhang et al.，2009
BADH1	甜菜碱醛脱氢酶	水稻	提高水分胁迫抗性	Hasthanasombut et al.，2011

3.1.4　胁迫对植物抗氧化防御系统的影响

植物在生理代谢过程中会产生活性氧（reactive oxygen species，ROS），包括超氧阴离子（$\cdot O_2^-$）、单线态氧（$^1O_2$）、羟自由基（$\cdot OH$）、过氧化氢（H_2O_2）等。在正常生长条件下，植物可维持体内 ROS 产生与清除之间的动态平衡。然而在干旱、盐害和极端温度等胁迫条件下，植物体内的 ROS 会大量积累，导致膜脂过氧化、细胞膜透性变大；ROS 也会氧化细胞内蛋白质等功能分子，导致代谢紊乱，从而对植物造成伤害（Gill and Tuteja，2010；Sundaram and Rathinasabapathi，2010；Singh et al.，2013；Boaretto et al.，2014）。

为了适应环境的变化，植物在长期进化过程中形成了消除 ROS 毒害的抗氧化防御系统，主要包括抗氧化酶系统和非酶类抗氧化系统。抗氧化酶系统包括超氧化物歧化酶（superoxide dismutase，SOD）、过氧化氢酶（catalase，CAT）、过氧化物酶（peroxidase，POD）、抗坏血酸过氧化物酶（ascorbate peroxidase，APX）、谷胱甘肽还原酶（glutathione reductase，GR）、谷胱甘肽过氧化物酶（glutathione peroxidase，GPX）等；非酶类抗氧化系统包括抗坏血酸（ascorbic acid，AsA）（又称维生素 C）、谷胱甘肽（glutathione，GSH）、类胡萝卜素、生育酚等（Gill and Tuteja，2010）。SOD 的主要功能是歧化 $\cdot O_2^-$，将其转化成 H_2O_2 和 O_2，而 CAT、APX、GR、GPX 和 POD 可进一步将 H_2O_2 清除。在一定胁迫强度范围内，随胁迫强度的增加，这些抗氧化酶活性和非酶性抗氧化物质含量往往会呈增加的趋势，以适应环境胁迫；但当胁迫强度超出植物的忍受范围时，抗氧化酶的活性则可能会降低（Sekmen et al.，2012；Xu et al.，2014），导致 ROS 的大量积累和植物的氧化损伤。

3.1.5　胁迫对离子吸收与转运的影响

盐胁迫对植物的危害除了渗透胁迫外，随着胁迫时间的延长，植株不断吸收盐分也会造成离子毒害（主要毒害离子为 Na^+和 Cl^-），同时会使 K、Ca、Mg 等必需元素的吸收受到抑制，使植物发生缺素症状。抗盐植物可通过以下几方面的机制来调节细胞质、液泡及胞外环境间的离子平衡：①离子的选择性吸收；②盐离子的外排；③盐离子在液泡内的区隔化；④控制离子由根系向地上部的转运（Zhu，2001；Parida and Das，2005）。

3.1.5.1　Na^+/K^+选择性吸收

细胞内 K^+和 Na^+水平的平衡对于各种酶的活性与跨膜电位等方面的维持具有重要的作用（Hajiboland and Cheraghvareh，2014）。正常生长的细胞需维持较高的 K^+水平与较低的 Na^+水平（Nieves-Cordones et al.，2012）。位于细胞质膜上的内向整流 K^+通道与 K^+转运体等在 K^+的吸收、转运和区隔化中起着重要的作用。由于 K^+和造成盐害的主要离子 Na^+的水合半径非常接近，因此细胞对两者的吸收存在明显的竞争（Zhu and Gong，2014），导致细胞内 K^+含量大大降低、Na^+/K^+值升高，对植物造成伤害。在盐胁迫下，大量 Na^+进入植物细胞后会引起质膜去极化，从而活化 K^+外向整流通道（KORC），导致 K^+外流（左照江等，2014）。在盐胁迫下，维持细胞内较高的 K^+/Na^+值对植物抵抗盐胁迫很重要。

3.1.5.2　Na^+运输

植物细胞对 Na^+的运输机理如图 3-1 所示。在盐渍环境下，植物往往会采取如下措

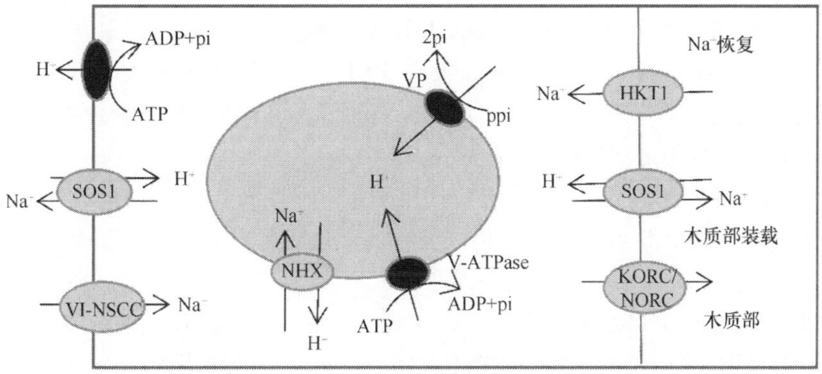

图 3-1　植物细胞对 Na^+的运输机理（改自 Ismail and Horie，2017）

HKT1，高亲和性 K^+转运蛋白 1，high-affinity K^+ transporter；KORC，K^+外向整流通道，K^+ outward rectifying channel；NHX，Na^+/H^+逆向转运蛋白，Na^+/H^+ antiporter；NORC，非选择性外向整流通道，non-selective outward rectifying channel；VI-NSCC，电位不敏感的非选择性阳离子通道，voltage-insensitive non-selective cation channel；SOS1，盐过度敏感蛋白 1，salt overly sensitive protein 1（质膜 NHX）；VP，液泡膜 H^+焦磷酸酶，vacuolar membrane H^+-pyrophosphatase；V-ATPase，液泡膜 ATP 酶，vacuolar membrane ATPase

施来应对盐害：①抑制 Na^+的吸收；②促进 Na^+的外排；③促进 Na^+在液泡中的区域化分布（Zhu，2001；Parida and Das，2005）。Na^+/H^+逆向转运蛋白（NHX）在细胞中普遍存在，是负责 Na^+/H^+交换的膜蛋白，在植物抵抗盐胁迫中发挥重要的作用（Bassil et al.，2012）。定位于质膜的 Na^+/H^+逆向转运蛋白（SOS1）主要负责 Na^+的外排。质膜 H^+-ATP 利用 ATP 水解产生的能量将 H^+泵出细胞外，产生的质膜两侧的质子电化学梯度驱动 Na^+/H^+逆向转运蛋白将 Na^+逆电化学梯度排出细胞（李静等，2011）。

Na^+不仅可通过质膜上的 Na^+/H^+逆向转运蛋白排到细胞外，还可通过位于液泡膜上的 NHX 进入液泡（Bassil et al.，2012），此过程即为 Na^+在液泡内的区隔化。Na^+在液泡中的区隔化分布有利于降低细胞质的 Na^+浓度，从而减轻其对细胞的伤害。此外，Na^+在液泡中的区隔化还可降低细胞的渗透势，促进细胞吸收水分，维持渗透平衡（李静等，2011；Zhu and Gong，2014）。研究 Na^+/H^+逆向转运蛋白的作用模式对了解植物的耐盐策略与提高植物的耐盐性具有重要的意义。

3.1.6 胁迫对植物激素信号的影响

植物激素是植物内源合成，可在合成部位发生作用，也可转运到其他部位调节植物生长发育的物质。吲哚乙酸（indole-3-acetic acid，IAA）、细胞分裂素（cytokinin，CTK）、赤霉素（gibberellin，GA）、脱落酸（abscisic acid，ABA）、乙烯和油菜素内酯（brassinolide，BR）等是常见的植物激素。近年来，一些新的物质，如多胺（polyamine，PA）、一氧化氮（NO）及独角金内酯（strigolactone）等也被认为属于植物激素的范畴（Fahad et al.，2015）。其中，ABA、乙烯、多胺和 NO 等物质的水平在胁迫条件下的变化与抗逆性的关系受到较多的关注。

3.1.6.1 ABA

高等植物 ABA 的生物合成主要分为两个阶段，即异戊烯焦磷酸（isopentenyl pyrophosphate，IPP）的合成和黄质醛的合成。IPP 合成后经法尼焦磷酸转化为玉米黄质，再经玉米黄质环氧化酶（zeaxanthin epoxidase，ZEP）催化转化为紫黄质、新黄质；后者经 9-顺式环氧类胡萝卜素双加氧酶（9-*cis*-epoxycarotenoid dioxygenase，NCED）催化转化为黄质醛，进一步形成 ABA 醛，最后形成 ABA。

ABA 在植物生长发育的多个阶段包括种子休眠和萌发、生长与开花等过程中起着重要的作用。在非生物胁迫条件下，植物体内的 ABA 水平上升，其在植物适应逆境中起着重要的作用，被认为是植物响应外界胁迫最重要的信号分子之一（Sah et al.，2016）。ABA 核心信号传递由 PYR/PYL 介导：ABA 先后与 PYR/PYL/RCAR 蛋白和 PP2C 相结合，抑制 PP2C 的蛋白磷酸酶活性，使 SnRK2 活性增强，激活下游转录因子 ABF/AREB，从而诱导下游基因表达（陈德龙等，2016）。

ABA 可通过调节气孔开闭、植物抗氧化能力和渗透胁迫物质的积累及相关基因（如 H^+-ATPase、Na^+/H^+逆向转运蛋白等的基因）的表达水平来增强植物的抗逆性。目前已在不同植物中发现，外源 ABA 可提高植物对干旱、盐害和低温的抗性（表 3-3）。在梨中，盐胁迫下 ABA 含量的上升伴随着细胞内渗透调节物质如脯氨酸的大量积累，从而提高植物的渗透调节和水分保持能力（Silva-Ortega et al.，2008）。然而，胁迫条件下 ABA 含量的增加也会引起植物生长的延缓，以及抑制核酸及蛋白质的生物合成（Wilkinson et al.，2012）。

表 3-3 ABA 对植物抗逆性的影响

胁迫	内源 ABA 水平调控方式	植物	植物的反应	文献
干旱	外施 ABA	匍匐剪股颖	电解质渗漏减少，叶相对含水量提高，三羧酸循环相关有机酸的积累增加	Li et al.，2017
	外施 ABA	小麦	株高、干物质量、谷胱甘肽和抗坏血酸含量增加，H_2O_2 和丙二醛含量下降	Wei et al.，2015
	过表达 *NCED*	番茄、烟草	抗旱性提高	Thompson et al.，2000；Qin and Zeevaart，2002
	过表达 *PYR*	番茄	抗旱性提高	Gonzalez-Guzman et al.，2014
盐害	外施 ABA	马铃薯	地上部生长加快	Etehadnia et al.，2008
		菜豆	氮固定过程改善，生物量提高	Khadri et al.，2006
低温	外施 ABA	狗牙根	冷害下植物的电解质渗漏减少，丙二醛和 H_2O_2 含量下降，光系统 II 的性能提高	Huang et al.，2017
		水稻	零下低温下悬浮细胞的存活率提高	Shinkawa et al.，2013

3.1.6.2 乙烯

乙烯在植物各个器官中广泛存在，其显著的生理功能是促进植物器官成熟和脱落、打破种子休眠、诱导雌花形成及刺激次生代谢物的产生等。在干旱条件下，植物体内乙烯含量迅速增加，从而会加速叶片衰老、减少蒸腾，有利于保持植物体内的水分平衡（于延文和黄荣峰，2013）。盐胁迫同样会促进乙烯的合成，乙烯信号转导在提高拟南芥的抗盐性中起着重要的作用（Achard et al.，2006；Cao et al.，2007）。Fahad 等（2015）认为，植物对盐胁迫的响应可能与乙烯和乙烯受体之间的平衡或者互作有关。在拟南芥中，内质网膜上有 5 个乙烯受体，它们中的任何一个发生突变都会导致拟南芥对乙烯敏感。Cao 等（2007）将一个烟草的乙烯负调控因子 *NTHK1* 转入拟南芥中，导致转基因植株对乙烯不敏感并且耐盐能力下降，但用 1-氨基环丙烷-1-羧酸（1-aminocyclopropane-1-carboxylic acid，ACC）处理之后，植物生长状况有所改善，说明乙烯在提高植物耐盐性中具有重要的作用。Zhang 和 Huang（2010）报道，在烟草和番茄中过表达 *TERF2/LeERF2* 可通过促进乙烯的合成来提高植物对低温的抗性；但 Shi 等（2012）研究发现，乙烯在拟南芥响应低温胁迫反应中起着负调控因子的作用。乙烯在植物抗低温中的作用差异可能与植物对低温的敏感度不同有关。有关乙烯在植物抗低温中的作用及机制仍需深入探讨。

3.1.6.3 多胺

多胺是一类低分子量脂肪族含氮碱。在高等植物中，多胺种类多、分布广，常见的二胺有腐胺（putrescine，Put）、尸胺（cadaverine，Cad），三胺有亚精胺（spermidine，

Spd），四胺有精胺（spermine，Spm）。在植物中，多胺以游离态、高氯酸可溶性结合态和高氯酸不溶性结合态（即束缚态）3 种形式存在（段九菊等，2008；Alcázar et al.，2010）。在胁迫条件下，植物细胞内往往会不同程度地积累各种形态的多胺，尤其是结合态和束缚态多胺。前者形成分子屏障，可抵御不良环境的侵袭，后者则通过大分子的交联来稳定细胞内组分（Fariduddin et al.，2013；Kamiab et al.，2014）。

多胺的合成是由合成 Put 开始的。在植物中，Put 可以鸟氨酸为前体，在鸟氨酸脱羧酶（ornithine decarboxylase，ODC）的作用下脱羧形成；也可以精氨酸（Arg）为前体，在精氨酸脱羧酶（arginine decarboxylase，ADC）的作用下脱羧，经过鲱精胺等一系列中间产物间接产生（Alcázar et al.，2010）。Put 形成之后，经过连续加入氨丙基残基，逐步形成 Spd 和 Spm。其中，*S*-腺苷甲硫氨酸脱羧酶（*S*-adenosyl methionine decarboxylase，SAMDC）催化 *S*-腺苷甲硫氨酸脱羧形成脱羧 *S*-腺苷甲硫氨酸（decarboxylated *S*-adenosylmethionine，dSAM）。随后 dSAM 将一个氨丙基结合到 Put 上，在亚精胺合酶的催化作用下形成 Spd。Spd 继续与上述来源的氨丙基结合，在精氨合酶的作用下，形成 Spm（韩志平，2008）。由此可见，多胺生物合成途径中的关键酶包括 ADC、ODC 和 SAMDC（Fariduddin et al.，2013；Kamiab et al.，2014）。多胺氧化酶在多胺的降解中发挥重要的作用（Alcázar et al.，2006）。多胺氧化酶有两种，一种是含有黄素蛋白的多胺氧化酶（polyamine oxidase，PAO），它对 Spd 和 Spm 具有专一性，催化其降解产生 H_2O_2 和 1,3-二氨丙烷；另一种是主要催化 Put 降解的二胺氧化酶（diamine oxidase，DAO）。植物体内多胺的水平是由其合成和降解之间的动态平衡决定的。

在胁迫条件下，植株内多胺种类和含量往往迅速发生变化。Hu 等（2012）的研究表明，在盐碱胁迫下，番茄根系中各种形态多胺的积累显著增加。大量研究表明，植物体内的多胺含量与其抗逆性有较好的相关性。段九菊等（2008）报道，在盐胁迫下，抗盐性较强的黄瓜品种根系游离态 Spd、Spm 和结合态多胺含量显著增加，而抗盐性较弱的黄瓜品种的游离态 Put 含量则显著增加。Puyang 等（2015）发现，外源施加 Spd 可通过提高抗氧化酶活性及促进基因表达来缓解由盐胁迫造成的氧化损伤。在干旱胁迫时，植物体内多胺的积累可提高细胞的渗透势，防止细胞失水（Liu et al.，2000）。

多胺参与植物的抗逆性响应可能与以下几方面有关（宋永骏等，2012）：①作为渗透调节物质，可稳定分子结构并与膜脂和蛋白质等非共价结合，从而保持膜的完整性。另外，Put 与渗透调节物质脯氨酸的合成均需要鸟氨酸；多胺的代谢产物 β-丙氨酸也可进一步转化为渗透调节物质甜菜碱。②作为逆境信号分子，与 ABA、H_2O_2 和 NO 信号转导相互关联，调控植物的抗逆响应。③多胺带正电荷，可能影响离子通道活性，从而调控离子的转运。

3.1.6.4 NO

NO 在植物生长发育及对干旱、盐害和极端温度等非生物逆境响应中起着重要的作用。NO 可提高植物对非生物胁迫的抗性，其主要作用机理涉及两方面：一方面，NO 本身具有抗氧化的性质（Kanner et al.，1991），可缓解非生物胁迫导致的氧化损伤；另一方面，作为信号分子，NO 参与了植物的抗逆信号转导及抗逆相关基因表达的诱导（张艳艳等，2012）。

大量研究显示，外源 NO 提高植物的抗旱性与抗氧化酶活性的上调有关（Chakraborty and Acharya，2017），NO 可能调控了抗氧化酶基因的表达。NO 还可降低干旱胁迫下植物的蒸腾作用，这与其参与 ABA 调控的气孔运动有关（张艳艳等，2012）。胚胎发生晚期丰富蛋白（late embryogenesis abundant protein，LEA 蛋白）具有潜在的抗旱功能（张艳艳等，2012）。有研究指出，NO 可能通过诱导 LEA 蛋白的表达而提高植物的抗旱性（García-Mata and Lamattina，2001）。NO 提高植物的抗盐性与其调控细胞质膜和液泡上的 H^+-ATPase 活性、激活 Na^+/H^+反向转运体和 K^+通道，从而调节细胞内的离子平衡有关（Chakraborty and Acharya，2017）。外源 NO 可激活抗氧化酶活性，从而缓解由高温引起的氧化胁迫（张艳艳等，2012）。Xuan 等（2010）在拟南芥中发现，在缓解高温胁迫的信号转导中，NO 处于 AtCaM3 的上游。Zhao 等（2009）发现，依赖于硝酸还原酶产生的 NO 可通过促进脯氨酸积累来提高拟南芥的抗低温能力。

在逆境条件下，各种信号分子水平的变化相互联系又相互影响，在调控植物抗逆性响应中发挥着重要的作用，但各类信号参与植物胁迫抗性的交互对话网络仍需深入研究。

3.2　硅缓解盐害、干旱和温度胁迫的效应

大量研究表明，硅可缓解盐害、干旱、低温和高温对植物的损伤，改善植物的生长，提高作物的产量，改善作物的品质。

3.2.1　硅对盐胁迫的缓解效应

3.2.1.1　种子萌发

在盐胁迫下，土壤中过量积累的盐离子会抑制种子吸收水分，从而抑制种子的萌发。关于硅对盐胁迫下种子萌发的影响已有一些报道。戚乐磊等（2002）发现，以 6mmol/L 硅酸钠和 3mmol/L 正硅酸乙酯预处理可提高水稻种子的萌发速度、萌发率，促进胚根、胚芽生长。侯玉慧等（2007）报道，硅酸钾处理可使 100mmol/L NaCl 胁迫下黄瓜种子的萌发率显著升高，当硅酸钾浓度为 2.5mmol/L 时萌发率提高了一倍；硅处理也使种子的发芽指数和活力指数明显升高。研究者在麻疯树和苦瓜中也发现，硅可提高盐胁迫下种子的萌发率、萌发指数和种子活力（樊哲仁等，2010；Wang et al.，2010）。张文强等（2009）报道，用 2mmol/L 的硅浸种及在萌发过程中进行硅处理可使盐胁迫下水稻种子的发芽率和发芽势显著升高，并且在硅吸收突变体中的改善效果好于野生型。Haghighi 等（2012）报道，1mmol/L 硅可提高 50mmol/L NaCl 胁迫下番茄种子的萌发率，但对 25mmol/L NaCl 胁迫下种子的萌发没有影响；并且，2mmol/L 硅对两个盐胁迫水平下番茄种子的萌发均没有改善作用。结果表明，硅对盐胁迫下番茄种子萌发的影响与硅浓度和盐胁迫强度有关。Azeem 等（2015）发现，硅对 120mmol/L NaCl 胁迫下小麦种子萌发的影响与硅浓度有关：以 10～40mmol/L 硅酸钠对小麦种子进行引发处理可提高种子的萌发率，硅酸钠为 10mmol/L 时效果最好；而以 50mmol/L 硅酸钠处理时则对萌发率

没有影响。Alsaeedi 等（2017）在菜豆中的研究也发现，以 100～300mg/L 纳米硅处理可改善 500mg/L Na 胁迫下种子的萌发情况。例如，300mg/L 纳米硅可使最终萌发率、活力指数和萌发速度分别提高 19.7%、80.7%和 22.6%。

3.2.1.2 植物生长、产量和品质

硅可促进盐胁迫下多种植物的光合作用，在大麦（Liang et al.，1996）、菜豆（Zuccarini，2008）、番茄（Haghighi and Pessarakli，2013；Li et al.，2015；Shi et al.，2016）、高粱（Nabati et al.，2013；Liu et al.，2015）、玉米（Moussa，2006；Parveen and Ashraf，2010）、烟草（Hajiboland and Cheraghvareh，2014）、南瓜（Siddiqui et al.，2014）、黄瓜（Zhu et al.，2015，2016；Yin et al.，2019）等植物中均有报道（表 3-4）。硅也可改善盐胁迫下植物生物量的积累。例如，Liang 等（1996）的研究表明，加硅可显著促进两个品种大麦植株的干物质积累，提高叶面积和 CO_2 同化速率。Zuccarini（2008）也报道，在 30mmol/L 和 60mmol/L NaCl 胁迫下，1.5mmol/L 硅可提高菜豆的净光合速率、地上部干重和叶面积。在油菜中，单独 150mmol/L NaCl 胁迫处理的植株干物质积累量比胁迫条件下 2mmol/L 硅处理降低 50%（Hashemi et al.，2010）。最近 Liu 等（2018）报道了硅对苜蓿碱胁迫抗性的影响，结果表明硅处理可显著提高植株的叶绿素含量、净光合速率、气孔导度和蒸腾速率，从而促进生物量的积累。

表 3-4 硅对盐胁迫下部分植物生长、产量和品质的影响

植物	硅对盐胁迫下植物表型的影响	文献
番茄	提高叶绿素含量，促进光合作用、干物质积累	Haghighi and Pessarakli，2013；Li et al.，2015
高粱	促进光合作用，提高叶片伸长速率	Nabati et al.，2013；Liu et al.，2015
玉米	提高光合活性，促进干物质积累	Moussa，2006；Parveen and Ashraf，2010
烟草	提高叶绿素含量，促进光合作用和干物质积累	Hajiboland and Cheraghvareh，2014
南瓜	提高叶绿素含量，促进光合作用和干物质积累	Siddiqui et al.，2014
黄瓜	促进光合作用和干物质积累	Zhu et al.，2015，2016；Yin et al.，2019
大麦	提高光合速率、叶面积，促进生物量积累	Liang et al.，1996
菜豆	提高光合速率、叶面积和地上部干重	Zuccarini，2008；Parande et al.，2013
油菜	促进干物质积累	Hashemi et al.，2010
小麦	增加株高、分蘖数和产量	Ali et al.，2012；Bybordi，2014
蚕豆	提高种子数和产量	Hellal et al.，2012；Kardoni et al.，2013
甘蔗	提高甘蔗产量，提高甘蔗汁的可溶性固形物、葡萄糖含量和商业甘蔗糖产量	Ashraf et al.，2009
绿豆	提高气孔导度、蒸腾速率、相对含水量、叶绿素和类胡萝卜素含量、株高、叶面积、生物量及种子产量，降低电解质渗漏率	Mahmood et al.，2016
芦荟	提高盐胁迫下芦荟生物量、叶片出汁率，而且可提高汁液中的多糖、苷和大黄酚含量	徐呈祥，2011
苜蓿	提高碱性胁迫下叶片叶绿素含量、净光合速率、气孔导度和蒸腾速率，促进生物量积累	Liu et al.，2018

Ali 等（2012）发现，在田间盐胁迫下，施入硅酸钙可增加小麦的分蘖数、穗粒数

和产量。Bybordi（2014）也报道，硅酸钾可使盐胁迫下小麦的株高、穗长和种子产量提高。在蚕豆中，施硅可提高豆荚产量、单株植物的种子数和产量（Hellal et al.，2012；Kardoni et al.，2013）。Parande 等（2013）报道，施硅也可提高菜豆种子的重量、增加产量。Mahmood 等（2016）发现，叶面喷施硅不仅可改善盐胁迫下绿豆植株的生长，而且可提高绿豆的产量。

此外，施硅也可改善作物的品质。Ashraf 等（2009）报道，施硅不但可提高盐胁迫下甘蔗的产量，而且可改善甘蔗汁的品质，表现为可溶性固形物、葡萄糖含量和商业甘蔗糖产量升高。徐呈祥（2011）发现，施硅不仅可提高盐胁迫下芦荟叶片的出汁率，而且可提高汁液中的多糖、苷和大黄酚含量。

目前，有关硅对盐胁迫下植物生长的有益作用的研究多是在苗期进行的，今后应加强对生长发育后期直至收获期硅的作用效果的研究，这对硅肥在生产中的应用尤为重要。

3.2.2　硅对干旱胁迫的缓解效应

3.2.2.1　种子萌发

干旱可抑制种子的萌发。目前有关硅对干旱/水分胁迫下种子萌发影响的报道相对较少。Zargar 和 Agnihotri（2013）报道，施用硅酸钙可促进干旱胁迫下玉米种子的萌发。Shi 等（2014）研究了聚乙二醇（polyethylene glycol，PEG）模拟干旱胁迫下硅对番茄种子萌发的影响，发现硅处理明显减小了胁迫下 4 个品种的发芽率、发芽势、发芽指数、活力指数和发芽速率的下降幅度，改善了芽苗的生长。王惠珍等（2015）以聚乙二醇-6000 模拟干旱胁迫，发现硅可促进党参种子的萌发，较合适的浓度为 2～4mmol/L；并且干旱程度越高，硅的促进效果越明显。张文晋等（2016）的研究表明，施硅可促进 PEG 胁迫下甘草种子的萌发，并且这种促进作用与硅的浓度和干旱程度有关：1mmol/L 硅的促进作用好于 3mmol/L；1mmol/L 的硅对重度胁迫（≥20% PEG）的促进作用好于轻中度胁迫。硅对模拟干旱下种子萌发的改善效果也在紫花苜蓿（吴淼等，2017）和小扁豆（Biju et al.，2017）中有所报道。有关硅对干旱胁迫下种子萌发的影响亟待在多种植物中开展研究。

3.2.2.2　植物生长、产量和品质

在干旱胁迫下，植物的光合作用和生长受到抑制。目前已有不少报道显示，施硅可促进干旱胁迫下植株的光合作用、改善生长（表 3-5）。研究表明，干旱胁迫可抑制小麦生长，而施硅处理则可增加胁迫条件下植株地上部干重、叶片的叶绿素含量和净光合速率，从而增强抗性（Gong et al.，2003，2005；Pei et al.，2010；Hameed et al.，2013；Ahmed et al.，2016；Ma et al.，2016；Alzahrani et al.，2018）。Chen 等（2011）研究发现，在干旱胁迫下，硅处理可促进水稻根系和地上部的生长，使总根长、根表面积和体积显著增大。Nolla 等（2012）报道，施硅可提高干旱胁迫下旱稻的产量。Ming 等（2012）也观察到硅对模拟水分胁迫下水稻生长的有益作用。张聪聪等（2017）发现，喷施纳米硅可提高玉米的株高、平均穗粒数和单穗产量。在草莓中，王耀晶等（2013）的研究表

明，施硅可提高植株的相对生长速率和光合色素含量，增加生物量。在高粱和番茄中，硅处理可提高模拟干旱胁迫下植株的光合速率，改善植株生长情况（Liu et al.，2014；Shi et al.，2016；Zhang et al.，2018a）。严俊鑫等（2016）报道，施硅使干旱下肥皂草的净光合速率、叶绿素含量、暗呼吸速率、光饱和点及表观量子效率等提高，气孔导度、蒸腾速率和光补偿点降低。

表 3-5　硅对干旱胁迫下部分植物生长、产量和品质的影响

植物	硅对干旱胁迫下植物表型的影响	文献
小麦	使光合速率和地上部干重升高；使根部生物量升高或不变，与品种有关；提高穗长、种子百粒重和产量	Gong et al.，2003，2005；Pei et al.，2010；Hameed et al.，2013；Ma et al.，2016；Ahmed et al.，2016；Alzahrani et al.，2018
水稻	促进水稻根系和地上部生长，使总根长、根表面积和体积增大；提高产量；提高稻粒的直链淀粉、酚类化合物和黄酮类化合物（类黄酮）含量；使稻秆的木质素、纤维素、果胶质、总碳水化合物、蛋白质和植酸含量升高	Chen et al.，2011；Ming et al.，2012；Nolla et al.，2012；Emam et al.，2014
高粱	提高光合速率和干物质含量	Liu et al.，2014
番茄	提高光合速率，促进干物质积累；增大根体积和根吸收表面积	Shi et al.，2016；Cao et al.，2017；Zhang et al.，2018a
玉米	提高株高、平均穗粒数和单穗产量	张聪聪等，2017
肥皂草	提高净光合速率、叶绿素含量、暗呼吸速率、光饱和点及表观量子效率；降低气孔导度、蒸腾速率和光补偿点	严俊鑫等，2016
草莓	提高相对生长速率和光合色素含量；增加生物量	王耀晶等，2013

施硅也可提高干旱胁迫下作物的品质。Emam 等（2014）发现，在干旱胁迫下，施硅可提高稻粒的直链淀粉、酚类化合物和类黄酮含量，并使稻秆的木质素、纤维素、果胶质、总碳水化合物、蛋白质和植酸含量升高。

3.2.3　硅对极端温度胁迫的缓解效应

硅也可改善低温（>0℃）胁迫下种子的萌发和植物的生长情况。Liu 等（2009）研究发现，二叶期黄瓜幼苗经低温（昼 15℃、夜 8℃）处理 6 天后，叶片发生萎蔫，而硅处理植株的萎蔫程度低于未经过硅处理的植株，表明施硅可提高黄瓜的低温胁迫抗性。另外有研究表明，低温胁迫下硅处理可部分抑制乌塌菜生物量的下降（吴燕和高青海，2010），增加黄瓜的叶绿素含量和生物量（王海红等，2011）。赵培培等（2014）研究发现，在低温条件下，硅酸钠处理可促进春小麦种子萌发，表现为发芽率、发芽势、发芽指数和活力指数均明显升高，并且在硅酸钠浓度为 1.0mmol/L 时效果最好。此外，在低温胁迫下，硅对植物生长的有益作用在水稻（路运才等，2014a）、冬青稞（王伟等，2015）、小麦（张婷婷等，2017）和玉米（Moradtalab et al.，2018）等中均有报道。

目前有关硅对冻害条件下植物生长影响的研究较少。Liang 等（2008）研究了硅对冻害条件下（−5℃）小麦幼苗生长的影响，发现施硅可提高敏感品种地上部的生物量及叶片的含水量。朱佳等（2006）和范琼花等（2009）的研究表明，施硅可提高冻害条件下小麦叶片的净光合速率、水分利用率和含水量。张德忠等（2011）报道，基施硅钾肥可明显缓解晚霜对冬小麦的冻害，使单位面积的穗数、穗粒数和千粒重均显著增加。

在高温胁迫下，硅对植物的生长发育也具有益的作用。李文彬等（2005）报道，硅处理不仅可提高高温下水稻花粉粒的直径，还可提高花药的开裂率，增加授粉量。吴晨阳等（2013，2014）研究发现，外源硅可提高高温胁迫下水稻剑叶的叶绿素含量和净光合速率，减小胁迫下水稻结实率的下降幅度。刘奇华等（2016）报道，孕穗期施硅可显著提高高温胁迫下水稻的结实率和产量。

3.3　硅提高植物对盐害、干旱和温度胁迫抗性的机理

3.3.1　硅提高植物耐盐性的机理

盐胁迫是世界范围内限制植株生长和产量的主要因素之一。研究表明，施加外源硅可显著提高许多植物的抗盐性（Zhu and Gong，2014；Debona et al.，2017；Coskun et al.，2019）。硅缓解盐胁迫的作用机理主要包括如下几方面。

3.3.1.1　改善光合作用、协调同化产物运输

虽然硅对盐胁迫下植物种子萌发的有益作用已有报道，但相关的机理研究很少。侯玉慧等（2007）发现，硅处理可使盐胁迫下黄瓜种子的萌发率升高，同时提高胁迫下种子萌芽期胚乳的淀粉酶和蛋白酶活力。关于硅促进盐胁迫下种子萌发的机理仍需进行深入探究。

光合作用是植物或其他生物体将光能转化成生物可以利用的能量的过程（Zhu and Gong，2014），它是植物生长和干物质积累的基础。光合作用在叶绿体内进行，对盐胁迫十分敏感。盐胁迫可破坏叶绿体的结构，导致类囊体膜肿胀、基粒片层数量减少（Kumar and Bandhu，2005）。大量研究显示，硅可促进盐胁迫下多种植物的光合作用，改善植物的生长情况（Zhu and Gong，2014）。Tuna 等（2008）研究发现，加硅可显著提高盐胁迫下小麦叶片的叶绿素含量，在一定硅浓度下甚至可超过非胁迫植株的水平。在番茄、淡水大米草和柳枝稷中，硅也可提高盐胁迫植株的光合色素含量，保护光合器官（Al-Aghabary et al.，2004；Mateos-Naranjo et al.，2013；李菁等，2016）。Mateos-Naranjo 等（2013）发现，硅处理提高了盐胁迫下淡水大米草的 PSⅡ最大光化学效率（F_v/F_m）、最大荧光系数（F_m）和量子效率，降低了 PSⅡ非光化学猝灭系数（NPQ）。Liu 等（2018）报道，硅处理可显著降低苜蓿中蛋白质和脯氨酸的含量，从而减弱光合反馈抑制。硅缓解盐胁迫对植物的损伤在很大程度上与其降低植物对 Na^+的吸收量、提高 K^+含量，从而保护光合器官免受离子毒害有关（Liang，1998）。有关硅对植物 Na^+和 K^+积累的调控将于下文讨论。

充足的碳源供应对于保证植物的正常生长发育非常重要。植物的光合同化产物一部分在叶绿体中转化为淀粉，另一部分则以三碳糖形式被磷酸丙糖转运体运输至胞质中用于蔗糖等物质的合成。蔗糖是光合作用的主要产物（Lemoine et al.，2013），也是糖转运的主要形式（Braun et al.，2014）。蔗糖一旦卸载进入库细胞后，将被裂解为己糖。在盐胁迫条件下，一方面，植物对光能的利用受到显著抑制；另一方面，盐胁迫导致可溶性糖和淀粉等光合产物在源叶中积累，产生光合反馈抑制，并阻碍碳水化合物由源叶向根部的运输，影响同化产物在源-库之间的分配。Zhu 等（2015）研究了硅对盐胁迫下黄瓜

幼苗碳水化合物代谢的影响。结果显示，在盐胁迫下，两个黄瓜品种根系和叶片的可溶性糖含量均显著升高，淀粉含量在叶片中增加、在根系中降低。硅通过调节碳水化合物代谢相关酶的活性显著降低了盐胁迫下叶片中可溶性糖的积累。加硅显著降低了盐胁迫植株叶片中淀粉的积累，但同时增加了根系的淀粉含量。硅对根系糖含量的调控具有品种间差异：在盐胁迫下，加硅使津优一号品种根系的蔗糖含量显著增加；但在品种津春五号中，加硅使蔗糖含量显著降低。津优一号可溶性糖含量的增加可降低根系渗透势，促进水分吸收。这些结果表明，加硅可减弱盐胁迫黄瓜叶片碳水化合物积累对光合作用的反馈抑制；同时，加硅可能通过促进同化产物从源叶向根系的运输，为根系正常生长提供能量，从而提高植物抵抗盐胁迫的能力。

总之，硅处理可促进盐胁迫下植物的光合作用，协调同化产物向库器官的运输，满足库器官对物质和能量的需求，从而促进盐胁迫下植物的生长。

3.3.1.2 抑制 Na^+或 Cl^-积累、促进 K^+积累

抑制 Na^+的吸收和积累是植物抵抗盐胁迫最重要的机理之一。目前关于硅提高植物抵抗盐胁迫能力的研究多集中在离子平衡方面（表 3-6）。Liang 和 Ding（2002）研究发现，硅不仅可降低大麦根系 Na^+和 Cl^-含量，而且可使它们在整个根系中的分布更为均匀，作者指出这是硅提高大麦抗盐能力的关键机理之一。Tuna 等（2008）的研究表明，加硅显著降低了盐胁迫下小麦根系和地上部的 Na^+含量。在秋葵中，叶面喷施硅可降低地上部和根系的 Na^+与 Cl^-含量，并提高植株的相对含水量（Abbas et al.，2015）。Wang 和 Han（2007）发现，外源硅可降低苜蓿根系而不是叶片的 Na^+含量，并且施硅使地上部 K^+含量显著升高。硅可降低植物地上部 Na^+浓度已在番茄（Gunes et al.，2007a）、大麦（Gunes et al.，2007b）、甘蔗（Ashraf et al.，2010）、水稻（Gong et al.，2006；Shi et al.，2013；Flam-Shepherd et al.，2018）、小麦（Saqib et al.，2008）、蚕豆（Shahzad et al.，2013）、高粱（Yin et al.，2013）等多种植物中有所报道（表 3-6）。Shahzad 等（2013）发现，加硅可显著降低盐胁迫蚕豆植株叶片质外体中的 Na^+含量。这些研究表明，硅可通过减少根系对 Na^+的吸收或 Na^+向地上部的转运、降低 Na^+积累，从而缓解盐胁迫下植物所遭受的离子毒害作用。在大麦和小麦中，不同研究者观察到的硅对 Na^+浓度的影响不同，这可能与他们所用的基因型不同有关，也有可能与胁迫条件不同有关。但也有硅对 Na^+积累没有影响的报道。例如，Romero-Aranda 等（2006）报道，硅对番茄叶片的 Na^+和 Cl^-浓度没有显著影响。Zhu 等（2015）在黄瓜品种 JinChun5 中也发现，硅对根和地上部的 Na^+浓度影响不大。这些结果表明，不同植物中硅提高植物抗盐性的主要机制可能存在差异。

表 3-6　硅对盐胁迫下部分植物中盐离子浓度的影响

硅对 Na^+或 Cl^-浓度的影响	植物
降低根 Na^+浓度	大麦（Liang and Ding，2002）、苜蓿（Wang and Han，2007）
降低地上部 Na^+或 Cl^-浓度	番茄（Gunes et al.，2007a）、大麦（Gunes et al.，2007b）、甘蔗（Ashraf et al.，2010）、水稻（Gong et al.，2006；Shi et al.，2013；Flam-Shepherd et al.，2018）、小麦（Saqib et al.，2008）、蚕豆（Shahzad et al.，2013）、高粱（Yin et al.，2013）
降低根和地上部 Na^+浓度	小麦（Tuna et al.，2008）、大麦（Liang，1999）
对叶片或地上部 Na^+或 Cl^-浓度无影响	番茄（Romero-Aranda et al.，2006）、黄瓜（Zhu et al.，2015）

除了减少盐离子的吸收和转运，植物自身的“排盐”作用对其抗盐性也很关键。Na^+/H^+反向转运体可将 Na^+从细胞质中排出或将其区隔化至液泡中，对维持细胞中较低的 Na^+浓度十分重要（Yue et al.，2012）。SOS1 是质膜上的 Na^+/H^+反向转运体（Shi et al.，2000）。质膜 H^+-ATPase 利用水解 ATP 所产生的能量将 H^+从细胞质中泵出，由此产生的跨膜 H^+电化学势梯度可驱动 SOS1 将细胞内的 Na^+排出细胞，降低细胞质内 Na^+水平，从而减轻 Na^+的毒害作用（马清等，2011）。液泡膜 Na^+/H^+反向转运体参与 Na^+的区隔化，它是由液泡膜上的 H^+-ATPase 和 H^+-焦磷酸酶（H^+-PPase）所产生的跨膜 H^+驱动的。Liang（1999）的研究表明，盐胁迫显著降低了大麦根系质膜 H^+-ATPase 的活性，而加硅可使其显著升高，可能有助于 Na^+的外排。然而，Flam-Shepherd 等（2018）在水稻中研究发现，硅对根系 Na^+的内流和外流均没有显著影响。硅对跨质膜 Na^+流和质膜上关键酶的可能影响仍需在多种植物中进行研究。Liang 等（2005）发现，加硅提高了盐胁迫大麦根系液泡膜的 H^+-ATPase 和 H^+-PPase 活性。液泡膜 H^+-ATPase 和 H^+-PPase 活性的增加有助于 Na^+区隔化到液泡中。Mali 和 Aery（2008）也发现，在水培和土培条件下，硅可提高大麦 H^+-ATPase 活性，促进 K^+的吸收。可见，在盐胁迫下，硅可通过提高 H^+-ATPase 和 H^+-PPase 活性来降低细胞质 Na^+水平，提高 K^+水平。然而，硅是否直接影响 Na^+/H^+反向转运体基因的表达和蛋白转运活性仍需进一步探讨。

硅在根部的沉积所形成的物理障碍可能是硅降低盐离子运输速率的重要机理之一。Gong 等（2006）发现，在水稻根的横切面上，硅主要分布在外皮层和内皮层（尤其是后者）上。硅在这些部位的沉积形成了机械障碍，从而降低 Na^+经质外体途径（即蒸腾支流）的运输效率，降低木质部中的 Na^+浓度，从而降低 Na^+从根系向地上部的转运速率。同样，加硅也可降低水稻中 Cl^-的质外体运输速率，减少地上部 Cl^-的积累（Shi et al.，2013）。Faiyue 等（2010）认为，水稻侧根可能在质外体运输中起着重要的作用，因为其缺少外皮层。Fleck 等（2011）发现，硅可促进水稻外皮层的发育。因此，硅在根内的沉积及其对内外皮层发育的促进作用可能是其抑制盐离子的木质部装载，从而减少地上部盐离子积累的重要原因。最近，Flam-Shepherd 等（2018）的研究表明，硅对质外体途径 Na^+运输的影响与水稻品种有关：硅可降低 IR29 中 Na^+经质外体途径的运输速率，但对 Pokkali 中的质外体运输没有影响。可见，质外体障碍机理可能仅存在于部分水稻品种中。目前，在葡萄和黄瓜中并没有观察到明显的质外体运输（Gong et al.，2011；Wu et al.，2015）。

3.3.1.3　改善植物水分状况

早期有关硅提高植物抗盐性的研究多集中在缓解离子胁迫方面。然而，正如前面所述，硅提高植物的抗盐性并不总是伴随着植物组织 Na^+积累的下降，说明硅对盐胁迫的缓解作用还存在其他机理。除了离子毒害，土壤中过高的盐离子浓度还会引起土壤溶液渗透势的下降，对植物造成渗透胁迫，导致植物体内水分亏缺。Chen 等（2014）在小麦中的研究显示，硅既可缓解盐胁迫造成的离子毒害，又可缓解其造成的渗透胁迫，并且对后者的缓解作用更加显著。Romero-Aranda 等（2006）对番茄植株水分状况的分析显示，硅处理显著改善了盐胁迫番茄植株的含水量。可见，改善水分状况可能是植物抗盐的重要机理之一（表 3-7）。盐胁迫下植物水分状况的改善可对其积累的盐离子起到稀释的作用，从而缓解离子毒害。

表 3-7　硅对盐胁迫下植物气孔导度、蒸腾速率、根系吸水及植物水分状况的影响

植物	气孔导度或蒸腾速率	根系吸水	植物水分状况	参考文献
水稻	T_r升高	—	—	Gong et al.，2006
菜豆	g_s升高	—	—	Zuccarini，2008
番茄	g_s升高	无变化	WUE 提高，整株植物水分含量升高	Romero-Aranda et al.，2006
	—	Lpr 升高	叶片 RWC 和水势升高	Li et al.，2015
大米草	g_s升高	—	WUE 提高	Mateos-Naranjo et al.，2013
高粱	g_s和 T_r升高	—	—	Yin et al.，2013
	—	Lpr 升高	—	Liu et al.，2015
烟草	在 75mmol/L NaCl 时，g_s和 T_r升高；在 25mmol/L NaCl 时无差异	—	—	Hajiboland and Cheraghvareh，2014
秋葵	g_s和 T_r升高	—	RWC 升高	Abbas et al.，2015
黄瓜	g_s和 T_r升高	Lpr 升高	叶片自由水含量和 RWC 升高	Zhu et al.，2015

注：g_s，气孔导度；Lpr，根系水力学导度；RWC，相对含水量；T_r，蒸腾速率；WUE，水分利用效率

以往有关硅对植物水分状况影响的研究多集中在蒸腾作用方面。较早前有人提出，硅在植物叶表面的沉积可降低蒸腾速率，减少植株蒸腾失水，从而维持植株内较高的水分含量（Matoh et al.，1986；Savant et al.，1999）。虽然减少蒸腾失水是硅提高植物耐盐性的重要机制，但也有不少研究者发现，施硅并未降低盐胁迫植物的蒸腾速率。Gong 等（2006）的研究表明，在水稻中，加硅甚至提高了盐胁迫下植株叶片的蒸腾速率。在盐胁迫下，植物为了维持其体内的水分平衡，必须调节其水分吸收以应对蒸腾失水。Liu 等（2015）报道，硅处理提高了高粱的耐盐性和盐胁迫植株的根系水力学导度；并且，硅处理促进了胁迫植株根系部分水孔蛋白基因的表达，抑制了 H_2O_2 积累；外源过氧化氢酶预处理缓解了盐胁迫诱导的植株蒸腾速率的下降。这些结果表明，硅处理抑制了盐胁迫下高粱植株根系 H_2O_2 的积累，从而提高了水孔蛋白活性和根系水力学导度，提高了胁迫植株根系的水分吸收速率和抗盐性。对番茄的研究表明，硅可提高盐胁迫下根系的抗氧化防御能力，从而促进根系的生长和水力学导度的增加，有利于根系吸水（Li et al.，2015）。Zhu 等（2015）在黄瓜中研究发现，加硅显著提高了盐胁迫下植株的根系水力学导度，有助于促进根系对水分的吸收。进一步研究表明，硅对根系吸水能力的提高是通过调控质膜水通道蛋白的表达及根系渗透调节能力来实现的，并且硅对根系渗透调节的调控具有品种间的差异。

因此，通过调控根系水分吸收和叶片蒸腾失水来改善植物水分状况是硅提高植物抗盐性的重要机理。

3.3.1.4　缓解盐胁迫诱导的氧化损伤

在盐胁迫下，植物体内活性氧产生和清除之间的动态平衡会遭到破坏，导致活性氧的过度积累，从而引起蛋白质、脂类、核酸等生物大分子的氧化损伤。活性氧引起的脂

质过氧化被认为是生物体内最具破坏性的过程（Gill and Tuteja，2010）。Liang 等（2003）、Moussa（2006）和 Soylemezoglu 等（2009）分别在大麦、玉米和葡萄砧木上研究发现，加硅可降低盐胁迫下植株的膜脂过氧化产物丙二醛（malondialdehyde，MDA）的含量，从而减轻胁迫植物的膜脂过氧化损伤。盐胁迫下硅介导的膜脂过氧化水平的下降是由其对植物抗氧化防御能力的调控、抑制活性氧积累引起的。Liang（1999）率先报道，硅可提高盐胁迫大麦的 SOD 活性、降低丙二醛含量。进一步研究发现，硅对盐胁迫植株抗氧化酶活性的提高和非酶性抗氧化物质含量的增加具有促进作用，并伴随着膜脂过氧化水平的下降（Liang et al.，2003）。Abbas 等（2015）也观察到，在盐胁迫 7 天的秋葵中，叶片喷施硅可提高叶片和根系的 SOD、POD 与 CAT 活性，降低膜脂过氧化水平。Soundararajan 等（2015）的研究表明，50mg/L K_2SiO_3 可提高盐胁迫下康乃馨的抗氧化酶活性，从而促进其生长。另外，在黄瓜（Zhu et al.，2004；Khoshgoftarmanesh et al.，2014）、玉米（Moussa，2006）、菠菜（Eraslan et al.，2008）、葡萄（Soylemezoglu et al.，2009）、油菜（Hashemi et al.，2010）、大豆（Farhangi-Abriz and Torabian，2018）等植物中也发现外源硅能显著影响抗氧化酶活性。表 3-8 列出了部分研究涉及的盐胁迫下硅对植物抗氧化酶活性的影响。虽然施硅并不总是能诱导盐胁迫下植物抗氧化酶活性的升高，但大部分研究都观察到硅可缓解盐胁迫下植物的氧化损伤。

表 3-8　硅对盐胁迫下植物抗氧化酶活性的影响

抗氧化酶	变化	培养条件	植物（参考文献）
SOD	升高	水培	大麦（Liang，1999；Liang et al.，2003）、黄瓜（Zhu et al.，2004）、番茄（Al-Aghabary et al.，2004）、玉米（Moussa，2006）
		盆栽	秋葵（Abbas et al.，2015）
		盆栽	大豆（Farhangi-Abriz and Torabian，2018）
	不变	盆栽	葡萄（Soylemezoglu et al.，2009）
CAT	升高	水培	番茄（Al-Aghabary et al.，2004）、玉米（Moussa，2006）、油菜（Hashemi et al.，2010）
		盆栽	秋葵（Abbas et al.，2015）
		盆栽	大豆（Farhangi-Abriz and Torabian，2018）
	升高或不变（与胁迫时间有关）	水培	大麦（Liang et al.，2003）
	不变	水培	黄瓜（Zhu et al.，2004）
	下降	盆栽	葡萄（Soylemezoglu et al.，2009）
APX	升高	盆栽	大豆（Farhangi-Abriz and Torabian，2018）
	升高或不变（与品种有关）	盆栽	葡萄（Soylemezoglu et al.，2009）
	下降或不变（与胁迫时间有关）	水培	番茄（Al-Aghabary et al.，2004）
POD	升高	盆栽	秋葵（Abbas et al.，2015）
		盆栽	大豆（Farhangi-Abriz and Torabian，2018）
	升高或不变（与胁迫时间有关）	水培	大麦（Liang et al.，2003）

Liang 等（1996，2003）和 Zhu 等（2004）分别在大麦和黄瓜中观察到，硅介导的脂质过氧化水平的下降有利于维持膜的完整性、降低膜的电解质渗漏率。Gong 等（2005）

发现，硅可缓解干旱胁迫下小麦幼苗蛋白质的氧化损伤。Liang 等（2005）发现，施硅提高了盐胁迫大麦质膜的 H^+-ATPase 活性，盐胁迫下大麦质膜 H^+-ATPase 活性的提高可能也与硅缓解了蛋白质的氧化损伤有关。但 Liang 等（2006）报道，体外试验显示硅对膜流动性和 H^+-ATPase 活性并没有影响，他们认为硅对膜流动性和酶活性的影响可能是间接的。

总之，硅可调控盐胁迫下植物的抗氧化防御能力，降低活性氧的积累和细胞的氧化损伤水平。但硅如何调控植物的抗氧化防御能力尚待深入研究，其分子机理亟待阐明。

3.3.1.5 调节盐胁迫下植物的营养吸收

在盐胁迫下，硅对植物营养元素的吸收有显著影响。梁永超等（1999）报道，硅可提高盐胁迫下土培大麦植株体内 N 和 P 的浓度与积累量，增加土壤 P 的有效性，提高根系 H^+-ATPase 和脱氢酶活性。Farshidi 等（2012）也发现，硅可提高盐胁迫油菜根和地上部的 P 浓度。Wang 和 Han（2007）发现，在盐胁迫下，施硅对盐敏感苜蓿品种（Defor）的根、茎、叶，以及耐盐品种（Zhongmu No.1）根和茎的 Fe^{3+}、Mg^{2+}与 Zn^{2+}含量没有影响，并使两个品种茎和叶中的 Mn^{2+}含量显著升高，而 Ca^{2+}和 Cu^{2+}含量下降，但 Zhongmu No.1 根中的 Ca^{2+}含量因施硅而升高。Farshidi 等（2012）发现，施硅使盐胁迫下油菜根系和地上部 Fe 含量升高；在对照条件下，硅处理使油菜的硼浓度显著下降，而在盐胁迫下，硅处理与非硅处理植株的硼浓度没有显著差异。Azeem 等（2015）报道，用硅对小麦种子进行引发处理后，小麦幼苗的 Ca^{2+}浓度基本呈下降趋势；而在小麦幼苗培养中，硅处理使胁迫植株的 Ca^{2+}浓度显著下降。这些研究表明，硅对植物营养元素积累的影响与基因型和组织类型有关。

在盐胁迫下，硅对植物营养元素吸收的调控可能参与了硅提高植物抗盐性的响应。然而，硅调控这些营养元素吸收的分子基础尚需进一步深入研究。

3.3.1.6 调节盐胁迫下植物的渗透调节物质水平

在胁迫条件下，植物细胞内会合成并积累一些无机和有机溶质，从而降低细胞渗透势，提高吸水能力，维持细胞正常膨压，使植物可在缺水条件下生存（Rizwan et al.，2015）。同时，一些渗透调节物质也具有清除活性氧的功能（Seckin et al.，2009；An and Liang，2013）。

研究表明，硅可调节盐胁迫下植物渗透调节物质的浓度（表 3-9）。脯氨酸是一种常见的渗透调节物质，与植物的耐盐性相关（Flowers et al.，1986）。在小麦、葡萄、大豆、高粱、烟草和甘草等植物中的研究发现，硅可降低盐胁迫植物脯氨酸的积累（Tuna et al.，2008；Soylemezoglu et al.，2009；Lee et al.，2010；Yin et al.，2013；Hajiboland and Cheraghvareh，2014；Zhang et al.，2018b）。然而，在菠菜和秋葵中，加硅不影响或可增加脯氨酸含量（Eraslan et al.，2008；Abbas et al.，2015）。目前关于胁迫下脯氨酸积累的作用尚存在争议。一种观点认为，脯氨酸积累有利于提高植物的渗透调节能力，是胁迫抗性增强的表现；另一种观点则认为，脯氨酸积累是胁迫损伤的结果（Pei et al.，2010）。目前在大部分研究中均发现硅可降低盐胁迫植株中脯氨酸的积累，似乎支持脯氨酸积累是胁迫损伤的结果的观点。

表 3-9　硅对盐胁迫下植物渗透调节物质水平的影响

渗透调节物质	变化	植物（参考文献）
脯氨酸	下降	小麦（Tuna et al.，2008；Pei et al.，2010）、葡萄（Soylemezoglu et al.，2009）、大豆（Lee et al.，2010）、高粱（Yin et al.，2013）、烟草（Hajiboland and Cheraghvareh，2014）、甘草（Zhang et al.，2018b）
	不变	菠菜（Eraslan et al.，2008）
	增加	秋葵（Abbas et al.，2015）
蔗糖/可溶性糖	蔗糖含量增加	高粱（Yin et al.，2013）、甘草（Zhang et al.，2018b）
	蔗糖含量不变或增加（与品种有关）	黄瓜（Zhu et al.，2016）
	可溶性糖含量增加	小麦（Pei et al.，2010）、烟草（Hajiboland and Cheraghvareh，2014）

蔗糖等可溶性糖在渗透调节中起着重要的作用。Yin 等（2013）研究发现，与单独盐胁迫相比，加硅可显著增加高粱叶片中的蔗糖含量。在甘草叶片中也观察到类似的结果（Zhang et al.，2018b）。Hajiboland 和 Cheraghvareh（2014）发现，硅可同时增加盐胁迫烟草地上部和根系的可溶性糖含量。Zhu 等（2016）研究了硅对盐胁迫下黄瓜碳水化合物代谢的影响，发现硅的调控具有品种间差异：加硅使津优一号根系蔗糖含量显著增加，但使津春五号根系蔗糖含量显著下降。硅诱导盐胁迫植物可溶性糖的积累可能在植物耐盐中起着重要的作用。然而，硅对可溶性糖积累调控的基因型差异可能与不同基因型中硅的作用机理不同有关。

3.3.1.7　调节盐胁迫下植物的生长激素水平

在盐胁迫等逆境时，植物体内激素水平往往会发生显著变化以应对不利的生存环境（Wilkinson et al.，2012；Fahad et al.，2015）。例如，在胁迫下，ABA 的积累可调控气孔导度和植株水分状况，以维持植株正常代谢（Lee and Luan，2012）。Karmoker 和 Von Steveninck（1979）在菜豆中研究发现，ABA 可抑制 Na^+和 Cl^-向植株地上部的运输。GA 则可以影响种子萌发和芽伸长（Fahad et al.，2015）。外源施用 GA 可缓解盐胁迫对植物生长的抑制（Chakrabarti and Mukherji，2003）。

大量研究表明，硅能调节盐胁迫下植物的激素水平（表 3-10）。Lee 等（2010）报道，盐胁迫使大豆植株的 ABA 含量升高，而硅处理降低了 ABA 含量、增加了 GA 含量。Kim 等（2014）发现，盐胁迫 6h 和 12h 后，外源加硅降低了水稻植株的 JA 含量，但对 SA 含量没有影响，而 ABA 的含量呈先升高（处理 6h 和 12h 时）后降低（处理 24h 时）的趋势；ABA 合成相关基因 *ZEP*、*NCED1* 和 *NCED4* 的表达水平变化与 ABA 含量的变化一致。最近，Zhang 等（2018b）在甘草中研究发现，6g/kg 和 9g/kg NaCl 胁迫 90 天及 120 天时，硅处理均使其叶片中 ABA 水平下降，但胁迫 150 天时，硅处理对胁迫植株 ABA 水平没有影响；硅处理使不同盐胁迫时间（90 天、120 天和 150 天）植株的 IAA 水平基本均升高；硅处理对 GA3 水平的影响与盐胁迫强度有关，6g/kg NaCl 处理条件下硅处理对 GA3 水平没有影响，而 9g/kg NaCl 处理条件下硅处理使 GA3 水平升高。

表 3-10　硅对盐胁迫下植物生长激素水平的影响

植物生长激素	变化	植物（参考文献）
ABA	下降	大豆（Lee et al.，2010）
	先升高后下降	水稻（Kim et al.，2014）
	先下降后不变	甘草（Zhang et al.，2018b）
GA	升高	大豆（Lee et al.，2010）
	不变或升高（与胁迫强度有关）	甘草（Zhang et al.，2018b）
IAA	升高	甘草（Zhang et al.，2018b）
ETH	升高	烟草悬浮细胞（Liang et al.，2015）
	降低乙烯前体水平	高粱（Yin et al.，2016）
JA	下降	水稻（Kim et al.，2014）
SA	不变	水稻（Kim et al.，2014）
PA	升高	黄瓜（Wang et al.，2015；Yin et al.，2019）、高粱（Yin et al.，2016）

注：ABA，脱落酸；ETH，乙烯；GA，赤霉素；IAA，吲哚乙酸；JA，茉莉酸；PA，多胺；SA，水杨酸

乙烯也参与了硅的抗盐胁迫反应。Liang 等（2015）发现，在烟草悬浮细胞中，硅缓解盐胁迫诱导的悬浮细胞死亡与其促进乙烯的释放有关，硅可上调乙烯代谢相关基因的表达。但 Yin 等（2016）报道，硅处理显著降低了高粱中乙烯前体 ACC 的水平。因此，乙烯在硅诱导植物抗盐中的作用还有待探究。

植物体内多胺的代谢同植物的耐盐性密切相关。多胺可作为植物生长调节物质调控植株生长发育及对逆境的响应。同时，多胺也可作为抗氧化物质清除活性氧，防止膜脂过氧化。Wang 等（2015）的研究表明，硅可提高盐胁迫下黄瓜植株内自由态和结合态多胺的含量，暗示多胺可能参与了硅对盐胁迫缓解作用的调控。Yin 等（2016）发现，硅可提高盐胁迫下高粱植株体内的多胺含量；外源 Spd 对高粱幼苗盐胁迫的缓解效果与硅的效果类似，而多胺合成抑制剂则可抵消硅的抗盐作用效果。最近，Yin 等（2019）的研究表明，硅可抑制盐胁迫黄瓜中腐胺的积累，促进精胺和多胺的合成；外源多胺和硅处理均可缓解胁迫黄瓜的氧化损伤，而多胺合成抑制剂则抑制了硅对氧化损伤的缓解作用。这些结果表明，硅对植物盐胁迫伤害的缓解作用可能部分是通过调节多胺代谢实现的。

目前有关硅对植物盐胁迫损伤的缓解效应的研究多集中在中性盐胁迫上。最近，Liu 等（2018）报道，硅可缓解碱性盐胁迫对苜蓿幼苗造成的损伤。这与硅可提高胁迫下植物的光合作用和水分利用效率、降低膜损伤及膜脂过氧化水平有关。而且，硅处理可显著降低蛋白质和脯氨酸的积累，减弱光合反馈抑制，并降低 Na^{+}在植物叶片中的积累。

3.3.2　硅提高植物耐旱性的机理

3.3.2.1　促进种子萌发和改善光合作用

硅可促进干旱胁迫下种子的萌发（Zargar and Agnihotri，2013；Shi et al.，2014），但相关作用机制的研究较少。Shi 等（2014）研究发现，以聚乙二醇模拟水分胁迫使 4

个番茄品种（金棚朝冠、中杂 9 号、欧宝 318 和厚皮 L402）的萌发率下降，而胚根中的 • O_2^-、H_2O_2、丙二醛含量及抗氧化酶 SOD、POD 和 CAT 活性均显著升高；金棚朝冠、厚皮 L402 和欧宝 318 的总酚含量（以含水量表示）显著增加，中杂 9 号总酚含量的变化不明显；外源硅处理明显提高了 4 个品种的萌发率、改善了芽苗的生长情况，并进一步提高了胚根的 SOD 和 CAT 活性，降低了 • O_2^-、H_2O_2、MDA 和总酚含量及 POD 活性。硅对酚类代谢的调控及与酚类结合形成复合物有利于抑制活性氧的产生。研究结果表明，外源硅可通过提高抗氧化防御能力、减少过量活性氧的产生而缓解水分胁迫对番茄种子萌发的抑制效应。Biju 等（2017）发现，施硅可促进模拟干旱下小扁豆的萌发，并且使其 α 淀粉酶、β 淀粉酶和 α 葡糖苷酶活性显著升高，表明这些酶参与了硅促进模拟干旱胁迫下种子的萌发响应。

干旱胁迫往往使光合作用受到抑制。引起光合作用受抑制的原因包括气孔因素和非气孔因素（Yordanov et al.，2000）。气孔关闭是植物对严重干旱胁迫的第一反应，通常被认为是光合作用的主要抑制因素（Reddy et al.，2004；Farooq et al.，2009）。然而在一些胁迫条件下，非气孔因素也抑制光合作用。施硅可通过影响干旱胁迫下植物的气孔导度和光化学反应来调节光合速率（表 3-11）。Gong 等（2005）发现，干旱胁迫抑制了小麦的光合作用，而硅处理使胁迫植株的光合作用增强。他们发现，干旱胁迫和硅处理对小麦叶片胞间 CO_2 浓度没有影响。这表明在该试验干旱条件下，气孔因素不是光合作用受抑的主要因素，硅对光合作用的促进作用是由非气孔因素引起的。Hattori 等（2005）在高粱中也发现了类似的结果。Chen 等（2011）的研究表明，硅对干旱胁迫下水稻光合作用的促进与气孔因素和非气孔因素均有关系。Gong 和 Chen（2012）研究了田间干旱条件下小麦光合作用的日变化，发现干旱使光合速率和气孔导度显著下降，而同时进行硅处理使光合速率显著升高；在下午时，硅处理也使胁迫植株叶片的气孔导度明显升高。在干旱胁迫下，气孔限制值在上午没有变化，但在中午和下午时升高，而同时进行硅处理使之下降。这些结果表明，硅对干旱胁迫下小麦光合作用的促进机制既有气孔因素，也有非气孔因素。在 7：30 时，硅对胁迫植株光合作用的促进主要是由于非气孔因素；而 9：30 是一个转折点，此后硅对光合作用的促进主要是由于气孔因素。

表 3-11　硅促进干旱胁迫下植物光合作用的机理

光合相关过程	硅的调控作用或涉及的过程	植物（参考文献）
气孔/非气孔因素	与非气孔因素有关	小麦（Gong et al.，2005）、高粱（Hattori et al.，2005）
	与气孔和非气孔因素均有关	水稻（Chen et al.，2011）
	上午与非气孔因素有关，中午以后与气孔因素有关	小麦（Gong and Chen，2012）
光合色素	含量提高	辣椒（Lobato et al.，2009）、水稻（Chen et al.，2011）、高粱（Yin et al.，2014）
光系统 II	活性升高	水稻（Chen et al.，2011）、番茄（Zhang et al.，2018a）
光合酶	Rubisco 活性升高	黄瓜（Adatia and Besford，1986）
	Rubisco 活性下降，PEPC 活性升高	小麦（Gong and Chen，2012）
无机磷	含量升高	小麦（Gong and Chen，2012）

注：PEPC，磷酸烯醇丙酮酸羧化酶

硅也可影响干旱胁迫植物的光合色素含量。Lobato 等（2009）报道，加硅可使水分亏缺胁迫辣椒的叶绿素维持在较高的水平，从而增强植物的光合作用。Chen 等（2011）在水稻中也观察到类似的结果。Yin 等（2014）发现，硅可促进干旱胁迫下高粱幼苗多胺的合成、提高叶绿素浓度，表明硅促进的多胺合成在延缓胁迫植株衰老、维持较高的叶绿素水平中起着重要的作用。

叶绿素荧光参数可反映植物光系统Ⅱ的活性。Chen 等（2011）研究发现，施硅不仅使干旱胁迫水稻叶片的叶绿素含量升高，也提高了光系统Ⅱ潜在活性（F_v/F_o）和最大光化学效率（F_v/F_m）。结果表明，施硅可提高干旱胁迫下水稻植株的光合效率、缓解光合机构的损伤。最近，Zhang 等（2018a）的研究表明，在模拟干旱胁迫下，光系统Ⅱ最大光化学效率、PSⅡ有效光化学量子效率（F_v'/F_m'）、PSⅡ实际光化学效率（Φ_{PSII}）、光合电子传递速率（ETR）、PSⅡ光化学猝灭系数（qP）均显著下降，而硅处理可缓解这些参数的下降。质体蓝素和铁氧还蛋白是光合电子传递的关键组分（孙瑞雪和杨春虹，2012），其含量变化可影响光合电子传递能力，从而影响光合作用。PsbP、PsbW、PsbQ 和 Psb28 是光系统Ⅱ的重要蛋白亚基，与光反应中水的裂解密切相关，干旱使这些蛋白的基因表达下降，而硅处理则可缓解其下降（Zhang et al.，2018a）。

硅还可调节碳同化，然而相关的研究很少。核酮糖-1,5-双磷酸羧化酶/加氧酶（Rubisco）是碳同化中的关键酶，催化 CO_2 与核酮糖-1,5-双磷酸（RuBP）结合形成 2 分子的 3-磷酸甘油酸（陶宏征等，2012）。Adatia 和 Besford（1986）报道，在正常条件下，加硅可提高水培黄瓜的 Rubisco 活性。但 Gong 和 Chen（2012）发现，加硅使干旱胁迫小麦叶片的 Rubisco 活性略有下降；同时，他们还观察到，加硅使胁迫植株的磷酸烯醇丙酮酸羧化酶（PEPC）活性显著升高。结果表明，加硅促进干旱胁迫下小麦的光合活性是其提高了 C_4 光合酶活性的缘故。

无机磷含量可影响叶绿体中 ATP 的合成（dos Santos et al.，2006）。Gong 和 Chen（2012）发现，干旱胁迫使小麦叶片的无机磷含量显著下降，而同时加硅处理可使无机磷含量显著升高。无机磷含量的升高可能有利于 ATP 合成，从而促进 CO_2 同化循环（Doubnerová and Ryšlavá，2011）。陶宏征等（2012）认为，无机磷在叶绿体基质和胞质间的分配可影响 ATP 的合成：基质中高水平的无机磷可促进 ATP 合成，而胞质中低水平的无机磷可促进蔗糖的合成。然而，目前尚不清楚在干旱条件下，硅是否参与调控无机磷在细胞内的分配。硅对干旱胁迫下小麦叶片无机磷水平的提高（Gong and Chen，2012）可能是其促进了植物磷吸收的缘故（Sistani et al.，1997）。

3.3.2.2 改善植株水分状况

在干旱胁迫下，植物的含水量和水势下降。大量研究表明，硅可调节植株的蒸腾作用、影响渗透调节等，从而提高植株的水分利用效率（表 3-12）。施硅可改善干旱胁迫下植物的水分状况（Zhu and Gong，2014）。例如，Gong 和 Chen（2012）报道，施硅可提高干旱胁迫小麦叶片的水势。Pei 等（2010）和 Liu 等（2014）也分别发现，施硅可改善聚乙二醇模拟干旱胁迫小麦和高粱的水分状况。

表 3-12　硅对干旱胁迫下植物蒸腾速率、渗透调节物质含量和根系水分吸收的影响

生理指标		变化	植物（参考文献）
蒸腾速率		下降	玉米（Gong et al.，2006）
		升高	高粱（Hattori et al.，2005）、小麦（Gong et al.，2005，2008）、水稻（Chen et al.，2011）
		不变	黄瓜（Hattori et al.，2008a）
渗透调节物质含量	可溶性糖	升高	高粱（Sonobe et al.，2011）、水稻（Ming et al.，2012；明东风等，2012）、番茄（Cao et al.，2017）、小扁豆（Biju et al.，2017）、小麦（Alzahrani et al.，2018）
	丙氨酸、谷氨酸	升高	高粱（Sonobe et al.，2011）
	脯氨酸	升高	番茄（Cao et al.，2017）、小扁豆（Biju et al.，2017）
		下降	小麦（Pei et al.，2010）、高粱（Yin et al.，2014）、小麦（Alzahrani et al.，2018）
	甜菜碱	升高	小扁豆（Biju et al.，2017）
根系水分吸收		促进	高粱（Hattori et al.，2007；Liu et al.，2014）、番茄（Shi et al.，2016）

硅还通过调节干旱胁迫下植株的蒸腾作用，从而提高抗旱性。植物蒸腾包括气孔蒸腾和角质蒸腾。起初人们普遍认为，硅在叶表面的沉积可减少细胞的水分蒸发（角质蒸腾），从而减少干旱胁迫下植物的失水量、改善植物的水分状况（Yoshida，1965；Wong et al.，1972）。Gong 等（2003）研究发现，硅处理使干旱胁迫小麦叶片变厚，推测硅可能通过降低蒸腾失水而提高植物的抗旱性。然而，与气孔蒸腾速率相比，角质蒸腾速率很低（Kerstiens，1996）。Gao 等（2006）研究发现，加硅并不改变玉米叶片的角质蒸腾速率，但降低了气孔蒸腾速率，表明硅参与了气孔运动的调控。因此，硅在植物表面沉积而引起的蒸腾速率下降是其提高植物抗旱性的机理之一，但不同植物中蒸腾速率下降的机理似乎不同，并且施硅并不总是降低蒸腾速率。Hattori 等（2005）研究发现，在干旱胁迫下，加硅处理使盆栽高粱叶片的气孔导度和蒸腾速率升高。在小麦和水稻中也获得了类似的结果（Gong et al.，2005，2008；Chen et al.，2011）。Hattori 等（2008a）发现，无论在正常条件还是渗透胁迫条件下，硅处理对黄瓜的蒸腾速率和气孔导度均没有影响。

硅对植物蒸腾速率的不同影响可能与不同植物中角质蒸腾占全部蒸腾作用的比例不同有关。例如，该比例在大麦中为 20%～40%（Millar et al.，1968），在水稻中为 25%～39%（Matoh et al.，1991），在杜鹃中则高达 50%（Whiteman，1965）。而且，由于不同植物的硅积累能力不同，因此，硅对角质蒸腾的影响既与角质蒸腾占全部蒸腾的比例有关，也与植物的硅积累能力有关。Gao 等（2006）发现，硅可降低气孔导度和气孔蒸腾速率。但硅如何调控气孔运动尚有待进一步研究。此外，硅对植物蒸腾作用的不同影响可能也与生长条件有关。在土壤干旱条件下，植物的根生长通常受到促进，从而有利于植物获得土壤中的水；但在溶液栽培条件下，由于植物根总是与水接触，植物需要提高自己的水分导度以适应水分胁迫环境（Hattori et al.，2008a）。因此，在这两种水分胁迫条件下植物的响应可能不同，从而影响硅对蒸腾作用调控的效应。

根系水分吸收在维持植物水分平衡中起着重要的作用。硅可影响根系的生长而调节植物的水分关系。Chen 等（2011）发现，施硅可使干旱胁迫下水稻总根长、根系表面积、根系体积和根系活力显著升高。Yin 等（2014）的研究表明，硅可促进干旱胁迫高粱根系的生长，硅对根系生长的促进可能与硅提高了多胺水平而抑制了乙烯水平有关。在干旱胁迫下，促进根系生长有利于改善水分吸收状况，从而提高植物的抗旱性。然而，Gong 等（2003）发现，硅对干旱胁迫下小麦地上部的生长有促进作用，但对根系生长影响不大。可见，硅对干旱胁迫下根系生长的影响可能与植物有关，也有可能与胁迫条件有关。

硅也可影响植物根系的水力学导度。Gao 等（2004）研究发现，硅可降低木质部汁液的流速。Hattori 等（2007，2008b）报道，水分胁迫使高粱根系的水流阻力增大，而加硅处理可使其减小。Liu 等（2014）和 Shi 等（2016）分别在高粱和番茄中研究发现，硅处理可提高水分胁迫下植株根系的水力学导度。目前，有关硅调控根系水力学导度的机理尚不是很清楚。Gao 等（2004）推测，硅诱导的玉米木质部汁液流速的降低可能是由于硅在根质外体空间的沉积阻碍了水分和溶质的转运，也有可能是由于硅在木质部导管壁的沉积改变了木质部导管的亲水性。Liu 等（2014）发现，硅处理促进了胁迫高粱根系的 *PIP1;3/1;4*、*PIP1;6*、*PIP2;2*、*PIP2;3* 和 *PIP2;6* 的表达，从而提高了根系的水力学导度。但 Shi 等（2016）发现，加硅并未显著改变水分胁迫番茄根系中 *PIP1;3*、*PIP1;5* 和 *PIP2;6* 的表达。他们发现，硅处理提高了胁迫植株的 SOD 和 CAT 活性，以及抗坏血酸和谷胱甘肽的水平，推测硅可能通过减少活性氧的产生和缓解膜的氧化损伤而提高了胁迫植株根系的水力学导度。

渗透调节物质（细胞相容性物质）的积累对干旱胁迫下植物根系的水分吸收起着重要的作用（Ogawa and Yamauchi，2006）。Sonobe 等（2011）在高粱中研究发现，硅处理降低了水分胁迫植株根系的渗透势，提高了根系含水量，表明渗透调节物质在硅促进的根系水分吸收中起作用。他们还发现，硅处理促进了渗透调节物质可溶性糖和氨基酸（丙氨酸和谷氨酸）的积累。Ming 等（2012）和明东风等（2012）研究也发现，施硅促进了水稻根系可溶性糖的积累，改善了植株的水分状况。Cao 等（2017）和 Alzahrani 等（2018）发现，施硅可提高干旱胁迫下番茄根系和小麦幼苗中可溶性糖与脯氨酸的积累。Biju 等（2017）报道，施硅提高了模拟干旱胁迫下小扁豆苗的脯氨酸、甜菜碱和可溶性糖的含量。在小麦和高粱中也有类似结果（Pei et al.，2010；Yin et al.，2014）。

总之，硅在调控植物根系吸水和叶片蒸腾作用方面起着重要的作用。但硅如何调控水分吸收、运输和蒸腾失水仍需深入研究。例如，硅如何调控水孔蛋白的基因表达而影响水分吸收？硅对根系解剖结构有何影响？这些可能的影响与根系水分吸收的变化关系如何？这些问题仍待解答。

3.3.2.3 缓解氧化损伤

硅介导的抗旱性与植物氧化损伤的缓解有关。Gong 等（2005）发现，在干旱胁迫下，施硅使小麦叶片的叶绿素和蛋白质含量显著升高。双键指数是反映脂肪酸不饱和度的重要参数。Gong 等（2005）的研究表明，干旱使小麦叶片的脂肪酸双键指数下降，而施硅则使其显著升高。他们还发现，蛋白质氧化水平在干旱胁迫下显著升高，而施硅则抑制了蛋白质的氧化。Alzahrani 等（2018）报道，施硅使干旱胁迫下小麦幼苗的丙二醛含量显著下降。这些结果表明，施硅可缓解干旱胁迫下小麦脂类和蛋白质的氧化损伤。在水分胁迫下，硅介导的脂质过氧化损伤的缓解在其他植物如鹰嘴豆、向日葵、大豆和水稻中也得到了验证（Gunes et al.，2007c，2008；Shen et al.，2010；明东风等，2012）。

在干旱胁迫下，硅介导的植物氧化损伤的缓解与其调控抗氧化防御系统使活性氧积累下降有关（表 3-13）。Gong 等（2005）研究发现，施硅提高了干旱胁迫小麦叶片的 SOD、CAT 和 GR 活性，对 POD 和 APX 活性没有影响，并使 H_2O_2 水平下降；硅处理也使胁迫植株的酸性磷酸酶活性下降，从而使磷脂的脱酯化损伤减轻。Pei 等（2010）报道，硅处理使模拟干旱胁迫小麦叶片的谷胱甘肽和抗坏血酸含量升高。在大豆中，Shen 等（2010）发现，模拟干旱胁迫使大豆幼苗的 CAT 和 POD 活性升高、SOD 活性下降，而同时加硅处理使这些酶活性和 H_2O_2 水平显著下降。在鹰嘴豆中，硅对 SOD 和 CAT 活性的影响因品种不同而不同（Gunes et al.，2007c）。董文科等（2017）报道，硅处理提高了黑麦草幼苗的 SOD 和 POD 活性。最近，Alzahrani 等（2018）报道，硅处理使 SOD、

表 3-13　硅对（模拟）干旱下植物抗氧化酶活性和非酶性抗氧化物质含量的影响

抗氧化酶或非酶性抗氧化物质	活性或含量变化	培养条件	植物（参考文献）
SOD	升高	盆栽	小麦（Gong et al., 2005；Taleahmad and Haddad，2011）
	升高或不变（与胁迫强度有关）	田间	小麦（Gong et al.，2008）
	升高或不变（与品种有关）	盆栽	向日葵（Gunes et al.，2008）
	升高、下降或不变（与品种有关）	盆栽	鹰嘴豆（Gunes et al.，2007c）
	下降	水培模拟干旱	大豆（Shen et al.，2010）
CAT	升高	盆栽	向日葵（Gunes et al.，2008）、小麦（Gong et al.，2005；Taleahmad and Haddad，2011）
	升高、下降或不变（与品种有关）	盆栽	向日葵（Gunes et al.，2008）、鹰嘴豆（Gunes et al.，2007c）
	下降	水培模拟干旱	大豆（Shen et al.，2010）
	下降或不变（与胁迫强度有关）	田间	小麦（Gong et al.，2008）
POD	升高	盆栽	小麦（Taleahmad and Haddad，2011）
	不变	盆栽	小麦（Gong et al.，2005）
	下降	水培模拟干旱	大豆（Shen et al.，2010）
	下降或不变（与胁迫强度有关）	田间	小麦（Gong et al.，2008）
APX	升高	盆栽	小麦（Taleahmad and Haddad，2011）
	不变	盆栽	小麦（Gong et al.，2005）
	下降或不变（与品种有关）	盆栽	向日葵（Gunes et al.，2008）、鹰嘴豆（Gunes et al.，2007c）
GR	升高	盆栽	小麦（Gong et al.，2005）
	不变	田间	小麦（Gong et al.，2008）
GSH	升高	水培模拟干旱	小麦（Pei et al.，2010）
		盆栽	小麦（Ma et al.，2016）
AsA	升高	水培模拟干旱	小麦（Pei et al.，2010）
	升高	盆栽	小麦（Ma et al.，2016）

注：SOD，超氧化物歧化酶；CAT，过氧化氢酶；POD，过氧化物酶；APX，抗坏血酸过氧化物酶；GR，谷胱甘肽还原酶；GSH，谷胱甘肽；AsA，抗坏血酸

CAT 和 POD 活性均显著升高，在硅浓度为 4mmol/L 时最为明显。Gong 等（2008）发现，硅对干旱胁迫小麦的抗氧化酶活性的影响与发育时期和胁迫强度有关。虽然硅对干旱胁迫下植物抗氧化酶活性的影响与植物种、品种和胁迫条件有关，但硅处理通常会降低干旱胁迫植物的活性氧水平（Zhu and Gong，2014）。

膜系统对环境胁迫十分敏感，维持细胞膜完整性对植物的生存和抗逆至关重要。细胞膜损伤程度可用电解质渗漏率来表示。Agarie 等（1998）研究发现，在水分胁迫下，施硅可降低水稻的电解质渗漏率。在大豆（Shen et al.，2010）、小麦（Pei et al.，2010；Alzahrani et al.，2018）和番茄（Shi et al.，2016）等植物中也观察到类似的现象。这些结果表明，施硅可降低干旱/水分胁迫下植物的膜损伤程度。硅对干旱胁迫下膜损伤的缓解作用应与硅处理抑制胁迫植物中过量活性氧的产生有关。

3.3.2.4 调控植物的矿质营养吸收

干旱胁迫会抑制植物对营养元素的吸收和运输（表 3-14）。研究发现，硅处理可提高水分胁迫下玉米叶片的 Ca 和 K 含量（Kaya et al.，2006）。另外一项研究则表明，在水分胁迫下，硅处理使胁迫小麦地上部的 Ca、K 和 Mg 浓度下降，但地上部这些元素的总含量升高，这是由于硅促进了胁迫植物地上部的生长，Ca、K 和 Mg 浓度被稀释了（Pei et al.，2010）。Chen 等（2011）对水稻的研究也获得了类似的结果。在水分胁迫下，硅促进这些元素的积累可能与其维持胁迫植物质膜的完整性、提高质膜 H^+-ATPase 活性有关（Liang，1999；Kaya et al.，2006）。

表 3-14 硅对（模拟）干旱下植物营养元素吸收的影响

营养元素	变化	植物（参考文献）
Ca	叶片中浓度升高	玉米（Kaya et al.，2006）
	浓度下降，但组织总含量升高	小麦（Pei et al.，2010）、水稻（Chen et al.，2011）
K	叶片中浓度升高	玉米（Kaya et al.，2006）
	浓度下降，但组织总含量升高	小麦（Pei et al.，2010）、水稻（Chen et al.，2011）
Mg	浓度下降，但组织总含量升高	小麦（Pei et al.，2010）、水稻（Chen et al.，2011）
N	浓度下降	玉米（Deren，1997）
	浓度下降，N 利用效率升高	水稻（Detmann et al.，2012）
P	吸收量增加	无芒虎尾草、猫尾草、苏丹草、高羊茅（Eneji et al.，2008）；小麦（Gong and Chen，2012）
	吸收量下降	玉米（Gao et al.，2004）、水稻（Hu et al.，2018）

有关 Si 对 P 和 N 含量的影响文献中有不同的报道。Gao 等（2004）研究发现，施硅使玉米木质部汁液中的 P 浓度显著下降。另外一项研究表明，硅在水稻地上部的积累降低了 P 转运体基因 *OsPT6* 的表达，从而降低了 P 的吸收量（Hu et al.，2018）。但 Eneji 等（2008）报道，无论在正常条件还是干旱胁迫下，4 种草中的 P 吸收量和硅含量均呈正相关。Gong 和 Chen（2012）也发现，在干旱胁迫下，小麦叶片中无机磷含量显著下降，但施硅处理可使其显著升高。Deren（1997）报道，硅处理使水稻不同部位的 N 含量显著下降。但 Detmann 等（2012）发现，施硅可提高水稻的产量和 N 利用效率。有

关硅对 N、P 吸收和利用的影响尚需要深入研究。

植物对营养的吸收与根系特征（如根系表面积和根长）有关（Barber，1984）。在高粱中的研究发现，硅处理可使干旱胁迫植株的根部生物量显著升高，表明硅促进了胁迫高粱根系的生长（Hattori et al.，2005；Ahmed et al.，2011）。根系生长良好有利于植物对营养的吸收，从而提高植物的抗旱性（Barber，1984）。Hattori 等（2003）研究发现，硅对根系生长的促进可能与其提高生长区细胞壁的延展性有关。虽然硅处理可促进干旱胁迫下一些植物根系的生长，但在一些植物中，硅对根的生长没有显著影响（Gong et al.，2003；Gunes et al.，2008；Pei et al.，2010）。在干旱胁迫下，硅对植物根系生长影响的差异可能与植物种有关，也可能与培养的条件有关。

3.3.3　硅提高植物对温度胁迫抗性的机理

与其他非生物胁迫相比，目前关于硅对温度胁迫抗性机理的研究相对较少。并且，目前关于硅提高植物对温度胁迫抗性的研究大多集中在低温胁迫上，而对高温胁迫的缓解机理研究较少。

3.3.3.1　硅提高植物对冷害抗性的机理

（1）提高抗氧化防御能力

Liu 等（2009）研究发现，在低温胁迫下，施硅处理可使胁迫黄瓜的抗氧化酶（SOD、GPX、APX、DHAR 和 GR）活性、抗坏血酸和谷胱甘肽含量显著升高，使活性氧和丙二醛的水平降低。结果表明，施硅可提高低温胁迫下黄瓜的抗氧化防御能力，降低膜脂过氧化水平，从而提高黄瓜对低温胁迫的抗性。吴燕和高青海（2010）报道，施硅可提高低温下乌塌菜叶片的 SOD、POD 和 CAT 活性，降低膜脂过氧化水平和膜电解质渗透率。He 等（2010）的研究表明，硅可提高低温胁迫下海滨雀稗的 SOD、POD 和 CAT 活性，降低膜脂过氧化水平。此外，在低温胁迫下，硅对植物抗氧化防御能力的提高及对植物氧化损伤的缓解作用在黄瓜（王海红等，2011）、水稻（路运才等，2014b）、小麦（赵培培等，2015）和水蜜桃（姜彤等，2016）中也可观察到。最近，Moradtalab 等（2018）的研究表明，用硅处理玉米种子可提高幼苗的抗低温能力及 Zn 与 Mn 的浓度。由于 Zn 和 Mn 是 SOD 的辅因子，推测硅提高低温胁迫下植株的 SOD 活性可能与 Zn 和 Mn 的浓度升高有关。

（2）调控渗透调节物质水平

研究表明，施硅可提高低温下乌塌菜叶片的脯氨酸和可溶性蛋白水平（吴燕和高青海，2010）。He 等（2010）报道，施硅可提高低温胁迫下海滨雀稗的脯氨酸和蔗糖的含量。路运才等（2014a）研究发现，在低温胁迫下，硅处理使 4 个品种水稻幼苗中的脯氨酸含量显著升高；可溶性糖含量在其中两个品种中显著升高，但在另外两个品种中变化不大。在水蜜桃中，硅处理使低温下一年生枝条的脯氨酸积累量升高，但使可溶性糖积累量下降（姜彤等，2016）。赵培培等（2015）观察到，施硅降低了低温条件下春小麦脯氨酸的积累量。在低温胁迫下，硅对不同渗透调节物质或同一渗透调节物质水平的调控差异可能与植物基因型和胁迫条件有关。这些渗透调节物质对低温胁迫下植物渗透调节的实际贡献尚有待研究。

（3）调控营养吸收与基因表达

研究发现，硅处理可促进低温胁迫下小麦幼苗对N、P和K的吸收（张婷婷等，2017）。魏小春等（2016，2017）报道，硅处理可延缓低温条件下辣椒 *CaLEA5* 和 *CaWRKY41* 的表达，暗示这些基因在硅增强辣椒的低温抗性中可能发挥一定的作用。Fang 等（2017）的研究表明，*OsLsi1* 过表达提高了水稻的低温抗性，同时他们发现转录因子 OsWRKY53 可能在硅介导水稻抵抗低温胁迫中起着重要的作用。

3.3.3.2 硅提高植物对冻害抗性的机理

（1）促进光合作用

朱佳等（2006）和范琼花等（2009）发现，施硅可提高冻害（−5℃）条件下小麦叶片的净光合速率。他们的研究表明，在冻害条件下，虽然小麦叶片的气孔导度显著下降，而施硅使气孔导度升高；但在未施硅处理中，胞间 CO_2 浓度并未明显下降，并且施硅后胞间 CO_2 浓度未发生变化或略有下降。这些结果表明，在他们的试验条件下，光合作用在冻害条件下受到抑制，以及在施硅处理中的改善机理主要与非气孔因素有关。范琼花等（2009）进一步研究了冻害条件下硅对小麦叶片主要光合酶 Rubisco 的羧化活性和 PEPC 活性的影响。结果发现，低温胁迫下小麦叶片 Rubisco 的羧化活性显著降低，加硅处理使其显著升高。但在低温胁迫下，小麦 PEPC 活性升高，而加硅处理抑制其升高。研究认为，在低温胁迫下，硅介导的小麦光合速率的提高与 Rubisco 的羧化活性升高有关。

（2）提高抗氧化防御能力

Liang 等（2008）研究了硅对冻害（−5℃）条件下小麦幼苗抗氧化防御系统的影响。研究表明，在冻害条件下，小麦叶片的 SOD 和 CAT 活性及谷胱甘肽含量显著升高，抗坏血酸含量下降，而施硅处理使这些抗氧化酶活性和非酶性抗氧化物质含量升高；同时，施硅也抑制了胁迫下 H_2O_2 和膜脂过氧化产物丙二醛含量的升高。这些结果表明，施硅可提高冻害条件下小麦的抗氧化防御能力，降低膜脂过氧化水平，从而提高植株的抗冻害能力。

3.3.3.3 硅提高植物对高温胁迫抗性的机理

Agarie 等（1998）报道，硅可降低高温胁迫下水稻细胞膜的电解质渗漏率，提高水稻对高温的抗性。吴晨阳等（2013）研究发现，施硅可显著提高高温胁迫下水稻叶片的 SOD、POD 和 CAT 活性，降低膜脂过氧化产物丙二醛含量。这些研究表明，提高抗氧化防御能力，从而稳定细胞的膜结构，是硅提高水稻抗高温能力的机理之一。

在高温胁迫下，施硅可提高水稻花药中可溶性酸性转化酶活性和花粉活力，增大花粉囊基部裂口宽度，提高每个柱头上的授粉总数、花粉萌发数和花粉萌发率，缓解高温导致的结实率的下降（吴晨阳等，2013，2014）。李文彬等（2005）指出，在高温胁迫下，硅处理使水稻花粉粒的直径增大可能是花药开裂率提高的主要原因。硅使高温胁迫下花粉粒直径增大是否与其抑制蒸腾作用、促进花粉发育有关，仍有待探讨。

刘奇华等（2016）认为，除结实率增加以外，硅提高高温胁迫下水稻的产量也与施硅导致的水稻叶片干物质输出量、输出率和转化率的升高有关。

3.4 总结与展望

根据目前的已有研究，硅的抗盐、抗旱和抗温度胁迫的机理总结如图 3-2 所示。可见，缓解氧化损伤、促进光合作用、平衡营养吸收和调控渗透调节物质水平是硅提高植物对盐害、干旱与温度胁迫抗性的共同机理。硅的抗旱、抗盐机理除了上述几方面，还包括改善植物的水分状况。虽然目前对硅的抗盐和抗旱机理的研究已取得一些进展，但深入的分子机理仍未弄清楚；硅对温度胁迫的缓解作用需要在更多作物上开展研究，并深入探究其作用机理。植物激素在植物的抗逆中起着重要的作用。目前已有一些研究显示，硅可调控胁迫下植物激素的水平，然而硅如何调节这些物质水平的变化，这些变化如何启动植物的抗逆性反应，尚有待深入研究。有研究显示，硅可促进根系木质化和木栓化，也可促进内外皮层的形成（Fleck et al.，2011）。硅对植物根系结构的这些影响是否与其介导的抗逆性有关可能也值得探讨。根系发育的变化与营养吸收的关系亦有待研究。近年来，各种组学技术在植物抗逆研究中应用较多，对阐明植物的生理代谢过程起着重要的作用。今后也可将这些技术应用到硅的抗逆机理研究中，这将有助于深入阐明硅素抗逆的分子机理。

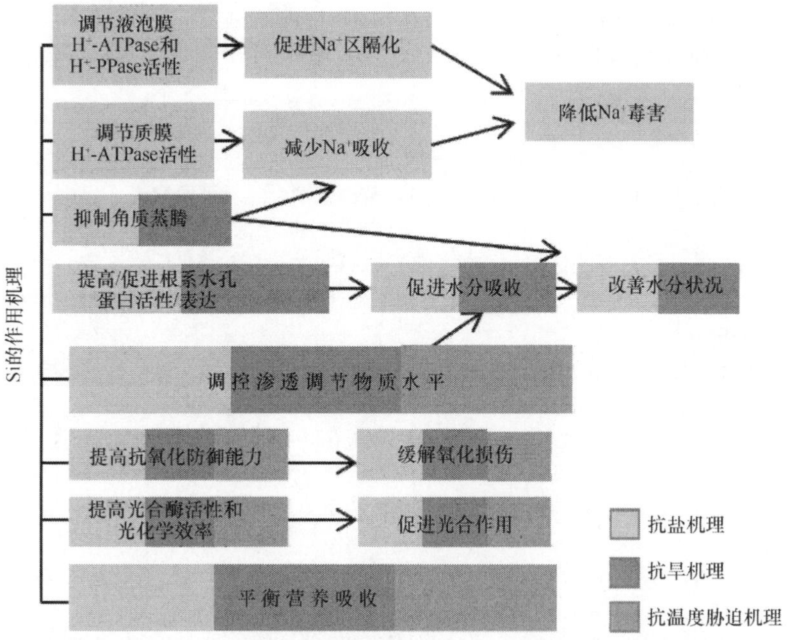

图 3-2 硅的抗盐、抗旱和抗温度胁迫机理示意图（另见封底二维码）

方框内填充色为两种或 3 种表示的是硅抵抗两种或 3 种胁迫的机理

主要参考文献

陈德龙, 叶映微, 刘丽红, 等. 2016. 植物保卫细胞的激素信号转导网络研究进展. 核农学报, 30(1): 65-71

董文科, 马晖玲, 马婷燕. 2017. 外源硅对逆境胁迫下多年生黑麦草种子萌发和幼苗抗性的影响. 甘肃农业大学学报, 52(6): 90-96

段九菊, 郭世荣, 康云艳, 等. 2008. 盐胁迫对黄瓜幼苗根系生长和多胺代谢的影响. 应用生态学报, 19(1): 57-64

樊哲仁, 王晓东, 唐琳. 2010. 硅对盐胁迫下麻疯树种子萌发及幼苗生长的影响. 中国油料作物学报, 32(2): 217-221

范琼花, 孙万春, 李兆君, 等. 2009. 硅对短期低温胁迫小麦叶片光合作用及其主要相关酶的影响. 植物营养与肥料学报, 15(3): 544-550

耿芳, 郭伟华, 郭玉双, 等. 2011. 烟草 DREB 转录因子新基因的克隆与功能分析. 浙江大学学报(农业与生命科学版), 37(1): 22-30

韩志平. 2008. 盐胁迫对小型西瓜生长、生理代谢的影响及外源钙和腐胺的缓解效应研究. 南京: 南京农业大学博士学位论文

侯玉慧, 韩晓日, 杨家佳, 等. 2007. 硅对盐胁迫下黄瓜种子萌发及幼苗生长的影响. 中国生态农业学报, 15(6): 206-207

姜彤, 黄启鹏, 张有利, 等. 2016. 硅和钾对低温下大庆地区水蜜桃一年生枝条生理代谢的影响. 四川农业大学学报, 34(2): 173-177

姜籽竹, 朱恒光, 张倩, 等. 2015. 低温胁迫下植物光合作用的研究进展. 作物杂志, (3): 23-28

李红梅, 万小荣, 何生根. 2010. 植物水孔蛋白最新研究进展. 生物化学与生物物理进展, 37(1): 29-35

李菁, 闫岩, 魏韬书, 等. 2016. 硅对 NaCl 胁迫下柳枝稷叶片光合色素及气体交换特性的影响. 草业科学, 33(11): 2283-2290

李静, 刘明, 孙晶, 等. 2011. $Na^+(K^+)/H^+$转运蛋白 *NHX* 基因的研究进展. 大豆科学, 30(6): 1035-1039

李孟洋, 巢建国, 谷巍, 等. 2015. 高温胁迫对不同产地茅苍术开花前叶片叶绿素荧光特征的影响. 植物生理学报, 51(11): 1861-1866

李文彬, 王贺, 张福锁. 2005. 高温胁迫条件下硅对水稻花药开裂及授粉量的影响. 作物学报, 31(1): 134-136

李彦, 张英鹏, 孙明, 等. 2008. 盐分胁迫对植物的影响及植物耐盐机理研究进展. 中国农学通报, 24(1): 258-265

梁永超, 丁瑞兴, 刘谦. 1999. 硅对大麦耐盐性的影响及其机制. 中国农业科学, 32(6): 75-83

刘奇华, 孙召文, 信彩云, 等. 2016. 孕穗期施硅对高温下扬花灌浆期水稻干物质转运及产量的影响. 核农学报, 30(9): 1833-1839

刘晓龙, 徐晨, 徐克章, 等. 2014. 盐胁迫对水稻叶片光合作用和叶绿素荧光特性的影响. 作物杂志, (2): 88-92

刘志梅, 蒋文伟, 杨广远, 等. 2012. 干旱胁迫对 3 种金银花叶绿素荧光参数的影响. 浙江农林大学学报, 29(4): 533-539

路运才, 黄雅曦, 杜景红. 2014b. 硅处理条件下水稻幼苗对低温胁迫的生理响应. 黑龙江科技信息, (31): 287-288

路运才, 王淼, 杜景红, 等. 2014a. 外源硅对低温胁迫下水稻幼苗生长的影响及其生理机制. 安徽农学通报, 20(22): 42-43, 58

马清, 包爱科, 伍国强, 等. 2011. 质膜 Na^+/H^+逆向转运蛋白与植物耐盐性. 植物学报, 46(2): 206-215

明东风, 袁红梅, 王玉海, 等. 2012. 硅减缓干旱胁迫下粳稻根系衰老的生理生化作用. 中国农业科学,

45(12): 2510-2519
潘兴, 王宇, 蒋滢, 等. 2012. 施加外源物质对盐胁迫下水稻生长发育的影响. 生物技术通报, (5): 15-19
戚乐磊, 陈阳, 贾恢先. 2002. 盐胁迫下有机及无机硅对水稻种子萌发的影响. 甘肃农业大学学报, 37: 272-278
穰中文, 周清明. 2015. 水稻高温胁迫的生理响应及耐热机理研究进展. 中国农学通报, 31(21): 249-258
宋永骏, 刁倩楠, 齐红岩. 2012. 多胺代谢与植物抗逆性研究进展. 中国蔬菜, (18): 36-42
孙常刚, 张世伟, 周海燕. 2012. 弱光对番茄幼苗 PS II 热失活的影响. 山东农业科学, 44(2): 35-38
孙璐, 周宇飞, 李丰先, 等. 2012. 盐胁迫对高粱幼苗光合作用和荧光特性的影响. 中国农业科学, 45: 3265-3272
孙瑞雪, 杨春虹. 2012. 光系统 II 的结构与功能以及光合膜对环境因素的响应机制. 生物物理学报, 28(7): 537-548
陶宏征, 赵昶灵, 李唯奇. 2012. 植物对低温的光合响应. 中国生物化学与分子生物学报, 28: 501-508
滕中华, 智丽, 宗学凤, 等. 2008. 高温胁迫对水稻灌浆结实期叶绿素荧光、抗活性氧活力和稻米品质的影响. 作物学报, 34: 1662-1666
田婧, 郭世荣. 2012. 黄瓜的高温胁迫伤害及其耐热性研究进展. 中国蔬菜, (18): 43-52
王存纲, 王跃强. 2011. 盐胁迫对苜蓿种子萌发特性的影响. 江苏农业科学, 39: 277-278
王海红, 祝鹏飞, 束良佐, 等. 2011. 硅对低温胁迫下黄瓜幼苗生长的影响. 生态科学, 30: 38-42
王惠珍, 杜弢, 陆国弟, 等. 2015. 硅提高干旱胁迫下党参种子萌发潜力研究. 甘肃中医学院学报, 32(1): 30-33
王伟, 候威海, 王向涛, 等. 2015. 硅对冬青稞生长及冷胁迫后光合作用的影响. 贵州农业科学, 43(10): 72-75
王耀晶, 马聪, 张薇, 等. 2013. 干旱胁迫下硅对草莓生长及生理特性的影响. 核农学报, 27(5): 703-707
王玉峰. 2015. 温度对植物种子萌发机制的影响. 防护林科技, 141: 76-78
魏霞, 李守中, 郑怀舟, 等. 2007. 叶片气体交换和叶绿素荧光在植物逆境生理研究中的应用. 福建师范大学学报(自然科学版), 23: 124-128
魏小春, 姚秋菊, 原玉香, 等. 2016. 硅对辣椒 *CaLEA5* 基因低温胁迫下表达分析. 基因组学与应用生物学, 35: 3487-3492
魏小春, 姚秋菊, 原玉香, 等. 2017. 硅对辣椒 *CaWRKY41* 基因温度胁迫下表达分析. 基因组学与应用生物学, 36: 719-726
吴晨阳, 陈丹, 罗海伟, 等. 2013. 外源硅对花期高温胁迫下杂交水稻授粉结实特性的影响. 应用生态学报, 24(11): 3113-3122
吴晨阳, 姚仪敏, 邵平, 等. 2014. 外源硅减轻高温引起的杂交水稻结实降低. 中国水稻科学, 28(1): 71-77
吴淼, 刘信宝, 丁立人, 等. 2017. PEG 模拟干旱胁迫下硅对紫花苜蓿萌发及生理特性的影响. 草地学报, 25(6): 1258-1264
吴燕, 高青海. 2010. 低温胁迫下乌塌菜对外源硅的生理响应. 植物生理学通讯, (9): 928-932
徐呈祥. 2011. 硅缓解盐胁迫诱导的芦荟生长抑制、品质降低和体内离子稳态失衡研究. 广东农业科学, 38(21): 63-68
许英, 陈建华, 朱爱国, 等. 2015. 低温胁迫下植物响应机理的研究进展. 中国麻业科学, 37(1): 40-49
严俊鑫, 杨慧颖, 邓雅楠, 等. 2016. 干旱胁迫下硅对肥皂草光合特性的影响. 草业科学, 33(10): 2082-2092
杨华庚, 林位夫. 2009. 低温胁迫对油棕幼苗光合作用及叶绿素荧光特性的影响. 中国农学通报, (24): 506-509
杨启良, 张富仓, 刘小刚, 等. 2011. 植物水分传输过程中的调控机制研究进展. 生态学报, 31(15): 4427-4436
于延文, 黄荣峰. 2013. 乙烯与植物抗逆性. 中国农业科技导报, 15(2): 70-75

袁红艳, 刘嘉琦, 陆小平. 2010. 铅胁迫对费菜叶绿素含量及抗氧化酶活性的影响. 安徽农业科学, 38(23): 12445-12447

张聪聪, 张静怡, 李杨, 等. 2017. 纳米硅喷施对玉米抗旱性和抗虫性的影响. 河北师范大学学报(自然科学版), 41(4): 348-353

张德忠, 杨焕来, 张冬梅. 2011. 硅钾肥在减轻冬小麦晚霜冻害及创建高产稳产田中的作用. 山东农业科学, (2): 71-73

张景云, 吴凤芝. 2009. 盐胁迫对黄瓜不同耐盐品种叶绿素含量和叶绿体超微结构的影响. 中国蔬菜, (10): 13-16

张婷婷, 赵培培, 于崧, 等. 2017. 低温下硅对春小麦幼苗生长及离子含量的影响. 黑龙江八一农垦大学学报, 29(2): 1-7

张文晋, 解植彩, 张新慧, 等. 2016. 硅对不同程度干旱胁迫下甘草种子萌发和幼苗生长的影响. 世界科学技术——中医药现代化, 18(12): 2125-2131

张文强, 黄益宗, 招礼军, 等. 2009. 盐胁迫下外源硅对硅突变体与野生型水稻种子萌发的影响. 生态毒理学报, (4): 867-873

张艳艳, 章文华, 薛丽, 等. 2012. 一氧化氮在植物生长发育和抗逆过程中的作用研究进展. 西北植物学报, 32(4): 835-842

赵培培, 于立河, 赵长江. 2015. 低温下硅对春小麦幼苗生长及生理特性的影响. 黑龙江八一农垦大学学报, 27(1): 15-21

赵培培, 赵长江, 于立河, 等. 2014. 低温下硅对春小麦种子萌发及抗氧化和渗透调节系统的影响. 麦类作物学报, 34(6): 823-831

朱佳, 梁永超, 丁燕芳, 等. 2006. 硅对低温胁迫下冬小麦幼苗光合作用及相关生理特性的影响. 中国农业科学, 39(9): 1780-1788

左照江, 张汝民, 高岩. 2014. 盐胁迫下植物细胞离子流变化的研究进展. 浙江农林大学学报, 31(5): 805-811

Abbas T, Balal R M, Shahid M A, et al. 2015. Silicon-induced alleviation of NaCl toxicity in okra (*Abelmoschus esculentus*) is associated with enhanced photosynthesis, osmoprotectants and antioxidant metabolism. Acta Physiologiae Plantarum, 37(2): 6

Abebe T, Guenzi A C, Martin B, et al. 2003. Tolerance of mannitol-accumulating transgenic wheat to water stress and salinity. Plant Physiology, 131(4): 1748-1755

Achard P, Cheng H, De Grauwe L, et al. 2006. Integration of plant responses to environmentally activated phytohormonal signals. Science, 311(5757): 91-94

Adatia M H, Besford R T. 1986. The effects of silicon on cucumber plants grown in recirculating nutrient solution. Annals of Botany, 58(3): 343-351

Agarie S, Hanaoka N, Ueno O, et al. 1998. Effects of silicon on tolerance to water deficit and heat stress in rice plants (*Oryza sativa* L.), monitored by electrolyte leakage. Plant Production Science, 1(2): 96-103

Ahmed M, Hassen F U, Qadeer U, et al. 2011. Silicon application and drought tolerance mechanism of sorghum. African Journal of Agricultural Research, 6(3): 594-607

Ahmed M, Qadeer U, Ahmed Z I, et al. 2016. Improvement of wheat (*Triticum aestivum*) drought tolerance by seed priming with silicon. Archives of Agronomy and Soil Science, 62(3): 299-315

Akcin A, Yalcin E. 2015. Effect of salinity stress on chlorophyll, carotenoid content, and proline in *Salicornia prostrata* Pall. and *Suaeda prostrata* Pall. subsp. *prostrata* (Amaranthaceae). Brazilian Journal of Botany, 39(1): 1-6

Al-Aghabary K, Zhu Z, Shi Q. 2004. Influence of silicon supply on chlorophyll content, chlorophyll fluorescence, and antioxidative enzyme activities in tomato plants under salt stress. Journal of Plant Nutrition, 27(12): 2101-2115

Alcázar R, Altabella T, Marco F, et al. 2010. Polyamines: molecules with regulatory functions in plant abiotic stress tolerance. Planta, 231(6): 1237-1249

Alcázar R, Marco F, Cuevas J C, et al. 2006. Involvement of polyamines in plant response to abiotic stress.

Biotechnology Letters, 28(23): 1867-1876

Ali A, Basra S M A, Iqbal J, et al. 2012. Augmenting the salt tolerance in wheat (*Triticum aestivum*) through exogenously applied silicon. African Journal of Biotechnology, 11(3): 642-649

Alsaeedi A H, El-Ramady H, Alshaal T, et al. 2017. Engineered silica nanoparticles alleviate the detrimental effects of Na^+ stress on germination and growth of common bean (*Phaseolus vulgaris*). Environmental Science and Pollution Research, 24(27): 21917-21928

Alzahrani Y, Kuşvuran A, Alharby H F, et al. 2018. The defensive role of silicon in wheat against stress conditions induced by drought, salinity or cadmium. Ecotoxicology and Environmental Safety, 154: 187-196

An Y Y, Liang Z S. 2013. Drought tolerance of *Periploca sepium* during seed germination: antioxidant defense and compatible solutes accumulation. Acta Physiologiae Plantarum, 35(3): 959-967

Ashraf M, Rahmatullah, Ahmad R, et al. 2009. Potassium and silicon improve yield and juice quality in sugarcane (*Saccharum officinarum* L.) under salt stress. Journal of Agronomy and Crop Science, 195(4): 284-291

Ashraf M, Rahmatullah, Ahmad R, et al. 2010. Amelioration of salt stress in sugarcane (*Saccharum officinarum* L.) by supplying potassium and silicon in hydroponics. Pedosphere, 20(2): 153-162

Azeem M, Iqbal N, Kausar S, et al. 2015. Efficacy of silicon priming and fertigation to modulate seedling's vigor and ion homeostasis of wheat (*Triticum aestivum* L.) under saline environment. Environmental Science and Pollution Research, 22(18): 14367-14371

Barber S A. 1984. Soil Nutrient Bioavailability: A Mechanistic Approach. New York: Wiley-Interscience Publication

Bassil E, Coku A, Blumwald E. 2012. Cellular ion homeostasis: emerging roles of intracellular NHX Na^+/H^+ antiporters in plant growth and development. Journal of Experimental Botany, 63(16): 5727-5740

Berthelot M, Friedlingstein P, Ciais P, et al. 2005. How uncertainties in future climate change predictions translate into future terrestrial carbon fluxes. Global Change Biology, 11(6): 959-970

Biju S, Fuentes S, Gupta D. 2017. Silicon improves seed germination and alleviates drought stress in lentil crops by regulating osmolytes, hydrolytic enzymes and antioxidant defense system. Plant Physiology and Biochemistry, 119: 250-264

Boaretto L F, Carvalho G, Borgo L, et al. 2014. Water stress reveals differential antioxidant responses of tolerant and non-tolerant sugarcane genotypes. Plant Physiology and Biochemistry, 74: 165-175

Braun D M, Wang L, Ruan Y L. 2014. Understanding and manipulating sucrose phloem loading, unloading, metabolism, and signalling to enhance crop yield and food security. Journal of Experimental Botany, 65(7): 1713-1735

Brugnoli E, Björkman O. 1992. Growth of cotton under continuous salinity stress: influence on allocation pattern, stomatal and non-stomatal components of photosynthesis and dissipation of excess light energy. Planta, 187(3): 335-347

Bybordi A. 2014. Interactive effects of silicon and potassium nitrate in improving salt tolerance of wheat. Journal of Integrative Agriculture, 13(9): 1889-1899

Campos H, Trejo C, Peña-Valdivia C B, et al. 2014. Stomatal and non-stomatal limitations of bell pepper (*Capsicum annuum* L.) plants under water stress and re-watering: delayed restoration of photosynthesis during recovery. Environmental and Experimental Botany, 98: 56-64

Cao B, Wang L, Gao S, et al. 2017. Silicon-mediated changes in radial hydraulic conductivity and cell wall stability are involved in silicon-induced drought resistance in tomato. Protoplasma, 254(6): 2295-2304

Cao W H, Liu J, He X J, et al. 2007. Modulation of ethylene responses affects plant salt-stress responses. Plant Physiology, 143(2): 707-719

Chakrabarti N, Mukherji S. 2003. Effect of phytohormone pretreatment on nitrogen metabolism in *Vigna radiata* under salt stress. Biologia Plantarum, 46(1): 63-66

Chakraborty N, Acharya K. 2017. "NO way"! Says the plant to abiotic stress. Plant Genetic, 11: 99-105

Chaudhuri K, Choudhuri M A. 1997. Effect of short-term NaCl stress on water relations and gas exchange of two jute species. Biologia Plantarum, 40(3): 373-380

Chen D, Yin L, Deng X, et al. 2014. Silicon increases salt tolerance by influencing the two-phase growth response to salinity in wheat (*Triticum aestivum* L.). Acta Physiologiae Plantarum, 36(9): 2531-2535

Chen W, Yao X Q, Cai K Z, et al. 2011. Silicon alleviates drought stress of rice plants by improving plant water status, photosynthesis and mineral nutrient absorption. Biological Trace Element Research, 142(1): 67-76

Coskun D, Deshmukh R, Sonah H, et al. 2019. The controversies of silicon's role in plant biology. New Phytologist, 221(1): 67-85

Cui X H, Hao F S, Chen H, et al. 2008. Expression of the *Vicia faba VfPIP1* gene in *Arabidopsis thaliana* plants improves their drought resistance. Journal of Plant Research, 121(2): 207-214

Debona D, Rodrigues F Á, Datnoff L E. 2017. Silicon's role in abiotic and biotic plant stresses. Annual Review of Phytopathology, 55: 85-107

Deren C W. 1997. Changes in nitrogen and phosphorus concentrations of silicon-fertilized rice grown on organic soil. Journal of Plant Nutrition, 20(6): 765-771

Detmann K C, Araújo W L, Martins S C V, et al. 2012. Silicon nutrition increases grain yield, which, in turn, exerts a feed-forward stimulation of photosynthetic rates via enhanced mesophyll conductance and alters primary metabolism in rice. New Phytologist, 196(3): 752-762

Djanaguiraman M, Ramadass R, Devi D D. 2003. Effect of salt stress on germination and seedling growth in rice genotypes. Madras Agricultural Journal, 90(1-3): 50-53

Djanaguiraman M, Sheeba J A, Shanker A K, et al. 2006. Rice can acclimate to lethal level of salinity by pretreatment with sub-lethal level of salinity through osmotic adjustment. Plant and Soil, 284(1-2): 363-373

dos Santos M G, Ribeiro R V, de Oliveira R F, et al. 2006. The role of inorganic phosphate on photosynthesis recovery of common bean after a mild water deficit. Plant Science, 170(3): 659-664

Doubnerová V, Ryšlavá H. 2011. What can enzymes of C_4 photosynthesis do for C_3 plants under stress? Plant Science, 180(4): 575-583

Emam M M, Khattab H E, Helal N M, et al. 2014. Effect of selenium and silicon on yield quality of rice plant grown under drought stress. Australian Journal of Crop Science, 8(4): 596-605

Eneji A E, Inanaga S, Muranaka S, et al. 2008. Growth and nutrient use in four grasses under drought stress as mediated by silicon fertilizer. Journal of Plant Nutrition, 31(2): 355-365

Eraslan F, Inal A, Pilbeam D J, et al. 2008. Interactive effects of salicylic acid and silicon on oxidative damage and antioxidant activity in spinach (*Spinacia oleracea* L. cv. Matador) grown under boron toxicity and salinity. Plant Growth Regulation, 55(3): 207-219

Etehadnia M, Waterer D R, Tanino K K. 2008. The method of ABA application affects salt stress responses in resistant and sensitive potato lines. Journal of Plant Growth Regulation, 27(4): 331-341

Fahad S, Hussain S, Matloob A, et al. 2015. Phytohormones and plant responses to salinity stress: a review. Plant Growth Regulation, 75(2): 391-404

Faiyue B, Vijayalakshmi C, Nawaz S, et al. 2010. Studies on sodium bypass flow in lateral rootless mutants *lrt1* and *lrt2*, and crown rootless mutant *crl1* of rice (*Oryza sativa* L.). Plant, Cell and Environment, 33(5): 687-701

Fang C, Zhang P, Jian X, et al. 2017. Overexpression of *Lsi1* in cold-sensitive rice mediates transcriptional regulatory networks and enhances resistance to chilling stress. Plant Science, 262: 115-126

Farhangi-Abriz S, Torabian S. 2018. Nano-silicon alters antioxidant activities of soybean seedlings under salt toxicity. Protoplasma, 255(3): 953-962

Fariduddin Q, Mir B A, Yusuf M, et al. 2013. Comparative roles of brassinosteroids and polyamines in salt stress tolerance. Acta Physiologiae Plantarum, 35(7): 2037-2053

Farooq M, Wahid A, Kobayashi N, et al. 2009. Plant drought stress: effects, mechanisms and management. Agronomy for Sustainable Development, 29: 185-212

Farquhar G D, Sharkey T D. 1982. Stomatal conductance and photosynthesis. Annual Review of Plant Physiology, 33(1): 317-345

Farshidi M, Abdolzadeh A, Sadeghipour H R. 2012. Silicon nutrition alleviates physiological disorders imposed by salinity in hydroponically grown canola (*Brassica napus* L.) plants. Acta Physiologiae Plantarum, 34(5): 1779-1788

Flam-Shepherd R, Huynh W Q, Coskun D, et al. 2018. Membrane fluxes, bypass flows, and sodium stress in rice: the influence of silicon. Journal of Experimental Botany, 69(7): 1679-1692

Fleck A T, Nye T, Repenning C, et al. 2011. Silicon enhances suberization and lignification in roots of rice (*Oryza sativa*). Journal of Experimental Botany, 62(6): 2001-2011

Flowers T J, Hajibagueri M A, Clipson N C W. 1986. Halophytes. The Quarterly Review of Biology, 61(3): 313-337

Fricke W, Akhiyarova G, Wei W, et al. 2006. The short-term growth response to salt of the developing barley lea. Journal of Experimental Botany, 57(5): 1079-1095

Gao X, Zou C, Wang L, et al. 2004. Silicon improves water use efficiency in maize plants. Journal of Plant Nutrition, 27(8): 1457-1470

Gao X, Zou C, Wang L, et al. 2006. Silicon decreases transpiration rate and conductance from stomata of maize plants. Journal of Plant Nutrition, 29(9): 1637-1647

García-Mata C, Lamattina L. 2001. Nitric oxide induces stomatal closure and enhances the adaptive plant responses against drought stress. Plant Physiology, 126(3): 1196-1204

Gill S S, Tuteja N. 2010. Reactive oxygen species and antioxidant machinery in abiotic stress tolerance in crop plants. Plant Physiology and Biochemistry, 48(12): 909-930

Gong H J, Blackmore D, Clingeleffer P, et al. 2011. Contrast in chloride exclusion between two grapevine genotypes and its variation in their hybrid progeny. Journal of Experimental Botany, 62(3): 989-999

Gong H J, Chen K M. 2012. The regulatory role of silicon on water relations, photosynthetic gas exchange, and carboxylation activities of wheat leaves in field drought conditions. Acta Physiologiae Plantarum, 34(4): 1589-1594

Gong H J, Chen K M, Chen G C, et al. 2003. Effects of silicon on growth of wheat under drought. Journal of Plant Nutrition, 26(5): 1055-1063

Gong H J, Chen K M, Zhao Z G, et al. 2008. Effects of silicon on defense of wheat against oxidative stress under drought at different developmental stages. Biologia Plantarum, 52(3): 592-596

Gong H J, Randall D P, Flowers T J. 2006. Silicon deposition in the root reduces sodium uptake in rice (*Oryza sativa* L.) seedlings by reducing bypass flow. Plant, Cell and Environment, 29(10): 1970-1979

Gong H J, Zhu X Y, Chen K M, et al. 2005. Silicon alleviates oxidative damage of wheat plants in pots under drought. Plant Science, 169(2): 313-321

Gonzalez-Guzman M, Rodriguez L, Lorenzo-Orts L, et al. 2014. Tomato PYR/PYL/RCAR abscisic acid receptors show high expression in root, differential sensitivity to the abscisic acid agonist quinabactin, and the capability to enhance plant drought resistance. Journal of Experimental Botany, 65(15): 4451-4464

Gorbe E, Calatayud A. 2012. Applications of chlorophyll fluorescence imaging technique in horticultural research: a review. Scientia Horticulturae, 138: 24-35

Graan T, Boyer J. 1990. Very high CO_2 partially restores photosynthesis in sunflower at low water potentials. Planta, 18(3): 378-384

Grondin A, Mauleon R, Vadez V, et al. 2016. Root aquaporins contribute to whole plant water fluxes under drought stress in rice (*Oryza sativa* L.). Plant, Cell and Environment, 39(2): 347-365

Gunes A, Inal A, Bagci E G, et al. 2007a. Silicon-mediated changes of some physiological and enzymatic parameters symptomatic for oxidative stress in spinach and tomato grown in sodic-B toxic soil. Plant and Soil, 290(1-2): 103-114

Gunes A, Inal A, Bagci E G, et al. 2007b. Silicon-mediated changes on some physiological and enzymatic parameters symptomatic of oxidative stress in barley grown in sodic-B toxic soil. Journal of Plant Physiology, 164(4): 807-811

Gunes A, Pilbeam D J, Inal A, et al. 2007c. Influence of silicon on antioxidant mechanisms and lipid peroxidation in chickpea (*Cicer arietinum* L.) cultivars under drought stress. Journal of Plant Interactions, 2(2): 105-113

Gunes A, Pilbeam D J, Inal A, et al. 2008. Influence of silicon on sunflower cultivars under drought stress, I: growth, antioxidant mechanisms, and lipid peroxidation. Communications in Soil Science and Plant Analysis, 39(13-14): 1885-1903

Haghighi M, Afifipour Z, Mozafarian M. 2012. The alleviation effect of silicon on seed germination and seedling growth of tomato under salinity stress. Vegetable Crops Research Bulletin, 76: 119-126

Haghighi M, Pessarakli M. 2013. Influence of silicon and nano-silicon on salinity tolerance of cherry tomatoes (*Solanum lycopersicum* L.) at early growth stage. Scientia Horticulturae, 161: 111-117

Hajiboland R, Cheraghvareh L. 2014. Influence of Si supplementation on growth and some physiological and biochemical parameters in salt stressed tobacco (*Nicotiana rustica* L.) plants. Journal of Sciences, Islamic Republic of Iran, 25(3): 205-217

Hameed A, Sheikh M A, Jamil A, et al. 2013. Seed priming with sodium silicate enhances seed germination and seedling growth in wheat (*Triticum aestivum* L.) under water deficit stress induced by polyethylene glycol. Pakistan Journal & Life Social Sciences, 11(1): 19-24

Hasanuzzaman M, Fujita M. 2011. Selenium pretreatment upregulates the antioxidant defense and methylglyoxal detoxification system and confers enhanced tolerance to drought stress in rapeseed seedlings. Biological Trace Element Research, 143(3): 1758-1776

Hashemi A, Abdolzadeh A, Sadeghipour H R. 2010. Beneficial effects of silicon nutrition in alleviating salinity stress in hydroponically grown canola, *Brassica napus* L., plants. Soil Science and Plant Nutrition, 56(2): 244-253

Hasthanasombut S, Supaibulwatana K, Mii M, et al. 2011. Genetic manipulation of Japonica rice using the *OsBADH1* gene from Indica rice to improve salinity tolerance. Plant Cell Tissue and Organ Culture, 104(1): 79-89

Hattori T, Inanaga S, Araki H, et al. 2005. Application of silicon enhanced drought tolerance in *Sorghum bicolor*. Plant Physiology, 123(4): 459-466

Hattori T, Inanaga S, Tanimoto E, et al. 2003. Silicon-induced changes in viscoelastic properties of sorghum root cell walls. Plant and Cell Physiology, 44(7): 743-749

Hattori T, Sonobe K, Araki H, et al. 2008b. Silicon application by sorghum through the alleviation of stress-induced increase in hydraulic resistance. Journal of Plant Nutrition, 31(8): 1482-1495

Hattori T, Sonobe K, Inanaga S, et al. 2007. Short term stomatal responses to light intensity changes and osmotic stress in sorghum seedlings raised with and without silicon. Environmental and Experimental Botany, 60(2): 177-182

Hattori T, Sonobe K, Inanaga S, et al. 2008a. Effects of silicon on photosynthesis of young cucumber seedlings under osmotic stress. Journal of Plant Nutrition, 31(6): 1046-1058

He Y, Xiao H, Wang H, et al. 2010. Effect of silicon on chilling-induced changes of solutes, antioxidants, and membrane stability in seashore paspalum turfgrass. Acta Physiologiae Plantarum, 32(3): 487-494

Hellal F A, Abdelhameid M, Abo-Basha D M, et al. 2012. Alleviation of the adverse effects of soil salinity stress by foliar application of silicon on faba bean (*Vicia faba* L.). Journal of Applied Sciences Research, 8: 4428-4433

Hetherington A M, Woodward F I. 2003. The role of stomata in sensing and driving environmental change. Nature, 424(6951): 901-908

Hu A Y, Che J, Shao J F, et al. 2018. Silicon accumulated in the shoots results in down-regulation of phosphorus transporter gene expression and decrease of phosphorus uptake in rice. Plant and Soil, 423(1-2): 317-325

Hu L, Xiang L, Zhang L, et al. 2013. The photoprotective role of spermidine in tomato seedlings under salinity-alkalinity stress. PLoS One, 9(10): e110855

Hu X, Zhang Y, Shi Y, et al. 2012. Effect of exogenous spermidine on polyamine content and metabolism in tomato exposed to salinity-alkalinity mixed stress. Plant Physiology and Biochemistry, 57: 200-209

Huang J, Hirji R, Adam L, et al. 2000. Genetic engineering of glycinebetaine production toward enhancing stress tolerance in plants: metabolic limitations. Plant Physiology, 122(3): 747-756

Huang X, Shi H, Hu Z, et al. 2017. ABA is involved in regulation of cold stress response in bermudagrass.

Frontiers in Plant Science, 8: 1613

Hubbard M, Germida J, Vujanovic V. 2012. Fungal endophytes improve wheat seed germination under heat and drought stress. Botany, 90(2): 137-149

Ismail A M, Horie T. 2017. Genomics, physiology, and molecular breeding approaches for improving salt tolerance. Annual Review of Plant Biology, 68: 405-434

Kamiab F, Talaie A, Khezri M, et al. 2014. Exogenous application of free polyamines enhance salt tolerance of pistachio (*Pistacia vera* L.) seedlings. Plant Growth Regulation, 72(3): 257-268

Kanner J, Harel S, Granit T. 1991. Nitric oxide as an antioxidant. Archives of Biochemistry and Biophysics, 289(1): 130-136

Kapilan R, Vaziri M, Zwiazek J J. 2018. Regulation of aquaporins in plants under stress. Biological Research, 51(1): 4

Kardoni F, Mosavi S J S, Parande S, et al. 2013. Effect of salinity stress and silicon application on yield and component yield of faba bean (*Vicia faba*). International Journal of Agriculture and Crop Sciences, 6(12): 814-818

Karmoker J L, Von Steveninck R F M. 1979. The effect of abscisic acid on the uptake and distribution of ions in intact seedlings of *Phaseolus vulgaris* cv. Redland Pioneer. Physiologia Plantarum, 45(4): 453-459

Kaya C, Tuna L, Higgs D. 2006. Effect of silicon on plant growth and mineral nutrition of maize grown under water-stress conditions. Journal of Plant Nutrition, 29(8): 1469-1480

Ke Q B, Wang Z, Ji C Y, et al. 2016. Transgenic poplar expressing *codA* exhibits enhanced growth and abiotic stress tolerance. Plant Physiology and Biochemistry, 100: 75-84

Kerstiens G. 1996. Cuticular water permeability and its physiological significance. Journal of Experimental Botany, 47(12): 1813-1832

Khadri M, Tejera N A, Lluch C. 2006. Alleviation of salt stress in common bean (*Phaseolus vulgaris*) by exogenous abscisic acid supply. Journal of Plant Growth Regulation, 25(2): 110-119

Khoshgoftarmanesh A H, Khodarahmi S, Haghighi M. 2014. Effect of silicon nutrition on lipid peroxidation and antioxidant response of cucumber plants exposed to salinity stress. Archives of Agronomy and Soil Science, 60(5): 639-653

Kim Y H, Khan A L, Waqas M, et al. 2014. Silicon application to rice root zone influenced the phytohormonal and antioxidant responses under salinity stress. Journal of Plant Growth Regulation, 33(2): 137-149

Kumar A P, Bandhu A D. 2005. Salt tolerance and salinity effects on plants: a review. Ecotoxicology and Environmental Safety, 60(3): 324-349

Lee S C, Luan S. 2012. ABA signal transduction at the crossroad of biotic and abiotic stress responses. Plant, Cell and Environment, 35(1): 53-60

Lee S K, Sohn E Y, Hamayun M, et al. 2010. Effect of silicon on growth and salinity stress of soybean plant grown under hydroponic system. Agroforestry Systems, 80(3): 333-340

Lemoine R, Camera S L, Atanassova R, et al. 2013. Source-to-sink transport of sugar and regulation by environmental factors. Frontiers in Plant Science, 4: 272

Li G W, Peng Y H, Yu X, et al. 2008. Transport functions and expression analysis of vacuolar membrane aquaporins in response to various stresses in rice. Journal of Plant Physiology, 165(18): 1879-1888

Li G W, Zhang M H, Cai W M, et al. 2009. Characterization of OsPIP2;7, a water channel protein in rice. Plant & Cell Physiology, 49(12): 1851-1858

Li H, Zhu Y, Hu Y, et al. 2015. Beneficial effects of silicon in alleviating salinity stress of tomato seedlings grown under sand culture. Acta Physiologiae Plantarum, 37(4): 71

Li L, Li S, Tao Y, et al. 2000. Molecular cloning of a novel water channel from rice: its products expression in *Xenopus* oocytes and involvement in chilling tolerance. Plant Science, 154(1): 43-51

Li Z, Yu J, Peng Y, et al. 2017. Metabolic pathways regulated by abscisic acid, salicylic acid and γ-aminobutyric acid in association with improved drought tolerance in creeping bentgrass (*Agrostis stolonifera*). Plant Physiology, 159(1): 42-58

Liang X, Wang H, Hu Y, et al. 2015. Silicon does not mitigate cell death in cultured tobacco BY-2 cells subjected to salinity without ethylene emission. Plant Cell Reports, 34(2): 331-343

Liang Y C. 1998. Effects of Si on leaf ultrastructure, chlorophyll content and photosynthetic activity in barley under salt stress. Pedosphere, 8(4): 289-296

Liang Y C. 1999. Effects of silicon on enzyme activity, and sodium, potassium and calcium concentration in barley under salt stress. Plant and Soil, 209(2): 217-224

Liang Y C, Chen Q, Liu Q, et al. 2003. Exogenous silicon (Si) increases antioxidant enzyme activity and reduces lipid peroxidation in roots of salt-stressed barley (*Hordeum vulgare* L.). Journal of Plant Physiology, 160(10): 1157-1164

Liang Y C, Ding R X. 2002. Influence of silicon on microdistribution of mineral ions in roots of salt-stressed barley as associated with salt tolerance in plants. Science in China Series C, 45(3): 298-308

Liang Y C, Shen Q R, Shen Z G, et al. 1996. Effects of silicon on salinity tolerance of two barley cultivars. Journal of Plant Nutrition, 19(1): 173-183

Liang Y C, Zhang W H, Chen Q, et al. 2005. Effects of silicon on H^+-ATPase and H^+-PPase activity, fatty acid composition and fluidity of tonoplast vesicles from roots of salt-stressed barley (*Hordeum vulgare* L.). Environmental and Experimental Botany, 53(1): 29-37

Liang Y C, Zhang W H, Chen Q, et al. 2006. Effect of exogenous silicon (Si) on H^+-ATPase activity, phospholipids and fluidity of plasma membrane in leaves of salt-stressed barley (*Hordeum vulgare* L.). Environmental and Experimental Botany, 57(3): 212-219

Liang Y C, Zhu J, Li Z J, et al. 2008. Role of silicon in enhancing resistance to freezing stress in two contrasting winter wheat cultivars. Environmental and Experimental Botany, 64(4): 286-294

Liu D, Liu M, Liu X L, et al. 2018. Silicon priming created an enhanced tolerance in alfalfa (*Medicago sativa* L.) seedlings in response to high alkaline stress. Frontiers in Plant Science, 9: 716

Liu J J, Lin S H, Xu P L, et al. 2009. Effects of exogenous silicon on the activities of antioxidant enzymes and lipid peroxidation in chilling-stressed cucumber leaves. Agricultural Sciences in China, 8(9): 1075-1086

Liu K, Fu H, Bei Q, et al. 2000. Inward potassium channel in guard cells as a target for polyamine regulation of stomatal movements. Plant Physiology, 124(3): 1315-1326

Liu P, Yin L, Wang S W, et al. 2015. Enhanced root hydraulic conductance by aquaporin regulation accounts for silicon alleviated salt-induced osmotic stress in *Sorghum bicolor* L. Environmental and Experimental Botany, 111: 42-51

Liu P, Yin L N, Deng X P, et al. 2014. Aquaporin-mediated increase in root hydraulic conductance is involved in silicon-induced improved root water uptake under osmotic stress in *Sorghum bicolor* L. Journal of Experimental Botany, 65(17): 4747-4756

Lobato A K S, Coimbra G K, Neto M A M, et al. 2009. Protective action of silicon on water relations and photosynthetic pigments in pepper plants induced to water deficit. Research Journal of Biological Sciences, 4(5): 617-623

Ma D, Sun D, Wang C, et al. 2016. Silicon application alleviates drought stress in wheat through transcriptional regulation of multiple antioxidant defense pathways. Journal of Plant Growth Regulation, 35(1): 1-10

Mahajan S, Tuteja N. 2005. Cold, salinity and drought stresses: an overview. Archives of Biochemistry and Biophysics, 444(2): 139-158

Mahmood S, Daur I, Al-Solaimani S G, et al. 2016. Plant growth promoting rhizobacteria and silicon synergistically enhance salinity tolerance of mung bean. Frontiers in Plant Science, 7: 876

Mali M, Aery N C. 2008. Influence of silicon on growth, relative water contents and uptake of silicon, calcium and potassium in wheat grown in nutrient solution. Journal of Plant Nutrition, 31(11): 1867-1876

Marulanda A, Azcon R, Chaumont F, et al. 2010. Regulation of plasma membrane aquaporins by inoculation with a *Bacillus megaterium* strain in maize (*Zea mays* L.) plants under unstressed and salt-stressed conditions. Planta, 232(2): 533-543

Mateos-Naranjo E, Andrades-Moreno L, Davy A J. 2013. Silicon alleviates deleterious effects of high salinity on the halophytic grass *Spartina densiflora*. Plant Physiology and Biochemistry, 63: 115-121

Matoh T, Kairusmee P, Takahashi E. 1986. Salt-induced damage to rice plants and alleviation effect of silicate.

Soil Science and Plant Nutrition, 32(2): 295-304

Matoh T, Murata S, Takahashi E. 1991. Effect of silicate application on photosynthesis of rice plants. Japanese Journal of Soil Science and Plant Nutrition, 62: 248-251

Maurel C, Boursiac Y, Luu D T, et al. 2015. Aquaporins in plants. Physiological Reviews, 95(4): 1321-1358

Maurel C, Verdoucq L, Luu D T, et al. 2008. Plant aquaporins: membrane channels with multiple integrated functions. Annual Review of Plant Biology, 59: 595-624

Maxwell K, Johnson G N. 2000. Chlorophyll fluorescence-a practical guide. Journal of Experimental Botany, 51(345): 659-668

Millar A A, Duysen M E, Wilkerson G E. 1968. Internal water balance of barley under soil moisture stress. Plant Physiology, 43(6): 968-972

Ming D F, Pei Z F, Naeem M S, et al. 2012. Silicon alleviates peg-induced water-deficit stress in upland rice seedlings by enhancing osmotic adjustment. Journal of Agronomy and Crop Science, 198(1): 14-26

Moradtalab N, Weinmann M, Walker F, et al. 2018. Silicon improves chilling tolerance during early growth of maize by effects on micronutrient homeostasis and hormonal balances. Frontiers in Plant Science, 9: 420

Moussa H R. 2006. Influence of exogenous application of silicon on physiological response of salt-stressed maize (*Zea mays* L.). International Journal of Agriculture and Biology, 8(3): 293-297

Muries B, Faize M, Carvajal M, et al. 2011. Identification and differential induction of the expression of aquaporins by salinity in broccoli plants. Molecular BioSystems, 7(4): 1322-1335

Nabati J, Kafi M, Masoumi A, et al. 2013. Effect of salinity and silicon application on photosynthetic characteristics of sorghum (*Sorghum bicolor* L). International Journal of Agricultural Sciences, 3(4): 483-492

Nieves-Cordones M, Alemán F, Fon M, et al. 2012. K^+ nutrition, uptake, and its role in environmental stress in plants // Ahmad P, Prasad M N V. Environmental Adaptations and Stress Tolerance of Plants in the Era of Climate Change. New York: Springer: 85-112

Nolla A, Faria R J, Korndorfer G H, et al. 2012. Effect of silicon on drought tolerance of upland rice. Journal of Food Agriculture & Environment, 10(1): 269-272

Ogawa A, Yamauchi A. 2006. Root osmotic adjustment under osmotic stress in maize seedlings 1. Transient change of growth and water relations in roots in response to osmotic stress. Plant Production Science, 9(1): 27-38

Parande S, Zamani G R, Zahan M H S, et al. 2013. Effects of silicon application on the yield and component of yield in the common bean (*Phaseolus vulgaris*) under salinity stress. International Journal of Agronomy & Plant Production, 4(7): 1574-1579

Parida A K, Das A B. 2005. Salt tolerance and salinity effects on plants: a review. Ecotoxicology and Environmental Safety, 60(3): 324-349

Parveen N, Ashraf M. 2010. Role of silicon in mitigating the adverse effects of salt stress on growth and photosynthetic attributes of two maize (*Zea mays* L.) cultivars grown hydroponically. Pakistan Journal of Botany, 42(3): 1675-1684

Pei Z F, Ming D F, Liu D, et al. 2010. Silicon improves the tolerance to water-deficit stress induced by polyethylene glycol in wheat (*Triticum aestivum* L.) seedlings. Journal of Plant Growth Regulation, 29(1): 106-115

Pilon-Smits E A H, Ebskamp M J M, Paul M J, et al. 1995. Improved performance of transgenic fructan accumulating tobacco under drought stress. Plant Physiology, 107(1): 125-130

Pilon-Smits E A H, Terry N, Sears T, et al. 1998. Trehalose-producingtransgenic tobacco plants show improved growth performance under drought stress. Journal of Plant Physiology, 152(4-5): 525-532

Puyang X, An M, Han L, et al. 2015. Protective effect of spermidine on salt stress induced oxidative damage in two Kentucky bluegrass (*Poa pratensis* L.) cultivars. Ecotoxicology and Environmental Safety, 117: 96-106

Qin X, Zeevaart J A D. 2002. Overexpression of a 9-cis-epoxycarotenoid dioxygenase gene in *Nicotiana plumbaginifolia* increases abscisic acid and phaseic acid levels and enhances drought tolerance. Plant

Physiology, 128(2): 544-551

Rajjou L, Duval M, Gallardo K, et al. 2012. Seed germination and vigor. Annual Review of Plant Biology, 63: 507-533

Reddy A R, Chaitanya K V, Vivekanandanb M. 2004. Drought-induced responses of photosynthesis and antioxidant metabolism in higher plants. Journal of Plant Physiology, 161(11): 1189-1202

Rizwan M, Ali S, Ibrahim M, et al. 2015. Mechanisms of silicon-mediated alleviation of drought and salt stress in plants: a review. Environmental Science and Pollution Research, 22(20): 15416-15431

Rodríguez-Gamir J, Ancillo G, Aparicio F, et al. 2011. Water-deficit tolerance in citrus is mediated by the down regulation of PIP gene expression in the roots. Plant and Soil, 347(1-2): 91-104

Rodríguez-Gamir J, Ancillo G, Legaz F, et al. 2012. Influence of salinity on pip gene expression in citrus roots and its relationship with root hydraulic conductance, transcription and chloride exclusion from leaves. Environmental and Experimental Botany, 78: 163-166

Romero C, Bellés J M, Vayá J L, et al. 1997. Expression of the yeast trehalose-6-phosphate synthase gene in transgenic tobacco plants: pleiotropic phenotypes include drought tolerance. Planta, 201(3): 293-297

Romero-Aranda M R, Jurado O, Cuartero J. 2006. Silicon alleviates the deleterious salt effect on tomato plant growth by improving plant water status. Journal of Plant Physiology, 163(8): 847-855

Sah S K, Reddy K R, Li J. 2016. Abscisic acid and abiotic stress tolerance in crop plants. Frontiers in Plant Science, 7: 571

Saint Pierre C, Crossa J L, Bonnett D, et al. 2012. Phenotyping transgenic wheat for drought resistance. Journal of Experimental Botany, 63(5): 1799-1808

Saqib M, Zörb C, Schubert S. 2008. Silicon-mediated improvement in the salt resistance of wheat (*Triticum aestivum*) results from increased sodium exclusion and resistance to oxidative stress. Functional Plant Biology, 35(7): 633-639

Savant N K, Korndörfer G H, Datnoff L E, et al. 1999. Silicon nutrition and sugarcane production: a review. Journal of Plant Nutrition, 22(12): 1853-1903

Sawahel W A, Hassan A H. 2002. Generation of transgenic wheat plants producing high levels of the osmoprotectant proline. Biotechnology Letters, 24(9): 721-725

Seckin B, Sekmen A H, Türkan İ. 2009. An enhancing effect of exogenous mannitol on the antioxidant enzyme activities in roots of wheat under salt stress. Journal of Plant Growth Regulation, 28(1): 12-20

Sekmen A H, Turkan I, Tanyolac Z O, et al. 2012. Different antioxidant defense responses to salt stress during germination and vegetative stages of endemic halophyte *Glypsophila oblanceolata* Bark. Environmental and Experimental Botany, 77: 63-76

Shahzad M, Zörb C, Geilfus C M, et al. 2013. Apoplastic Na^+ in *Vicia faba* leaves rises after short-term salt stress and is remedied by silicon. Journal of Agronomy and Crop Science, 199(3): 161-170

Shen X F, Zhou Y Y, Duan L S, et al. 2010. Silicon effects on photosynthesis and antioxidant parameters of soybean seedlings under drought and ultraviolet-B radiation. Journal of Plant Physiology, 167(15): 1248-1252

Shi H, Ishitani M, Kim C, et al. 2000. The *Arabidopsis thaliana* salt tolerance gene *SOS1* encodes a putative Na^+/H^+ exchanger. Proceedings of the National Academy of Sciences of the United States of America, 97(12): 6896-6901

Shi Y, Tian S, Hou L, et al. 2012. Ethylene signaling negatively regulates freezing tolerance by repressing expression of *CBF* and type-A *ARR* genes in *Arabidopsis*. Plant Cell, 24(6): 2578-2595

Shi Y, Wang Y, Flowers T J, et al. 2013. Silicon decreases chloride transport in rice (*Oryza sativa* L.) in saline conditions. Journal of Plant Physiology, 170(9): 847-853

Shi Y, Zhang Y, Han W, et al. 2016. Silicon enhances water stress tolerance by improving root hydraulic conductance in *Solanum lycopersicum* L. Frontiers in Plant Science, 7: 196

Shi Y, Zhang Y, Yao H J, et al. 2014. Silicon improves seed germination and alleviates oxidative stress of bud seedlings in tomato under water deficit stress. Plant Physiology and Biochemistry, 78: 27-36

Shinkawa R, Morishita A, Amikura K, et al. 2013. Abscisic acid induced freezing tolerance in chilling-sensitive suspension cultures and seedlings of rice. BMC Research Notes, 6(1): 351

Shu S, Guo S R, Sun J, et al. 2012. Effects of salt stress on the structure and function of the photosynthetic apparatus in *Cucumis sativus* and its protection by exogenous putrescine. Physiologia Plantarum, 146(3): 285-296

Siddiqui M H, Al-Whaibi M H, Faisal M, et al. 2014. Nano-silicon dioxide mitigates the adverse effects of salt stress on *Cucurbita pepo* L. Environmental Toxicology and Chemistry, 33(11): 2429-2437

Signarbieux C, Feller U. 2011. Non-stomatal limitations of photosynthesis in grassland species under artificial drought in the field. Environmental and Experimental Botany, 71(2): 192-197

Silva-Ortega C O, Ochoa-Alfaro A E, Reyes-Agüero J A, et al. 2008. Salt stress increases the expression of *p5cs* gene and induces proline accumulation in cactus pear. Plant Physiology and Biochemistry, 46(1): 82-92

Singh P K, Singh R, Singh S. 2013. Cinnamic acid induced changes in reactive oxygen species scavenging enzymes and protein profile in maize (*Zea mays* L.) plants grown under salt stress. Physiology & Molecular Biology of Plants, 19(1): 53-59

Sistani K R, Savant N K, Reddy K C. 1997. Effect of rice hull ash silicon on rice seedling growth. Journal of Plant Nutrition, 20(1): 195-201

Sonobe K, Hattori T, An P, et al. 2011. Effect of silicon application on sorghum root responses to water stress. Journal of Plant Nutrition, 34(1): 71-82

Soundararajan P, Manivannan A, Park Y G, et al. 2015. Silicon alleviates salt stress by modulating antioxidant enzyme activities in *Dianthus caryophyllus* 'Tula'. Horticulture, Environment, and Biotechnology, 56(2): 233-239

Soylemezoglu G, Demir K, Inal A, et al. 2009. Effect of silicon on antioxidant and stomatal response of two grapevine (*Vitis vinifera* L.) rootstocks grown in boron toxic, saline and boron toxic-saline soil. Scientia Horticulturae, 123(2): 240-246

Srivastava A K, Suprasanna P, Srivastava S, et al. 2010. Thiourea mediated regulation in the expression profile of aquaporins and its impact on water homeostasis under salinity stress in *Brassica juncea* roots. Plant Science, 178(6): 517-522

Steudle E. 1994. Water transport across roots. Plant and Soil, 167(1): 79-90

Steudle E, Peterson C A. 1998. How does water get through roots? Journal of Experimental Botany, 49(322): 775-788

Sundaram S, Rathinasabapathi B. 2010. Transgenic expression of fern *Pteris vittata* glutaredoxin PvGrx5 in *Arabidopsis thaliana* increases plant tolerance to high temperature stress and reduces oxidative damage to proteins. Planta, 231(2): 361-369

Taleahmad S, Haddad R. 2011. Study of silicon effects on antioxidant enzyme activities and osmotic adjustment of wheat under drought stress. Czech Journal of Genetics and Plant Breeding, 47(1): 17-27

Thompson A J, Jackson A C, Parker R A, et al. 2000. Abscisicacidbiosynthesis in tomato: regulation of zeaxanthin epoxidase and 9-*cis*-epoxycarotenoid dioxygenase mRNAs by light/dark cycles, water stress and abscisic acid. Plant Molecular Biology, 42(6): 833-845

Tissue D T, Griffin K L, Turnbull M H, et al. 2005. Stomatal and non-stomatal limitations to photosynthesis in four tree species in a temperate rainforest dominated by *Dacrydium cupressinum* in New Zealand. Tree Physiology, 25(4): 447-456

Tuna A L, Kaya C, Higgs D, et al. 2008. Silicon improves salinity tolerance in wheat plants. Environmental and Experimental Botany, 62(1): 10-16

Varone L, Ribas-Carbo M, Cardona C, et al. 2012. Stomatal and non-stomatal limitations to photosynthesis in seedlings and saplings of Mediterranean species pre-conditioned and aged in nurseries: different response to water stress. Environmental and Experimental Botany, 75: 235-247

Vysotskaya L, Hedley P E, Sharipova G, et al. 2010. Effect of salinity on water relations of wild barley plants differing in salt tolerance. AoB Plants, 2010: plq006

Wahid A, Gelani S, Ashraf M, et al. 2007. Heat tolerance in plants: an overview. Environmental and Experimental Botany, 61(3): 199-233

Wang S, Liu P, Chen D, et al. 2015. Silicon enhanced salt tolerance by improving the root water uptake and decreasing the ion toxicity in cucumber. Frontiers in Plant Science, 6: 759

Wang X, Li Y, Ji W, et al. 2011. A novel *Glycine soja* tonoplast intrinsic protein gene responds to abiotic stress and depresses salt and dehydration tolerance in transgenic *Arabidopsis thaliana*. Journal of Plant Physiology, 168(11): 1241-1248

Wang X D, Ou-yang C, Fan Z R, et al. 2010. Effects of exogenous silicon on seed germination and antioxidant enzyme activities of *Momordica charantia* under salt stress. Journal of Animal and Plant Sciences, 6: 700-708

Wang X S, Han J G. 2007. Effects of NaCl and silicon on ion distribution in the roots, shoots and leaves of two alfalfa cultivars with different salt tolerance. Soil Science and Plant Nutrition, 53(3): 278-285

Wei L, Wang L, Yang Y, et al. 2015. Abscisic acid enhances tolerance of wheat seedlings to drought and regulates transcript levels of genes encoding ascorbate-glutathione biosynthesis. Frontiers in Plant Science, 6: 458

Werner B H, Klaus P. 2000. Influence of drought on mitochondrial activity, photosynthesis, nocturnal acid accumulation and water relations in the CMA plant *Prenia sladeniana* (ME-type) and *Crassula lycopodioides* (PEPCK-type). Annals of Botany, 86(3): 611-620

Whiteman P C. 1965. Control of Carbon Dioxide and Water Vapour Exchange between Plant and Atmosphere. Jerusalem: Hebrew University

Wilkinson S, Kudoyarova G R, Veselov D S, et al. 2012. Plant hormone interactions: innovative targets for crop breeding and management. Journal of Experimental Botany, 63(9): 3499-3509

Wong Y C, Heits A, Ville D J. 1972. Foliar symptoms of silicon deficiency in the sugarcane plant. Proceedings of the International Society of Sugar Cane Technology, 14: 766-776

Wu J, Guo J, Hu Y, et al. 2015. Distinct physiological responses of tomato and cucumber plants in silicon-mediated alleviation of cadmium stress. Frontiers in Plant Science, 6: 453

Xu L H, Wang W Y, Guo J J, et al. 2014. Zinc improves salt tolerance by increasing reactive oxygen species scavenging and reducing Na^+ accumulation in wheat seedlings. Biologia Plantarum, 58(4): 751-757

Xuan Y, Zhou S, Wang L, et al. 2010. Nitric oxide functions as a signal and acts upstream of AtCaM3 in thermotolerance in *Arabidopsis* seedlings. Plant Physiology, 153(4): 1895-1906

Yin J, Jia J, Lian Z, et al. 2019. Silicon enhances the salt tolerance of cucumber through increasing polyamine accumulation and decreasing oxidative damage. Ecotoxicology and Environmental Safety, 169: 8-17

Yin L N, Wang S W, Li J Y, et al. 2013. Application of silicon improves salt tolerance through ameliorating osmotic and ionic stresses in the seedling of *Sorghum bicolor*. Acta Physiologiae Plantarum, 35(11): 3099-3107

Yin L N, Wang S W, Liu P, et al. 2014. Silicon-mediated changes in polyamine and 1-aminocyclopropane-1-carboxylic acid are involved in silicon-induced drought resistance in *Sorghum bicolor*. Plant Physiology and Biochemistry, 80: 268-277

Yin L N, Wang S W, Tanaka K, et al. 2016. Silicon-mediated changes in polyamines participate in silicon-induced salt tolerance in *Sorghum bicolor* L. Plant, Cell and Environment, 39(2): 245-258

Yordanov I, Velikova V, Tsonev T. 2000. Plant responses to drought, acclimation, and stress tolerance. Photosynthetica, 38(2): 171-186

Yoshida S. 1965. Chemical aspect of silicon in physiology of the rice plant. Bulletin of the National Agriculture Science: Series B, 15: 1-58

Yu D J, Kim S J, Lee H J. 2009. Stomatal and non-stomatal limitations to photosynthesis in field-grown grapevine cultivars. Biologia Plantarum, 53(1): 133-137

Yue Y, Zhang M, Zhang J, et al. 2012. *SOS1* gene overexpression increased salt tolerance in transgenic tobacco by maintaining a higher K^+/Na^+ ratio. Journal of Plant Physiology, 169(3): 255-261

Zargar S M, Agnihotri A. 2013. Impact of silicon on various agro-morphological and physiological parameters in maize and revealing its role in enhancing water stress tolerance. Emirates Journal of Food and Agriculture, 25: 138-141

Zhang H, Dong H, Li W, et al. 2009. Increased glycine betaine synthesis and salinity tolerance in *AhCMO* transgenic cotton lines. Molecular Breeding, 23(2): 289-298

Zhang J, Deng Z, Cao S, et al. 2008. Isolation of six novel aquaporin genes from *Triticum aestivum* L. and functional analysis of *TaAQP6* in water redistribution. Plant Molecular Biology Reporter, 26(1): 32-45

Zhang J, Li D D, Zou D, et al. 2013. A cotton gene encoding a plasma membrane aquaporin is involved in seedling development and in response to drought stress. Acta Biochimica et Biophysica Sinica, 45(2): 104-114

Zhang X, Zhang W, Lang D, et al. 2018b. Silicon improves salt tolerance of *Glycyrrhiza uralensis* Fisch by ameliorating osmotic and oxidative stresses and improving phytohormonal balance. Environmental Science and Pollution Research, 25(26): 25916-25932

Zhang Y, Shi Y, Gong H, et al. 2018a. Beneficial effects of silicon on photosynthesis of tomato seedlings under water stress. Journal of Integrative Agriculture, 17(11): 2151-2159

Zhang Z, Huang R. 2010. Enhanced tolerance to freezing in tobacco and tomato overexpressing transcription factor *TERF2*/*LeERF2* is modulated by ethylene biosynthesis. Plant Molecular Biology, 73(3): 241-249

Zhao M G, Chen L, Zhang L L. 2009. Nitric reductase-dependent nitric oxide production is involved in cold acclimation and freezing tolerance in *Arabidopsis*. Plant Physiology, 151(2): 755-767

Zhifang G, Loescher W H. 2003. Expression of a celery mannose 6-phosphate reductase in *Arabidopsis thaliana* enhances salt tolerance and induces biosynthesis of both mannitol and a glucosyl-mannitol dimer. Plant, Cell and Environment, 26(2): 275-283

Zhu B, Su J, Chang M, et al. 1998. Overexpression of a Δ^1-pyrroline-5-carboxylate synthetase gene and analysis of tolerance to water- and salt-stress in transgenic rice. Plant Science, 139(1): 41-48

Zhu C, Schraut D, Hartung W, et al. 2005. Differential responses of maize *MIP* genes to salt stress and ABA. Journal of Experimental Botany, 56(421): 2971-2981

Zhu J K. 2001. Plant salt tolerance. Trends in Plant Science, 6(2): 66-71

Zhu Y X, Gong H J. 2014. Beneficial effects of silicon on salt and drought tolerance in plants. Agronomy for Sustainable Development, 34(2): 455-472

Zhu Y X, Guo J, Feng R, et al. 2016. The regulatory role of silicon on carbohydrate metabolism in *Cucumis sativus* L. under salt stress. Plant and Soil, 406(1-2): 231-249

Zhu Y X, Xu X B, Hu Y H, et al. 2015. Silicon improves salt tolerance by increasing root water uptake in *Cucumis sativus* L. Plant Cell Reports, 34(9): 1629-1646

Zhu Z J, Wei G Q, Li J, et al. 2004. Silicon alleviates salt stress and increases antioxidant enzymes activity in leaves of salt-stressed cucumber (*Cucumis sativus* L.). Plant Science, 167(3): 527-533

Zuccarini P. 2008. Effects of silicon on photosynthesis, water relations and nutrient uptake of *Phaseolus vulgaris* under NaCl stress. Biologia Plantarum, 52(1): 157-160

第 4 章　硅与植物的重金属逆境胁迫

近年来，采矿、冶炼和电镀等工业的不断发展，以及农业生产中的农药、化肥和塑料薄膜等的过度使用，对环境造成的重金属污染日益严重。当有毒有害重金属（如 Cd 和 Pb 等）残留在环境中，或者某些重金属（如 Cu 和 Zn 等）浓度超出了植物正常生长发育的耐受范围，就很有可能导致植物受到伤害甚至死亡。重金属不仅严重影响植物的生长发育，还会通过食物链进行传递，进入动物和人类体内，严重威胁食品安全和人体的健康。硅（Si）作为一种植物非必需的元素，在降低重金属毒害、增强植物抗性和促进植物生长中起着非常重要的作用。

4.1　重金属胁迫对植物的影响

我国耕地土壤重金属点位超标率达到 19.4%，镉、砷①等是主要重金属污染物。南方的重金属污染重于北方，长三角、珠三角等地污染问题较为突出，西南和中南地区重金属超标范围较大，对农产品安全与人体健康均已构成严重威胁（环境保护部和国土资源部，2014）。

少数重金属（如 Cu、Zn 和 Mn）是植物必需的微量营养元素，对植物生长发育起着不可替代的作用，适当浓度的这些重金属对人和动植物是有益的；但大多重金属（如 Cd、Hg、Cr、Pb 和 As）作为植物生长非必需元素，会限制植物的正常生长发育，甚至导致死亡（简敏菲等，2017）。当土壤中重金属浓度超过了一定的限度，就会导致植物体内代谢过程发生紊乱，生长发育受到抑制，同时重金属胁迫下植物为维持自身生长，也会形成一系列的反应和适应策略。

4.1.1　重金属胁迫对植物的毒害

4.1.1.1　对种子萌发及幼苗生长的影响

不同程度的重金属胁迫，会影响种子萌发、幼苗生长与生物量的积累。例如，对于必需微量元素 Zn，低浓度胁迫可以促进植物生长，但是浓度过高会抑制生长；对于非必需元素 Cd，超过植物耐受程度，就会显著抑制作物生长（图 4-1）。当 Cd^{2+}浓度≤15mg/kg 时，紫花苜蓿（*Medicago sativa*）种子的发芽率、发芽势、活力指数等指标得到提高；但当 Cd^{2+}浓度＞15mg/kg 时，则表现为抑制效应（张春荣等，2004）。同样地，Cd^{2+}浓度≤20mg/L 对含羞草（*Mimosa pudica*）种子萌发的影响甚微，但＞40mg/L 则有显著抑制作用（唐为萍等，2009）。此外，矮牵牛（*Petunia hybrida*）种子萌发在 Cd^{2+}浓度为

① 砷（As）为非金属，鉴于其化合物具有金属性，本书将其归入重金属一并统计

1mmol/L 时受到显著抑制作用（范庆等，2010）；绿豆（*Phaseolus aures* cv. VC-3762）和箭舌豌豆（*Vicia sativa*）种子在较高 Cd^{2+}浓度（＞100μmol/L）处理时，其发芽率、发芽系数和活力指数均受到明显抑制作用（张芬琴和金自学，2003）。

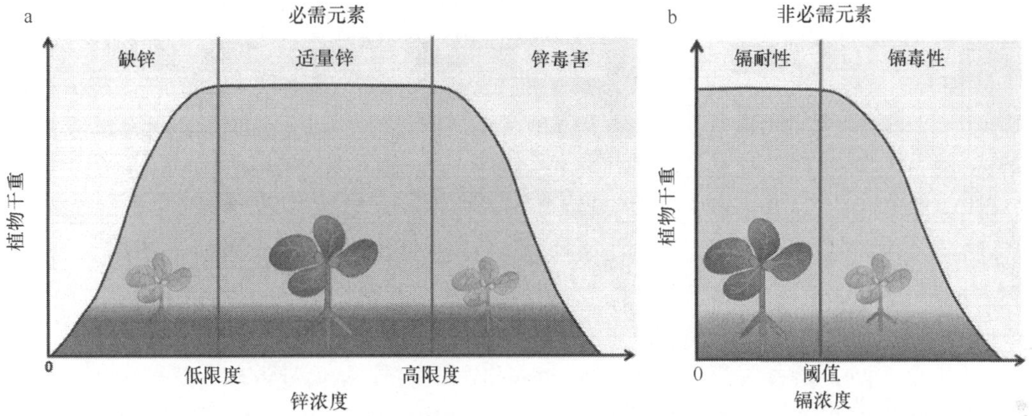

图 4-1　重金属元素对植物生长的影响（Lin and Aarts，2012）

不同浓度的重金属 Pb^{2+}能影响大豆、水稻、玉米、大麦、马铃薯和茄子等粮食作物早期幼苗的生长。高浓度的 Pb^{2+}使水稻种子萌发率降低 14%～30%，并使种苗的生物量降低 13%～40%（Verma and Dubey，2003）。在 Pb^{2+}浓度为 500mg/kg 和 2000mg/kg 的污染土壤中，大车前（*Plantago major*）植株生物量（干重）比对照分别下降 70%和 54%（Kosobrukhov et al.，2004）；浓度为 5mg/kg 和 25mg/kg 的 Pb^{2+}能促进玉米种子的发芽，但随处理浓度升高，玉米种子的发芽率、芽长、根长等明显减小（王玉凤，2005）。类似地，一定浓度的 Pb^{2+}胁迫也能抑制黄山松（*Pinus taiwanensis*）等种子的萌发（吴泽民等，2005）。此外，张远兵等（2009）用浓度为 0mg/L、200mg/L、400mg/L 和 600mg/L 的 Pb^{2+}处理 19 个品种的草坪草种子，并测定种子发芽势、发芽率与幼苗根长、苗长、鲜重、叶绿素含量、丙二醛（MDA）含量等 7 项指标，结果显示，随 Pb^{2+}浓度增加，因种类不同，发芽指标变化差异明显，有的先升后降，有的持续下降；MDA 含量与发芽指标变化趋势相反。但是，在特定情况下，有些植物组织干重也有可能增加，因为外源性的 Pb 胁迫会刺激植物细胞壁多糖的合成，使得植物干重相比对照显著增加（Wierzbicka et al.，1998）。

重金属复合污染胁迫下，作物种子萌发和幼苗生长均会受到影响。当培养液中 Cd^{2+}和 Pb^{2+}浓度分别为 20mg/L 和 1000mg/L 时，水稻和棉花种子萌发与生长受到明显的抑制作用。当 Pb^{2+}浓度为 20mmol/L 时，小麦和小扁豆的萌发率被抑制了大约 60%；当 Cd^{2+}浓度从 5mg/L 升到 40mg/L 时，苜蓿种子的萌发率从 100%降至 55%（Peralta et al.，2001）；低浓度（≤5mg/L）Cd 和 Pb 可促进小白菜（*Brassica chinensis*）种子的萌发，而浓度为 500mg/L 则显著抑制其种子萌发（李德明等，2005）。另外，重金属 Cd 和 Pb 对莴苣（任艳芳等，2009）、红三叶（张颖和高景慧，2007）、玉米（闫华晓等，2007）、乌麦（马文丽等，2004）、蜀葵与二月蓝（白瑞琴等，2009）等种子的萌发均呈现高浓度抑制、低浓度促进的效应。

4.1.1.2 对植物养分吸收的影响

重金属胁迫会破坏植物细胞膜，影响各种营养元素进出细胞，从而导致植物体内的营养元素失衡。重金属 Cd 胁迫条件下，小白菜根系对 Mn、Zn 的吸收，黄瓜对 K、Ca、Fe 的吸收，黑麦草对 Mn、Fe、Ca、Zn、Cu、P、S 的吸收，玉米、卷心菜和白三叶草对 Mn、Fe、Ca、Zn、Cu 的吸收等均受到抑制（孙光闻等，2004）。同时，Cd 胁迫对秋茄幼苗各组织中营养元素具有不同程度的影响，当 Cd^{2+}＞10mg/L 时，根中 K^{+}浓度显著降低，茎中增加，而叶片和胚轴中变化不显著；根中 Ca^{2+}和 Mg^{2+}浓度显著降低，叶片中有增加趋势但不显著；根中 Fe 含量远高于其他组织，显著上升，叶片中 Fe 含量呈现一定程度的增加趋势（李薇，2010）。但是，Cd 能促进烟草（Smolders，2001）、甘蓝（Siedlecka and Krupa，1996）对 P 的吸收。对于玉米来说，Cd 可抑制幼苗对 N、P、Zn 和 Mn 的吸收，但促进对 Fe 和 Ca 的吸收（Wang et al.，2007）。

一定浓度的 Pb^{2+}能显著改变营养元素的浓度和比例，从而导致植物营养元素代谢失调，对植物造成伤害。Pb 胁迫处理下黄瓜（*Cucumis sativus*）种苗根尖部位的 Ca^{2+}、Fe^{2+}与 Zn^{2+}含量显著降低，K^{+}、Ca^{2+}、Mg^{2+}、Fe^{2+}和 NO_3^{-}的吸收受到显著抑制；而在玉米（*Zea mays*）中则表现为 K^{+}、Ca^{2+}、Mg^{2+}和 P 的吸收明显受到抑制（Nagajyoti et al.，2010）。另外，高浓度 Pb^{2+}胁迫下，植物体内酶活性受到抑制，显著降低蒸腾速率和组织水分含量，进而造成矿质营养失调（王娟等，2012）。

4.1.1.3 对植物光合生理的影响

重金属胁迫下，植物的光合作用受到显著抑制。重金属 Cd 可抑制植物叶片叶绿素的合成，使其含量下降，导致光合作用减弱，扰乱细胞内代谢作用，抑制光合作用中碳水化合物代谢相关酶的活性（孙光闻等，2005a）。在烟草植株中，叶绿素含量和光合速率随 Cd 浓度的上升而下降，叶绿素 a 和 b 含量及叶绿素 a/b 值均与 Cd 处理浓度呈负相关（Sárvári，2002）；Cd 胁迫下，烟草中淀粉酶、苹果酸脱氢酶、细胞色素氧化酶同工酶等活性受到抑制，影响植物对元素的正常吸收和叶绿素合成，从而抑制光合作用的正常进行（赵秀兰和刘晓，2009）；在棉花作物中，Cd 胁迫会提高丙二醛（malondialdehyde，MDA）和活性氧（reactive oxygen species，ROS）含量，进而扰乱植物叶片的光合作用过程。

重金属铅胁迫下，植物叶绿体超微结构变形，叶绿素、质体醌和 β 胡萝卜素等合成受到抑制，电子传递受阻，三羧酸循环（tricarboxylic acid cycle，TAC）酶活性受到抑制，CO_2 缺乏导致气孔关闭，最终表现为光合速率降低（Verma et al.，2003）。在重金属 Pb 胁迫下，对黄瓜和白杨两种植物类囊体的观察显示，低浓度 Pb^{2+}处理时，PSⅡ和 PSⅡ捕光色素复合体（LHCⅡ）中的叶绿素含量都有增加的趋势；但当处理浓度提高到 50mmol/L 时，叶绿素浓度则显著降低（Wierzbicka and Obidzińska，1998）。重金属 Pb 还能诱导植物体内的生长激素吲哚乙酸（IAA）氧化失活和抑制光合作用羧化酶活性，从而影响光合作用（Eun et al.，2000；张雪梅等，2017）。此外，其他重金属如铬（Cr）胁迫能诱导大麦叶片细胞超微结构紊乱，降低叶片光合效率，抑制植株生长（Ali et al.，

2013)；砷（As）可与巯基反应，置换三磷酸腺苷（ATP）中的磷，降低生菜的相对生长速率和光化学效率（Gusman et al.，2013）。

4.1.1.4　对植物细胞结构的影响

重金属胁迫下，植物受到毒害的最初部位往往是根部，外界重金属浓度过高能明显抑制植物根生长，造成根形态畸变，导致根系质膜的完整性和选择性受损（林琦等，2000）。当 Cd^{2+}浓度为 10^{-5}～10^{-2}mol/L 时，随浓度和处理时间的增加，大蒜（*Allium sativum*）的根生长逐渐变慢直至停止；当 Cd 浓度为 10^{-3}mol/L 时，根形态出现明显变化，细胞质出现大量大小不等、形态各异、着色外深内浅的电子稠密颗粒，核质高度凝集，细胞器受损，液泡化程度增加，质壁分离严重（刘东华等，2000），这些组织损伤在转基因棉花品种根尖细胞中的严重程度高于普通品种（图 4-2）。何俊瑜等（2010）对水稻幼苗用浓度为 1～10μmol/L 的 Cd^{2+}处理 24h 后，发现水稻根尖畸变率为 32.64%～78.29%；当用浓度为 25～200μmol/L 的 Cd^{2+}处理 24～72h 后，水稻根尖畸变率则为 76.44%～93.96%。这些畸变主要是产生微核、断片和染色体粘连，随着浓度和处理时间的增加，根尖畸变程度加剧。周锦文等（2009）采用浓度为 1000μmol/L 的 Cd^{2+}处理蚕豆根尖细胞 24h 后，发现细胞染色体发生畸变，畸变率达到最高；而且在重金属 Cd 胁迫初期，黑藻叶细胞的高尔基体消失，内质网膨胀后解体，叶绿体的内囊体和线粒体中的脊突膨胀或呈囊泡状，核中染色体凝集，核仁消失，染色体变成凝胶态（施国新等，2000）。植物出现这些症状的原因可能是 Cd^{2+}诱导植物根尖细胞积累大量的 H_2O_2，导致植物根部受到氧化伤害，这在模式植物拟南芥（*Arabidopsis thaliana*）中得以证实（张司南等，2010）。

植株组织内 Pb^{2+}浓度高于 30mg/kg 对于大多数植物来说都会引起重金属 Pb 毒害。在植物培养基质中，在水培（0.001～10mmol/L Pb^{2+}）和土培条件（10mg/kg Pb^{2+}）处理下，植物根系生长受到显著抑制（Breckle and Kahle，1992），这些根生长受抑制的程度与 Pb^{2+}浓度、离子组成和 pH 有密切联系（Goldbold and Hutterman，1986）。在 0.005mg/kg 处理浓度下，Pb^{2+}能显著抑制生菜和胡萝卜根部的生长，降低植株的生物量，破坏植株的生长代谢（曾祥玲等，2008）。此外，高浓度 Pb^{2+}还能影响植物的形态建成，例如，Pb 可导致豌豆根部细胞壁和皮层薄壁组织木质化及不规则径向增厚（王丽燕和郑世英，2009）。用 Pb 处理水生介质中的金鱼藻（*Ceratophyllum demersum*），可发现其叶片细胞中叶绿体基粒数量显著减少，层片结构遭到破坏，淀粉粒部分减少等，从而使得叶绿体结构发生显著性破坏（宋志慧和赵世刚，2010）。

重金属 Cd 和 Pb 可抑制 DNA 酶与 RNA 酶活性，扰乱中心法则的转录和翻译过程，导致细胞分裂间期的 DNA 和 RNA 因合成受阻而含量降低（孟玲等，1998）。重金属胁迫还能引起 DNA 分子链间和 DNA 与蛋白质间的交联，显著提高 DNA 合成的速率，使 DNA 发生断裂，增色效应减弱（葛才林等，2002）。Cd 和 Pb 能使 DNA 分子甲基化异常，使染色体凝聚发生障碍，干扰分裂中期染色体的分离，促使染色体不稳定，使染色体断裂、易位和丢失（Morel et al.，2000），影响基因组模板的稳定性（Liu et al.，2005）。

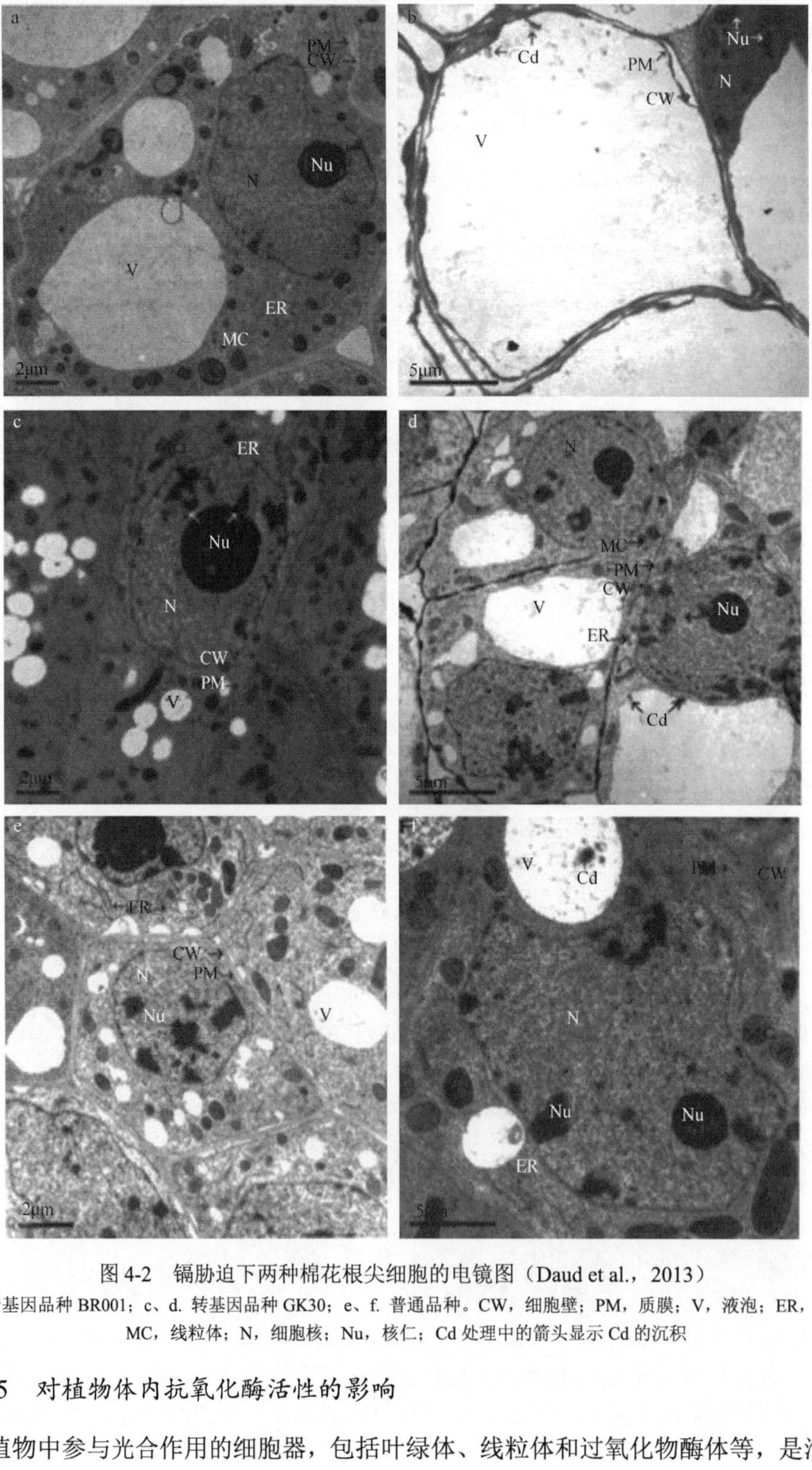

图 4-2 镉胁迫下两种棉花根尖细胞的电镜图（Daud et al.，2013）

a、b. 转基因品种 BR001；c、d. 转基因品种 GK30；e、f. 普通品种。CW，细胞壁；PM，质膜；V，液泡；ER，内质网；MC，线粒体；N，细胞核；Nu，核仁；Cd 处理中的箭头显示 Cd 的沉积

4.1.1.5 对植物体内抗氧化酶活性的影响

植物中参与光合作用的细胞器，包括叶绿体、线粒体和过氧化物酶体等，是活性氧

的主要产生场所（Dat et al.，2000），在过氧化物酶体进行光呼吸时，乙醇酸氧化酶（glycolate oxidase）、脂肪酸 β 氧化酶（fatty acid beta oxidase）和黄素氧化酶（flavin oxidase）等在过氧化物酶体基质与过氧化物酶体膜上，能氧化生成 H_2O_2 和 $\cdot O_2^-$ 等活性氧（林植芳和刘楠，2012）。正常情况下，植物体内活性氧（ROS）含量处于动态平衡的状态。但在重金属胁迫下，活性氧会大量累积，使植物受到严重的氧化损伤，生理代谢活动难以正常进行，甚至死亡。Jin 等（2008）发现 Cd 胁迫下超积累和普通的东南景天品种叶片中 H_2O_2 与 $\cdot O_2^-$ 等活性氧的斑点百分比均呈现不同程度的上升趋势，在谷胱甘肽合成抑制剂作用下，普通的东南景天品种叶片中 H_2O_2 和 $\cdot O_2^-$ 的斑点百分比仍维持较高水平（图 4-3）。过量的活性氧会攻击蛋白质中 Tyr、Phe、Trp、Met 和 Cys 等氨基酸

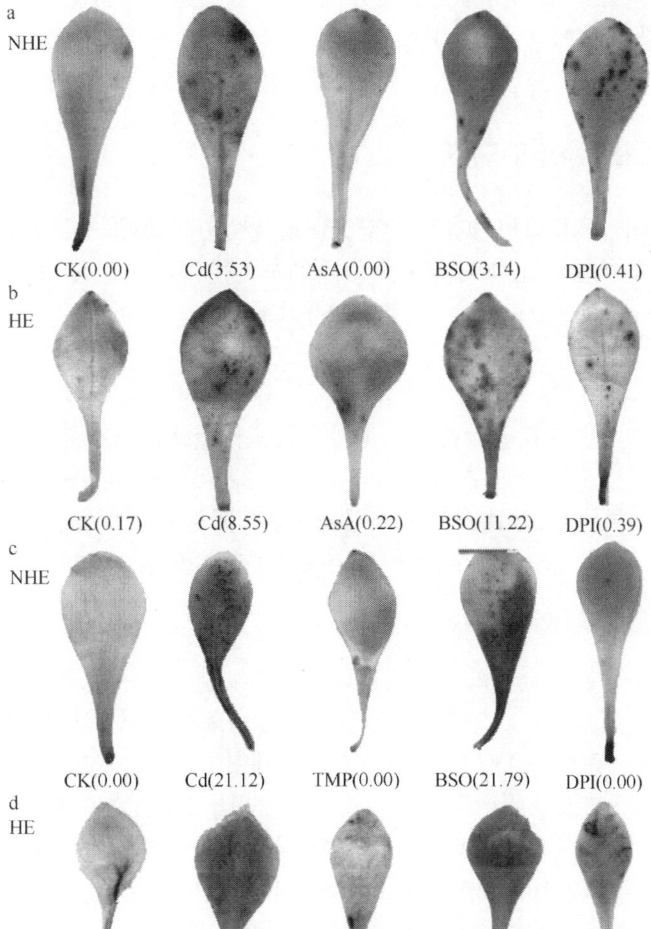

图 4-3　镉胁迫下东南景天（*Sedum alfredii*）叶片中 H_2O_2（a. NHE，普通品种；b. HE，超积累品种）和 $\cdot O_2^-$（c. NHE；d. HE）的组织化学检测图（Jin et al.，2008）

AsA，抗坏血酸（H_2O_2 的清除剂）；TMP，甲氧苄啶（$\cdot O_2^-$ 的清除剂）；BSO，丁硫氨酸-亚砜亚胺（谷胱甘肽合成抑制剂）；DPI，氯化二亚苯基碘（氧化酶抑制剂）。括号内的数字为斑点百分比（%）

形成羰基衍生物，导致蛋白质丧失原来的功能。活性氧还会使蛋白质 S—S 键形成，蛋白质断裂，促进分子之间的交联，从而使蛋白质丧失生物活性（Triantaphylidès and Havaux，2009）。

植物体内的超氧化物歧化酶（SOD）、过氧化氢酶（CAT）、抗坏血酸过氧化物酶（APX）、过氧化物酶（POD）及谷胱甘肽还原酶（GR）等，构成了酶类抗氧化防御系统。重金属胁迫下，这些酶的活性会发生相应的变化。用相同浓度的 Cd^{2+} 分别处理小麦、玉米和黄瓜，结果显示耐性强的小麦中 SOD、POD 和 CAT 活性升高，而耐性弱的大豆中上述酶的活性均降低（杨居荣等，1995）。当 Cd^{2+} 浓度为 30mg/L 时，大豆体内酶活性达到最高，但随着 Cd^{2+} 浓度增大，酶活性反而降低，说明酶活性存在一个阈值，其抗氧化作用具有一定的限度（郑世英等，2007）。重金属 Cd 胁迫下，棉花不同器官中的 POD 活性升高，而 APX 和 CAT 活性总体下降，表明 POD 是抵抗 Cd 毒害的关键性酶之一（Daud et al.，2013）。

4.1.2 植物对重金属胁迫的响应

在长期的进化过程中，植物在受到重金属逆境胁迫时通过一系列生理生化及分子机制来提高对胁迫的抗性。植物对重金属胁迫的抗性主要通过两种途径来实现（Bake，1987）：避性（avoidance）和耐性（tolerance）。

4.1.2.1 避性响应

植物的避性响应主要表现为在形态上发生适应性变化，以及细胞壁、液泡等新陈代谢相对较弱部位对重金属的固定（immobilization）、排斥（exclusion）、区隔化（compartmentalization）和对重金属长距离运输的限制，以尽量避免肩负复杂生命活动的 DNA、蛋白质、线粒体、高尔基体和叶绿体与重金属离子发生作用。

（1）植物对重金属离子的固定

植物的根部是阻挡重金属的第一道屏障。植物细胞壁对重金属具有固定作用，可阻止重金属离子进入细胞原生质，使细胞器受到的伤害降至最小，以提高植物的耐性（Eun et al.，2000）。Islam 等（2007）研究了 Pb 对矿区和非矿区两种生态型紫花香薷（*Elsholtzia argyi*）的毒性效应，结果表明两种生态型紫花香薷积累 Pb 的主要部位均是细胞壁。Tian 等（2010，2011）研究发现，细胞壁结合态 Pb 是超积累生态型东南景天植株体内铅的主要存在形式。李冰等（2016）研究了人工湿地宽叶香蒲对重金属 Cu、Pb、Zn、Cu 和 Mn 的累积，发现叶片细胞壁和细胞基质对过量重金属的固定作用是重要的解毒机制之一。

（2）植物对重金属离子的区隔化隔离

植物利用液泡的区隔化作用，将液泡中各种有机酸、蛋白质、有机碱等与重金属结合而使其生物活性钝化，从而使重金属与细胞内其他物质隔离开来（Rauser，1999）。Shim 等（2013）将出芽酵母体内负责编码转运 Cd^{2+} 至液泡的蛋白 ScYCF1 的基因转移到杨树苗体内表达，发现该转基因植物对 Cd 和 Pb 污染土壤的修复效率得到提高，证明液泡及相关转运蛋白在缓解重金属毒害中发挥了重要作用。Wu 等（2013）利用差速离心和同步辐射 X 射线荧光光谱学手段研究了重金属 Pb 在小白菜（*Brassica chinensis*）体内的积累情况，发现液泡是除细胞壁外累积 Pb 的第二大场所，根部和地上部液泡中 Pb 的比例分别高达 26.9%和 38.0%。朱光旭等（2017）研究了矿区 3 种菊科植物体内重金属的亚细胞分布特征，发现液泡区隔化、细胞壁固持和重金属的存在形式以低活性的化学形态为主可能是菊科植物应对重金属胁迫的重要机制。

（3）植物对重金属离子跨膜运输的限制

质膜是重金属离子进入植物细胞的天然屏障。许多研究者报道，植物细胞膜中的转运蛋白能够将重金属离子泵至细胞外空间，从而限制重金属离子的跨膜运输（Meyers et al.，2008；Vadas and Ahner，2009；Maestri et al.，2010）。Bressler 等（2004）发现在酵母中表达的二价金属离子转运蛋白 DMT1，能够通过依赖 pH 的过程转运植物细胞内的 Pb^{2+}；同样地，Kim 等（2007）发现 ABC 转运蛋白家族中的 AtABCG36/AtPDR8 能在植物根表皮细胞中表达，产生的蛋白质负责将镉运送至根外。

4.1.2.2　耐性响应

植物的耐性响应常常表现为：重金属诱导下一些能缓解重金属毒害的蛋白质的产生或含量的增加，以及植物抗氧化系统对重金属导致的氧化伤害的调节和缓解。植物对重金属的耐性有植物螯合素合成（synthesis of phytochelatin）、逆境蛋白合成（synthesis of stress protein）和植物抗氧化系统（包括抗氧化酶系统和非酶类抗氧化系统）调节等机制（di Toppi and Gabbrielli，1999）。

（1）植物螯合素合成

目前，已报道的植物体内的螯合素主要有 4 种，植物络合素[即植物螯合肽合成酶（phytochelatin synthase，PCS）]、金属硫蛋白（metallothionein，MT）、有机酸及氨基酸。其中，PCS 是由半胱氨酸、谷氨酸和甘氨酸 3 种氨基酸组成的重金属结合多肽，也是最重要、研究最广泛的一种。Rauser（1995）发现植物体内超过 90%的 Cd 与 PCS 结合，而且 PCS 中 Cys 的巯基能与 Cd^{2+}螯合形成无毒的化合物 Cd-S_4-complex，从而降低植物体内游离的 Cd^{2+}浓度；Estrella-Gómez 等（2009）研究发现，水生蕨类植物 *Salvinia minima* 能够通过促进 PCS 合成酶基因的表达来促进植物螯合肽 PC_4 的合成，以缓解 Pb^{2+}的胁迫毒害。MT 是富含半胱氨酸残基的低分子量结合蛋白，可以通过络合作用来降低细胞质内重金属离子的浓度。Hassinen 等（2011）发现，MT 能清除重金属 Pb 胁迫下产生的活性氧；Fernandez 等（2012）通过质谱分析技术证实，植物中的 MT 能与多种重金属离子（Cd^{2+}、Cu^{2+}、Zn^{2+}、Pb^{2+}）结合，并在液泡中区隔化，以降低重金属对植物的毒性。柠檬酸、苹果酸和组氨酸等都是重金属潜在的配体，均可以缓解重金属对植物的毒害效应（Clemens，2001）。

（2）热激蛋白合成

植物在受到重金属胁迫后，其细胞中也会像在盐渍、饥饿、干旱、热害、冷害和化学处理等胁迫下一样合成热激蛋白（heat shock protein，HSP），以应对重金属胁迫。Tseng

等（1993）发现，重金属胁迫下小麦中低分子质量 HSP（16～20kDa）的 mRNA 水平增加。Neumann 等（1995）研究了 Cu 胁迫下植物海石竹（*Armeria maritima*）的生长情况，发现 HSP17 可以在植物根系中表达；而且在一系列重金属处理下，白玉草（*Silene vulgaris*）和秘鲁番茄（*Lycopersicon peruvianum*）的细胞培养物中，HSP17 等小的热激蛋白含量均有所增加（Wollgiehn and Neumann，1999）。进一步研究表明，在秘鲁番茄细胞中一种较大的 HSP70 也能对 Cd 胁迫做出反应，抗体定位表明 HSP70 存在于细胞核、细胞质和细胞膜中，来保护细胞免受毒害（Lewis et al.，2001）。曾卫军等（2010）研究拟南芥在重金属 Cd^{2+}胁迫下相关功能基因表达时，发现 HSP70 的产生也是植物对 Cd^{2+}胁迫的解毒机制之一。

（3）生长激素分泌

重金属胁迫下，植物生长物质能辅助植物在逆境中生存并产生相应的适应机制，这些植物生长物质包括植物激素（生长素、水杨酸、乙烯和茉莉酸）、一氧化氮（NO，一种气体信号分子）、油菜素甾醇（Asgher et al.，2015）。张明轩等（2015）以绿色荧光蛋白（GFP）膜泡标记的烟草细胞为实验材料，研究水杨酸（salicylic acid，SA）对 Cd^{2+}胁迫下细胞的影响，发现水杨酸能诱导细胞液泡化来实现对重金属离子的包裹束缚，从而缓解重金属的毒性。Salazar 等（2016）发现植物生长素吲哚乙酸（IAA）能促进植物根系分泌柠檬酸、草酸等具有结合重金属能力的化合物，从而增强植物对重金属的外排能力。李海燕等（2012）报道，外源提供 NO 能够显著地缓解 Cd 胁迫对玉米幼苗生长发育的毒害。

（4）植物抗氧化系统响应

重金属胁迫下，植物体内质膜过氧化，产生大量活性氧，造成丙二醛（MDA）大量积累，导致植物遭受氧化损伤。植物中的多种抗氧化防御系统能够清除重金属胁迫导致的大量活性氧，保护细胞免受氧化胁迫的伤害。防御系统由一些能清除活性氧的酶系和抗氧化物质组成，如谷胱甘肽硫转移酶（glutathione S-transferase，GST）、SOD、CAT 和 POD 等抗氧化酶，以及抗坏血酸、维生素 E 和类胡萝卜素等。其中 GST 作为一类在植物体内种类丰富、高度歧化的基因家族编码的金属离子结合蛋白，能够催化生物体内某些内外源的有害物质的亲电子基团与谷胱甘肽中的巯基、咪唑基等疏水基团相结合，使得其形成溶于水的物质而排至体外，从而参与植物应对镉胁迫的响应（时萌等，2016）。范金和袁庆华（2015）发现，随着镉胁迫的加强，耐 Cd 的高羊茅品种 POD 和 CAT 活性呈现上升趋势，而耐 Cd 能力较差的品种两种酶活性先升高后下降。尽管 SOD、POD 和 CAT 能在一定 Cd^{2+}浓度范围内保护植物，但是随着 Cd^{2+}浓度的增加，这些酶的活性会受到抑制作用甚至酶的结构遭到破坏，这些结果在万寿菊（张银秋等，2011）、黑麦草（徐卫红等，2007）等植物中得到了证实。

4.2 硅缓解重金属胁迫的效应

硅（Si）大量存在于自然界中，虽然是一种植物非必需元素，但是它能够提高植物忍受生物胁迫和非生物胁迫的能力（Ma et al.，1989，2006，2016；Neumann and Zur Nieden，2001）。近年来，国内外研究表明硅在一定程度上可以缓解不同种类的重金属胁迫对植物的毒害作用（Ma，2004；Li et al.，2009；Adrees et al.，2015），并已经在众多植物中得到证实（表 4-1）。

表 4-1　硅缓解植物重金属胁迫毒害作用的实例

重金属类型	植物类型	参考文献
Cd	水稻（*Oryza sativa*）	Gu et al.，2011
	玉米（*Zea mays*）	Malčovská et al.，2014
	圆锥小麦（*Triticum turgidum*）	Rizwan et al.，2012
	小白菜（*Brassica chinensis*）	Song et al.，2009
	花生（*Arachis hypogaea*）	Shi et al.，2010
	棉花	Farooq et al.，2013
	秋茄树（*Kandelia obovata*）	Ye et al.，2013
Mn	水稻（*Oryza sativa*）	Li et al.，2015
	豇豆（*Vigna unguiculata*）	Iwasaki et al.，2002
	黄瓜（*Cucumis sativus*）	Shi et al.，2005a
	番茄	Kleiber et al.，2015
As	水稻（*Oryza sativa*）	Ma et al.，2008
	大麦	Sanglard et al.，2014
Cr	水稻（*Oryza sativa*）	Tripathi et al.，2012
	小白菜（*Brassica chinensis*）	Ding et al.，2013
	豌豆（*Pisum sativum*）	Tripathi et al.，2015a
Al	水稻（*Oryza sativa*）	Singh et al.，2011
	黑麦草（*Lolium perenne*）	Pontigo et al.，2017
Pb	小麦（*Triticum aestivum*）	Tripathi et al.，2016
	大蕉（*Musa × paradisiaca*）	Li et al.，2012
Cu	密花米草（*Spartina densiflora*）	Mateos-Naranjo et al.，2015
Zn	水稻（*Oryza sativa*）	Song et al.，2011；Gu et al.，2012
Fe	水稻（*Oryza sativa*）	Fu et al.，2012
Ni	陆地棉（*Gossypium hirsutum*）	Khaliq et al.，2016

4.2.1　对植物生长发育的影响

重金属胁迫会对植物生长产生抑制和毒害作用，但施加 Si 能够有效缓解重金属的毒害效应。文晓慧等（2011）报道，无论是 Zn、Cd 单一污染还是复合污染胁迫下的水稻，施 Si 均能提高水稻地上部和根系生物量。类似地，Huang 等（2018）的研究表明，施加 Si 能有效缓解水稻（华航丝苗和丰华占）的 Cd 和 Zn 胁迫毒害效应，并能促进水稻的生长发育（图 4-4）。Shi 等（2010）研究 Si 对镉胁迫下两种花生品种 Luhua11 和 Luzi101 生物量的影响时发现，施 Si 能明显缓解 Cd 对植株生长的毒害作用，其中花生 Luhua11 的根部和地上部生物量分别增加 22.7%和 23.2%。Jucker 等（1999）证实，施

Si 和不施 Si 水稻植株锰中毒的临界值分别为 120mg/L 和 60mg/L，在不同浓度 Mn^{2+}处理下加 Si，大麦、小麦和燕麦均呈现增产趋势（许建光等，2006）。而且，Si 影响 Mn^{2+}在叶片中的微域分布，使 Mn^{2+}在叶片中分布均匀，防止其集中在局部地方造成褐斑（Li et al.，2015）。Kaya 等（2009）报道，加 Si 能显著提高 Zn 胁迫下玉米生物量、叶绿素含量，促进叶片对铁的吸收并降低锌在叶片中的含量，保护玉米叶片的膜透性。Li 等（2012）研究了 Si 对 Pb 胁迫下香蕉生物量的影响，发现 800mg/kg Si 处理条件下根部干重比无 Si 处理高 54.6%，比 100mg/kg Si 处理高 44.6%。以上这些研究也在玉米（Liang et al.，2005a；Dresler et al.，2015）、小麦（Hussain et al.，2015）、棉花（Farooq et al.，2013）、花生（Shi et al.，2010）、黄瓜（Feng et al.，2010）、青菜（Song et al.，2011）等作物中得到了相似的结论。

图 4-4 镉/锌胁迫下施硅对水稻生长的影响（Huang et al.，2018）

a. 丰华占；b. 华航丝苗

4.2.2 对植物组织结构的影响

重金属胁迫下，根系是植物最敏感的部位。高柳青和杨树杰（2004）的研究表明，Si 在一定浓度条件下能提高 Cd 和 Zn 胁迫下小麦根系的活力，降低小麦细胞膜透性，提高小麦细胞膜抗重金属镉的能力。Song 等（2009）以小白菜为材料的研究表明，Si 能显著降低 Cd 在小白菜叶片中的积累，提高根系抗 Cd 能力。Fan 等（2016）以两种水稻品种（丰华占和华航丝苗）为对象，研究发现施加 Si 能显著缓解 Cd 和 Zn 对水稻的毒害效应。同样地，Feng 等（2010）研究发现，在 Cd 胁迫下，黄瓜叶绿体明显发生肿胀，类囊体膜和叶绿体膜遭受严重破坏，加 Si 处理后毒害作用明显得到缓解。类似地，Zsoldos 等（2003）发现随着培养液中 Al^{3+}浓度的增加，根的生长速率呈下降趋势，加 Si 后根的铝中毒症状明显减轻，且加 Si 预处理的小麦没有表现出根中毒症状，这表明硅对缓解铝中毒起着重要作用。Ali 等（2013）研究了 Cr 胁迫对大麦超微结构的影响，发现其叶绿体出现不规则膨胀，根部分生组织细胞膜皱缩，细胞核被破坏，核仁消失，施加 Si 能明显缓解这些症状。张黛静等（2014）研究表明，小麦根部细胞在 Cu 胁迫下，细胞质壁分离严重，线粒体等细胞器空泡化，加 Si 处理后其细胞膜系统完好，细胞器损伤程度明显降低。

4.2.3　对植物吸收和积累重金属的影响

重金属胁迫下，施 Si 能通过影响重金属离子的运输来抑制植物对重金属离子的吸收。蔡德龙等（2000）在室内的盆栽试验中发现，施加硅肥能够抑制水稻对镉的吸收，并且随着硅肥施用量的增加，抑制作用有增强的趋势，最高抑制率可达 90%以上。Shi 等（2005b）研究了施 Si 对 Cd 胁迫下水稻积累重金属的影响，发现施 Si 能通过抑制 Cd^{2+} 从根部向地上部的运输来降低植株地上部分的重金属含量，降幅达到 33%。张世浩等（2016）研究了施 Si 处理对 Cd 在水稻体内迁移的影响，发现在 50mg/kg 和 100mg/kg Cd^{2+} 胁迫下，华航丝苗和丰华占精米中 Cd 含量最大降幅分别为 32.49%、53.77%和 24.73%、20.67%。施 Si 还能显著降低丰华占和华航丝苗两种水稻根、茎、叶、谷粒等部位中的重金属 Cd 与 Zn 含量（Huang et al.，2018）（图 4-5）。这些有关施 Si 缓解 Cd 毒害和降低重金属积累的研究结论在玉米（Liang et al.，2005b）、小麦（Hussain et al.，2015）、棉花（Farooq et al.，2013）、花生（Shi et al.，2010）和小白菜（Song et al.，2009）等作物中也得到验证。同样地，李淑仪等（2008）在研究施 Si 对小白菜吸收累积和迁移 Cr 的影响时发现，施 Si 能显著降低小白菜根、茎、叶中的重金属含量；而且施 Si 量为 0.25g/kg、0.5g/kg 和 0.75g/kg 条件下，小麦富集系数分别降低 36.4%、36.4%和 54.5%（董敬娜等，2012）。另外，施 Si 还能缓解 Cu、Zn 和 As 等其他重金属在不同植物中的毒害效应（Bokor et al.，2014；Sanglard et al.，2014；Keller et al.，2015）。

4.2.4　对植物生理代谢的影响

施 Si 对维持重金属胁迫下植物营养代谢的正常进行起着重要作用。水培条件下，施 Si 可以促进小麦在 Cd（Keller et al.，2015）、Cu（Tripathi et al.，2015b）、Cr（Rizwan et al.，2012）和 Pb 等重金属胁迫下对 Ca、Mg、P、K 与 S 等元素的吸收（图 4-6），以抵御重金属的毒害作用。类似地，Wang 等（2014）报道，Cd 胁迫下对水稻叶片施加纳米硅处理可以促进其对 Mg、Fe 和 Zn 等必需元素的吸收，以缓解毒害作用。

在光合作用方面，大量研究表明施 Si 可以改善气体交换特征，包括净光合速率、气孔导度、蒸腾速率和水分利用效率等，增加叶绿素和类胡萝卜素的含量，从而抵御 Cr 对小麦幼苗的毒害作用（图 4-7），以及 Cd 对水稻（Feng et al.，2010）、棉花（Nwugo and Huerta，2008a）和黄瓜（Farooq et al.，2013）等不同作物的毒害。同样地，宋阿琳（2011）发现，Cd 胁迫下上海青叶片光合速率和蒸腾速率比对照分别下降 34.05%和 27.52%；而在施 Si 处理后，相应的指标比 Cd 处理下分别增加了 20.86%和 13.52%。另外，施 Si 还可以增加作物的叶绿素含量来应对 Al（Yang et al.，1999）、As（Sanglard et al.，2014）、Cr（Tripathi et al.，2015b）等不同重金属的毒害。

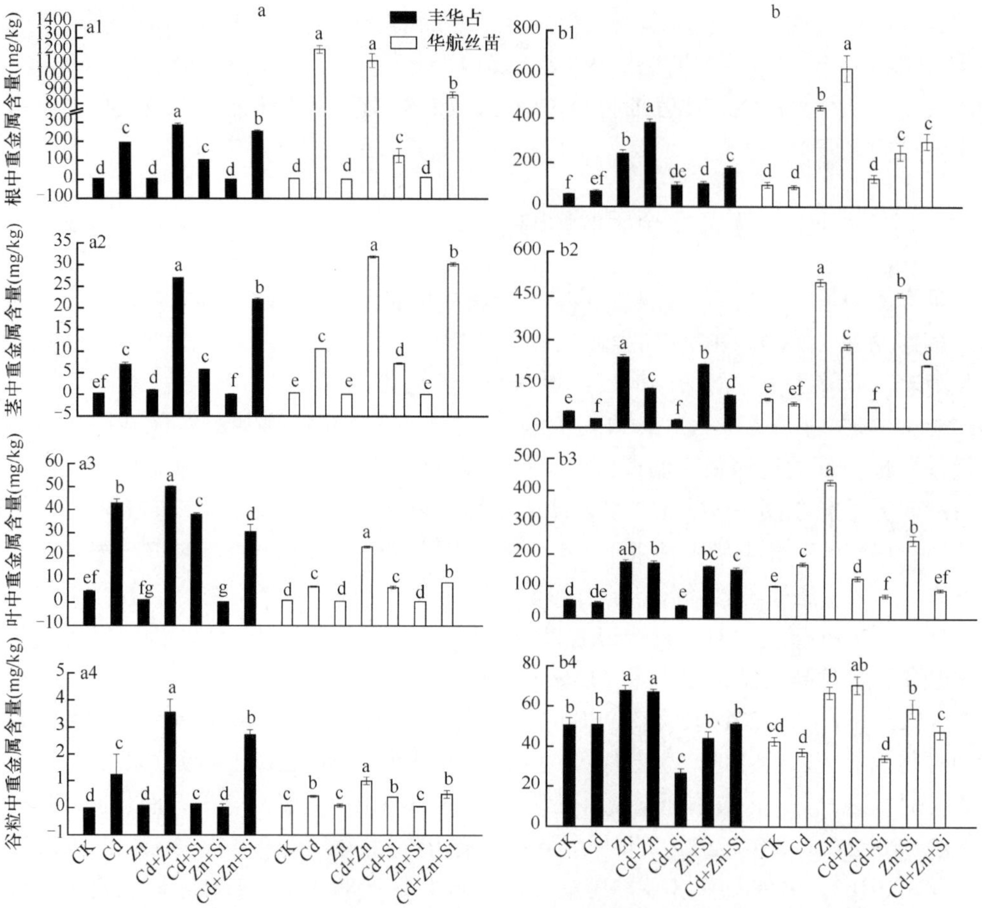

图 4-5 镉/锌胁迫下施加硅对水稻不同器官重金属积累的影响（Huang et al.，2018）

a. Cd；b. Zn。颜色相同的柱子上方不同小写字母表示不同处理间差异显著（$P<0.05$）

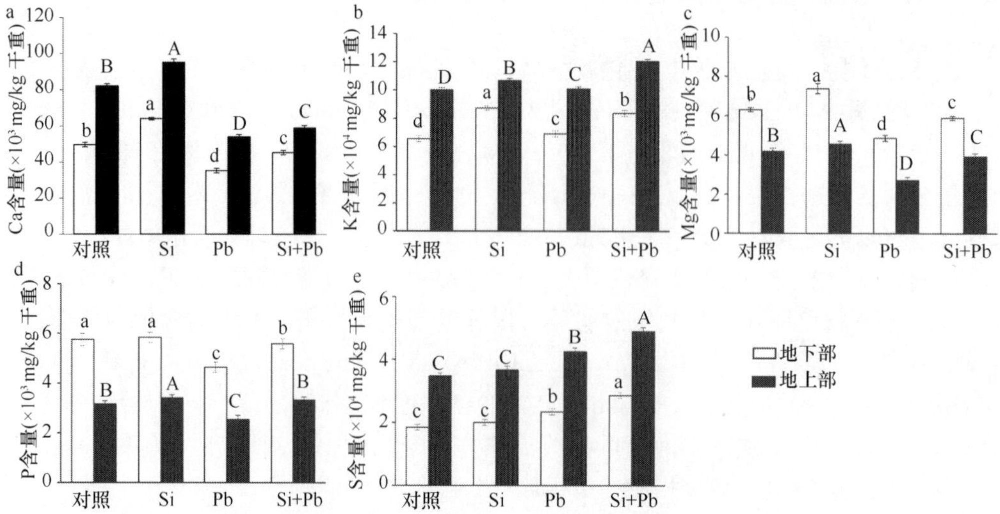

图 4-6 铅胁迫下施加硅对小麦幼苗营养元素吸收的影响（Tripathi et al.，2016）

颜色相同的柱子上方不同大、小写字母表示不同处理间差异显著（$P<0.05$）

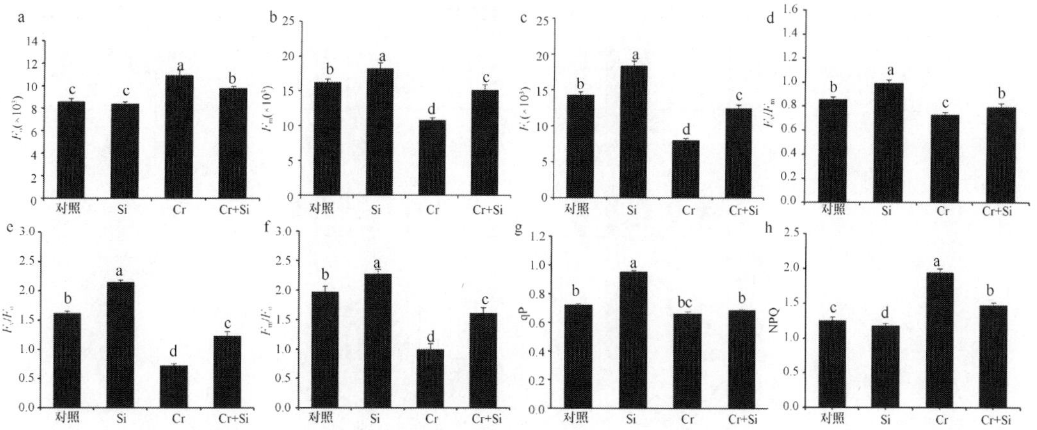

图 4-7　铬胁迫下施加硅对小麦幼苗光合作用的影响（Tripathi et al.，2015a）

柱子上方不同小写字母表示不同处理间差异显著（P<0.05）

在抗氧化系统方面，施 Si 处理增强了植株的抗氧化代谢。Song 等（2009）研究施 Si 缓解 Cd 胁迫下小白菜的毒害效应时，发现 Si 能增强 SOD、CAT 和抗坏血酸过氧化物酶（APX）等抗氧化酶的活性，以及提高 GSH、AsA 和非蛋白巯基（NPT）的浓度，以减轻重金属诱导的氧化损伤。Hussain 等（2015）发现施 Si 能增加 Cd 胁迫下小麦植株中 SOD 的活性，以及降低 MDA 和 H_2O_2 等的浓度，以缓解重金属的毒害效应。同样地，施 Si 能增加黄瓜 SOD、APX、脱氢抗坏血酸还原酶（dehydroascorbate reductase，DHAR）、谷胱甘肽还原酶（glutathione reductase，GR）的活性，以及抗坏血酸和谷胱甘肽的含量，从而有效抑制 Mn 的毒害作用（Shi et al.，2005a）。另外，施 Si 还能通过调节丰华占和华航丝苗两种水稻品种不同抗氧化酶的活性，来缓解水稻重金属 Cd 和 Zn 胁迫（图 4-8）。

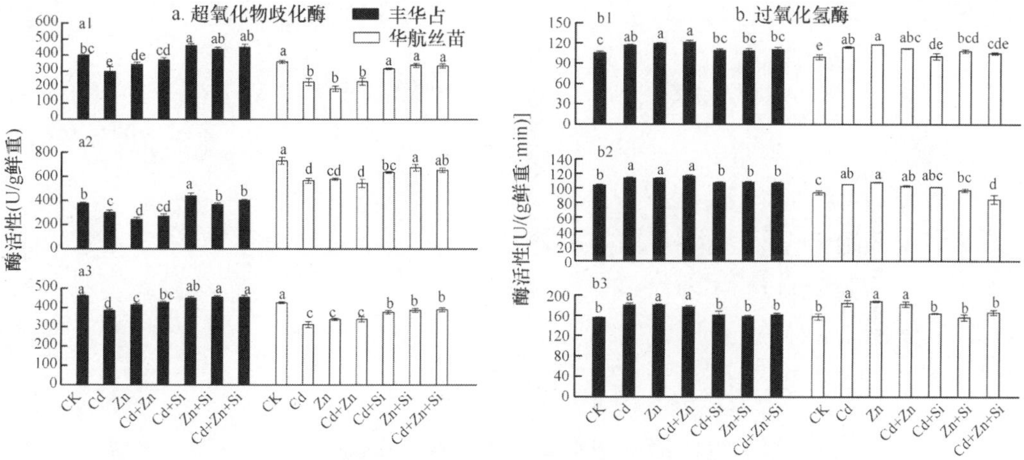

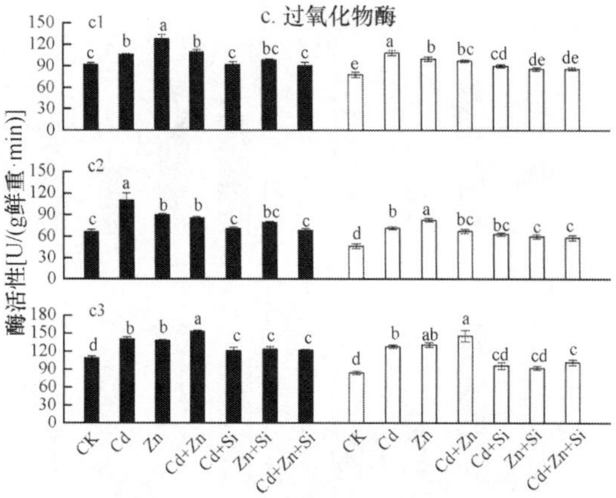

图 4-8　镉/锌胁迫下施加硅对不同生育期水稻抗氧化酶活性的影响（Huang et al.，2018）

a1、b1、c1，幼苗期；a2、b2、c2，分蘖期；a3、b3、c3，孕穗期。颜色相同的柱子上方不同小写字母表示不同处理间差异显著（$P<0.05$）

4.3　硅缓解重金属胁迫的机理

大量的研究已经表明，Si 能提高不同植物对多种重金属的抗性（Corrales et al.，1997；Neumann and Zur Nieden，2001；Ma et al.，2014；Adrees et al.，2015；Pontigo et al.，2017）。在植物的不同部位中，施 Si 缓解重金属毒害作用的机理有所不同（图 4-9），包括改变土壤或植物体内重金属的形态，影响气体交换和增强光合作用，增强植物的抗氧化防御能力，调控相关抗性基因的表达，等等。

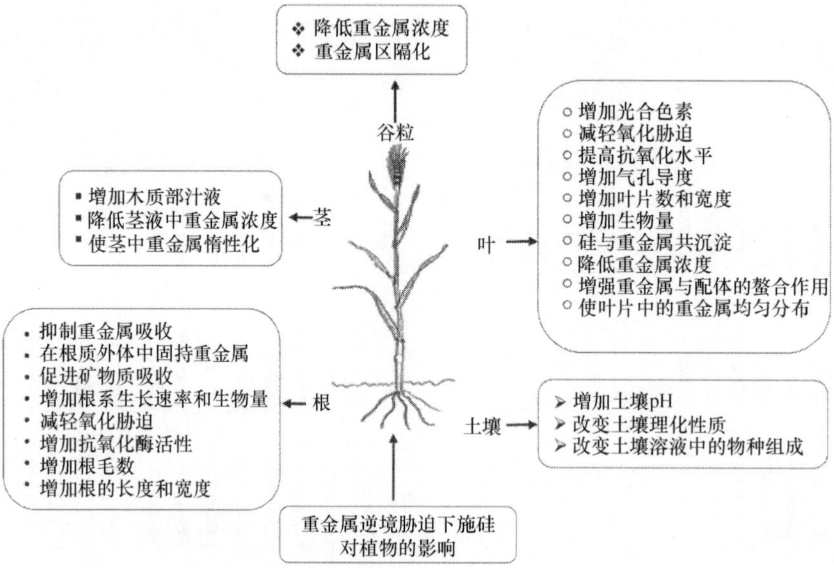

图 4-9　硅提高植物抗重金属毒害的机制（Adrees et al.，2015）

4.3.1　改变土壤或植物体内重金属的形态

硅通过改变土壤或植物体内重金属的形态，降低重金属的有效性，从而抑制植物对重金属的吸收积累。硅酸盐一般具有较强的碱性，能提高外界环境 pH，使得大部分重金属离子生成不溶物或难溶物，而且硅酸盐本身也可以与某些重金属离子相结合，降低环境中的重金属浓度，从而抑制植株对重金属的吸收（Neumann and Zur Nieden，2001；杜彩琼和林克惠，2002）。陈晓婷等（2002）的研究表明，施用 Si 肥能增加土壤 pH，降低土壤中重金属的有效性，促进小白菜生长。硅处理能降低土壤中交换态 Cd 占总 Cd 的比例，而增加碳酸盐结合态和残渣态 Cd 的比例，尤其是残渣态 Cd 的含量，增加幅度达 20%左右（杨超光等，2005）。同样地，宫海军等（2004）发现 Si 能促进重金属离子的沉淀及硅酸盐复合物的形成，从而降低土壤中活性重金属离子的浓度及其流动性。Chen 等（2000）研究发现施硅处理下，土壤中大部分 Cd 是以 Fe-Mn 氧化结合状态存在的，从而有效地抑制小麦和水稻对 Cd 的吸收。

当重金属进入植物根部时，硅直接与重金属离子在根部细胞的细胞壁上发生沉淀作用，使得部分重金属无法进入植物地上部分，从而降低重金属对植物的毒害作用。Liu 等（2009）在对水稻的研究中发现，添加硅肥后，硅与镉在细胞壁上发生复合作用，从而抑制了镉向地上部分的转运能力，不但降低了水稻谷物和茎的重金属浓度，也提高了水稻产量。Vaculík 等（2012）对根系固定 Cd 的作用进行了进一步研究，发现外源施加 Si 可以调节质外体物理障碍的形成和维管束系统的成熟，从而减少 Cd^{2+}向地上部分的运输。Liu 等（2013a）研究发现，硅处理下大量的 Cd 会结合在根系的细胞壁上而不是结合在细胞质和共质体内，从而减少 Cd^{2+}往植株体内的运输。Meharg C 和 Meharg A A（2015）进一步发现在植物体内 Si 与重金属离子在根的外层细胞壁共沉积，限制了重金属离子从根部向茎部的运输，降低了植株共质体中重金属离子的浓度（图 4-10）。Ma 等（2015）证实了 Si 能与水稻细胞壁结合形成硅-半纤维素-镉的复合物及沉淀[Si-细胞壁基质]Cd，从而抑制水稻细胞对 Cd^{2+}的吸收，Si 还能对有毒重金属离子进行区隔化，抑制

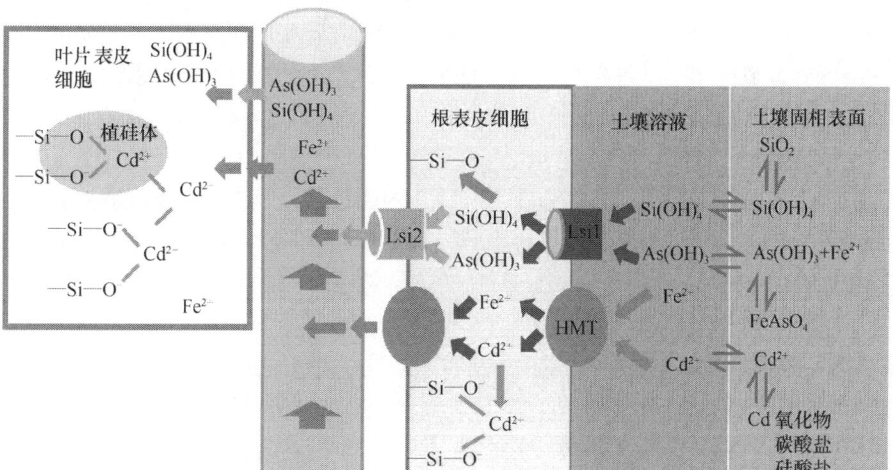

图 4-10　硅对重金属离子从土壤转移至叶片细胞的阻隔机制示意图（Meharg C and Meharg A A，2015）
HMT，重金属耐性因子

植物对重金属离子的吸收（Keller et al.，2015）。另外，应用电子能量损失谱法（electron energy loss spectroscopy，EELS）、电喷雾离子化（electrospray ionization，ESI）和核磁共振（nuclear magnetic resonance，NMR）等技术，研究者已鉴定出 Si 还能与 Cr、Fe、Cu 和 Zn 等重金属形成重金属-硅酸盐沉淀（张伟锋和王鸿博，1997；Neumann and Zur Nieden，2001）。

4.3.2 影响气体交换和增强光合作用

植物体内积累大量的重金属离子会导致光合速率的下降，当外源施加硅以后植物能维持叶绿素的含量，由重金属引起的 F_v/F_m、F_v/F_o 和 $\Phi_{PS\,II}$ 等光合参数的降低也能得到显著缓解。Nwugo 和 Huerta（2008b）研究发现，施 Si 能通过改善光源利用率来提高光合效率，减轻 Cd^{2+} 对水稻的毒害。Feng 等（2009，2010）发现施 Si 能显著提高叶绿素荧光参数 F_v/F_m 和 $\Phi_{PS\,II}$ 的值，来维持较高的光合效率，以缓解重金属 Cd 和 Mn 对黄瓜的毒害。Tripathi 等（2014）研究 Si 对 Cr 胁迫下小麦生长的影响时发现，Si 能通过提高营养元素（Ca、Mg、K 和 Na）的吸收速率及光合效率来减轻重金属毒害。Song 等（2014）进一步研究了调控水稻光合作用相关基因的表达，发现施 Si 后 *Os08g02630*（*PsbY*）、*Os05g48360*（*PsaH*）、*Os07g37030*（*PetC*）等相关基因表达上升，从而可以增强光合效率，提高水稻对高浓度 Zn^{2+} 的抗性。

4.3.3 增强植物的抗氧化防御能力

重金属离子进入植物体后，会干扰一系列的生理代谢过程，不可避免地产生大量的活性氧，破坏膜结构，影响植物的正常生理活动。施 Si 能提高植物的抗氧化能力，也是植物抵抗重金属毒害的一个重要的作用机制。大量研究报道，施 Si 能减少植株的 MDA、H_2O_2 浓度和电解质渗漏参数等，从而减轻植物细胞的氧化损伤（Bharwana et al.，2013；Anwaar et al.，2015）。在不同重金属 Cd、Zn、Fe、As 和 Mn 等胁迫下，施 Si 能减少水稻、小麦和蔬菜等植物中的 MDA 及 H_2O_2 的浓度（Gunes et al.，2007；Song et al.，2011；Tripathi et al.，2014；Chalmardi et al.，2004）。另外，Shi 等（2010）研究发现，外源施加硅能显著地增强 SOD、POD 和 CAT 的活性，从而提高植物的抗性。Zeng 等（2011）在研究 Cr 胁迫下的小白菜和水稻时发现，施 Si 可以显著增强 POD、SOD 和 CAT 的活性来应对过量的 Cr。但是，部分研究者报道施 Si 会减弱 SOD、CAT 和 POD 等的活性，这可能与植物的种类、年龄及实验处理条件等有关（Liu et al.，2013a；Bokor et al.，2014）。除此之外，Li 等（2014）的研究表明，施 Si 能提高抗氧化剂如谷胱甘肽（GSH）和生育酚的含量，以清除多余的自由基，来保护植物细胞的完整性。Cd 短期（12h）逆境胁迫下施 Si 能影响水稻根尖细胞壁合成途径来增强细胞壁硬度，从而抵御重金属毒害；Cd 胁迫 5 天后，施 Si 能通过水稻细胞液泡区域化影响 GSH 系统，从而激发植物的防御机制来保护自身（图 4-11）。

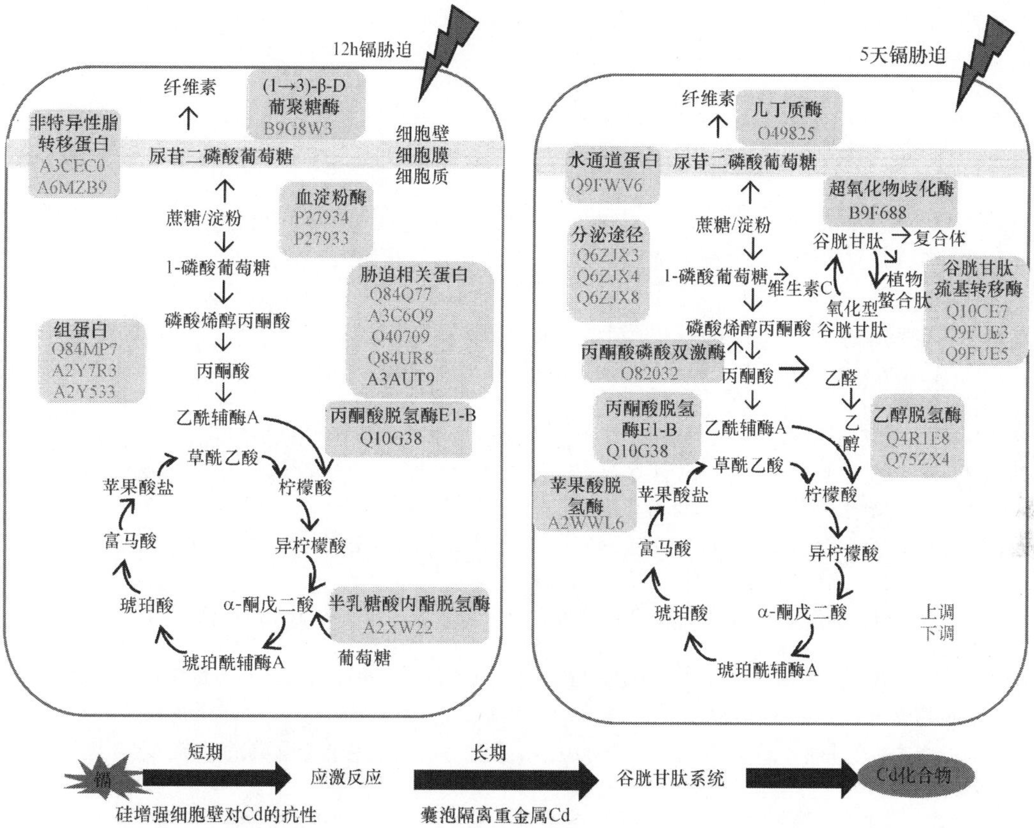

图 4-11　镉胁迫下施硅对水稻悬浮细胞壁合成途径、碳水化合物代谢等的影响（Ma et al.，2016）

4.3.4　调控相关抗性基因的表达

Si 缓解重金属对植物的毒害作用还跟硅调控相关基因和蛋白的表达有关。Li 等（2008）采用 1.5mmol/L 的 Si 处理 Cu 胁迫下的拟南芥，发现具有螯合重金属功能的编码基因表达上升。同样地，Kim 等（2014）发现 Si 能激活 *OsHMA3* 和 *OsLsi* 等基因的表达，来缓解 Cu 和 Cd 的胁迫压力。另外的研究发现，Zn 胁迫下施 Si 处理玉米根部的 *ZmLsi1* 和 *ZmLsi2* 基因表达下调，而叶片中 *ZmLsi6* 基因表达上升（Bokor et al.，2014）。Ma 等（2015）发现施 Si 后水稻细胞中负责运输 Cd^{2+}的蛋白 Nramp5 的表达下调。目前为止，从基因水平来解释 Si 缓解重金属对植物的毒害机理的报道还较为缺乏，需要深入研究。

主要参考文献

白瑞琴，晁公平，孙华，等. 2009. 重金属镉胁迫对蜀葵、二月蓝种子萌发和幼苗生长的毒害效应研究. 华北农学报, 24(2): 134-138

蔡德龙，陈常友，小林均. 2000. 硅肥对水稻镉吸收影响初探. 地域研究与开发, 19(4): 69-71

陈晓婷，王果，梁志超，等. 2002. 钙镁磷肥和硅肥对 Cd、Pb、Zn 污染土壤上小白菜生长和元素吸收的影响. 福建农林大学学报(自然科学版), 31(1): 109-112

董敬娜, 李光德, 郝英华, 等. 2012. 硅对小麦吸收金属铜和土壤性质的影响. 水土保持学报, 26(2): 111-115
杜彩琼, 林克惠. 2002. 硅素营养研究进展. 云南农业大学学报, 17(2): 192-196
范金, 袁庆华. 2015. 镉对苗期高羊茅的形态和生理影响. 草业科学, 32(8): 1278-1288
范庆, 吕秀军, 杨柳, 等. 2010. 镉胁迫对矮牵牛种子萌发、幼苗生长及抗氧化酶活性的影响. 植物研究, 30(6): 685-691
高柳青, 杨树杰. 2004. 硅对小麦吸收镉锌的影响及其生理效应. 中国农学通报, 20: 246-249
葛才林, 杨小勇, 孙锦荷, 等. 2002. 重金属胁迫引起的水稻和小麦幼苗 DNA 损伤. 植物生理与分子生物学学报, 28(6): 419-424
宫海军, 陈坤明, 王锁民, 等. 2004. 植物硅营养的研究进展. 西北植物学报, 24(12): 2385-2392
何俊瑜, 任艳芳, 何玉萍, 等. 2010. 镉胁迫对水稻幼苗生长和根尖细胞分裂的影响. 土壤学报, 47(1): 138-144
环境保护部, 国土资源部. 2014. 全国土壤污染状况调查公报. 北京: 环境保护部, 国土资源部
简敏菲, 张乖乖, 史雅甜, 等. 2017. 土壤镉、铅及其复合污染胁迫对丁香蓼(*Ludwigia prostrata*)生长和光合荧光特性的影响. 应用与环境生物学报, 23(5): 837-844
李冰, 舒艳, 李科林, 等. 2016. 人工湿地宽叶香蒲对重金属的累积与机理. 环境工程学报, 10(4): 2099-2108
李德明, 贺立红, 朱祝军. 2005. 几种重金属离子对小白菜种子萌发及生理活性的影响. 种子, 24(6): 27-29
李海燕, 郭永成, 李刘洋, 等. 2012. 外源一氧化氮对镉胁迫下玉米幼苗根生长及氧化伤害的影响. 西北植物学报, 32(8): 1599-1605
李淑仪, 林翠兰, 许建光, 等. 2008. 施硅对小白菜吸收累积和迁移重金属铬的影响. 水土保持学报, 22(2): 66-69
李薇. 2010. 镉胁迫对秋茄幼苗营养元素和游离氨基酸的影响. 广州: 中山大学硕士学位论文
林琦, 陈英旭, 陈怀满, 等. 2000. 小麦根际铅、镉的生态效应. 生态学报, 20(4): 635-638
林植芳, 刘楠. 2012. 活性氧调控植物生长发育的研究进展. 植物学报, 47(1): 74-86
刘东华, 蒋悟生, 李海峰, 等. 2000. 镉对大蒜根生长和根尖细胞超微结构的影响. 华北农学报, 15(3): 66-71
马文丽, 金小弟, 王转花. 2004. 镉处理对乌麦种子萌发幼苗生长及抗氧化酶的影响. 农业环境科学学报, 23(1): 55-59
孟玲, 王焕校, 谭得勇. 1998. 重金属铅、镉、锌对小麦 DNA 构象的影响. 云南环境科学, 17(4): 9-10
任艳芳, 何俊瑜, 罗辛灵. 2009. 镉胁迫对莴苣种子萌发及抗氧化酶系统的影响. 华北农学报, 24(2): 144-148
施国新, 杜开和, 解凯彬, 等. 2000. 汞、镉对黑藻叶细胞伤害的超微结构研究. 植物学报, 42(4): 373-378
时萌, 王芙蓉, 王棚涛. 2016. 植物响应重金属镉胁迫的耐性机理研究进展. 生命科学, 28(4): 504-512
宋阿琳. 2011. 硅提高水稻对高锌胁迫抗性的生理与分子机理. 北京: 中国农业科学院博士学位论文
宋志慧, 赵世刚. 2010. 铜和镉对金鱼藻的毒性影响研究. 安徽农业科学, 38(7): 3688-3689, 3693
孙光闻, 陈日远, 刘厚诚, 等. 2005a. 镉对植物光合作用及氮代谢影响研究进展. 中国农学通报, 21(9): 234-236
孙光闻, 朱祝军, 方学智. 2004. 镉对白菜活性氧代谢及 H_2O_2 清除系统的影响. 中国农业科学, 37(12): 2012-2015
孙光闻, 朱祝军, 方学智, 等. 2005b. 镉对小白菜光合作用及叶绿素荧光参数的影响. 植物营养与肥料学报, 11(5): 700-703
唐为萍, 陈树思, 郑泽云. 2009. 重金属镉对含羞草种子萌发和幼苗生长的影响. 广东农业科学, 11: 45-46, 57

王娟, 张乐乐, 康宜宁, 等. 2012. Pb 在水花生愈伤组织中的超微定位及对矿质元素的影响. 水生生物学报, 36(2): 307-315
王丽燕, 郑世英. 2009. 镉、铅及其复合污染对小麦种子萌发的影响. 麦类作物学报, 29(1): 146-149
王玉凤. 2005. 铅对玉米种子萌发的影响. 安徽农业科学, 33(11): 2110-2111
文晓慧, 蔡昆争, 葛少彬, 等. 2011. 硅对镉和锌复合胁迫下水稻幼苗生长及重金属吸收的影响. 华北农学报, 26(5): 153-158
吴泽民, 高健, 黄成林, 等. 2005. 黄山松年轮硫及重金属元素含量动态特征. 应用生态学报, 16(5): 820-824
徐卫红, 王宏信, 刘怀, 等. 2007. Zn、Cd 单一及复合污染对黑麦草根分泌物及根际 Zn、Cd 形态的影响. 环境科学, 28(9): 2089-2095
许建光, 李淑仪, 王荣萍. 2006. 硅肥抑制作物吸收重金属的研究进展. 中国农学通报, 22(7): 495-499
闫华晓, 赵辉, 高登征, 等. 2007. 镉离子对玉米种子萌发和生长影响的初步研究. 作物杂志, (5): 25-28
杨超光, 豆虎, 梁永超, 等. 2005. 硅对土壤外源镉活性和玉米吸收镉的影响. 中国农业科学, 38(1): 116-121
杨居荣, 贺建群, 张国祥, 等. 1995. 农作物对 Cd 毒害的耐性机理探讨. 应用生态学报, 6(1): 87-91
曾卫军, 王水平, 李小方, 等. 2010. 拟南芥受 Cd^{2+}诱导表达基因的筛选及其在 Cd^{2+}胁迫下的功能. 中国生物工程杂志, 30(5): 49-56
曾祥玲, 曹成有, 高菲菲, 等. 2008. 镉、铅对沙打旺种子萌发及早期生长发育的毒性效应. 草业学报, 17(4): 71-77
张春荣, 夏立江, 杜相革, 等. 2004. 镉对紫花苜蓿种子萌发的影响. 中国农学通报, 20(5): 253-255
张黛静, 马建辉, 杨淑芳, 等. 2014. 硅对铜胁迫下小麦幼根细胞超微结构的影响. 应用生态学报, 25(8): 2385-2389
张芬琴, 金自学. 2003. 两种豆科作物的种子萌发对 Cd^{2+}处理的不同响应. 农业环境科学学报, 22(6): 660-663
张丽萍. 2016. 硫化氢在白菜根部抵抗镉胁迫过程中的作用. 太原: 山西大学博士学位论文
张明轩, 李颖邦, 刘爱云, 等. 2015. Cd^{2+}对 BY-2 细胞的毒性机制及水杨酸的缓解作用. 生态毒理学报, 10(3): 224-229
张世浩, 蔡昆争, 王维, 等. 2016. 硅对高浓度Cd污染土壤中水稻植株Cd积累与分配的调控. 环境科学研究, 29(7): 1032-1040
张司南, 高培尧, 谢庆恩, 等. 2010. 镉诱导拟南芥根尖过氧化氢积累导致植物根生长抑制. 中国生态农业学报, 18(1): 136-140
张伟锋, 王鸿博. 1997. 硅和铬(III)对水稻种子萌发及幼苗生长的影响. 仲恺农业技术学院学报, 10(1): 29-35
张雪梅, 王海娟, 王宏镔. 2017. 重金属对植物吲哚乙酸合成与分解影响研究进展. 生态学杂志, 36(4): 1097-1105
张银秋, 台培东, 李培军, 等. 2011. 镉胁迫对万寿菊生长及生理生态特征的影响. 环境工程学报, 5(1): 195-199
张颖, 高景慧. 2007. 镉胁迫对红三叶种子萌发及幼苗生理特性的影响. 西北农业学报, 16(3): 57-59
张远兵, 刘爱荣, 孟祥辉, 等. 2009. 铅胁迫对 19 个品种草坪草种子萌发和幼苗生长的影响. 核农学报, 23(3): 506-512
张志雯, 秦素平, 陈于和, 等. 2014. 硅对铬、铜胁迫下小麦幼苗生理生化指标的影响. 华北农学报, 29(S1): 229-233
赵秀兰, 刘晓. 2009. 不同品种烟草生长和镉及营养元素吸收对镉胁迫响应的差异. 水土保持学报, 23(1): 117-121
郑世英, 王丽燕, 张海英. 2007. 镉胁迫对两个大豆品种抗氧化酶活性及丙二醛含量的影响. 江苏农业科学, 5: 53-55

周锦文, 韩善华, 冯珊, 等. 2009. 镉对蚕豆根尖细胞染色体畸变的影响. 四川大学学报: 自然科学版, 3: 799-802

朱光旭, 肖化云, 郭庆军, 等. 2017. 铅锌尾矿污染区 3 种菊科植物体内重金属的亚细胞分布和化学形态特征. 环境科学, 38(7): 3054-3060

Adrees M, Ali S, Rizwan M, et al. 2015. Mechanisms of silicon-mediated alleviation of heavy metal toxicity in plants: a review. Ecotoxicology and Environmental Safety, 119: 186-197

Ali H, Khan E, Sajad M A. 2013. Phytoremediation of heavy metals-concepts and applications. Chemosphere, 91(7): 869-881

Anwaar S A, Ali S, Ali S, et al. 2015. Silicon (Si) alleviates cotton (*Gossypium hirsutum* L.) from zinc (Zn) toxicity stress by limiting Zn uptake and oxidative damage. Environmental Science and Pollution Research, 22(5): 3441-3450

Arasimowicz-Jelonek M, Floryszak-Wieczorek J, Gwóźdź E A. 2011. The message of nitric oxide in cadmium challenged plants. Plant Science, 181(5): 612-620

Asgher M, Khan M I R, Anjum N A, et al. 2015. Minimising toxicity of cadmium in plants-role of plant growth regulators. Protoplasma, 252(2): 399-413

Baker A J M. 1987. Metal tolerance. New Phytologist, 106: 93-111

Bharwana S A, Ali S, Faroop M A, et al. 2013. Alleviation of lead toxicity by silicon is related to elevated photosynthesis, antioxidant enzymes suppressed lead uptake and oxidative stress in cotton. Journal of Bioremediation & Biodegradation, 4: 1-11

Bokor B, Vaculík M, Slováková Ľ, et al. 2014. Silicon does not always mitigate zinc toxicity in maize. Acta Physiologiae Plantarum, 36(3): 733-743

Breckle S W, Kahle H. 1992. Effects of toxic heavy metals (Cd, Pb) on growth and mineral nutrition of beech (*Fagus sylvatica* L.). Vegetatio, 101(1): 43-53

Bressler J K P, Olivi L, Cheong J H, et al. 2004. Divalent metal transporter 1 in lead and cadmium transport. Annals of the New York Academy of Sciences, 1012(1): 142-152

Chalmardi Z K, Abdolzadeh A, Sadeghipour H R. 2004. Silicon nutrition potentiates the antioxidant metabolism of rice plants under iron toxicity. Acta Physiologiae Plantarum, 36: 493-502

Chen H M, Zheng C R, Tu C. 2000. Chemical methods and phytoremediation of soil contaminated with heavy metals. Chemosphere, 41(1-2): 229-234

Clemens S. 2001. Molecular mechanisms of plant metal tolerance and homeostasis. Planta, 212(4): 475-486

Corrales I, Poschenrieder C, Barceló J. 1997. Influence of silicon pretreatment on aluminum toxicity in maize roots. Plant and Soil, 190(2): 203-209

da Cunha K P V, do Nascimento C W A. 2009. Silicon effects on metal tolerance and structural changes in maize (*Zea mays* L.) grown on a cadmium and zinc enriched soil. Water, Air, and Soil Pollution, 197(1-4): 323-330

Dat J, Vandenabeele S, Vranová E, et al. 2000. Dual action of the active oxygen species during plant stress responses. Cellular and Molecular Life Sciences, 57(5): 779-795

Daud M K, Ali S, Variath M T, et al. 2013. Differential physiological, ultramorphological and metabolic responses of cotton cultivars under cadmium stress. Chemosphere, 93(10): 2593-2602

Daud M K, Quiling H, Lei M, et al. 2015. Ultrastructural, metabolic and proteomic changes in leaves of upland cotton in response to cadmium stress. Chemosphere, 120: 309-320

di Toppi L S, Gabbrielli R. 1999. Response to cadmium in higher plants. Environmental and Experimental Botany, 41(2): 105-130

Ding X, Zhang S, Li S, et al. 2013. Silicon mediated the detoxification of Cr on pakchoi (*Brassica chinensis* L.) in Cr-contaminated soil. Procedia Environmental Sciences, 18: 58-67

Dresler S, Wójcik M, Bednarek W, et al. 2015. The effect of silicon on maize growth under cadmium stress. Russian Journal of Plant Physiology, 62(1): 86-92

Estrella-Gómez N, Mendoza-Cózatl D, Moreno-Sánchez R, et al. 2009. The Pb-hyperaccumulator aquatic fern *Salvinia minima* Baker, responds to Pb^{2+} by increasing phytochelatins via changes in *SmPCS* expression and in phytochelatin synthase activity. Aquatic Toxicology, 91(4): 320-328

Eun S O, Youn H S, Lee Y. 2000. Lead disturbs microtubule organization in the root meristem of *Zea mays*. Physiologia Plantarum, 110(3): 357-365

Fan X, Wen X, Huang F, et al. 2016. Effects of silicon on morphology, ultrastructure and exudates of rice root under heavy metal stress. Acta Physiologia Plantarum, 38: 197

Farooq M A, Ali S, Hameed A, et al. 2013. Alleviation of cadmium toxicity by silicon is related to elevated photosynthesis, antioxidant enzymes; suppressed cadmium uptake and oxidative stress in cotton. Ecotoxicology and Environmental Safety, 96: 242-249

Feng J P, Shi Q H, Wang X F. 2009. Effects of exogenous silicon on photosynthetic capacity and antioxidant enzyme activities in chloroplast of cucumber seedlings under excess manganese. Agricultural Sciences in China, 8(1): 40-50

Feng J P, Shi Q H, Wang X F, et al. 2010. Silicon supplementation ameliorated the inhibition of photosynthesis and nitrate metabolism by cadmium (Cd) toxicity in *Cucumis sativus* L. Scientia Horticulturae, 123(4): 521-530

Fernandez L R, Vandenbussche G, Roosens N, et al. 2012. Metal binding properties and structure of a type III metallothionein from the metal hyperaccumulator plant *Noccaea caerulescens*. Biochimica et Biophysica Acta (BBA)-Proteins and Proteomics, 1824(9): 1016-1023

Fu Y Q, Shen H, Wu D M, et al. 2012. Silicon-mediated amelioration of Fe^{2+} toxicity in rice (*Oryza sativa* L.) roots. Pedosphere, 22(6): 795-802

Gallego S M, Pena L B, Barcia R A, et al. 2012. Unravelling cadmium toxicity and tolerance in plants: insight into regulatory mechanisms. Environmental and Experimental Botany, 83: 33-46

Goldbold D J, Hutterman A. 1986. The uptake and toxicity of mercury and lead to spruce (*Picea abies*) seedlings. Water Air and Soil Pollution, 31: 509-515

Gu H H, Qiu H, Tian T, et al. 2011. Mitigation effects of silicon rich amendments on heavy metal accumulation in rice (*Oryza sativa* L.) planted on multi-metal contaminated acidic soil. Chemosphere, 83(9): 1234-1240

Gu H H, Zhan S S, Wang S Z, et al. 2012. Silicon-mediated amelioration of zinc toxicity in rice (*Oryze sativa* L.) seedlings. Plant and Soil, 350(12): 193-204

Gunes A, Inal A, Bagci E G, et al. 2007. Silicon increases boron tolerance and reduces oxidative damage of wheat grown in soil with excess boron. Biologia Plantarum, 51(3): 571-574

Gusman G S, Oliveira J A, Farnese F S, et al. 2013. Mineral nutrition and enzymatic adaptation induced by arsenate and arsenite exposure in lettuce plants. Plant Physiology and Biochemistry, 71: 307-314

Hara T, Gu M H, Koyama H. 1999. Ameliorative effect of silicon on aluminum injury in the rice plant. Soil Science and Plant Nutrition, 45(4): 929-936

Hassinen V H, Tervahauta A I, Schat H, et al. 2011. Plant metallothioneins—Metal chelators with ROS scavenging activity. Plant Biology, 13(2): 225-232

Huang F, Wen X H, Cai Y X, et al. 2018. Silicon-mediated enhancement of heavy metal tolerance in rice at different growth stages. International Journal of Environmental Research and Public Health, 15: 2193

Hussain H, Al-Harrasi A, Krohn K, et al. 2015. Phytochemical investigation and antimicrobial activity of *Derris scandens*. Journal of King Saud University-Science, 27(4): 375-378

Islam E, Yang X, Li T, et al. 2007. Effect of Pb toxicity on root morphology, physiology and ultrastructure in the two ecotypes of *Elsholtzia argyi*. Journal of Hazardous Materials, 147(3): 806-816

Iwasaki K, Maier P, Fecht M, et al. 2002. Leaf apoplastic silicon enhances manganese tolerance of cowpea (*Vigna unguiculata*). Journal of Plant Physiology, 159(2): 167-173

Jin X, Yang X, Islam E, et al. 2008. Effects of cadmium on ultrastructure and antioxidative defense system in hyperaccumulator and non-hyperaccumulator ecotypes of *Sedum alfredii* Hance. Journal of Hazardous Materials, 156(1-3): 387-397

Jucker E I, Foy C D, De Paula J C, et al. 1999. Electron paramagnetic resonance studies of manganese toxicity, tolerance, and amelioration with silicon in snapbean. Journal of Plant Nutrition, 22(4-5): 769-782

Kaya C, Tuna A L, Sonmez O, et al. 2009. Mitigation effects of silicon on maize plants grown at high zinc.

Journal of Plant Nutrition, 32(10): 1788-1798

Keller C, Rizwan M, Davidian J C, et al. 2015. Effect of silicon on wheat seedlings (*Triticum turgidum* L.) grown in hydroponics and exposed to 0 to 30 μM Cu. Planta, 241(4): 847-860

Khaliq A, Ali S, Hameed A, et al. 2016. Silicon alleviates nickel toxicity in cotton seedlings through enhancing growth, photosynthesis, and suppressing Ni uptake and oxidative stress. Archives of Agronomy and Soil Science, 62(5): 633-647

Kim D Y, Bovet L, Maeshima M, et al. 2007. The ABC transporter AtPDR8 is a cadmium extrusion pump conferring heavy metal resistance. The Plant Journal, 50(2): 207-218

Kim Y H, Khan A L, Kim D H, et al. 2014. Silicon mitigates heavy metal stress by regulating P-type heavy metal ATPases, *Oryza sativa* low silicon genes, and endogenous phytohormones. BMC Plant Biology, 14: 13

Kleiber T, Calomme M, Borowiak K. 2015. The effect of choline-stabilized orthosilicic acid on microelements and silicon concentration, photosynthesis activity and yield of tomato grown under Mn stress. Plant Physiology and Biochemistry, 96: 180-188

Kosobrukhov A, Knyazeva I, Mudrik V. 2004. Plantago major plants responses to increase content of lead in soil: growth and photosynthesis. Plant Growth Regulation, 42(2): 145-151

Lewis S, Donkin M E, Depledge M H. 2001. Hsp70 expression in *Enteromorpha intestinalis* (Chlorophyta) exposed to environmental stressors. Aquatic Toxicology, 51(3): 277-291

Li G, Santoni V, Maurel C. 2014. Plant aquaporins: roles in plant physiology. Biochimica et Biophysica Acta (BBA)-General Subjects, 1840(5): 1574-1582

Li J, Xiao J, Grandillo S, et al. 2004. QTL detection for rice grain quality traits using an interspecific backcross population derived from cultivated Asian (*O. sativa* L.) and African (*O. glaberrima* S.) rice. Genome, 47(4): 697-704

Li L, Zheng C, Fu Y, et al. 2012. Silicate-mediated alleviation of Pb toxicity in banana grown in Pb-contaminated soil. Biological Trace Element Research, 145(1): 101-108

Li P, Song A, Li Z, et al. 2015. Silicon ameliorates manganese toxicity by regulating both physiological processes and expression of genes associated with photosynthesis in rice (*Oryza sativa* L.). Plant and Soil, 397(1-2): 289-301

Li P, Wang X, Zhang T, et al. 2008. Effects of several amendments on rice growth and uptake of copper and cadmium from a contaminated soil. Journal of Environment Science, 20(4): 449-455

Li R Y, Stroud J L, Ma J F, et al. 2009. Mitigation of arsenic accumulation in rice with water management and silicon fertilization. Environmental Science and Technology, 43(10): 3778-3783

Liang Y C, Nikolic M, Bélanger R R, et al. 2015. Silicon-mediated tolerance to other abiotic stresses // Liang Y C, Nikolic M, Bélanger R R, et al. Silicon in Agriculture: form Theory to Practice. Dordrecht: Springer

Liang Y C, Sun W C, Si J, et al. 2005a. Effects of foliar- and root-applied silicon on the enhancement of induced resistance in *Cucumis sativus* to powdery mildew. Plant Pathology, 54(5): 678-685

Liang Y C, Wong J W C, Wei L. 2005b. Silicon-mediated enhancement of cadmium tolerance in maize (*Zea mays* L.) grown in cadmium contaminated soil. Chemosphere, 58(4): 475-483

Lin Y F, Aarts M G M. 2012. The molecular mechanism of zinc and cadmium stress response in plants. Cellular and Molecular Life Sciences, 69(19): 3187-3206

Liu C, Li F, Luo C, et al. 2009. Foliar application of two silica sols reduced cadmium accumulation in rice grains. Journal of Hazardous Materials, 161: 1466-1472

Liu J, Ma J, He C, et al. 2013b. Inhibition of cadmium ion uptake in rice (*Oryza sativa*) cells by a walls-bound form of silicon. New Phytologist, 200(3): 691-699

Liu J, Zhang H, Zhang Y, et al. 2013a. Silicon attenuates cadmium toxicity in *Solanum nigrum* L. by reducing cadmium uptake and oxidative stress. Plant Physiology and Biochemistry, 68: 1-7

Liu W, Li P J, Qi X M, et al. 2005. DNA changes in barley (*Hordeum vulgare*) seedlings induced by cadmium pollution using RAPD analysis. Chemosphere, 61(2): 158-167

Lu H P, Zhuang P, Li Z A, et al. 2014. Contrasting effects of silicates on cadmium uptake by three dicotyledonous crops grown in contaminated soil. Environment Science and Pollution Research, 21: 9921-9930

Ma J, Cai H, He C, et al. 2015. A hemicellulose-bound form of silicon inhibits cadmium ion uptake in rice (*Oryza sativa*) cells. New Phytologist, 206(3): 1063-1074

Ma J, Shen H, Li X, et al. 2016. iTRAQ-based proteomic analysis reveals the mechanisms of silicon-mediated cadmium tolerance in rice (*Oryza sativa*) cells. Plant Physiology and Biochemistry, 104: 71-80

Ma J F. 2004. Role of silicon in enhancing the resistance of plants to biotic and abiotic stresses. Soil Science and Plant Nutrition, 50(1): 11-18

Ma J F, Nishimura K, Takahashi E. 1989. Effect of silicon on the growth of rice plant at different growth stages. Soil Science and Plant Nutrition, 35(3): 347-356

Ma J F, Tamai K, Yamaji N, et al. 2006. A silicon transport in rice. Nature, 440(7084): 688-691

Ma J F, Yamaji N, Mitani N, et al. 2008. Transporters of arsenite in rice and their role in arsenic accumulation in rice grain. Proceedings of the National Academy of Sciences of the United states of America, 105(29): 9931-9935

Ma R, Shen J, Wu J, et al. 2014. Impact of agronomic practices on arsenic accumulation and speciation in rice grain. Environmental Pollution, 194: 217-223

Maestri E, Marmiroli M, Visioli G, et al. 2010. Metal tolerance and hyperaccumulation: costs and trade-offs between traits and environment. Environmental and Experimental Botany, 68(1): 1-13

Malčovská S M, Dučaiová Z, Maslaňáková I, et al. 2014. Effect of silicon on growth, photosynthesis, oxidative status and phenolic compounds of maize (*Zea mays* L.) grown in cadmium excess. Water, Air, and Soil Pollution, 225: 2056

Mateos-Naranjo E, Galle A, Florez-Sarasa I, et al. 2015. Assessment of the role of silicon in the Cu-tolerance of the C_4 grass *Spartina densiflora*. Journal of Plant Physiology, 178: 74-83

Meharg C, Meharg A A. 2015. Silicon, the silver bullet for mitigating biotic and abiotic stress, and improving grain quality, in rice. Environmental and Experimental Botany, 120: 8-17

Meyers B C, Axtell M J, Bartel B, et al. 2008. Criteria for annotation of plant microRNAs. The Plant Cell, 20(12): 3186-3190

Morel J B, Mourrain P, Béclin C, et al. 2000. DNA methylation and chromatin structure affect transcriptional and post-transcriptional transgene silencing in *Arabidopsis*. Current Biology, 10(24): 1591-1594

Nagajyoti P C, Lee K D, Sreekanth T V M. 2010. Heavy metals, occurrence and toxicity for plants: a review. Environmental Chemistry Letters, 8(3): 199-216

Neumann D, Zur Nieden U. 2001. Silicon and heavy metal tolerance of higher plants. Phytochemistry, 56(7): 685-692

Neumann D, Zur Nieden U, Lichtenberger O, et al. 1995. How does *Armeria maritima* tolerate high heavy metal concentrations? Journal of Plant Physiology, 146(5-6): 704-717

Nwugo C C, Huerta A J. 2008a. Effects of silicon nutrition on cadmium uptake, growth and photosynthesis of rice plants exposed to low-level cadmium. Plant and Soil, 311(1-2): 73-86

Nwugo C C, Huerta A J. 2008b. Effects of silicon nutrition on cadmium uptake, growth and of nitrogen nutrition on photosynthesis in Cd treated sunflower plants. Annals of Botany, 86: 841-847

Nwugo C C, Huerta A J. 2010. The effect of silicon on the leaf proteome of rice (*Oryza sativa* L.) plants under cadmium-stress. Journal of Proteome Research, 10(2): 518-528

Peralta J R, Gardea-Torresdey J L, Tiemann K J, et al. 2001. Uptake and effects of five heavy metals on seed germination and plant growth in alfalfa (*Medicago sativa* L.). Bulletin of Environmental Contamination and Toxicology, 66(6): 727-734

Pontigo S, Godoy K, Jiménez H, et al. 2017. Silicon-mediated alleviation of aluminum toxicity by modulation of Al/Si uptake and antioxidant performance in ryegrass plants. Frontiers in Plant Science, 8: 642

Rauser W E. 1995. Phytochelatins and related peptides. Structure, biosynthesis, and function. Plant Physiology, 109(4): 1141-1149

Rauser W E. 1999. Structure and function of metal chelators produced by plants. Cell Biochemistry and

Biophysics, 31(1): 19-48
Rizwan M, Meunier J D, Miche H, et al. 2012. Effect of silicon on reducing cadmium toxicity in durum wheat (*Triticum turgidum* L. cv. Claudio W.) grown in a soil with aged contamination. Journal of Hazardous Materials, 209: 326-334
Salazar M J, Rodriguezl J H, Cid C V, et al. 2016. Auxin effects on Pb phytoextraction from polluted soils by *Tegetes minuta* L. and *Bidens pilosa* L.: extractive power of their root exudates. Journal of Hazardous Materials, 311: 63-69
Sanglard L M, Martins S C, Detmann K C, et al. 2014. Silicon nutrition alleviates the negative impacts of arsenic on the photosynthetic apparatus of rice leaves: an analysis of the key limitations of photosynthesis. Physiologia Plantarum, 152(2): 355-366
Sárvári É. 2002. Comparison of the effects of Pb treatment on thylakoid development in poplar and cucumber plants. Acta Biologica Szegediensis, 46(3-4): 163-165
Shi G, Cai Q, Liu C, et al. 2010. Silicon alleviates cadmium toxicity in peanut plants in relation to cadmium distribution and stimulation of antioxidative enzymes. Plant Growth Regulation, 61(1): 45-52
Shi G L, Zhu S, Bai S N, et al. 2015. The transportation and accumulation of arsenic, cadmium, and phosphorus in 12 wheat cultivars and their relationships with each other. Journal of Hazardous Materials, 299: 94-102
Shi Q, Bao Z, Zhu Z, et al. 2005a. Silicon-mediated alleviation of Mn toxicity in *Cucumis sativus* in relation to activities of superoxide dismutase and ascorbate peroxidase. Phytochemistry, 66(13): 1551-1559
Shi X, Zhang C, Wang H, et al. 2005b. Effect of Si on the distribution of Cd in rice seedlings. Plant and Soil, 272(1-2): 53-60
Shim D, Kim S, Choi Y I, et al. 2013. Transgenic poplar trees expressing yeast cadmium factor 1 exhibit the characteristics necessary for the phytoremediation of mine tailing soil. Chemosphere, 90(4): 1478-1486
Siedlecka A, Krupa Z. 1996. Interaction between cadmium and iron and its effects on photosynthetic capacity of primary leaves of *Phaseolus vulgaris*. Plant Physiology and Biochemistry, 34(6): 833-841
Singh S K, Singh C M, Lal G M. 2011. Assessment of genetic variability for yield and its component characters in rice (*Oryza sativa* L.). Research in Plant Biology, 1(4): 73-76
Smolders. 2001. Cadmium uptake by plants. International Journal of Occupational Medicine and Environmental Health, 14(2): 177-183
Song A, Li P, Fan F, et al. 2014. The effect of silicon on photosynthesis and expression of its relevant genes in rice (*Oryza sativa* L.) under high-zinc stress. PLoS One, 9: 1-2
Song A, Li P, Li Z, et al. 2011. The alleviation of zinc toxicity by silicon is related to zinc transport and antioxidative reactions in rice. Plant and Soil, 344(1-2): 319-333
Song A, Li Z, Zhang J, et al. 2009. Silicon-enhanced resistance to cadmium toxicity in *Brassica chinensis* L. is attributed to Si-suppressed cadmium uptake and transport and Si-enhanced antioxidant defense capacity. Journal of Hazardous Materials, 172: 74-83
Tian S, Lu L, Yang X, et al. 2010. Spatial imaging and speciation of lead in the accumulator plant *Sedum alfredii* by microscopically focused synchrotron X-ray investigation. Environmental Science and Technology, 44(15): 5920-5926
Tian S, Lu L, Yang X, et al. 2011. The impact of EDTA on lead distribution and speciation in the accumulator *Sedum alfredii* by synchrotron X-ray investigation. Environmental Pollution, 159(3): 782-788
Triantaphylidès C, Havaux M. 2009. Singlet oxygen in plants: production, detoxification and signaling. Trends in Plant Science, 14(4): 219-228
Tripathi D K, Singh V P, Gangwar S, et al. 2014. Role of silicon in enrichment of plant nutrients and protection from biotic and abiotic stresses // Ahmad P, Wani M, Azooz M, et al. Improvement of Crops in the Era of Climatic Changes. New York: Springer: 39-56
Tripathi D K, Singh V P, Kumar D, et al. 2012. Impact of exogenous silicon addition on chromium uptake, growth, mineral elements, oxidative stress, antioxidant capacity, and leaf and root structures in rice seedlings exposed to hexavalent chromium. Acta Physiologia Plantarum, 34(1): 279-289
Tripathi D K, Singh V P, Prasad S M, et al. 2015a. Silicon nanoparticles (SiNp) alleviate chromium (VI)

phytotoxicity in *Pisum sativum* L. seedlings. Plant Physiology and Biochemistry, 96: 189-198

Tripathi D K, Singh V P, Prasad S M, et al. 2015b. Silicon-mediated alleviation of Cr(VI) toxicity in wheat seedlings as evidenced by chlorophyll florescence, laser induced breakdown spectroscopy and anatomical changes. Ecotoxicology and Environmental Safety, 113: 133-144

Tripathi D K, Singh V P, Prasad S M, et al. 2016. LIB spectroscopic and biochemical analysis to characterize lead toxicity alleviative nature of silicon in wheat (*Triticum aestivum* L.) seedlings. Journal of Photochemistry and Photobiology B: Biology, 154: 89-98

Tseng T S, Tzeng S S, Yeh K W, et al. 1993. The heat-shock response in rice seedlings: isolation and expression of cDNAs that encode class I low-molecular-weight heat-shock proteins. Plant and Cell Physiology, 34(1): 165-168

Vaculík M, Landberg T, Greger M, et al. 2012. Silicon modifies root anatomy, and uptake and subcellular distribution of cadmium in young maize plants. Annals of Botany, 110(2): 433-443

Vadas T M, Ahner B A. 2009. Cysteine-and glutathione-mediated uptake of lead and cadmium into *Zea mays* and *Brassica napus* roots. Environmental Pollution, 157(8-9): 2558-2563

Verma S, Dubey R S. 2003. Lead toxicity induces lipid peroxidation and alters the activities of antioxidant enzymes in growing rice plants. Plant Science, 164(4): 645-655

Verma S, Li S H, Wang C H, et al. 2003. Resistin promotes endothelial cell activation: further evidence of adipokine-endothelial interaction. Circulation, 108(6): 736-740

Wang M, Wu M, Huo H. 2007. Life-cycle energy and greenhouse gas emission impacts of different corn ethanol plant types. Environmental Research Letters, 2(2): 024001

Wang Y, Jiang X, Li K, et al. 2014. Photosynthetic responses of *Oryza sativa* L. seedlings to cadmium stress: physiological, biochemical and ultrastructural analyses. Biometals, 27(2): 389-401

Wierzbicka M. 1998. Lead in the apoplast of *Allium cepa* L. root tips: ultrastructural studies. Plant Science, 133(1): 105-119

Wierzbicka M, Obidzińska J. 1998. The effect of lead on seed imbibition and germination in different plant species. Plant Science, 137(2): 155-171

Wollgiehn R, Neumann D. 1999. Metal stress response and tolerance of cultured cells from *Silene vulgaris* and *Lycopersicon peruvianum*: role of heat stress proteins. Journal of Plant Physiology, 154(4): 547-553

Wu J W, Shi Y, Zhu Y X, et al. 2013. Mechanisms of enhanced heavy metal tolerance in plants by silicon: a review. Pedosphere, 23(6): 815-825

Yang J L, Li Y Y, Zhang Y J, et al. 2008. Cell wall polysaccharides are specifically involved in the exclusion of aluminum from the rice root apex. Plant Physiology, 146(2): 602-611

Yang Y H, Chen S M, Chen Z, et al. 1999. Silicon effects on aluminum toxicity to mungbean seedling growth. Journal of Plant Nutrition, 22(4-5): 693-700

Ye Y, Chen Y P, Chen G C. 2013. Litter production and litter elemental composition in two rehabilitated *Kandelia obovata* mangrove forests in Jiulongjiang Estuary, China. Marine Environmental Research, 83: 63-72

Zeng F R, Zhao F S, Qiu B Y, et al. 2011. Alleviation of chromium toxicity by silicon addition in rice plants. Agricultural Sciences in China, 10(8): 1188-1196

Zsoldos F, Vashegyi A, Pecsvaradi A, et al. 2003. Influence of silicon on aluminum toxicity in common and durum wheats. Agronomie, 23(4): 349-354

第 5 章　硅与植物的紫外辐射逆境胁迫

全球气候变化和臭氧层损耗导致的地表紫外辐射增强是当今重要的全球性环境问题，已引起各国政府和国际学术界的广泛关注。自 20 世纪 70 年代中期以来，南极平流层臭氧空洞被人们发现并一直在地球上存在，随后，在全球其他地区也有关于臭氧层变薄的相关报道。臭氧层减薄致使到达地面的紫外辐射增强，直接或者间接地影响着人类、动物、植物及微生物的活动。目前有不少研究显示，硅可提高植物对紫外辐射胁迫的抗性（Li et al.，2004；吴杏春等，2007；方长旬等，2011；沈雪峰，2011；Chen et al.，2016；Tripathi et al.，2017）。本章首先介绍紫外辐射对植物生长及代谢的影响，然后介绍植物对紫外辐射胁迫的防护和适应性机理，最后重点阐述硅对紫外辐射胁迫的缓解效应和缓解机理。

5.1　紫外辐射对植物的影响

5.1.1　太阳紫外辐射与紫外吸收光谱

太阳紫外辐射（ultraviolet radiation，UV）通常指太阳发射的波长在 200～400nm 的电磁辐射，约占太阳辐射总量的 7%，依据其生物效应可分为弱效应波长（UV-A，320～400nm）、强效应波长（UV-B，280～320nm）和超强效应波长（UV-C，200～280nm）（图 5-1）。其中，UV-A 对植物基本无害；UV-B 为生物有效辐射，臭氧可以吸收 90%左右的 UV-B，但仍有约 10%到达地面，因此绝大多数植物受到 UV-B 辐射后会产生胁迫及应激反应；UV-C 属于灭生性辐射，多数植物受到 UV-C 辐射后几乎立即死亡。本章主要阐述 UV-B 胁迫相关内容。

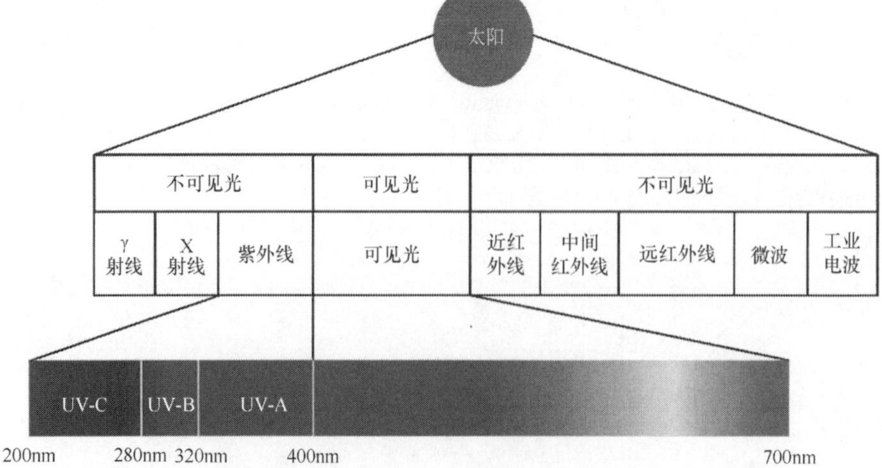

图 5-1　太阳辐射中的紫外线和可见光（另见封底二维码）

对于所有光谱而言，植物的敏感性有所不同。植物对红光光谱最为敏感，对绿光较不敏感，敏感性最强的为 400～700nm。这主要是植物叶片对色素的特殊吸收性差异导致的，色素包括叶绿素、类胡萝卜素等（图 5-2）。

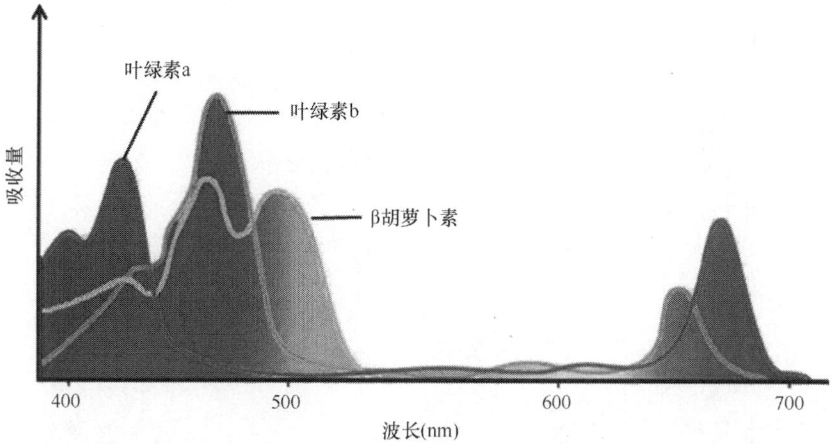

图 5-2　绿色植物吸收太阳光谱图

5.1.2　气候变化与 UV-B

全球气候变化（climate change）是指在全球范围内，气候平均状态在统计学意义上的巨大改变或者持续较长一段时间（典型的为 30 年或更长）的气候变动。气候变化的原因可能是自然的内部进程，或是外部强迫，或者是人为地持续对大气组成成分和土地利用的改变。

全球气候变化对 UV-B 的影响是双重的。首先，全球气候变化直接影响臭氧总量（从而间接影响 UV-B）；其次，大气中云层和气溶胶对太阳短波辐射具有强烈的散射及反射作用，可以减弱到达地面的太阳辐射，从而对全球气候变化产生影响。全球气候变化主要通过改变大气条件来影响化学反应产物和平流层损耗，从而影响臭氧层损耗。不过，二者的交互作用相当复杂，气候变化可能会降低平流层的温度和水蒸气含量。

臭氧（O_3）、氯氟烃（chlorofluorocarbon，CFC）及其替代品只是次要的温室气体，它们对气候变化的贡献相对较小，约占 13%。而其他几种（包括水蒸气、甲烷和氧化亚氮）很活跃的温室气体也参与消耗臭氧，这些气体的增加最终将导致平流层臭氧的损耗。此外，火山喷发也可能影响气候变化和减慢臭氧修复的速率。最近的观测表明，大气中甲基溴的浓度以每年 2.5%～3.0%的速度降低，所以未来全球变暖的速度可能会减缓。无论在海洋边界层还是地表水中都存在大气气溶胶，各种工业卤化化学品如 CFC 和甲基溴在地表温度条件下是惰性的，而 UV-B 会引起卤化反应，产生溴和含卤化合物，这些含卤化合物在极其寒冷的极地地区可通过对流传输到对流层上部，在那里参与对臭氧的破坏。

温度变化也会导致大气环流的变化。全球气候变化的结果将会导致极地平流层进一步变冷，平流层变冷将进一步加速臭氧的损耗，臭氧的损耗将进一步引起到达地面的

UV-B 增强。这些变化可能有助于半衰期长的氯氟烃物质从对流层上移到平流层，从而增大其光化学破坏速度。这将在短期内导致更严重的臭氧损耗，但有助于快速并最终实现臭氧层恢复。在极地，臭氧的变化也可能导致低层大气流通模式的改变，从而影响地表气候。全球气候变化正在加速，21 世纪温度变化速度很可能是 20 世纪的 5 倍，这将直接影响到未来的云层、气溶胶和地表反射率。

长期以来，全球大气臭氧（尤其是平流层臭氧）损耗及其气候环境效应一直是大气科学和气候变化研究中的热点领域。实际上，臭氧低值现象不仅在南极发生，在北半球不同时间、不同地点也曾多次出现。1995 年以来，我国科学家先后发现在夏季和冬季青藏高原臭氧低值中心与微型臭氧洞的存在，欧洲科学家也先后发现北半球不同地区的臭氧低值事件。2011 年春季，北极地区发生了有史以来最严重的臭氧损耗事件（图 5-3）。

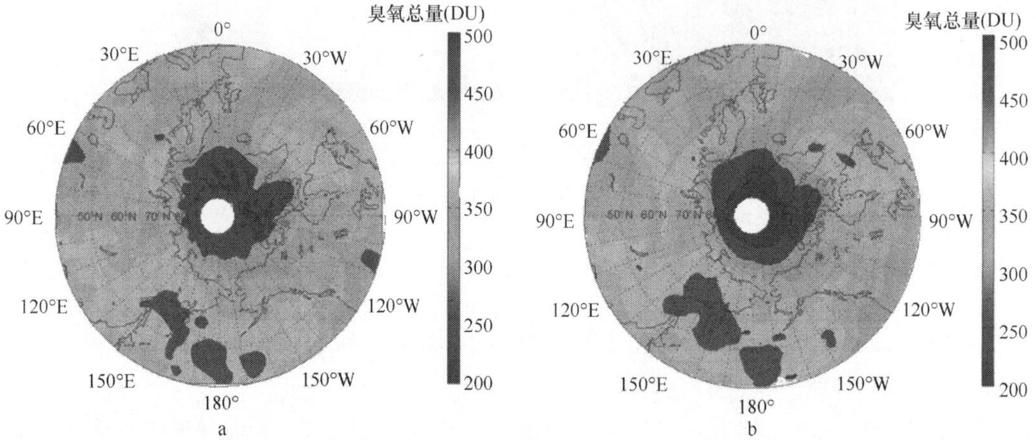

图 5-3　利用 FY-3B 和 NOAA 卫星紫外臭氧垂直探测仪（a）与 FY-3A 臭氧总量探测仪（b）观测数据得出的 2011 年 3 月 14 日北极地区臭氧总量极射投影图（刘年庆等，2011）（另见封底二维码）

1DU 表示标态下单位面积上有 0.01mm 厚的臭氧

目前的观测数据证明，近 10 年来，全球的臭氧平均减少了 2%～3%，而地球表面的紫外辐射平均增加了 6%～14%。根据 1979～1992 年的数据及环境条件，利用戈达德太空研究所（Goddard Institute for Space Studies，GISS）模型计算得知，在 2010～2020 年，环境中的 UV-B 强度在北半球增加 14%，在南半球则增加 40%。

5.1.3　UV-B 对植物生长发育及生理代谢的影响

作为光合自养型有机体的植物，因不具有可移动性，只能不断适应环境条件的变化。而当到达地面的 UV-B 强度增加，植物适应环境的机制也必然发生改变。研究表明，UV-B 具有累积效应，即辐射时间越长，对植物的影响也就越大（Dotto and Casati，2017）。植物通过自身的一系列生理代谢活动来适应 UV-B 带来的变化，具体反映在植物形态、生物量、光合作用、作物产量、物质代谢等方面。

5.1.3.1　对植物形态和生物量的影响

UV-B 增强后，植物出现植株矮化和缩小、叶面积减小、叶片增厚、光合速率和生物量降低等变化。但对于不同的植物种类，其变化存在较大差异，一般来说双子叶植物比单子叶植物更为敏感，具有 C_3 途径的植物比具有 C_4 途径的植物变化更大。Choudhary 和 Agrawal（2014）利用正常条件下和强度增加 7.2kJ/(m^2·d)的 UV-B 分别对两个豌豆品种进行处理，发现两个豌豆品种在增强的 UV-B 下的叶面积、豆荚数量和总干重都显著下降，根冠比有所下降，但差异不显著（图 5-4）。Lv 等（2013）通过对 12 个冬小麦品种使用不同剂量的 UV-B 处理并进行比较分析发现，3.24kJ/ (m^2·d)的 UV-B 剂量处理一般抑制株高，有利于干重的提高；而 5.40kJ/(m^2·d)的 UV-B 剂量抑制大部分的指标，尤其是株高、鲜重。王进等（2010）研究了 UV-B 增强对棉花叶片解剖结构的影响，发现在 UV-B 下，棉花的叶表面蜡质层增厚，叶肉厚度减小（图 5-5）。此外，大量研究还表明 UV-B 会导致植物器官生长不均匀、根冠比改变、顶端优势解除。高山植物对 UV-B 不敏感，具有抗 UV-B 的保护机制。

植物的总生物量作为评价 UV-B 对植物生长影响的重要指标，代表着所有生理、生化和生长因子共同作用的结果。UV-B 对植物形态所造成的任何影响，都会在植物体内进行积累并导致其生物量的显著变化。对大田作物而言，大豆、水稻、小麦、番茄、菜豆、蜜瓜等均表现出随环境中 UV-B 增强其生物量降低的现象（Mazza et al.，2013）。木本植物（以松科植物为例）也表现出相同的现象。此外，UV-B 还可以改变双子叶植物的干物质向叶片分配的比例。然而，UV-B 所造成的上述生物量变化的现象并非都是伤害，有些甚至是正反应，即植物的适应性保护机制，如节间缩短、分枝增多、叶片变厚等，只有当辐射超过一定的阈值时植物才出现一些受害症状。具体表现为低水平的 UV-B 有利于植物生物量的积累，而高水平的 UV-B 则表现为抑制植物的生长及生物量的积累，即形成实质性伤害。

5.1.3.2 对光合作用的影响

绿色植物的光合作用是在叶绿体里利用光能把二氧化碳和水转化为糖，释放氧气，同时把光能转变成化学能储存在合成的有机物中的过程。植物的叶片是光合作用的主要器官，而叶绿体是光合作用的主要场所。UV-B 增强对植物光合作用影响的表现最为突出，表现为对叶片的伤害（Ballaré et al.，2011）。在 UV-B 增强条件下，许多敏感植物的生长速率和生物量累积都有明显的降低，这提示植物的光合作用受到了抑制，主要原因包括光损伤、光抑制、氧化伤害等方面。

UV-B 可通过强光的抑制效应对光合反应中心产生伤害。强光引起光合作用效率下降的现象称为光合作用光抑制（简称光抑制）。在过强光源下植物发生光抑制的主要部位是 PSⅡ复合体，在 PSⅡ复合体中 D1 蛋白是主要受伤害的物质，很容易受到光化学破坏，发生活性逆转。Swarna 等（2012）研究发现，PSⅡ对 UV-B 敏感，可能引起 PSⅡ反应中心失活。UV-B 增强使玉米叶片 68%的 PSⅡ光反应遭到破坏，这种抑制作用与类囊体膜脂质过氧化的程度密切相关。植物在 UV-B 增强环境下发生光抑制还与卡尔文循环的关键调节酶 Rubisco 大小亚基 mRNA 转录物的大量降解，从而导致 Rubisco 活性和含量的降低有关。研究表明，UV-B 增强可引起 Rubisco 的含量或活性降低，从而导

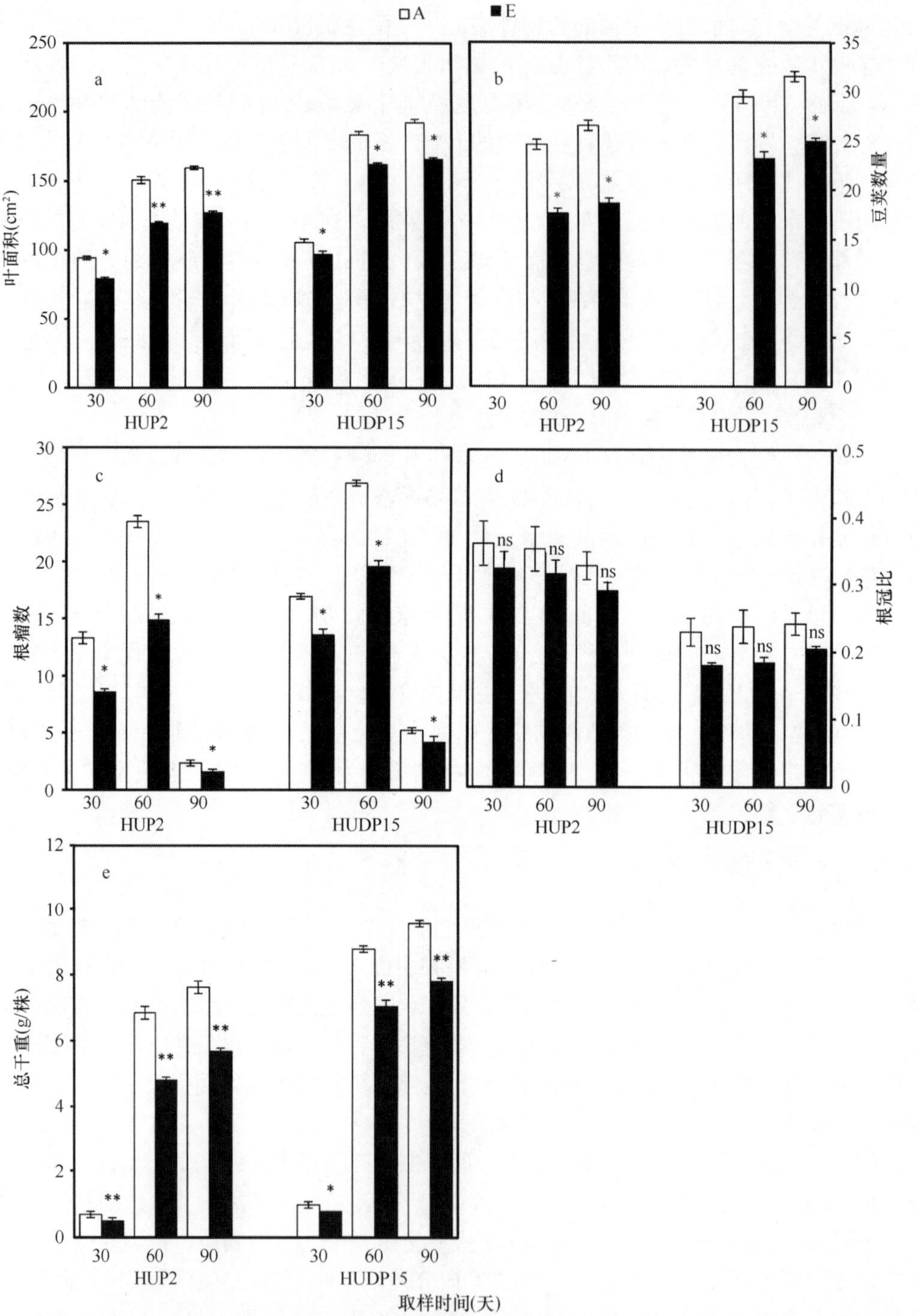

图 5-4 UV-B 增强对不同豌豆品种（HUP2 和 HUDP15）的叶面积、豆荚数量、根瘤数、根冠比和总干重的影响（Choudhary and Agrawal，2014）

*表示不同处理间差异显著（$P<0.05$），**表示不同处理间差异极显著（$P<0.01$），ns 表示不同处理间差异不显著；A 表示正常的 UV-B，E 表示增强的 UV-B

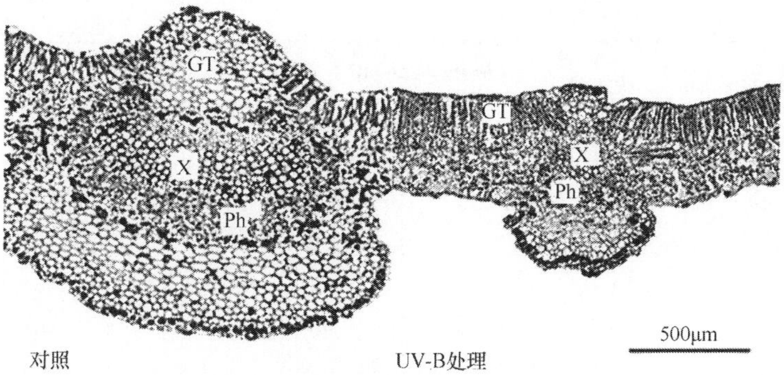

图 5-5　UV-B 增强对棉花叶片解剖结构的影响（王进等，2010）
GT 表示基本组织；X 表示木质部；Ph 表示韧皮部

致羧化效率的降低，引起与卡尔文循环相关的酶活性的降低，使 Rubisco 再生速率降低，引起磷酸三碳糖利用速率降低，导致光合能力受到限制。

5.1.3.3　对作物产量的影响

UV-B 增强主要通过影响作物的形态及生理生化过程进而影响作物的产量。Kakani 等（2003）总结并分析了 129 位研究者关于 UV-B 增强对作物产量影响的结果，其中至少一半的研究结果表明 UV-B 增强会造成作物减产，而其余的研究结果则表明 UV-B 增强对产量没有影响或者会增加产量（表 5-1）。这些结果的差异主要是由不同试验中作物基因型的差异，以及 UV-B 增强的程度和试验的条件有所不同导致的。对光合作用的影响是 UV-B 增强影响作物正常生长的关键。对许多作物而言，UV-B 增强通常会降低叶绿素含量（10%～70%），减弱光合作用（3%～90%），而使作物中吸收 UV-B 的化合物增加（10%～300%）。在自然光照条件下，同时增强 UV-A 和 UV-B 会降低大豆与小麦的籽粒数及籽粒重，大豆、小麦单株平均生物量分别下降 53.5%和 25.55%；籽粒产量分别下降 41.7%和 29.2%，且 UV-B 对大豆的影响大于对小麦的影响。同单子叶植物相比，双子叶植物对 UV-B 较敏感。不同的作物种类忍受 UV-B 和维持叶片叶绿素含量的能力有一定差异，一般双子叶植物较为敏感；即使是同一种作物，不同品种对 UV-B 的敏感程度往往也有较大差异。

表 5-1　UV-B 增强对大田作物经济产量的影响（Kakani et al.，2003）

作物	生物有效 UV-B[kJ/(m²·d)]	模拟臭氧减少比例（%）	PAR[μmol/(m²·s)]	试验条件	产量变化率（%）	参考文献
大麦	可调节	15	A	田间	—	Stephen et al.，1999
	0，正常水平	?	A	田间	↓（17～31）	Mazza et al.，1999
	正常水平的 130%	?	A	田间	—	Hakala et al.，2002
黑豆	正常水平+10.08	15	A	田间	↓（63）	Singh，1995
木薯	正常水平+5.5	15	A	田间	↓（32）	Ziska et al.，1993
玉米	7.83	?	700	生长室	↓	Santos et al.，1999
	正常水平+3.16	20	A	田间	↓（22～33）	Correia et al.，2000
棉花	正常水平+3.5 或+13.2	?	A	田间	↓	Giller，1991
	正常水平+11.5 或+22	?	A	田间	↓	Song et al.，1999

续表

作物	生物有效UV-B[kJ/(m²·d)]	模拟臭氧减少比例（%）	PAR[μmol/(m²·s)]	试验条件	产量变化率（%）	参考文献
蚕豆	13.4～63.3	10	A	田间	—	Al-Oudat et al.，1998
矮菜豆	正常水平，正常水平的92%	?	?	温室	↑	Deckmyn and Impens，1995
	正常水平，正常水平的92%	4～5	接近A	温室	因品种而异	Saile-Mark and Tevini，1997
牧草	正常水平的133%或166%	?	A或接近A	田间，温室	↑	Papadopoulos et al.，1999
	?	25	A	田间	—	Gwynn-Jones，2001
	正常水平的130%	?	A	田间	—	Hakala et al.，2002
亚麻籽	?（每天1h）	?	A	?	↑	Goyal et al.，1991
	?（每天4h）	?	A	?	↓	Goyal et al.，1991
绿豆	正常水平+10.08	15	A	田间	↓（76）	Singh，1995
豌豆	?	15	A	田间	↓	Mepsted et al.，1996
	可调节	15	A	田间	—	Stephen et al.，1999
燕麦	?	15	A	田间	↓	Yue and Wang，1998
	正常水平的130%	?	A	田间	—	Hakala et al.，2002
油菜	?	15～32	?	?	—	Demchik and Day，1996
马铃薯	正常水平的130%	?	A	田间	—	Hakala et al.，2002
水稻	8.8，15.6	A，10	1400～1700（MD）	温室	—	Teramura et al.，1990a
	3.8～6.5	27～38	A	田间（盆栽）	—	Kim et al.，1996
	正常水平+6.5	20	A	田间	—	Dai et al.，1997
	?	?	A	田间	↓	Kumagai et al.，2001
大豆	10.1	16	A或接近A	田间，温室	因品种而异（−41～46）	Teramura and Murali，1986
	正常水平的132%	16	A	田间	—	Sinclair et al.，1990
	正常水平+3或+5.1	16或25	A	田间	因品种而异（−16～32）	Teramura et al.，1990b
	8.8，15.6	A，10	1400～1700（MD）	温室	—	Teramura et al.，1990a
	13.6	25	1200（MD）	温室	因品种而异（0～37）	Reed et al.，1992
	2.5～9.3	4，20，32，35，37	A	开顶式气管	—	Miller et al.，1994
小麦	8.8，15.6	A，10	1400～1700（MD）	温室	—	Teramura et al.，1990a
	正常水平+2.5或+4.3或+5.3	12，20，25	接近A	田间	↓（43）	Li et al.，1998
	正常水平+3.4～63.3	10	A	田间	↑（15）	Al-Oudat et al.，1998
	?	15	A	田间	—	Yue and Wang，1998
	正常水平+5.0	20	A	田间	因品种而异	Li et al.，2000
	正常水平的130%	?	A	田间	—	Hakala et al.，2002

注：PAR，光合有效辐射；A，正常大气水平；MD，正午；“？”表示未知；“↓”“↑”“—”分别表示降低、上升、不变

5.1.3.4 对植物物质代谢的影响

植物物质代谢作为植物生命活动过程中最活跃而又最重要的代谢活动，在植物的生长发育过程中发挥着重要作用。在植物体内，核酸、蛋白质、生长调节物质和紫外吸收

物质等作为 UV-B 主要的目标底物，参与植物的物质代谢过程，对植物的形态建成和生长发育起着至关重要的作用，因而受到国际学术界的普遍关注。

（1）对核酸代谢的影响

无论是原核生物还是真核生物，UV-B 均可诱导 DNA 损伤，且 UV-B 容易被许多大分子（如核酸、蛋白质、脂质和植物激素）吸收（徐佳妮等，2015；Yun et al.，2018）。高强度 UV-B 对 DNA 损伤的机理主要是，UV-B 可以使同一条链上相邻的两个嘧啶碱基形成共价键，变成环丁烷嘧啶二聚体（cyclobutane pyrimidine dimer，CPD）和 6-4 光产物（6-4 photoproduct，6-4PP），可以形成如 CC、TC、TT 等二聚体。一旦 DNA 分子中形成如 CC、TC、TT 等二聚体，就会导致 DNA 的复制和转录功能异常，其正常的生理代谢就会受到影响（Tuteja et al.，2009）。在一定条件下，细胞能够自我修复 UV-B 等外界因素对植物 DNA 造成的损伤。植物自身所具有的 DNA 修复系统可以维持正常基因组的完整性，并且在一定程度上提高植物对 UV-B 的耐受性（Müller et al.，2014）。植物的主要修复机制包括光修复和暗修复（Gill et al.，2015）。植物感知 UV-B 的途径包括以 UVR8 作为 UV-B 光受体感知光信号，激活光形态和适应性反应等（Besteiro et al.，2011；徐佳妮等，2015）。

目前的研究发现，植物对 UV-B 胁迫的应激反应涉及丝裂原激活蛋白激酶（mitogen-activation protein kinase，MAPK）信号级联反应。MAP 激酶 MPK3 和 MPK6 信号通路可以被 UV-B 与 MPK1 激活，并且被激活的 MPK3 和 MPK6 信号通路部分抑制 MPK1 的活性（Besteiro et al.，2011）。21 世纪初，Kliebenstein 等（2002）分离到拟南芥突变体的紫外线电阻 locus 8（UVR8），后来，该基因被证明是 UV-B 感光受体（Rizzini et al.，2011）。UVR8 不同于其他已知的感光受体，在 UV-B 感光系统中，它使用色氨酸取代吸收光的载色体（Jenkins，2014）。目前，研究者已经以感光受体 UVR8 为结构基础，进一步研究 UV-B 对植物影响的分子机制。UVR8 对维持光合作用的直接作用机制尚未确定，但已知 UVR8 可以介导叶绿体蛋白，如 SIG 5 和 ELIP 的表达。UVR8 信号通路可以间接调节参与光合作用的次生代谢物的合成及光形态建成。由 UVR8 介导的信号控制的级联反应可以提高植物驯化抗应力，并保证其在自然环境中生存（Singh et al.，2014）。bZIP 转录因子 HY 5（elongated hypocotyl 5，亮氨酸拉链类转录因子）是长波紫外线诱导的信号转导通路的一个重要的成员（Ulm and Nagy，2005）。有研究发现，紫外线感光受体 UVR8 与 COP 1 的二聚体可以使受 UV 调控的目标基因表达上调，包括 HY 5 和 HYH（HY 5 同源物）等转录因子，它们可以激活更多受 UV-B 胁迫响应的下游基因（Müller et al.，2014）。同时，在整个调控通路中，通过结合 RUP 1 和 RUP 2 蛋白可以建立一个负反馈环路。HY 5 可上调类黄酮酶相关基因的表达以增加花色苷的生物合成，从而减少 UV-B 带来的伤害。

（2）对蛋白质代谢的影响

蛋白质作为生物有机体的重要组成部分和生物催化剂，在各种生理功能中起重要作用。但是蛋白质的最大吸收波长正好在 UV-B 的波长范围（280～320nm）。因此，增强的 UV-B 将会对蛋白质产生较大影响，其影响途径主要有色氨酸的光降解、—SH 的修饰、膜蛋白在水中溶解度的提高及多肽链的断裂等。这些影响均可以引起酶的失活和蛋白质结构的改变。

植物对UV-B响应的光形态建成暗示了植物中存在一种与其他已知感光受体类似的UV-B感光受体。2011年，作为感知UV-B的感光受体蛋白UVR8被发现，其分布于生物的细胞质和细胞核中，而UV-B能够增加其在细胞核内的分布。UVR8蛋白介导了植物对UV-B的响应，同时据推测它可能直接调节染色质上响应UV-B基因的转录。进一步研究UVR8蛋白的晶体结构时，研究者发现其是一个对称的二聚体。受UV-B的光刺激后，二聚体解聚为单体，同时启动一系列的级联信号反应。随后，UVR8蛋白快速从单体恢复到二聚体的形式（Heilmann and Jenkins，2013）。

（3）对生长调节物质代谢的影响

UV-B能够改变内源激素含量及其平衡，进而调节植物的某些生理生化过程，使植物各方面从有利于自身生长向有利于适应周围环境变化转变。Hectors等（2007）的研究表明，UV-B诱导的形态变化与植物激素[吲哚乙酸（IAA）、赤霉素（GA）和油菜素内酯（BR）等]的稳态平衡和细胞壁的生物合成有关。UV-B增强可以显著降低IAA和GA的含量，而明显提高脱落酸（ABA）的含量。这一现象的产生可能与UV-B引起的光氧化增强及过氧化物酶（POD）活性提高，进而降低了IAA的含量，以及类胡萝卜素遭光解产生黄质醛，并最终形成ABA的过程有关。IAA在280nm处有吸收峰，易发生光氧化作用，形成的氧化产物会抑制茎的伸长。而IAA和GA含量的减少，会减缓细胞伸长和分裂，这就会导致植株的矮化和叶面积变小，从而减少UV-B面积，以便植物更好地适应UV-B。ABA含量的升高，能够增加一氧化氮（NO）的生成量以维持细胞的稳态，从而保护细胞免受氧化胁迫的伤害（Tossi et al.，2012）；同时促进叶片气孔的关闭、诱导游离脯氨酸含量的积累，进而增强植物对UV-B的适应性；ABA会抑制植物鲜重的积累，但可以使植株免遭UV-B造成的严重损伤及死亡（Rakitin et al.，2009）。

Rakitin等（2008）研究发现，在UV-B增强条件下，植物叶片乙烯（ethylene，ETH）的释放量及多胺的合成量会显著增加。UV-B辐射早期，ETH的释放量增加并参与激活植物对UV-B防御反应的信号转导途径，促进NO、H_2O_2的合成并诱导叶片的气孔关闭。Lewis等（2011）利用突变体植株证明了IAA和ETH前体物质ACC可以通过不同途径调控黄酮醇类物质的合成。多胺能够保持细胞膜的稳定性，抑制膜的脂质过氧化作用，从而调节植物的生长发育和延缓衰老。在UV-B胁迫的响应反应中，ETH和ABA合成之间相互调节，并参与调节多胺的生成。ETH可诱导多胺的积累，并刺激ABA的合成：而ABA可抑制UV-B诱导的ETH合成（Rakitin et al.，2009）。此外，植物受到UV-B辐射后，也可以通过茉莉酸甲酯信号途径增加酚类物质的含量（Demkura et al.，2010）。

（4）对紫外吸收物质代谢的影响

作为UV-B滤除器的黄酮类化合物，具有增强植物的抗氧化作用和吸收紫外线的功能，可以减少UV-B对植物造成的伤害，并对叶片的叶肉组织起保护作用。这类物质主要包括花青素、黄酮醇、黄烷醇和原花色素等。通过对 UV-B 处理后的叶片进行分析，研究者发现变厚的叶片中黄酮类化合物的含量显著升高（Klem et al.，2012）。而在喜阴植物中，黄酮类化合物可以保护叶绿体免受高强度阳光照射造成的损伤，同时，其也可以通过保护 PSⅡ使植物免受 UV-B 造成的伤害（Petrussa et al.，2013）。

5.1.4 植物对 UV-B 的防护和适应性机理

UV-B 增强对陆地上的植物和生态系统造成了极大的影响，而绿色植物为了生存就必须增强自身的防护机制以适应环境的改变。这些改变主要通过植物对 UV-B 的形态适应性、植物内部保护性化合物的合成与调节及高效的活性氧清除能力等来实现。

5.1.4.1 植物对 UV-B 的形态适应性

在 UV-B 较强的低纬度或高山地区，植物主要通过两种方式进行适应：一是自动调节叶片角度，如保持叶片直立等以避免紫外线的直射，使得对于 UV-B 的吸收降到最低限度；二是通过叶片表面蜡质层和表皮毛等附属结构的散射、反射，也可以减少对 UV-B 的吸收。光学分析表明，去掉表皮毛后，会有较多的 UV-B 通过叶表皮。增强 UV-B 可以使棉花上表皮的蜡质层含量提高 200%，大麦、蚕豆则分别提高 23%、28%。增强 UV-B 可以引起火炬松的表皮细胞中单宁含量的增加和细胞壁酚类物质含量的提高，也可以导致欧洲赤松针叶的木质化程度加剧。此外，叶片增厚也是植物减轻 UV-B 伤害的一种重要措施。外层叶组织可以阻挡一部分 UV-B，减少敏感区域接触 UV-B 的剂量，这是植物对 UV-B 的一种积极适应反应。

5.1.4.2 植物内部保护性化合物的合成与调节

植物为适应生存环境必须适时调整自身的防御策略，以应对 UV-B 增强的胁迫。其中，合成 UV-B 吸收化合物是植物在生理生化层面对 UV-B 伤害的有效防御机制。紫外吸收物质主要是次生代谢物中的酚类化合物（如黄酮、黄酮醇、花色素苷）和烯萜类化合物（如类胡萝卜素、树脂等）（李元等，2006）。黄酮类化合物作为 UV-B 的主要吸收物质可以减轻 UV-B 对植物的脂质过氧化和 DNA 损伤（刘美玲等，2014），同时，黄酮类化合物还可以通过吸收和屏蔽 UV-B，从而对植物起到一定的保护作用。Schreiner 等（2014）的研究表明，在 UV-B 下，植物体内不均衡地积累多羟基黄酮类化合物，其中槲皮素与山萘酚所占的比例增加。综合大量研究结果可知，UV-B 可以提高紫外吸收物质（如黄酮、黄酮醇等）的含量，能够有效保护植物免受 UV-B 的伤害，这也被看作是一种植物应对 UV-B 的适应性机制。

5.1.4.3 活性氧清除能力的调节

UV-B 增强引起植物体内活性氧（ROS）代谢的紊乱是其光合能力下降的重要原因之一，但是植物自身有一个高效的 ROS 清除系统，它由抗氧化酶和非酶性抗氧化剂共同构成。其中，叶绿体中清除超氧化物（如 $\cdot O^{2-}$）的酶主要是超氧化物歧化酶（SOD），SOD 有 3 种类型，一种是 CuZn-SOD，另外两种分别是含锰和铁的 SOD。叶绿体中主要是 CuZn-SOD，基质、类囊体膜及 PSⅡ膜片段上都有 SOD 存在，这有利于 $\cdot O^{2-}$的及时清除。但是，在清除 ROS 的同时会产生过氧化氢（H_2O_2）。目前的研究发现，H_2O_2 清除系统为抗坏血酸谷胱甘肽（AsA-GSH）循环系统，叶绿体中 H_2O_2 的清除是以抗坏血酸（ascorbic acid，AsA）为电子供体，由抗坏血酸过氧化物酶（ascorbate peroxidase，APX）完成。在 APX 作用下，AsA 与 H_2O_2 反应生成单脱氢抗坏血酸、丙二醛（MDA）和 H_2O，MDA 还可以通过 MDA→AsA+脱氢抗坏血酸（dehydroascorbic acid，DHA）途径产生 AsA。DHA 在还原酶作用下，以还原型谷胱甘肽（GSH）为电子供体生成 AsA 和氧化型谷胱甘肽（GSSG）。GSSG 在谷胱甘肽还原酶作用下还原成 GSH，再通过 GSH 循环系统清除多余的 H_2O_2。除了 SOD、APX 和 GR 等抗氧化酶外，叶绿体内还存在非酶性抗氧化剂，这些抗氧化剂通常是一些小分子，如亲水的 AsA、亲脂的 α-维生素 E 和类胡萝卜素等。此外，酚类化合物和黄酮类化合物也能够清除 O_2、$\cdot O^{2-}$及 $\cdot OH$。

5.2 硅缓解植物紫外辐射胁迫的效应

臭氧层的损耗导致到达地球表面的 UV-B 增强，从而对地面上植物的形态和生理机能造成严重的伤害（Kakani et al.，2003；Shen et al.，2009，2014a，2014b；Choudhary and Agrawal，2014；Chen et al.，2016；Tripathi et al.，2017）。随着 UV-B 强度的增加，植物为了能够适应一定强度的 UV-B，需要启动多种保护机制，包括促进酚类化合物的合成与积累（Ballaré et al.，2011），增强自身的抗氧化能力（沈雪峰，2011），增厚蜡质层和角质层，矮化株型，减小分枝角度，增加分蘖等。大量研究表明，UV-B 胁迫下，硅能够增加植物叶表面硅的沉积，提高叶片中总酚、花青素、类胡萝卜素及类黄酮的含量，促进植物体内的营养平衡，提高叶片中叶绿素的含量和光合效率，提高抗氧化酶、多酚氧化酶（polyphenol oxidase，PPO）的活性，上调苯丙氨酸解氨酶（phenylalanine ammonia-lyase，PAL）、光修复酶（photolyase，PL）基因的表达，从而缓解 UV-B 胁迫对植物造成的伤害（Li et al.，2004；吴杏春等，2009；Shen et al.，2010a，2010b，2014a，2014b）。

5.2.1 硅缓解 UV-B 胁迫的生物学效应

大量研究表明（李元等，2006；吴杏春等，2009；Shen et al.，2010a，2010b；Choudhary and Agrawal，2014；王玉州等，2015；Chen et al.，2016；陈佳娜，2016），UV-B 增强能够广泛地改变植物的形态学特性。植物叶片是对环境胁迫较为敏感的器官，其对 UV-B 的响应最为迅速。而进入表皮细胞的硅可与角质层形成“角质-双硅层”，从而阻挡并吸收一部分 UV-B，缓解 UV-B 对植物造成的伤害（图 5-6）（沈雪峰，2011）。

5.2.1.1 对植物形态的影响

施硅可以促进硅元素在植物叶片表面的积累，改变植物叶片和茎秆的形态，降低紫

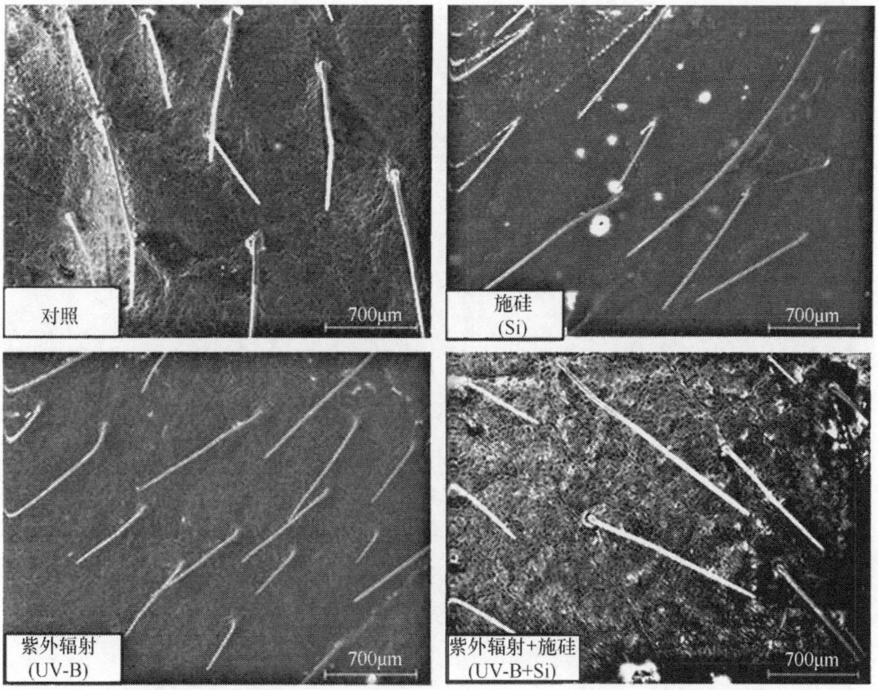

图 5-6　不同处理的大豆叶片上表皮扫描电子显微镜图片（沈雪峰，2011）

外辐射造成的损伤，从而有效缓解 UV-B 对植物形态结构造成的伤害。沈雪峰（2011）利用扫描电子显微镜研究 UV-B 和施硅处理对大豆叶片的影响时发现，在温室条件下模拟 2.7kJ/(m^2·d) UV-B，施用 1.70mmol/L 硅处理可以显著增加大豆叶片的表皮毛长度（图 5-6）。在模拟 UV-B 增强 20%条件下，施用 100kg SiO_2/hm^2 硅处理可以促进水稻苗分蘖数的增加（孟艳等，2015）。王玉州等（2015）通过温室盆栽试验研究发现，施用 1.60mmol/L 硅处理可以在一定程度上缓解 UV-B[5.4kJ/(m^2·d)]对大豆的叶面积、节间长度和株高等形态方面的伤害。陈佳娜（2016）的研究表明，在 5.4kJ/(m^2·d) UV-B 条件下，大豆幼苗植株变矮、叶片卷化、叶面积减小、根系量减少；而与 UV-B 处理相比，经 1.70mmol/L 硅处理的幼苗表现出趋向于恢复正常的生长状态，植株较为健壮、叶片卷曲减轻、根系量增多（图 5-7）。

5.2.1.2　对植物生物量的影响

植物总生物量积累作为衡量 UV-B 对植物生长影响的重要指标，代表着植物所有生理、生化和生长因子长期响应的综合结果。在 UV-B 辐射初期或者低剂量 UV-B 条件下，植物在形态上的变化是对 UV-B 的一种积极应对方式，但是随着辐射处理时间的延长或者剂量的加大，植物就会遭受不可避免的损伤，最终表现为生物量的减少。施硅能够缓解 UV-B 对植物形态结构造成的伤害，促进植物的生长发育，有效提高植物的生物量。在 UV-B 辐射条件下，施 1.70mmol/L 硅处理使大豆幼苗的总干重和根冠比分别增加了 26.6%和 15.0%（沈雪峰等，2014）。王玉州等（2015）研究报道，在 UV-B[5.4kJ/(m^2·d)] 条件下，施用 1.60mmol/L 硅处理有利于增加华严 0926、华严 1 号和中黄 35 3 个品种幼

图 5-7　硅和 UV-B 处理对大豆幼苗形态的影响（陈佳娜，2016）

苗的生物量（表 5-2）。陈佳娜（2016）的研究表明，在 5.4kJ/(m^2·d) UV-B 条件下，大豆幼苗的地上部与地下部干重显著下降，而与 UV-B 相比，1.70mmol/L 硅处理能够缓解 UV-B 对大豆幼苗生长的不利影响，使幼苗的地上部与地下部干重及根茎比都显著增加。肇思迪等（2017）研究发现，在 UV-B 增强条件下，施用 100kg/hm^2 SiO_2 处理能缓解增强 20%的 UV-B 对水稻生长的抑制作用，使成熟期水稻地上部和地下部生物量增加。

表 5-2　硅与 UV-B 处理对大豆幼苗鲜重和干重的影响

品种	处理	鲜重（g/株）		干重（g/株）	
		根系	茎叶	根系	茎叶
中黄 35	CK	7.05b	21.22a	0.89ab	3.74b
	Si	7.73a	20.09a	1.08a	4.80a
	UV-B	6.33c	14.26c	0.62c	3.13c
	UV-B+Si	6.68bc	15.81b	0.85b	4.00b
华严 0926	CK	7.05a	19.27a	0.94ab	5.25bc
	Si	7.22a	19.01a	1.19a	7.34a
	UV-B	7.11a	16.31c	0.82b	4.31c
	UV-B+Si	5.91b	17.61b	1.11ab	6.08b
华严 1 号	CK	5.91bc	12.90c	0.84a	4.60b
	Si	6.47a	17.12a	1.03a	5.88a
	UV-B	5.69c	11.83d	0.90a	4.65b
	UV-B+Si	6.36ab	14.27b	1.07a	5.28ab

注：同一品种同一列的不同小写字母表示不同处理在 0.05 水平差异显著

5.2.1.3　对植物叶片中植硅体的影响

植物组织中的植硅体是高等植物吸收单硅酸后，沉淀于植物细胞或者细胞间隙中的显微结构小体，其主要成分为 SiO_2，它具有增强植物抗逆性的生理功能。硅处理能增加植物叶片表皮细胞的植硅体沉积，从而在促进植物增强对 UV-B 胁迫的抗性方面发挥着重要作用。李文彬（2004）采用加硅和缺硅两种处理培养水稻时发现，离体水稻叶片经过 30h 的 UV-B 辐射之后，两种施硅处理的叶片出现不同的表观伤害症状（图 5-8）；利用浓硫酸消解法将水稻叶片表皮细胞外壁中沉积的片状植硅体和泡状细胞内的块状植硅体分离时，研究者发现用 UV-B 照射处理的叶片发出强烈的黄绿色荧光（图 5-9），这说明植硅体中含有大量的紫外吸收物质，具体机制可能是硅与酚类物质发生了共沉淀作用或者硅通过化学吸附机制将紫外吸收物质富集到叶片表皮细胞中，从而增强了表皮屏蔽 UV-B 的作用。吴杏春等（2007）研究两种不同抗性水稻（Lemont 和 Dular）的硅吸收效率时发现，二者存在明显的基因型差异，电镜观察结果表明，两个供试水稻品种叶片表面硅突数存在明显的差异，其中 Lemont 显著多于 Dular；在增强的 UV-B 处理下，Lemont 叶片表面硅突也明显增多，从而推断硅能够辅助提高水稻抗 UV-B 的能力。

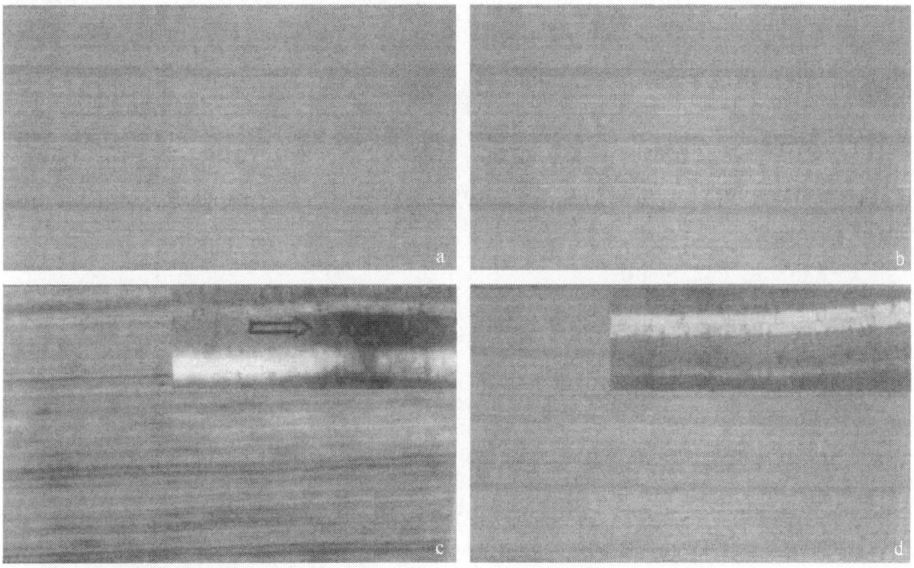

图 5-8　硅和 UV-B 处理对水稻叶片表观伤害的影响（李文彬，2004）

a. 示受紫外辐射胁迫的缺硅水稻叶片；b. 示未受紫外辐射胁迫的加硅水稻叶片；c. 示缺硅水稻叶片上棕色的紫外伤害斑点（用反射光拍摄）（×1600），插图为伤害斑点的放大图（用透射光拍摄）（箭头）（×1700）；d. 示加硅水稻叶片，无紫外伤害斑点（插图×1700）

5.2.2　硅缓解 UV-B 胁迫的营养元素效应

5.2.2.1　对植物硅元素含量的影响

无论是主动吸收还是被动吸收，施硅处理均可以增加植物组织中的硅元素含量。而在逆境条件下，植物组织中硅元素含量显著提高，可能与植物抗逆性增强有关。沈雪峰（2011）利用扫描电子显微镜研究 UV-B 和施硅处理的大豆叶片时发现，在温室模拟

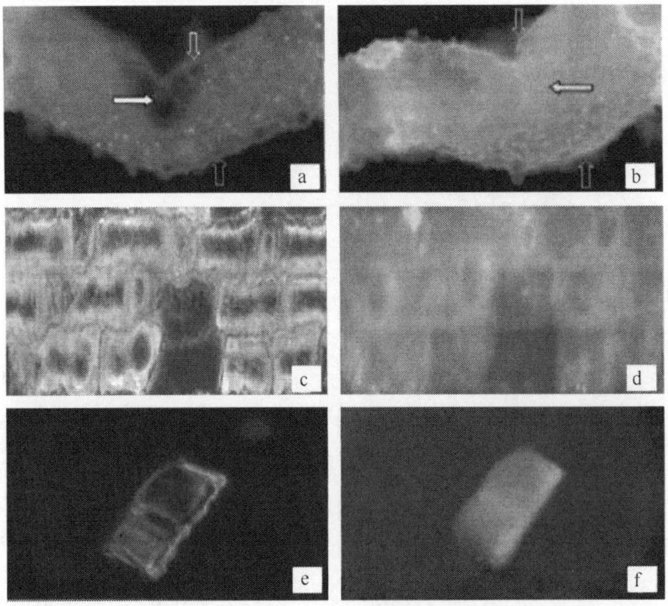

图 5-9 水稻叶片紫外吸收物质积累部位的观察图（李文彬，2004）

a. 示缺硅水稻叶片表皮细胞外壁（空心箭头）和泡状细胞（实心箭头）中酚类化合物的微弱荧光（×1400）；b. 示加硅水稻叶片表皮细胞外壁（空心箭头）和泡状细胞（实心箭头）中酚类化合物的强烈荧光（×1400）；c. 示离体水稻叶片表皮细胞壁上片状植硅体的暗视野照片（×1600）；d. 示图 c 在紫外光激发下的荧光照片（×1600）；e. 示离体水稻叶片表皮泡状细胞内的块状植硅体（×1800）；f. 示图 e 在紫外光激发下的荧光照片（×1800）

2.7kJ/(m^2·d) UV-B 条件下，施用 1.70mmol/L 硅处理可以促进大豆植株对硅元素的累积（图 5-10），显著提高硅元素的含量（表 5-3）。

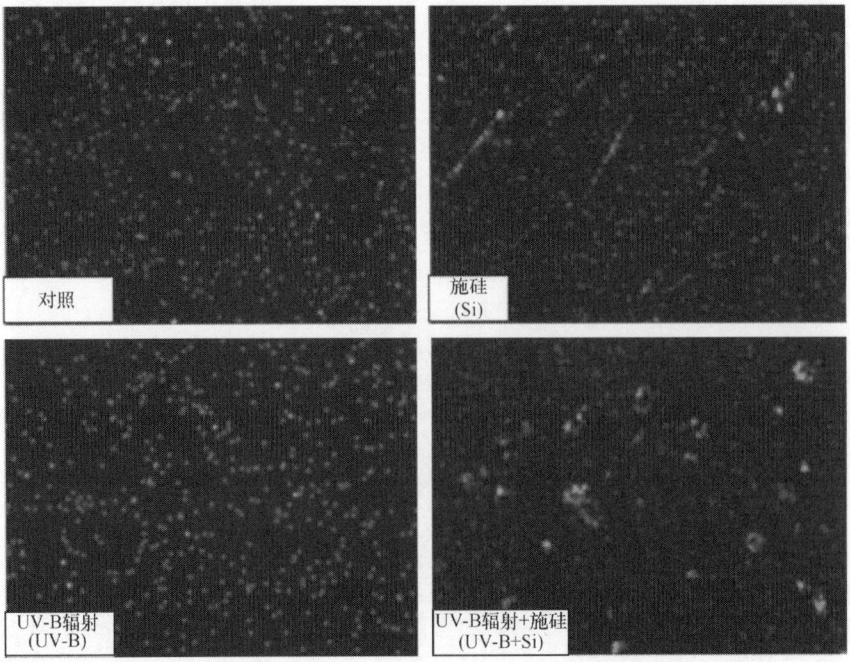

图 5-10 UV-B 条件下硅处理对大豆叶片硅元素的分布与沉积的影响（沈雪峰，2011）

表 5-3　UV-B 条件下硅处理对大豆植株各组分中硅元素含量的影响（沈雪峰等，2014）

处理	硅元素含量（μg/g 干重）			
	根	茎	叶	整株
对照	0.338b	0.070b	0.000c	0.408b
Si	0.602a	0.004c	0.143b	0.749a
UV-B	0.132c	0.015c	0.091b	0.237c
UV-B+Si	0.060d	0.119a	0.500a	0.678a

注：同一列的不同小写字母表示不同处理在 0.05 水平差异显著

5.2.2.2　对植株不同部位营养元素含量的影响

营养元素经植物的根系吸收后，在蒸腾作用下，经木质部运输到植株的不同部位。而逆境条件对营养元素在植物体内的运输和分配具有一定的调控作用。在温室条件下模拟 2.7kJ/(m^2·d) UV-B 辐射，施用 1.70mmol/L 硅处理对大豆植株各部分的营养元素累积具有明显的调控作用（沈雪峰，2011）。与 UV-B 处理相比，UV-B+Si 处理可以显著降低大豆根系中 Fe、Cu、B 和 Si，茎秆中 K、Mg 和 B，以及叶片中 K、Fe、Mn、Cu、Na 和 B 的含量；显著提高根系中 K 和 Na，茎秆中 Fe、Na 和 Si，以及叶片中 Mg 和 Si 的含量（表 5-4）。

表 5-4　UV-B 条件下硅处理对大豆同部位中营养元素含量的影响（沈雪峰，2011）

部位	处理	含量（μg/g 干重）										
		P	K	Ca	Mg	Fe	Mn	Zn	Cu	Na	B	Si
叶片	对照	58.2b	646.3b	149.7b	33.7b	1.07b	1.33c	0.26b	0.110b	2.15b	0.158b	0.000d
	Si	61.3b	689.4a	169.2b	37.2a	1.58a	1.48c	0.26b	0.058c	1.33c	0.123c	0.143b
	UV-B	79.5a	690.2a	175.1a	34.9b	1.73a	2.26a	0.43a	0.301a	3.30a	0.191a	0.091c
	UV-B+Si	74.4a	675.0b	180.1a	39.8a	1.28b	1.82b	0.31a	0.068c	1.81b	0.163b	0.500a
茎秆	对照	73.3a	924.2a	104.4a	26.4b	0.29a	0.36b	0.26b	0.274a	5.83b	0.077b	0.070b
	Si	74.8a	930.4a	108.1a	27.7a	0.65b	0.40b	0.32a	0.076b	11.48a	0.063b	0.004c
	UV-B	79.7a	854.7b	106.8a	31.0a	0.68b	0.76a	0.30a	0.043b	4.54b	0.101a	0.015c
	UV-B+Si	74.7a	635.9c	114.8a	26.7b	0.82a	0.61a	0.35a	0.056b	11.11a	0.080b	0.119a
根系	对照	148.1a	978.5a	82.6a	99.5a	9.51b	6.80b	0.31b	0.096c	21.28b	0.158b	0.338b
	Si	121.3b	761.3b	72.2b	93.6a	8.02b	7.21a	1.51a	0.051c	46.02a	0.234a	0.602a
	UV-B	121.7b	605.5c	75.8b	72.8b	11.60a	8.29a	0.24b	0.248a	17.17b	0.136b	0.132c
	UV-B+Si	109.5b	685.1b	70.3b	79.6b	7.59b	7.63a	0.27b	0.153b	44.50a	0.074c	0.060d

注：同一部位同一列的不同小写字母表示不同处理在 0.05 水平差异显著

5.3　硅提高植物对紫外辐射胁迫抗性的机制

UV-B 增强会导致植物光合能力降低、生物量减少、蛋白质的合成受阻、叶绿体的功能受损、DNA 的损伤及膜脂的过氧化作用等（吴杏春等，2009）。硅作为抗逆性有益元素，在 UV-B 增强条件下保护叶片的光合器官、维持良好的细胞结构、增强抗氧化酶活性，促进抗性基因的表达等方面发挥着重要作用。

5.3.1 硅提高植物对 UV-B 抗性的生物学机制

植物对硅素的吸收有主动型、排斥型、被动型 3 种类型。高等植物主要吸收分子态的单硅酸（H_4SiO_4），不同植物种类吸收硅的能力有显著差异，而同一种类不同基因型对硅元素的吸收也存在很大差异；此外，环境条件对硅元素的吸收也具有明显的影响。植物体内硅元素的长距离运输仅限于木质部，它在地上部茎叶中的分布取决于各器官的蒸腾速率。硅元素主要存在于植株的质外体中，水分蒸发后硅酸沉淀于蒸腾流的末端，如叶片上、下表皮细胞的外壁上。经长距离运输后，硅元素也会沉积于木质部导管的细胞壁中，增加导管的强度，从而抵抗强烈的蒸腾作用对导管的挤压作用。

硅是对植物生长有益的元素，植物中 90%以上的硅元素都存在于植硅体中。对于禾本科植物而言，硅的吸收方式为主动吸收，例如，水稻主要通过侧根吸收硅。对于双子叶植物来说，硅的吸收方式则为被动吸收，双子叶植物通过根系从土壤溶液中吸收溶解态的硅，其在叶片的蒸腾作用下，经维管束传送，在细胞壁、内腔或者细胞壁间以无定形水合二氧化硅（$m\mathrm{SiO_2}\cdot n\mathrm{H_2O}$）的形式存在，在植物体内形成难溶的硅酸。较常见的草本植物硅酸体有光滑棒型、刺棒型、哑铃型、三棱柱型、帽型、多边帽型、扇型、尖型、齿型等类型；常见的木本植物硅酸体有导管状、边缘弯曲板型、松树皮状、不规则立方体型和扁棒型等类型。进入植株的硅元素能够增强植物组织细胞的硬度和耐压能力，提高植株的抗倒伏能力；使植物具有良好的透光性和散射能力，能够增强植物对光的拦截效率和抗旱能力，进而提高植物的光合效率。据报道，施硅可以提高水稻根系的生物量，调节水稻植株的 C/N 值，改善其初生代谢能力，提高水稻的产量。施硅处理可以促进甜瓜开花期提早，使其前期产量增加。此外，施硅也可以促进马铃薯试管苗的生长发育和生物量的积累。

5.3.1.1 影响植株形态

吸硅充足的植株生长较为健壮，叶与茎秆的夹角缩小，叶片挺立，接收较少的 UV-B 直射。到达植物叶片的硅可以促进叶片表皮毛的生长，能够提高植物对紫外光的散射能力。硅在叶片及叶鞘表皮细胞上形成一种“角质-双硅层”，这一机械障碍可以阻挡并吸收一部分 UV-B，从而减轻 UV-B 对植物叶片的伤害。植物吸收的硅主要沉积在输导组织及细胞壁等非生理活性部位，可以防止作物根系及输导组织在 UV-B 辐射下遭受挤压，保证植物运输水分和养分的畅通。吸收硅元素后，植物表现为：叶片细胞的死亡减缓、卷曲程度减轻，植株生长所受的抑制作用减轻，生物量的减少幅度缩小。

5.3.1.2 调控植株的营养吸收

据报道，水稻中的氮素积累与硅素积累呈正相关，这是由于施硅增强了水稻根系对氮的同化能力，促进了植株对氮的吸收。此外，施硅也可以促进水稻对 N、P、K 的平衡吸收，从而促进养分利用率的提高。不仅如此，施硅还可以增加玉米根系对 N、P、K 的吸收强度，显著改善植株体内 N、P、K 的营养状况。

5.3.2 硅提高植物对 UV-B 抗性的生理机制

通常情况下，植物可以通过调节自身的抗氧化酶系统，以减少 UV-B 对其造成的伤害，同时，还可以通过积累类黄酮等次生代谢物，以提高植物的抗氧化能力，从而抑制 UV-B 对植物细胞的脂质过氧化和加速对 ROS 自由基的清除。研究表明，UV-B 辐射条件下施硅处理可以减轻 UV-B 对植物造成的伤害，增强抗氧化酶活性，以清除积累的 ROS 自由基，从而增强植物对 UV-B 的抗性（吴杏春等，2009；沈雪峰等，2014；王玉州等，2015；Tripathi et al.，2017）。

5.3.2.1 影响抗氧化防御系统

UV-B 引起的 ROS（如 $\cdot O^{2-}$、$\cdot OH$、H_2O_2 和 NO）伤害，是造成植物光损伤和光渗漏的主要原因（吴杏春等，2009），对植物的生长发育造成严重的伤害。植物可以通过调节自身的防御系统，增强对 ROS 的清除能力。在 2.7kJ/($m^2\cdot d$)和 5.4kJ/($m^2\cdot d$)的 UV-B 条件下，大豆幼苗叶片的 $\cdot O^{2-}$ 产生速率和 H_2O_2 含量显著增加；在紫外辐射条件下，施用 1.70mmol/L Si 处理可以显著提高 CAT、POD 和 SOD 的活性，降低 $\cdot O^{2-}$ 产生速率和 H_2O_2 含量（沈雪峰，2011）。同时，UV-B+Si 处理还可以提高大豆叶片 CAT、POD 和 SOD 的同工酶活性（Shen et al.，2010a）。

5.3.2.2 缓解质膜透性所受的损害

正常情况下，植物细胞内自由基的产生和消除处于一种动态平衡状态，但是当植物处在胁迫条件下时，这一平衡状态会被打破，植物所积累的 ROS 启动自身的膜脂过氧化作用，导致细胞膜脱脂反应，进而造成对膜系统的损伤。UV-B 增强通常先抑制膜保护酶系统的防御功能，其最终产物丙二醛（MDA）会对生物膜造成严重的损害。研究者通过模拟北京地区紫外辐射增强 30%和 60%[增加的辐射强度分别为 2.7kJ/($m^2\cdot d$)和 5.4kJ/($m^2\cdot d$)]发现，UV-B 处理叶片的 MDA 含量显著升高，在增强 2.7kJ/($m^2\cdot d$) UV-B 条件下，施用 1.70mmol/L 和 2.55mmol/L 硅处理叶片的 MDA 含量分别降低了 35.0%和 30.1%；在增强 5.4kJ/($m^2\cdot d$) UV-B 条件下，施用 1.70mmol/L 和 2.55mmol/L 硅处理叶片的 MDA 含量分别降低了 28.1%和 37.2%（沈雪峰，2011）。

5.3.2.3 改善植株的光合作用

细胞膜系统是 UV-B 伤害的最初目标，UV-B 可诱导植物体内 ROS 产生的加剧，致使光合膜发生氧化作用，进一步破坏类囊体膜，使叶绿体结构受到破坏，从而抑制植物的光合作用。沈雪峰（2011）的研究表明，在 UV-B 增强[2.7kJ/($m^2\cdot d$)]条件下，大豆叶片的叶绿素 a 含量显著降低，降低了 44.6%；UV-B+Si 处理中叶片的叶绿素 a 含量较 UV-B 处理增加了 27.0%。UV-B+Si（1.70mmol/L）处理对大豆叶片的叶绿素 b 和总叶绿素含量的影响与对叶绿素 a 含量的影响基本一致（图 5-11）。进一步研究发现，UV-B+Si 处理的光合速率和叶绿素荧光参数也明显得到改善。而娄运生等（2013）的研究表明，施硅（150kg/hm^2 SiO_2）可以缓解 UV-B 增强（增强 20%，1.8kJ/m^2）对大麦净光合速率的抑制作用，但并不能缓解 UV-B 增强对大麦蒸腾作用及气孔导度的抑制。

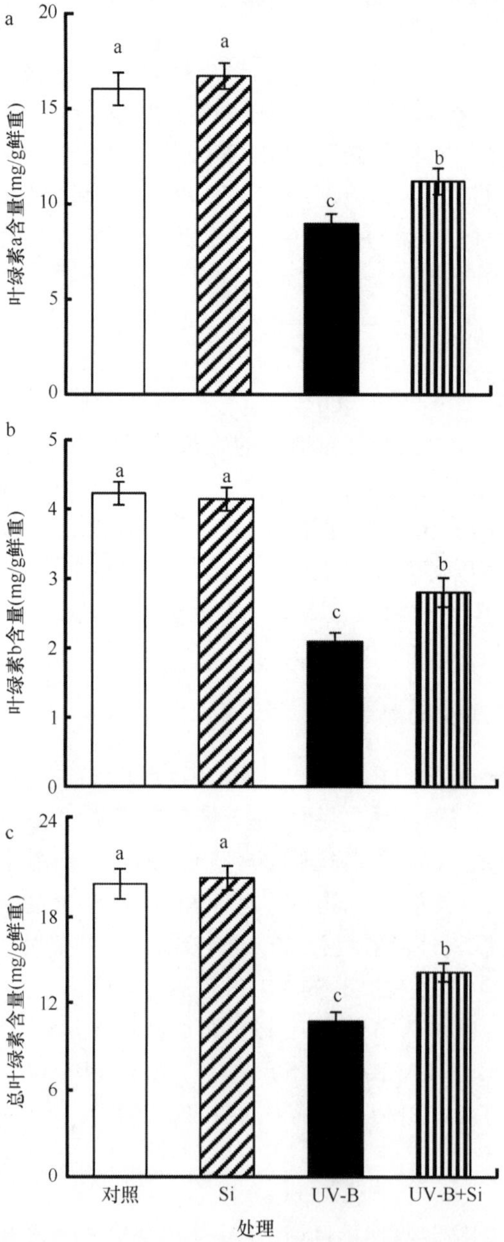

图 5-11　UV-B 辐射条件下硅处理对大豆幼苗叶绿素含量的影响（沈雪峰，2011）

柱子上方不同小写字母表示不同处理间差异显著（$P<0.05$）

（1）增强植物的次生代谢

植物表层及液泡内所富集的大量酚类次生代谢物（如类黄酮、苯丙烷类衍生物等）

能吸收 UV-B，同时，酚类代谢物质对 UV-B 具有屏蔽作用，从而避免 UV-B 对植物的直接伤害。水稻对 UV-B 的耐性也与吸收 UV-B 的化合物的浓度成正比。吴杏春等（2009）的研究表明，加硅营养条件下，UV-B 胁迫促使水稻叶片的酚代谢酶含量和相关物质极显著增加，其中，与对照相比，苯丙氨酸解氨酶（phenylalanine ammonia-lyase，PAL）、多酚氧化酶（polyphenol oxidase，PPO）和 POD 活性的增幅分别为 22.59%、21.18%和 30.55%，总酚、绿原酸和类黄酮的含量分别增加 11.17%、18.76%和 8.47%。在 UV-B 辐射条件下，施硅处理可以显著提高可溶性酚类物质和蜡质的含量，分别较 UV-B 处理提高了 14.8%和 52.9%（沈雪峰等，2014）。陈佳娜（2016）的研究表明，UV-B+Si 处理下大豆叶片酚类物质、类黄酮、UV-B 吸收物质及蜡质的含量较 UV-B 处理分别增加了 4.7%、6.2%、23.1%和 24.0%，较对照处理分别增加了 58.6%、40.3%、182.8%和 73.4%。

（2）调控植株内源激素的平衡

UV-B 增强对植物形态指标的改变是由于 UV-B 直接改变了植物体内激素（如 IAA、ABA、ETH、多胺、SA 等）的代谢水平。内源激素的动态平衡在调控植物的生长发育上可能比单一激素的绝对含量更重要。IAA/ABA、GA/IAA、ZR/ABA 通常用来表示激素对植物生长具有促进还是抑制作用，其值大则表明具有促进作用，反之则表现为抑制作用。陈佳娜（2016）的研究表明，与 UV-B 处理相比，UV-B+Si 处理的大豆叶片 IAA 含量提高了 8.4%，而 ABA 含量下降了 11.45%（表 5-5）。说明该处理显著缓解了 UV-B 胁迫对 IAA 合成的抑制效应及对 ABA 合成的促进效应。

表 5-5　硅和 UV-B 对大豆幼苗叶片 IAA、ABA 及 ETH 含量的影响（陈佳娜，2016）

处理	IAA（ng/g 鲜重）	ABA（ng/g 鲜重）	IAA/ABA	ETH（nL/g 鲜重）
CK	82.54b	51.87c	1.59	2.15b
Si	90.43a	52.33c	1.73	1.67c
UV-B	68.60d	78.25a	0.88	3.22a
UV-B+Si	74.38c	69.29b	1.07	2.33b

注：同一列中不同小写字母表示不同处理在 5%水平下差异显著

5.3.3　硅提高植物对 UV-B 抗性的分子机制

UV-B 胁迫除了能够影响植物的生长发育、生理生化外，也能够对植物 DNA 产生直接的伤害，形成嘧啶二聚体而影响 DNA 的复制和转录。UV-B 主要产生两个损伤 DNA 的产物：环丁烷嘧啶二聚体（CPD）和 6-4 光产物（6-4PP），CPD 光修复酶能显著降低 CPD 的含量，增强植物对 UV-B 胁迫的抗性（Chen et al.，2016）。硅处理能够显著增加水稻中光修复酶的表达量，增强光复活作用，将环丁烷嘧啶二聚体转变为单聚体。UV-B 胁迫对基因表达也会产生重要影响（吴杏春等，2010；方长旬等，2011）。

5.3.3.1 硅营养性状的 QTL 定位

Dai 等（2004）通过对水稻不同器官的研究发现了与水稻硅吸收能力相关的 10 个加性效应的数量性状基因座（quantitative trait locus，QTL）和 14 个加性与上位性互作的基因。吴杏春等（2010）以 Lemont 和 Dular 杂交建立的包含 123 个家系的水稻重组自交系群体为材料，进行水稻硅营养遗传性状 QTL 定位。形成的图谱包含 109 个简单序列重复（simple sequence repeat，SSR）标记，共覆盖水稻基因组约 2518cM，标记间的平均距离为 22.16cM，平均每对染色体覆盖长度为 209.83cM，平均每对染色体上的标记数为 9.0 个。结果表明，控制水稻叶片硅利用率的 4 个加性 QTL 分别在第 2、3、10 染色体上，而控制根系硅吸收能力的 1 个加性 QTL 位于第 11 染色体上。QTL 与 UV-B 辐射互作分析显示，2 对控制根系硅吸收能力和 3 对控制叶片硅利用率的基因×环境上位性 QTL 中，只有 1 对控制根系硅吸收能力的 QTL 效应值较大。说明水稻的这两种硅营养性状中，根系硅吸收能力较叶片硅利用率受 UV-B 影响大。

5.3.3.2 环丁烷嘧啶二聚体的诱导

由于 DNA 最大吸收波长恰好在 UV-B 波长范围内，因此基因组很容易受到辐射的伤害，其稳定性也易受到影响。UV-B 引起的 DNA 损伤主要是通过改变 DNA 的结构，在同一条链上通过共价修饰形成嘧啶二聚体，如环丁烷嘧啶二聚体（CPD）和 6-4 光产物（6-4PP），阻碍 DNA 聚合酶和 RNA 聚合酶Ⅱ在 DNA 片段上的推进，进而导致复制、转录和重组等方面的变化。

Chen 等（2016）的研究表明，无论是否有硅处理（UV，Si+UV），UV-B 处理 1h 后，大豆叶片 DNA 中 CPD 含量急剧增加，且增加幅度达 10 倍之多。而在整个处理过程中，硅处理（Si，Si+UV）幼苗中 CPD 含量并不低于未加硅的处理（CK，UV）。UV-B 辐射开始 4h 时，UV-B 处理（UV）的幼苗叶片 CPD 含量比对照（CK）增加了 6 倍，且随着辐射处理时间的延长，CPD 的含量不断增加。UV-B 辐射开始 3 天后，CPD 的增加幅度增至 8 倍；待 UV-B 辐射结束（7 天）时，CPD 含量的增加幅度增至 16 倍。UV-B 辐射开始 4h 后，硅预处理（Si+UV）对 DNA 损伤没有缓解作用；但从处理时间达到 8h 开始，硅可以显著缓解 UV-B 对 DNA 的损伤，CPD 积累量显著下降；在试验进行到第 3 天时，与 UV-B 处理（UV）相比，硅预处理（Si+UV）对 DNA 损伤的缓解量可达到 70%；之后，硅预处理对 CPD 含量增加的抑制能力减弱，但其含量仍低于未施硅处理。这一结果表明，UV-B 对 DNA 造成的损伤随着时间延长而不断加重，施硅处理对 UV-B 诱导的损伤有明显的缓解作用，其缓解作用在 1 天后达到显著水平，且在 UV-B 处理前期更明显。

5.3.3.3 光复活酶基因的表达

在遭受 UV-B 辐射后，生物体具备修复损伤的机制，而修复机制之一就是光复活作用，其中光复活酶发挥关键作用。方长旬等（2011）以 UV-B 耐性水稻 Lemont 和 UV-B 敏感水稻 Dular 及其转硅吸收基因（*Lsi1*）的水稻为材料研究发现，水稻 *Lsi1* 基因表达被抑制后，其叶片苯丙氨酸解氨酶（PAL）、光修复酶（PL）基因表达下调，总酚和类黄酮含量降低，说明通过调节水稻 *Lsi1* 能够改变水稻耐 UV-B 辐射的能力（图 5-12，图 5-13）。而 Chen 等（2016）的研究表明，与 UV-B 相比，硅+UV-B 处理大豆幼苗叶片可诱导 *PL* 基因的上调表达，表明硅处理能够有效提高大豆幼苗叶片 *PL* 基因的表达量。

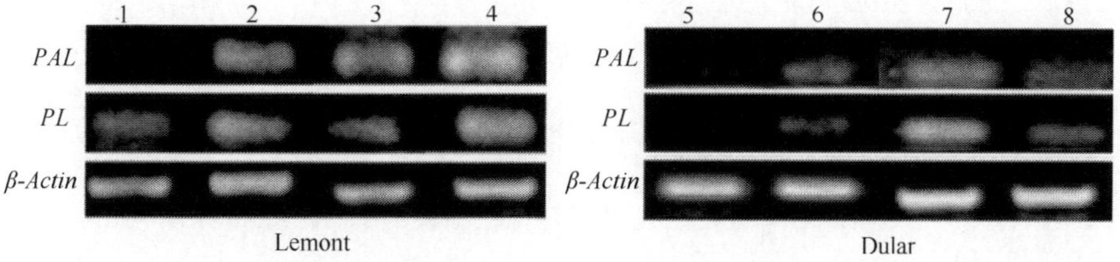

图 5-12　不同光照与硅营养条件下水稻 Lemont、Dular 的 *PAL* 及 *PL* 基因表达情况（方长旬等，2011）

1、5 表示自然光照条件下缺硅培养；2、6 表示 UV-B 辐射下缺硅培养；3、8 表示自然光照条件下加硅培养；4、7 表示 UV-B 辐射下加硅培养

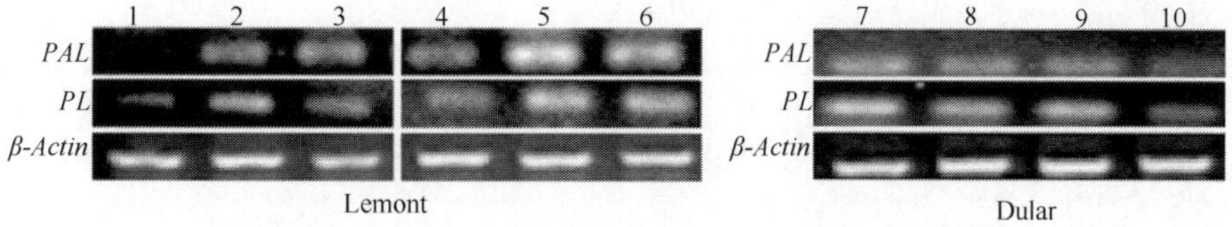

图 5-13　不同光照条件下加硅培养的不同水稻的 *PAL* 及 *PL* 基因表达情况（方长旬等，2011）

1 表示自然光照条件下 *Lsi1* 被抑制的转基因水稻；2、8 表示自然光照条件下 *Lsi1* 过量表达的转基因水稻；3、10 表示自然光照条件下的野生型水稻；4 表示 UV-B 辐射下 *Lsi1* 被抑制的转基因水稻；5、7 表示 UV-B 辐射下 *Lsi1* 过量表达的转基因水稻；6、9 表示 UV-B 辐射下的野生型水稻

综上所述，UV-B 作为太阳有效辐射的一部分，对地面生物的生命活动起着保护作用。然而，大气层中臭氧层减薄导致到达地面的 UV-B 增强，则会严重影响植物的生长发育。尽管植物自身也具有一定的防御机制和修复机制来抵御 UV-B 带来的胁迫，可是当 UV-B 造成的伤害的程度超过植物的耐受力后，就会造成不可逆的损伤。硅作为对植物生长发育有益的元素，能够在一定程度上缓解 UV-B 带来的损害，促进植物的正常生长发育。但是，关于施硅处理缓解植物所受 UV-B 胁迫的分子调控路径，以及植硅体在缓解 UV-B 带来的损害方面的作用机制尚不十分清楚，还需要进一步研究。

主要参考文献

陈佳娜. 2016. 硅诱导大豆幼苗抗 UV-B 辐射的研究. 北京：中国农业大学博士学位论文

方长旬，王清水，余彦，等. 2011. 硅及其吸收基因 *Lsi1* 调节水稻耐 UV-B 辐射的作用. 作物学报, 37(6): 1005-1011

李文彬. 2004. 水稻体内硅的生理功能及沉积机理的研究. 北京：中国农业大学博士学位论文

李元，何永美，祖艳群. 2006. 增强 UV-B 辐射对作物生理代谢、DNA 和蛋白质的影响研究进展. 应用生态学报, 17(1): 123-126

刘美玲，曹波，刘玉冰，等. 2014. 红砂(*Reaumuria soongorica*)黄酮类物质代谢及其抗氧化活性对 UV-B 辐射的响应. 中国沙漠, 34(2): 426-432

刘年庆，黄富祥，王维和. 2011. 2011 年春季北极地区臭氧低值事件的卫星遥感监测. 科学通报, 56(27): 2315-2318

娄运生, 韩艳, 刘朝阳, 等. 2013. UV-B 增强下施硅对大麦抽穗期光合和蒸腾生理日变化的影响. 中国农业气象, 34(6): 668-672
孟艳, 娄运生, 吴蕾, 等. 2015. UV-B 增强下施硅对水稻生长及 CH_4 排放的影响. 应用生态学报, 26(1): 25-31
沈雪峰. 2011. 硅提高大豆抗紫外辐射的生理机制研究. 北京: 中国农业大学博士学位论文
沈雪峰, 董朝霞, 陈勇. 2014. 硅和紫外辐射对大豆幼苗生理特性的影响. 大豆科学, 33(6): 857-860
王进, 张静, 杨景辉, 等. 2010. UV-B 辐射增强对棉花叶片显微结构的影响. 新疆农业科学, 47(8): 1619-1626
王玉州, 翁傲, 张明才, 等. 2015. Si 缓解 UV-B 辐射增强对大豆幼苗生长的影响. 大豆科学, 34(6): 522-526
吴杏春, 陈裕坤, 李奇松, 等. 2009. 硅营养对 UV-B 辐射条件下水稻酚类代谢的影响. 中国农学通报, 25(24): 225-230
吴杏春, 林文雄, 黄忠良. 2007. UV-B 辐射增强对两种不同抗性水稻叶片光合生理及超显微结构的影响. 应用生态学报, 27(2): 554-564
吴杏春, 王茵, 王清水, 等. 2010. UV-B 辐射增强条件下水稻苗期硅营养性状的 QTL 定位及其与环境互作效应分析. 中国生态农业学报, 18(1): 129-135
徐佳妮, 雷梦琦, 鲁瑞琪, 等. 2015. UV-B 辐射增强对植物影响的研究进展. 基因组学与应用生物学, 34(6): 1347-1352
肇思迪, 娄运生, 张祎玮, 等. 2017. UV-B 增强下施硅对稻田 CH_4 和 N_2O 排放及其增温潜势的影响. 生态学报, 37(14): 1-10
Al-Oudat M, Baydoun S A, Mohammad A. 1998. Effects of enhanced UV-B on growth and yield of two Syrian crops wheat (*Triticum durum* var. *Horani*) and broad beans (*Vicia faba*) under field conditions. Environmental and Experimental Botany, 40(1): 11-16
Ballaré C L, Caldwell M M, Flint S D, et al. 2011. Effects of solar ultraviolet radiation on terrestrial ecosystems. Patterns, mechanisms, and interactions with climate change. Photochemical & Photobiological Sciences, 10(2): 226-241
Besteiro M A G, Bartels S, Albert A, et al. 2011. *Arabidopsis* MAP kinase phosphatase 1 and its target MAP kinases 3 and 6 antagonistically determine UV-B stress tolerance, independent of the UVR8 photoreceptor pathway. The Plant Journal, 68(4): 727-737
Chen J N, Zhang M C, Eneji A E, et al. 2016. Influence of exogenous silicon on UV-B radiation-induced cyclobutane pyrimidine dimmers in soybean leaves and its alleviation mechanism. Journal of Plant Physiology, 196-197: 20-27
Choudhary K K, Agrawal S B. 2014. Ultraviolet-B induced changes in morphological, physiological and biochemical parameters of two cultivars of pea (*Pisum sativum* L.). Ecotoxicology and Environmental Safety, 100: 178-187
Correia C M, Coutinho J F, Bjorn L O, et al. 2000. Ultraviolet-B radiation and nitrogen effects on growth and yield of maize under Mediterranean field conditions. European Journal of Agronomy, 12(2): 117-125
Dai Q J, Furness N H, Upadhyaya M K. 2004. UV-absorbing compounds and susceptibility of weedy species to UV-B radiation. Weed Biology and Management, 4(2): 95-102
Dai Q J, Peng S B, Chavez A Q, et al. 1997. Supplemental ultraviolet-B radiation does not reduce growth or grain yield in rice. Agronomy Journal, 89(5): 793-799
Deckmyn G, Impens I. 1995. UV-B increases the harvest index of bean (*Phaseolus vulgaris* L.). Plant, Cell and Environment, 18(12): 1426-1433
Demchik S M, Day T A. 1996. Effect of enhanced UV-B radiation on pollen quantity, quality, and seed yield in *Brassica rapa* (Brassicaceae). American Journal of Botany, 83(5): 573-579
Demkura P V, Abdala G, Baldwin I T, et al. 2010. Jasmonate-dependent and -independent pathways mediate specific effects of solar ultraviolet B radiation on leaf phenolics and antiherbivore defense. Plant Physiology, 152(2): 1084-1095

Dotto M, Casati P. 2017. Developmental reprogramming by UV-B radiation in plants. Plant Science, 264: 96-101

Gill S S, Anjum N A, Gill R, et al. 2015. DNA damage and repair in plants under ultraviolet and ionizing radiations. The Scientific World Journal, 2015: 250158

Giller Y E. 1991. UV-B effect on the development of photosynthetic apparatus, growth and productivity of higher plants // Abrol Y P, Wattal P W, Ort D R, et al. Impact of Global Climatic Changes on Photosynthesis and Plant Productivity. New Delhi: Oxford & IBH Publishing Co. Pvt. Ltd.: 77-93

Goyal A K, Jain V K, Ambrish K. 1991. Effect of supplementary ultraviolet-B radiation on the growth, productivity and chlorophyll of field grown linseed crop. Indian Journal of Plant Physiology, 34(4): 374-377

Gwynn-Jones D. 2001. Short-term impacts of enhanced UV-B radiation on photo-assimilate allocation and metabolism: a possible interpretation for time-dependent inhibition of growth. Plant Ecology, 154: 67-73

Hakala K, Jauhiainen L, Hoskela T, et al. 2002. Sensitivity of crops to increased ultraviolet radiation in northern growing conditions. Journal of Agronomy and Crop Science, 188(1): 8-18

Hectors K, Prinsen E, De Coen W, et al. 2007. *Arabidopsis thaliana* plants acclimated to low dose rates of ultraviolet B radiation show specific changes in morphology and gene expression in the absence of stress symptoms. New Phytologist, 175(2): 255-270

Heilmann M, Jenkins G I. 2013. Rapid reversion from monomer to dimer regenerates the ultraviolet-B photoreceptor UV resistance locus8 in intact *Arabidopsis* plants. Plant Physiology, 161(1): 547-555

Jenkins G I. 2014. The UV-B photoreceptor UVR8: from structure to physiology. The Plant Cell, 26(1): 21-37

Kakani V G, Reddy K R, Zhao D, et al. 2003. Field crop responses to ultraviolet-B radiation: a review. Agricultural and Forest Meteorology, 120(1-4): 191-218

Kim H Y, Kobayashi K, Nouchi I, et al. 1996. Enhanced UV-B radiation has little effect on growth, delta 13C values and pigments of pot-grown rice (*Oryza sativa*) in the field. Physiologia Plantarum, 96(1): 1-5

Klem K, Ač A, Holub P, et al. 2012. Interactive effects of PAR and UV radiation on the physiology, morphology and leaf optical properties of two barley varieties. Environmental and Experimental Botany, 75: 52-64

Kliebenstein D J, Lim J E, Landry L G, et al. 2002. *Arabidopsis* UVR8 regulates ultraviolet-B signal transduction and tolerance and contains sequence similarity to human regulator of chromatin condensation. Plant Physiology, 130(1): 234-243

Kumagai T, Hidema J, Kang H S, et al. 2001. Effects of supplemental UV-B radiation on the growth and yield of two cultivars of Japanese lowland rice (*Oryza sativa* L.) under the field in a cool rice-growing region of Japan. Agriculture Ecosystems & Environment, 83(1-2): 201-208

Lewis D R, Ramirez M V, Miller N D, et al. 2011. Auxin and ethylene induce flavonol accumulation through distinct transcriptional networks. Plant Physiology, 156(1): 144-164

Li W B, Shi X H, Wang H, et al. 2004. Effects of silicon on rice leaves resistance to ultraviolet-B. Acta Botanica Sinica, 46(6): 691-697

Li Y, Yue M, Wang X L. 1998. Effects of enhanced ultraviolet-B radiation on crop structure, growth and yield components of spring wheat under field conditions. Field Crops Research, 57(3): 253-263

Li Y A, Zu Y Q, Chen H Y, et al. 2000. Intraspecific responses in crop growth and yield of 20 wheat cultivars to enhanced ultraviolet-B radiation under field conditions. Field Crops Research, 67(1): 25-33

Lv Z W, Zhang X S, Liu L K, et al. 2013. Comparing intraspecific responses of 12 winter wheat cultivars to different doses of ultraviolet-B radiation. Journal of Photochemistry and Photobiology B: Biology, 119: 1-8

Mazza C A, Battista D, Zima A M, et al. 1999. The effects of solar ultraviolet-B radiation on the growth and yield of barley are accompanied by increased DNA damage and antioxidant responses. Plant, Cell and Environment, 22(1): 61-70

Mazza C A, Giménez P I, Kantolic A G, et al. 2013. Beneficial effects of solar UV-B radiation on soybean yield mediated by reduced insect herbivory under field conditions. Physiologia Plantarum, 147(3): 307-315

Mepsted R, Paul N, Stephen J, et al. 1996. Effects of enhanced UV-B radiation on pea (*Pisum sativum* L.) grown under field conditions. Global Change Biology, 2(4): 325-334

Miller J E, Booker F L, Fiscus E L, et al. 1994. Ultraviolet-B radiation and ozone effects on growth, yield, and photosynthesis of soybean. Journal of Environmental Quality, 23(1): 83-91

Müller X R, Xing Q, Goodrich J. 2014. Footprints of the sun: memory of UV and light stress in plants. Frontiers in Plant Science, 5: 1-12

Papadopoulos Y A, Gorden R J, Mcrae K B, et al. 1999. Current and elevated levels of UV-B radiation have few impacts on yields of perennial forage crops. Global Change Biology, 5(8): 847-856

Petrussa E, Braidot E, Zancani M, et al. 2013. Plant flavonoids-biosynthesis, transport and involvement in stress responses. International Journal of Molecular Sciences, 14(7): 14950-14973

Rakitin V Y, Prudnikova O N, Karyagin V V, et al. 2008. Ethylene evolution and ABA and polyamine contents in *Arabidopsis thaliana* during UV-B stress. Russian Journal of Plant Physiology, 55(3): 321-327

Rakitin V Y, Prudnikova O N, Rakitina T Y, et al. 2009. Interaction between ethylene and ABA in the regulation of polyamine level in *Arabidopsis thaliana* during UV-B stress. Russian Journal of Plant Physiology, 56(2): 147-153

Reed H E, Teramura A H, Kenworthy W J. 1992. Ancestral US soybean cultivars characterized for tolerance to ultraviolet-B radiation. Crop Science, 32(5): 1214-1219

Rizzini L, Favory J J, Cloix C, et al. 2011. Perception of UV-B by the *Arabidopsis* UVR8 protein. Science, 332(6025): 103-106

Saile-Mark M, Tevini M. 1997. Effects of solar UV-B radiation on growth, flowering and yield of central and southern European bush bean cultivars (*Phaseolus vulgaris* L.). Plant Ecology, 128: 114-125

Santos I, Almeida J M, Salema R. 1999. Maize seeds developed under enhanced UV-B radiation. Agronomia Lusitana, 47: 89-99

Schreiner M, Martínez-Abaigar J, Glaab J, et al. 2014. UV-B induced secondary plant metabolites potential benefits for plant and human health, Optik & Photonik, 9(2): 34-37

Shen X F, Li J M, Duan L S, et al. 2009. Nutrient acquisition by soybean treated with and without silicon under ultraviolet-B radiation. Journal of Plant Nutrition, 32(10): 1731-1743

Shen X F, Li X W, Li Z H, et al. 2010a. Growth, physiological attributes and antioxidant enzyme activities in soybean seedlings treated with or without silicon under UV-B radiation stress. Journal of Agronomy and Crop Science, 196(6): 431-439

Shen X F, Li Z H, Duan L S, et al. 2014a. Silicon effects on the partitioning of mineral elements in soybean seedlings under drought and ultraviolet-B radiation. Journal of Plant Nutrition, 37(6): 828-836

Shen X F, Li Z H, Duan L S, et al. 2014b. Silicon mitigates ultraviolet-B radiation stress on soybean by enhancing chlorophyll and photosynthesis and reducing transpiration. Journal of Plant Nutrition, 37(6): 837-849

Shen X F, Zhou Y Y, Duan L S, et al. 2010b. Silicon effects on photosynthesis and antioxidant parameters of soybean seedlings under drought and ultraviolet-B radiation. Journal of Plant Physiology, 167(15): 1248-1252

Sinclair T R, N'Diaye O, Biggs R H. 1990. Growth and yield of field-grown soybean in response to enhanced exposure to ultraviolet-B radiation. Journal of Environmental Quality, 19(3): 478-481

Singh A. 1995. Influence of enhanced UV-B radiation on tropical legumes. Tropical Ecology, 36: 249-252

Singh S, Agrawal S B, Agrawal M. 2014. UVR8 mediated plant protective responses under low UV-B radiation leading to photosynthetic acclimation. Journal of Photochemistry and Photobiology B: Biology, 137: 67-76

Song Y Z, Zhang Y F, Wan C J, et al. 1999. Impact of intensified ultraviolet radiation on cotton growth. Journal of Nanjing Institute of Meteorology, 22: 269-273

Stephen J, Woodfin R, Corlett J E, et al. 1999. Response of barley and pea crops to supplementary UV-B radiation. Journal of Agricultural Science, 132(3): 253-261

Swarna K, Bhanumathi G, Murthy S D S. 2012. Studies on the UV-B radiation induced oxidative damage in thylakoid photofunctions and analysis of the role of antioxidant enzymes in maize primary leaves. The Bioscan, 7(4): 609-610

Teramura A H, Murali N S. 1986. Intraspecific differences in growth and yield of soybean exposed to ultraviolet-B radiation under greenhouse and field conditions. Environmental and Experimental Botany, 26(1): 89-95

Teramura A H, Sullivan J H, Lydon J. 1990b. Effects of UV-B radiation on soybean yield and seed quality: a 6-year field study. Physiologia Plantarum, 80(1): 5-11

Teramura A H, Sullivan J H, Ziska L H. 1990a. Interaction of elevated ultraviolet-B radiation and CO_2 on productivity and photosynthetic characteristics in wheat, rice, and soybean. Plant Physiology, 94(2): 470-475

Tossi V, Lombardo C, Cassia R, et al. 2012. Nitric oxide and flavonoids are systemically induced by UV-B in maize leaves. Plant Science, 193-194: 103-109

Tripathi D K, Singh S, Singh V P, et al. 2017. Silicon nanoparticles more effectively alleviated UV-B stress than silicon in wheat (*Triticum aestivum*) seedlings. Plant Physiology and Biochemistry, 110: 70-81

Tuteja N, Ahmad P, Panda B B, et al. 2009. Genotoxic stress in plants: shedding light on DNA damage, repair and DNA repair helicases. Mutation Research, 681(2-3): 134-149

Ulm R, Nagy F. 2005. Signaling and gene regulation in response to ultraviolet light. Current Opinion in Plant Biology, 8(5): 477-482

Yue M, Wang X L. 1998. A preliminary study of the responses of wheat and oat reproductive characteristics to enhanced UV-B radiation. China Environment Science, 18: 68-71

Yun H, Lim S, Kim Y X, et al. 2018. Diurnal changes in C-N metabolism and response of rice seedlings to UV-B radiation. Journal of Plant Physiology, 228: 66-74

Ziska L H, Teramura A H, Sullivan A H, et al. 1993. Influence of ultraviolet-B (UV-B) radiation on photosynthetic and growth characteristics in field-grown cassava (*Manihot esculentum* Crantz). Plant, Cell and Environment, 16(1): 73-79

第 6 章　硅与植物的病害逆境胁迫

植物在生长发育过程中，经常会受到各种外界环境胁迫的影响，病害是其中的一种。大量研究表明，Si 能显著提高植物[（如水稻、小麦、甘蔗、黑麦草、香蕉、黄瓜、南瓜和草莓）（Menzies et al.，1991a；Bélanger et al.，2003；Liang et al.，2005；Kanto et al.，2007；Gao et al.，2011；Kablan et al.，2012；de Camargo et al.，2013；Mohaghegh et al.，2015）]对病害胁迫的抵抗力（Debona et al.，2014；Mburu et al.，2016）。其中喜硅植物能直接从土壤中吸收可溶性 Si，运输到地上部，并最终将其沉积在叶片中，而沉积的硅能够充当机械屏障以阻止病原菌的渗透（Fauteux et al.，2006；Ma et al.，2011；Shetty et al.，2012）。

此外，Si 能够诱导植物的自身免疫，在病原体感染时，硅能显著促进叶片中木质素、类黄酮、绿原酸和乌头酸等抗菌化合物的积累（Fawe et al.，1998；Rodrigues et al.，2004；Rémus-Borel et al.，2009；Rahman et al.，2015）。硅对植物抗性酶的活性具有显著调控作用（Yu et al.，2010；Resende et al.，2012；Song et al.，2016）。最近的研究表明，Si 还能调控植物基因和蛋白质的表达，影响内源性激素平衡，诱导植物的防御反应（Chain et al.，2009；Ghareeb et al.，2011；Chen et al.，2015a；Van Bockhaven et al.，2015a）。本章在介绍病害胁迫对植物生长发育、生理功能影响的基础上，重点对硅缓解病害胁迫的效应和机理进行了系统阐述。

6.1　病害胁迫对植物生长发育、生理功能的影响

植物是地球生态系统最重要的组分，植物通过光合作用，将来自太阳的能量源源不断地转化成地球其他生物赖以生存的能量，推动着整个地球生态系统的运转。植物对于地球生态系统的正常运转具有不可代替的作用。然而，无论在野生条件下还是人工栽培条件下，植物总是避免不了病原菌的危害，这也间接地影响着依赖于植物生存的其他生物，特别是人类。因此，我们总是尝试采用各种手段来防治植物病害。

6.1.1　植物病害的定义

健康的植物能够以最佳状态进行光合作用。当病原物或者不良环境因素影响植物后，植物的正常生理代谢会受到干扰，植物的内稳态会受到破坏，导致细胞功能障碍或者死亡，此时可判断植物已经得病。植物的症状是动态变化的，病原物最初入侵植物的某一局部位点，随着病原物的侵染，植物局部形成肉眼可见的病害症状，并可以此作为病害程度的判断标准。因此，植物病害可定义为植物细胞（组织）对病原物或者不良环境因素的一系列可见或者不可见的反应（图 6-1），表现为植物形态和功能发生不良的变化，引起植物部分或者整体的死亡。

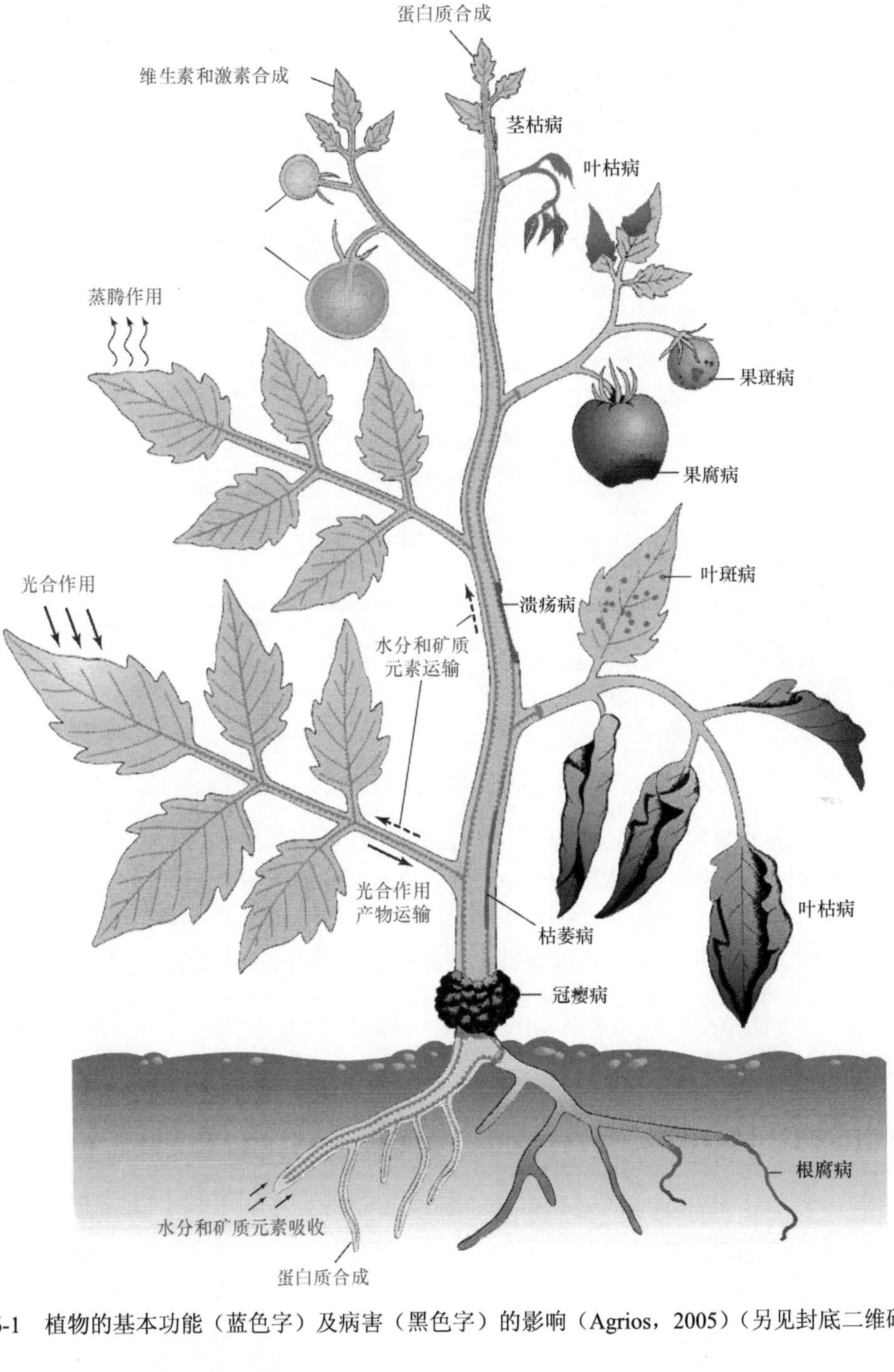

图 6-1　植物的基本功能（蓝色字）及病害（黑色字）的影响（Agrios，2005）（另见封底二维码）

6.1.2　植物病原物与侵染途径

植物病原物种类繁多，主要包括真菌、细菌、病毒、寄生植物和寄生性线虫等（图 6-2）。有些病原物专性感染某种植物，而有的病原物则能侵染几十甚至上百种植物。

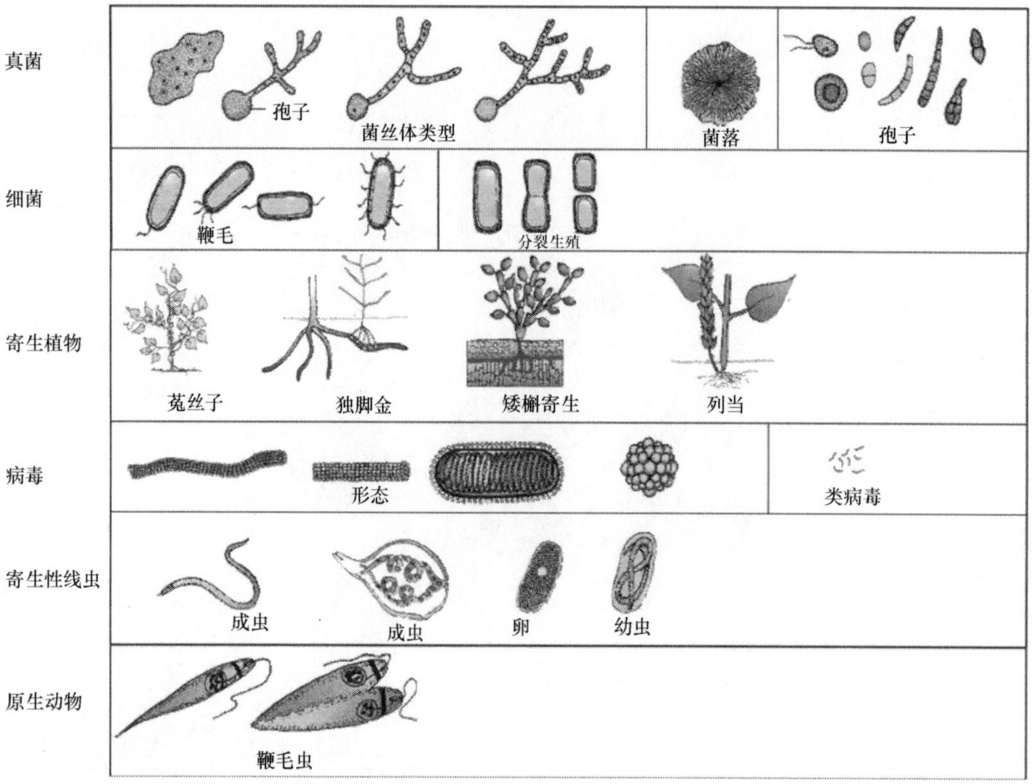

图 6-2　某些植物病原物的类型及繁殖方式（Agrios，2005）

病原物的入侵致病过程主要包括：①病原物的附着，②病原物的入侵，③建立侵染位点，④病原物的定植，⑤病原物的生长与繁殖 5 个过程（图 6-3）。病原物与植物上能够被侵染的位点接触，附着于植物的外表面，通过侵染进入植株体内，并产生胞外酶、激素和毒素，影响植物代谢，并利用植物的营养以供自己生长与繁殖。

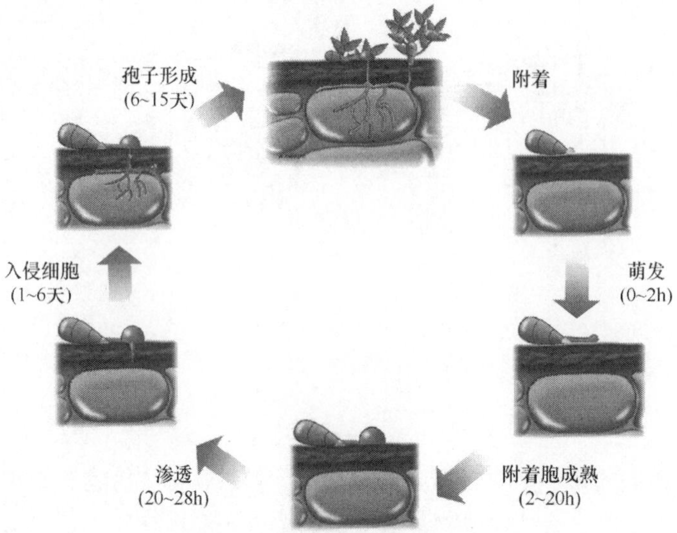

图 6-3　稻瘟病菌的侵染循环（Ribot et al.，2008）

6.1.3　植物病害的主要类型

植物病害分类具有多种标准，如按植物的病状分类（如根腐病、枯萎病、叶斑病、疫病、锈病、黑粉病、白粉病等）（图 6-4），或依据侵害的位置分类（如根部病害、枝干病害、叶片病害）。

图 6-4　植物的主要病害类型

a. 叶斑病；b. 叶锈病；c. 白粉病；d. 黑粉病；e. 枯萎病；f. 根腐病

6.1.4　植物病害症状的类型

植物病原物入侵植物后，能够导致植物生理失调，并在细胞、组织和器官水平上相继引发异常病害，即病变，植物外表所显现出来的各种各样的病态特征称为症状。典型的症状可分为病状和病症。病状是感病后植物本身的异常表现，就是受病植株生理解剖上的病变反映到外部形态上的结果。病状的具体表现形式有过度生长、发育不良和坏死等。病症是指寄主病部表面病原物的各种形态结构（如病原菌营养体、繁殖体），是能用眼睛直接观察到的特征。

植物病状是确定、区分和命名病害的重要依据。病状不因病原菌种类和环境条件不同而发生变化，不同抗性品种病状存在差异，因此病状可作为鉴定品种抗病性的重要依据之一。由真菌、细菌和寄生性种子植物等引起的病害，一般能够引起较明显的病症（如病部出现各种不同颜色的霉状物、粉状物、粒状物、疱状物、伞状物、脓状物等）。病毒、植原体等寄生在植物细胞内呈现非侵染性病害，在植物体外无表现，故它们所致病害无明显病症。植物病原线虫多数在植物体内寄生，一般植物体表也无病症。

6.1.4.1　病状的主要类型

植物对于不同病原物的应答存在差异，所以植物病害的病状也千差万别，根据它们的主要特征，可划分为 5 种类型（图 6-5）：变色（discolor）、坏死（necrosis）、腐烂（rot）、畸形（malformation）、萎蔫（wilt）。

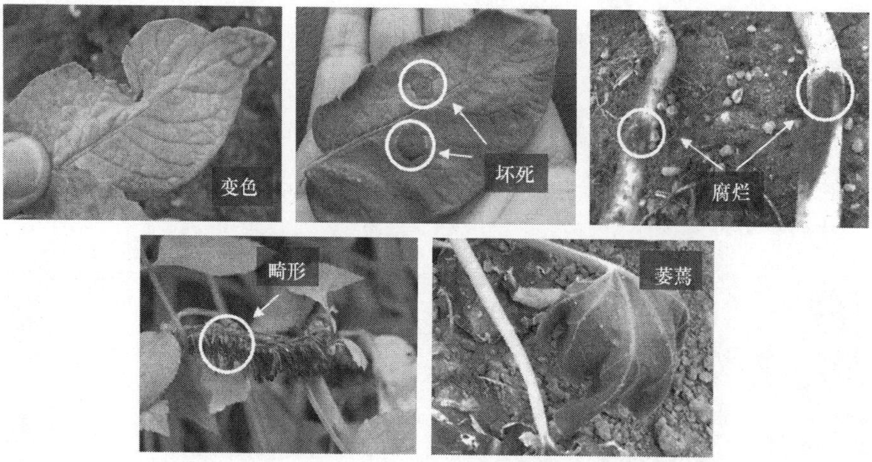

图 6-5　植物病害的主要病状

1）变色：植物感病后，叶绿素的形成受到影响，从而导致叶片颜色发生变化，这种变色可以是局部的，也可以是整体的，变色的细胞本身可能并不死亡。叶片均匀变成淡绿色或者黄绿色称为“褪绿”；叶片整体变为黄色称为“黄化”；若叶片呈现局部褪绿，且呈黄绿色或黄白色相间的花叶状，则称为“花叶”。

2）坏死：植物局部细胞或者组织的死亡。植物的根、茎、叶、花、果实都能发生坏死。斑点是最常见的植物细胞坏死表象，斑点在叶片、果实和种子均能形成。斑点的颜色和形状多样，有黄色、灰色、白色、褐色、黑色等；形状有多角形、圆形、不规则形等。另外一种常见的细胞坏死现象为溃疡。溃疡多见于枝干的皮层，局部韧皮部坏死，病斑周围常为隆起的木栓化愈伤组织所包围形成凹陷病斑。树干上所形成的局部溃疡，其周围的愈伤组织逐渐被破坏而逐年生出新的愈伤组织，致使局部肿大，这种溃疡称为癌肿。溃疡是由真菌、细菌的侵染或机械损伤造成的。

3）腐烂：植物细胞和组织受到病原菌的分解而产生的一种病状。引起腐烂的原因是寄生物分泌的酶将植物细胞间的中胶层溶解，使细胞离散并且死亡。根据腐烂的部位，可分为根腐、茎腐、果腐、花腐等。根据各种颜色的变化特点，可分为褐腐、白腐和黑腐等。根据组织分解的程度不同，有干腐、湿腐和软腐之分，比较坚硬的植物组织发生腐烂称为干腐，柔软而多汁的植物组织发生腐烂称为湿腐，寄主组织细胞间中胶层的破坏称为软腐。

4）畸形：病原物产生激素或者通过其他机制，扰乱植物的生长调节机制，使植物过度生长或者发育不足，出现畸形。畸形有诸多表型：矮化，植物发生抑制性病变，各器官发育不良，植株整体矮小；卷叶，植株茎秆和叶柄发育受阻，叶片蜷缩；丛生，植物的主、侧枝的顶芽受抑制，节间缩短，腋芽提早发育或不定芽大量发生，使新梢密集呈笤帚状；瘿瘤，植物的根、茎、枝条局部细胞过度增生而形成瘿瘤；变形，受病器官肿大，皱缩，失去原来的形状，常见的是由子囊菌和担子菌引起的叶片与果实变形病。

5）萎蔫：植物因病而表现失水状态称为萎蔫。植物的萎蔫可以由各种原因引起，茎部的坏死和根部的腐烂都可引起萎蔫，萎蔫可以是局部的，也可以是全株性的。典型的萎蔫病害无外表病症，植物皮层组织完好，但根部或枝干部维管束组织感病，从而阻碍水分的正常运输。

6.1.4.2　病症的主要类型

病症是指病原物营养体或者繁殖体在病株表面形成的可见结构。病症由真菌、细菌、病毒、植原体、线虫和寄生性种子植物等侵染性病原体造成。常见的病症有下面几种：粉状物、霉状物、粒状物、菌脓。

1）粉状物：粉状物是某些真菌的孢子密集地聚集在一起所表现的特征。病原真菌在植物受害部位形成黑色、白色或铁锈色的粉状物。

2）霉状物：真菌性病害常见的病症，病原真菌在植物受害部位形成白色、褐色或黑色的霉层。

3）粒状物：病原真菌在植物受害部位形成的黑色小颗粒。

4）菌脓：这是细菌特有的特征性结构。在病部表面溢出含有许多细菌和胶质物的液滴，称作菌脓或菌胶团。

6.1.5　病原物对植物生理功能的影响

植物被各种病原物感染后，会发生一系列生理生化变化，这些变化对植物的正常生理功能具有明显的影响。患病植物首先表现为细胞渗透性的改变，继而出现光合作用、呼吸作用、水分运输和养分运输的变化，最终出现生物量的严重下降。

6.1.5.1　对光合作用的影响

病原物侵染植物后，能够干扰植物的光合作用，主要表现为使植物褪绿、导致叶片坏死等。在植物的叶斑病、枯萎病及其他叶片组织受害的病害中，光合作用面积的减少会导致光合作用的减弱。尤其在植物病害的晚期，病原菌通过破坏植物的叶绿体造成叶绿体退化，致使植物光合作用减弱。许多感染真菌和细菌的植物，叶片叶绿素总量降低。此外，某些病原菌还能够产生毒素抑制光合作用的进行，例如，腾毒素和烟毒素能够抑制叶绿体中的环化光合磷酸化。此外，病原菌的侵染能够显著抑制植物对二氧化碳的吸收，减少光合作用的原料。

6.1.5.2　对呼吸作用的影响

通常当植物被病原物感染后，其呼吸速率会加快，这意味着感染组织将会比健康组织更加快速地消耗其自身储存的糖类。呼吸速率的加快在植物被感染后不久即表现出来。当病原菌在植物体内繁殖时，植物的呼吸速率会进一步加快，此后则会下降至健康植物水平，甚至低于正常水平。在抗病品种中，植物的感病部位部分细胞的呼吸作用尤为快速，因其需要通过大量合成防御相关的物质及运输酚类物质以抵御病原菌。此外，通常感病部位细胞无氧呼吸的比例会提高，因其正常有氧呼吸无法完全满足该部分细胞对能量的需求。

6.1.5.3 对水分、养分运输的影响

许多病原菌通过一种或者多种方式干扰水分和矿质养分在植物体内的转运。有些病原菌会影响根系的完整性或者功能，使其水分吸收能力降低；其他一些病原菌可通过在木质部导管内繁殖等方式干扰水分在茎部的运输；还有一些病原菌会破坏叶肉和气孔，造成过度蒸腾作用，从而干扰植物对水分的有效利用。

（1）影响根系对水分的吸收

许多病原菌，如腐霉属、疫霉属真菌，细菌，大多数线虫和部分病毒，在植物地上部发病之前就严重破坏植物根系。一些细菌和线虫使植物根系形成冠瘿或者根结，直接影响了根系对水分和土壤无机盐的吸收。部分病原菌能够抑制根毛的形成，从而降低植物吸收水分的能力。此外，病原物入侵根系后，可能还会改变植物根系细胞的渗透压，从而影响植物根系的水分吸收能力。

（2）影响水分在木质部的运输

病原菌入侵植物导管后可在其中大量繁殖并产生大量分泌物，能够严重堵塞导管。另外一部分病原物，如土壤杆菌、原生动物和根结线虫，能够引起植物茎部或根部肿瘤的形成，在木质部附近或者周围促进细胞增生，对木质部导管产生压力，导致其变性错位，进而降低水分的运输速率。

（3）影响植物的蒸腾作用

通常，被病原菌侵染的植物叶片蒸腾作用会增强，这是植物叶片的部分角质层遭到破坏，植物细胞的渗透性增加，以及气孔不能执行正常的功能所致。在锈病中，许多孢子的形成会破坏植物的表皮；在大多数叶斑病中，被侵染部分的角质层、表皮及包括木质部在内的其他组织被破坏；在白粉病中，大部分表皮细胞被真菌所侵染；在苹果疮痂中，病原菌在角质层和表皮层之间生长。由以上这些范例可以发现，许多角质层和表皮的破坏会导致被侵染部位水分的不可控流失，如果水分的吸收和转运不能够弥补流失的水分，就会造成叶片的萎蔫。过度蒸腾作用会造成叶片吸力的不正常加强。

（4）影响有机物的输送

植物将光合作用产生的有机物通过胞间连丝运送到邻近的韧皮部细胞中，并将有机物通过筛管向下运输，最终通过胞间连丝运送到非光合作用的活细胞，使有机物在此被利用或者进入储藏器官。植物病原菌可以干扰有机物由叶片向韧皮部、在韧皮部及由韧皮部向外周细胞的运输。

6.2 硅缓解病害胁迫的效应

病原菌对植物的侵害，特别是对经济作物的影响，造成了巨大的社会经济损失。人类通过培育抗性品种、改变耕作模式（间套作）和施用农药等应对这种危害，但目前植

物病害所造成的经济损失依然严重。植物病害成为威胁全球粮食安全的重要问题。据估算，每年因稻瘟病、大豆锈病、小麦秆锈病、玉米丝黑穗病和马铃薯晚疫病所造成的五大粮食作物减产量高达 1.25 亿 t，单是对水稻、小麦和玉米的危害，就给全球农业带来每年 600 亿美元的经济损失。如果能控制这些病害在五大粮食作物中的传播，全球每年可多养活 6 亿人。因此，在已有基础上，寻找新的缓解植物病害的技术与方法则显得尤为重要（Fisher et al.，2012）。

Si 在土壤中的含量仅次于氧，位居第 2 位，约占地壳所含所有元素总量的 28%，是地球上绝大多数植物生长的矿质基质，但 Si 一直没有得到应有的重视（Epstein，1999；Ma and Takahashi，2003），部分原因是 Si 在植物中的作用和代谢机理还不完全清楚（Van Bockhaven et al.，2015a）。到目前为止，Si 虽未被列为植物必需元素，但作为对植物生长有益的元素已得到公认。人类对硅肥的使用最早可追溯到 2000 多年前，当时中国的农民将稻秆进行堆沤并最终回田，以此提高水稻的产量与品质（Yoshida，1965）。其重要原因是施加的堆肥中富含硅元素。后续大量研究表明，Si 能够给植物带来许多益处，如促进植物的营养生长（Epstein，1994），缓解金属离子毒害（Iwasaki et al.，2002），减轻盐胁迫（Liang et al.，2003），增强植物的抗旱性（Gong et al.，2005）和抗紫外辐射（Goto et al.，2003）能力，增强植物的抗病性（Datnoff et al.，1997；Cai et al.，2008；Chen et al.，2015b）和抗虫性（Kvedaras and Keeping，2007）等。

6.2.1　硅对植物病害缓解效果的文献计量学分析

研究者通过文献计量学方法统计并分析了 1996～2017 年 130 篇有关 Si 影响植物抗病性的主要文献（表 6-1 和表 6-2）（林威鹏，2017），结果表明，Si 能够影响 31 种植物（双子叶植物 20 种、单子叶植物 11 种）（图 6-6a）对 53 种病害[空气传播（简称气传）病原菌 42 种、土壤传播（简称土传）病原菌 11 种]（图 6-6b）的抗性，同时也有部分报道表明硅无法提高植物对某些病害的抗性。目前，对于 Si 调节植物抗气传病害的研究较多，而对于抗土传病害作用的报道较少，这种现象在单、双子叶植物中均存在。由图 6-6c 可知，53 种病原菌以真菌为主，即 Si 主要影响单子叶植物和双子叶植物对真菌病害的抗性。

表 6-1　硅对单子叶植物抗病性影响的文章列表（林威鹏，2017）

植物	病害	病原菌	病菌种类	效果	参考文献
水稻	稻瘟病	*Pyricularia grisea*	真菌	正	Kim et al.，2002；Rodrigues et al.，2003，2004；Kwjr et al.，2004；Cai et al.，2008；孙万春等，2009；Sun et al.，2010；Gao et al.，2011；Abed-Ashtiani et al.，2012；葛少彬等，2013，2014；Domiciano et al.，2015
	白叶枯病	*Xanthomonas oryzae*	细菌	正	薛高峰等，2010a，2010b；Song et al.，2016
	云形病	*Monographella albescens*	真菌	正	Tatagiba et al.，2014
	纹枯病	*Rhizoctonia solani*	真菌	正	Rodrigues et al.，2001；张国良等，2006a，2006b，2008，2010；范锃岚等，2012；Zhang et al.，2013
	胡麻叶斑病	*Bipolaris oryzae*	真菌	正	Dallagnol et al.，2009，2013a，2013b；Rezende et al.，2009；Van Bockhaven et al.，2015a，2015b

续表

植物	病害	病原菌	病菌种类	效果	参考文献
小麦	麦瘟病	*Pyricularia oryzae*	真菌	正	Filha et al.，2011；Sousa et al.，2013；Debona et al.，2014；Perez et al.，2014；Rios et al.，2014
	叶斑病	*Bipolaris sorokiniana*	真菌	正	Domiciano et al.，2010，2015
	白粉病	*Blumeria graminis* f. sp. *tritici*	真菌	正	Bélanger et al.，2003；杨艳芳等，2003；Rodgers-Gray and Shaw，2004；Rémus-Borel et al.，2005，2009；Guével et al.，2007；Chain et al.，2009；杨艳芳和梁永超，2010
香蕉	根腐病	*Cylindrocladium spathiphylli*	真菌	正	Vermeire et al.，2011
	枯萎病	*Fusarium oxysporum*	细菌	正	Mburu et al.，2016
	黑条叶斑病	*Mycosphaerella fijiensis*	真菌	正	Kablan et al.，2012
	枯萎病	*Xanthomonas campestris*	真菌	正	Fortunato et al.，2012a，2012b，2014
芦笋	茎疫病	*Phomopsis asparagi*	真菌	正	Lu et al.，2008
狼尾草	霜霉病	*Sclerospora graminicola*	囊泡藻	正	Deepak et al.，2008
黑麦草	灰叶斑病	*Pyricularia grisea*	真菌	正	Rahman et al.，2015
狗牙根	叶斑病	*Bipolaris cynodontis*	真菌	正	Datnoff et al.，2005
高粱	炭疽病	*Colletotrichum sublineolum*	真菌	正	Resende et al.，2009，2012，2013
甘蔗	叶锈病	*Puccinia melanocephala*	真菌	正	de Camargo et al.，2013；Ramouthar et al.，2016
钝叶草	灰叶斑病	*Pyricularia grisea*	真菌	正	Brecht et al.，2004，2007；Datnoff et al.，2007
荸荠	软腐病	*Erwinia carotovora* subsp. *carotovora*	细菌	正	Cho et al.，2013

表 6-2　硅对双子叶植物抗病性影响的文章列表（林威鹏，2017）

植物	病害	病原菌	病菌种类	效果	参考文献
黄瓜	白粉病	*Sphaerotheca fuliginea*	真菌	正	Menzies et al.，1991a，1991b；Samuels et al.，1991；Fawe et al.，1998；魏国强等，2004a，2004b；Liang et al.，2005；姚秋菊等，2009
	腐霉病	*Pythium ultimum*	囊泡藻	正	Chérif et al.，1992a，1992b，1994a，1994b
	疫病	*Phytophthora melonis*	囊泡藻	正	Mohaghegh et al.，2011
	霜霉病	*Pseudoperonospora cubensis*	囊泡藻	正	Yu et al.，2010；余晔等，2010
番茄	青枯病	*Ralstonia solanacearum*	细菌	正	Dannon and Wydra，2004；Diogo and Wydra，2007；Ayana et al.，2011；Ghareeb et al.，2011；Kiirika et al.，2013；Kurabachew and Wydra，2014；王蕾等，2014；陈玉婷等，2015
	斑点病	*Pseudomonas syringae* pv. *tomato* (*Pst*)	细菌	无	Andrade et al.，2013
	腐霉病	*Pythium aphanidermatum*	囊泡藻	正	Heine et al.，2007
	晚疫病	*Phytophthora infestans*	囊泡藻	无	Duarte et al.，2007
	根腐病	*Fusarium oxysporum*	真菌	正	Huang et al.，2011
大豆	锈病	*Phakopsora pachyrhizi*	真菌	正/无	Pereira et al.，2009a；Lemes et al.，2011；Arsenault-Labrecque et al.，2012 / Duarte et al.，2009

续表

植物	病害	病原菌	病菌种类	效果	参考文献
大豆	灰斑病	*Cercospora sojina*	真菌	负	Nascimento et al.，2014
豇豆	白粉病	*Sphaerotheca aphanis*	真菌	正	李国景等，2006
	叶锈病	*Uromyces vignae*	真菌	正	李国景等，2007；戴丹丽等，2010
菜豆	炭疽病	*Colletotrichum lindemuthianum*	真菌	正	Moraes et al.，2006，2009；Polanco et al.，2012，2014
	角斑病	*Pseudocercopora griseola*	细菌	正	Rodrigues et al.，2010
棉花	叶斑病	*Ramularia areola*	真菌	正	Curvêlo et al.，2013
	锈病	*Phakopsora gossypii*	真菌	正	Guerra et al.，2013
	网隙状霉病	*Ramularia gossypii*	真菌	无	de Aquino et al.，2008
	脚叶斑病	*Xanthomonas citri* subsp. *malvacearum*	细菌	无	Oliveira et al.，2012
南瓜	白粉病	*Sphaerotheca fuliginea*	真菌	正/无	Mohaghegh et al.，2015 / Heckman et al.，2003
咖啡	叶锈病	*Hemileia vastatrix*	真菌	无	Carré-Missio et al.，2009，2014；Pereira et al.，2009b；Rodrigues et al.，2011；Lopes et al.，2014
草莓	白粉病	*Sphaerotheca aphanis*	真菌	正	Kanto et al.，2004，2007
菜心	炭疽病	*Colletotrichum higginsianum*	真菌	正	杨暹等，2008a，2008b
鳄梨	根腐病	*Phytophthora cinnamomi*	囊泡藻	正	Bekker et al.，2005
非洲菊	白粉病	*Erysiphe cichoracearum*	真菌	无	Moyer et al.，2008
甘薯	黑斑病	*Ceratocystis fimbriata*	真菌	正	赵永强等，2011
马铃薯	晚疫病	*Phytophthora infestans*	囊泡藻	无	Duarte et al.，2008
玫瑰	白粉病	*Podosphaera pannosa*	真菌	正	Shetty et al.，2011，2012
拟南芥	白粉病	*Erysiphe cichoracearum*	真菌	正	Ghanmi et al.，2004；Fauteux et al.，2006
葡萄	白粉病	*Uncinula necator*	真菌	正	Bowen et al.，1992
甜椒	疫病	*Phytophthora capsici*	囊泡藻	正	French-Monar et al.，2010
莴苣	霜霉病	*Bremia lactucae*	囊泡藻	正	Garibaldi et al.，2012
烟草	环斑病	*Tobacco ringspot virus*	病毒	正	Zellner et al.，2011

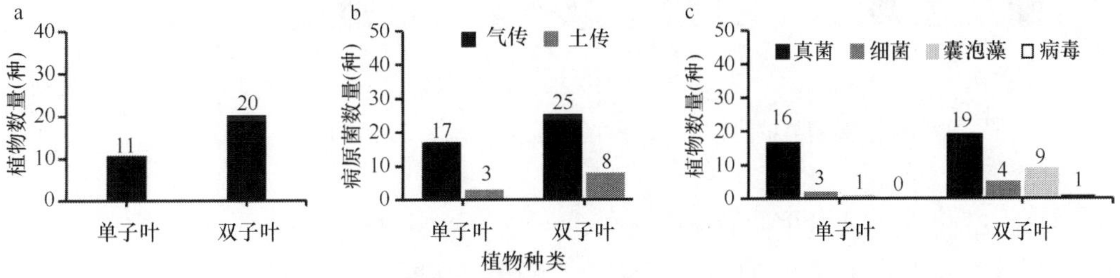

图 6-6　Si 调节植物抗病性文献的计量学分析（Ⅰ）（林威鹏，2017）

从文献数量看，关于单子叶植物和双子叶植物的文献分别有 63 篇和 67 篇（图 6-7a）。双子叶植物以黄瓜、番茄报道较多，菜豆、大豆、咖啡等次之（图 6-7b）；在单子叶植物中，以水稻、小麦等喜硅植物较多，香蕉有 6 篇（图 6-7c）。

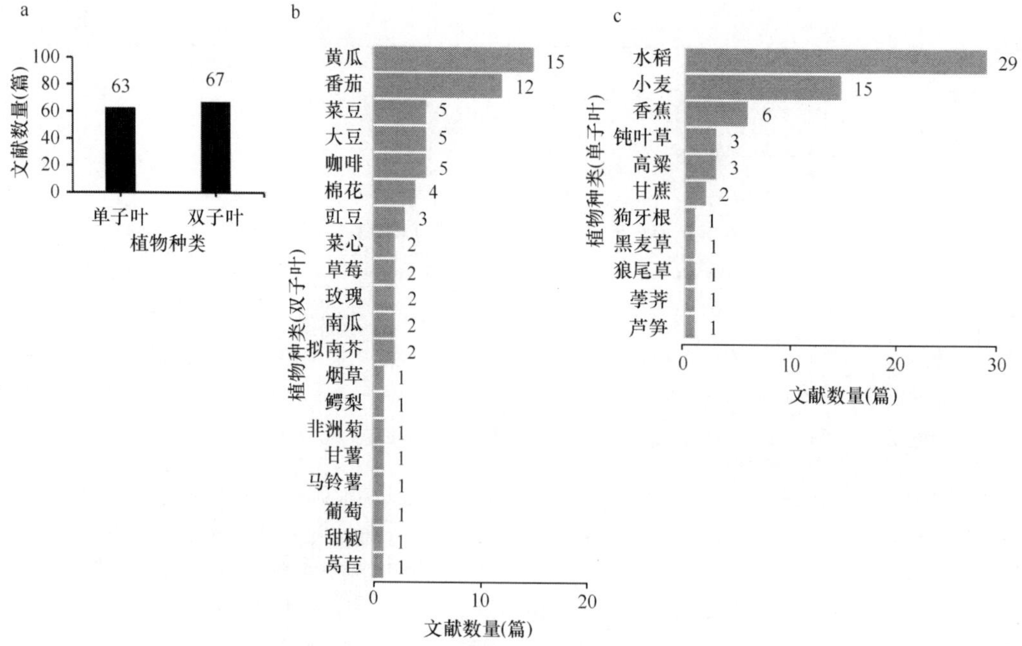

图 6-7 Si 调节植物抗病性文献的计量学分析（Ⅱ）（林威鹏，2017）

从 Si 影响植物抗病性的效果看（图 6-8a），全部 63 篇单子叶植物文献均表明 Si 可提高植物的抗病性；双子叶植物中，有 53 篇文献支持 Si 可提高植物的抗病性，但也有 13 篇文献表明 Si 并不能显著提高植物的抗病性，另有一篇文献表明 Si 可降低植物的抗病性。出现这种相互矛盾结果的原因可能是单、双子叶植物对 Si 的吸收偏好存在差异。

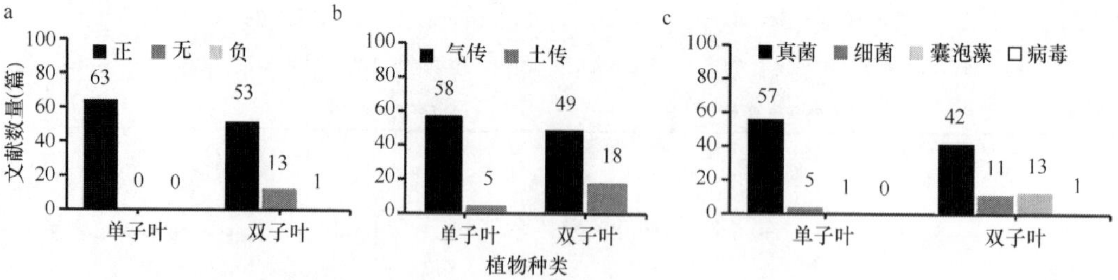

图 6-8 Si 调节植物抗病性文献的计量学分析（Ⅲ）（林威鹏，2017）

总体来看，已有研究主要呈现以下 2 个特点：①以气传病害为主。对于空气传播病害的报道较多，在 130 篇文章中占 82.3%，土传病害研究仅占 17.7%（图 6-8b）。我们推测是由于 Si 对于提高植物抵抗空气传播病害能力的效果优于土传病害。空气传播病害主要危害部位为叶片，而 Si 能够在植物叶片中积累并形成较厚的硅质层，有效抵挡叶片病原菌的入侵。②以真菌病害为主（图 6-8c）。

6.2.2　硅对单子叶植物病害的缓解效应

已有研究表明，硅能够显著提高水稻、小麦、香蕉等 11 种单子叶植物对病害的抗性（表 6-1）。

6.2.2.1　提高水稻的抗病性

水稻是我国最主要的粮食作物之一，种植面积占全国耕地面积的 1/4，年产量约占全国粮食总产量的 1/2。水稻病害严重影响我国水稻的生产，尽管人们一直积极采取各种方法进行水稻病害的防治，但据统计，每年因病害造成的水稻减产在 200 亿 kg 以上。根据已有记载，危害水稻的病原菌多达 100 多种，其中危害较大的有 20 多种。稻瘟病、纹枯病和白叶枯病在我国发生面积大、流行性强、危害严重，为我国水稻生产中较主要和严重的病害（陈利锋和徐敬友，2007；董金皋，2007）。

已有研究表明，施硅能够提高水稻对稻瘟病（Kim et al.，2002；Rodrigues et al.，2004；Gao et al.，2011；Domiciano et al.，2015）、纹枯病（Rodrigues et al.，2001；范锃岚等，2012；Zhang et al.，2013）、白叶枯病（薛高峰等，2010a；Song et al.，2016）、胡麻叶斑病（Dallagnol et al.，2009，2013a；Van Bockhaven et al.，2015a）、云形病（Tatagiba et al.，2014）的抗性，增加水稻的产量。

（1）稻瘟病

稻瘟病（rice blast）是由灰梨孢（*Pyricularia grisea*）引起的水稻真菌病害，是水稻重要病害之一。我国明代宋应星所著的《天工开物・稻灾》中就有稻瘟病的相关记载。其后，日本（1740 年）和意大利（1839 年）等国文献对此病也有记载与描述。现在稻瘟病遍布全球 80 多个国家和地区，我国南北稻区均有发生，一般造成减产 10%～20%，严重时可高达 40%～50%。稻瘟病在水稻各个生长期和各个部位均能发生。根据发病时期和发病部位可分为苗瘟、叶瘟、叶枕瘟、节瘟、穗颈瘟、枝梗瘟、谷粒瘟等，其中尤以叶瘟、穗颈瘟最为常见且危害较大（陈利锋和徐敬友，2007）。

早在 18 世纪初，日本农民已经发现，向水稻土中添加硅能够显著降低稻瘟病的发病率（Suzuki，1935）。向水稻土中添加硅能够提高水稻叶片硅含量，并减少由稻瘟病造成的叶片伤口，从而减轻稻瘟病的危害（Volk et al.，1958）。

研究表明，硅酸钙的粒径与浓度对缓解稻瘟病也有显著的影响（Datnoff et al.，1992）。施硅量越高，植物组织硅含量越高（图 6-9a），稻瘟病发病率随之显著下降（图 6-9b），由原先的 70%左右降低至 30%～43%。

不同粒径硅酸钙对水稻植株硅含量及产量的影响有差异，粒径越小，硅含量及产量越高（表 6-3）。Kim 等（2002）和 Hayasaka 等（2008）研究也表明施加硅酸盐能显著缓解稻瘟病对水稻的危害。

稻瘟病菌侵染还能够诱导水稻叶片积累更多的硅（图 6-10）（Cai et al.，2008；Sun et al.，2010；Gao et al.，2011）。这些富集于叶片的硅可形成硅化细胞（图 6-11），能够阻止稻瘟病菌的入侵（Rodrigues et al.，2004），从而缓解稻瘟病的危害。

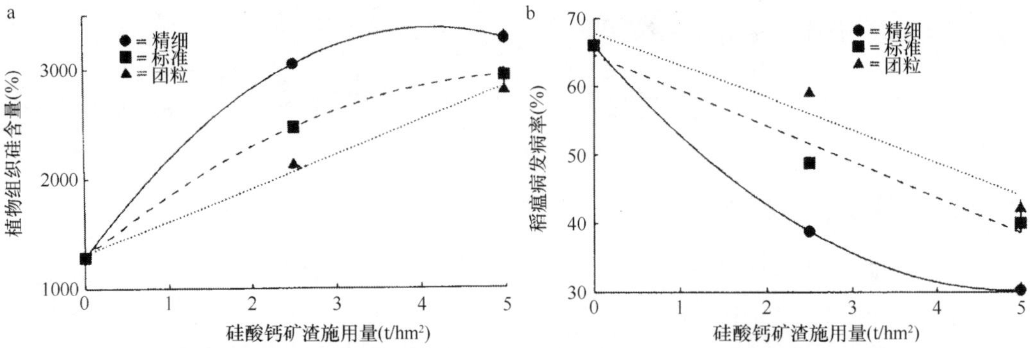

图 6-9 不同施硅量对植物组织硅含量和稻瘟病发病率的影响（Datnoff et al.，1992）

表 6-3 不同粒径硅酸钙对水稻植株硅含量及产量的影响（Datnoff et al.，1992）

粒径	硅含量（%）		产量（kg/hm^2）	
	1990 年	1991 年	1990 年	1991 年
精细	3.2	5.9	6451	5417
标准	2.7	5.5	6354	5088
团粒	2.5	4.9	5980	4492
对照	1.3	4.5	5379	4309

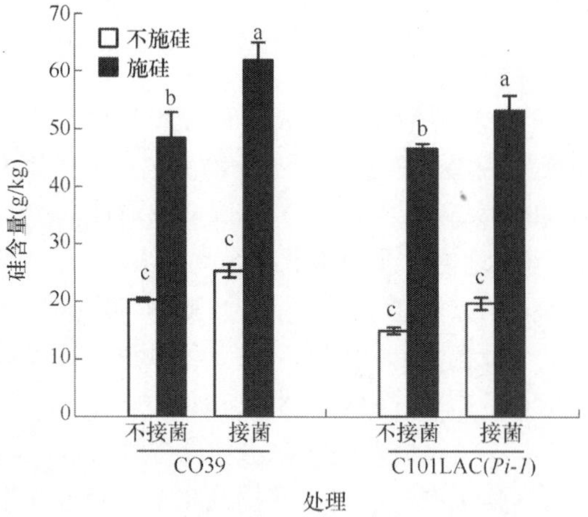

图 6-10 不同施硅和接菌处理对不同水稻品种叶片硅含量的影响（Gao et al.，2011）

CO39，稻瘟病感病品种；C101LAC（*Pi-1*），稻瘟病抗病材料。柱子上方不同小写字母表示不同处理间差异显著（$P<0.05$）

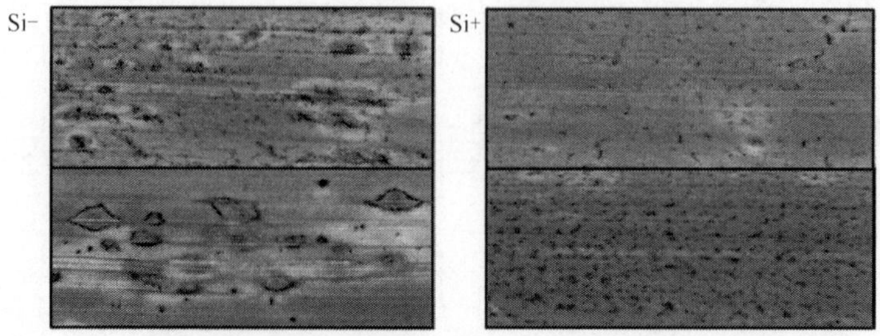

图 6-11 硅对水稻叶片稻瘟病菌数量的影响（Rodrigues et al.，2004）

（2）纹枯病

水稻纹枯病（rice sheath blight）是主要由立枯丝核菌（*Rhizoctonia solani*）引起的水稻病害，是水稻的重要病害之一，广泛分布于世界各个稻区。我国水稻纹枯病发病面积约 1600 万 hm^2，每年因此产量损失近 1100 万 t。随着矮秆品种和杂交稻的推广种植及施肥强度的提高，水稻纹枯病发病情况日趋严重，尤以高产稻区受害最甚。纹枯病主要引起鞘枯和叶枯，使水稻结实率降低，瘪谷率增加，千粒重下降，一般减产 5%～10%，该病发生严重时，减产超过 30%。水稻纹枯病从秧苗期到抽穗期均可发生，以抽穗期前后最甚，主要危害叶鞘、叶片，严重时可侵入茎秆并蔓延至穗部（陈利锋和徐敬友，2007）。

Rodrigues 等（2001）发现，向缺硅的沼泽土中添加富含硅酸钙的高炉渣可显著抑制水稻纹枯病的发生，对不同抗性水稻品种均有显著效果，抗性品种 Jasmine 和 LSBR-5、中度易感品种 Drew 和 Kaybonnet、易感品种 Lemont 和 Labelle 感染分蘖数量分别减少了 82%、42%、28%、41%、26%和 17%。

施硅可提高叶片的硅化细胞、乳突、非硅化细胞的硅元素含量（张国良等，2006a）。郑文静等（2009）进一步发现，施硅后叶脉中的纺锤形硅细胞体积增大，数目增多（图 6-12a，b），同时叶肉下部的花瓶形硅细胞在增施硅肥后体积也加大，且排列更加紧密（图 6-12c，d）。从以上研究推断，施硅可增强区域的机械强度，在一定程度上可阻碍病原菌的入侵。

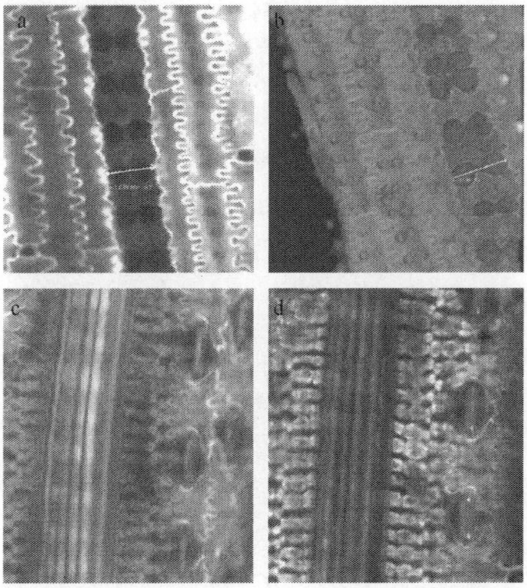

图 6-12　施硅对叶脉与叶肉硅化细胞的影响

a. 叶脉细胞，不施硅；b. 叶脉细胞，施硅；c. 叶肉细胞，不施硅；d. 叶肉细胞，施硅

（3）白叶枯病

水稻白叶枯病（rice bacterial leaf blight）是由水稻黄单胞菌（*Xanthomonas oryzae*）引起的水稻细菌病害，最早于 1884 年在日本福冈县被发现，目前世界各大稻区均有发生，已成为亚洲和太平洋稻区的重要病害。在我国，该病于 1950 年首先在南京郊区发现，之后随带病种子的调运，病区不断扩大。目前除了新疆外，全国其他地区均有发生，但华东、华中和华南稻区发生普遍，危害较重。水稻受该病害后，叶片干枯，瘪谷增多，米质

松脆，千粒重降低，一般减产10%～30%，严重的可减产50%以上，甚至颗粒无收。此病在水稻全生育期均可发生，主要危害叶片，也可入侵叶鞘（陈利锋和徐敬友，2007）。

关于硅对水稻白叶枯病作用的研究较晚，2010年才有相关报道。薛高峰等（2010a，2010b）以感白叶枯病的水稻品种日本晴（*Oryza sativa* L. cv. Nipponbare）为材料，研究了水培条件下施硅对接种白叶枯病菌水稻抗病性的影响。结果表明，施硅能显著降低水稻白叶枯病的发生率，防治效果达62.86%。硅还能促进染病植株的生长（薛高峰等，2010b；Song et al.，2016）。接种白叶枯病菌条件下，加硅处理地下部和地上部干物质含量分别比不加硅处理高39.73%和98.78%（薛高峰等，2010b）。

（4）胡麻叶斑病

水稻胡麻叶斑病（rice brown spot）是由稻平脐蠕孢（*Bipolaris oryzae*）引起的水稻真菌病害（王俊伟，2013）。20世纪，水稻胡麻叶斑病在比利时、印度、孟加拉国、伊朗、菲律宾及南美洲等国家和地区均有发生。尤其在1945年，印度和孟加拉国胡麻叶斑病大范围发生，造成水稻大面积失收，导致饿死200多万人的大饥荒。21世纪以来，该病在我国多地严重暴发，成为一些地区晚稻的主要病害（陈洪亮，2012）。该病发病快，主要引起苗枯、叶片早衰、千粒重下降，影响水稻产量和品质，一般减产10%～30%，严重者减产50%以上甚至绝收。此病在水稻各个生长时期均可发生，稻株地上部均能受害，以叶片受害最为普遍，其次是谷粒、穗颈和枝梗（董金皋，2007）。

多项研究表明，施硅能够显著缓解胡麻叶斑病对水稻的危害（Dallagnol et al.，2009，2013a，2013b；Rezende et al.，2009；Van Bockhaven et al.，2015a）。

水培条件下，添加2mmol/L硅能够显著减少水稻叶片病斑数量（图6-13a），推迟胡麻叶斑病的发病时间（图6-13b）（Dallagnol et al.，2009），显著提高叶片硅含量（图6-13c）。

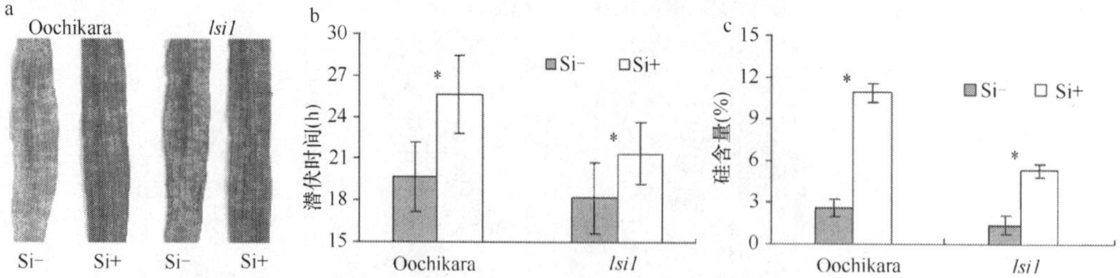

图6-13　施硅对稻平脐蠕孢侵染下水稻的影响（Dallagnol et al.，2009）

Oochikara，野生型；*lsi1*，硅吸收缺陷突变体。*表示不同处理间差异显著（$P<0.05$）

对硅吸收缺陷突变体*lsi1*的研究表明，施硅条件下，突变体*lsi1*和野生型Oochikara叶片硅含量比对照增加了219%和178%，野生型Oochikara叶片中硅含量比突变体*lsi1*高出112%，Oochikara的相对侵染效率（relative infection efficiency，RIE）、褐斑病进展曲线下面积（area under brown spot progress curve，AUBSPC）、最终病斑面积（final lesion size，FLS）、病变进展曲线下面积（area under lesion expansion progress curve，AULEPC）相应降低了75%、33%、36%、35%，而*lsi1*对应指标仅降低了50%、12%、21%、12%（Dallagnol et al.，2009）。以上结果表明，硅吸收缺陷突变体因无法吸收足够的硅，故在

施硅条件下抗病性提高受到影响。进一步对各项病情指标与叶片硅含量的相关性分析发现，叶片硅含量与几个病情指标均呈显著负相关关系。结果表明野生型较突变体在相关系数绝对值上更高，这表明水稻叶片硅含量的提高是水稻白叶枯病危害减轻的重要因素之一（表 6-4）。

表 6-4　叶片硅含量与病情指标的相关性分析（Dallagnol et al.，2009）

抗性指标	相关系数	
	Oochikara 叶片硅含量	*lsi1* 叶片硅含量
发病时间	0.70*	0.48*
最终病斑面积	−0.83*	−0.66*
褐斑病进展曲线下面积	−0.93*	−0.79*
相对侵染效率	−0.93*	−0.77*
病变进展曲线下面积	−0.69*	−0.33*

注：*表示相关性分析在统计学上达显著水平（$P<0.05$）

施硅还能显著增加稻壳中的硅含量，促进接菌后水稻种子的萌发。Oochikara 和 *lsi1* 在缺硅条件下，稻壳硅含量分别为 0.5%和 0.3%，加硅处理硅含量分别提高至 3%和 0.9%。不加硅并且接菌条件下，Oochikara 和 *lsi1* 相应种子的发芽率仅为 35%和 25%，而添加硅处理的发芽率相应提高至 73%和 49%（Dallagnol et al.，2013a）。加硅可促进植物光合作用的进行，接菌情况下，施硅可显著影响植物的光合作用过程（表 6-5），如提高水稻的净光合速率、光呼吸速率、光系统Ⅱ实际光化学效率、光系统Ⅱ光化学猝灭系数。

表 6-5　施硅对水稻叶片气体交换指标的影响（Van Bockhaven et al.，2015a）

叶片气体交换指标	对照	施硅	差异
净光合速率[μmol CO_2/(m^2·s)]	9.61±1.14	12.88±1.42	*
呼吸速率[μmol CO_2/(m^2·s)]	3.45±0.23	3.61±0.16	
光呼吸速率[μmol CO_2/(m^2·s)]	3.44±0.18	3.99±0.23	*
光系统Ⅱ实际光化学效率	0.14±0.01	0.17±0.01	*
光系统Ⅱ光化学猝灭系数	0.30±0.02	0.36±0.01	*
蒸腾速率[mmol H_2O/(m^2·s)]	2.36±0.22	2.88±0.13	

注：*表示差异达显著水平（$P<0.05$）

6.2.2.2　提高小麦的抗病性

麦类作物主要包括小麦、大麦、燕麦和黑麦。我国的麦类作物以小麦为主，播种面积和产量仅次于水稻，小麦在我国分布很广，华北、西北、东北和长江流域均有种植，各地病害种类各不相同。全世界记载的小麦病害有 200 多种，我国发生较重的有 20 多种。病害不仅会造成严重的产量损失，而且会大大影响小麦的品质。其中锈病一直是我国小麦的主要病害，历史上曾有数次大流行，所造成的损失惨重。1950 年小麦锈病大流行，小麦产量损失达 60 亿 kg。赤霉病是长江流域小麦种植区的主要病害（董金皋，2007）。

已有研究表明，硅能够显著提高小麦对白粉病（Bélanger et al.，2003；Chain et al.，2009；杨艳芳和梁永超，2010）、麦瘟病（Filha et al.，2011；Sousa et al.，2013；Debona et al.，2014）、叶斑病（Domiciano et al.，2010）的抗性。

（1）白粉病

小麦白粉病是由禾布氏白粉菌（*Blumeria graminis* f. sp. *tritici*）引起的真菌病害，是小麦生产中的主要病害之一。该病在全世界主要小麦产区均有发生。在我国，发生普遍、危害严重的地区有山东沿海、四川、贵州、云南等地。近年来在东北、华北、西北的小麦种植区，由于种植数量和密度的增加、麦田水肥条件的改善等，且适当的温度、高湿、弱光利于发病，因此小麦白粉病日趋严重（杨美娟等，2016）。该病可导致小麦叶片早枯，成穗率降低，千粒重下降，一般可减产 5%～10%，重病田减产达 20%以上（董金皋，2007）。

杨艳芳等（2003）通过水培试验发现，向培养液中施加硅能够显著降低小麦白粉病发病率，施加不同浓度的硅均能降低小麦白粉病的发病率，其中 Si 浓度为 1.7mmol/L 时效果最佳，发病率仅为 56.59%（表 6-6）。

表 6-6　不同浓度硅对小麦白粉病发病率的影响

处理	发病率（%）	相对免疫效果（%）
CK	95.93a	—
施 Si（0.5mmol/L）	85.19b	10.69
施 Si（1.7mmol/L）	56.59d	38.79
施 Si（3.0mmol/L）	72.85c	35.31

注：不同小写字母表示 q 检验差异显著（$P<0.05$）

加硅能够促进感染白粉病小麦叶片细胞的硅质化，且硅化细胞摆列整齐，叶片毛刺也有大量硅的积累（图 6-14）（Chain et al.，2009）。

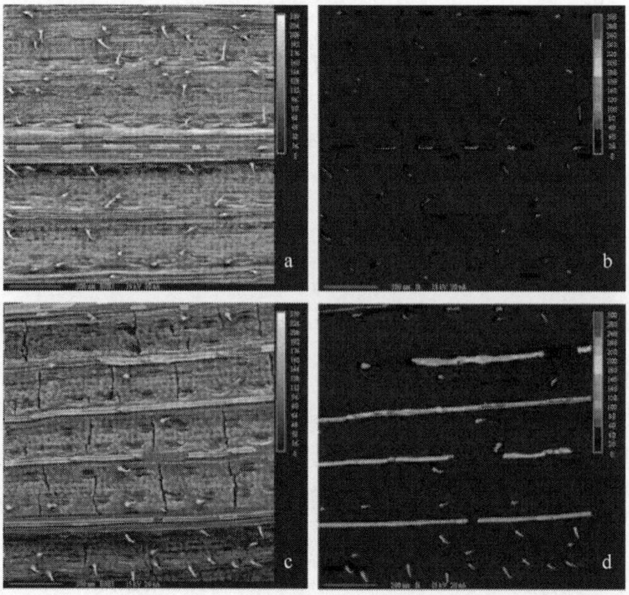

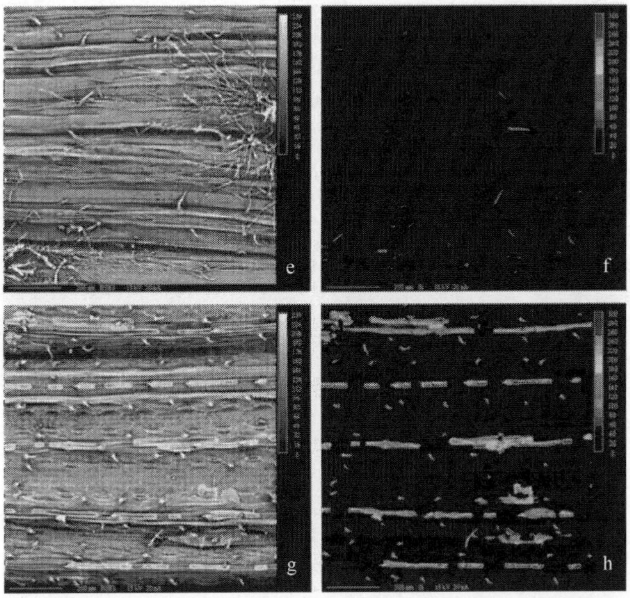

图 6-14　施硅和 *Blumeria graminis* f. sp. *tritici* 接种对小麦叶片硅化细胞的影响（另见封底二维码）
a、b. 不施硅不接菌；c、d. 施硅不接菌；e、f. 不施硅接菌；g、h. 施硅接菌。左边为扫描电镜图像，右边为 X 射线谱图

硅除了可在叶片积累，沉积硅化细胞，形成物理屏障阻止白粉病菌的入侵外，还能显著提高小麦叶片的几丁质酶（chitinase，CHI）、β-1,3-葡聚糖酶（β-1,3-glucanase，GLU）、PAL 和 PPO 的活性，从而影响小麦对白粉病的抗性（杨艳芳等，2003；杨艳芳和梁永超，2010）。

（2）麦瘟病

麦瘟病（wheat blast）是由 *Pyricularia oryzae* 引起的，麦瘟病是一种毁灭性小麦真菌病害，最早于 1985 年在巴西巴拉那州被发现，随后在玻利维亚（1996 年）、巴拉圭（2002 年）及阿根廷东北部（2007 年）被报道，流行面积达 300 万 hm^2，使小麦减产 10%～100%，产量损失因年份、品种和播期不同而异。1992 年以前，巴西主要种植高感品种，以 Anahuac 为例，产量损失为 11%～55%；随后种植了具有一定耐病性的品种，但是对控制病害损失没有取得显著成效。例如，2005 年，在两次喷施杀菌剂的情况下，两个主推品种的产量损失仍达到 14%～32%。2009 年麦瘟病在巴西大流行导致多地小麦绝产，引起国际社会的广泛重视。2016 年该病害首次在亚洲（孟加拉国）出现。目前为止，仍然没有可以减轻麦瘟病危害的有效方法，因此寻找高效的麦瘟病防治方法对于世界粮食生产具有重要的战略意义（何心尧，2017）。

近年来，多项研究表明，施硅能够显著抑制麦瘟病的发生（Filha et al.，2011；Sousa et al.，2013；Rios et al.，2014；Rodrigues et al.，2010）。施硅酸钙可推迟麦瘟病的发生，使叶片斑点数显著下降 45%，但对最终发病率无显著影响。施硅处理小麦叶片总酚含量和 PPO、POD 的活性并无显著增加，而几丁质酶活性及木质素-巯基乙酸衍生物（lignin-thioglycolic acid derivative）含量则显著提高（Filha et al.，2011）。在缺硅条件下，*Pyricularia oryzae* 首先入侵植物的表皮细胞，定植并形成分枝菌丝体，然后入侵周边其他相连的细胞。在加硅处理中，真菌的菌丝被限制在第一个入侵的细胞内，难以侵染周边的细胞（图 6-15）（Sousa et al.，2013）。

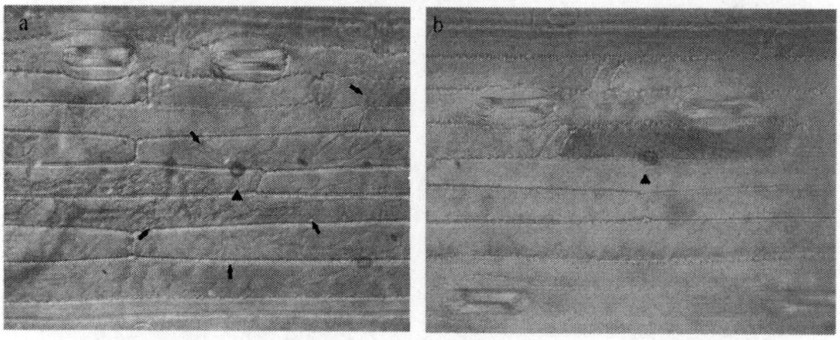

图 6-15　硅对 *Pyricularia oryzae* 侵染小麦叶片的影响（Sousa et al.，2013）

a. 不施硅；b. 施加 2mmol/L 硅。

▲表示菌丝；↑表示菌丝分枝

6.2.2.3　提高香蕉的抗病性

香蕉是重要的经济作物和粮食作物，是世界上进出口贸易量最大的水果，年交易量居各类水果之首。据联合国粮食及农业组织（Food and Agriculture Organization of the United Nations，FAO）（简称联合国粮农组织）统计，2013 年世界香蕉产业收获面积为 1000 万 hm^2。我国香蕉种植面积高达 30 万 hm^2，居世界第六位，年产香蕉 1200 万 t。我国香蕉产地主要包括广东、广西、海南、福建和云南等省（区）（张慧坚，2016）。全世界已报道的香蕉病害约 100 种，我国有 50 多种，重要的病害有叶枯病、黑星病、枯萎病、叶斑病、炭疽病等（桑利伟和郑服丛，2006）。

已有研究表明，硅能够显著提高香蕉对根腐病（Vermeire et al.，2011）、真菌性枯萎病（Fortunato et al.，2012a，2012b，2014）、细菌性枯萎病（Mburu et al.，2016）、黑条叶斑病（Kablan et al.，2012）的抗性。施硅后，抗性品种 Grand Nain 和感病品种 Maca 的相对病变长度（relative lesion length）分别下降了 40.0%和 57.2%（表 6-7）（Fortunato et al.，2012a）。

表 6-7　施硅对不同品种香蕉枯萎病病情的影响

处理	相对病变长度（%）	
	Grand Nain	Maca
对照	11.31	18.19
施硅	6.79	7.78

研究表明，接菌后的 120h 内，施硅能显著促进香蕉根系总酚、H_2O_2、木质素-巯基乙酸（lignin-thioglycolic acid，LTGA）的合成，且能提高根系中 PAL、POD、PPO、GLU、CHI 等抗性相关酶的活性（Fortunato et al.，2012b）。进一步研究表明，施硅后，香蕉根系韧皮部有类黄酮和多巴胺的积累，皮层木质素分布改变（Fortunato et al.，2014）。

施硅除了能够显著抑制枯萎病等土传病害外，也能抑制黑条叶斑病等叶片病害。Kablan 等（2012）通过水培盆栽试验发现，向营养液中添加 2mmol/L 硅酸溶液，在接种黑条叶斑病菌后 75 天，施硅处理发病率显著低于无硅处理（图 6-16），香蕉叶片硅含量大幅上升，相比对照而言，叶片硅含量由原来的 0.4%提升至 2.8%，提升幅度高达 600%。此外，与水稻相比，香蕉接种黑条叶斑病菌（*Mycosphaerella fijiensis*）并不会促进叶片中硅含量的提高，Vermeire 等（2011）发现接种 *Cylindrocladium spathiphylli* 也不会促进香蕉吸收更多的硅。

图 6-16　硅对香蕉黑条叶斑病的缓解效果（Kablan et al.，2012）

a. 不加硅；b. 施加 2mmol/L 硅酸溶液

6.2.2.4　提高其他单子叶植物的抗病性

研究表明，硅还能够提高芦笋对茎疫病（Lu et al.，2008）、狼尾草对霜霉病（Deepak et al.，2008）、黑麦草对灰叶斑病（Rahman et al.，2015）、狗牙根对叶斑病（Datnoff et al.，2005）、高粱对炭疽病（Resende et al.，2009，2012，2013）、甘蔗对叶锈病（de Camargo et al.，2013；Ramouthar et al.，2016）、钝叶草对灰叶斑病（Brecht et al.，2004，2007；Datnoff et al.，2005）的抗性。

6.2.3　硅对双子叶植物病害的缓解效应

由图 6-7b 可知，根据已有报道，硅能够影响黄瓜、番茄、拟南芥、菜豆等 20 种双子叶植物对病害的抗性。在单子叶植物中，全部文章表明硅提高了植物的抗病性；而在双子叶植物中，共有 53 篇报道硅提高了植物的抗病性，有 13 篇文章表明硅无法提高植物的抗病性，另有一篇文章表明硅可降低植物的抗病性。

6.2.3.1　提高黄瓜的抗病性

黄瓜是全球十大栽培蔬菜作物之一，在我国已有 2000 多年的栽培历史。作为可四季供应的蔬菜，黄瓜在我国蔬菜产业中占有重要地位。目前我国大部分地区采用大田或者设施大棚种植黄瓜（陈颖潇，2014）。黄瓜病害有白粉病、霜霉病、枯萎病、炭疽病、菌核病、细菌性萎蔫病、炭疽病、猝倒病、灰霉病和细菌性角斑病等。其中白粉病、霜霉病、枯萎病为黄瓜最主要的病害（胡丽芳和刘世强，2014）。

研究表明，硅能够显著提高黄瓜对白粉病（Menzies et al.，1991a；Samuels et al.，1991；Fawe et al.，1998；Liang et al.，2005；姚秋菊等，2009）、腐霉病（Chérif et al.，

1992a，1994a）、霜霉病（Yu et al.，2010；余晔等，2010）、疫病（Mohaghegh et al.，2011）的抗性。

（1）白粉病

黄瓜白粉病（powdery mildew）是由单囊壳菌（*Sphaerotheca fuliginea*）引起的一种广泛发生的世界性病害，其病原物在黄瓜整个生育期均可侵染，可造成瓜果产量的严重损失。

目前，多项研究表明，施硅能有效缓解白粉病对黄瓜的危害（Menzies et al.，1991a；魏国强等，2004a，2004b；姚秋菊等，2009）。Menzies 等（1991a）用不同浓度硅酸钠培养黄瓜，发现随着施硅浓度的增加，叶片上白粉斑数目、面积和孢子萌发率都大大减小（表 6-8）。

表 6-8　不同浓度硅酸钠培养液对黄瓜白粉病的影响（Menzies et al.，1991a）

溶液中硅浓度（mmol/L）	叶面积（cm^2）	白粉斑数目（个）	平均白粉斑直径（mm^2）	白粉斑面积（cm^2）	孢子萌发率（%）
0.05	890	288	1.70	49.1	14.4
0.50	746	190	1.48	28.9	22
0.95	680	102	1.14	11.3	14.7
1.40	637	59	1.10	6.2	16.8
1.85	602	39	0.74	3.1	13.5
2.30	535	10	1.24	0.7	10.8
3.20	533	24	0.76	1.8	13.1
4.10	469	10	0.48	0.5	8.3

富集于叶片的硅沉积于叶片的毛状体，可以增强叶片的机械强度，阻止病原菌的入侵（图 6-17）（Samuels et al.，1993）。

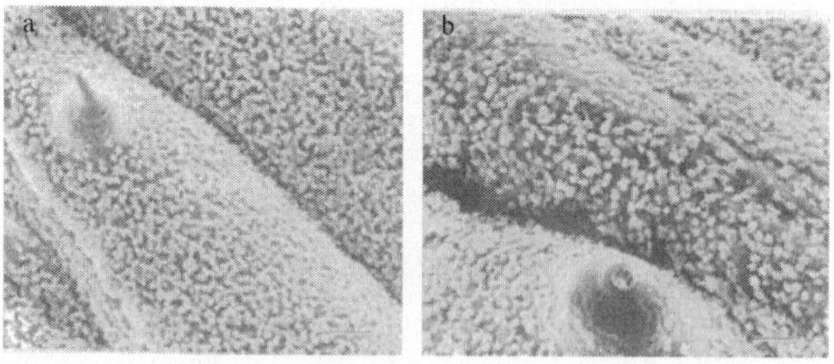

图 6-17　硅在黄瓜叶片积累的扫描电镜图（Samuels et al.，1991）

a. 不施硅处理；b. 施硅处理

硅可促进黄瓜叶片抗坏血酸过氧化物酶（ascorbate peroxidase，APX）、脱氢抗坏血酸还原酶（dehydroascorbate reductase，DHAR）、苯丙氨酸解氨酶（phenylalanine ammonia-lyase，PAL）、多酚氧化酶（polyphenol oxidase，PPO）的活性和酚类物质含量的提高，增强黄瓜对白粉病菌的抗性（魏国强等，2004a）。硅还能促进叶片阿魏酸、木质素和绿原酸的合成（姚秋菊等，2009）。

（2）霜霉病

黄瓜霜霉病（downy mildew）是由古巴假霜霉菌（*Pseudoperonospora cubensis*）引起的一种空气传播病害，是世界黄瓜产区重要的叶部病害之一，有 70 多个国家先后发生过这种病害（石延霞等，2002）。余晔和杜相革（2009）的研究表明，对黄瓜叶片喷施氯化钙和硅酸钠，能有效抑制黄瓜霜霉病的发生，且喷施浓度越大，抑制效果越好，0.2%硅处理对霜霉病的防治效果约为 65%（表 6-9）。

表 6-9　不同处理黄瓜霜霉病的病情指数与防治效果（余晔和杜相革，2009）

处理	病情指数					防治效果（%）	显著性
	5 月 16 日	5 月 20 日	5 月 24 日	5 月 28 日	6 月 1 日		
CK	3.19	4.36	5.12	6.27	7.01	—	
0.05% Ca	2.66	3.12	3.64	3.94	4.45	36.48	Cd
0.1% Ca	2.3	2.6	2.9	3.51	3.97	43.37	BCcd
0.2% Ca	1.93	2.23	2.71	3.09	3.59	48.75	ABCbc
0.05% Si	2.57	2.77	2.97	3.12	3.41	51.33	ABCbc
0.1% Si	2.48	2.73	2.75	3.04	3.33	52.44	ABbc
0.2% Si	1.49	1.82	1.84	1.92	2.47	64.72	Aa
0.05% Ca+0.05% Si	2.19	2.36	2.75	3.21	3.82	45.47	BCcd
0.1% Ca+0.1% Si	1.93	2.22	2.59	3.03	3.44	50.92	ABCbc
0.2% Ca+0.2% Si	1.49	1.67	2.15	2.49	2.95	57.98	ABab

注：“显著性”一列中不同大、小写字母分别表示处理间存在极显著（$P<0.01$）和显著（$P<0.05$）差异

扫描电镜观察表明，硅和钙主要沉积于细胞间隙与气孔，形成了一定的物理屏障，其能够阻碍霜霉病病菌菌丝的侵入，抑制病原菌的侵染、蔓延。施硅可以提高叶片中过氧化物酶（POD）、多酚氧化酶（PPO）、苯丙氨酸解氨酶（PAL）、β-1,3-葡聚糖酶（β-1,3-glucanase，GLU）、超氧化物歧化酶（SOD）等 5 种抗性酶的活性（余晔等，2010）。

6.2.3.2　提高番茄的抗病性

番茄是全球栽培最为广泛的蔬菜之一。目前，我国番茄产地主要集中在西北、东北地区的新疆、内蒙古、甘肃、宁夏、黑龙江等省（区），其中新疆是主要产地，目前我国 95%以上的番茄酱产自西北、东北地区（魏明，2009）。至 2014 年，我国番茄种植面积达 101 万 hm^2，年产量高达 5320 万 t（霍建勇，2016）。危害番茄的主要病害有病毒病、叶霉病、早疫病、晚疫病、灰霉病、炭疽病、青枯病、细菌性斑点病等。

研究表明，硅能够显著提高番茄对青枯病（Dannon and Wydra，2004; Ghareeb et al.，2011；Kurabachew and Wydra，2014）、细菌性斑点病（Andrade et al.，2013）、腐霉病（Heine et al.，2007）的抗性。

（1）青枯病

番茄青枯病（bacterial wilt）是主要由青枯菌（*Ralstonia solanacearum*）引起的一种毁灭性维管束土传病害（Diogo and Wydra，2007），是番茄栽培中的重要病害之一。青

枯病一旦暴发，可造成植株大面积萎蔫死亡，一般田块的发病率为 10%～15%，重病田发病率高达 80%～98.5%（卢同，1998）。该病在全球番茄产区均能发生，在热带、亚热带等高温地区发生最为严重，在我国长江以南各地尤其是华南产区发生较为普遍，造成了巨大的损失（汪国平等，2003；尹贤贵等，2005）。

研究表明，硅能显著降低青枯病的发病率和病情指数，提高植物对青枯病的抗性（Dannon and Wydra，2004；Diogo and Wydra，2007；Ayana et al.，2011；Ghareeb et al.，2011；Kiirika et al.，2013；Kurabachew and Wydra，2014；王蕾等，2014；陈玉婷等，2015；Jiang et al.，2019）。

研究发现，硅处理能推迟番茄青枯病的发生，降低青枯病的发病率和病情指数（图 6-18a），从而提高植株对青枯病的抗性（Dannon and Wydra，2004；Chen et al.，2015b）。番茄根部硅含量与茎中青枯菌数量呈负相关，加硅对中等抗病品种的抗病效果最好（Dannon and Wydra，2004；Diogo and Wydra，2007），各器官中硅浓度以根系最高，叶片次之，茎部最低（图 6-18b，c，d）（Dannon and Wydra，2004）。青枯菌侵染条件下硅处理能显著增加番茄叶片抗氧化酶的活性。在土培试验中，加硅使番茄叶片的 POD、CAT 活性分别增加了 43%和 23%；水培试验中，在接种第 3 天加硅使 POD、CAT、PAL 活性分别增加了 122%、337%和 31%（王蕾等，2014）。

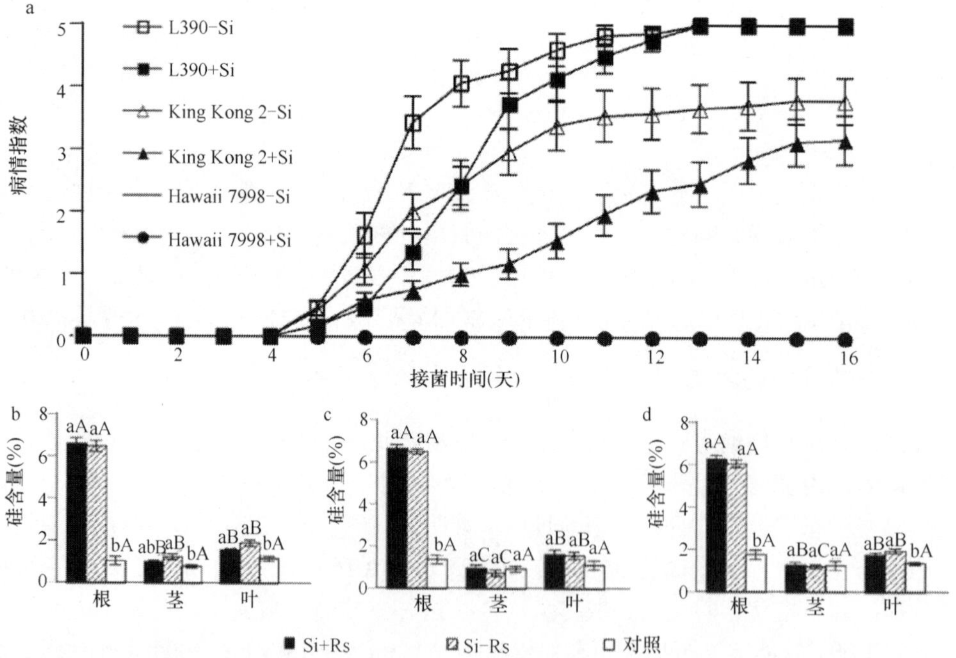

图 6-18　施硅对番茄青枯病病情指数与植株硅含量的影响（Dannon and Wydra，2004）

a. 病情指数；b. L390；c. King Kong 2；d. Hawaii 7998。+Rs 表示接种病菌；–Rs 表示不接种

柱子上方不同大、小写字母分别表示相同处理植株的器官之间、相同器官的不同处理间存在显著（$P<0.05$）差异

硅在青枯病发病位置茎部并没有形成物理屏障（Diogo and Wydra，2007），但硅能够诱导茎部细胞壁垒上果胶多糖（pectic polysaccharide）的积累，并削弱青枯菌所释放

果胶乙基酯酶（pectin-ethylesterase）的作用，抑制青枯菌的入侵（Diogo and Wydra，2007）。Ghareeb 等（2011）及 Kiirika 等（2013）发现，接种青枯菌后 72h，硅诱导植物茎部茉莉酸途径、乙烯途径中 *JERF3*、*TSRF1* 和 *ACCO* 等基因的表达达到高峰，硅通过参与番茄的茉莉酸、水杨酸、乙烯途径调控其对青枯病的抗性。

（2）细菌性斑点病

Andrade 等（2013）比较了叶片施硅和根部施硅对番茄抗细菌性斑点病的作用，结果表明，叶片施硅能够显著缓解细菌性斑点病的危害（表 6-10），而根部施硅则无显著效果。作者推测叶片喷施硅降低了细菌性斑点病的发病率可能是由于硅酸钾的高 pH 直接影响了病菌的生长，而并非通过诱导植物免疫起作用。

表 6-10　施硅对番茄细菌性斑点病的影响（Andrade et al.，2013）

处理	潜伏时间（天）	病斑数量	Quant 系数	硅含量（%）
对照	4.60	222.35	1.92	0.34
叶片施硅	4.47	118.24	0.74	0.35
根部施硅	4.15	215.42	1.69	0.30
F	0.93^{ns}	22.83^{**}	63.35^{**}	0.78^{ns}
变异系数（%）	19.30	22.77	18.10	28.10

注：ns 表示不同处理间差异不显著（$P \geqslant 0.05$）；**表示不同处理间差异极显著（$P < 0.01$）

6.2.3.3　提高棉花的抗病性

棉花是我国的重要经济作物，大部分省（区）都有种植。据报道，全世界棉花病害共有 120 多种，我国发现 40 余种，其中危害严重的有 15 种。苗期发生较重的有立枯病、疫病和炭疽病；成株期为害较重的有黄萎病、枯萎病；花铃期为害严重的有疫病、炭疽病等。这些病害给棉花市场造成了巨大的经济损失，严重限制了我国棉花的生产（董金皋，2007）。

研究表明，施硅能够提高棉花对叶斑病（Curvêlo et al.，2013）、锈病（Guerra et al.，2013）、枯萎病（Whan et al.，2016）、脚叶斑病（Oliveira et al.，2012）的抗性。

Oliveira 等（2012）通过土培实验研究了添加不同剂量硅酸钙对棉花脚叶斑病的影响。结果表明，随着施硅量的增加，棉花脚叶斑病发病率逐步降低，棉花叶片中硅含量并无显著提高，叶片中 SOD、APX、PAL、GLU 活性则显著提高。这表明，棉花可能与水稻等喜硅植物不同，在土培条件下施硅并不促进硅在棉花叶片的积累，但可能通过其他通路诱导棉花叶片抗性酶的表达，从而缓解叶斑病的危害。此外，硅酸钙对病原菌的生长并没有显著抑制作用（Oliveira et al.，2012）。而在水培条件下，施硅棉花叶片硅含量提高了 64%，叶斑病病情指数降低了 62%，木质素衍生物、POD、PPO、CHI、GLU、PAL 活性也得到了不同程度的提高（Curvêlo et al.，2013）。

Whan 等（2016）的研究表明，施硅能显著提高不同抗性棉花品种的枯萎病抗性，也可促进根系细胞中可溶性酚类和木质素的合成与积累（图 6-19）。

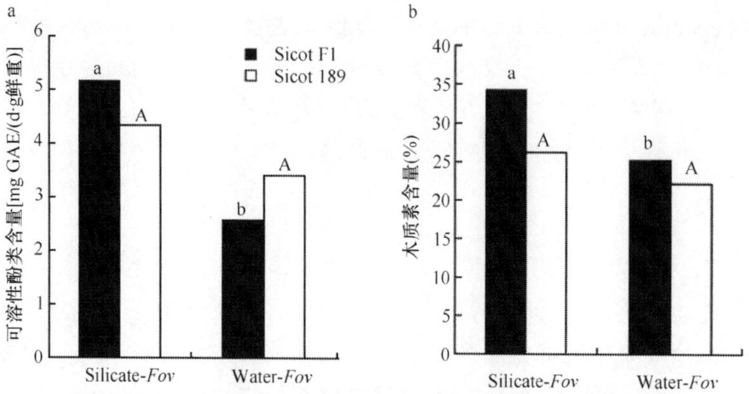

图 6-19 硅对棉花根系可溶性酚类与木质素积累的影响（Whan et al.，2016）

Silicate 表示施硅；Water 表示不施硅；*Fov* 表示接菌；GAE 表示没食子酸当量；柱子上方不同大写（或小写）字母表示不同处理间差异显著（$P<0.05$）

施硅条件下，棉花细胞内皮层和维管束能够形成更多致密沉积物质，且病原菌菌丝的降解较快。这可能是因为硅诱导了棉花根系对尖孢镰刀菌的防御应答，促进了酚类和木质素等抗菌物质的积累。这种机制主要发生在内皮层和维管束区域，而非表皮或者皮层。

6.2.3.4 提高菜豆的抗病性

研究表明，施硅能够显著提高菜豆对炭疽病（Moraes et al.，2006，2009；Polanco et al.，2012，2014）、角斑病（Rodrigues et al.，2010）的抗性。

Moraes 等（2009）通过土培实验发现，施用硅酸钙能显著缓解菜豆炭疽病病情，缓解效果与硅酸钙施用量呈正相关关系。Polanco 等（2012）研究发现，施加硅酸钾后，菜豆叶片硅含量提高 55.2%，病情指数相应下降 32.9%。加硅处理叶片中 PAL 和脂肪氧化酶（lipoxidase，LOX）活性显著升高，而总酚含量和葡聚糖酶、PPO 与 POD 活性均没有显著变化。研究表明，施硅可以增加叶片 SOD、APX、GR 的活性（Polanco et al.，2014）。Moraes 等（2006）通过扫描电镜观察发现，施硅处理下并无硅沉积在表皮细胞结构中。

6.3 硅提高植物抗病性的机理

大量研究表明，硅能影响多种植物对病害的抗性，但其抗性机理存在差别。原因在于：①不同病原菌的致病机理不同；②病原菌的入侵位置（叶片、根系）不同；③不同植物体内硅含量差异很大；④硅的施用方式的差异（根施、叶片喷施、水培、土培）。

此外，植物与病原菌共存于一定的环境，三者形成一个有机的整体。植物是否呈现病状，最终是由寄主自身免疫能力的高低、病原菌的致病能力及病原菌是否具有适宜的致病环境（pH、温度、湿度等）等三方面要素综合作用而决定的（图 6-20）。因此，硅可通过影响这三个因素中的任意一个或者多个，从而影响病害的发生。已有研究侧重于 Si 与寄主植物的关系，忽略了 Si 对病原菌本身和对环境因素的影响，这些也可能是 Si 缓解病原菌对植物危害的潜在机制之一。因此，在本节中，我们除了系统总结前人有关硅提高植物抗病性机理的研究，还将补充近年有关硅影响病原菌和致病环境的最新研究，并从中归纳出硅缓解植物病害的可能机制。

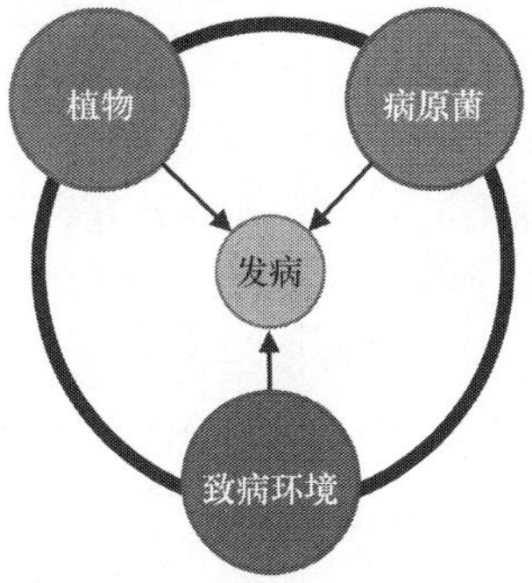

图 6-20　植物病害发生的影响因素

6.3.1　增强植物自身的抗病性

目前，已有研究侧重于从硅被植物吸收后诱导植物抗病性的角度阐明其抗性机理。基因芯片和转录组等高通量方法检测表明，硅能够对植物抗病网络进行多样化的调控。例如，硅可促进植物内 *R* 基因、胁迫相关的转录因子、信号转导基因（如水杨酸、茉莉酸、乙烯合成基因）的表达，而抑制糖酵解、三羧酸循环、碳固定、戊糖磷酸途径，影响氧化磷酸化等初级代谢途径相关基因的表达（Fauteux et al.，2006）及下游相关蛋白的合成与积累（Liu et al.，2014），从而提高植物的抗病性。

目前国际上认可的关于硅增强植物自身抗病性的机制主要有 3 种，包括物理防御（Menzies et al.，1991b; Fauteux et al.，2006，Cai et al.，2008）、生物化学防御（Shetty et al.，2011；Fortunato et al.，2014）和分子调控（Van Bockhaven et al.，2015a）机制。

6.3.1.1　物理防御机制

物理防御是最早被提出的 Si 提高植物抗病性的机制。大量研究表明，Si 确实起到了物理屏障的作用。特别是对于禾本科植物，这些植物能够积累大量的 Si，且 Si 在植物细胞大量沉积可对病原菌形成机械屏障，阻碍病菌孢子的萌发、菌丝的侵入，并减缓病原菌对细胞壁的降解作用（图 6-21）。

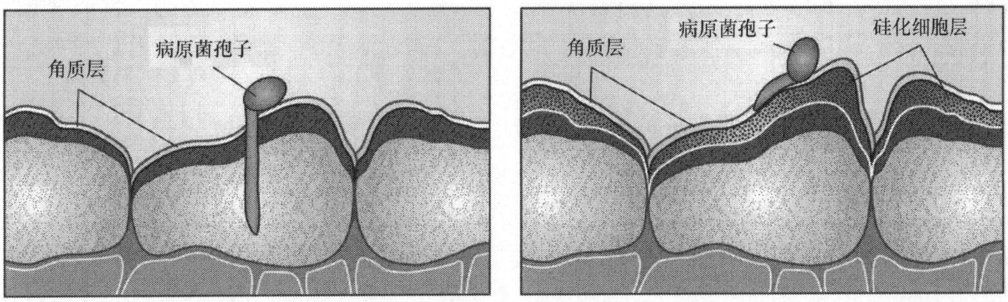

图 6-21　Si 增强植物抗病性的物理防御机制（Wang et al.，2017）

Yoshida（1965）发现，水稻叶片中 Si 主要沉积在角质层下，并形成了厚约 2.5μm 的“角质-双硅层”，该结构具有阻止病原菌入侵的作用。利用电镜和原位 X 射线分析，Kim 等（2002）发现硅能沉积在叶片表皮细胞壁，硅化的细胞与稻瘟病的抗性密切相关。Dannon 和 Wydra（2004）对番茄的研究表明，硅主要积累在根部，而在茎和叶的积累则较少，硅对番茄感病和抗病品种发病率的降低幅度分别为 26.8%和 56.1%，根系青枯菌的数量与硅含量成反比。对甜瓜的研究发现，硅处理能显著促进硅在甜瓜叶面气孔处和表皮层的沉积，该沉积物可起到物理屏障作用（郭玉蓉等，2005）。后续研究表明，Si 在水稻表皮细胞壁的沉积，能够增强细胞壁的结构稳定性（He et al.，2013；宁东峰和梁永超，2014）。Guével 等（2007）对小麦的研究也发现，施硅后，硅主要富集在叶片，沉积在硅化细胞上。对纹枯病和稻瘟病的研究发现，在接种病菌的情况下，加硅处理后硅在叶片表面高度沉积，气孔硅突数增多，硅化细胞数量增加，排列更加清晰、致密和整齐，叶片表皮细胞硅突的形成有利于增强禾本科植物对病原菌的抗性（张国良等，2006a；Cai et al.，2008）。对钝叶草（Datnoff et al.，2005）、高粱（Resende et al.，2009）和甘蔗（Ramouthar et al.，2016）的研究也发现，叶片病情指数与叶片硅含量呈显著负相关。以上的研究表明，Si 通过提高植物的物理防御能力而增强其抵御病原菌的能力。

但是，也有研究者认为，在病菌侵染发生后，硅质化表皮及在侵染过程中形成的硅质层就再也不能阻止菌丝的生长（陈志强，1989）。细胞壁厚度与 Si 含量并无显著相关性，虽然细胞壁的增厚被认为是稻瘟病病情降低的主要原因（Kim et al.，2002）。Carver 等（1987）和 Chérif 等（1992a）发现，硅在病害侵染点和表皮细胞的积累及沉积与抗性并没有关系。对黄瓜的研究表明，当供硅停止后，硅对白粉病的保护效应就停止，虽然硅继续在植物组织内积累（Samuels et al.，1991）。所以尽管机械屏障最早被视为硅提高植物抗病性的机制，甚至近年来也有不少证据支持这一观点，但尚不能完全解释硅的抗性机理。

6.3.1.2 生物化学防御机制

生物化学防御观点认为，寄主与病原菌相互作用时，Si 具有调节代谢作用，能诱导植物产生一系列抗病相关的生化反应（抗性酶和抑菌物质的合成与积累），并由此增强植物的抗病性（Chérif et al.，1994b；Fawe et al.，1998）。

（1）抗性酶活性的诱导

植物受到病害侵染后体内会出现一系列生理代谢反应，其中诱导抗性酶是最常见的一种生理反应。植物通过加快防御相关酶的合成与积累，以抵御病原菌的入侵。常见的与植物抗性相关的防御酶有过氧化物酶（POD）、多酚氧化酶（PPO）、苯丙氨酸解氨酶（PAL）、过氧化氢酶（CAT）、几丁质酶（CHI）和 β-1,3-葡聚糖酶（GLU）等。这些酶具有多样化的功能，是植物适应逆境胁迫的重要工具。

已有研究表明，施硅能够调控植物 POD、PPO、PAL、CAT、LOX、APX、GLU、CHI 和 SOD 等抗性酶的活性，以提高植物的抗病能力。硅通过调控植物抗性酶的活性以提高植物的抗病性也是目前研究较多的硅提高植物抗病性的机制之一（Chérif et al.，1994a；Fawe et al.，1998）。Chérif 等（1994a）对无土栽培黄瓜的研究发现，水溶性硅可显著降低由腐霉菌（*Pythium* spp.）引起的根腐病的发生率，其防治效果与植株体内过氧化物酶（POD）和多酚氧化酶（PPO）的活性增强有关。对小麦、黄瓜、瓠瓜、甜瓜、长豇豆等的白粉病的研究表明，硅处理能增强感病植株叶片 POD、PAL、PPO、CAT 和几丁质酶等的活性，从而降低病害的发生率（杨艳芳等，2003；魏国强等，2004b；Liang et al.，2005；郭玉蓉等，2005；李国景等，2006）。对稻瘟病和纹枯病的研究也有类似的结果（张国良等，2006b；Cai et al.，2008）。

综合已有大量文献可知，施硅能显著提高大部分植物POD的活性（图 6-22，图 6-23）。POD 可催化 NADH 或者 NADPH 氧化产生，$\cdot O^{2-}$进一步歧化为 H_2O_2 和分子氧，这些强氧化物质能够抑制病原菌孢子的萌发。POD 还参与了木质素和木栓质的合成，从而抵抗病原侵入（田国忠等，2001）。

植物	病害	POD	PPO	PAL	CAT	GLU	CHI	SOD	LOX	APX	参考文献
水稻	稻瘟病	+	+	+							Cai et al., 2008
水稻	稻瘟病				+				+		Sun et al., 2010
水稻	稻瘟病					+	+				孙万春等, 2009
水稻	纹枯病	+			+			0			张国良等, 2006b
水稻	纹枯病					–	+				张国良等, 2006a
水稻	纹枯病				+				+		范锃岚等, 2012
水稻	纹枯病		+	+							Zhang et al., 2013
水稻	白叶枯病	0			0			+	+	0	薛高峰等, 2010a
水稻	云形病	+	+	+		0	0		+		Tatagiba et al., 2014
小麦	麦瘟病		–				+				Filha et al., 2011
黑麦草	灰叶斑病	+	+								Rahman et al., 2015
香蕉	枯萎病	+	+	+		+	+				Fortunato et al., 2012b
棉花	叶斑病		+	+		+	+				Curvêlo et al., 2013
黄瓜	炭疽病		–	–							梁永超和孙万春, 2002
黄瓜	霜霉病	–	+	+		+		–			Yu et al., 2010
黄瓜	根腐病				+					+	Mohaghegh et al., 2011
黄瓜	腐霉病	+	+								Chérif et al., 1994a
番茄	青枯病	+		+	+						王蕾等, 2014
番茄	叶斑病	+	+	–		+			+		Andrade et al., 2013
菜豆	炭疽病							+		+	Polanco et al., 2014
豇豆	白粉病	+	+	+	+			+			李国景等, 2006
豇豆	锈病	+		+	+					+	戴丹丽等, 2010

图 6-22　施硅对植物抗病相关酶活性的影响（Ⅰ）

+表示硅诱导酶活性增加；–表示硅诱导酶活性降低；0 表示硅对酶活性不产生显著影响

对 PPO 的研究表明，施硅能够显著提高大部分植物 PPO 的活性，但也有研究表明，施硅反而降低了 PPO 的活性（图 6-22，图 6-23）。PPO 主要参与酚类氧化为醌及木质素前体的聚合作用，与植物抗病性密切相关。病原菌侵染能诱导植物体内 PPO 活性升高，促进酚类化合物在受侵染部位的合成和积累，大量酚可由 PPO 氧化成醌，醌类化合物具有钝化病原物呼吸酶的作用，可以阻碍病原物的生长，并且醌的次生反应所产生的黑色沉淀物可阻止感染的扩散（胡瑞波和田纪春，2004）。

施硅可以显著提高单子叶植物 PAL 的活性，但是对双子叶植物的研究则表明施硅可能降低其活性（图 6-22，图 6-23）。PAL 是连接初生代谢和苯丙烷类代谢、催化苯丙烷类代谢第一步反应的酶，是苯丙烷类代谢的关键酶和限速酶（江昌俊和余有本，2001）。PAL 与植物抗病性密切相关，其参与抗病的机制主要是其参与木质素和植保素的合成。

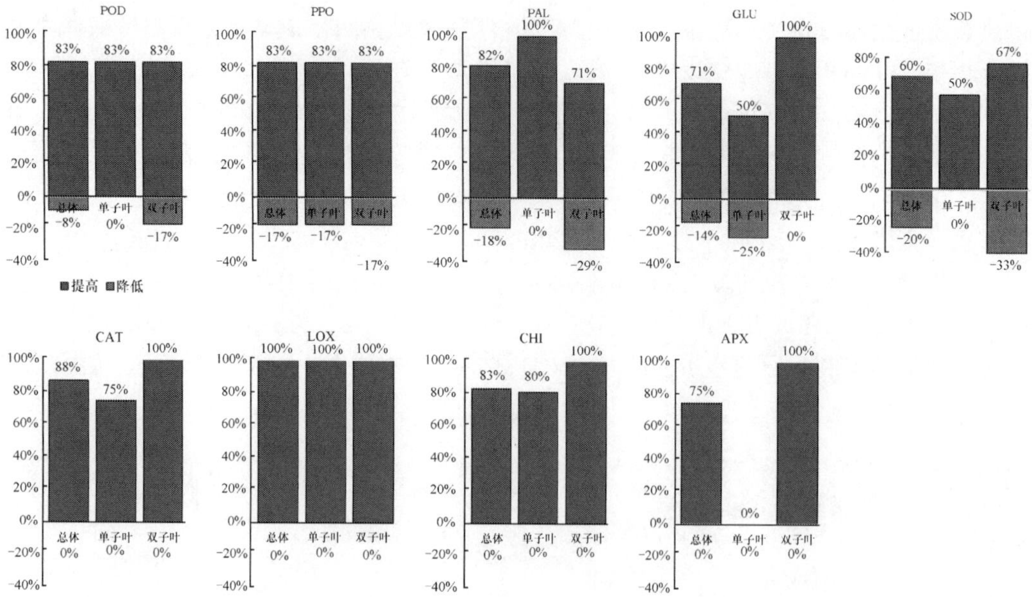

图 6-23 施硅对植物抗病相关酶活性的影响（Ⅱ）

图中百分比为基于图 6-22 已有文献中硅诱导抗性酶活性提高（正值）或降低（负值）文献数量占所有涉及该类研究的文献的比例

木质素可以增加细胞壁的厚度，提高组织木质化程度，一定程度上可阻止病原菌的入侵，随着 PAL 活性的提高，木质素积累量增加。大部分植保素具有抑菌作用，部分植保素是苯丙烷类代谢的直接或间接产物，其生成量与 PAL 活性呈正相关关系，PAL 通过促进植保素的合成而抑制病原菌的入侵（张亮，2012）。

已有对 CAT 的 8 篇研究文献中有 7 篇表明硅可以提高植物 CAT 的活性。已有研究表明 CAT 可能通过两种方式参与植物抗病性的调控，第一种是直接分解病原菌入侵后产生的局部高浓度 H_2O_2，防止过量的 H_2O_2 对植物体造成氧化损伤（南芝润和范月仙，2008）。第二种是通过调控细胞内 H_2O_2 浓度进行防御信号调控。研究表明，在植物受到病原微生物侵染的氧化迸发初期阶段，CAT 能够通过分解 H_2O_2 促进 $\cdot O^{2-}$ 的形成，从而触发苯甲酸生成 SA 的反应，导致系统性获得抗性（systemic acquired resistance，SAR）反应发生，从而增强植物的抗逆反应（Leon et al.，1995）。

对于 CHI 的研究表明，施硅可增强单子叶植物 CHI 的活性，而对双子叶植物 CHI 活性的影响暂无报道。几丁质酶广泛存在于高等植物中，大多数真菌的细胞壁由几丁质构成。已有研究表明，施硅增强叶片 CHI 活性的现象均发生在叶片病害中，硅可促进病害植物叶片 CHI 的合成，CHI 可进一步分解病原菌。

（2）抗菌物质合成的诱导

外界胁迫能够诱导植物产生多种次生代谢产物（如酚类、黄酮、木质素），这些物质多数具有抑制病原菌的作用（Fauteux et al.，2006；Datnoff et al.，2007；Van Bockhaven et al.，2015a）。已有研究表明，Si 能诱导植物产生多种次生抗菌物质，如植保素、酚类物质和病原相关蛋白（Chérif et al.，1994a；Fawe et al.，1998；Rodrigues et al.，2003；

Rémus-Borel et al.，2005），由此提高植物对病害的抗性。抗性物质能够直接抑制病原菌的生存。植物在抗性酶缓解病原菌危害的基础上，进一步产生次生代谢产物对病原菌进行直接攻击。因此，诱导植物抗性物质的合成与积累是硅提高植物抗病性的可能机制之一。

Fawe 等（1998）的研究表明，硅参与了寄主的抗菌活动，使植物产生了一些小分子代谢物质（如酶类、黄酮醇类），从而更快或更有效地抵御病原体的攻击。Rodrigues 等（2004）通过超微结构观察，首次发现了硅介导水稻抗稻瘟病菌的细胞学证据，他们发现接菌后加硅处理的水稻体内大量生成酚醛类、二萜类物质，主要是稻壳酮 A 和稻壳酮 B，从而增强水稻对稻瘟病菌的抗性（图 6-24，图 6-25）。对稻瘟病的研究发现，在稻瘟病菌感染下，硅处理能显著增强水稻叶片的木质素含量，从而增强水稻对病害的抗性（Cai et al.，2008）。对黄瓜的研究发现，加硅能够促进白粉病菌入侵细胞中酚类物质的积累，积累的这些酚类物质能够抑制白粉病菌向周边细胞的扩散（Menzies et al.，1991a）。

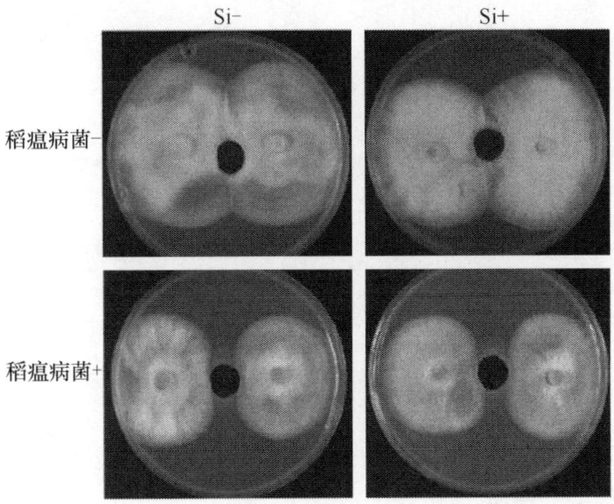

图 6-24　硅诱导二萜对稻瘟病菌的抑制效果（Rodrigues et al.，2004）

对于单子叶植物的研究表明，加硅均能促进接种稻瘟病菌（孙万春等，2009）、胡麻叶斑菌（Rezende et al.，2009）、纹枯病菌（Zhang et al.，2013）的水稻叶片中酚类物质的积累，但是也有研究表明加硅反而会降低水稻叶片中木质素的含量（葛少彬等，2014）。施硅除了可以促进酚类、类黄酮和木质素等物质的积累外，还能促进病害胁迫下玫瑰叶片绿原酸和芦丁等次生代谢产物的积累（Shetty et al.，2011，2012），而且体外实验亦表明这些物质与抑菌作用直接相关。

硅提高植物对叶片病害的抗性并非都是通过促进次生代谢产物的积累。研究表明，硅可增强小麦对白粉病的抗性，但叶片无酚类物质积累的现象（Domiciano et al.，2010；Filha et al.，2011）。在不接菌情况下，硅并不能促进次生代谢产物的合成与积累（姚秋菊等，2009）。

施硅能够提高感病植物叶片的酚类物质含量，还能提高根系的酚类和木质素含量。Whan 等（2016）的研究表明，施硅能够缓解棉花枯萎病的病情，施硅棉花根系中总酚类物质和木质素含量均显著提高。Fortunato 等（2014）研究发现，施 Si 可促进类黄酮、

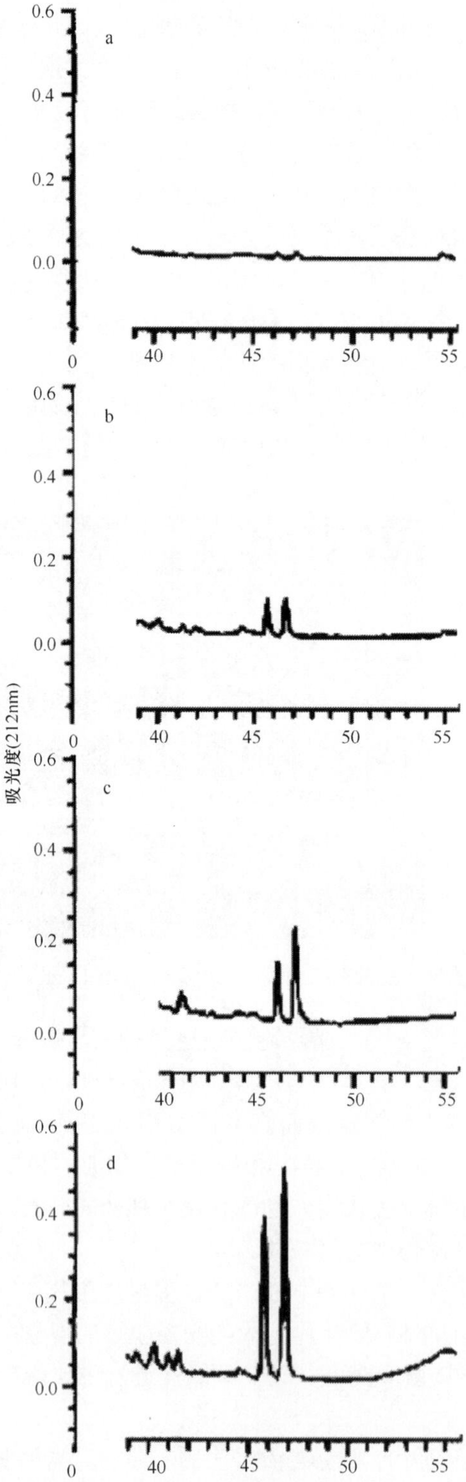

图 6-25　利用高效液相色谱技术观测稻瘟病菌侵染下硅处理对稻壳酮积累的影响（Rodrigues et al.，2004）

a. 不加硅不接菌；b. 加硅不接菌；c. 接菌不加硅；d. 接菌加硅。图中的两个比较高的峰分别为稻壳酮 A 和稻壳酮 B

木质素、多巴胺在香蕉韧皮部积累，且这些物质的积累具有抑制尖孢镰刀菌通过茎部向上转移的作用（图 6-26）。这表明，无论对于叶片病害还是根系病害，硅都是通过类似的机制，促进病害位置次生代谢产物的积累，以抵御病原菌的进一步入侵。

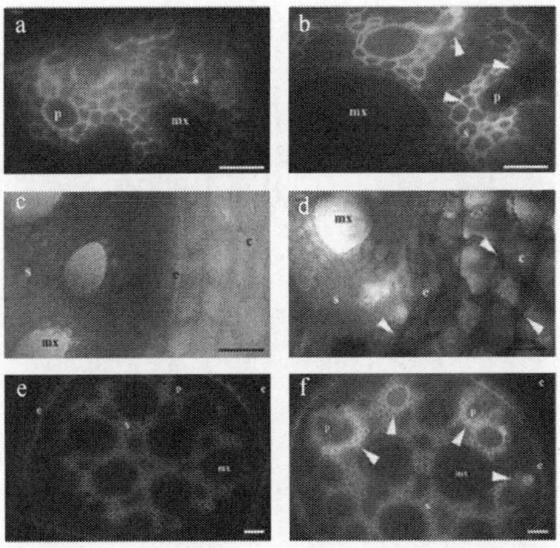

图 6-26　类黄酮、木质素、多巴胺在香蕉根系的积累

c=cortex（皮层）；e=endodermis（内皮层）；mx=metaxylem（后生木质部）；p=phloem（韧皮部）；s=sclerenchyma（厚壁组织）；标尺=50μm；箭头示物质积累的位置

目前研究发现，Si 提高植物抗病性的生物化学防御机制包含抗性酶和抗性物质的合成，两者可能并无先后顺序，而是同步发生。从合成速度和合成复杂程度而言，抗性酶合成的速度更快，而抗性物质则需要一定的剂量效应才能起作用。

6.3.1.3　分子调控机制

（1）调控植物激素相关基因的表达

植物为了抵御病原菌的入侵，在长期的进化过程中，已经形成了多层次、复杂的调控网络，其中水杨酸（SA）、茉莉酸（JA）、乙烯（ETH）和脱落酸（ABA）等激素途径在植物免疫中发挥重要作用，特别是在信号转导与抗病调控方面（Pieterse et al., 2012）。

研究表明，青枯菌侵染下硅处理能延迟番茄根部乙烯产生的高峰期，亦能显著增加根部水杨酸和茉莉酸的含量（Jiang et al., 2019）（图 6-27）。在接种 1 天后，硅处理番茄根部的乙烯释放速率较低，但接种后 7 天时，硅处理番茄根部的乙烯释放速率是无硅处理的 2.3 倍，从而能够延迟感病番茄根部乙烯高峰期的到来，有助于延迟青枯菌菌丝体营养阶段的进程，延迟病症的出现时间。接种 1 天后，无硅处理番茄根部的水杨酸基础水平较高；硅处理番茄根部的水杨酸含量在接种后 7 天时比无硅处理高 7.3 倍。硅处理番茄根部的茉莉酸含量在接种后 1～3 天持续增加，其含量在接种后 1 天、2 天和 3 天均显著高于无硅处理。

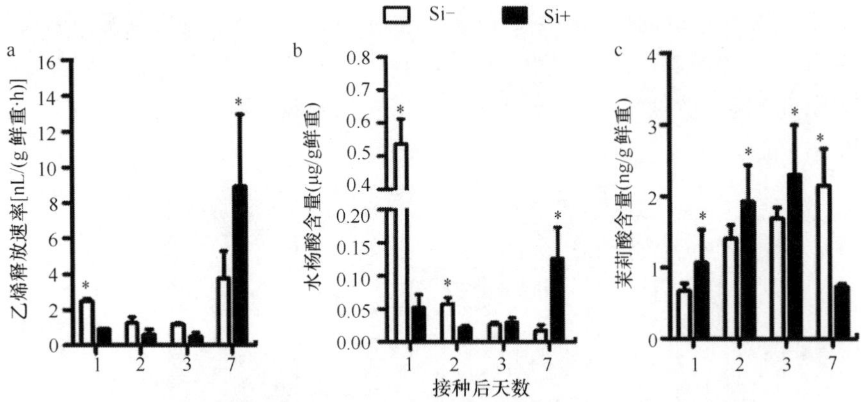

图 6-27 硅处理对番茄根部乙烯、水杨酸及茉莉酸含量的影响（Jiang et al.，2019）

*表示不同处理间差异显著（$P<0.05$）

研究表明，Si 能够通过植物激素途径参与调控植物的抗逆反应（Fauteux et al.，2006；Ghareeb et al.，2011；Vivancos et al.，2015）。Fauteux 等（2006）通过定量 PCR 方法研究了硅对拟南芥白粉病病菌的抗性作用，结果表明病害感染情况下加硅处理可激活与植物防御相关的 SA、JA 和 ETH 合成基因的表达，从而增强植物的抗病性。Ghareeb 等（2011）研究发现，番茄感染青枯菌后，硅能诱导番茄产生抗性信号分子，增加与防御有关的茉莉酸和水杨酸标记基因、氧化胁迫标记基因及的表达水平。然而对水稻的研究则表明，接种稻平脐蠕孢（*Bipolaris oryzae*）条件下，施 Si 反而降低了水稻叶片中 SA、JA 和 ETH 途径相关基因的表达水平（Van Bockhaven et al.，2015b）。这些结果暗示，Si 极可能通过参与这些激素途径调控植物的抗病性。

Vivancos 等（2015）为了进一步验证 Si 对激素途径的调控与抗病性的关系，对拟南芥多基因突变体，*talsi1*、*talsi1+pad4*、*talsi1+eds1*、*pad4*、*eds1* [*pad4* 中 SA 途径关键酶 PAD4 缺失，*eds1* 中 SA 途径关键酶 EDS1 缺失，*talsi1* 中转入 Si 转运载体]进行了研究，结果表明 *talsi1* 突变体 Si 吸收能力显著提高，伴随 *EDS1* 基因及 *PAD4* 基因表达水平的显著提高和水杨酸含量的大幅上调，SA 途径下游的 *AtPR1*、*AtNPR1* 等防御基因表达也上调，病情指数大幅降低至 1.5。当将 *EDS1* 基因或 *PAD4* 基因敲除后，病情指数上升至 3.5。这证明 Si 通过参与 SA 抗性代谢途径提高拟南芥对白粉病的抗性，而对番茄的研究也得到类似的结果，青枯菌侵染下，硅能提高 ETH 途径关键基因 *JERF3*、*TSRF1* 和 *ACCO* 的表达量（Ghareeb et al.，2011）。这表明，硅通过调控 SA 和 ETH 途径参与植物抗病性的调控。

然而 Van Bockhaven 等（2015b）则得到不同的结果，在对 *nahg*（SA 途径关键酶基因缺失）、*mpk6*（ABA 途径关键酶基因缺失）、*hebiba*（JA 途径关键酶基因缺失）、*ein2a*（ETH 途径关键酶基因缺失）激素突变体的研究中，施 Si 条件下，*nahg*、*mpk6*、*hebiba* 突变体抗病性均没有下降，而 *ein2a* 突变体抗病性显著下降。这暗示着 Si 并非通过 JA、SA 或 ABA 途径，而是通过 ETH 途径介导水稻的稻瘟病抗性代谢。后续研究表明，Si 并非参与了 ETH 的合成阶段，而是参与了抑制 ETH 的信号转导途径。

（2）调控相关蛋白的表达

Si 通过参与植物体内水杨酸、茉莉酸、乙烯等激素合成与调控途径而增强植物的抗病性（Van Bockhaven et al.，2015b；Vivancos et al.，2015），但是对于不同植物、不同病害，Si 参与的激素途径可能有差别。研究者从基因芯片、蛋白质组、转录组等不同层面上，均证实了 Si 可通过植物激素途径参与植物抗病性的调控，但植物通过何种受体或者载体感知 Si，以及 Si 通过何种途径参与植物激素的信号转导和调控仍有待进一步的研究。

近年来，Liu 等（2014）、Chen 等（2015b）和陈玉婷等（2015）从蛋白质组学的角度对硅介导植物对病害的抗性进行了相关研究。Chen 等（2015b）发现施硅条件下，番茄根系 54 个蛋白点发生了显著的差异表达（图 6-28）。

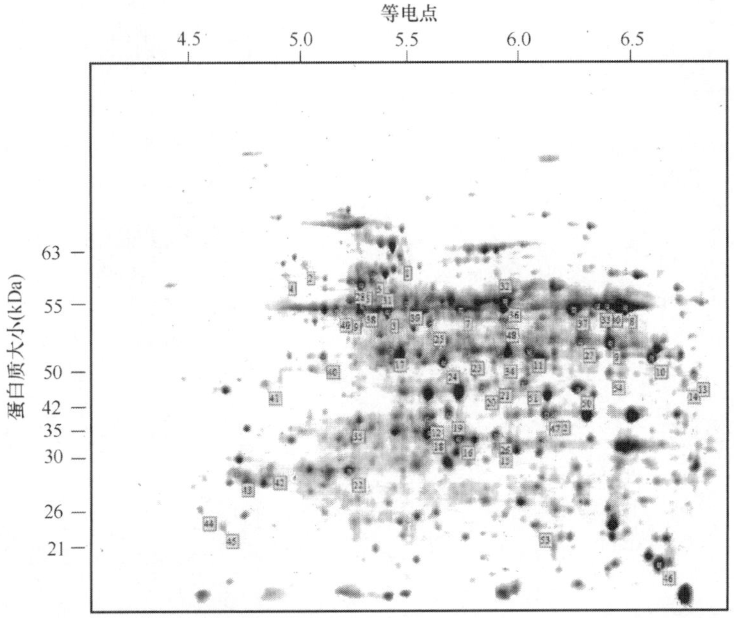

图 6-28　不同处理番茄根部蛋白质差异表达图谱（Chen et al.，2015b）

通过 LC-MS/MS 进行质谱分析和数据库检索，从中成功鉴定 53 个蛋白（图 6-29a），分别隶属于以下 6 个功能类别：①能量与代谢（62%），②蛋白质的调控与合成（4%），③细胞骨架与细胞结构（9%），④防御反应（2%），⑤信号转导/转录（4%），⑥其他（19%）。在 53 个鉴定的蛋白中，有 48 个蛋白明显受到硅的调节，而另外 5 个蛋白则不受硅的影响。在青枯菌侵染条件下硅处理引起 26 个蛋白质的表达发生变化，有 16 个上调，10 个下调（图 6-29b）。

（3）转录组水平上的调控

硅还能在转录组水平上调控基因表达，增强植物对病害的抗性。Jiang 等（2019）对青枯菌侵染下的番茄植株进行施硅处理，通过比较转录组分析发现大量差异表达基因（图 6-30）；在硅处理中，病原体相关分子模式触发免疫、效应子触发免疫、氧化抗性、

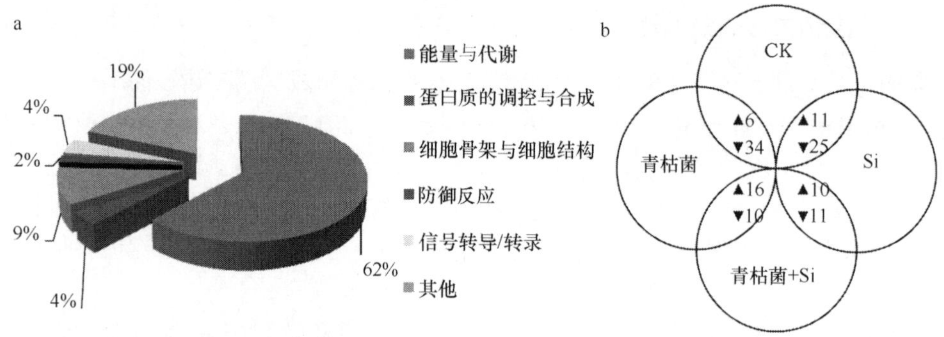

图 6-29 硅调控番茄青枯病抗性的蛋白质组差异分析（Chen et al.，2015b）（另见封底二维码）

▲表示上调；▼表示下调

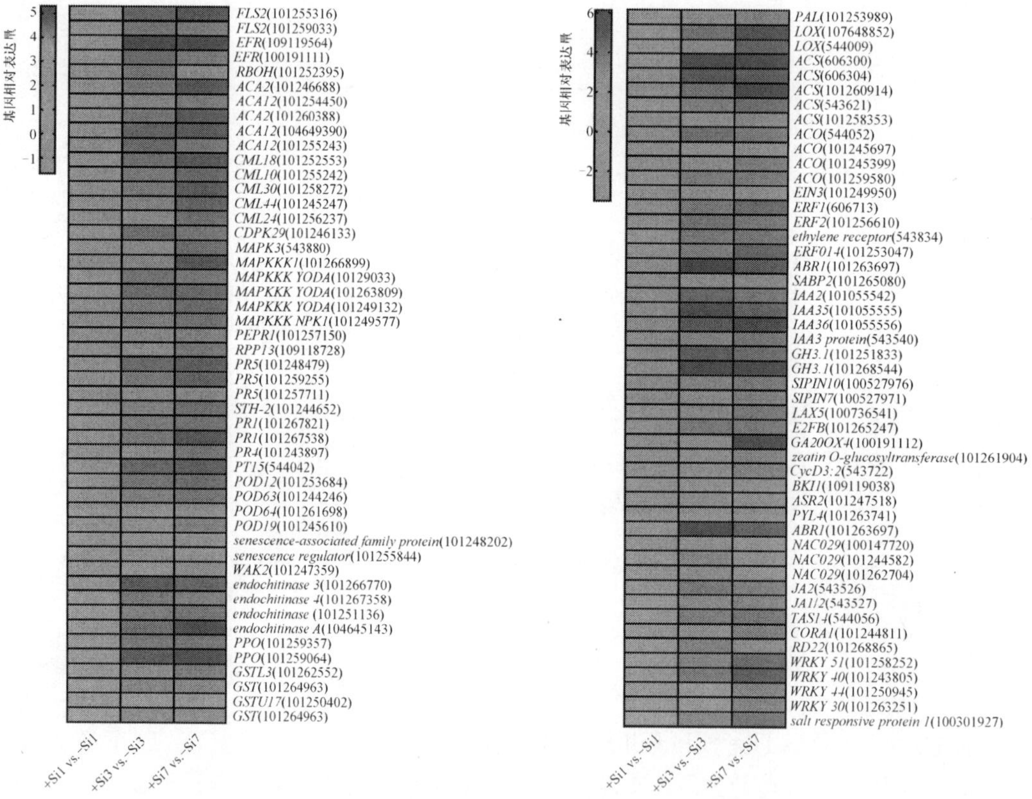

图 6-30 硅介导番茄青枯病抗性相关的差异表达基因的热图（Jiang et al.，2019）（另见封底二维码）

1、3、7 表示接菌后 1h、3h、7h

水分亏缺胁迫耐受相关的基因表达量均显著上调；多种激素相关的基因在硅处理中差异表达，表明硅介导的番茄对青枯菌的抗性不仅仅涉及水杨酸、乙烯、茉莉酸介导的响应（图 6-31）。推测硅介导的番茄对青枯菌抗性的机理可能涉及以下三方面：激活病原体相关分子模式触发免疫及效应子触发免疫；通过调节水杨酸、乙烯、茉莉酸、生长素等多种激素介导的信号途径，进而改变植株的抗性和耐性；硅处理可以缓解接种造成的负面效应（水分亏缺、盐胁迫、氧化胁迫、衰老等）（图 6-31）。

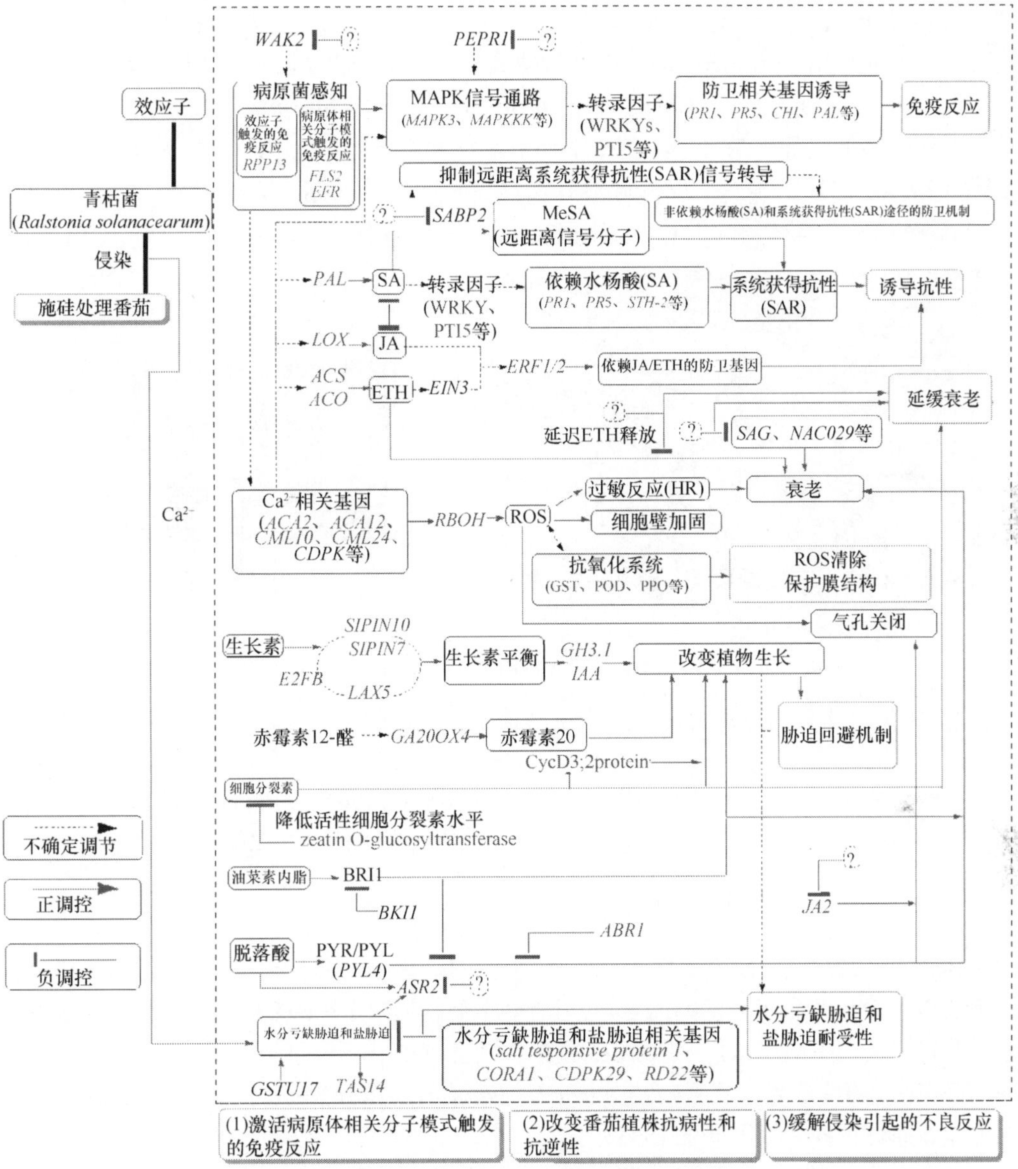

图 6-31　硅介导番茄青枯病抗性的转录调控机理（Jiang et al.，2019）

6.3.2 影响病原菌的生长与致病性

6.3.2.1 对病原菌生长的影响

目前硅的添加方式主要有叶片喷施和根系施加两种，对于叶片病害或者土壤病害而言，硅均有与病原菌共存的条件。那在这种共存条件下，硅是否能够直接抑制病原菌的生长，从而缓解植物的病害呢？科学家进行了相关实验来验证这种机制的可能性。

已有研究表明，在纯培养条件下，Si 对多种病原菌如 *Magnaporthe grisea*（Maekawa et al.，2003）、*Sphaerotheca aphanis*（Kanto et al.，2007）、*Fusarium solani*（Bekker et al.，

2006)、*Alternaria solani*(Bekker et al., 2009)和 *Fusarium sulphureum*(Li et al., 2009)具有直接抑制作用。但 Shen 等(2010)的研究表明，Si 能够显著抑制 *Rhizoctonia solani*、*Pestalotiopsis clavispora*、*Fusarium oxysporum* 和 *Fusarium oxysporum* f. sp. *fragariae* 等 4 种土传病原菌的生长，当将培养基 pH 调节至与 CK 相等时(7.0)，抑制效应消失。林威鹏(2017)比较了不同浓度的硅对青枯菌生长的影响，结果表明当 pH 调至 7.0 时，0～2mmol/L 硅对青枯菌的生长并无显著抑制作用(图 6-32)。

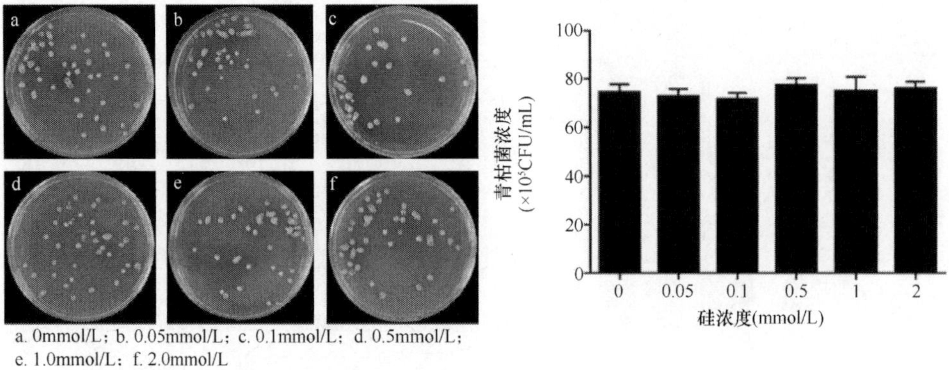

图 6-32　不同浓度的硅对青枯菌生长的影响(林威鹏，2017)

这表明，硅本身对病原菌可能并无显著抑制作用，可能是施加的硅酸钾或者硅酸钠提高了环境 pH，从而抑制了病原菌的生长。先前研究亦表明，在番茄茎基部，青枯菌浓度并未出现随着 Si 含量的增加而减少的现象(Dannon and Wydra，2004；Diogo and Wydra，2007)。因此，Si 是否通过直接抑制病原菌生长而缓解植物病害，有待进一步验证。

6.3.2.2　对病原菌致病性的影响

林威鹏(2017)的研究表明，硅对青枯菌生长并无直接抑制作用，但是能够影响青枯菌的移动性和致病相关基因的表达。该研究通过转录组及 qPCR 实验发现，硅能够显著影响青枯菌的生命活动，其中涉及致病相关基因 14 个，硅可以上调 *pilE2*、*pilE*、*fimT*、*ohr* 等移动性相关基因，下调 *phcA*、*araH*、*modA*、*rpoE*、*putA*、*epsD*、*xpsR*、*xylF* 等主要参与致病性调控的基因(图 6-33)。

其中 LysR 型调控因子 *phcA* 基因是青枯菌致病调控网络的核心(Clough et al., 1997; Genin and Denny，2012；Chen et al.，2015a)。该基因具有直接和间接调控下游多种致病基因的表达，激活胞外多糖和纤维素酶，以及抑制青枯菌的移动性与 T3SS 和铁载体的表达的功能(Yoshimochi et al.，2009)。

林威鹏(2017)的研究表明，施 Si 处理能够显著抑制 *phcA* 基因的表达，且可使下游胞外多糖合成相关基因 *epsD* 和 *xpsR* 显著下调。这符合已有研究中施 Si 负调控下游胞外多糖合成相关基因 *epsD* 和 *xpsR* 表达的结果(Gu et al.，2010)。生理实验表明，施 Si 处理中青枯菌胞外多糖合成量亦显著下降。而胞外多糖正是青枯菌堵塞植物木质部的主要物质，胞外多糖基因突变体丧失致病能力(Saile et al.，1997)。因此，Si 通过抑制青枯菌致病关键基因 *phcA* 的表达，以致下游胞外多糖合成基因 *espD* 和 *xpsR* 显著下调，最终降低青枯菌胞外多糖合成量，这可能是 Si 降低番茄青枯病发病率的机制之一。

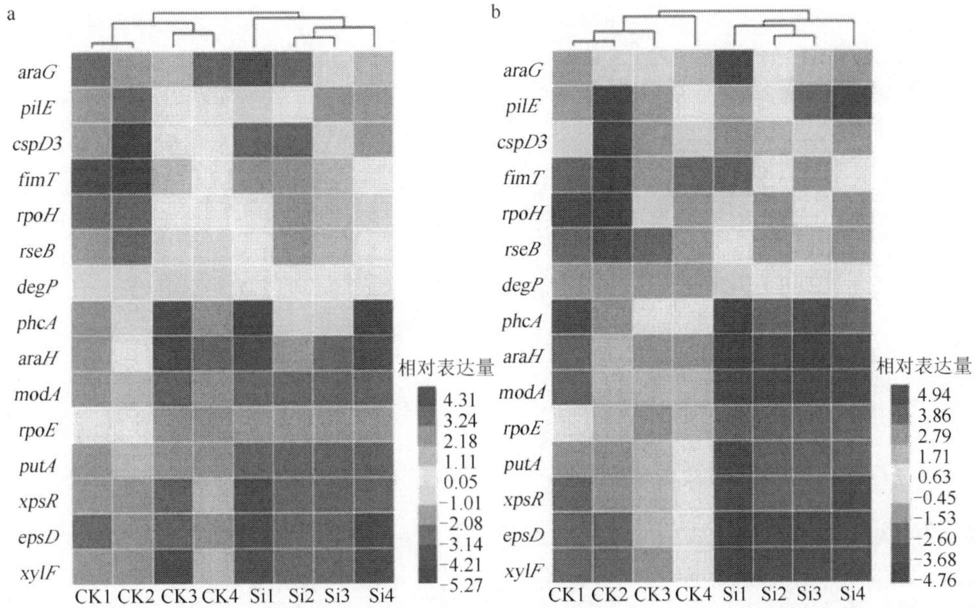

图 6-33　硅对青枯病相关致病基因表达的影响（林威鹏，2017）（另见封底二维码）

a. 以 *GAPDH* 为内参基因；b. 以 *thyA* 为内参基因

移动性相关基因 *pilE2*、*pilE*、*fimT* 受 Si 调控显著上调，细菌趋性调控基因 *CheZ* 和 *FliN* 受 Si 调控显著下调。对于 *pilE2*、*pilE*、*fimT* 的正向调控，最终可以促进青枯菌的移动性。Si 可抑制 *CheZ* 和 *FliN* 基因的表达，而这两个基因对于 *CheY* 基因是负调控作用，即 Si 可促进 *CheY* 基因的表达，加快鞭毛的运动，促进细菌的游动。由此可以推断，Si 对这 5 个基因的调控，最终都将提高青枯菌的移动能力。

林威鹏（2017）的研究表明，Si 能够显著抑制青枯菌关键致病物质胞外多糖的合成，同时显著促进移动性相关因子基因的表达。Si 对于青枯菌是一种外界环境胁迫或非理想致病环境，当青枯菌感知外界 Si 的存在后，主动下调致病关键基因 *phcA*，抑制自身胞外多糖的合成并将能量进行保存，同时促进 *pilE2*、*pilE* 等移动性相关基因的表达，抑制 *CheZ* 和 *FliN* 等趋化负反馈调控基因的表达，从而促进青枯菌趋利避害，远离 Si 存在的环境（图 6-34）。

目前，关于 Si 对致病菌本身，特别是其致病性影响的研究极少。林威鹏（2017）首次从硅对病原菌本身影响的角度，阐明了硅通过影响青枯菌的致病性，从而缓解植物病害。但是这种机制在其他植物病害中是否存在，该现象是否具有普遍性，有待进一步的验证。

6.3.3　影响致病环境

6.3.3.1　对环境 pH 的影响

已有研究表明，土壤施硅能够显著缓解青枯病（Chen et al.，2015b）、根腐病（Vermeire et al.，2011）、枯萎病（Mburu et al.，2016）等土传病害对植物的危害。目前研究中最

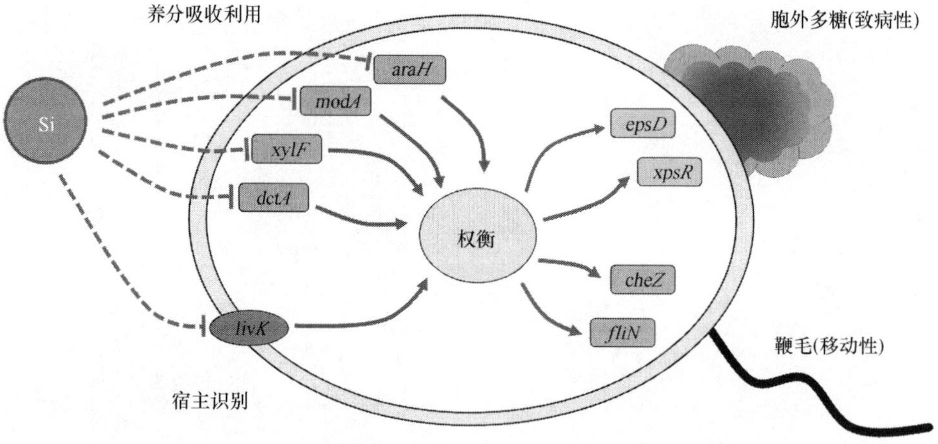

图 6-34 硅影响青枯菌致病性的可能机制（林威鹏，2017）

常用的硅为硅酸钾、硅酸钠、硅酸钙和高炉渣，这些物质均带有较强的碱性。因此，这些硅源的施加势必会提高土壤 pH，而较高的 pH 对土壤病原菌本身具有影响，这也可能是施硅缓解植物土传病害的机制之一。

廖宗文（1989）通过对广东省内 16 个香蕉种植地的调查发现，香蕉叶枯病发病情况随着土壤有效硅含量的增加而减轻（表 6-11）。

表 6-11 土壤有效硅含量、pH 与香蕉叶枯病发病情况的关系（廖宗文，1989）

取土地点		土壤 pH	土壤有效硅含量（mg/kg）	发病情况
东莞	样点 1	3.7	48	发病重
东莞	样点 2	5.6	49	发病重
东莞	样点 3	3.9	59	发病重
东莞	样点 4	3.9	60	发病重
东莞	样点 5	4.0	87	发病重
番禺	样点 1	5.6	61	发病重
番禺	样点 2	3.0	78	发病重
番禺	样点 3	6.0	91	发病重
新会	样点 1	7.4	125	发病轻
东莞	样点 6	4.0	145	发病轻
东莞	样点 7	3.3	147	发病轻
东莞	样点 8	5.6	244	无病
东莞	样点 9	5.6	248	无病
东莞	样点 10	6.5	450	无病
高要	样点 1	7.3	564	无病
新会	样点 2	7.5	741	无病

林威鹏（2017）对原有数据进一步分析发现，发病重地区土壤中有效硅含量及土壤 pH 整体上低于发病轻地区与无病地区。更有趣的是，土壤 pH 与有效硅含量呈显著正相关（图 6-35）。

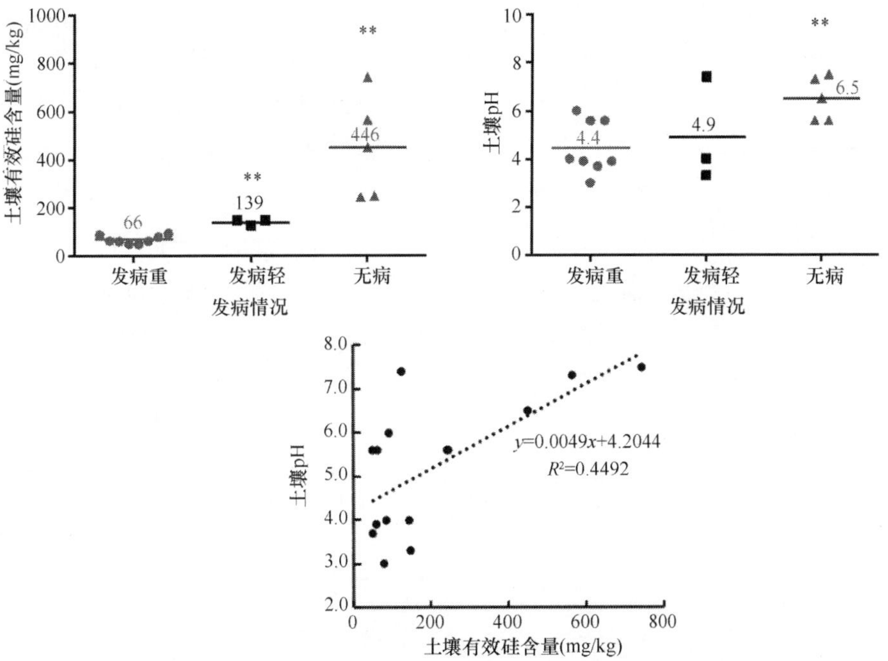

图 6-35　叶枯病不同发病香蕉地土壤有效硅含量与 pH 及二者的关系（林威鹏，2017）

**表示不同处理间差异极显著（$P<0.01$）

已有研究也表明，土壤 pH 对土传病原菌的生长具有显著影响（Niwa et al.，2007；Fang et al.，2012）。Niwa 等（2007）研究发现，土壤 pH 为 5.5 时，*Plasmodiophora brassicae* 能够入侵植物根毛；当 pH 大于 7.4 时，则基本不入侵植物根毛。更有趣的是，Li 等（2017）最新研究发现，相比中性条件（pH=7.0），偏酸性条件（pH=5.5）能够促进青枯菌 *PopA*、*PrhA* 和 *SolR* 等关键致病基因的表达，而且在该条件下，荧光假单胞菌（*Pseudomonas fluorescens*）、蜡样芽孢杆菌（*Bacillus cereus*）的生长受到抑制。

林威鹏（2017）研究了不同浓度硅酸钾对番茄青枯病的抑制作用，结果表明，随着施硅浓度的增加，青枯病的发病率显著降低（图 6-36a），泥炭土 pH 与硅浓度呈显著正相关关系（图 6-36b），青枯病发病率与泥炭土 pH 呈显著负相关关系（图 6-36c）。实验所用硅源为硅酸钾，其水溶液具有较强的碱性（2mmol/L，pH=10.5）。

为了验证是否由硅酸钾的施加导致 pH 的提高，而抑制青枯菌的生长，从而缓解青枯病的危害，研究者进行了不同 pH 对青枯菌生长影响的纯培养实验，结果表明，青枯菌的最佳生长 pH 为 5～7，当 pH 高于 7 或者低于 5 时，青枯菌生长受到抑制。这暗示着施硅可能通过改变环境 pH，使其偏离病原菌最适生长或者发病 pH，这可能是 Si 缓解植物病害的机理之一。

6.3.3.2　对土壤微生物群落的影响

根际微生物群落结构的多样性和稳定性对土壤、植物生长与生态系统的可持续性具有显著影响（Trivedi et al.，2012）。研究发现，土传病害能够影响土壤微生物群落结构，造成土壤细菌数量的减少和真菌数量的增加，导致土壤由高肥力的“细菌型”向低肥力

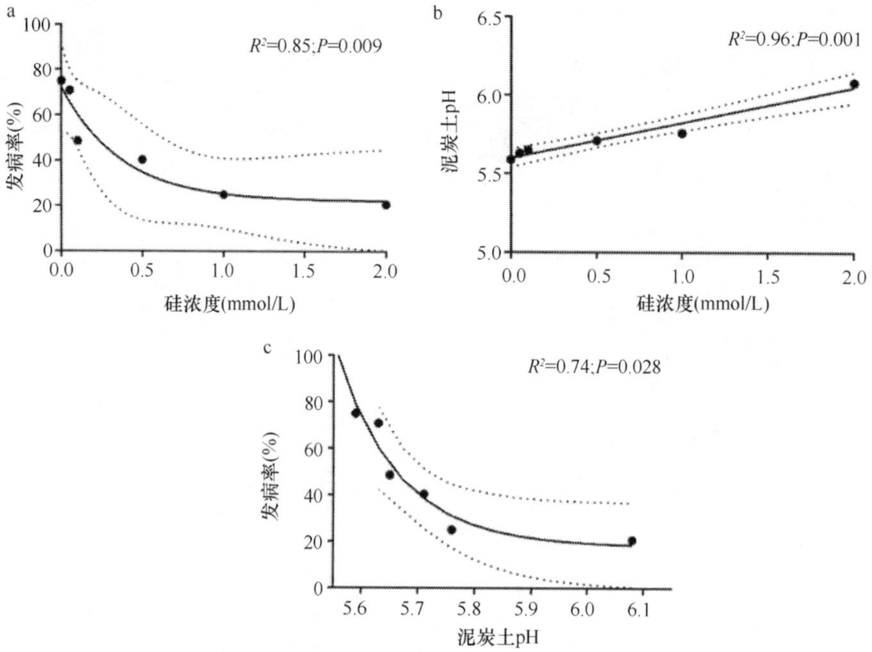

图 6-36　硅浓度、泥炭土 pH 与番茄青枯病发病率的关系（林威鹏，2017）

的“真菌型”转化（Bulluck and Ristaino，2002；杨尚东等，2016）。土壤微生物群落结构与土传病害的致病性具有显著相关性，某些特征微生物的存在能够抑制土传病害的发生（Mendes et al.，2011；Cha et al.，2016）。那么，施硅是否能够影响土壤微生物的群落结构，抑制病原菌的生长，促进有益菌的生长，或者间接影响病原菌的生存环境呢？

研究表明，接种青枯菌条件下，施 Si 能够显著降低土壤青枯菌数量，增加土壤中细菌和放线菌的数量，从而降低真菌与细菌的比值，使感病土壤恢复到微生物数量和组成与健康土壤类似的状态（Wang et al.，2013）。Lin 等（2020）利用 16S rDNA 和 ITS 片段高通量测序技术，揭示了青枯菌接种条件下，施硅对番茄根系土壤微生物群落结构的影响。该研究发现，外源 Si 并不影响土壤微生物群落多样性，但影响土壤细菌和真菌微生物群落结构（图 6-37），特别是显著影响属水平上的细菌群落结构，抑制 *Fusarium*、*Pseudomonas* 等病原菌的生长（图 6-38）。

Li 等（2014）的研究表明，α-变形菌和 β-变形菌在健康土壤中的丰度低于枯萎病发病土壤，暗示加 Si 抑制了 α-变形菌和 β-变形菌的生长可能是施 Si 降低番茄枯萎病发病率的机制之一。与不施 Si 处理相比，施 Si 处理土壤 *Pseudomonas* 细菌丰度更低，即施 Si 抑制了该属微生物的生长（图 6-38）。先前的研究表明，*Pseudomonas* 细菌，如 *P. syringae* 和 *P. aeruginosa* 确实能够在植物中引起严重的感染，从而诱导植物的全身性易感性和死亡（Walker et al.，2004；Cui et al.，2005；Rombouts et al.，2016）。此外，研究还发现，Si 处理抑制了土壤中 *Fusarium oxysporum* 的生长，该菌是目前已知的宿主范围最广和最具破坏性的土壤病原菌之一（Cha et al.，2016；Xiong et al.，2016）。因此，我们推测 Si 能够显著抑制 *Pseudomonas* 和 *Fusarium* 等土壤病原菌的生长，为植物提供一个良好的生存环境。

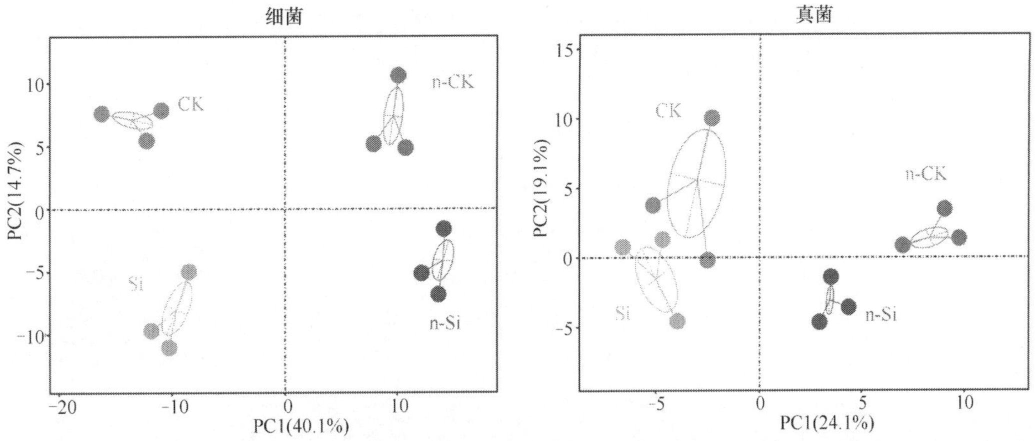

图 6-37　Si 处理后番茄根际土壤细菌和真菌的 PCA 聚类分析（Lin et al.，2020）

CK，有番茄对照；n-CK，无番茄对照；Si，有番茄加硅；n-Si，无番茄加硅

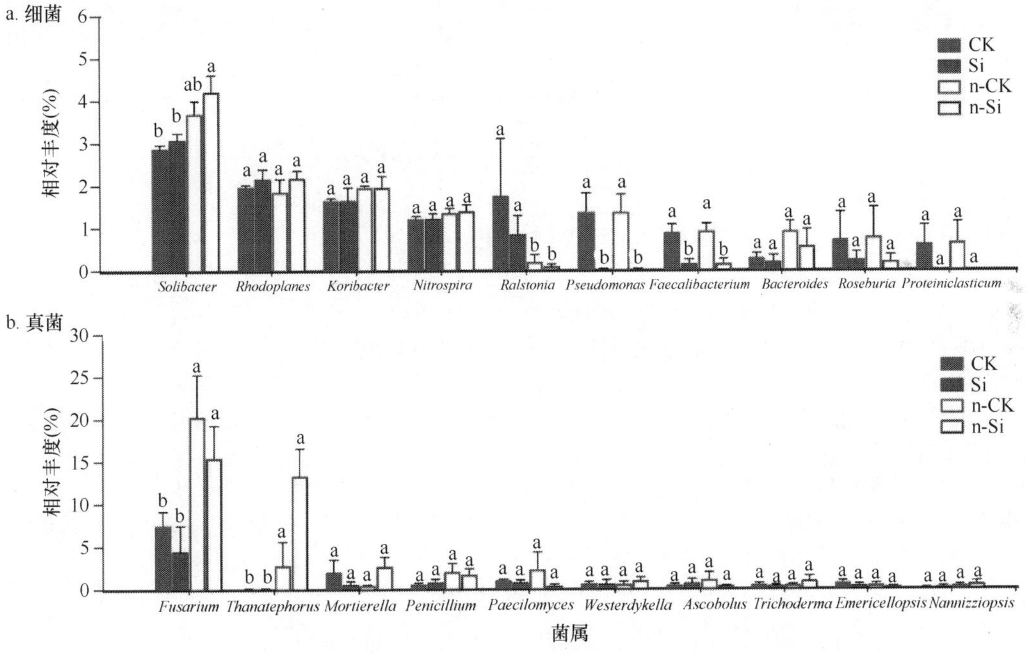

图 6-38　青枯菌侵染下硅处理对土壤细菌和真菌属水平微生物群落的影响（Lin et al.，2020）（另见封底二维码）

CK，有番茄对照；n-CK，无番茄对照；Si，有番茄加硅；n-Si，无番茄加硅。柱子上方不同小写字母表示不同处理间差异显著（$P<0.05$）

Faecalibacterium prausnitzii 是健康成年人肠道中丰度最高的微生物之一，占总肠道细菌群体的 5%以上（Miquel et al.，2013）。许多研究表明，*F. prausnitzii* 对平衡肠道微生态和肠道免疫功能具有重要作用（Sokol et al.，2008；Miquel et al.，2014；Heinken et al.，2014）。本研究表明，施 Si 可显著抑制土壤中 *F. prausnitzii* 的生长。目前对于该菌的研究主要集中于其对人类和动物肠道免疫的作用（Miquel et al.，2013；Foditsch et al.，2014）。该菌对氧极敏感，在厌氧条件下较难培养（Duncan et al.，2002）。然而，Si 对 *F. prausnitzii* 的抑制与 Si 降低番茄青枯病发病率的关系仍需进一步研究。

总之，硅缓解植物病害的机理可能与提高寄主植物抗病性、影响病原菌行为及改善土壤微环境有关（图 6-39），但具体的机理尚待进一步研究。

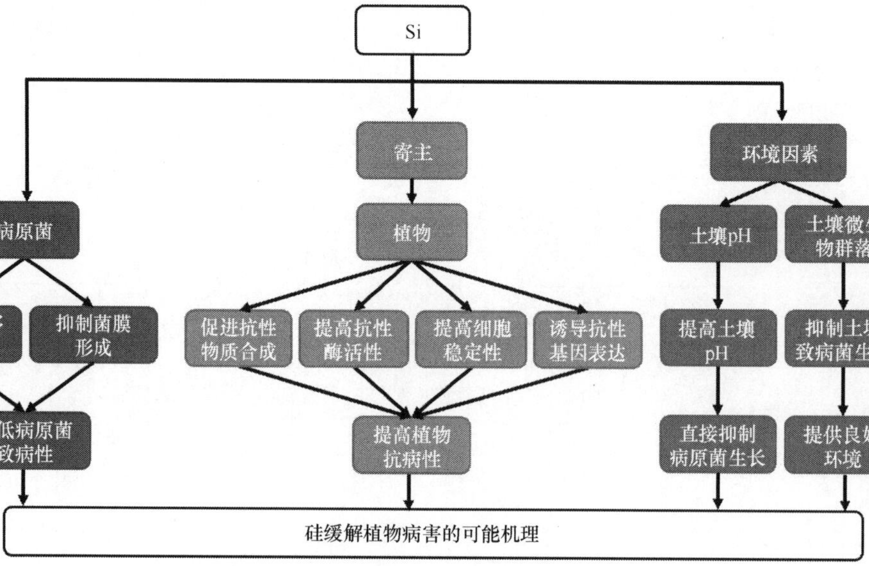

图 6-39　硅缓解植物病害的可能机理

主要参考文献

陈洪亮. 2012. 水稻胡麻叶斑病病原菌的分离鉴定及生物学特性研究. 合肥: 安徽农业大学博士学位论文

陈利锋, 徐敬友. 2007. 农业植物病理学. 3 版. 北京: 中国农业出版社

陈颖潇. 2014. 黄瓜霜霉病和白粉病生物防治的研究. 南京: 南京农业大学硕士学位论文

陈玉婷, 林威鹏, 范雪滢, 等. 2015. 硅介导番茄青枯病抗性的土壤定量蛋白质组学研究. 土壤学报, (1): 162-173

陈志强. 1989. 稻瘟病抗性机制研究综述. 华南农业大学学报, 10(3): 82-91

戴丹丽, 刘永华, 吴晓花, 等. 2010. 外源硅对锈菌诱导下豇豆叶片不同细胞器中抗氧化特征的影响. 浙江大学学报(农业与生命科学版), 36(1): 96-103

董金皋. 2007. 农业植物病理学. 2 版. 北京: 中国农业出版社

范锃岚, 王玲, 刘连盟, 等. 2012. 外源施硅对水稻抗纹枯病相关酶及酚类物质的影响. 中国稻米, 18(6): 14-17

葛少彬, 刘敏, 蔡昆争, 等. 2013. 硅介导稻瘟病抗性的生理机理. 中国农业科学, 47(2): 240-251

葛少彬, 刘敏, 骆世明, 等. 2014. 硅和稻瘟病菌接种对水稻植株有机酸含量的影响. 生态学杂志, 33(11): 3002-3009

郭玉蓉, 赵桦, 陈德蓉, 等. 2005. 两种硅化物对甜瓜白粉病的抑制机理研究. 中国农业科学, 38(3): 576-581

何心尧, 郝元峰, 周益林, 等. 2017. 麦瘟病研究进展与展望. 作物学报, 43(8): 1105-1114

胡丽芳, 刘世强. 2014. 黄瓜重要性状相关分子标记研究进展. 中国农学通报, 30(1): 289-297

胡瑞波, 田纪春. 2004. 小麦多酚氧化酶研究进展. 麦类作物学报, 24(1): 81-85

霍建勇. 2016. 中国番茄产业现状及安全防范. 蔬菜, (6): 1-4

江昌俊, 余有本. 2001. 苯丙氨酸解氨酶的研究进展(综述). 安徽农业大学学报, 28(4): 425-430

李国景, 刘永华, 朱祝军, 等. 2006. 硅和白粉病对长豇豆叶片叶绿素荧光参数和抗病相关酶活性的影

响. 植物保护学报, 33(1): 109-110
李国景, 刘永华, 朱祝军, 等. 2007. 外源硅对长豇豆锈病抗性的影响及其生理机制. 浙江大学学报(农业与生命科学版), 33(3): 302-310
梁永超, 孙万春. 2002. 硅和诱导接种对黄瓜炭疽病的抗性研究. 中国农业科学, (3): 267-271
廖宗文. 1989. 香蕉叶枯病与土壤有效硅关系初探. 广东农业科学, (3): 49
林威鹏. 2017. 外源 Si 添加对土壤微生物群落结构及青枯菌致病因子的影响. 广州: 华南农业大学博士学位论文
卢同. 1998. 我国作物细菌性青枯菌的研究进展. 福建农业学报, (2): 33-40
南芝润, 范月仙. 2008. 植物过氧化氢酶的研究进展. 安徽农学通报, 14(5): 27-29
宁东峰, 梁永超. 2014. 硅调节植物抗病性的机理: 进展与展望. 植物营养与肥料学报, 20(5): 1281-1288
桑利伟, 郑服丛. 2006. 我国香蕉的主要病害及防治. 安徽农业科学, 34(9): 1841-1845
石延霞, 李宝聚, 刘学敏. 2002. 黄瓜霜霉病研究进展. 东北农业大学学报, 33(4): 391-395
孙万春, 薛高峰, 张杰, 等. 2009. 硅对水稻病程相关蛋白活性和酚类物质含量的影响及其与诱导抗性的关系. 植物营养与肥料学报, 15(4): 756-762
田国忠, 李怀方, 裘维蕃. 2001. 植物过氧化物酶研究进展. 武汉植物学研究, 19(4): 332-344
汪国平, 袁四清, 熊正葵, 等. 2003. 广东省番茄青枯病相关研究概况. 广东农业科学, (3): 32-34
王俊伟. 2013. 水稻胡麻叶斑病菌侵染条件及胡麻叶斑病抗性研究. 新乡: 河南师范大学硕士学位论文
王蕾, 陈玉婷, 蔡昆争, 等. 2014. 外源硅对青枯病感病番茄叶片抗氧化酶活性的影响. 华南农业大学学报, 35(3): 74-78
魏国强, 朱祝军, 李娟, 等. 2004a. 硅和白粉菌诱导接种对黄瓜幼苗白粉病抗性影响的研究. 应用生态学报, 15(11): 2147-2151
魏国强, 朱祝军, 钱琼秋, 等. 2004b. 硅对黄瓜白粉病抗性的影响及其生理机制. 植物营养与肥料学报, 10(2): 202-205
魏明. 2009. 中国番茄产业国际竞争力分析. 农产品加工: 创新版, (5): 46-49
薛高峰, 宋阿琳, 孙万春, 等. 2010a. 硅对水稻叶片抗氧化酶活性的影响及其与白叶枯病抗性的关系. 植物营养与肥料学报, 16(3): 591-597
薛高峰, 孙万春, 宋阿琳, 等. 2010b. 硅对水稻生长、白叶枯病抗性及病程相关蛋白活性的影响. 中国农业科学, 43(4): 690-697
杨美娟, 黄坤艳, 韩庆典. 2016. 小麦白粉病及其抗性研究进展. 分子植物育种, 14(5): 1244-1254
杨尚东, 李荣坦, 吴俊, 等. 2016. 番茄连作与轮作土壤生物学特性及细菌群落结构的比较. 生态环境学报, 25(1): 76-83
杨暹, 冯红贤, 杨跃生. 2008a. 硅对菜心炭疽病发生、菜薹形成及硅吸收沉积的影响. 应用生态学报, 19(5): 1006-1012
杨暹, 杨跃生, 冯红贤. 2008b. 硅对菜薹炭疽病防御反应中信号物质的影响. 园艺学报, 35(6): 819-826
杨艳芳, 梁永超. 2010. 施硅对感染白粉病小麦叶片抗病相关酶活性及硅微域分布的影响. 土壤学报, 47(3): 515-522
杨艳芳, 梁永超, 娄运生, 等. 2003. 硅对小麦过氧化物酶、超氧化物歧化酶和木质素的影响及与抗白粉病的关系. 中国农业科学, 36(7): 813-817
姚秋菊, 张晓伟, 蒋武生, 等. 2009. 硅对黄瓜苯丙酸类代谢的影响及与抗白粉病的关系. 吉林农业大学学报, 31(1): 16-21
尹贤贵, 王小佳, 张赟, 等. 2005. 我国番茄青枯病及抗病育种研究进展. 云南农业大学学报, 20(2): 163-167
余晔, 杜金萍, 杜相革. 2010. 硅对黄瓜霜霉病抑制效果和抗性相关酶活性的影响. 植物保护学报, 37(1): 37-41
余晔, 杜相革. 2009. 钙和硅对黄瓜霜霉病的抑制作用和机制研究. 北方园艺, (10): 116-119

张国良, 戴其根, 霍中洋, 等. 2008. 外源硅对纹枯病菌(*Rhizoctonia solani*)侵染下水稻叶片光合功能的改善. 生态学报, 28(10): 4881-4890

张国良, 戴其根, 张洪程. 2006a. 施硅增强水稻对纹枯病的抗性. 植物生理与分子生物学学报, 32(5): 600-606

张国良, 戴其根, 张洪程, 等. 2006b. 硅肥和接种纹枯病菌对水稻膜脂过氧化和防御酶活性的影响. 扬州大学学报, 27(1): 49-53

张国良, 丁原, 王清清, 等. 2010. 硅对水稻几丁质酶和β-1,3-葡聚糖酶活性的影响及其与抗纹枯病的关系. 植物营养与肥料学报, 16(3): 598-604

张慧坚. 2016. 2015 年香蕉产业发展报告及形势预测. 世界热带农业信息, (8): 31-37

张亮. 2012. 4 种植物提取物对茶炭疽病菌及对茶树防御酶的影响. 合肥: 安徽农业大学硕士学位论文

赵永强, 孙厚俊, 陈晓宇, 等. 2011. 可溶性硅对甘薯苗期黑斑病抗性的影响. 西南农业学报, 24(1): 128-131

郑文静, 刘志恒, 张燕之, 等. 2009. 施硅对提高水稻条纹叶枯病抗性的作用与机制分析. 江苏农业科学, (5): 137-140

Abed-Ashtiani F, Kadir J B, Selamat A B, et al. 2012. Effect of foliar and root application of silicon against rice blast fungus in MR219 rice variety. The Plant Pathology Journal, 28(2): 164-171

Agrios G N. 2005. Plant Pathology. 5th. London: Elsevier Academic Press

Andrade C C L, Resende R S, Rodrigues F Á, et al. 2013. Silicon reduces bacterial speck development on tomato leaves. Tropical Plant Pathology, 38(5): 436-442

Arsenault-Labrecque G, Menzies J G, Bélanger R R. 2012. Effect of silicon absorption on soybean resistance to *Phakopsora pachyrhizi* in different cultivars. Plant Disease, 96(1): 37-42

Ayana G, Fininsa C, Ahmed S, et al. 2011. Effects of soil amendment on bacterial wilt caused by *Ralstonia solanacerum* and tomato yields in Ethiopia. Journal of Plant Protection Research, 51(1): 72-76

Bekker T F, Kaiser C, Labuschagne N. 2009. The antifungal activity of potassium silicate and the role of pH against selected plant pathogenic fungi *in vitro*. South African Journal of Plant and Soil, 26(1): 55-57

Bekker T F, Kaiser C, Merwe R, et al. 2006. *In-vitro* inhibition of mycelial growth of several phytopathogenic fungi by soluble potassium silicate. South African Journal of Plant and Soil, 23(3): 169-172

Bekker T F, Labuschagne N, Kaiser C. 2005. Effects of soluble silicon against *Phytophthora cinnamomi* root rot of avocado (*Persea americana* Mill.) nursery plants. South African Avocado Growers' Association Yearbook, 28(1): 60-64

Bélanger R R, Benhamou N, Menzies J G. 2003. Cytological evidence of an active role of silicon in wheat resistance to powdery mildew (*Blumeria graminis* f. sp. *tritici*). Phytopathology, 93(4): 402-412

Bowen P, Menzies J, Ehret D, et al. 1992. Soluble silicon sprays inhibit powdery mildew development on grape leaves. Journal of the American Society for Horticultural Science, 117(6): 906-912

Brecht M O, Datnoff L E, Kucharek T A, et al. 2004. Influence of silicon and chlorothalonil on the suppression of gray leaf spot and increase plant growth in St. Augustinegrass. Plant Disease, 88(4): 338-344

Brecht M O, Datnoff L E, Kucharek T A, et al. 2007. The Influence of silicon on the components of resistance to gray leaf spot in St. Augustinegrass. Journal of Plant Nutrition, 30(7): 1005-1021

Bulluck L R, Ristaino J B. 2002. Effect of synthetic and organic soil fertility amendments on southern blight, soil microbial communities, and yield of processing tomatoes. Phytopathology, 92(2): 181-189

Cai K, Gao D, Luo S, et al. 2008. Physiological and cytological mechanisms of silicon induced resistance in rice against blast disease. Physiologia Plantarum, 134(2): 324-333

Carré-Missio V, Rodrigues F Á, Schurt D A, et al. 2009. Inefficiency of silicon in leaf rust control on coffee grown in nutrient solution. Tropical Plant Pathology, 34(6): 416-421

Carré-Missio V, Rodrigues F Á, Schurt D A, et al. 2014. Effect of foliar - applied potassium silicate on coffee leaf infection by *Hemileia vastatrix*. Annals of Applied Biology, 164(3): 396-403

Carver T L W, Zeyen R J, Ahlstrand G G. 1987. The relationship between insoluble silicon and success or failure of attempted primary penetration by powdery mildew (*Erysiphe graminis*) germlings on barley.

Physiological and Molecular Plant Pathology, 31(1): 133-148
Cha J, Han S, Hong H, et al. 2016. Microbial and biochemical basis of a *Fusarium* wilt-suppressive soil. ISME Journal, 10(1): 119-129
Chain F, Côtébeaulieu C, Belzile F, et al. 2009. A comprehensive transcriptomic analysis of the effect of silicon on wheat plants under control and pathogen stress conditions. Molecular Plant-Microbe Interactions, 22(11): 1323-1330
Chen D, Li C, Wu K, et al. 2015a. A *phcA*⁻ marker-free mutant of *Ralstonia solanacearum* as potential biocontrol agent of tomato bacterial wilt. Biological Control, 80(1): 96-102
Chen Y, Liu M, Wang L, et al. 2015b. Proteomic characterization of silicon mediated resistance against *Ralstonia solanacearum* in tomato. Plant and Soil, 387(1): 425-440
Chérif M, Asselin A, Belanger R R. 1994a. Defense responses induced by soluble silicon in cucumber roots infected by *Pythium* spp. Phytopathology, 84(3): 236-242
Chérif M, Benhamou N, Menzies J G, et al. 1992a. Silicon induced resistance in cucumber plants against *Pythium ultimum*. Physiological and Molecular Plant Pathology, 41(6): 411-425
Chérif M, Menzies J G, Benhamou N, et al. 1992b. Studies of silicon distribution in wounded and *Pythium ultimum* infected cucumber plants. Physiological and Molecular Plant Pathology, 41(5): 371-385
Chérif M, Menzies J G, Ehret D L, et al. 1994b. Yield of cucumber infected with *Pythium aphanidermatum* when grown with soluble silicon. HortScience, 29(8): 896-897
Cho H R, Joung H Y, Lim K B, et al. 2013. Effect of calcium and silicate application on pathogenicity of *Erwinia carotovora* subsp. *carotovora* in *Zantedeschia* spp. Horticulture, Environment, and Biotechnology, 54(4): 364-371
Clough S J, Lee K E, Schell M A, et al. 1997. A two-component system in *Ralstonia solanacearum* modulates production of PhcA-regulated virulence factors in response to 3-hydroxypalmitic acid methyl ester. Journal of Bacteriology, 179(11): 3639-3648
Cui J, Bahrami A K, Pringle E G, et al. 2005. *Pseudomonas syringae* manipulates systemic plant defenses against pathogens and herbivores. Proceedings of the National Academy of Sciences of the United States of America, 102(5): 1791-1796
Curvêlo C R S, Rodrigues F Á, Silva L C, et al. 2013. Biochemical aspects of cotton resistance to *Ramularia* leaf spot mediated by silicon. Bragantia, 72(1): 41-51
Dallagnol L J, Rodrigues F Á, Arm C, et al. 2013a. Photosynthesis and sugar concentration are impaired by the defective active silicon uptake in rice plants infected with *Bipolaris oryzae*. Plant Pathology, 62(1): 120-129
Dallagnol L J, Rodrigues F Á, Mielli M V B. 2013b. Silicon improves the emergence and sanity of rice seedlings obtained from seeds infected with *Bipolaris oryzae*. Tropical Plant Pathology, 38(6): 478-484
Dallagnol L J, Rodrigues F Á, Mielli M V B, et al. 2009. Defective active silicon uptake affects some components of rice resistance to brown spot. Phytopathology, 99(1): 116-121
Dannon E A, Wydra K. 2004. Interaction between silicon amendment, bacterial wilt development and phenotype of *Ralstonia solanacearum* in tomato genotypes. Physiological and Molecular Plant Pathology, 64(5): 233-243
Datnoff L E, Brecht M, Stiles C, et al. 2005. The role of silicon in suppressing foliar diseases in warm season turf. International Turfgrass Society Research Journal, 10(1): 175-179
Datnoff L E, Deren C W, Snyder G H. 1997. Silicon fertilization for disease management of rice in Florida. Crop Protection, 16(6): 525-531
Datnoff L E, Elmer W H, Huber D M. 2007. Mineral Nutrition and Plant Disease. St. Paul: American Phytopathological Society Press
Datnoff L E, Snyder G H, Deren C W. 1992. Influence of silicon fertilizer grades on blast and brown spot development and on rice yields. Plant Disease, 76(10): 1011-1019
de Aquino L A, Berger P G, de Ávila Rodrigues F, et al. 2008. Controle alternativo da mancha de ramulária do algodoeiro. Summa Phytopatológica, 34(2): 131-136
de Camargo M S, Amorim L, Gomes Júnior A R. 2013. Silicon fertilisation decreases brown rust incidence in

sugarcane. Crop Protection, 53(1): 72-79
Debona D, Rodrigues F Á, Rios J A, et al. 2014. The effect of silicon on antioxidant metabolism of wheat leaves infected by *Pyricularia oryzae*. Plant Pathology, 63(3): 581-589
Deepak S, Manjunath G, Manjula S, et al. 2008. Involvement of silicon in pearl millet resistance to downy mildew disease and its interplay with cell wall proline/hydroxyproline-rich glycoproteins. Australasian Plant Pathology, 37(5): 498-504
Diogo R V C, Wydra K. 2007. Silicon-induced basal resistance in tomato against *Ralstonia solanacearum* is related to modification of pectic cell wall polysaccharide structure. Physiological and Molecular Plant Pathology, 70(4-6): 120-129
Domiciano G P, Cacique I, Freitas C, et al. 2015. Alterations in gas exchange and oxidative metabolism in rice leaves infected by *Pyricularia oryzae* are attenuated by silicon. Phytopathology, 105(6): 738-747
Domiciano G P, Rodrigues F Á, Vale F X R, et al. 2010. Wheat resistance to spot blotch potentiated by silicon. Journal of Phytopathology, 158(5): 334-343
Duarte H S S, Zambolim L, Rodrigues F Á. 2007. Control of late blight in industrial tomato with fungicide and potassium silicate. Fitopatologia Brasileira, 32(3): 257-260
Duarte H S S, Zambolim L, Rodrigues F Á, et al. 2008. Effect of potassium silicate alone or mixed with fungicides on the control of late blight on potato. Summa Phytopathologica, 34(1): 68-70
Duarte H S S, Zambolim L, Rodrigues F Á, et al. 2009. Potassium silicate, acibenzolar-S-methyl and fungicides on the control of soybean rust. Ciência Rural, 39(11): 2271-2277
Duncan S H, Hold G L, Harmsen H J M, et al. 2002. Growth requirements and fermentation products of *Fusobacterium prausnitzii*, and a proposal to reclassify it as *Faecalibacterium prausnitzii* gen. nov., comb. nov. International Journal of Systematic and Evolutionary Microbiology, 52(6): 2141-2146
Epstein E. 1994. The anomaly of silicon in plant biology. Proceedings of the National Academy of Sciences of the United States of America, 91(1): 11-17
Epstein E. 1999. Silicon. Annual Review of Plant Physiology and Plant Molecular Biology, 50: 641-664
Fang X, You M P, Barbetti M J. 2012. Reduced severity and impact of *Fusarium* wilt on strawberry by manipulation of soil pH, soil organic amendments and crop rotation. European Journal of Plant Pathology, 134(3): 619-629
Fauteux F, Chain F, Belzile F, et al. 2006. The protective role of silicon in the *Arabidopsis*-powdery mildew pathosystem. Proceedings of the National Academy of Sciences of the United States of America, 103(46): 17554-17559
Fawe A, Abouzaid M, Menzies J G, et al. 1998. Silicon-mediated accumulation of flavonoid phytoalexins in cucumber. Phytopathology, 88(5): 396-401
Filha M S X, Rodrigues F Á, Domiciano G P, et al. 2011. Wheat resistance to leaf blast mediated by silicon. Australasian Plant Pathology, 40(1): 28-38
Fisher M C, Henk D A, Briggs C J, et al. 2012. Emerging fungal threats to animal, plant and ecosystem health. Nature, 484(7393): 186-194
Foditsch C, Santos T M A, Teixeira A G V, et al. 2014. Isolation and characterization of *Faecalibacterium prausnitzii* from calves and piglets. PLoS One, 9(12): e116465
Fortunato A A, da Silva W L, Rodrigues F Á. 2014. Phenylpropanoid pathway is potentiated by silicon in the roots of banana plants during the infection process of *Fusarium oxysporum* f. sp. *cubense*. Phytopathology, 104(6): 597-603
Fortunato A A, Rodrigues F Á, Baroni J C P, et al. 2012a. Silicon suppresses *Fusarium* wilt development in banana plants. Journal of Phytopathology, 160(11-12): 674-679
Fortunato A A, Rodrigues F Á, do Nascimento K J. 2012b. Physiological and biochemical aspects of the resistance of banana plants to *Fusarium* wilt potentiated by silicon. Phytopathology, 102(10): 957-962
French-Monar R D, Rodrigues F Á, Korndörfer G H, et al. 2010. Silicon suppresses *Phytophthora* blight development on bell pepper. Journal of Phytopathology, 158(7-8): 554-560
Gao D, Cai K, Chen J, et al. 2011. Silicon enhances photochemical efficiency and adjusts mineral nutrient absorption in *Magnaporthe oryzae*, infected rice plants. Acta Physiologiae Plantarum, 33(3): 675-682

Garibaldi A, Gilardi G, Cogliati E E, et al. 2012. Silicon and increased electrical conductivity reduce downy mildew of soilless grown lettuce. European Journal of Plant Pathology, 132(1): 123-132

Genin S, Denny T P. 2012. Pathogenomics of the *Ralstonia solanacearum* species complex. Annual Review of Phytopathology, 50(1): 67-89

Ghanmi D, McNally D J, Benhamou N, et al. 2004. Powdery mildew of *Arabidopsis thaliana*: a pathosystem for exploring the role of silicon in plant-microbe interactions. Physiological and Molecular Plant Pathology, 64(4): 189-199

Ghareeb H, Bozsó Z, Ott P G, et al. 2011. Transcriptome of silicon-induced resistance against *Ralstonia solanacearum* in the silicon non-accumulator tomato implicates priming effect. Physiological and Molecular Plant Pathology, 75(3): 83-89

Gong H, Zhu X, Chen K, et al. 2005. Silicon alleviates oxidative damage of wheat plants in pots under drought. Plant Science, 169(2): 313-321

Goto M, Ehara H, Karita S, et al. 2003. Protective effect of silicon on phenolic biosynthesis and ultraviolet spectral stress in rice crop. Plant Science, 164(3): 349-356

Gu X, Glushka J, Yin Y, et al. 2010. Identification of a bifunctional UDP-4-keto-pentose/UDP-xylose synthase in the plant pathogenic bacterium *Ralstonia solanacearum* strain GMI1000, a distinct member of the 4,6-dehydratase and decarboxylase family. Journal of Biological Chemistry, 285(12): 9030-9040

Guerra A M N M, Rodrigues F Á, Berger P G, et al. 2013. Cotton resistance to tropical rust mediated by silicon. Bragantia, 72(3): 279-291

Guével M H, Menzies J G, Bélanger R R. 2007. Effect of root and foliar applications of soluble silicon on powdery mildew control and growth of wheat plants. European Journal of Plant Pathology, 119(4): 429-436

Hayasaka T, Fujii H, Ishiguro K. 2008. The role of silicon in preventing appressorial penetration by the rice blast fungus. Phytopathology, 98(9): 1038-1046

He C, Wang L, Liu J, et al. 2013. Evidence for 'silicon' within the cell walls of suspension-cultured rice cells. New Phytologist, 200(3): 700-709

Heckman J R, Johnston S, Cowgill W. 2003. Pumpkin yield and disease response to amending soil with silicon. HortScience, 38(4): 552-554

Heine G, Tikum G, Horst W J. 2007. The effect of silicon on the infection by and spread of *Pythium aphanidermatum* in single roots of tomato and bitter gourd. Journal of Experimental Botany, 58(3): 569-577

Heinken A, Khan M T, Paglia G, et al. 2014. Functional metabolic map of *Faecalibacterium prausnitzii*, a beneficial human gut microbe. Journal of Bacteriology, 196(18): 3289-3302

Huang C H, Roberts P D, Datnoff L E. 2011. Silicon suppresses *Fusarium* crown and root rot of tomato. Journal of Phytopathology, 159(7-8): 546-554

Iwasaki K, Maier P, Fecht M, et al. 2002. Leaf apoplastic silicon enhances manganese tolerance of cowpea (*Vigna unguiculata*). Journal of Plant Physiology, 159(2): 167-173

Jiang N H, Fan X Y, Lin W P, et al. 2019. Transcriptome analysis reveals new insights into the bacterial wilt resistance mechanism mediated by silicon in tomato. International Journal of Molecular Sciences, 20(3): 761

Kablan L, Lagauche A, Delvaux B, et al. 2012. Silicon reduces black sigatoka development in banana. Plant Disease, 96(2): 273-278

Kanto T, Maekawa K, Aino M. 2007. Suppression of conidial germination and appressorial formation by silicate treatment in powdery mildew of strawberry. Journal of General Plant Pathology, 73(1): 1-7

Kanto T, Miyoshi A, Ogawa T, et al. 2004. Suppressive effect of potassium silicate on powdery mildew of strawberry in hydroponics. Journal of General Plant Pathology, 70(4): 207-211

Kiirika L M, Stahl F, Wydra K. 2013. Phenotypic and molecular characterization of resistance induction by single and combined application of chitosan and silicon in tomato against *Ralstonia solanacearum*. Physiological and Molecular Plant Pathology, 81(1): 1-12

Kim S G, Kim K W, Park E W, et al. 2002. Silicon induced cell wall fortification of rice leaves: a possible cellular mechanism of enhanced host resistance to blast. Phytopathology, 92(10): 1095-1103

Kurabachew H, Wydra K. 2014. Induction of systemic resistance and defense related enzymes after elicitation of resistance by rhizobacteria and silicon application against *Ralstonia solanacearum* in tomato (*Solanum lycopersicum*). Crop Protection, 57: 1-7

Kvedaras O L, Keeping M G. 2007. Silicon impedes stalk penetration by the borer *Eldana saccharina* in sugarcane. Entomologia Experimentalis et Applicata, 125(1): 103-110

Kwjr S, Datnoff L E, Correavictoria F J, et al. 2004. Effect of silicon and fungicides on the control of leaf and neck blast in upland rice. Plant Disease, 88(3): 253-258

Lemes E M, Mackowiak C L, Blount A, et al. 2011. Effects of silicon applications on soybean rust development under greenhouse and field conditions. Plant Disease, 95(3): 317-324

Leon J, Lawton M A, Raskin I. 1995. Hydrogen peroxide stimulates salicylic acid biosynthesis in tobacco. Plant Physiology, 108(4): 1673-1678

Li J G, Ren G D, Jia Z J, et al. 2014. Composition and activity of rhizosphere microbial communities associated with healthy and diseased greenhouse tomatoes. Plant and Soil, 380(1-2): 337-347

Li S, Liu Y, Wang J, et al. 2017. Soil acidification aggravates the occurrence of bacterial wilt in South China. Frontiers in Microbiology, 8(3): 703

Li Y, Bi Y, Ge Y, et al. 2009. Antifungal activity of sodium silicate on *Fusarium sulphureum* and its effect on dry rot of potato tubers. Journal of Food Science, 74(5): M213-M218

Liang Y, Chen Q, Liu Q, et al. 2003. Exogenous silicon (Si) increases antioxidant enzyme activity and reduces lipid peroxidation in roots of salt-stressed barley (*Hordeum vulgare* L.). Journal of Plant Physiology, 160(10): 1157-1164

Liang Y, Si J, Römheld V. 2005. Silicon uptake and transport is an active process in *Cucumis sativus*. New Phytologist, 167(3): 797-804

Lin W P, Jiang N H, Peng L, et al. 2020. Silicon impacts on soil microflora under *Ralstonia solanacearum* inoculation. Journal of Integrative Agriculture, 19(1): 251-264

Liu M, Cai K, Chen Y, et al. 2014. Proteomic analysis of silicon-mediated resistance to *Magnaporthe oryzae* in rice (*Oryza sativa* L.). European Journal of Plant Pathology, 139(3): 579-592

Lopes U P, Zambolim L, Souza Neto P N, et al. 2014. Silicon and triadimenol for the management of coffee leaf rust. Journal of Phytopathology, 162(2): 124-128

Lu G, Jian W, Zhang J, et al. 2008. Suppressive effect of silicon nutrient on *Phomopsis* stem blight development in asparagus. HortScience, 43(3): 811-817

Ma J F, Takahashi E. 2003. Soil, Fertilizer, and Plant Silicon Research in Japan. Amsterdam: Elsevier Science

Ma J F, Yamaji N, Mitani-Ueno N. 2011. Transport of silicon from roots to panicles in plants. Proceedings of the Japan Academy Series B-Physical and Biological Sciences, 87(7): 377-385

Maekawa K, Watanabe K, Kanto T, et al. 2003. Effect of soluble silicic acid on suppression of rice leaf blast. Japanese Journal of the Science of Soil and Manure, 74(3): 293-299

Mburu K, Oduor R, Mgutu A, et al. 2016. Silicon application enhances resistance to *Xanthomonas* wilt disease in banana. Plant Pathology, 65(5): 807-818

Mendes R, Kruijt M, de Bruijn I, et al. 2011. Deciphering the rhizosphere microbiome for disease-suppressive bacteria. Science, 332(6033): 1097-1100

Menzies J G, Ehret D L, Glass A D M, et al. 1991a. Effects of soluble silicon on the parasitic fitness of *Sphaerotheca fuliginea* on *Cucumis sativus*. Phytopathology, 81(7): 84-88

Menzies J G, Ehret D L, Glass A D M, et al. 1991b. The influence of silicon on cytological interactions between *Sphaerotheca fuliginea* and *Cucumis sativus*. Physiological and Molecular Plant Pathology, 39(6): 403-414

Miquel S, Martín R, Bridonneau C, et al. 2014. Ecology and metabolism of the beneficial intestinal commensal bacterium *Faecalibacterium prausnitzii*. Gut Microbes, 5(2): 146-151

Miquel S, Martín R, Rossi O, et al. 2013. *Faecalibacterium prausnitzii* and human intestinal health. Current Opinion in Microbiology, 16(3): 255-261

Mohaghegh P, Khoshgoftarmanesh A H, Shirvani M, et al. 2011. Effect of silicon nutrition on oxidative stress induced by *Phytophthora melonis* infection in cucumber. Plant Disease, 95(4): 455-460

Mohaghegh P, Mohammadkhani A, Fadaei A. 2015. Effects of silicon on the growth, ion distribution and physiological mechanisms that alleviate oxidative stress induced by powdery mildew infection in pumpkin (*Cucurbita pepo* var. *styriac*). Journal of Crop Protection, 4(3): 419-429

Moraes S R G, Pozza E A, Alves E, et al. 2006. Effects of silicon sources on the incidence and severity of the common beans anthracnose. Fitopatologia Brasileira, 31(1): 69-75

Moraes S R G, Pozza E A, Pozza A A A, et al. 2009. Nutrition in bean plants and anthracnose intensity in function of silicon and copper application. Acta Scientiarum Agronomy, 31(2): 283-291

Moyer C, Peres N A, Datnoff L E, et al. 2008. Evaluation of silicon for managing powdery mildew on gerbera daisy. Journal of Plant Nutrition, 31(12): 2131-2144

Nascimento K J T, Debona D, França S K S, et al. 2014. Soybean resistance to *Cercospora sojina* infection is reduced by silicon. Phytopathology, 104(11): 1183-1191

Niwa R, Kumei T, Nomura Y, et al. 2007. Increase in soil pH due to Ca-rich organic matter application causes suppression of the clubroot disease of crucifers. Soil Biology and Biochemistry, 39(3): 778-785

Oliveira J C, Albuquerque G M R, Mariano R L R, et al. 2012. Reduction of the severity of angular leaf spot of cotton mediated by silicon. Journal of Plant Pathology, 94(2): 297-304

Pereira S C, Rodrigues F Á, Carré-Missio V, et al. 2009a. Effect of foliar application of silicon on soybean resistance against soybean rust and on the activity of defense enzymes. Tropical Plant Pathology, 34(3): 164-170

Pereira S C, Rodrigues F Á, Carré-Missio V, et al. 2009b. Effect of foliar silicon application on resistance against coffee leaf rust and on the potentiation of defense enzymes in coffee. Tropical Plant Pathology, 34(4): 223-230

Perez C E, Rodrigues F Á, Moreira W R, et al. 2014. Leaf gas exchange and chlorophyll a fluorescence in wheat plants supplied with silicon and infected with *Pyricularia oryzae*. Phytopathology, 104(1): 143-149

Pieterse C M, Van der Does D, Zamioudis C, et al. 2012. Hormonal modulation of plant immunity. Annual Review of Cell & Developmental Biology, 28(1): 489-521

Polanco L R, Rodrigues F Á, Nascimento K J T, et al. 2012. Biochemical aspects of bean resistance to anthracnose mediated by silicon. Annals of Applied Biology, 161(2): 140-150

Polanco L R, Rodrigues F Á, Nascimento K J T, et al. 2014. Photosynthetic gas exchange and antioxidative system in common bean plants infected by *Colletotrichum lindemuthianum* and supplied with silicon. Tropical Plant Pathology, 39(1): 35-42

Rahman A, Wallis C M, Uddin W. 2015. Silicon-induced systemic defense responses in perennial ryegrass against infection by *Magnaporthe oryzae*. Phytopathology, 105(6): 748-757

Ramouthar P V, Caldwell P M, Mcfarlane S A. 2016. Effect of silicon on the severity of brown rust of sugarcane in South Africa. European Journal of Plant Pathology, 145(1): 1-8

Rémus-Borel W, Menzies J G, Bélanger R R. 2005. Silicon induces antifungal compounds in powdery mildew-infected wheat. Physiological and Molecular Plant Pathology, 66(3): 108-115

Rémus-Borel W, Menzies J G, Bélanger R R. 2009. Aconitate and methyl aconitate are modulated by silicon in powdery mildew-infected wheat plants. Journal of Plant Physiology, 166(13): 1413-1422

Resende R S, Rodrigues F Á, Cavatte P C, et al. 2012. Leaf gas exchange and oxidative stress in sorghum plants supplied with silicon and infected by *Colletotrichum sublineolum*. Phytopathology, 102(9): 892-898

Resende R S, Rodrigues F Á, Costa R V, et al. 2013. Silicon and fungicide effects on anthracnose in moderately resistant and susceptible sorghum lines. Journal of Phytopathology, 161(1): 11-17

Resende R S, Soares J M, Casela C R. 2009. Influence of silicon on some components of resistance to anthracnose in susceptible and resistant sorghum lines. European Journal of Plant Pathology, 124(3): 533-541

Rezende D C, Rodrigues F Á, Carré-Missio V, et al. 2009. Effect of root and foliar applications of silicon on brown spot development in rice. Australasian Plant Pathology, 38(1): 67-73

Ribot C, Hirsch J, Balzergue S, et al. 2008. Susceptibility of rice to the blast fungus, *Magnaporthe grisea*. Journal of Plant Physiology, 165(1): 114-124

Rios J A, Rodrigues F Á, Debona D, et al. 2014. Photosynthetic gas exchange in leaves of wheat plants supplied with silicon and infected with *Pyricularia oryzae*. Acta Physiologiae Plantarum, 36(2): 371-379

Rodgers-Gray B S, Shaw M W. 2004. Effects of straw and silicon soil amendments on some foliar and stem-base diseases in pot-grown winter wheat. Plant Pathology, 53(6): 733-740

Rodrigues F Á, Carré-Missio V, Jham G N, et al. 2011. Chlorogenic acid levels in leaves of coffee plants supplied with silicon and infected by *Hemileia vastatrix*. Tropical Plant Pathology, 36(6): 404-408

Rodrigues F Á, Datnoff L E, Korndorfer G H, et al. 2001. Effect of silicon and host resistance on sheath blight development in rice. Plant Disease, 85(8): 827-832

Rodrigues F Á, Duarte H S S, Rezende D C, et al. 2010. Foliar spray of potassium silicate on the control of angular leaf spot on beans. Journal of Plant Nutrition, 33(14): 2082-2093

Rodrigues F Á, McNally D J, Datnoff L E, et al. 2004. Silicon enhances the accumulation of diterpenoid phytoalexins in rice: a potential mechanism for blast resistance. Phytopathology, 94(2): 177-183

Rodrigues F Á, Vale F X R, Datnoff L E, et al. 2003. Effect of rice growth stages and silicon on sheath blight development. Phytopathology, 93(3): 256-261

Rombouts S, Volckaert A, Venneman S, et al. 2016. Characterization of novel bacteriophages for biocontrol of bacterial blight in leek caused by *Pseudomonas syringae* pv. *porri*. Frontiers in Microbiology, 7: 279

Saile E, McGarvey J A, Schell M A, et al. 1997. Role of extracellular polysaccharide and endoglucanase in root invasion and colonization of tomato plants by *Ralstonia solanacearum*. Phytopathology, 87(12): 1264-1271

Samuels A L, Glass A D M, Ehret D L, et al. 1991. Distribution of silicon in cucumber leaves during infection by powdery mildew fungus (*Sphaerotheca fuliginea*). Canadian Journal of Botany, 69(1): 140-146

Samuels A L, Glass A D M, Ehret D L, et al. 1993. The effects of silicon supplementation on cucumber fruit changes in surface characteristics. Annals of Botany, 72(5): 433-440

Shen G, Xue Q, Tang M, et al. 2010. Inhibitory effects of potassium silicate on five soil-borne phytopathogenic fungi *in vitro*. Journal of Plant Diseases and Protection, 117(4): 180-184

Shetty R, Fretté X, Jensen B, et al. 2011. Silicon induced changes in antifungal phenolic acids, flavonoids, and key phenylpropanoid pathway genes during the interaction between miniature roses and the biotrophic pathogen *Podosphaera pannosa*. Plant Physiology, 157(4): 2194-2205

Shetty R, Jensen B, Shetty N P, et al. 2012. Silicon induced resistance against powdery mildew of roses caused by *Podosphaera pannosa*. Plant Pathology, 61(1): 120-131

Sokol H, Pigneur B, Watterlot L, et al. 2008. *Faecalibacterium prausnitzii* is an anti-inflammatory commensal bacterium identified by gut microbiota analysis of Crohn disease patients. Proceedings of the National Academy of Sciences of the United States of America, 105(43): 16731-16736

Song A, Xue G, Cui P, et al. 2016. The role of silicon in enhancing resistance to bacterial blight of hydroponic- and soil-cultured rice. Scientific Reports, 6(1): 24640

Sousa R S, Rodrigues F Á, Schurt D A, et al. 2013. Cytological aspects of the infection process of *Pyricularia oryzae* on leaves of wheat plants supplied with silicon. Tropical Plant Pathology, 38(6): 472-477

Sun W, Zhang J, Fan Q, et al. 2010. Silicon-enhanced resistance to rice blast is attributed to silicon-mediated defense resistance and its role as physical barrier. European Journal of Plant Pathology, 128(1): 39-49

Suzuki H. 1935. The influence of some environmental factors on the susceptibility of the rice plant to blast and *Helminthosporium* diseases and on the anatomical characters of the plant Ⅲ. Influence of differences in soil moisture and in amounts of fertilizer and silica given. Journal of the College of Agriculture, 13: 277-331

Tatagiba S D, Rodrigues F Á, Filippi M C C, et al. 2014. Physiological responses of rice plants supplied with silicon to *Monographella albescens* infection. Journal of Phytopathology, 162(9): 596-606

Trivedi P, He Z, Van Nostrand J D, et al. 2012. Huanglongbing alters the structure and functional diversity of microbial communities associated with citrus rhizosphere. ISME Journal, 6(2): 363-383

Van Bockhaven J, Spíchal L, Novák O, et al. 2015b. Silicon induces resistance to the brown spot fungus

Cochliobolus miyabeanus by preventing the pathogen from hijacking the rice ethylene pathway. New Phytologist, 206(2): 761-773

Van Bockhaven J, Steppe K, Bauweraerts I, et al. 2015a. Primary metabolism plays a central role in moulding silicon-inducible brown spot resistance in rice. Molecular Plant Pathology, 16(8): 811-824

Vermeire M L, Kablan L, Dorel M, et al. 2011. Protective role of silicon in the banana-*Cylindrocladium spathiphylli*, pathosystem. European Journal of Plant Pathology, 131(4): 621-630

Vivancos J, Labbé C, Menzies J G, et al. 2015. Silicon-mediated resistance of *Arabidopsis* against powdery mildew involves mechanisms other than the salicylic acid (SA)-dependent defence pathway. Molecular Plant Pathology, 16(6): 572-582

Volk R J, Kahn R P, Weintraub R L. 1958. Silicon content of the rice plant as a factor influencing its resistance to infection by the blast fungus, *Piricularia oryzae*. Phytopathology, 48(4): 179-184

Walker T S, Bais H P, Déziel E, et al. 2004. *Pseudomonas aeruginosa*-plant root interactions. Pathogenicity, biofilm formation, and root exudation. Plant Physiology, 134(1): 320-331

Wang L, Cai K, Chen Y, et al. 2013. Silicon-mediated tomato resistance against *Ralstonia solanacearum* is associated with modification of soil microbial community structure and activity. Biological Trace Element Research, 152(2): 275-283

Wang M, Gao L, Dong S, et al. 2017. Role of silicon on plant-pathogen interaction. Fronties in Plant Science, 8: 701

Whan J A, Dann E K, Aitken E A B. 2016. Effects of silicon treatment and inoculation with *Fusarium oxysporum* f. sp. *vasinfectum* on cellular defenses in root tissues of two cotton cultivars. Annals of Botany, 118(2): 219-226

Xiong W, Zhao Q, Xue C, et al. 2016. Comparison of fungal community in black pepper-vanilla and vanilla monoculture systems associated with vanilla *Fusarium* wilt disease. Frontiers in Microbiology, 7: 117

Yoshida S. 1965. Chemical aspects of the role of silicon in physiology of the rice plant. Bulletin of the National Institute Agricultural Sciences Series B, 15: 1-58

Yoshimochi T, Hikichi Y, Kiba A, et al. 2009. The global virulence regulator *PhcA* negatively controls the *Ralstonia solanacearumhrp* regulatory cascade by repressing expression of the *PrhIR* signaling proteins. Journal of Bacteriology, 191(10): 3424-3428

Yu Y, Schjoerring J K, Du X. 2010. Effects of silicon on the activities of defense-related enzymes in cucumber inoculated with *Pseudoperonospora cubensis*. Journal of Plant Nutrition, 34(2): 243-257

Zellner W, Frantz J, Leisner S. 2011. Silicon delays *Tobacco ringspot virus* systemic symptoms in *Nicotiana tabacum*. Journal of Plant Physiology, 168(15): 1866-1869

Zhang G, Cui Y, Ding X, et al. 2013. Stimulation of phenolic metabolism by silicon contributes to rice resistance to sheath blight. Journal of Plant Nutrition and Soil Science, 176(1): 118-124

第 7 章　硅与植物的虫害逆境胁迫

据联合国粮农组织（FAO）统计，全球每年因农作物病害、虫害和杂草危害造成的损失约占粮食总产量的 37%，其中虫害占 14%（郭怡卿和陆永良，2015）。近年来，受全球气候变化、农业产业结构调整、农田耕作制度变革及害虫适应性变异等因素的影响，我国主要农业害虫的灾变规律发生了新变化，一些跨国境、跨区域的迁飞性重大害虫暴发频率增加；一些地域性和偶发性害虫发生面积不断扩大、危害程度日益加重；一些历史上已被有效控制的重大害虫再次猖獗成灾。

例如，20 世纪 50 年代后期蝗虫在我国已基本得到控制，但 1986～2000 年，河南、山东、河北、安徽、山西、陕西、海南等省先后多次出现高密度蝗群；2002 年，蝗虫特大暴发，发生面积达 2933 万 hm^2，为近 40 年来发生最为严重的一年。1992 年棉铃虫（*Helicoverpa armigera*）特大暴发，发生面积近 400 万 hm^2，造成棉花减产 30%～50%，直接经济损失达 100 多亿元。2003 年，稻纵卷叶螟（*Cnaphalocrocis medinalis*）出现全国性特大暴发，此后连年猖獗为害；2007 年再次出现全国性大暴发，发生面积高达 2530 万 hm^2，给我国水稻生产造成严重的经济损失。2005 年，褐飞虱（*Nilaparvata lugens*）在河南南部及长江中下游稻区暴发，危害面积高达 2240 万 hm^2，造成稻谷产量损失 300 多万 t，直接经济损失近 40 亿元。2012 年和 2013 年粘虫（*Mythimna separata*）连续两年在全国大发生，其发生面积之大、虫口密度之高、损失之重，均属历史罕见（张云慧等，2012；姜玉英等，2014）。其中，2012 年全国粘虫累计发生面积达 737.68 万 hm^2，造成玉米产量损失 90.63 万 t（刘万才等，2016）。

面对害虫的持续猖獗为害，目前我国主要采用以化学防治为主的害虫防治手段，每年防治面积约 1.60 亿 hm^2 次，杀虫剂施用量高达 20 万 t（按有效成分计算），居世界第一。化学杀虫剂用量剧增导致害虫抗药性、农药残留、害虫再猖獗等问题日趋严重，环境污染加剧，人畜中毒频发，农民负担加重，形成恶性循环，这已成为制约我国经济社会可持续发展的重大隐患。如何高效可持续地防控害虫危害已成为确保粮食安全、食品安全和生态环境安全的重要课题。硅作为一种对植物生长有益的元素，在虫害胁迫抗性中起到积极的作用。

7.1　虫害胁迫对植物生长发育、生理功能的影响

在协同进化过程中，植物与植食性昆虫成为密不可分的“共同体”，它们之间形成了既复杂又微妙的相互作用关系。一方面，植食性昆虫通过取食植物获取营养，而植物在受到植食性昆虫的胁迫后可产生直接或间接的防御反应（Allmann and Baldwin，2010）；另一方面，昆虫也会通过多种方式对植物的防御作出抵抗或产生适应（Kessler et al.，2004），以寻求最适的生存对策（Bristow，1990）。

7.1.1　虫害对植物光合作用、暗呼吸及植物生理的影响

植物的光合作用与暗呼吸是植物进行物质生产的两个相辅相成的过程。害虫为害将改变这两个过程。植食性昆虫取食植物后，植物光合作用减弱，碳消耗增加（如通过伤呼吸），会导致植物出现碳饥饿甚至死亡（McDowell et al.，2008）。虫害对植物光合作用的影响一方面变现为，昆虫取食植物的光合作用组织，直接影响光合速率大小（Nail and Howell，2004；Aldea et al.，2006）；另一方面，取食伤害或植物组织的坏死会改变植物生理，如改变植物体内叶绿素含量、电子传递效率及磷酸化作用，从而间接影响植物的光合作用（王春梅等，2000；Strange and Scott，2005；余文英等，2006；倪国仕等，2010）。

目前，不同种类的昆虫对植物光合作用的影响存在很大差异。有些害虫[如豆蚜（*Aphis craccivora*）（Wu and Thrower，1981）、马铃薯长管蚜（*Macrosiphum euphorbiae*）（Veen，1985）、马铃薯小绿叶蝉（*Empoasca fabae*）（Womack，1984；Flinn et al.，1990）、二斑叶螨（*Tetranychus urticae*）（Reddall et al.，2004）等刺吸性害虫]取食会引起受害叶片的暗呼吸增加，光合速率下降，导致植物生产力降低。另外一些害虫为害[如日本弧丽金龟（*Popillia japonica*）取食大豆（Aldea et al.，2005）、松香草瘿蜂（*Antistrophus silphii*）危害全缘叶松香草（Fay et al.，1993）、散布大蜗牛（*Helix aspersa*）侵染黄瓜（Thomson et al.，2003）和蒙特雷松蚜（*Essigella californica*）取食辐射松（Eyles et al.，2011）]后，植物会出现光合速率迅速增加的现象，以此来补偿因害虫取食造成的物质与能量的损失。这种在受到植食性昆虫危害后光合作用增加的现象，称为补偿作用（李跃强等，2003）。

虫害对植物光合作用和暗呼吸的影响与害虫的侵染动态有关。Hawkins 等（1987）就两种蚜虫［豆蚜、豆无网长管蚜（*Acyrthosiphon pisum*）］和 3 种豆科植物（豇豆、蚕豆、菜豆）的研究表明，短期内（6～9 天）蚜虫为害引起受害叶的暗呼吸速率、光合速率及每日获碳率显著增加，这可能是虫害胁迫引起的植物生理应激反应。另有研究表明，在豆蚜危害蚕豆的初始阶段，受害叶和幼茎的呼吸速率显著增加，之后则逐渐恢复常态（王海波和周纪纶，1988）。

与刺吸式口器害虫的情形不太一样，多数咀嚼式口器害虫的为害会增强植物的光合作用（Nowak and Caldwell，1984；Kolodny-Hirsch et al.，1986；Kerchev et al.，2012），即出现所谓的“补偿光合作用”（Nowak and Caldwell，1984）。例如，水稻顶叶受稻纵卷叶螟危害后，其倒二叶的光合强度增加 113%，尽管其呼吸强度增加 43%，但其净光合强度仍有显著增加（金德锐，1984）。另外，害虫的为害可刺激新叶形成（Nowak and Caldwell，1984），而新叶的光合强度高于老叶（Heichel and Turner，1983）。进一步研究发现，这种补偿光合作用因植物受害程度（Kolodny-Hirsch et al.，1986）、受害叶叶龄（Kolodny-Hirsch et al.，1986）和光强度（Woledge，1977）而异。补偿光合作用在种群和群落水平上更显而易见。

虫害对植物光合作用和暗呼吸的影响有不同的表现，与其对植物气孔导度、光合色素（叶绿素 a、叶绿素 b、叶绿素 a/b 和类胡萝卜素）含量等方面的影响有关。

气孔是植物光合作用过程中调控植物光合原料 CO_2 和水分运输的关键器官。在一些植物-植食性昆虫系统中，虫害导致植物气孔导度增大，如松香草瘿蜂-全缘叶松香草（Fay et al.，1993）、梨蓟马（*Taeniothrips inconsequens*）-糖槭（Ellsworth et al.，1994）、红柳粗角萤叶甲（*Diorhabda carinulata*）-红荆（Pattison et al.，2011）及牛角花齿蓟马（*Odontothrips loti*）-紫花苜蓿（寇江涛等，2014）；而在另一些植物-植食性昆虫系统中则相反，虫害导致植物气孔导度减小，如美洲斑潜蝇（*Liriomyza sativae*）-菜豆（张慧杰等，2006）、枫桉瘿螨（*Vasates aceriscrumena*）-糖槭（Patankar et al.，2011）和斑幕潜叶蛾（*Phyllonorycter blancardella*）-苹果（Pincebourde et al.，2006）。不过，这种影响与虫害时间长短有关。例如，在蔗根非耳象（*Diaprepes abbreviatus*）取食桃花心木和红果仔初期，植物的气孔导度没有明显变化，但在取食后期显著减小（Martin et al.，2009）；在二斑叶螨取食棉花叶片初期，植物的气孔导度减小，而在后期气孔导度增大（Reddall et al.，2004）；在茶尺蠖（*Ectropis oblique hypulina*）危害茶树初期，植物的气孔导度增大，但在后期呈减小趋势（韦朝领等，2007）。再者，植物气孔导度的响应亦随植物的发育阶段和虫害强度不同而有所差异。一般的规律是，在植物营养生长阶段，高强度虫害可增大植物气孔导度，低强度虫害可减小气孔导度；但灌浆期小麦的气孔导度在不同虫害强度下均增大（Macedo et al.，2006）。因此，虫害对植物气孔导度的影响与害虫和植物种类、虫害时间长短和强度、植物所处的生育时期等有关。

叶绿素是植物进行光合作用时吸收和传递光能的功能单元。多数研究表明，虫害导致植物叶绿素含量呈降低趋势，如美洲斑潜蝇危害菜豆（张慧杰等，2006）、悬铃木方翅网蝽（*Corythucha ciliate*）取食悬铃木（赵德斌等，2011）、云南横坑切梢小蠹（*Tomicus minor*）和云南纵坑切梢小蠹（*Tomicus yunnanensis*）危害云南松（梁军生等，2009）、梨蓟马取食糖槭（Ellsworth et al.，1994）均使叶绿素含量下降。同样也有报道发现，蓝桉叶片被害虫取食后，叶绿素和类胡萝卜素含量、叶绿素 a/b 值均增大（Eyles et al.，2009）。虫害对植物叶绿素含量的影响与害虫的为害动态也有关。在二斑叶螨取食大豆初期，叶片叶绿素含量显著增加，但在取食后期其含量则逐渐降低（Bueno et al.，2009）。

7.1.2 虫害对植物含水量与蒸腾作用的影响

植物体内的含水量对植物维持正常的生理代谢具有重要作用。植物叶片受害后，含水量明显减少。例如，白桦树叶片被潜叶害虫取食后其含水量为 55.5%，被咀嚼式害虫取食后为 57.2%，均低于未被取食叶片（正常叶）的含水量（58.9%）（Hartley and Lawton，1987）。不过，植物受到虫害胁迫后气孔阻力往往增大，可减弱植物的蒸腾作用（Flinn et al.，1990），从而有利于改善植物的水势。这是植物在虫害胁迫作用下产生的应激反应，例如，美国梧桐叶片的含水量、蒸腾作用在虫害 16 天后恢复正常（Warrington et al.，1989）。

7.1.3 虫害对植物同化产物分配的影响

植物合成的同化产物只有在体内进行合理分配才能保证正常生命活动的完成。在正常情况下，叶片合成的同化产物的去向有：①供叶片生长所需；②贮存于叶片中；③外运到其他组织（茎、根或果实）。同化产物的分配受植物体内“源-库”关系的调节，代谢库对调节同化产物的转运方向具有决定性意义。害虫取食能改变同化产物的代谢中心，进而改变和调节植物体内有机同化产物的去向。例如，害虫取食导致植物恢复再生长和产生新组织是以其他组织的生长受限或同化产物再分配为代价换来的。适时、适度和适量的害虫取食可促进同化产物的合理转运，使植物体内有限的同化产物得到最大限度的利用，从而产生超补偿效应（李跃强和盛承发，1996）。另外，害虫取食往往使植物用于化学防御的物质明显增多（Hartley and Lawton，1987；Mihaliak and Lincoln，1989），这也是某些作物抗性品种产量不高的原因之一（Bazzaz et al.，1989）。再者，作物品种的抗虫性对虫害后同化产物的去向也存在影响。耐虫性强的水稻品种被白背飞虱（*Sogatella furcifera*）刺吸后，其受害叶光合产物向其他部位转移的量明显多于感虫品种（陈建明等，2003）。

7.1.4　环境因素对植物的虫害胁迫的影响

环境因子，如气候（如光照、温度、降雨等）、土壤、栽培方式（如密度、间套种）等，往往会对害虫与植物的互作关系产生影响。关于气候，特别是气候变化，对植食性昆虫与寄主植物的影响有很多研究报道和综述，如影响植食性昆虫的分布和化性（Ziter et al.，2012；Hu et al.，2015）、昆虫世代发育与寄主植物的同步性（Berzitis et al.，1974）等，由于不涉及本章节的主题，这里不详述，可以参考 Bale 等（2002）、Stiling 等（2009）和 DeLucia 等（2012）的综述。土壤往往通过影响植物的发育和生理从而间接影响植食性昆虫的生长发育、存活、繁殖和种群增长等。例如，蚜虫对植物的含氮量十分敏感，含氮量高利于蚜虫生长发育，而含钾量高则对其不利，因而可利用氮钾比诱导植物对蚜虫的抗性（钦俊德，1987）。另外，施用某些激素物质（如缩节胺）可以调控植物的生长发育进程，并增强植物抵御虫害的能力（戈峰，1992）。White（1984）通过大量观察和研究发现，降水、干旱、施肥、物理损伤及各种农事操作均可使植物产生“应力”，影响植物体内的氮素代谢平衡，进而影响虫害的发生。此外，大量研究表明，硅素营养显著影响植物和植食性昆虫的互作关系，硅处理可增强多种作物对害虫的抗性（Moraes et al.，2005；Gomes et al.，2009；Hou and Han，2010；Kvedaras et al.，2010；韩永强等，2010，2017；Sidhu et al.，2013；Ye et al.，2013；Dias et al.，2014；Keeping et al.，2014；Han et al.，2015，2016，2018；He et al.，2015；Yang et al.，2017a，2017b，2018；Wu et al.，2017；Liu et al.，2017；Jeer et al.，2017；Alvarenga et al.，2017；Horgan et al.，2017；Nascimento et al.，2018）或者影响植物间的竞争（Garbuzov et al.，2011）。因此，有望通过环境因子和人为因素调节植物与害虫的互作关系，从而有效控制害虫种群及群落。

7.2　植物响应虫害胁迫的机制

7.2.1　耐害性机制

研究发现，多数植物对虫害有耐害作用。这一现象常用“源-库调节学说”解释，即植物体内碳的源-库处于相对平衡状态，害虫取食可降低植物碳的源、库比率，促使植物增加受害叶或其他叶的光合强度与同化效率，获得更多的碳，以维持最初的碳平衡（Kolodny-Hirsch et al.，1986；Hawkins et al.，1987），因此，从某种意义上来说，害虫相当于植物的“生理调节库”（Hawkins et al.，1987）。植物对虫害的耐害性可通过以下几个途径实现：①增强光合作用与同化作用；②分配更多的同化产物以支持叶的形态和结构；③增加光合叶面积；④延长植物的寿命（Kolodny-Hirsch et al.，1986）。

7.2.2 抗虫性机制

在漫长的协同进化过程中，植物形成了多种防御机制来抵御植食性昆虫的危害，包括组成性防御和诱导性防御（娄永根和程家安，1997；Howe and Jander，2008）。组成性防御是指植物通过本身固有的特性来阻碍昆虫的取食为害，如植物表面的蜡质、毛、刺、腺体及硅化组织等；诱导性防御是指当植物受到植食性昆虫取食胁迫时才被激活的防御机制，如植物防御基因或特征发生变化，导致昆虫难以进一步取食（娄永根和程家安，1997；Agrawal，1998）。诱导性防御可进一步分为诱导性直接防御和诱导性间接防御。诱导性直接防御是指植物在诱导条件下自身产生的能够直接影响寄主植物感虫性的一种特性，包括产生有毒的次生化合物（如烟碱、呋喃香豆素等）直接杀伤植食性昆虫、产生防御蛋白（如蛋白酶抑制剂、多酚氧化酶等）降低植食性昆虫对食物的消化能力、改变自身营养状况使植食性昆虫不能获得足够的营养（Barbosa et al.，1991；Agrawal，1999；Maleck and Dietrich，1999；Lou and Baldwin，2003）。这些防御物质主要包括防御蛋白和次生代谢物。

防御蛋白主要包括苯丙烷类代谢途径酶、蛋白酶抑制剂、氨基酸降解酶、糖结合蛋白和病程相关蛋白，还包括一些潜在的植物毒性蛋白，如类橡胶蛋白、几丁质酶和植物凝集素等。这些蛋白可钝化昆虫中肠消化酶或消耗昆虫生长所需的氨基酸，从而破坏昆虫正常的消化吸收功能，扰乱其对营养物质的摄取和利用，最终导致昆虫生长发育不良（Karban and Baldwin，1997；Chen et al.，2005）。

次生代谢物主要包括类生物碱、黄酮、木质素、单宁、非蛋白氨基酸和植物保幼激素等，这些物质可影响昆虫的取食选择性（Hartley and Lawton，1987），直接杀死昆虫，或影响昆虫正常的生长、发育、取食和繁殖（汤德良，1999）。例如，白桦树被咀嚼式害虫与潜叶害虫危害后，受害叶总酚含量分别比正常叶高 12%和 9%，虫害后产生的再生新叶中总酚含量高于老叶（Hartley and Lawton，1987）。虫害对植物次生代谢物的诱导作用可以是局部的（即受害部位），也可以是系统性的（即整株植物），甚至可以通过植株间的“对话”诱导邻近未受害植株产生相应的化学效应。例如，Haukioja（1982）发现，毗邻桦树受到机械损伤后，未受害植株叶片的总酚含量在 2 天后也增大。虫害诱导植物产生次生代谢物的防御反应的效应可以持续不同的时间。有些情况下，这种效应是短期的，主要影响当代昆虫的生长发育；另一些情形下，这种效应可影响昆虫后代种群的发展趋势，有时甚至可长达 4～5 年（Warrington et al.，1989）。Schultz 和 Baldwin（1982）观察到，在当年舞毒蛾（*Lymantria dispar*）严重发生的区域，该害虫次年再度大发生时为害却较轻。落叶松被红杉松线小卷蛾（*Zeiraphera diniana*）危害后，其被诱发的抗虫效应可持续 5 年左右（Benz，1974）。这些观察为解释某些林业害虫的周期性发生提供了新证据。

诱导性间接防御是指植物被植食性昆虫危害后，通过释放植食者诱导的植物挥发物（herbivore induced plant volatile，HIPV）吸引天敌对害虫进行捕食或寄生（Kessler and Baldwin，2002；Dicke and Hilker，2003；Dicke and Baldwin，2010）。当植物未受损害时，叶片上的香毛簇及腺体中贮存的单萜、倍半萜和芳香族化合物等挥发性物质呈本底释放；当植物被植食性昆虫危害后，植物体内的己烯醛、己烯醇、吲哚和萜类等挥发性物质大量释放（Pare and Tumlinson，1999），从而吸引捕食性和寄生性天敌对害虫进行准确定位，影响害虫种群数量的增长。

综上所述，虫害胁迫通过影响植物生理，从而影响植物的生长和发育。大量研究表明，多数情况下虫害不利于植物的生长、发育和繁殖（Louda，1984），也有少数情况下虫害胁迫后植物的生产力与繁殖力反而增强（Owen and Wiegert，1984；McNaughton，1985），即出现“超补偿效应”（Belsky，1986）。植物与虫害胁迫的互作关系除依赖于植物的耐受性（余文英等，2006；赵德斌等，2011）、发育阶段（韦朝领等，2007；Reddall et al.，2007）、营养状况（Rosen and Runeckles，1976；Mihaliak and Lincoln，1989）、生境质量（Landsber and Ohmart，1989）、植物的光合途径及植物的群落结构（Brown and Ewel，1988）外，还与害虫的种类（Guo et al.，2005；Aldea et al.，2006；Retuerto et al.，2006）、为害方式和强度（Hartley and Lawton，1987）及发育阶段（梁军生等，2009）等有关。解析植物与虫害胁迫间的关系需要从基因、个体发育和生理、种群和进化等多个层次开展深入研究。

7.3　硅对植物虫害胁迫的缓解效应

农业是我国国民经济的基础，害虫危害是制约我国农业稳产高产和可持续发展的重要因素之一。据统计，我国农作物虫害年平均发生面积约 1.33 亿 hm^2 次，每年因害虫危害造成的作物产量损失约 3000 万 t，经济损失高达 300 多亿元。长期以来，为减少虫害造成的损失，化学农药是防治害虫的主要手段，这不仅严重污染环境、危害人类健康，而且易导致害虫抗药性增强，造成再猖獗。在这种形势下，迫切需要寻求应用性广和持效性长的害虫综合治理技术，增强作物对害虫的抗性成为害虫综合治理的重要组分。除遗传途径外，合理的栽培措施也有望用于调节作物对害虫的抗性，如增施硅肥。

硅是地壳中含量最丰富的元素之一，仅次于氧，居第二位。虽然硅不是植物的必需营养元素，但硅在提高植物对非生物和生物胁迫抗性的方面都具有重要作用。在非生物胁迫方面，硅能提高植物对金属离子毒害的抗性（Dufey et al.，2014；Song et al.，2014），缓解盐胁迫（Liang et al.，2006；Shi et al.，2013），增强作物的抗倒伏性（Epstein，1999）、抗旱性（Shen et al.，2010；Khattab et al.，2014；Yin et al.，2014）及对极端温度（Matsui et al.，2001；Duan et al.，2013）和紫外辐射的抗性（Goto et al.，2003；Kidd et al.，2001；Shen et al.，2010）等。在生物胁迫方面，硅能增强植物的抗病性（Fauteux et al.，2005；Cai et al.，2008；Brunings et al.，2009；Domiciano et al.，2010；Filha et al.，2011；Resende et al.，2013；Carre-Missio et al.，2014；Van Bockhaven et al.，2015）和抗虫性（Ma and Takahashi，2002；Massey et al.，2006；Reynolds et al.，2009；Kvedaras et al.，2010；韩永强等，2010，2017；Hou and Han，2010；Sidhu et al.，2013；Ye et al.，2013；Han et al.，2015，2016，2018；He et al.，2015；Wu et al.，2017；Liu et al.，2017；Jeer et al.，2017；Alvarenga et al.，2017；Horgan et al.，2017；Yang et al.，2017a，2017b，2018；Nascimento et al.，2018），并调节植物的种间竞争和群落结构（Garbuzov et al.，2011）。

7.3.1 硅对植物抗虫性的影响

大量研究表明，硅能提高植物（如水稻、甘蔗、小麦、玉米、高粱等）对植食性昆虫的抗性，对一系列不同取食方式昆虫的生长发育、存活、繁殖和种群增长均有明显的抑制作用，如表 7-1 所示。

表 7-1 硅增强植物对植食性害虫抗性的研究案例

寄主植物	害虫名称	害虫类型	参考文献
水稻	二化螟 *Chilo suppressalis*	钻蛀性害虫	Sasamoto，1953，1955，1958；Nakano et al.，1961；Djamin and Pathak，1967；Dravé and Laugé，1978；Hou and Han，2010；Han et al.，2018
	非洲稻螟 *Chilo zacconius*	钻蛀性害虫	Ukwungwu and Odebiyi，1985
	三化螟 *Scirpophaga incertulas*	钻蛀性害虫	Panda et al.，1975；Savant et al.，1997；Jeer et al.，2017
	小蔗螟 *Diatraea saccharalis*	钻蛀性害虫	Sidhu et al.，2013
	褐飞虱 *Nilaparvata lugens*	刺吸性害虫	Yoshihara and Sogawa，1979；He et al.，2015；Wu et al.，2017；Yang et al.，2017a，2017b，2018；Han et al.，2018
	灰飞虱 *Laodelphax striatellus*	刺吸性害虫	刘芳等，2007
	白背飞虱 *Sogatella furcifera*	刺吸性害虫	Salim and Saxena，1992；Savant et al.，1997；杨良金等，2001；杨国庆等，2014
	水稻黑尾叶蝉 *Nephotettix bipunctatus*	刺吸性害虫	Savant et al.，1997
	叶螨 *Tetranychus* spp.	刺吸性害虫	Savant et al.，1997
	稻纵卷叶螟 *Cnaphalocrocis medinalis*	食叶性害虫	Hanifa et al.，1974；Ramachandran and Khan，1991；Sudhakar et al.，1991；Nakata et al.，2008；Ye et al.，2013；Han et al.，2015，2016，2018；韩永强等，2017；Liu et al.，2017
	稻螟蛉 *Naranga aenescens*	食叶性害虫	Nakata et al.，2008
	草地贪夜蛾 *Spodoptera frugiperda*	食叶性害虫	Nascimento et al.，2018
	稻水象甲 *Lissorhoptrus oryzophilus*	地下害虫、食叶性害虫	Villegas et al.，2017
	福寿螺 *Pomacea canaliculata*	地下害虫	Horgan et al.，2017
甘蔗	二点螟 *Chuotraea infuscatellus*	钻蛀性害虫	Rao，1967
	小蔗螟 *Diatraea saccharalis*	钻蛀性害虫	Pan et al.，1979；Elawad et al.，1985；Anderson and Sosa，2001
	甘蔗白螟 *Scirpophaga excerptalis*	钻蛀性害虫	Gupta et al.，1992

续表

寄主植物	害虫名称	害虫类型	参考文献
甘蔗	非洲茎螟 *Eldana saccharina*	钻蛀性害虫	Meyer and Keeping，2005；Keeping and Meyer，2002，2006；Kvedaras and Keeping，2007；Kvedaras et al.，2007a，2007b，2009；Keeping et al.，2004，2009，2014
	甘蔗沫蝉 *Mahanarva fimbriolata*	刺吸性害虫	Korndörfer et al.，2011
小麦	黑森瘿蚊 *Mayetiola destructor*	刺吸性害虫	Miller et al.，1960；McColloch and Salmon，1923
	麦二叉蚜 *Schizaphis graminum*	刺吸性害虫	Basagli et al.，2003；Moraes et al.，2004；Gomes et al.，2005；Goussain et al.，2005；Costa and Moraes，2006；Costa et al.，2009，2011
	麦长管蚜 *Sitobion avenae*	刺吸性害虫	Hanisch，1981；Dias et al.，2014
	麦无网长管蚜 *Metopolophium dirhodum*	刺吸性害虫	Hanisch，1981
玉米	黑森瘿蚊 *Mayetiola destructor*	刺吸性害虫	McColloch and Salmon，1923
	非洲蛀茎夜蛾 *Sesamia calamistis*	钻蛀性害虫	Sétamou et al.，1993
	亚洲玉米螟 *Ostrinia furnacalis*	钻蛀性害虫	Chu and Horng，1991
	草地贪夜蛾 *Spodoptera frugiperda*	食叶性害虫	Goussain et al.，2002；Alvarenga et al.，2017
	玉米蚜 *Rhopalosiphum maidis*	刺吸性害虫	Moraes et al.，2005
高粱	高粱穗芒蝇 *Atherigona indica infuscate*	钻蛀性害虫	Ponnaiya，1951
黄瓜	烟粉虱 *Bemisia tabaci*	刺吸性害虫	Correa et al.，2005
甘薯	甘薯小象甲 *Cylas formicarius*	钻蛀性害虫	Singh et al.，1993
番茄	梳缺花蓟马 *Frankliniella schultzei*	刺吸性害虫	Almeida et al.，2009
茄子	棕榈蓟马 *Thrips palmi*	刺吸性害虫	Almeida et al.，2008
马铃薯	桃蚜 *Myzus persicae*	刺吸性害虫	Gomes et al.，2008
	南美叶甲 *Diabrotica speciosa*	地下害虫、食叶性害虫	Gomes et al.，2009
	斑潜蝇 *Liriomyza* spp.	刺吸性害虫	Gomes et al.，2009

7.3.2　作物品种硅含量与抗虫性之间的关系

McColloch 和 Salmon（1923）首次提出二氧化硅对玉米抗黑森瘿蚊有重要作用。后来，Ponnaiya（1951）指出高粱对其主要害虫高粱穗芒蝇的抗性与硅有关。此后，越来越多的研究表明植物品种的硅含量或硅细胞的组织形态特性与其抗虫性之间存在密切联系。

在关于水稻品种对害虫抗性的研究中，研究人员发现品种对钻蛀性、食叶性和刺吸性害虫的抗性均与水稻品种中的硅有关。Djamin 和 Pathak（1967）、Ukwungwu 和 Odebiyi（1985）研究发现，水稻茎秆中的二氧化硅含量与二化螟、非洲稻螟幼虫存活率、为害程度呈显著的负相关关系；硅含量高的水稻由于有大量硅化细胞沉积在茎秆和叶鞘表皮的厚壁组织、薄壁组织、维管束鞘，因此细胞壁加厚，角质层增加，形成物理屏障，不利于二化螟和非洲稻螟幼虫的钻蛀与取食，即使能蛀入，取食硅含量高的稻茎，二化螟幼虫上颚的磨损程度远高于取食硅含量低的稻茎；低龄幼虫取食硅含量高的稻茎，死亡率增加，生长发育延缓，体重减轻。郝丽霞等（2008）的研究表明，二化螟在不同水稻品种上造成的螟害株率与茎秆硅含量之间具有显著的线性相关关系，螟害株率随茎秆硅含量的增加而下降（图 7-1）。

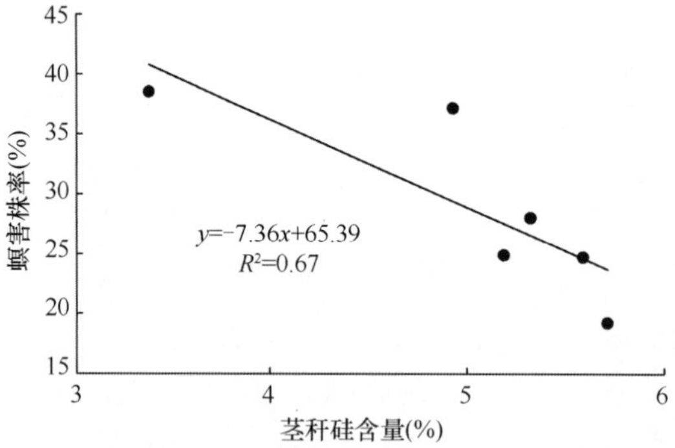

图 7-1 水稻品种螟害株率与茎秆硅含量间的相关关系（郝丽霞等，2008）

针对食叶性稻纵卷叶螟，王亓翔等（2008）发现，抗虫水稻品种叶片的蜡质含量和硅含量均高于感虫品种（表 7-2）。抗稻纵卷叶螟水稻品种的一个显著特征是叶片硅含量高或者硅细胞密度高（Sudhakar et al.，1991；王亓翔等，2008）。

表 7-2 不同抗虫性水稻品种的叶片正反面硅含量（王亓翔等，2008）

水稻品种	抗虫性	叶片正面硅含量（%）	叶片反面硅含量（%）
扬辐粳 8 号	感虫	13.45±2.95de	13.93±1.66de
扬稻 6 号	感虫	15.43±1.12cde	20.38±0.75bc
扬粳 9538	感虫	10.50±0.57e	18.56±0.73bcd
淮稻 9 号	抗虫	18.56±0.73bcd	26.33±1.79a
宁粳 1 号	抗虫	26.33±1.79a	22.74±1.75ab

注：同一列数值后不同小写字母表示在 0.05 水平差异显著

就水稻品种对稻飞虱类害虫的抗性而言，Sujatha 等（1987）通过田间实验观察到水稻品种对褐飞虱的抗性与其硅含量之间存在正相关关系。进一步研究发现，对褐飞虱抗性高的水稻品种具有硅细胞沉积密度高、体积大、钩毛和纤细毛较长等特点（表 7-3）（丁识伯，2010）。叶海芳（1989）发现水稻品种对白背飞虱的抗性与叶鞘硅细胞的沉积密度和排列方式有关。刘芳等（2007）报道抗灰飞虱水稻品种体内的二氧化硅（SiO_2）含量相对较高。

表 7-3 不同抗虫性水稻品种的叶鞘表皮结构特征（丁识伯，2010）

品种	抗性	硅细胞		钩毛		纤细毛	
		直径（μm）	密度（个/mm^2）	长度（μm）	密度（根/mm^2）	长度（μm）	密度（根/mm^2）
青两优 916	高感	0.52	14.57	15	0.14	28	0.64
Ⅱ优 688	高感	0.88	19.38	42	0.18	55	1.13
特丰 2053	高感	0.87	19.85	32	0.65	52	1.02
冈优 5330	中抗	0.60	16.21	37	0.32	42	0.73

续表

品种	抗性	硅细胞		钩毛		纤细毛	
		直径（μm）	密度（个/mm^2）	长度（μm）	密度（根/mm^2）	长度（μm）	密度（根/mm^2）
Ⅱ优 2035	中抗	0.72	17.74	35	0.37	45	0.77
香丰 1026	中抗	0.72	17.96	35	0.36	48	0.97
丰两优 916	高抗	1.25	22.87	42	0.75	62	1.48
丰糯 801	高抗	0.75	16.46	30	0.26	34	0.72
珍珠糯	高抗	1.21	26.35	44	0.78	66	1.61

其他作物（小麦、玉米、高粱等）品种的抗虫性也与硅有关。研究表明，小麦茎秆的硅含量越高，黑森瘿蚊的危害程度就越低（Miller et al.，1960）。Rojanaridpiched 等（1984）研究发现，玉米品种对欧洲玉米螟（*Ostrinia nubilalis*）的抗性与叶鞘硅含量之间存在显著的正相关关系。Rao（1967）发现抗二点螟的甘蔗品种叶鞘表皮硅细胞沉积密度高。Chavan 等（1990）的研究表明，高粱穗芒蝇为害造成的枯心率随高粱品种硅含量的升高而降低。

上述研究表明，作物品种硅含量高或硅细胞密度高能增强作物的抗虫性。然而，也有少数研究报道硅对植物抗虫性没有影响。Agarwal（1969）的研究表明，甘蔗硅细胞数量与甘蔗穴粉虱（*Aleurolobus barodensis*）和蔗斑翅粉虱（*Neomaskellia bergii*）的为害率之间不存在相关性。另一项对大豆的研究发现，大豆硅含量和墨西哥豆瓢虫（*Epilachna varivestis*）蛹重之间没有相关性（Mebrahtu et al.，1988）。Stanley 等（2014）将磨碎的硅钙石（$CaSiO_3$）粉末按一定比例加入人工饲料中饲养棉铃虫和澳洲棉铃虫（*Helicoverpa punctigera*），发现添加硅钙石粉末的人工饲料对棉铃虫和澳洲棉铃虫幼虫的生长发育没有显著影响。甚至还有作物品种硅含量高反而促进植食性昆虫种群增长的报道，例如，凤梨硅含量与佛州长叶螨（*Dolichotetranychus floridanus*）的种群密度之间存在显著的正相关关系（Das et al.，2000）。因此，虽然大多数作物品种的抗虫性与其硅含量或硅细胞的组织形态特性有关，但是作物种类、害虫取食方式、作物和害虫的发育期等都可能影响硅与作物品种抗虫性之间关系的性质。

7.3.3　硅对虫害的控制作用

由于作物品种的抗虫性与硅含量或硅细胞的组织形态特性之间存在密切联系，人们意识到可以通过施用硅肥来调节作物的抗虫性（Reynolds et al.，2009）。多数研究表明，施硅可提高植物组织中的硅含量（Keeping and Meyer，2002，2006；Massey et al.，2006；Kvedaras and Keeping，2007；Kvedaras et al.，2007a，2007b；Hou and Han，2010；Sidhu et al.，2013；Han et al.，2015，2016；Alvarenga et al.，2017；Wu et al.，2017；Nascimento et al.，2018），或增加硅细胞数量（Han et al.，2016；Yang et al.，2017b），或使得硅细胞排列更加紧密（Han et al.，2016；Yang et al.，2017b）。其中水稻特别典型，水稻有“硅酸植物”之称，具有主动吸收和富集硅的能力（Ma et al.，2006）。每生产 1000kg 稻谷，水稻大约要从土壤中吸收 SiO_2 130kg，为吸收氮、磷、钾养分总和的 2 倍左右（Ma and

Takahashi，2002）。

有较多的研究报道，施硅在调节禾本科作物的抗虫性上具有重要作用。研究发现，施用硅肥能增强水稻、甘蔗、小麦、玉米和高粱对虫害的防御能力，减轻害虫危害程度并对其生活史性状产生显著的不利影响（Salim and Saxena，1992；Sétamou et al.，1993；Savant et al.，1997；Caralho et al.，1999；Keeping et al.，2004；Meyer and Keeping，2005；Korndörfer et al.，2011；Ye et al.，2013；He et al.，2015；Han et al.，2015，2018；韩永强等，2010，2017；Wu et al.，2017；Liu et al.，2017；Jeer et al.，2017；Alvarenga et al.，2017；Horgan et al.，2017；Yang et al.，2017a；Nascimento et al.，2018）。

施硅能显著增强水稻对钻蛀性害虫的抗性。Sasamoto（1953，1955，1961）发现在缺硅土壤中种植水稻，水稻螟虫为害严重；对土壤施用矿渣硅肥，可降低水稻对螟虫的敏感程度，不利于螟虫发生和为害。Hosseini 等（2012）在温室条件下研究水稻施硅对二化螟发生的影响时发现，20g Si/kg 土壤处理的螟害株率（0.11%）显著低于不施硅处理的螟害株率（18.1%）。研究发现，施用硅肥增强水稻对螟虫抗性的机制在于降低钻蛀率和蛀入率、延长蛀入耗时、延缓幼虫发育。韩永强等（2010）研究发现，二化螟一龄和三龄幼虫钻蛀率随硅肥施用量的增加而降低（5～28 个百分点）。三龄幼虫蛀入率随硅肥施用量增加而显著下降 10～40 个百分点。一龄幼虫蛀入耗时随硅肥施用量增加而显著延长。稻茎硅含量随硅肥施用量增加而增大，并且与三龄幼虫蛀入率呈负相关、与三龄幼虫蛀入耗时呈正相关关系（图 7-2）。同时，取食施硅水稻的二化螟幼虫体重减轻、存活率下降、蛀茎长度减小。Savant 等（1997）采用不同浓度硅处理的稻茎饲喂三化螟幼虫，发现幼虫在低硅处理（0.47mg/L Si）稻茎上的侵入时间为 2.8min，而在高硅处理（47mg/L Si）稻茎上的侵入时间为 21.2min。施硅调节水稻对螟虫抗性的幅度还与水稻品种本身的抗虫性有关。在对二化螟的研究中，Hou 和 Han（2010）发现在施硅抗虫水稻品种盐丰 47 和感虫品种汕优 63 植株上，二化螟一龄幼虫的钻蛀率分别比不施硅对照低 4%和 20%、蛀入耗时分别比不施硅对照延长 35.1%和 112.9%，施硅水稻上二化螟幼虫体重显著小于不施硅水稻（图 7-3）。施硅在增强不同水稻品种抗虫性（钻蛀率、蛀入率、蛀入耗时和相对生长率）的幅度上存在差异，感虫品种比抗虫品种从施用硅肥中获得更大幅度的抗虫性提升。Sidhu 等（2013）在对小蔗螟的研究中发现类似结果，

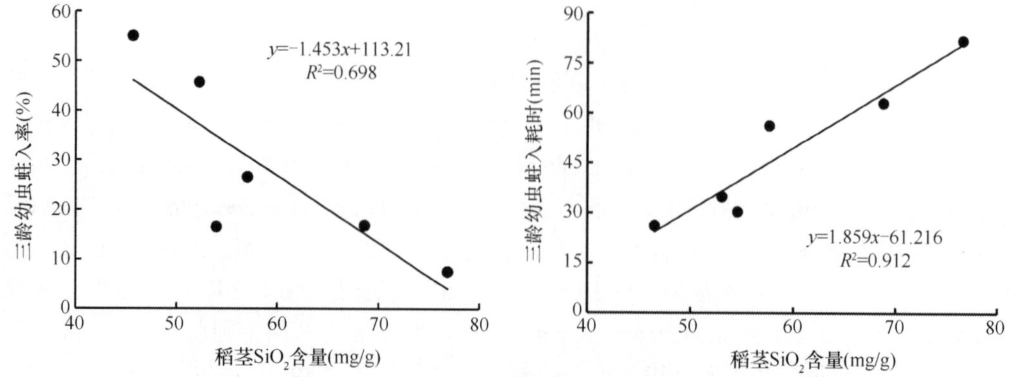

图 7-2 稻茎二氧化硅含量与二化螟幼虫钻蛀行为的相关关系（韩永强等，2010）

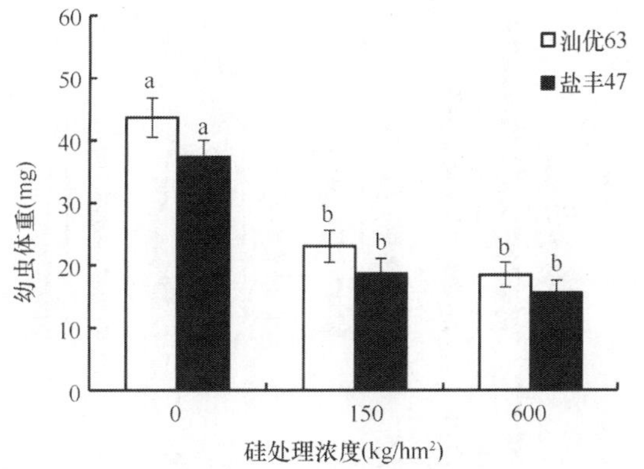

图 7-3　不同硅处理水稻上二化螟幼虫体重的变化（Hou and Han，2010）

一龄幼虫接入，发育 35 天；盐丰 47 为中抗品种，汕优 63 为感虫品种；柱子上方不同小写字母表示不同处理间差异显著（$P<0.05$）

施硅后抗虫水稻品种 XL723 和感虫品种 Cocodrie 植株的硅含量分别比不施硅对照升高 17%和 32%，小蔗螟幼虫的蛀入率分别比不施硅对照降低 18%和 47%，相对生长率分别降低 16%和 36%（图 7-4）。最近的研究报道，在田间条件下，施硅可调控水稻螟虫为害。Han 等（2018）的研究表明，与不施硅的小区相比，施硅 300kg SiO_2/hm^2 和 150kg SiO_2/hm^2 的小区中螟害株率在早稻与晚稻的 7 次调查中分别有 5 次和 4 次显著降低。

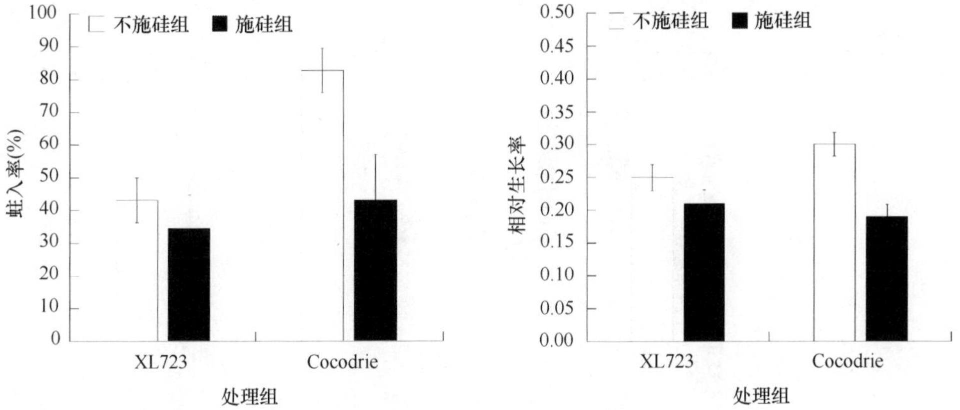

图 7-4　不同硅处理水稻对小蔗螟幼虫蛀入率和相对生长率的影响（Sidhu et al.，2013）

XL723 为抗虫品种；Cocodrie 为感虫品种

施硅也能显著增强水稻对刺吸性害虫的抗性。Salim 和 Saxena（1992）、杨国庆等（2014）报道施硅可降低白背飞虱的取食量、发育速率、存活率、成虫寿命与繁殖力。He 等（2015）发现施硅可降低感虫品种 9311 和抗虫品种 BPHR96 植株上褐飞虱的羽化率、产卵量及取食量。施硅 9311 稻株上褐飞虱的存活率在接虫后第 8 天和第 9 天时显著降低，但施硅对抗虫品种 BPHR96 上褐飞虱的存活率没有显著影响（图 7-5）。他们同时发现，施硅对褐飞虱的寄主选择性存在影响，可降低 9311 和 BPHR96 植株上的褐飞虱着落数量（接虫 24～120h）；在感虫品种 9311 上着落数量从接虫后第 96h 开始显著降低，而在抗虫品种 BPHR96 上仅呈下降趋势但不显著（图 7-6）。这些结果表明施硅能增

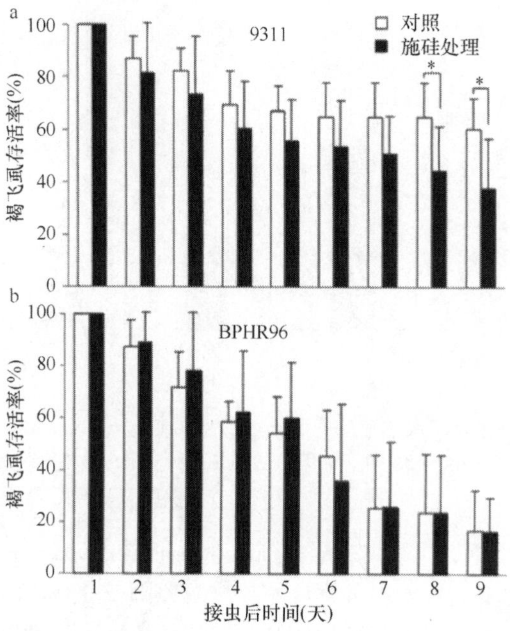

图 7-5 不同硅处理水稻上褐飞虱的存活率（He et al.，2015）

*表示差异显著（$P<0.05$）

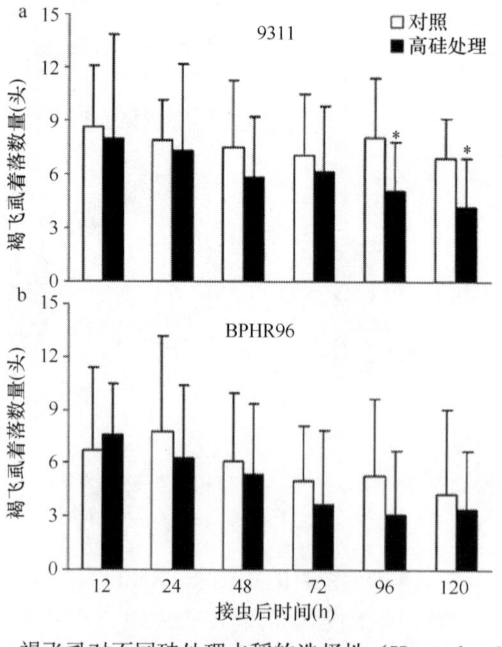

图 7-6 褐飞虱对不同硅处理水稻的选择性（He et al.，2015）

*表示差异显著（$P<0.05$）

强水稻对稻飞虱的抗生性和不选择性。除了这些个体发育的研究外，田间种群水平的调查表明施硅能降低刺吸式害虫的种群数量。杨良金等（2001）的研究表明，不施硅水稻上白背飞虱和褐飞虱平均百丛数量分别为 482.4 头和 177.6 头，其中成虫分别为 8.2 头和 3.8 头，低龄若虫平均占 98.3%和 97.9%。施硅处理（3 个水平）水稻上白背飞虱的数量比不施硅水稻上分别减少 190.3 头、203.8 头、205.1 头，褐飞虱的数量分别减少 65.9 头、83.7 头、85.3 头。Han 等（2018）研究发现，与不施硅的小区相比，施硅 300kg SiO_2/hm^2 和 150kg SiO_2/hm^2 小区中稻飞虱种群数量在早稻与晚稻的 7 次调查中分别有 4 次和 3 次显著降低。因此，施硅对田间的稻飞虱种群数量有一定的控制作用。

施硅可增强水稻对食叶性稻纵卷叶螟的抗性。Han 等（2015）、韩永强等（2017）研究发现，对水稻施硅可使稻纵卷叶螟幼虫的存活率下降、发育历期延长、体重和蛹重减轻、成虫产卵量降低。同时，施硅可显著降低稻纵卷叶螟种群的内禀增长率、周限增长率和净增殖率，延长种群加倍时间（表 7-4）。稻纵卷叶螟幼虫对施硅水稻叶片的取食选择性和成虫在硅处理水稻上的着卵量、着卵率均显著低于对照水稻。同时，硅处理可显著降低水稻的卷叶株率和卷叶率。

表 7-4 稻纵卷叶螟在不同硅处理水稻上的实验种群生命表参数（Han et al.，2015）

种群参数	硅处理（g Si/kg 土壤）		
	0	0.16	0.32
内禀增长率（r_m）	0.074±0.001a	0.053±0.002b	0.043±0.002c
周限增长率（λ）	1.08±0.001a	1.05±0.002b	1.04±0.002c
净增殖率（R_0）	13.19±0.92a	6.61±0.43b	4.84±0.37b
种群加倍时间（t_d）（天）	9.34±0.14a	13.14±0.44b	16.18±0.82c
平均世代周期（T）	34.68±0.56a	35.64±0.346a	36.48±0.33a

注：表中数据为平均值±标准误，同行数据后字母不同表示经 Tukey 多重比较后差异显著（$P<0.05$）

在甘蔗上，施硅可增强甘蔗对甘蔗沫蝉和多种甘蔗蛀茎害虫的抗性。取食施硅甘蔗的甘蔗沫蝉若虫死亡率增加 18.5%，发育历期延长 2.3%，成虫寿命缩短 13.2%，产卵量降低 3.9%（Korndörfer et al.，2011）。与水稻螟虫的研究结果类似，Keeping 和 Meyer（2002）发现非洲茎螟幼虫体重和蛀茎长度与甘蔗茎秆中的硅含量存在显著的负相关关系。高硅处理（790kg/hm^2 Si）可显著增强甘蔗对非洲茎螟的防御能力，与不施硅对照相比，幼虫体重减轻 19.8%，蛀茎长度减小 24.4%。Keeping 和 Meyer（2006）的研究表明，对感虫和抗虫甘蔗品种施用硅肥，非洲茎螟的为害率分别比不施硅对照降低 34%和 26%。对种植甘蔗的缺硅土壤施用硅肥可显著减少多种甘蔗蛀茎害虫如非洲茎螟、甘蔗白螟和小蔗螟的侵入为害，降低作物的受害程度（Anderson and Sosa，2001；Keeping et al.，2004）。田间试验表明，每公顷施用 3t 或 4t 硅酸钙可使非洲茎螟的为害率减轻 23%～35%（Keeping et al.，2004；Meyer and Keeping，2005）。甘蔗品种和硅肥种类与非洲茎螟幼虫存活率、体重及蛀茎长度存在显著的交互作用，即施硅在感虫品种上发挥的作用大于抗性品种，这使得更多的种植者愿意选择蔗糖产量高但较感虫的品种，因为对这些品种施用硅肥能够取得与种植抗虫品种同样的害虫控制效果（Keeping and Meyer，2002，2006）。

对小麦施硅可增强其对多种蚜虫的抗性。施硅对麦二叉蚜的取食活动有明显的抑制作用，如使成虫寿命缩短、产卵量降低、取食量减少（Goussain et al.，2005；Costa et al.，2011）。Gomes 等（2005）和 Costa 等（2009）发现对小麦施硅能降低麦二叉蚜种群内禀增长率，减轻麦二叉蚜的危害，而且对捕食性天敌和寄生性天敌没有影响（Moraes et al.，2004）。在对麦长管蚜的研究中，Dias 等（2014）发现施硅小麦的抗虫性呈现类似的变化，即成虫寿命缩短、繁殖力下降，种群内禀增长率和净增殖率降低。

施硅对玉米上的多种虫害也具有调控作用。施硅可以使玉米蚜对玉米的选择性下降（Moraes et al.，2005），使草地贪夜蛾对玉米的取食量和产卵量减少（Alvarenga et al.，2017）。施硅还可以提高玉米对玉米茎螟（*Chilo zonellus*）、欧洲玉米螟和非洲蛀茎夜蛾的抗性（Chu and Horng，1991；Sétamou et al.，1993）。

施硅在调节茄科作物的抗虫性上同样具有重要作用。对马铃薯施硅可降低桃蚜的产卵量和种群增长率（Gomes et al.，2008），增强其对南美叶甲的抗性，阻碍斑潜蝇取食（Gomes et al.，2009）。对番茄和茄子施用硅酸钙与有机矿物肥料可增加梳缺花蓟马若虫的死亡率，减轻作物的受害程度（Almeida et al.，2009）。对茄子施用硅酸钙和有机矿物肥料可降低棕榈蓟马的种群数量及其为害程度（Almeida et al.，2008）。

在其他植物中，也有施硅增强植物抗虫性的报道，如百日草对桃蚜的抗性（Ranger et al.，2009）、火炬松对针叶长足大蚜（*Cinara atlantica*）的抗性（Camargo et al.，2008）等。草莓施用硅肥后对棉蚜（*Aphis gossypii*）的控制效率可达 38.1%～57.1%（蔡德龙等，1999）。

施硅对植物抗虫性的调节还表现在可以减轻氮肥施用过量引起的害虫取食为害方面。例如，施硅可以减轻亚洲玉米螟对施用过量氮肥的玉米的为害程度（Chu and Horng，1991），减小向甘蔗施用过量氮肥对非洲茎螟种群增长的促进作用（Meyer and Keeping，2005），减轻向小麦施用过量氮肥引起的麦长管蚜和麦无网长管蚜的为害程度（Hanisch，1981），抑制褐飞虱对高氮栽培条件下水稻的取食（Wu et al.，2017）。

施硅可增强受非生物胁迫的植物对害虫的耐受性。Kvedaras 等（2007a）发现受水分胁迫的甘蔗在施硅后对非洲茎螟的耐受性有所提升。这表明，施硅可以增强植物对一系列非生物胁迫（包括水分胁迫、盐胁迫和重金属毒害）的耐受性，进而增强植物对植食性昆虫的防御能力（Kvedaras et al.，2007a）。

在不倾向于富集硅的植物（如双子叶植物）中，施硅对植物的抗虫性一般没有影响。例如，取食琴叶榕、无花果和锦紫苏的臀纹粉蚧（*Planococcus citri*）的生长发育及繁殖不受对植物施硅的影响（Hogendorp et al.，2009）。在禾本科植物中，也有极少数研究发现施硅不影响植物对植食性昆虫的抗性。例如，施用硅酸钙可以增加 5 种草坪草的硅含量，但对暗纹切叶野螟（*Herpetogramma phaeopteralis*）的生长发育没有产生不利影响（Korndörfer et al.，2004），对根部害虫小地老虎（*Agrotis ypsilon*）的嗜食性和发育适合度或 *Cyclocephala* spp.的虫口密度和虫体重量也没有影响（Redmond and Potter，2006）。

植物的硅富集能力耦合植食性昆虫的侵染可影响植物间的竞争平衡及其群落结构。例如，具有不同硅富集能力的两种杂草，早熟禾（*Poa annua*）和多年生黑麦草（*Lolium perenne*），在土壤可获得性硅含量低时，沙漠蝗（*Schistocerca gregaria*）会取食更多的硅富集能力强的黑麦草；而在土壤可获得性硅含量高时，沙漠蝗会取食更多的硅富集能力弱的早熟禾（Garbuzov et al.，2011）。

7.3.4　硅肥种类和施用方式对植物抗虫性的影响

施硅对植物抗虫性的调节作用与硅肥的种类和施用方式有密切关系。硅肥按种类和施用方式大致可分为两类：土壤施用固体源硅肥、土壤施用或叶面喷施硅酸盐溶液。

在土壤施用固体源硅肥中，多数研究采用土壤直接施用固体硅酸钙（$CaSiO_3$）。这种施用方式可显著减轻多种钻蛀性害虫（Anderson and Sosa，2001；Keeping and Meyer，2002；Kvedaras et al.，2007b；Hou and Han，2010）和刺吸性害虫（Correa et al.，2005；Goussain et al.，2005）的取食为害，但对多数食叶性害虫（Korndörfer et al.，2004；Redmond and Potter，2006）的取食为害未产生不利影响。土壤施用固体硅酸钙中可被植物利用的硅含量在 10%～39%，生产上的用量为 1.12～10t/hm^2（Gomes et al.，2005；Keeping and Meyer，2006；Redmond and Potter，2006）。另外，也有采用硅酸钾与肥料混合进行土壤施用的方式，该施用方式可显著减轻三叶斑潜蝇（*Liriomyza trifolii*）对菊花的危害（Parrella et al.，2007）。还有一些研究采用蔗渣炉灰或粉煤灰等作为固体源硅肥进行土壤施用（Pan et al.，1979；Keeping and Meyer，2006）。粉煤灰是一种无机源硅酸钙，含有少量的硅酸钾、硅酸钠和硅酸镁。Keeping 和 Meyer（2006）比较了不同类型固体源硅肥对甘蔗抗虫性的影响，发现施用硅酸钙、硅酸钙岩矿、矿渣和粉煤灰对甘蔗的硅吸收与抗虫性的影响存在差异；施用 10t/hm^2 硅酸钙对非洲茎螟为害的控制作用大于施用 30t/hm^2 粉煤灰；施用 10t/hm^2 矿渣硅肥释放到土壤中的硅比施用 10t/hm^2 硅酸钙多大约 3 倍，但前者并没有比后者显著增加甘蔗叶片和茎秆的硅含量，也没有减轻非洲茎螟的为害。稻壳灰（rice husk ash，RHA）是一种无机源硅肥，二氧化硅含量高达 80%～95%，尚有少量 Al_2O_3、K_2O、Na_2O、CaO 及未燃烧碳等。Jeer 等（2017）的研究表明，对水稻施用稻壳灰能显著降低螟害株率，减轻三化螟的危害。

在施用硅酸盐溶液时，多数采用硅酸钠溶液。施用方式包括土壤施用（Basagli et al.，2003；Moraes et al.，2004）、叶面喷施（Hanisch，1981）、叶面喷施与土壤施用相结合（Moraes et al.，2004，2005）。麦二叉蚜取食施用硅酸钠（土壤施用）的高粱和小麦后，成虫寿命缩短，繁殖力下降，选择性降低，为害减轻（Carvalho et al.，1999；Costa and Moraes，2002；Moraes and Carvalho，2002；Basagli et al.，2003）。对意大利黑麦草施用硅酸钠（土壤施用）可显著减轻蛀茎的黑麦秆蝇（*Oscinella frit*）幼虫的取食为害（Moore，1984）。此外，硅酸钙和硅酸溶液也可用于叶面喷施。向黄瓜和茄子叶面喷施硅酸钙溶液可显著降低烟粉虱（Correa et al.，2005）和棕榈蓟马（Almeida et al.，2008）的为害程度。向水稻叶面喷施硅酸溶液可显著降低草地贪夜蛾幼虫食叶面积、体重、蛹重、成虫寿命和产卵量，不利于草地贪夜蛾的生长、发育和繁殖（Nascimento et al.，2018）。

大量研究表明，施硅对多数植物的抗虫性有直接或间接的影响，包括在一定程度上增强植物的抗生性和耐害性，降低植食性昆虫的选择性。尽管如此，与作物品种抗虫性及其硅含量和硅细胞组织形态特性之间的关系一样，施硅对植物抗虫性调节的性质与程度受植物种类、害虫取食方式和取食部位、植物和害虫的发育期、硅肥种类和施用方式等因素的影响。需要进一步就这些因素开展施硅调节植物抗虫性的比较研究，以便创新施硅调节植物抗虫性的一般规律及其机制，制定相关的施用规范。

7.4 硅增强植物抗虫性的机制

植物通过组成性防御和诱导性防御来抵抗植食性昆虫的为害，其中后者包括诱导性直接防御和诱导性间接防御。现有研究表明，硅调节植物的抗虫性涉及植物的组成性防御和诱导性防御两个方面，Reynolds 等（2009，2016）、Hartley 和 Degabriel（2016）就此进行过综述报道。

7.4.1 硅对植物组成性防御的影响

广泛被人接受的硅增强植物组成性防御的机制是，硅以单硅酸（H_4SiO_4）分子形式被植物吸收，并从植物根部转运到地上部，以无定形水合二氧化硅（$m SiO_2 \cdot n H_2O$）和多聚硅酸的形式沉积在植物表皮细胞并与细胞壁联合。植物组织中沉积的硅可增加其硬度和耐磨度，降低植物的可消化性，增加植食性昆虫的不选择性，阻碍植食性昆虫的取食（Jones and Handreck，1967；Kaufman et al.，1985；Salim and Saxena，1992；Panda and Khush，1995；Ma et al.，2001；Massey et al.，2006；Massey and Hartley，2009），增强植物的组成性防御（Kvedaras and Keeping，2007；Reynolds et al.，2009），进而延缓昆虫的生长发育，降低其繁殖力，减轻植物的受害程度。硅增强植物抗虫性的这种机制即所谓的“机械阻碍机制”（mechanical barrier mechanism）。

硅增强植物抗虫性的机械阻碍机制与植物体内硅含量间存在直接关系。多数研究表明抗性作物品种的硅含量高于感虫品种，如水稻（Djamin and Pathak，1967；Ukwungwu and Odebiyi，1985；Sujatha et al.，1987；Sudhakar et al.，1991；Mishra and Misra，1992；刘芳等，2007；郝丽霞等，2008；王亓翔等，2008）、小麦（Miller et al.，1960）、玉米（Rojanaridpiched et al.，1984；Coors，1987）、高粱（Chavan et al.，1990）。此外，施硅可以提高植株的硅含量，从而增强植物对植食性昆虫的抗性，如水稻（Hou and Han，2010；Sidhu et al.，2013；杨国庆等，2014；Han et al.，2015，2016，2018；Liu et al.，2017；Jeer et al.，2017；Horgan et al.，2017；Wu et al.，2017；Yang et al.，2017a，2017b，2018；Nascimento et al.，2018）、玉米（Goussain et al.，2002；Moraes et al.，2005；Alvarenga et al.，2017）、甘蔗（Keeping and Meyer，2002，2006；Kvedaras and Keeping，2007；Korndörfer et al.，2011；Keeping et al.，2014）、百日草（Ranger et al.，2009）。Hunt 等（2008）提供了硅含量高增强植物机械保护作用的直接证据，他们通过施硅提高植物的硅含量，发现植物绿色组织被研磨后释放出的叶绿素和蝗虫消化的绿色组织的量均下降，证明硅含量增大有助于抑制植物绿色组织的机械降解。

硅的沉积位点和排列方式对植物组成性防御的作用可能比硅含量本身更为重要。硅在植物体内的沉积位点和排列方式是植物种或品种的特性，受遗传控制。颖果外果皮的茸毛是大麦、燕麦、黑麦和小麦等谷类作物中硅沉积的主要部位（Bennett and Parry，1981），毛状体基部是黄瓜中硅沉积的主要部位（Samuels et al.，1991a，1991b）。对黑森瘿蚊具有抗性的小麦和燕麦品种比其他易感品种叶鞘表面二氧化硅的沉积更多、分布更为均匀，导致黑森瘿蚊幼虫只能在二氧化硅分布带的空隙取食，从而压缩其取食空间

（Miller et al.，1960）。抗芒蝇的高粱品种中，要么叶片下表皮基部二氧化硅分布密集，要么叶鞘上二氧化硅的分布密度高（Blum，1968）。对稻纵卷叶螟具有抗性的水稻品种中，叶表皮二氧化硅沉积密度大，呈单行或双行排列；且相邻二氧化硅分布行间的距离更近，更多的二氧化硅沉积在脉间区域（Hanifa et al.，1974）。野生稻比杂交稻对稻纵卷叶螟的抗性更高，原因之一是野生稻叶表皮硅细胞排列紧密，杂交稻叶表皮硅细胞排列疏松（Ramachandran and Khan，1991）。水稻抗白背飞虱品种的硅含量高于高感品种；泡状硅酸体细胞排列紧密，且数量是高感品种的两倍（Mishra and Misra，1992）。

硅在植物体内的沉积位点和排列方式也受施硅的影响。Hartley 等（2015）研究发现在禾本科杂草发草和羊茅中，硅主要以刺状突和植硅体的形式沉积，施用硅肥能促进刺状突和植硅体在叶表面与其他组织的沉积。此外，研究还发现施硅杂草能够在原有硅细胞结构的基础上沉积新的硅细胞类型，而不施硅杂草受到机械损伤时，则不会产生类似的硅细胞结构。刺状突和植硅体在决定植物粗糙度、叶片可消化性方面更为有效，进而能抵御植食性昆虫的取食为害。在水稻上，施硅后水稻叶鞘中单位面积上的硅细胞数量增多、排列更加紧密（表 7-5）（Yang et al.，2017b）。

表 7-5　施硅和褐飞虱为害对水稻叶鞘硅化程度的影响（Yang et al.，2017b）

处理	$1mm^2$ 叶鞘的硅细胞列数	1mm 长叶鞘的硅细胞数量（个）	硅细胞面积（μm^2）	硅细胞长度（μm）	硅细胞宽度（μm）
–Si–BPH	7.6±0.16a	40.4±0.25ab	236.6±3.82a	19.9±0.23a	17.4±0.22a
–Si+BPH	7.9±0.07a	39.8±0.32a	240.4±3.01ab	20.5±0.22ab	18.1±0.22b
+Si–BPH	8.7±0.23b	41.7±0.14c	268.6±3.94c	20.8±0.22b	19.0±0.20c
+Si+BPH	9.0±0.25b	40.8±0.19b	251.7±2.77bc	21.5±0.15bc	18.5±0.16bc
n	15	75	100	100	100

注：+Si 表示施硅 112mg/L，−Si 表示不施硅，+BPH 表示褐飞虱为害，−BPH 表示无褐飞虱为害。数值表示为平均值±标准误（*n* 为重复数）。同列内数值后不同字母表示差异显著（$P<0.05$）

硅含量、沉积位点和排列方式通过多种途径影响植物对植食性昆虫的组成性防御，包括影响植食性昆虫的取食和产卵行为、增大上颚的磨损程度等。

硅在植物体内富集可以使植株机械强度增大，体表绒毛、刺突、毛状体等的机械阻碍作用更强，降低植食者的取食和产卵喜好性，或阻碍取食和产卵，导致其取食量和着卵量下降。稻纵卷叶螟幼虫对施硅水稻的取食选择性和成虫在施硅水稻上的着卵量、着卵率均显著低于对照水稻（韩永强等，2017）。白背飞虱（Salim and Saxena，1992）和褐飞虱（He et al.，2015；Yang et al.，2017a）对施硅水稻的选择性也下降。阿根廷茎象甲（*Listronotus bonariensis*）在黑麦草叶鞘上产卵量的下降与叶鞘表皮二氧化硅沉积密度高相关（Barker，1989）。Sasamoto（1955）和 Nakata 等（2008）发现二化螟不能从施硅水稻中摄取足够的营养物质和水分是硅累积与硅细胞密度增加导致稻茎机械强度增大的结果。二化螟一龄和三龄幼虫在施硅水稻上的钻蛀率降低（5～28 个百分点），蛀入耗时与施硅量呈正相关关系，表明施硅可直接抑制二化螟幼虫的钻蛀行为（韩永强等，2010；Hou and Han，2010），类似的结果在三化螟中也有报道（Savant et al.，1997）。

植食性昆虫在植株上的取食位点喜好性也间接表明硅沉积对植食性昆虫取食有阻碍作用。例如，非洲茎螟幼虫喜欢选择从甘蔗叶芽蛀入，是因为二氧化硅在甘蔗节间和根带表皮的沉积相对密集，而在叶芽表皮的沉积相对稀疏（Keeping et al.，2009）。

咀嚼式口器昆虫的上颚具有持握、切断、撕破、咀嚼食物的功能，是取食的重要器官。植物中的硅可导致上颚磨损程度增大，进而影响植食性昆虫的取食。鳞翅目幼虫上颚磨损程度与植物硅含量有关，这在二化螟（Sasamoto，1958；Djamin and Pathak，1967；Dravé and Laugé，1978）（图 7-7）、三化螟（Jeer et al.，2017）、稻纵卷叶螟（Hanifa et al.，1974；Ramachandran and Khan，1991）及草地贪夜蛾（Goussain et al.，2002）上曾被报道。Kvedaras 等（2009）精确、定量比较了植物硅含量对昆虫上颚磨损程度产生的影响，他们发现取食施硅甘蔗的非洲茎螟幼虫上颚磨损程度有增大的趋势，但是施硅的影响不显著。Massey 和 Hartley（2009）也进行了类似的研究，发现取食两种施硅杂草的沙漠蝗若虫上颚磨损程度显著增大（图 7-8）。这些效应与硅增强植物的坚硬度和硅在绒毛、毛状体、刺突等附属物上沉积而改变叶表面形态特性有关（Hartley et al.，2015），也与施硅植株叶片中硅细胞数量增多、排列更为紧密有关（Han et al.，2016）（图 7-9）。

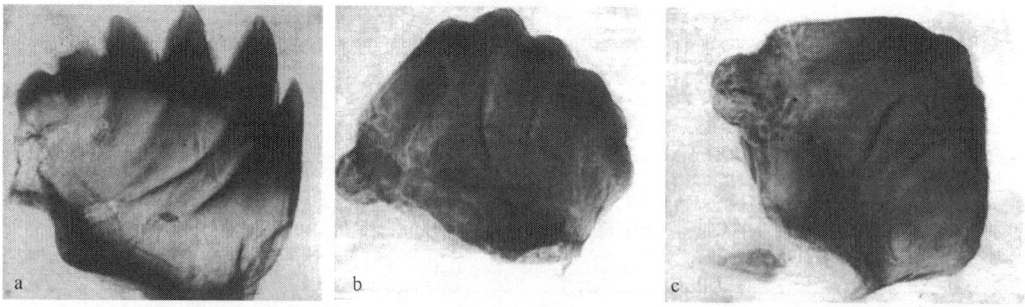

图 7-7　取食不同水稻品种对二化螟幼虫上颚磨损程度的影响（Djamin and Pathak，1967）

a. 取食硅含量低的水稻的幼虫上颚前端的齿（切区）未磨损；b、c. 取食硅含量高的水稻的幼虫上颚前端的齿（切区）磨损严重

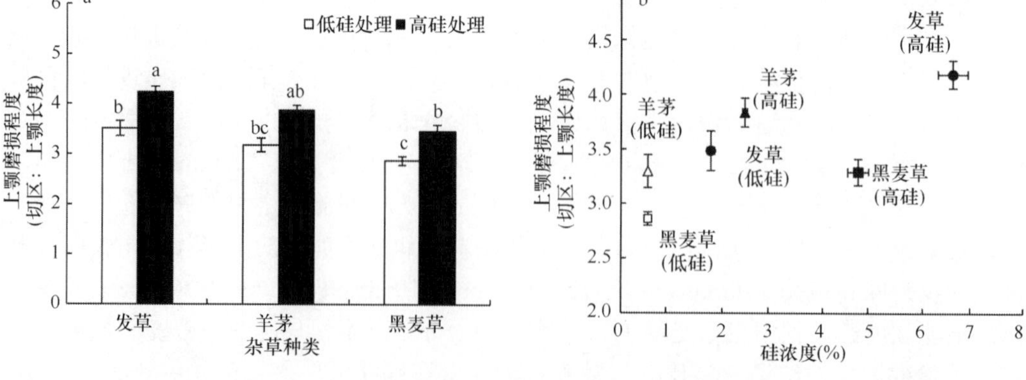

图 7-8　取食不同硅处理发草、羊茅、黑麦草对沙漠蝗若虫上颚磨损程度（切区：上颚长度）的影响（a）及不同硅处理发草、羊茅、黑麦草硅浓度与沙漠蝗若虫上颚磨损程度的关系（b）（Massey and Hartley，2009）

柱子上方不同小写字母表示不同处理间差异显著（$P<0.05$）

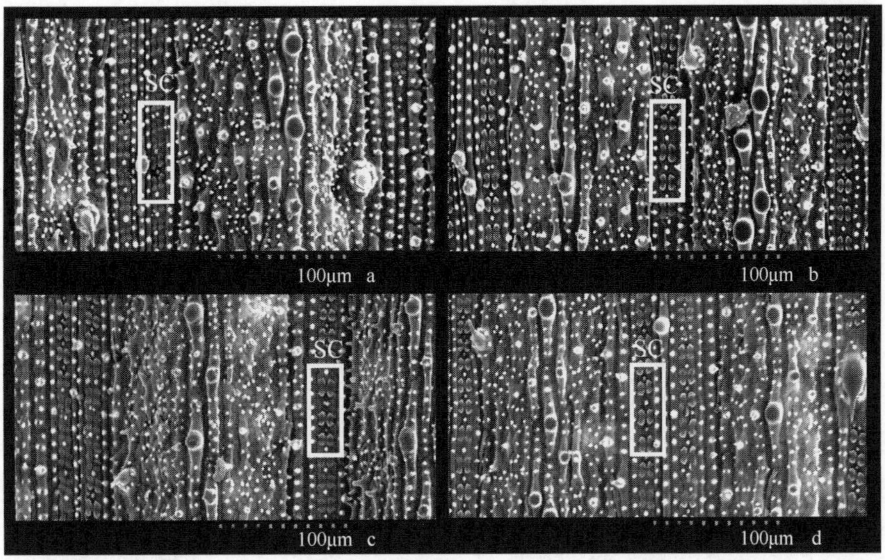

图 7-9　水稻叶片正面扫描电镜图（300 倍）（Han et al.，2016）

a. −Si−LF；b. −Si+LF；c. +Si−LF；d. +Si+LF。+Si 表示施硅（0.32g Si/kg 土壤），−Si 表示不施硅（0g Si/kg 土壤），+LF 表示稻纵卷叶螟为害，−LF 表示无稻纵卷叶螟为害。SC 代表硅细胞

与咀嚼式口器昆虫不同，刺吸式口器昆虫通过口针来刺吸植物韧皮部和/或木质部的汁液。研究发现，施硅对刺吸式口器昆虫的刺吸行为有阻碍作用。Yang 等（2017a）利用刺吸电位技术（electrical penetration graph，EPG）具体阐明了施硅对褐飞虱刺吸行为的影响。相对于不施硅对照，褐飞虱成虫在施硅（0.32g Si/kg 土壤）水稻上的非刺探波（non penetration，np）、路径波（pathway waveform，Nc）的总持续时间显著延长；首次 np 的持续时间、从开始刺探到首次发生 N4a 的时间也显著延长，持续取食韧皮部汁液（phloem sap ingestion，N4b）的个体比例下降，而持续取食韧皮部汁液（N4b）前的口针刺探韧皮部（an intracellular activity in phloem region without ingestion，N4a）的时间延长（图 7-10）。这些结果表明，褐飞虱在施硅水稻上的刺吸行为受到了阻碍，从而使得褐飞虱在硅处理水稻上的取食量显著降低（Yang et al.，2017a）。这与施硅水稻叶鞘中硅细胞数量增多、排列更为紧密（Yang et al.，2017b；Alhousari and Greger，2018）有关（图 7-11）。

7.4.2　硅对植物诱导性防御的影响

硅调节植物诱导性防御的机制在硅-植物-病原菌系统中有较多研究报道，在硅-植物-植食性昆虫系统中仅有少量研究结果。硅调节植物抗虫性的诱导性防御机制包括：恶化植食性昆虫的营养、引发局部过敏反应或系统获得性抗性、产生有毒的次生代谢物和防御蛋白，从而延缓昆虫发育速度等直接防御；以及释放挥发性化合物来吸引捕食性和寄生性天敌等间接防御（Maleck and Dietrich，1999；Reynolds et al.，2009；Kvedaras et al.，2010）。

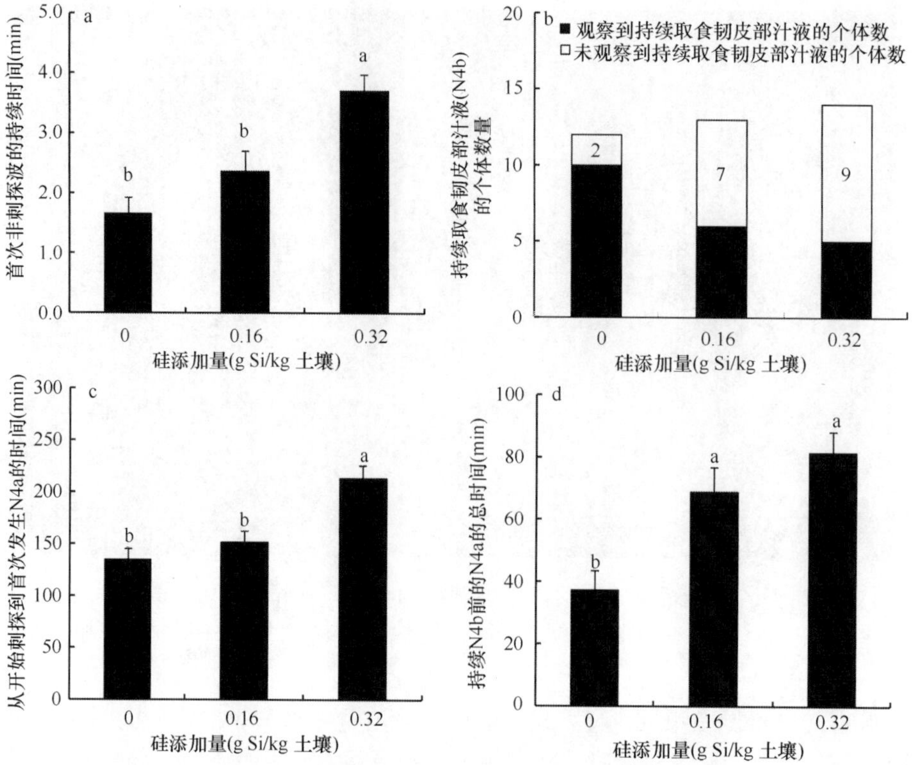

图 7-10 EPG 监测的褐飞虱在施硅和不施硅水稻上的刺吸行为（Yang et al.，2017a）

柱子上方不同小写字母表示不同处理间差异显著（$P<0.05$=

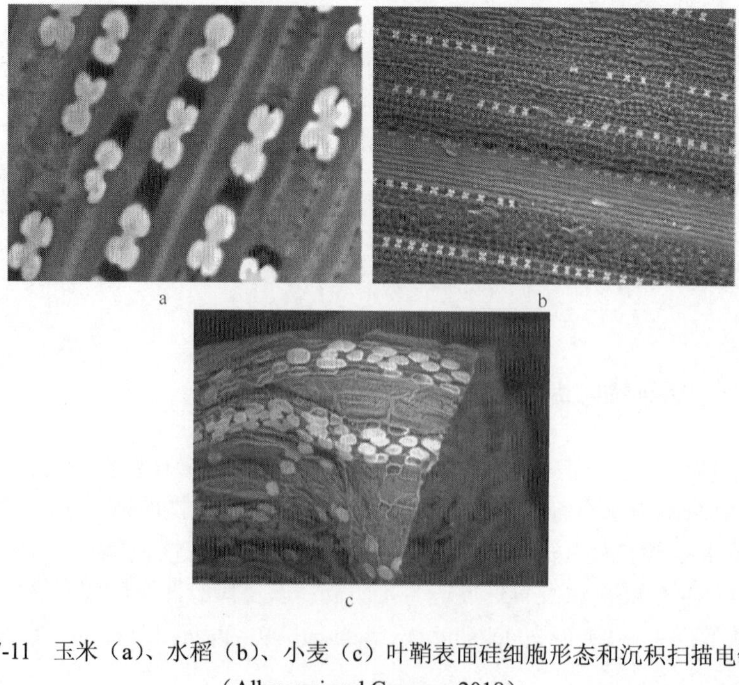

图 7-11 玉米（a）、水稻（b）、小麦（c）叶鞘表面硅细胞形态和沉积扫描电镜图（Alhousari and Greger，2018）

7.4.2.1　诱导性直接防御

富集硅可导致植物营养成分和可消化性改变，从而影响植食性昆虫的取食及食物利用效率。Massey 等（2006）报道在 5 种硅含量高的禾本科杂草中，非洲粘虫取食其中 3 种杂草时食物利用率降低，而取食另外 2 种杂草时相对取食率增加。随后的研究发现，这是因为硅降低了非洲粘虫的食物利用率，同时减少了非洲粘虫从植物中吸收氮素的量（Massey and Hartley，2009）。稻纵卷叶螟幼虫对施硅水稻的取食量和相对取食率高于不施硅对照，而相对生长率、近似消化率、食物利用率和食物转化率则低于对照（图 7-12），

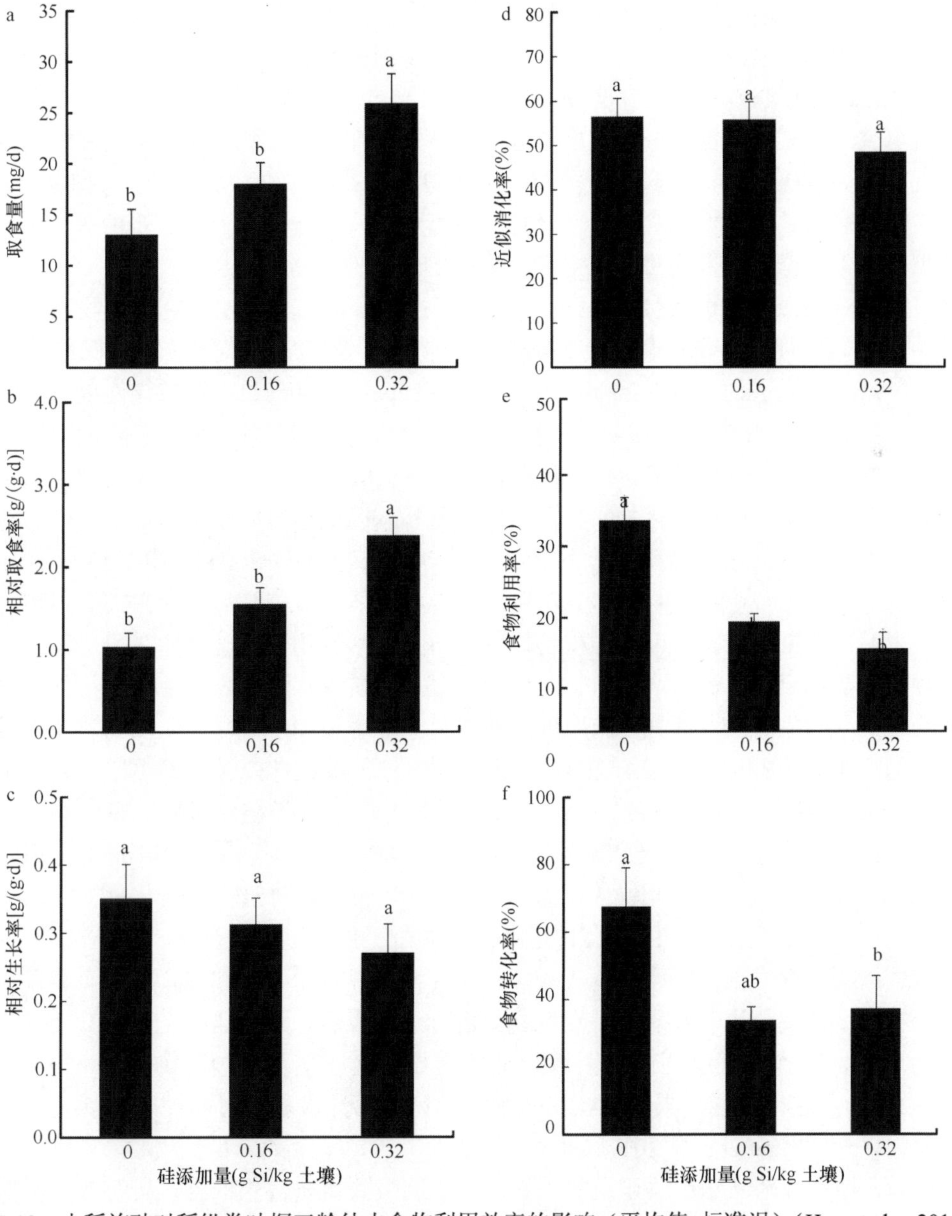

图 7-12　水稻施硅对稻纵卷叶螟三龄幼虫食物利用效率的影响（平均值±标准误）（Han et al.，2015）

柱图上字母不同表示差异显著（$P<0.05$）

这是由于施硅水稻叶片中的可溶性糖含量和碳氮比高于不施硅对照，而氮含量低于对照（Han et al.，2015）。这说明施硅降低了水稻的营养价值，使稻纵卷叶螟不能获取足够的营养，从而增强了水稻的抗虫性。这些结果表明，施硅可降低植物对于植食性昆虫的营养价值，从而导致对植食性昆虫的生长发育不利。

硅参与植食性昆虫取食诱导的植物化学防御反应。过氧化物酶（POD）、多酚氧化酶（PPO）和苯丙氨酸解氨酶（PAL）等防御性酶在植物诱导的抗虫反应中具有重要作用，其活性的高低与抗虫性有直接关系。其中过氧化物酶不仅参与木质素的聚合过程，也是细胞内重要的内源活性氧清除剂（Goodman et al.，1986；Bowles，1990；Stout et al.，1994）。多酚氧化酶主要参与酚类氧化为醌及木质素前体的聚合作用，醌对昆虫有毒害作用，木质素可促进细胞壁的木质化，增加植物组织的硬度，提高植物对害虫的防御能力（Felton and Duffey，1990；Felton et al.，1994）。苯丙氨酸解氨酶可催化 L-苯丙氨酸还原脱氢生成反式肉桂酸，进而生成一系列羟基化肉桂酸衍生物，为植保素和木质素的合成提供苯丙烷碳骨架，同时该途径的中间产物（如酚类物质）及终产物（如木质素、黄酮、异黄酮类）等物质与植物对害虫的防御密切相关（Appel，1993；张丽等，2005）。有证据表明，施硅能提高病虫害诱导的植物防御酶活性（Liang et al.，2003；Cai et al.，2008；Rahman et al.，2015；Han et al.，2016；Yang et al.，2017b）；在对植物病原菌的防御中，施硅可促进防御性化合物如酚类、植物抗毒素、烯萜类物质等的积累（Fawe et al.，1998；Rodrigues et al.，2004；Rémus-Borel et al.，2005）；在对植食性昆虫的防御反应中，目前尚未有研究报道施硅可引起这些防御化合物的增加，但由于防御酶和防御信号途径的相似性，可以预见，针对植食性昆虫也会有类似的反应。小麦受到麦二叉蚜危害时，防御性酶（如过氧化物酶、多酚氧化酶和苯丙氨酸解氨酶）活性增强，且施硅小麦防御性酶活性的增加幅度大于不施硅对照（Gomes et al.，2005）（图 7-13）。Han 等（2016）在水稻-稻纵卷叶螟的互作中发现，施硅对水稻的防御酶活性存在类似影响。上述结果表明，昆虫取食胁迫可诱导植物体内的防御酶活性增强，施硅能在一定程度上放大这种诱导防御反应，进而增强植物对植食性昆虫的抗性。防御酶活性的变化可导致防御化合物的量发生改变。例如，施用硅溶解细菌能显著增加茄子化学防御物质（酚类化合物）的产生量（Zadda et al.，2007），施硅可促进黄瓜植株中类黄酮类植保素的累积（Fawe et al.，1998；Correa et al.，2005）和水稻植株中双萜类植保素的富集（Rodrigues et al.，2004）。褐飞虱取食施硅和不施硅水稻 24h、48h、96h 时，施硅和不施硅水稻叶鞘 H_2O_2 含量均增加，但施硅水稻中的增加幅度显著大于不施硅对照（Yang et al.，2017b）。Frew 等（2016）研究发现，甘蔗地下害虫灰背甘蔗甲虫（*Dermolepida albohirtum*）对甘蔗的取食量与甘蔗根部总酚含量呈正相关，而甘蔗根部总酚含量和硅含量呈负相关。防御化合物浓度的变化进一步影响植食性昆虫的行为和发育，如施硅小麦上麦二叉蚜的刺探次数增多、刺探时间缩短的原因可能是硅诱导小麦产生了直接防御作用（Goussain et al.，2005），这也可能是褐飞虱在施硅水稻上韧皮部汁液刺吸时间缩短和刺吸比例降低的原因之一（Yang et al.，2017a）。

此外，植物叶鞘组织中胼胝质的积累可抑制刺吸式口器害虫取食，从而增强植物对植食性昆虫的抗性。胼胝质是一种以 β-1,3 键结合的葡聚糖，在植物应答非生物和生物

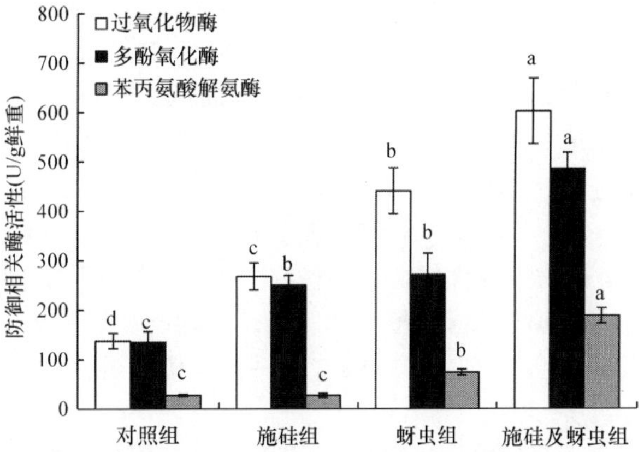

图 7-13　施硅和麦二叉蚜为害对小麦防御相关酶活性的影响（Gomes et al.，2005）

柱子上方不同小写字母表示不同处理间差异显著（$P<0.05$）

胁迫过程中具有重要的调节作用。胼胝质代谢受胼胝质合成酶（callose synthase）和水解酶 β-1,3-葡聚糖酶（β-1,3-glucanase）调控（Verma and Hong，2002；Zavaliev et al.，2011），两种酶分别对应多种不同的基因，包括胼胝质合成酶基因（*OsGSL1*、*OsGSL2*、*OsGSL3*、*OsGSL4*、*OsGSL5*、*OsGSL6*、*OsGSL7*、*OsGSL8*、*OsGSL9*、*OsGSL10*）和 β-1,3-葡聚糖酶基因（*Osg1*、*Gns2*、*Gns3*、*Gns4*、*Gns5*、*Gns6*）。这些基因通过调节两种酶的活性，进而调控植物体内胼胝质的沉积（陈晓，2015）。Yang 等（2017b，2018）的研究表明，施硅水稻受褐飞虱危害后，编码胼胝质合成酶的 *OsGSL1* 基因上调表达，而编码胼胝质水解酶的 *GNS5* 基因则下调表达，使得叶鞘组织中胼胝质沉积数量增大。

硅调节植物的诱导防御反应受植物信号途径的调控。Ye 等（2013）研究发现，水稻中茉莉酸防御信号途径的茉莉酸合成关键酶基因（*OsAOS*）和信号受体基因（*OsCOI1*）被 RNA 干扰后，硅介导的水稻防御作用消失。向野生型水稻添加茉莉酸甲酯，能诱导水稻中硅转运基因表达显著上调，增加水稻叶片中硅的积累。*OsAOS* 和 *OsCOI1* 基因被沉默后，硅在水稻叶片中的积累大幅度减少。以上结果说明，施硅水稻在受到虫害侵染时，能迅速激活与抗逆性相关的茉莉酸信号途径，茉莉酸信号反过来可促进硅的吸收。因此，硅能提高水稻茉莉酸信号途径介导的防御反应对生物逆境的响应能力。

植物受植食性昆虫危害后，能通过信号途径产生诱导防御反应，表现为新生叶片表面毛状体密度增加（Yoshida et al.，2009）。植物腺毛会产生刺激性的、有毒的或带黏性的液体分泌物，在一定程度上能够保护植物免受植食性昆虫的取食危害（Gurr and McGrath，2002）。硅可以影响植物的信号途径（Ye et al.，2013），但其是否参与调控植食性昆虫为害后植物体表毛状体数量的变化尚需进一步研究。另外，毛状体的分泌物同样会影响天敌的行为（Simmons and Gurr，2004，2005）。Dalastra 等（2011）和 de Assis 等（2012，2013）研究发现，向马铃薯叶面施用硅肥对捕食性天敌甲虫没有不利影响，但会使食叶性害虫对施硅马铃薯叶片的取食偏好性降低。

7.4.2.2 诱导性间接防御

硅调节植物诱导性间接防御的机制包括两个方面，一是延迟或减少钻蛀性害虫的蛀入和延缓害虫发育，造成害虫暴露时间延长，从而增加因天敌和不良环境导致的害虫死亡率，这已在水稻-二化螟（Hou and Han，2010）、水稻-三化螟（Savant et al.，1997）、水稻-小蔗螟（Sidhu et al.，2013）、甘蔗-非洲茎螟（Kvedaras and Keeping，2007）的研究中被证实；二是促进植物挥发性化合物的释放，增大对害虫天敌的吸引作用（Kvedaras et al.，2010）。例如，受害植物释放植物挥发性化合物及其衍生物作为“求救”信号，有利于诱集植食性昆虫的天敌对其猎物或寄主进行定位，进而捕食或寄生（Dicke and Hilker，2003）。

Kvedaras 等（2010）发现施硅且被棉铃虫危害的黄瓜对捕食性天敌红蓝甲虫（*Dicranolaius bellulus*）的引诱作用高于不施硅的受害植株；另外，他们将棉铃虫卵固定在施硅和不施硅的黄瓜植株上，发现施硅接虫小区棉铃虫卵被捕食的数量高于不施硅接虫小区（图 7-14）。产生该结果的原因可能是施硅黄瓜受植食性昆虫侵染后产生了植物挥发性化合物介导的防御反应。在葡萄上的类似研究明确表明，施硅可促进植食性昆虫诱导的植物挥发性化合物的释放，从而增强对捕食性天敌的引诱作用（Connick，2011）。Connick（2011）的研究结果表明，向土壤施用硅酸钾对鳞翅目害虫 *Phalaenoides glycinae* 取食诱导产生的葡萄的 7 种挥发性化合物含量有显著影响，施硅处理葡萄释放的正十七烷含量显著升高，而顺式玫瑰醚含量则显著降低。该研究还发现，葡萄被苹浅褐卷蛾（*Epiphyas postvittana*）侵染后，对天敌的吸引作用与植物叶片的硅含量呈正相关关系。Liu 等（2017）采用水稻-稻纵卷叶螟-黄眶离缘姬蜂（*Trathala flavo-orbitalis*）和水稻-粘虫-中红侧沟茧蜂（*Microplitis mediator*）两个互作系统，研究了硅对植物间接防御的影响，发现受稻纵卷叶螟和粘虫危害后，施硅水稻比不施硅水稻吸引到了更多数量的天敌，从而增强间接防御作用（图 7-15，图 7-16）。

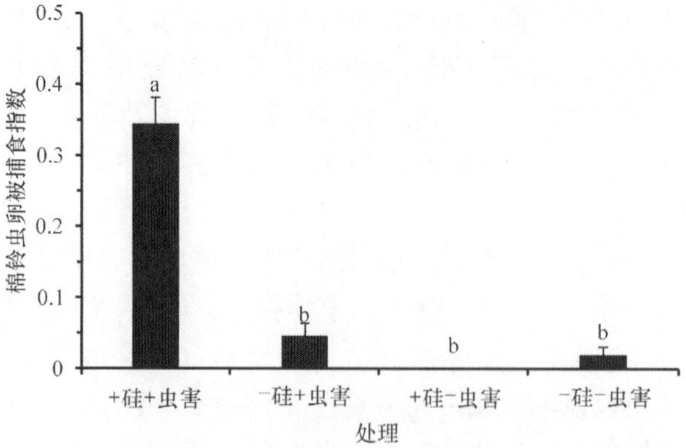

图 7-14　天敌对施硅和棉铃虫为害处理黄瓜上棉铃虫卵的捕食效应（Kvedaras et al.，2010）

柱子上方不同小写字母表示不同处理间差异显著（$P<0.05$）

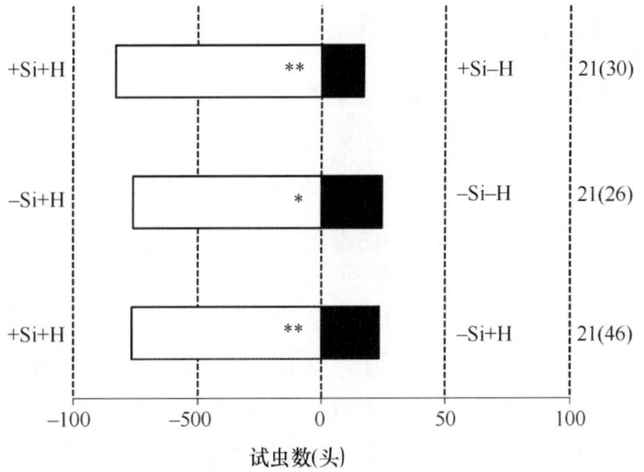

图 7-15　黄眶离缘姬蜂对野生型水稻挥发物的嗅觉行为反应（Liu et al.，2017）

+Si 表示施硅，–Si 表示不施硅，+H 表示稻纵卷叶螟为害，–H 表示无稻纵卷叶螟为害。*表示 $P<0.05$，**表示 $P<0.01$。括号外数值表示对挥发物具有行为反应的试虫数，括号内数值表示试虫总数

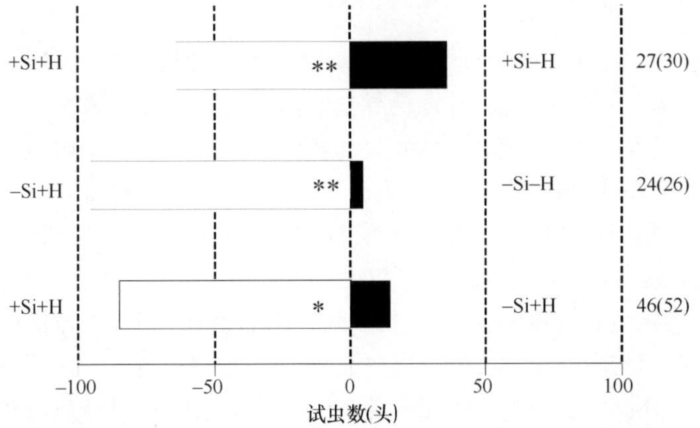

图 7-16　中红侧沟茧蜂对野生型水稻挥发物的嗅觉行为反应（Liu et al.，2017）

+Si 表示施硅，–Si 表示不施硅，+H 表示粘虫为害，–H 表示无粘虫为害。*表示 $P<0.05$，**表示 $P<0.01$。括号外数值表示对挥发物具有行为反应的试虫数，括号内数值表示试虫总数

硅参与的植物诱导性间接防御也可能受植物信号途径的调节。高等植物以单硅酸（H_4SiO_4）形式吸收和转运硅，同时单硅酸作为诱导子能激活植物胁迫应答的信号通路，其中就包括茉莉酸信号途径（Fauteux et al.，2005；Ye et al.，2013；Liu et al.，2017）。此外，茉莉酸信号途径也能被咀嚼式口器昆虫激活，进而诱导植物产生挥发性化合物（Dicke et al.，1999，2009）。

除捕食性和寄生性天敌外，关于硅对昆虫病原微生物的影响也有少量报道。例如，Gatarayiha 等（2010）的研究表明：对黄瓜、茄子和玉米单独施用高浓度硅酸钾可降低二斑叶螨的为害程度，但对死亡率没有影响；而二斑叶螨侵染 7 天后喷施球孢白僵菌悬浮液，二斑叶螨成虫和若虫死亡率增大，且施硅植物上二斑叶螨的死亡率更高。由此可知，硅和球孢白僵菌之间产生了协同增效作用。

7.4.3 植食者为害对硅富集的诱导作用

植食者为害能诱导植物产生各种物理和化学的防御反应。迄今为止，人们对植食者诱导的化学防御研究很多，但是对相关的物理防御研究甚少。有研究发现，植食者为害会诱导硅的富集，从而增强硅介导的植物抗虫性。McNaughton 和 Tarrants（1983）的研究表明，放牧强度会影响植物叶片中硅的含量，重度放牧可使植物叶片中二氧化硅含量增大，即草食性哺乳动物取食能促使植物硅化作用增强，诱导植物产生抗性。Massey 等（2007）进一步发现，植食者反复为害才能导致这种硅富集的诱导作用。他们对两种禾本科杂草设置沙漠蝗和黑田鼠（*Microtus agrestis*）多次为害及单次为害两种处理，多次为害诱导两种杂草叶片的硅含量上升幅度达 400%以上，而单次为害或机械损伤未诱发硅含量的增长，叶片硅含量升高可以阻止植食者的进一步取食。他们推测植食者反复为害导致叶片硅含量大幅上升可能是因为植食者的口腔分泌液中存在诱导植物产生防御反应的特异性物质。这些观察结果表明，植食者为害诱导的硅富集可能是某些草食动物周期性种群波动的机制之一。

7.4.4 硅在植物防御机制中的作用的深入研究——组学技术

在研究施硅如何调节植物的防御反应时，此前的多数研究均采用系统分析法，以特定的蛋白或酶为研究目标，阐明施硅能诱导植物防御酶活性发生改变（Liang et al.，2003；Cai et al.，2008），促进植物防御性化合物和代谢物增加（Fawe et al.，1998；Rodrigues et al.，2004）。但以上研究在研究对象、目标和方法上存在一定的局限性。今后的研究应将植物作为一个整体，首先对植物的平行样品进行 DNA、mRNA、蛋白质和代谢物等主要生物组分的整体分析，获得转录组、蛋白质组和代谢组的综合数据，然后采用生物信息学技术进行全面分析，确定特定 mRNA、蛋白质和代谢物的组分，定量它们的丰度差异，进一步确定这些结果与植物表型变化（如抗病虫性）之间的关系，最后的结果才可应用于作物管理实践。同样的分析可以应用于生态系统水平上，以明确硅（自然状态的或施加的）在生态过程中的作用，如比较放牧和不放牧草场。这样的研究可能会挖掘出意想不到的结果，因为组学方法的力量在于它非针对性的本质（图 7-17）（Reynolds et al.，2016）。

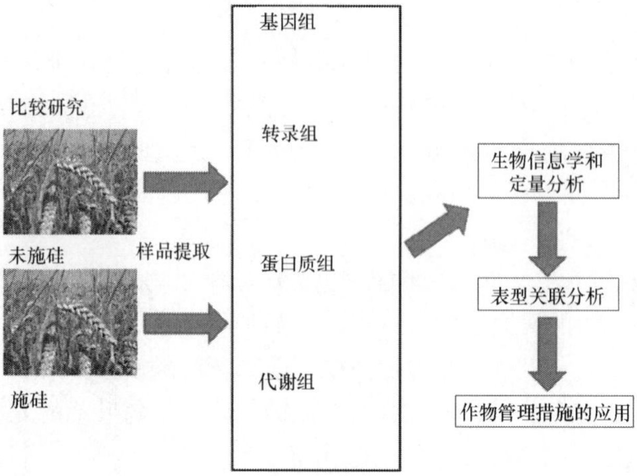

图 7-17 用组学技术研究施硅引起的植物表型变化的路线图（Reynolds et al.，2016）

目前，转录组在分析硅产生的效应方面已有部分应用。例如，关于拟南芥转录组的研究表明，硅处理可降低植物的初生代谢，使植物产生更为有效的防御反应（Fauteux et al.，2006）。在水稻上采用转录组分析的研究也有类似结果（Ye et al.，2013）。现有组学数据显示，植物防御反应的启动取决于诱导剂和病原菌，在植物对植食性昆虫的防御中也观察到了类似现象（Balmer et al.，2015）。因此，组学方法在探讨硅调节植物防御植食性昆虫的机制上将大有所为。

7.5 研究展望

关于硅对植物抗虫性的影响研究可追溯到 20 世纪 50 年代。目前的研究表明，硅通过调节植物的组成性防御和诱导性防御来调控植物抗虫性。在植物的组成性防御上，施硅通过增大无定形水合二氧化硅（$m\mathrm{SiO_2}\cdot n\mathrm{H_2O}$）在植物关键组织或器官的沉积量增加植物组织的机械强度，进而阻止植食性昆虫的侵染为害；同时降低植物组织的可消化性，进而降低昆虫的食物利用效率（Reynolds et al.，2009）。在植物的诱导性防御上，施硅可引发局部过敏反应或系统获得性抗性、产生有毒的次生代谢物和防御蛋白，从而延缓昆虫发育速度；以及释放挥发性化合物来吸引捕食性和寄生性天敌（Maleck and Dietrich，1999；Kessler and Baldwin，2002）。然而，硅介导的植物-植食者-天敌之间的生态互作关系及植物的防御反应中还有很多问题尚待深入研究（图 7-18）。

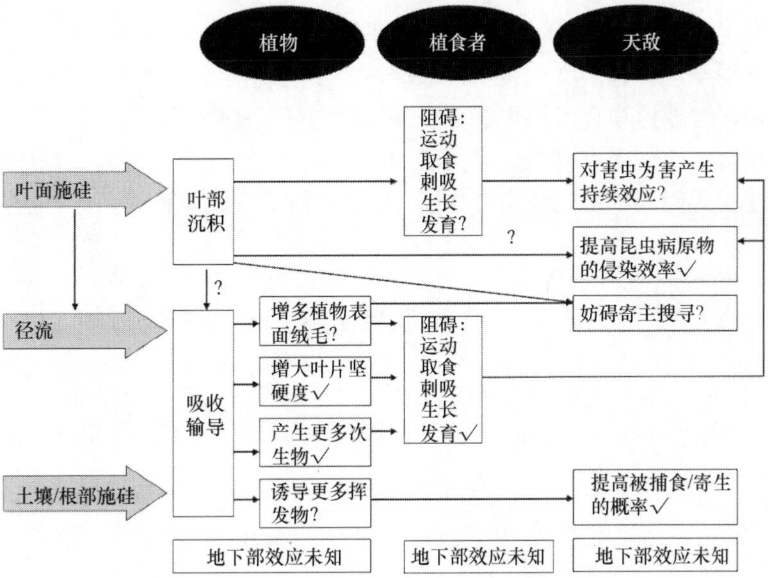

图 7-18　施硅影响植物、植食者和天敌的机制（Reynolds et al.，2016）
√表示已经验证的效应，？表示未验证的效应

归纳起来，未来关于硅与植物虫害胁迫抗性的研究应聚焦以下问题（Hartley and Degabriel，2016；Reynolds et al.，2016）。

1）在硅的田间应用方面，不同施硅方式对植物防御植食者的效果是否存在差异，施硅是否影响田间害虫种群发生及为害的程度不明确。

2）在硅相关防御的机制上，尽管开展了较多植物的组成性和诱导性防御机制的研究，但是组成性和诱导性防御的相对重要性及它们在不同植食者间的差异也有待于进一步研究。

3）在硅相关防御机制的诱导上，植食者诱导硅相关防御机制的启动是否需要达到一定的为害阈值，其在不同的植物-植食者系统间是否存在差异；什么信号途径参与了这种诱导作用：愈伤激素还是植食者唾液？

4）针对不同类型的植食者，硅介导的防御反应是否存在差异，这种差异与取食习性或体形大小之间是否有关？硅介导的防御反应的效应机制在不同取食习性之间是否不同，例如，是使口器磨损还是影响中肠/胸腔的微生物群落？

5）相对于地上部，关于硅对植物地下部的效应还知之甚少。硅在根组织中如何沉积，根系中是否存在与叶片一样的结构，根系中硅含量比地上部高还是低？食根植食者会诱导硅在根系中的沉积吗？如果是这样，这些植食者会受到什么影响？

6）在植物-植食者-天敌三级营养互作关系中，施硅是否会增加植物体表毛状体的数量或硬度，这在不同植物中是否是一个普遍现象；毛状体增多是否妨碍天敌的搜索行为？植食者诱导施硅植物释放更多挥发物仅有少数报道，在更广泛的植物-植食者系统中尚不明确；诱导释放的挥发物增多能在多大程度上提高植食者被捕食/寄生的概率？

7）关于硅在植物应对生物和非生物复合胁迫上的作用的研究还有待于加强，如干旱和虫害复合胁迫、虫害和病害复合胁迫等。

8）在研究手段上，未来的研究需要采用更多全系统或组学分析技术，如转录组、蛋白质组、代谢组和转基因突变技术，以便进一步明确硅在植物次生代谢产物如 HIPV 产生中的作用，为调控植食性昆虫的为害和天敌的效能提供理论基础。

在可持续害虫治理受到越来越多关注的时代，在化学农药因对人类和环境健康有不利影响而使用受到限制或退出使用的当下，应在广泛研究的基础上考虑将施硅作为害虫治理的一项技术措施。

主要参考文献

蔡德龙, 钱发军, 邓挺, 等. 1999. 草莓施用硅肥效果研究. 地域研究与开发, 18(2): 69-70

陈建明, 俞晓平, 陈俊伟, 等. 2003. 水稻植株光合作用能力的变化与其抗白背飞虱的关系. 核农学报, 17(6): 423-426

陈晓. 2015. 脱落酸在水稻抗褐飞虱中的功能及作用机制研究. 扬州: 扬州大学硕士学位论文

丁识伯. 2010. 水稻不同品种对褐飞虱 *Nilaparvata lugens* (Stål)的抗性水平鉴定及抗性因子初探. 郑州: 河南农业大学硕士学位论文

戈峰. 1992. 昆虫生态学研究. 北京: 中国科学技术出版社

郭怡卿, 陆永良. 2015. 水稻化感作用与杂草的生物防治. 中国生物防治学报, 31(2): 157-165

韩永强, 弓少龙, 文礼章, 等. 2017. 水稻施用硅肥对稻纵卷叶螟幼虫取食和成虫产卵选择性的影响. 生态学报, 37(5): 1623-1629

韩永强, 刘川, 侯茂林. 2010. 硅介导的水稻对二化螟幼虫钻蛀行为的影响. 生态学报, 30(21): 5967-5974

郝丽霞, 韩永强, 侯茂林, 等. 2008. 辽河流域栽培稻对二化螟的抗性及机制. 生态学报, 28(12): 5987-5993
姜玉英, 李春广, 曾娟, 等. 2014. 我国粘虫发生概况: 60 年回顾. 应用昆虫学报, 51(4): 890-898
金德锐. 1984. 水稻对稻纵卷叶螟为害补偿作用的测定. 植物保护学报, 11(1): 1-7
寇江涛, 师尚礼, 胡桂馨, 等. 2014. 紫花苜蓿对牛角花齿蓟马为害的光合生理响应. 生态学报, 34(20): 5782-5792
李跃强, 盛承发. 1996. 植物的超越补偿反应. 植物生理学通讯, 32(6): 457-464
李跃强, 宣维健, 王红托, 等. 2003. 棉花对棉铃虫为害超补偿作用的生理机制. 昆虫学报, 46(3): 267-271
梁军生, 陈晓鸣, 王健敏, 等. 2009. 受小蠹虫不同阶段为害的云南松光合生理反应分析. 林业科学研究, 22(3): 407-412
刘芳, 宋英, 包善微, 等. 2007. 水稻品种对灰飞虱的抗性及其机制. 植物保护学报, 34(5): 449-454
刘万才, 刘振东, 黄冲, 等. 2016. 近 10 年农作物主要病虫害发生危害情况的统计和分析. 植物保护, 42(5): 1-9
娄永根, 程家安. 1997. 植物的诱导抗虫性. 昆虫学报, 40(3): 320-331
倪国仕, 章新军, 毕庆文, 等. 2010. 受烟草花叶病毒侵染程度不同的烤烟叶片光合特性的变化. 中国烟草科学, 31(5): 58-61
钦俊德. 1987. 昆虫与植物的关系. 北京: 科学出版社
汤德良. 1999. 植物抗虫的次生代谢物质. 世界农业, (3): 32-34
王春梅, 施定基, 朱水芳, 等. 2000. 黄瓜花叶病毒对烟草叶片和叶绿体光合活性的影响. 植物学报, 42(4): 388-392
王海波, 周纪纶. 1988. 蚕豆对蚕豆蚜刺吸胁迫的生理防御策略. 生态学报, 8(3): 195-200
王亓翔, 许路, 吴进才. 2008. 水稻品种对稻纵卷叶螟抗性的物理及生化机制. 昆虫学报, 51(12): 1265-1270
韦朝领, 童鑫, 高香凤, 等. 2007. 茶树对茶尺蠖取食危害的补偿光合生理反应研究. 安徽农业大学学报, 34(3): 355-359
杨国庆, 朱展飞, 胡文峰, 等. 2014. 叶面喷施硅和磷对水稻及其抗白背飞虱的影响. 昆虫学报, 57(8): 927-934
杨良金, 唐宗阳, 韦德海, 等. 2001. 水稻施用硅肥的增产效果. 土壤, (3): 166-168
叶海芳. 1989. 水稻叶鞘表皮结构对白背飞虱抗性的研究. 西南农业大学学报, 11(2): 150-154
余文英, 潘廷国, 柯玉琴, 等. 2006. 不同抗性甘薯品种感染疮痂病后光合机理的研究. 中国生态农业学报, 14(4): 161-164
张慧杰, 段国琪, 张战备, 等. 2006. 美洲斑潜蝇幼虫潜叶为害对几种作物光合作用的影响. 昆虫学报, 49(1): 100-105
张丽, 常金华, 罗耀武. 2005. 不同高粱基因型感蚜虫前后 POD、PPO、PAL 酶活性变化分析. 中国农学通报, 21(7): 40-42
张云慧, 张智, 姜玉英, 等. 2012. 2012 年三代黏虫大发生原因初步分析. 植物保护, 38(5): 1-8
赵德斌, 刘桂华, 唐燕平, 等. 2011. 方翅网蝽对两种类型悬铃木光合作用的影响. 林业科技开发, 25(3): 36-40
Agarwal R A. 1969. Morphological characteristics of sugarcane and insect resistance. Entomologia Experimentalis et Applicata, 12(5): 767-776
Agrawal A A. 1998. Induced responses to herbivory and increased plant performance. Science, 279(5354): 1201-1202
Agrawal A A. 1999. Induced responses to herbivory in wild radish: effects on several herbivores and plant fitness. Ecology, 80(5): 1713-1723
Aldea M, Hamilton J G, Resti J P, et al. 2005. Indirect effects of insect herbivory on leaf gas exchange in

soybean. Plant, Cell and Environment, 28(3): 402-411

Aldea M, Hamilton J G, Resti J P, et al. 2006. Comparison of photosynthetic damage from arthropod herbivory and pathogen infection in understory hardwood saplings. Oecologia, 149(2): 221-232

Alhousari F, Greger M. 2018. Silicon and mechanisms of plant resistance to insect pests. Plants, 7(2): 33

Allmann S, Baldwin I T. 2010. Insects betray themselves in nature to predators by rapid isomerization of green leaf volatiles. Science, 329(5995): 1075-1078

Almeida G D, Pratissoli D, Zanuncio J C, et al. 2008. Calcium silicate and organic mineral fertilizer applications reduce phytophagy by *Thrips palmi* Karny (Thysanoptera: Thripidae) on eggplants (*Solanum melongena* L.). Interciencia, 33: 835-838

Almeida G D, Pratissoli D, Zanuncio J C, et al. 2009. Calcium silicate and organic mineral fertilizer increase the resistance of tomato plants to *Frankliniella schultzei*. Phytoparasitica, 37(3): 225-230

Alvarenga R, Moraes J C, Auad A M, et al. 2017. Induction of resistance of corn plants to *Spodoptera frugiperda* (J. E. Smith, 1797) (Lepidoptera: Noctuidae) by application of silicon and gibberellic acid. Bulletin of Entomological Research, 107(4): 527-533

Anderson D L, Sosa O J. 2001. Effect of silicon on expression of resistance to sugarcane borer (*Diatraea saccharalis*). Journal of the American Society of Sugar Cane Technologists, 21: 43-50

Appel H M. 1993. Phenolics in ecological interactions: the importance of oxidation. Journal of Chemical Ecology, 19(7): 1521-1552

Bale J S, Masters G J, Hodkinson I D, et al. 2002. Herbivory in global climate change research: direct effects of rising temperature on insect herbivores. Global Change Biology, 8(1): 1-16

Balmer A, Pastor V, Gamir J, et al. 2015. The 'prime-ome': towards a holistic approach to priming. Trends in Plant Science, 20(7): 443-452

Barbosa P, Gross P, Kemper J. 1991. Influence of plant allelochemicals on the tobacco hornworm and its parasitoid, *Cotesia congregata*. Ecology, 72(5): 1567-1575

Barker G M. 1989. Grass host preferences of *Listronotus bonariensis* (Coleoptera: Curculionidae). Journal of Economic Entomology, 82(6): 1807-1816

Basagli M A, Moraes J C, Carvalho G A, et al. 2003. Effects of sodium silicate application on the resistance of wheat plants to the green-aphid *Schizaphis graminum* (Rond.) (Hemiptera: Aphididae). Neotropical Entomology, 32(4): 659-663

Bazzaz F A, Chiariello N R, Coley P D, et al. 1989. Allocating resources to reproduction and defense. BioScience, 37(1): 58-67

Belsky A J. 1986. Does herbivory benefit plants? A review of the evidence. The American Naturalist, 127(6): 870-892

Bennett D M, Parry D W. 1981. Electron-probe microanalysis studies of silicon in the epicarp hairs of the caryopses of *Hordeum sativum* Jess., *Avena sativa* L., *Secale cereale* L. and *Triticum aestivum* L. Annals of Botany, 48(5): 645-654

Benz G. 1974. Negative Rückkoppelung durch Raum- und Nahrungskonkurrenz sowie zyklische Veränderung der Nahrungsgrundlage als Regelprinzip in der Populationsdynamik des Grauen Lärchenwicklers, *Zeiraphera diniana* (Guenée) (Lep., Tortricidae). Zeitschrift für Angewandte Entomologie, 76: 196-228

Berzitis E A, Minigan J N, Hallett R H, et al. 1974. Climate and host plant availability impact the future distribution of the bean leaf beetle (*Cerotoma trifurcata*). Global Change Biology, 20(9): 2778-2792

Blum A. 1968. Anatomical phenomena in seedlings of sorghum varieties resistant to sorghum shoot fly *Atherigona varia soccata*. Crop Science, 8(3): 388-391

Bowles D J. 1990. Defense-related proteins in higher plants. Annual Review of Biochemistry, 59(3): 873-907

Bristow C M. 1990. Host development offers new insight into insect-plant interactions. Trends in Ecology and Evolution, (4): 123-124

Brown B J, Ewel J J. 1988. Responses to defoliation of species-rich and monospecific tropical plant communities. Oecologia, 75(1): 12-19

Brunings A M, Datnoff L E, Ma J F, et al. 2009. Differential gene expression of rice in response to silicon and rice blast fungus *Magnaporthe oryzae*. Annals of Applied Biology, 155(2): 161-170

Bueno A F, Bueno R C O F, Nabity P D, et al. 2009. Photosynthetic response of soybean to two spotted spider mite (Acari: Tetranychydae) injury. Brazilian Archives of Biology and Technology, 52(4): 825-834

Cai K Z, Gao D, Luo S M, et al. 2008. Physiological and cytological mechanisms of silicon-induced resistance in rice against blast disease. Physiologia Plantarum, 134(2): 324-333

Camargo J M M, Moraes J C, Oliveira E B D, et al. 2008. Effect of silicic applied on plants of *Pinus taeda* L., in the biology and morphology of *Cinara atlantica* (Wilson, 1919) (Hemiptera: Aphididae). Ciência e Agrotecnologia, 32(6): 1767-1774

Carre-Missio V, Rodrigues F Á, Schur D A, et al. 2014. Effect of foliar-applied potassium silicate on coffee leaf infection by *Hemileia vastatrix*. Annals of Applied Biology, 164(3): 396-403

Carvalho S P, Moraes J C, Carvalho J G. 1999. Silica effect on the resistance of *Sorghum bicolor* (L) moench to the greenbug *Schizaphis graminum* (Rond.) (Homoptera: Aphididae). Anais da Sociedade Entomológica Do Brasil, 28(3): 505-510

Chavan M H, Phadnawis B N, Hudge V S, et al. 1990. Biochemical basis of shoot-fly tolerant sorghum genotypes. Annals of Plant Physiology, 4(2): 215-220

Chen H, Wilkerson C G, Kuchar J A, et al. 2005. Jasmonate-inducible plant enzymes degrade essential amino acids in the herbivore midgut. Proceedings of the National Academy of Sciences of the United States of America, 102(52): 19237-19242

Chu Y I, Horng S B. 1991. Infestation and reproduction of Asian corn borer on slag-treated corn plants. Chinese Journal of Entomology, 11(1): 19-24

Connick V J. 2011. The impact of silicon fertilisation on the chemical ecology of the grapevine, *Vitis vinifera*: constitutive and induced chemical defenses against arthropod pests and their natural enemies. Albury-Wodonga: Charles Sturt University

Coors J G. 1987. Resistance to the European corn borer, *Ostrinia nubilalis* (Hubner), in maize, *Zea mays* L. as affected by soil silica, plant silica, structural carbohydrates, and lignin // Gabelman W H, Loughman B C. Genetic Aspects of Plant Mineral Nutrition. Dordrecht: Springer: 27: 445-456

Correa R S, Moraes J C, Auad A M, et al. 2005. Silicon and acibenzolar-S-methyl as resistance inducers in cucumber, against the whitefly *Bemisia tabaci* (Gennadius) (Hemiptera: Aleyrodidae) biotype B. Neotropical Entomology, 34(3): 429-433

Costa R R, Moraes J C, da Costa R R. 2009. Silicon-imidachloprid interaction on the biological and feed behavior of *Schizaphis graminum* (Rond.) (Hemiptera: Aphididae) on wheat plants. Ciência e Agrotecnologia, 33(2): 455-460

Costa R R, Moraes J C, da Costa R R. 2011. Feeding behaviour of the greenbug *Schizaphis graminum* on wheat plants treated with imidacloprid and/or silicon. Journal of Applied Entomology, 135(1-2): 115-120

Costa R R, Moraes J C. 2002. Resistance induced in sorghum by sodium silicate and initial infestation by the green aphid *Schizaphis graminum*. Ecossistema, 27: 37-39

Costa R R, Moraes J C. 2006. Effects of silicon acid and of acibenzolar-S-methyl on *Schizaphis graminum* (Rondani) (Hemiptera: Aphididae) in wheat plants. Neotropical Entomology, 35(6): 834-839

Dalastra C, Campos A R, Fernandes F M, et al. 2011. Silicon as a resistance inducer controlling the silvering thrips *Enneothrips flavens* Moulton, 1941 (Thysanoptera: Thripidae) and its effects on peanut yield. Ciência e Agrotecnologia, 35(3): 531-538

Das T K, Sarkar P K, Dey P K, et al. 2000. The chemical basis of resistance of pineapple plant to *Dolichotetranychus floridanus* Banks (Prostigmata: Tenuipalpidae). Acarologia, 41(3): 317-320

de Assis F A, Moraes J C, Auad A M, et al. 2013. The effects of foliar spray application of silicon on plant damage levels and components of larval biology of the pest butterfly *Chlosyne lacinia saundersii* (Nymphalidae). International Journal of Pest Management, 59(2): 128-134

de Assis F A, Moraes J C, Silveira L, et al. 2012. Inducers of resistance in potato and its effects on defoliators and predatory insects. Revista Colombiana de Entomología, 38(1): 30-34

DeLucia E H, Nabity P D, Zavala J A, et al. 2012. Climate change: resetting plant-insect interactions. Plant Physiology, 160(4): 1677-1685

Dias P A S, Sampaio M V, Rodrigues M P, et al. 2014. Induction of resistance by silicon in wheat plants to alate and apterous morphs of *Sitobion avenae* (Hemiptera: Aphididae). Environmental Entomology, 43(4): 949-956

Dicke M, Baldwin I T. 2010. The evolutionary context for herbivore-induced plant volatiles: beyond the 'cry for help'. Trends in Plant Science, 15(3): 167-175

Dicke M, Gols R, Ludeking D, et al. 1999. Jasmonic acid and herbivory differentially induce carnivore-attracting plant volatiles in lima bean plants. Journal of Chemical Ecology, 25(8): 1907-1922

Dicke M, Hilker M. 2003. Induced plant defences: from molecular biology to evolutionary ecology. Basic and Applied Ecology, 4(1): 3-14

Dicke M, van Loon J J A, Soler R. 2009. Chemical complexity of volatiles from plants induced by multiple attack. Nature Chemical Biology, 5(5): 317-324

Djamin A, Pathak M D. 1967. Role of silica in resistance to Asiatic rice borer, *Chilo suppressalis* Walker, in rice varieties. Journal of Economic Entomology, 60(2): 347-351

Domiciano G P, Rodrigues F Á, Vale F X R, et al. 2010. Wheat resistance to spot blotch potentiated by silicon. Journal of Phytopathology, 158(5): 334-343

Dravé E H, Laugé G. 1978. Study of the action of silica on the wearing of mandibles of the pyralid of rice: *Chilo suppressalis* (F. Walker). Bulletin of the Entomological Society of France, 83: 159-162

Duan X, Tang M, Wang W. 2013. Effects of silicon on physiology and biochemistry of dendrobium moniliforme plantlets under cold stress. Agricultural Biotechnology, 3(2): 18-21

Dufey I, Gheysens S, Ingabire A, et al. 2014. Silicon application in cultivated rices (*Oryza sativa* L and *Oryza glaberrima* Steud) alleviates iron toxicity symptoms through the reduction in iron concentration in the leaf tissue. Journal of Agronomy and Crop Science, 200(2): 132-142

Elawad S H, Allen J R, Gascho G J. 1985. Influence of UV-B radiation and soluble silicates on the growth and nutrient concentration of sugarcane. Proceedings of the Florida Soil and Crop Science Society, 144: 134-141

Ellsworth D S, Tyree M T, Parker B L, et al. 1994. Photosynthesis and water-use efficiency of sugar maple (*Acer saccharum*) in relation to pear thrips defoliation. Tree Physiology, 14(6): 619-632

Epstein E. 1999. Silicon. Annual Review of Plant Physiology and Plant Molecular Biology, 50: 641-664

Eyles A, Pinkard E A, O'Grady A P, et al. 2009. Role of corticular photosynthesis following defoliation in *Eucalyptus globulus*. Plant, Cell and Environment, 32(8): 1004-1014

Eyles A, Smith D, Pinkard E A, et al. 2011. Photosynthetic responses of field-grown *Pinus radiata* trees to artificial and aphid-induced defoliation. Tree Physiology, 31(6): 592-603

Fauteux F, Chain F, Belzile F, et al. 2006. The protective role of silicon in the *Arabidopsis*-powdery mildew pathosystem. Proceedings of the National Academy of Sciences of the United States of America, 103(46): 17554-17559

Fauteux F, Rémus-Borel W, Menzies J G, et al. 2005. Silicon and plant disease resistance against pathogenic fungi. FEMS Microbiology Letters, 249(1): 1-6

Fawe A, Abou-Zaid M, Menzies J G, et al. 1998. Silicon-mediated accumulation of flavonoid phytoalexins in cucumber. Phytopathology, 88(5): 396-401

Fay P A, Hartnett D C, Knapp A K. 1993. Increased photosynthesis and water potentials in *Silphium integrifolium* galled by cynipid wasps. Oecologia, 93(1): 114-120

Felton G W, Duffey S S. 1990. Inactivation of baculovirus by quinones formed in insect-damaged plant tissues. Journal of Chemical Ecology, 16(4): 1221-1236

Felton G W, Summers C B, Mueller A J. 1994. Oxidative responses in soybean foliage to herbivory by bean leaf beetle and three-cornered alfalfa hopper. Journal of Chemical Ecology, 20(3): 639-650

Filha M S X, Rodrigues F Á, Domiciano G P, et al. 2011. Wheat resistance to leaf blast mediated by silicon. Australasian Plant Pathology, 40(1): 28-38

Flinn P W, Hower A A, Knievel D P. 1990. Physiological response of alfalfa to injury by *Empoasca fabae* (Homoptera: Cicadellidae). Environmental Entomology, 19(1): 176-181

Frew A, Powell J R, Sallam N, et al. 2016. Trade-offs between silicon and phenolic defenses may explain enhanced performance of root herbivores on phenolic-rich plants. Journal of Chemical Ecology, 42(8):

768-771

Garbuzov M, Reidinger S, Hartley S E. 2011. Interactive effects of plant-available soil silicon and herbivory on competition between two grass species. Annals of Botany, 108(7): 1355-1363

Gatarayiha M C, Laing M D, Miller R M. 2010. Combining applications of potassium silicate and *Beauveria bassiana* to four crops to control two spotted spider mite, *Tetranychus urticae* Koch. International Journal of Pest Management, 56(4): 291-297

Gomes F B, Moraes J C, dos Santos C D, et al. 2005. Resistance induction in wheat plants by silicon and aphids. Scientia Agricola, 62(6): 547-551

Gomes F B, Moraes J C, dos Santos C D, et al. 2008. Use of silicon as inductor of the resistance in potato to *Myzus persicae* (Sulzer) (Hemiptera: Aphididae). Neotropical Entomology, 37(2): 185-190

Gomes F B, Moraes J C, Pereira N D K. 2009. Fertilization with silicon as resistance factor to pest insects and promoter of productivity in the potato crop in an organic system. Ciência e Agrotecnologia, 33(1): 18-23

Goodman R N, Kiraly Z, Wood K R. 1986. Secondary metabolite // Goodman R N. The Biochemistry and Physiology of Plant Disease. Columbia: University of Missouri Press

Goto M, Ehara H, Karita S, et al. 2003. Protective effect of silicon on phenolic biosynthesis and ultraviolet spectral stress in rice crop. Plant Science, 164(3): 349-356

Goussain M M, Moraes J C, Carvalho J G, et al. 2002. Effect of silicon application on corn plants in the biological development of the fall armyworm *Spodoptera frugiperda* (J. E. Smith) (Lepidoptera: Noctuidae). Neotropical Entomology, 31(2): 305-310

Goussain M M, Prado E, Moraes J C. 2005. Effect of silicon applied to wheat plants on the biology and probing behaviour of the greenbug *Schizaphis graminum* (Rond.) (Hemiptera: Aphididae). Neotropical Entomology, 34(5): 807-813

Guo D P, Guo Y P, Zhao J P, et al. 2005. Photosynthetic rate and chlorophyll fluorescence in leaves of stem mustard (*Brassica juncea* var. *tsatsai*) after turnip mosaic virus infection. Plant Science, 168(1): 57-63

Gupta S C, Yazdani S S, Hameed S F, et al. 1992. Effect of potash application on incidence of *Scirpophaga excerptalis* Walker in sugarcane. Journal of Insect Science, 5(1): 97-98

Gurr G M, McGrath D. 2002. Foliar pubescence and resistance to potato moth, *Phthorimaea operculella*, in *Lycopersicon hirsutum*. Entomologia Experimentalis et Applicata, 103(1): 35-41

Han Y Q, Lei W B, Wen L Z, et al. 2015. Silicon-mediated resistance in a susceptible rice variety to the rice leaf folder, *Cnaphalocrocis medinalis* Guenée (Lepidoptera: Pyralidae). PLoS One, 10: e0120557

Han Y Q, Li P, Gong S L, et al. 2016. Defense responses in rice induced by silicon amendment against infestation by the leaf folder *Cnaphalocrocis medinalis*. PLoS One, 11: e0153918

Han Y Q, Wen J H, Peng Z P, et al. 2018. Effects of silicon amendment on the occurrence of rice insect pests and diseases in a field test. Journal of Integrative Agriculture, 17(10): 2172-2181

Hanifa A M, Subramaniam T R, Ponnaiya B W X. 1974. Role of silica in resistance to the leaf roller, *Cnaphalocrocis medinalis* Guenée, in rice. Indian Journal of Experimental Biology, 12(5): 463-465

Hanisch H C. 1981. Die populationsentwicklung von getreideblattlausen an weizenpflanzen nach verschieden hoher stickstoffdungung und vorbeugender applikation von kieselsaure zur wirtspflanze. Mitteilungen der Deutschen Gesellschaft für Allgemeine und Angewandte Entomologie, 3: 308-311

Hartley S E, Degabriel J L. 2016. The ecology of herbivore-induced silicon defences in grasses. Functional Ecology, 30(8): 1311-1322

Hartley S E, Fitt R N, McLarnon E L, et al. 2015. Defending the leaf surface: intra- and inter-specific differences in silicon deposition in grasses in response to damage and silicon supply. Frontiers in Plant Science, 6: 35

Hartley S E, Lawton J H. 1987. Effects of different types of damage on the chemistry of birch foliage, and the responses of birch feeding insects. Oecologia, 74: 432-437

Haukioja E. 1982. Inducible defences of white birch to a geometrid defoliator, *Epirrita autumnata* // Visser J H, Minks A K. Proceedings of the 5th International Symposium on Insect-Plant Relationships. Wageningen: Pudoc Scientific Publishers

Hawkins C D B, Aston M J, Whitecross M I. 1987. Short-term effects of aphid feeding on photosynthetic CO_2

exchange and dark respiration in legume leaves. Physiologia Plantarum, 71(3): 379-383

He W Q, Yang M, Li Z H, et al. 2015. High levels of silicon provided as a nutrient in hydroponic culture enhances rice plant resistance to brown planthopper. Crop Protection, 67: 20-25

Heichel G H, Turner N C. 1983. CO_2 assimilation of primary and regrowth foliage of red maple (*Acer rubrum* L.) and red oak (*Quercus rubra* L.): response to defoliation. Oecologia, 57(1-2): 14-19

Hogendorp B K, Cloyd R A, Swiader J M. 2009. Effect of silicon-based fertilizer applications on the reproduction and development of the *Citrus mealybug* (Hemiptera: Pseudococcidae) feeding on green coleus. Journal of Economic Entomology, 102(6): 2198-2208

Horgan F G, Palenzuela A N, Stuart A M, et al. 2017. Effects of silicon soil amendments and nitrogen fertilizer on apple snail (Ampullariidae) damage to rice seedlings. Crop Protection, 91: 123-131

Hosseini S Z, Jelodar N B, Bagheri N. 2012. Study of silicon effects on plant growth and resistance to stem borer in rice. Communications in Soil Science and Plant Analysis, 43(21): 2744-2751

Hou M L, Han Y Q. 2010. Silicon-mediated rice plant resistance to the Asiatic rice borer (Lepidoptera: Crambidae): effects of silicon amendment and rice varietal resistance. Journal of Economic Entomology, 103(4): 1412-1419

Howe G A, Jander G. 2008. Plant immunity to insect herbivores. Annual Review of Plant Biology, 59: 41-66

Hu C, Hou M, Wei G, et al. 2015. Potential overwintering boundary and voltinism changes in the brown planthopper, *Nilaparvata lugens*, in China in response to global warming. Climatic Change, 132(2): 337-352

Hunt J W, Dean A P, Webster R E, et al. 2008. A novel mechanism by which silica defends grasses against herbivory. Annals of Botany, 102(4): 653-656

Jeer M, Telugu U M, Voleti S R, et al. 2017. Soil application of silicon reduces yellow stem borer, *Scirpophaga incertulas* (Walker) damage in rice. Journal of Applied Entomology, 141(3): 189-201

Jones H P, Handreck K A. 1967. Silica in soils, plants, and animals. Advances in Agronomy, 19: 107-149

Karban R, Baldwin I T. 1997. Induced responses to herbivory. Chicago: The University of Chicago Press

Kaufman P B, Dayanandan P, Franklin C I, et al. 1985. Structure and function of silica bodies in the epidermal system of grass shoots. Annals of Botany, 55(4): 487-507

Keeping M G, Kvedaras O L, Bruton A G. 2009. Epidermal silicon in sugarcane: cultivar differences and role in resistance to sugarcane borer *Eldana saccharina*. Environmental and Experimental Botany, 66(1): 54-60

Keeping M G, Meyer J H. 2002. Calcium silicate enhances resistance of sugarcane to the African stalk borer *Eldana saccharina* Walker (Lepidoptera: Pyralidae). Agricultural and Forest Entomology, 4(4): 265-274

Keeping M G, Meyer J H. 2006. Silicon-mediated resistance of sugarcane to *Eldana saccharina* Walker (Lepidoptera: Pyralidae): effects of silicon source and cultivar. Journal of Applied Entomology, 130(8): 410-420

Keeping M G, Meyer J H, Brenchley P. 2004. Silicon enhances resistance of sugarcane to African stalk borer *Eldana saccharina* Walker (Lepidoptera: Pyralidae). Abstracts of the XXII International Congress of Entomology. Brisbane: Australian Entomological Society

Keeping M G, Miles N, Sewpersad C. 2014. Silicon reduces impact of plant nitrogen in promoting stalk borer (*Eldana saccharina*) but not sugarcane thrips (*Fulmekiola serrata*) infestations in sugarcane. Frontiers in Plant Science, 5: 289

Kerchev P I, Fenton B, Foyer C H, et al. 2012. Plant responses to insect herbivory: interactions between photosynthesis, reactive oxygen species and hormonal signalling pathways. Plant, Cell and Environment, 35(2): 441-453

Kessler A, Baldwin I T. 2002. Plant responses to insect herbivory: the emerging molecular analysis. Annual Review of Plant Biology, 53(1): 299-328

Kessler A, Halitschke R, Baldwin I T. 2004. Silencing the jasmonate cascade: induced plant defenses and insect populations. Science, 305(5684): 665-668

Khattab H I, Emam M A, Emam M M, et al. 2014. Effect of selenium and silicon on transcription factors NAC5 and DREB2A involved in drought-responsive gene expression in rice. Biologia Plantarum, 58(2):

265-273

Kidd P S, Llugany M, Poschenrieder C, et al. 2001. The role of root exudates in aluminium resistance and silicon-induced amelioration of aluminium toxicity in three varieties of maize (*Zea mays* L.). Journal of Experimental Botany, 52(359): 1339-1352

Kolodny-Hirsch D M, Saunders J A, Harrison F P. 1986. Effects of simulated tobacco hornworm (Lepidoptera: Sphingidae) defoliation on growth dynamics and physiology of tobacco as evidence of plant tolerance to leaf consumption. Environmental Entomology, 15(6): 1137-1144

Korndörfer A P, Cherry R, Nagata R. 2004. Effect of calcium silicate on feeding and development of tropical sod webworms (Lepidoptera: Pyralidae). Florida Entomologist, 87(3): 393-395

Korndörfer A P, Grisoto E, Vendramin J D. 2011. Induction of insect plant resistance to the spittlebug *Mahanarva fimbriolata* Stål (Hemiptera: Cercopidae) in sugarcane by silicon application. Neotropical Entomology, 40(3): 387-392

Kvedaras O L, An M, Choi Y S, et al. 2010. Silicon enhances natural enemy attraction and biological control through induced plant defences. Bulletin of Entomological Research, 100(3): 367-371

Kvedaras O L, Byrne M J, Coombes N E, et al. 2009. Influence of plant silicon and sugarcane cultivar on mandibular wear in the stalk borer *Eldana saccharina*. Agricultural and Forest Entomology, 11(3): 301-306

Kvedaras O L, Keeping M G. 2007. Silicon impedes stalk penetration by the borer *Eldana saccharina* in sugarcane. Entomologia Experimentalis et Applicata, 125(1): 103-110

Kvedaras O L, Keeping M G, Goebel F R, et al. 2007a. Larval performance of the pyralid borer *Eldana saccharina* Walker and stalk damage in sugarcane: influence of plant silicon, cultivar and feeding site. International Journal of Pest Management, 53(3): 183-194

Kvedaras O L, Keeping M G, Goebel F R, et al. 2007b. Water stress augments silicon-mediated resistance of susceptible sugarcane cultivars to the stalk borer *Eldana saccharina* (Lepidoptera: Pyralidae). Bulletin of Entomological Research, 97(2): 175-183

Landsber J, Ohmart C. 1989. Levels of insect defoliation in forests: patterns and concepts. Trends in Ecology and Evolution, 4(4): 96-100

Liang Y C, Chen Q, Liu Q, et al. 2003. Exogenous silicon (Si) increases antioxidant enzyme activity and reduces lipid peroxidation in roots of salt-stressed barley (*Hordeum vulgare* L.). Journal of Plant Physiology, 160(10): 1157-1164

Liang Y C, Zhang W H, Chen Q, et al. 2006. Effect of exogenous silicon (Si) on H^+-ATPase activity, phospholipids and fluidity of plasma membrane in leaves of salt-stressed barley (*Hordeum vulgare* L.). Environmental and Experimental Botany, 57(3): 212-219

Liu J, Zhu J, Zhang P, et al. 2017. Silicon supplementation alters the composition of herbivore induced plant volatiles and enhances attraction of parasitoids to infested rice plants. Frontiers in Plant Science, 8: 1265

Lou Y G, Baldwin I T. 2003. *Manduca sexta* recognition and resistance among allopolyploid *Nicotiana* host plants. Proceedings of the National Academy of Sciences of the United States of America, 100(suppl 2): 14581-14586

Louda S M. 1984. Herbivore effect on stature, fruiting, and leaf dynamics of a native crucifer. Ecology, 65(5): 1379-1386

Ma J F, Miyake Y, Takahashi E. 2001. Silicon as a beneficial element for crop plants // Datnoff L E, Snyder G H, Korndörfer G H. Silicon in Agriculture. Amsterdam: Elsevier Science: 17-39

Ma J F, Takahashi E. 2002. Soil, Fertilizer, and Plant Silicon Research in Japan. Amsterdam: Elsevier Science

Ma J F, Tamai K, Yamaji N, et al. 2006. A silicon transporter in rice. Nature, 440(7084): 688-691

Macedo T B, Peterson R K D, Weaver D K. 2006. Photosynthetic responses of wheat, *Triticum aestivum* L., plants to simulated insect defoliation during vegetative growth and at grain fill. Environmental Entomology, 35(6): 1702-1709

Maleck K, Dietrich R A. 1999. Defense on multiple fronts: how do plants cope with diverse enemies? Trends in Plant Science, 4(6): 215-219

Martin C G, Mannion C, Schaffer B. 2009. Effects of herbivory by *Diaprepes abbreviatus* (Coleoptera:

Curculionidae) larvae on four woody ornamental plant species. Journal of Economic Entomology, 102(3): 1141-1150

Massey F P, Ennos A R, Hartley S E. 2006. Silica in grasses as a defence against insect herbivores: contrasting effects on folivores and a phloem feeder. Journal of Animal Ecology, 75(2): 595-603

Massey F P, Ennos A R, Hartley S E. 2007. Herbivore specific induction of silica-based plant defences. Oecologia, 152(4): 677-683

Massey F P, Hartley S E. 2009. Physical defences wear you down: progressive and irreversible impacts of silica on insect herbivores. Journal of Animal Ecology, 78(1): 281-291

Matsui T, Omasa K, Horie T. 2001. The difference in sterility due to high temperature during the flowering period among Japanese-rice varieties. Plant Production Science, 4(2): 90-93

Mauricio R, Rausher M D, Burdick D S. 1997. Variation in the defense strategies of plant: are resistance or tolerance mutually exclusive? Ecology, 78(5): 1301-1311

McColloch J W, Salmon S C. 1923. The resistance of wheat to the Hessian fly—A progress report. Journal of Economic Entomology, 16(3): 293-298

McDowell N, Pockman W T, Allen C D, et al. 2008. Mechanisms of plant survival and mortality during drought: why do some plants survive while others succumb to drought? New Phytologist, 178(4): 719-739

McNaughton S J. 1985. Ecology of a grazing ecosystem: the Serengeti. Ecological Monographs, 55(3): 259-294

McNaughton S J, Tarrants J L. 1983. Grass leaf silicification: natural selection for an inducible defense against herbivores. Proceedings of the National Academy of Sciences of the United States of America, 80(3): 790-791

Mebrahtu T, Kenworthy W J, Elden T C. 1988. Inorganic nutrient analysis of leaf tissue from soybean lines screened for Mexican bean beetle resistance. Journal of Entomological Science, 23(1): 44-51

Meyer J H, Keeping M G. 2005. Impact of silicon in alleviating biotic stress in sugarcane in South Africa. Proceedings of the International Society of Sugar Cane Technologists, 25: 96-104

Mihaliak C A, Lincoln D E. 1989. Plant biomass partitioning and chemical defense: response to defoliation and nitrate limitation. Oecologia, 80(1): 122-126

Miller B S, Robinson R J, Johnson J A, et al. 1960. Studies on the relation between silica in wheat plants and resistance to Hessian fly attack. Journal of Economic Entomology, 53(6): 995-999

Mishra N C, Misra B C. 1992. Role of silica in resistance of rice, *Oryza sativa* L. to white-backed planthopper, *Sogatella furcifera* (Horvath) (Homoptera: Delphacidae). Indian Journal of Entomology, 54: 190-195

Moore D. 1984. The role of silica in protecting Italian ryegrass (*Lolium multiflorum*) from attack by dipterous stem-boring larvae (*Oscinella frit* and other related species). Annals of Applied Biology, 104(1): 161-166

Moraes J C, Carvalho S P. 2002. Resistance induction on sorghum plants *Sorghum bicolor* (L.) Moench. to the greenbug *Schizaphis graminum* (Rond., 1852) (Hemiptera: Aphididae) by silica application. Ciência e Agrotecnologia, 26(6): 1185-1189

Moraes J C, Goussain M M, Basagli M A B, et al. 2004. Silicon influence on the tritrophic interaction: wheat plants, the greenbug *Schizaphis graminum* (Rondani) (Hemiptera: Aphididae), and its natural enemies, *Chrysoperla externa* (Hagen) (Neuroptera: Chrysopidae) and *Aphidius colemani* Viereck (Hymenoptera: Aphidiidae). Neotropical Entomology, 33(5): 619-624

Moraes J C, Goussain M M, Carvalho G A, et al. 2005. Feeding non-preference of the corn leaf aphid *Rhopalosiphum maidis* (Fitch, 1856) (Hemiptera: Aphididae) to corn plants (*Zea mays* L.) treated with silicon. Ciência e Agrotecnologia, 29(4): 761-766

Nail W R, Howell G S. 2004. Effects of powdery mildew of grape on carbon assimilation mechanisms of potted 'chardonnay' grapevines. Hortscience: A Publication of the American Society for Horticultural Science, 39(7): 1670-1673

Nakano K, Abe G, Taketa N, et al. 1961. Silicon as an insect resistant component of host plant, found in the relation between the rice stem-borer and rice plant. Japanese Journal of Applied Entomology and

Zoology, 5(1): 17-27
Nakata Y, Ueno M, Kihara J, et al. 2008. Rice blast disease and susceptibility to pests in a silicon uptake-deficient mutant lsi1 of rice. Crop Protection, 27(3-5): 865-868
Nascimento A M, Assis F A, Moraes J C, et al. 2018. Silicon application promotes rice growth and negatively affects development of *Spodoptera frugiperda* (J. E. Smith, 1797). Journal of Applied Entomology, 142(1-2): 241-249
Nowak R S, Caldwell M M. 1984. A test of compensatory photosynthesis in the field: implications for herbivory tolerance. Oecologia, 61(3): 311-318
Owen D F, Wiegert R G. 1984. Aphids and plant fitness. Oikos, 43(3): 403
Pan Y C, Eow K L, Ling S H. 1979. The effect of bagasse furnace ash on the growth of plant cane. Sugar Journal, 42(7): 14-16
Panda N, Khush G S. 1995. Host Plant Resistance to Insects. Wallingford: CAB International
Panda N, Pradhan B, Samalo A P, et al. 1975. Note on the relationship of some biochemical factors with the resistance in rice varieties to yellow rice borer. Indian Journal of Agricultural Sciences, 45: 499-501
Pare P W, Tumlinson J H. 1999. Plant volatiles as a defense against insect herbivores. Plant Physiology, 121(2): 325-332
Parrella M P, Costamagna T P, Kaspi R. 2007. The addition of potassium silicate to the fertilizer mix to suppress *Liriomyza* leaf miners attacking chrysanthemums. Acta Horticulturae, 747: 365-369
Patankar R, Thomas S C, Smith S M. 2011. A gall-inducing arthropod drives declines in canopy tree photosynthesis. Oecologia, 167(3): 701-709
Pattison R R, D'Antonio C M, Dudley T L. 2011. Biological control reduces growth, and alters water relations of the salt cedar tree (*Tamarix* spp.) in western Nevada, USA. Journal of Arid Environments, 75(4): 346-352
Pincebourde S, Frak E, Sinoquet H, et al. 2006. Herbivory mitigation through increased water-use efficiency in a leaf-mining moth-apple tree relationship. Plant, Cell and Environment, 29(12): 2238-2247
Ponnaiya B W X. 1951. Studies on the genus Sorghum. Ⅱ. The cause of resistance in sorghum to the insect pest *Atherigona indica* M. Madras University Journal, 21: 203-217
Rahman A, Wallis C, Uddin W. 2015. Silicon induced systemic defense responses in perennial ryegrass against *Magnaporthe oryzae* infection. Phytopathology, 105(6): 748-757
Ramachandran R, Khan Z R. 1991. Mechanisms of resistance in wild rice *Oryza brachyantha* to rice leaffolder *Cnaphalocrocis medinalis* (Guenée) (Lepidoptera: Pyralidae). Journal of Chemical Ecology, 17(1): 41-65
Ranger C M, Singh A P, Frantz J M, et al. 2009. Influence of silicon on resistance of zinnia elegans to *Myzus persicae* (Hemiptera: Aphididae). Environmental Entomology, 38(1): 129-136
Rao S D V. 1967. Hardness of sugarcane varieties in relation to shoot borer infestation. Andhra Agricultural Journal, 14: 99-105
Reddall A A, Sadras V O, Wilson L J, et al. 2004. Physiological responses of cotton to two-spotted spider mite damage. Crop Science, 44(3): 835-846
Reddall A A, Wilson L J, Gregg P C, et al. 2007. Photosynthetic response of cotton to spider mite damage: interaction with light and compensatory mechanisms. Crop Science, 47(5): 2047-2057
Redmond C T, Potter D A. 2006. Silicon fertilization does not enhance creeping bentgrass resistance to cutworms and white grubs. Applied Turfgrass Science, 6(1): 1-7
Rémus-Borel W, Menzies J G, Bélanger R R. 2005. Silicon induces antifungal compounds in powdery mildew-infected wheat. Physiological and Molecular Plant Pathology, 66(3): 108-115
Resende R S, Rodrigues F Á, Gomes R J, et al. 2013. Microscopic and biochemical aspects of sorghum resistance to anthracnose mediated by silicon. Annals of Applied Biology, 163(1): 114-123
Retuerto R, Fernandez-Lema B, Obeso J R. 2006. Changes in photochemical efficiency in response to herbivory and experimental defoliation in the dioecious tree *Ilex aquifolium*. International Journal of Plant Sciences, 167(2): 279-289
Reynolds O L, Keeping M G, Meyer J H. 2009. Silicon-augmented resistance of plants to herbivorous insects:

a review. Annals of Applied Biology, 155(2): 171-186

Reynolds O L, Padula M P, Zeng R, et al. 2016. Silicon: potential to promote direct and indirect effects on plant defense against arthropod pests in agriculture. Frontiers in Plant Science, 7: 744

Rodrigues F Á, McNally D J, Datnoff L E, et al. 2004. Silicon enhances the accumulation of diterpenoid phytoalexins in rice: a potential mechanism for blast resistance. Phytopathology, 94(2): 177-183

Rojanaridpiched C, Gracen V E, Everett H L, et al. 1984. Multiple factor resistance in maize to European corn borer. Maydica, 29: 305-315

Rosen P M, Runeckles V C. 1976. Interaction of ozone and greenhouse whitefly in plant injury. Environmental Conservation, 3(1): 70-71

Salim M, Saxena R C. 1992. Iron, silica, and aluminium stresses and varietal resistance in rice: effects on whitebacked planthopper. Crop Science, 32(1): 212-219

Samuels A L, Glass A D M, Ehret D L, et al. 1991a. Distribution of silicon in cucumber leaves during infection by powdery mildew fungus (*Sphaerotheca fuliginea*). Canadian Journal of Botany, 69(1): 140-146

Samuels A L, Glass A D M, Ehret D L, et al. 1991b. Mobility and deposition of silicon in cucumber plants. Plant, Cell and Environment, 14(5): 485-492

Sasamoto K. 1953. Studies on the relation between insect pests and silica content in rice plant (Ⅱ). On the injury of the second generation larvae of rice stem borer. Oyo Kontyu, 9: 108-110

Sasamoto K. 1955. Studies on the relation between insect pests and silica content in rice plant (Ⅲ). On the relation between some physical properties of silicified rice plant and injuries by rice stem borer, rice plant skipper and rice stem maggot. Oyo Kontyu, 11: 66-69

Sasamoto K. 1958. Studies on the relation between silica content of the rice plant and insect pests. Ⅳ. On the injury of silicated rice plant caused by the rice-stem-borer and its feeding behaviour. Japanese Journal of Applied Entomology and Zoology, (2): 88-92

Sasamoto K. 1961. Resistance of the rice plant applied with silicate and nitrogenous fertilizers to the rice stem borer, *Chilo suppressalis* Walker. Proceedings of the Faculty of Liberal Arts & Education, Yamanashi University, 3: 1-73

Savant N K, Snyder G H, Datnoff L E. 1997. Silicon management and sustainable rice production. Advances in Agronomy, 58: 151-199

Schultz J C, Baldwin I T. 1982. Oak leaf quality declines in response to defoliation by gypsy moth larvae. Science, 217(4555): 149-151

Sétamou M F, Schulthess F, Bosque-Pérez N A, et al. 1993. Effect of plant N and Si on the bionomics of *Sesamia calamistis* Hampson (Lepidoptera: Noctuidae). Bulletin of Entomological Research, 83(3): 405-411

Shen X, Zhou Y, Duan L, et al. 2010. Silicon effects on photosynthesis and antioxidant parameters of soybean seedlings under drought and ultraviolet-B radiation. Journal of Plant Physiology, 167(15): 1248-1252

Shi Y, Wang Y C, Flowers T J, et al. 2013. Silicon decreases chloride transport in rice (*Oryza sativa* L.) in saline conditions. Journal of Plant Physiology, 170(9): 847-853

Sidhu J K, Stout M J, Blouin D C, et al. 2013. Effect of silicon soil amendment on performance of sugarcane borer, *Diatraea saccharalis* (Lepidoptera: Crambidae) on rice. Bulletin of Entomological Research, 103(6): 656-664

Simmons A T, Gurr G M. 2004. Trichome-based host plant resistance of *Lycopersicon* species and the biocontrol agent *Mallada signata*: are they compatible? Entomologia Experimentalis et Applicata, 113(2): 95-101

Simmons A T, Gurr G M. 2005. Trichomes of *Lycopersicon* species and their hybrids: effects on pests and natural enemies. Agricultural and Forest Entomology, 7(4): 265-276

Singh B, Yazdani S S, Singh R. 1993. Relationship between biochemical constituents of sweet potato cultivars and resistance to weevil (*Cylas formicarius* Fab.) damage. Journal of Entomological Research, 17(4): 283-288

Song A L, Li P, Fan F L, et al. 2014. The effect of silicon on photosynthesis and expression of its relevant genes in rice (*Oryza sativa* L.) under high-zinc stress. PLoS One, 9(11): e113782

Stanley J N, Baqir H A, McLaren T I. 2014. Effect on larval growth of adding finely ground silicon-bearing minerals (wollastonite or olivine) to artificial diets for *Helicoverpa* spp. (Lepidoptera: Noctuidae). Austral Entomology, 53(4): 436-443

Stiling P, Moon D, Rossi A, et al. 2009. Seeing the forest for the trees: long-term exposure to elevated CO_2 increases some herbivore densities. Global Change Biology, 15(8): 1895-1902

Stout M J, Workman J, Duffey S S. 1994. Differential induction of tomato foliar proteins by arthropod herbivores. Journal of Chemical Ecology, 20(10): 2575-2594

Strange R N, Scott P R. 2005. Plant disease: a threat to global food security. Annual Review of Phytopathology, 43: 83-116

Sudhakar G K, Singh R, Mishra S B. 1991. Susceptibility of rice varieties of different durations to rice leaf folder, *Cnaphalocrocis medinalis* Guen. evaluated under varied land situations. Journal of Entomological Research, 15(2): 79-87

Sujatha G, Reddy G P, Murthy M M. 1987. Effect of certain biochemical factors on the expression of resistance of rice varieties to brown planthopper (*Nilaparvata lugens* Stål). Journal of Research APAU, 15(2): 124-128

Thomson V P, Cunningham S A, Ball M C, et al. 2003. Compensation for herbivory by *Cucumis sativus* through increased photosynthetic capacity and efficiency. Oecologia, 134(2): 167-175

Ukwungwu M N, Odebiyi J A. 1985. Resistance of some rice varieties to the African striped borer, *Chilo zacconius* Bleszynski. International Journal of Tropical Insect Science, 6(2): 163-166

Van Bockhaven J, Spichal L, Novak O, et al. 2015. Silicon induces resistance to the brown spot fungus *Cochliobolus miyabeanus* by preventing the pathogen from hijacking the rice ethylene pathway. New Phytologist, 206(2): 761-773

Veen B W. 1985. Photosynthesis and assimilate transport in potato with top-roll disorder caused by the aphid *Macrosiphum euphorbiae*. Annals of Applied Biology, 107(2): 319-323

Verma D P S, Hong Z L. 2002. Plant callose synthase complexes. Plant Molecular Biology, 47(6): 693-701

Villegas J M, Way M O, Pearson R A, et al. 2017. Integrating soil silicon amendment into management programs for insect pests of drill-seeded rice. Plants, 6(3): 33

Warrington S, Cottam D A, Whittaker J B. 1989. Effects of insect damage on photosynthesis, transpiration and SO_2 uptake by sycamore. Oecologia, 80(1): 136-139

White T C R. 1984. The abundance of invertebrate herbivores in relation to the availability of nitrogen in stressed food plants. Oecologia, 63(1): 90-105

Woledge J. 1977. The effects of shading and cutting treatments on the photosynthetic rate of ryegrass leaves. Annals of Botany, 41(6): 1279-1286

Womack C L. 1984. Reduction in photosynthetic and transpiration rates of alfalfa caused by potato leafhopper (Homoptera: Cicadellidae) infestations. Journal of Economic Entomology, 77(2): 508-513

Wu A, Thrower L B. 1981. The physiological association between *Aphis craccivora* Koch and *Vigna sesquipedalis* Fruw. New Phytologist, 88(1): 89-102

Wu X, Yu Y, Baerson S R, et al. 2017. Interactions between nitrogen and silicon in rice and their effects on resistance toward the brown planthopper *Nilaparvata lugens*. Frontiers in Plant Science, 8: 28

Yang L, Han Y Q, Li P, et al. 2017a. Silicon amendment to rice plants impairs sucking behaviors and population growth in the phloem feeder *Nilaparvata lugens* (Hemiptera: Delphacidae). Scientific Reports, 7(1): 1101

Yang L, Han Y Q, Li P, et al. 2017b. Silicon amendment is involved in the induction of plant defense responses to a phloem feeder. Scientific Reports, 7(1): 4232

Yang L, Li P, Li F, et al. 2018. Silicon amendment to rice plants contributes to reduced feeding in a phloem-sucking insect through modulation of callose deposition. Ecology and Evolution, 8(1): 631-637

Ye M, Song Y Y, Long J, et al. 2013. Priming of jasmonate-mediated antiherbivore defense responses in rice by silicon. Proceedings of the National Academy of Sciences of the United States of America, 110(38): E3631-E3639

Yin L N, Wang S W, Liu P, et al. 2014. Silicon-mediated changes in polyamine and 1-aminocyclopropane-1-carboxylic acid are involved in silicon-induced drought resistance in *Sorghum bicolor* L. Plant Physiology and Biochemistry, 80: 268-277

Yoshida Y, Sano R, Wada T, et al. 2009. Jasmonic acid control of GLABRA3 links inducible defense and trichome patterning in *Arabidopsis*. Development, 136(6): 1039-1048

Yoshihara T, Sogawa K. 1979. Soluble silicic acid and insoluble silica contents in leaf sheaths of rice varieties carrying different BPH-resistance genes. International Rice Research Newsletter, 4(5): 12-13

Zadda K, Ragjendran R, Vijayaraghavan C. 2007. Induced systemic resistance to major insect pests of brinjal through organic farming. Crop Research, 34(1/3): 125-129

Zavaliev R, Ueki S, Epel B L, et al. 2011. Biology of callose (β-1,3-glucan) turnover at plasmodesmata. Protoplasma, 248(1): 117-130

Ziter C, Robinson E A, Newman J A. 2012. Climate change and voltinism in Californian insect pest species: sensitivity to location, scenario and climate model choice. Global Change Biology, 18(9): 2771-2780

第 8 章　硅对作物的影响及硅产品在农业生产中的应用

硅（Si）是地壳中含量最高的元素之一，在地壳中的含量仅次于氧（Ali et al.，2013；Liang et al.，2007；Shi et al.，2014）。硅几乎存在于所有的矿物中，在水、土壤、动植物体内也有较为广泛的分布。自然界中没有游离形态的硅，其主要存在形式是二氧化硅和硅酸盐。不同土壤类型中含硅量不同，硅主要存在于土体和土壤溶液中，或被吸附在土壤胶体的表面，土壤中有效硅含量与土壤 pH（何电源，1980）和土壤黏粒含量（Liang et al.，1994）有关。硅在土壤溶液中主要以单硅酸（H_4SiO_4）的形态存在（Casey et al.，2004），含量为 0.1～0.6mmol/L（Epstein，1994）。

硅是高等动物正常代谢中的必需元素，硅参与动物组织骨骼形成等过程（Werner and Roth，1983）。植物体内硅含量差别较大，Takahashi 等（1981）对 175 种同等条件下植物的硅含量进行了分析，研究指出：苔藓植物与蕨类植物的硅含量高于裸子植物和被子植物，单子叶植物的硅含量高于双子叶植物；在单子叶植物中硅含量差异也较大，在禾本科、莎草科等中含量高，而在百合科、石蒜科等中含量较低；硅含量高的植物硅钙物质的量比值较高。在一定条件下，硅对许多植物的生长都是有益的。大量的研究表明，硅在促进农作物及园艺作物的生长、提高作物的产量和品质方面有重要的作用，主要的研究对象包括一些单子叶植物，如水稻（*Oryza sativa*）、小麦（*Triticum aestivum*）、玉米（*Zea mays*）、大麦（*Hordeum vulgare*）、小米（*Setaria italica*）、高粱（*Sorghum bicolor*）、甘蔗（*Saccharum officinarum*）等，以及一些双子叶植物，如草棉（*Gossypium herbaceum*）、大豆（*Glycine max*）等。

8.1　硅对作物生长的影响

在一定条件下，硅对作物的生长和发育起到了促进的作用。硅对作物生长的影响主要体现在改善作物的生长发育、改善作物的矿质营养状态、提高作物抗胁迫的能力 3 个方面。

8.1.1　改善作物的生长发育

早在 1840 年，德国化学家 Von Liebig（李比希）就发现了硅能够增强禾本科植物抗倒伏的能力，提出了植物在吸收铵和磷酸的同时，还会吸收硅酸，但是当时环境设备等不成熟，导致对硅与植物的研究得不到重视（李文彬，2004）。直到 1926 年，美国加利福尼亚大学（简称加州大学）的 Sommer 发现硅能够明显改善水稻的生长状况，人们对硅与植物的研究才越来越重视。硅对植物生长发育的促进作用主要包括影响植物的形态结构和光合生理、增强植物根系的活性、促进植株生殖器官的发育等。

8.1.1.1 影响作物的形态结构

作物吸硅充足时，植株健壮，株型挺拔。硅主要沉积在细胞腔、细胞壁、细胞间隙或细胞外层结构中（Marschner，2003）。图 8-1（高臣等，2011）、图 8-2（Lux et al.，2003）显示了硅在水稻叶片和高粱根系中的沉积。在水稻叶片中，硅在叶鞘表皮细胞形成角质-双硅层，一层在表皮细胞壁和角质层之间，另一层与表皮细胞壁内的纤维素结合（Yoshida et al.，1962），这种角质-双硅层能够减少植物的水分耗散，降低蒸腾速率，提高光合速率，也能提高水稻抗倒伏、抵抗真菌及害虫的能力（Erickson，2014；Sun et al.，2010；贾国涛等，2016a；罗丽娟等，2016；佘恒志等，2018）。施硅后，水稻叶片伸长，叶面积增大，叶片与茎之间的夹角减小，叶片的相互遮阴减少。许凤英等（2014）研究发现，喷施液体硅钾肥后，水稻植株顶部叶夹角变小，宽度增大，剑叶及处理 A 的倒二叶长度减小，处理 B 的倒二叶及倒三叶长度增加，说明喷施液态硅钾肥有利于改善叶片受光形态，获得高效的叶面积指数（leaf area index，LAI），使植株的冠层结构更

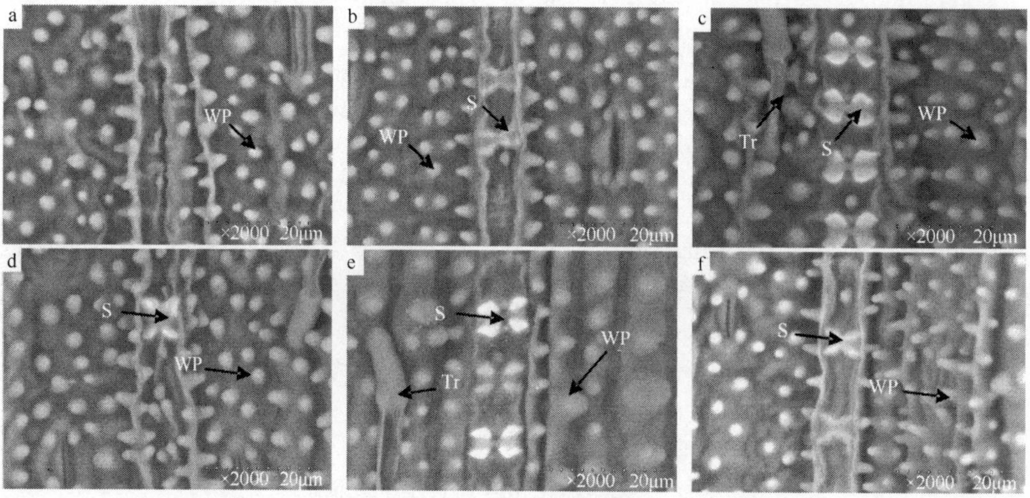

图 8-1 不同浓度硅条件下 Si 在水稻叶片中的沉积（高臣等，2011）

Tr，刺毛；S，硅质细胞；WP，乳突

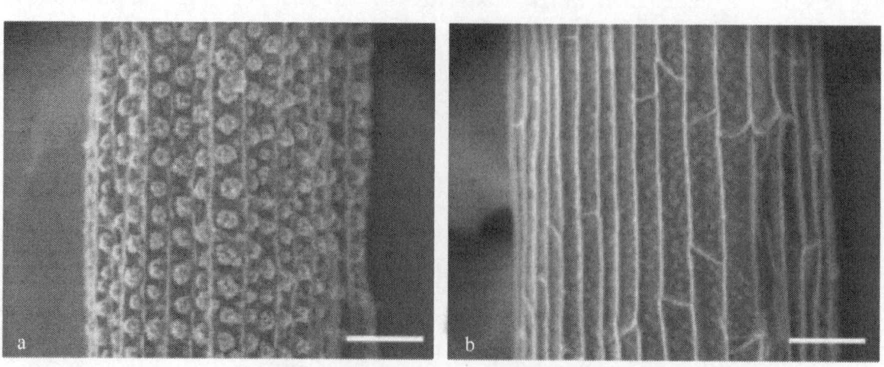

图 8-2 电子显微镜下高粱根系内皮层细胞壁（Lux et al.，2003）

a. 加硅条件下高粱根系内皮层细胞，硅整齐排列于内皮层细胞壁上；b. 不加硅条件下高粱根系内皮层细胞，无硅附着。标尺=50μm

适合水稻的生长发育（表 8-1）。硅还能使水稻植株叶片加厚、维管束加粗、穗轴直径增大、叶肉细胞线粒体及其基粒增多、叶绿素的含量增加等（陈平平，1998）。

表 8-1　不同处理水稻植株上 3 叶的长、宽及倾角

处理	倾角（°）			长（cm）			宽（cm）		
	剑叶	倒二叶	倒三叶	剑叶	倒二叶	倒三叶	剑叶	倒二叶	倒三叶
A	19.80	21.20	21.40	33.56	41.49	54.22	2.12	2.00	1.52
B	19.00	19.60	20.60	32.98	43.00	56.28	2.14	2.04	1.52
C	20.80	25.40	21.60	34.36	42.86	48.24	2.08	1.96	1.44

注：处理 A，在倒四叶喷施液体硅钾肥，喷施剂量为 3000mL/hm^2；处理 B，在倒三叶喷施液体硅钾肥，喷施剂量为 3000mL/hm^2；处理 C，对照，不喷施液体硅钾肥

除水稻之外，硅处理还能增加甘蔗的茎秆长度和直径；甘蔗茎秆的长度与施硅量呈指数相关，而其茎秆直径则与施硅量呈线性相关（Elawad et al.，1982）。曾宪录等（2007）的研究表明，施硅可显著增加甘蔗植株中的硅酸和硅质化细胞，硅酸与果胶酸紧密结合，可以增厚细胞壁，减少水分蒸发，使植株叶片直立（曾宪录等，2007）。研究还发现，在干旱胁迫下，硅处理使得小麦叶片厚度增加，叶面积和叶片水势增大，水分蒸发减少（Gong et al.，2003）。

8.1.1.2　影响作物的光合生理

施硅可以使植株茎叶间的张角减小，改善冠层受光的姿态，减少植株之间的相互遮阴面积，改善个体及群体的光照条件，有效提高叶片的净光合速率，并促进碳水化合物在籽粒中的积累（Okuda and Takahashi，1962）。植物吸收的 Si 在叶片表面聚集形成硅化细胞，其对散射光的透过率为绿色细胞的 10 倍，可以使得植物下层叶片对散射光的吸收能力增强（张国芹等，2008），从而促进植物叶片对光能的吸收。硅可以使叶细胞中的叶绿体增大、基粒增多，使植株的气孔导度及密度受到影响，这都影响着植物光合作用和蒸腾作用的进行。Lavinsky 等（2016）对不同时期加 Si 对水稻光合作用的影响进行了研究（表 8-2），发现在分蘖期到抽穗期（R1）阶段加硅，水稻叶片净光合速率的提高更为显著（约 13.1%），同时 g_{s1}（51%）、C_i（9%）、C_c（20%）、V_{cmax}（9.8%）、J_{max}（15%）也能得到显著的提高。在 R1 阶段加 Si，叶片源-库关系高度协调，Si 并没有直接影响“源”叶片的光合作用，而是增加了“库”的大小，然后通过增大 g_s 和 C_i 再反过来影响光合作用，即在 R1 阶段施用硅肥后，水稻后期光合生产能力提高，为籽粒的灌浆结实提供了充足的源；施硅使叶片气孔开放程度加大，促进了 CO_2 向叶绿体的输送，增加了叶片内胞间 CO_2 浓度，进而使得光合原料供应充足，光合速率较高。曹逼力等（2013）的研究结果指出，番茄叶片的硅化细胞可以促进叶片气孔的关闭，从而影响番茄的蒸腾作用和光合作用。硅可以降低烟草暗呼吸速率、光补偿点、CO_2 补偿点，提高光饱和点、表观量子效率、CO_2 饱和点和 RuBP 羧化效率（表 8-3），促进烟草的光合作用，使得蒸腾速率降低，水分利用率增加（罗丽娟等，2016）。

表 8-2 不同生育时期施 Si 对水稻叶片气体交换参数的影响（Lavinsky et al.，2016）

处理	T1	T2	T3	T4	T5	T6	T7	T8
A[μmol CO_2/(m^2·s)]	22.9b	23.3b	25.9a	26.8a	21.8b	22.6b	25.9a	25.8a
g_{s1}[mol H_2O/(m^2·s)]	0.41b	0.43b	0.62a	0.66a	0.41b	0.41b	0.60a	0.61a
g_{s2}[mol CO_2/(m^2·s)]	0.24b	0.23b	0.41a	0.43a	0.25b	0.24b	0.37a	0.38a
C_i（μmol/mol）	275b	288b	300a	301a	283b	274b	299a	300a
T_r[mol H_2O/(m^2·s)]	5.70a	4.94a	5.52a	5.53a	5.21a	5.87a	5.51a	5.88a
g_m[mol CO_2/(m^2·s)]	0.25a	0.22a	0.28a	0.22a	0.21a	0.22a	0.26a	0.21a
C_c（μmol/mol）	164b	154b	197a	181a	170b	160b	192a	172a
V_{cmax}[μmol/(m^2·s)]	90.8b	89.0b	99.7a	99.8a	86.2b	89.9b	97.4a	97.3a
J_{max}[μmol/(m^2·s)]	113.7b	119.8b	130.7a	122.5a	108.8b	110.1b	127.3a	119.1b
气孔限制值	0.27a	0.27a	0.18b	0.17b	0.25a	0.28a	0.19b	0.18b
叶肉限制值	0.297a	0.311a	0.265a	0.322a	0.290a	0.302a	0.283a	0.340a
生化限制值	0.43b	0.42b	0.56a	0.51b	0.46b	0.42b	0.53a	0.48b

注：V 为营养生长期，R1 为分蘖到抽穗，R2 为抽穗到成熟按照 V、R1、R2 的顺序，T1 为–Si、–Si、–Si，T2 为–Si、–Si、+Si，T3 为–Si、+Si、–Si，T4 为–Si、+Si、+Si，T5 为+Si、–Si、–Si，T6 为+Si、–Si、+Si，T7 为+Si、+Si、–Si，T8 为+Si、+Si、+Si。–Si 为不施硅，+Si 为施 2mol/L 硅。同一行均值后字母不同表示在 0.05 水平上差异显著。A 为净光合速率，g_s 为气孔导度，C_i 为胞间 CO_2 浓度，T_r 为蒸腾速率，g_m 为叶肉导度，C_c 为叶绿体 CO_2 浓度，V_{cmax} 为最大羧化速率，J_{max} 为受电子传递限制的羧化速率

表 8-3 硅对烟草叶片光合作用与呼吸作用参数的影响

处理	暗呼吸速率 [μmol/(m^2·s)]	光补偿点 [μmol/(m^2·s)]	光饱和点 [μmol/(m^2·s)]	表观量子效率（μmol/mol）	CO_2 补偿点（μL/L）	CO_2 饱和点（μL/L）	RuBP 羧化效率
CK	2.87Aa	110.38Aa	1250.00Bb	0.0262Bb	79Aa	900.00Bb	0.0304Bb
T3	1.63Bb	52.58Bb	1261.53Aa	0.0309Aa	50Bb	1139.29Aa	0.0314Aa

注：T3 为 2.0mmol/L 硅处理；同列中不同的大写字母表示处理间差异极显著（$P<0.01$），不同的小写字母表示处理间差异显著（$P<0.05$）

8.1.1.3 增加作物根系的活性

硅元素能够促进水稻根系的生长，提高水稻植株根系的活力，增加植株根系中 ATP 的含量，增强向地下部分输送氧的能力，改善根部及通气组织的氧化能力和呼吸速率，促进根对水分和氧气的吸收。佘恒志等（2018）的研究表明，甜荞的根表面积随施硅量的增加而增加，平均根直径和根尖数随着施硅量的增加先增加后减少。Vaculík 等（2012）在镉污染土壤中对玉米根系进行了研究，发现 Si 能够缓解 Cd 对玉米根系的胁迫作用，促进玉米根系生长及地下部分生物量增加（表 8-4）。对高粱的研究表明，硅处理可提高水分胁迫下高粱根系的渗透调节能力以使根系能从根际环境中吸收更多水分（Sonobe et al.，2013）（图 8-3）。明东风等（2012）的研究表明，施硅对于维持水稻根系的呼吸速率具有积极的作用，可显著降低 PEG 水分胁迫下根系的呼吸峰值，防止呼吸速率过快下降，这可能与施硅延缓了水分胁迫下根系抗氧化酶活性的下降及稳定了根系细胞的线粒体结构有关（图 8-4）。

表 8-4　不同 Cd 浓度下 Si 对玉米根系生长状况的影响（Vaculík et al.，2012）

处理	根长（cm/株）	根鲜重（g/株）	根干重（g/株）
C	15.03±1.39b	176.3±19.1b	7.6±1.1b
Cd5	12.97±0.54c	152.9±8.9c	6.6±0.4c
Cd5+Si	17.23±1.53a	174.7±25.0b	7.5±0.7b
Cd50	9.49±1.09e	95.1±3.6e	6.0±0.5d
Cd50+Si	10.45±0.80d	135.8±18.6d	7.7±0.4b
Si	17.53±1.28a	216.5±27.3a	10.1±0.8a

注：均值后面不同的字母代表在 0.05 水平有显著差异，*n*=15。C 代表对照，Cd5 和 Cd50 分别代表 Cd 浓度为 5μmol/L 和 50μmol/L，Si 代表 Si 浓度为 5mol/L

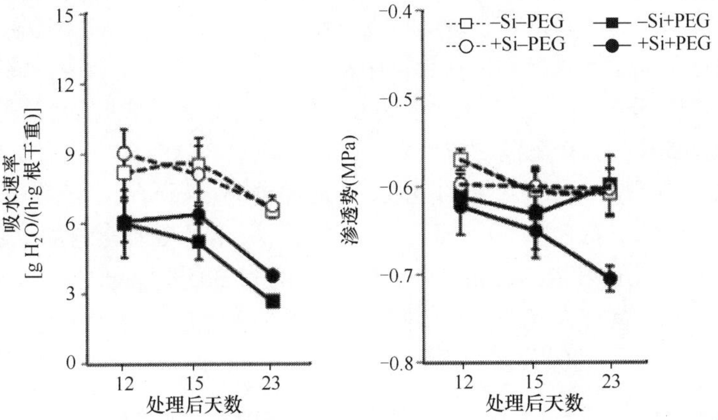

图 8-3　播种后 12 天、15 天、23 天高粱植株的吸水速率（左）和根系渗透势（右）（Sonobe et al.，2013）
数据为 5 次重复的平均值；误差线显示的是标准误差

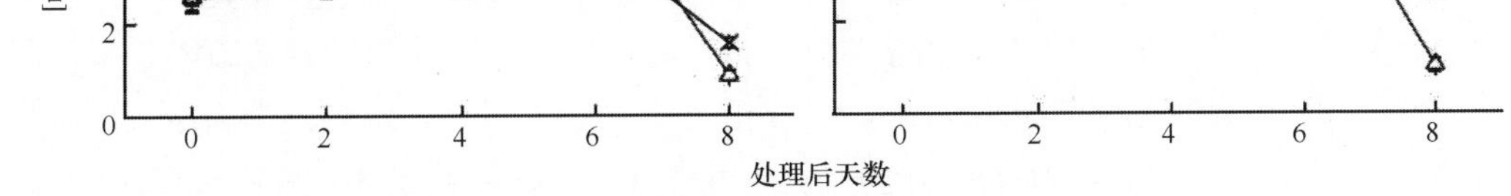

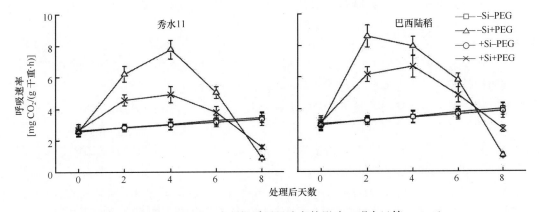

图 8-4　硅对水分胁迫下水稻根系呼吸速率的影响（明东风等，2012）

8.1.1.4　促进植株生殖器官的发育

梁永超等（1993a）的研究表明，施硅可以使番茄提早开花成熟。此外，有研究发现，硅处理能够使水稻抽穗提前、稻穗的长度增加、穗轴增粗、结穗增多，另外，硅对谷粒重量、花序数、小花数、穗粒成熟百分率都有较为有利的影响。在水稻拔节期前施用适量的多效硅肥可以明显提高单位面积上群体总颖花量和结实粒数（柯玉诗等，1997）。

8.1.2 改善作物的矿质营养状态

硅还能影响植物对其他营养元素的吸收，硅处理能够显著抑制水稻植株对 P、Mg、Zn 和 Mn 等元素的吸收，对 Na、N、K 的吸收也有一定的抑制作用（Yeo et al.，1999），这种抑制作用主要是由于硅酸的大量吸收和干物质的增加所带来的稀释作用，但植株对其吸收总量仍然有所增加（梁永超等，1993b）。水稻施硅后茎和叶中的 N 含量均有所下降，而穗中的含量上升，这能够促进水稻籽粒中蛋白质和淀粉的合成，使得籽粒饱满（邢雪荣和张蕾，1998）。硅肥能够提高叶片转氨酶和籽粒淀粉分支酶活性，从而促进水稻对氮素的吸收。Okuda 和 Takahashi（1965）指出硅对磷的影响是多方面的，既可促进水稻对磷的吸收，又可抑制磷的过量吸收，促进磷向籽粒的转移。浓度低时硅能促进土壤磷的活化，硅酸根离子能置换固定在土壤中的磷酸根离子，增加土壤中的有效磷（刘树堂等，1997）。相关研究表明，冬瓜生长前期，Si 可促进 P 的吸收和积累；而在其生长后期则表现出抑制作用，P 在根中的积累减少，在地上部分的含量却有所增加，说明硅在冬瓜需 P 较少的后期可减少对 P 的吸收，同时促进 P 由根向地上部分转运（邢雪荣和张蕾，1998）。另外，Si 还能减少水稻对 Fe、Mn、Al 等的吸收，增加 P 的有效性（张国良等，2003）。Lewin 和 Reimann（1969）在对 Si 与 B 的关系研究中指出，Si 与 B 化学性质相似，它们之间存在竞争关系，在 Si 和 B 含量比较高的培养基中，硅藻的生长速率下降，Si 可抑制 B 的吸收及利用。

8.1.3 提高作物抗胁迫的能力

大量研究表明，Si 能够提高植物对生物胁迫和非生物胁迫的抗性。

8.1.3.1 生物胁迫

生物胁迫主要包含病害、虫害等。目前关于硅提高植物对病害的抵抗作用的机理主要有两种解释：一种是病原菌侵染点周围的寄主细胞硅质化，对病原菌形成了一种物理性的屏障作用，从而限制吸器、芽管的形成和菌丝的生长；Seebold 等（2001）对 4 种不同抗性的水稻进行了稻瘟病的研究，发现随着施硅量的增加，稻瘟病病斑减小，孢子的萌发率明显下降。另一种是硅在寄主细胞和病原菌作用的时候起代谢调节的作用，病原菌侵入细胞，激活寄主的防御基因，诱导植物对病原菌产生一系列抗性反应。Liu 等（2014）通过蛋白质组学的方法指出，在接种稻瘟病菌的水稻中加 Si，可以使得 30 个蛋白上调，13 个蛋白下调，这些蛋白主要参与植物的能量代谢、光合作用、蛋白质合成、氧化还原平衡、转录及病原体反应等。葛少彬等（2014）利用水培实验得出，Si 改变了植物体内酚类物质的含量，并通过诱导水杨酸、乙烯、过氧化氢等信号物质提高水稻对稻瘟病的抵抗能力。在番茄中，硅的加入可以提高叶片中的 Ca 浓度，减少蒂腐病的发生（Stamatakis et al.，2003）。硅能够提高作物抗虫害的能力与角质-双硅层有关，作物茎叶等细胞壁的加厚，可有效地抵御害虫。对甘蔗施用硅肥，其茎秆害虫的发生率比未施用硅肥显著下降，产量增加显著（Garbuzov et al.，2011）。Ye 等（2013）研究指出，

Si 和茉莉酸在抵御食草昆虫方面有很强的相互作用——Si 可以引发茉莉酸介导的防御反应，同时，茉莉酸可以促进 Si 的积累。

8.1.3.2　非生物胁迫

硅能够缓解非生物胁迫对植物的影响。非生物胁迫主要包括盐胁迫、重金属胁迫、（干旱胁迫、紫外辐射、高温、冻害等）。Si 对胁迫症状的缓解归因于 Si 在根、茎、叶、壳等中的沉积作用，硅能缓解或抑制铝、硒、砷、铜、钠、铬、锰、锶等对植物的毒害作用，硅在根中的沉积可以减缓非原生质体流动，抑制重金属、盐等向上运输。在污染土壤中施用硅，能够明显减少植物中镉的含量，同时，硅能抑制根系对镉的吸收及其向地上部分的运输（Song et al.，2009）。硅的沉积可以有效地增加细胞壁的张度和硬度，保持细胞膜结构和功能稳定性，使茎秆机械强度增大，不易倒伏；水稻施用硅肥后茎基部第 1、2 节间缩短（Fallah，2012）。同时，施硅也可有效减少水分耗散（Gong and Chen，2012；Ma and Yamaji，2006，2008），提高植株的抗干旱能力。Chen 等（2011）的研究表明，干旱胁迫会减小水稻植株的生物量，影响根系性状，降低叶片水势、光合参数、光系统Ⅱ潜在活性（F_v/F_o）和 PSⅡ最大光化学效率（F_v/F_m），降低 K、Ca、Na、Mg、Fe 含量，而施 Si 则可以明显改善上述状况，说明 Si 可以通过调节光化学效率和矿质元素的吸收来提高水稻的抗旱性。外源硅能抑制植物根系对钠离子的吸收，减少钠离子向地上部分的运输来缓解盐胁迫伤害。水培条件下加硅可提高盐胁迫大麦叶片的光合作用速率，促进大麦对钾离子的吸收，抑制其对钠离子的吸收，从而提高钾钠选择性比率（$S_{K:Na}$），这是硅缓解大麦盐害的机理之一（Liang et al.，1996）。Muneer 和 Jeong（2015）在对受盐胁迫的番茄的研究中发现，Si 通过改善番茄根系蛋白质组，激活耐受性相关基因来抵抗盐胁迫。图 8-5 表明 Si 对植物抵抗胁迫、增加产量等有积极作用（Ma et al.，2011）。

8.1.4　硅缺乏对作物的影响

8.1.4.1　土壤缺硅

硅在地壳中含量丰富，约占土壤总重量的 28%（Lindsay，1979）。土壤中 Si 的形态多种多样，主要分为无机硅和有机硅，无机硅包括晶态硅（网状硅酸盐、链状硅酸盐、页状硅酸盐、岛状硅酸盐、孤立双四面体硅酸盐和二氧化硅）和非晶态硅（无定形硅、活性硅和水溶性硅）。其中，SiO_2 是土壤的主要成分，占土壤总量的 50%～70%，有效硅的含量却非常低（田福平等，2007）。土壤缺硅的原因有很多（邵建华，2000）：①耕地中作物的连续种植带走了大量有效硅。②土壤有效硅的主要来源是土壤母质的化学风化，土壤母质不同，土壤有效硅含量差别也较大。酸性泥炭、花岗岩、石英斑岩发育的土壤，由砂岩和珊瑚砂发育的粗质土壤、腐殖质铁质砖红壤（老成土）、砾质砖红壤，以及降雨量多的地区富含水铝英石的土壤，都是供硅能力低的土壤。重黏质土，pH 高于 6.6 的盐土，由玄武岩发育的土壤，以及降雨量少的地区发育于新火山灰上的富含水铝英石的土壤，都是供硅能力高的土壤（D’hoore 和廖兴其，1980）。③大部分有效硅以

图 8-5 Si 对逆境胁迫的缓解作用（Ma et al.，2011）

a. Si 对作物虫害的影响；b. Si 对穗部的保护作用；c. Si 对南瓜 Mn 毒害的缓解；d、e. 缺 Si 造成的水稻减产

难以利用的硅钙结合物形态存在。④温度、pH 等也能影响土壤有效硅的含量。我国缺 Si 土壤面积较大，约有一半耕地有缺硅现象，在农业生产中需要适当添加硅。

8.1.4.2 植株缺硅及其诊断

植株 Si 含量不仅与植物的特性有关，还受到外界环境（土壤和水分）的影响。土壤有效硅含量的变化会对植物体内硅的积累产生影响。植株缺硅会造成植株生长发育异常的现象。对植株缺 Si 症状的诊断，一般可以从植株的全硅含量、土壤有效硅含量、灌溉水硅含量及硅化细胞的含量等方面进行（吴朝晖，2005）。

水稻和甘蔗是典型的喜硅植物，一旦硅供应不足就会出现明显的症状。硅供应充足时，水稻植株坚挺，叶尖直立，Si 在叶片细胞中积累形成的硅化细胞使得水稻叶片表面粗糙，缺硅水稻会出现叶片和谷壳上呈现褐色斑点，叶尖坏死，植株生长停滞，叶片萎蔫、下垂，茎秆细，根短，易倒伏等明显的症状（陆欣，2002；吴朝晖，2005），有时还会因为缺 Si 引起植株重金属中毒，根系变黑、腐烂，出现早衰症状。水稻耕层土壤中有效硅（SiO_2）含量低于 105mg/kg 时表示水稻缺硅，水稻植株 SiO_2 含量在 5%以下时易发生缺硅现象（Yoshida，1981；范业成等，1981；季应明和陈斌，2003）。日本农林水产省根据大量的研究数据对什么条件下施硅提出了依据：稻草含硅量在 11%以下、土壤有效硅含量在 105mg/kg 以下，施用硅肥效果良好；稻草含硅量在 13%以上、土壤有效硅含量在 130mg/kg 以上时，硅肥一般无效。Winslow 等（1997）则提出了表 8-5 所列出的诊断标准。由于稻草中含硅量的影响因素较多，因此，不同地区应该采用不同的诊断标准（吴朝晖，2005）。对于甘蔗来说，土壤中 SiO_2 含量低于 3%时，甘蔗的生长速率明显变慢，缺 Si 严重时会出现叶雀斑病，产量显著降低（田福平等，2007）。

表 8-5　诊断土壤、水源及植物是否缺 Si 的标准（Winslow et al.，1997）

类别	缺乏	适中	充足
土壤（浸出液）（mg/kg）	＜2	2～6	＞6
水源（mg/kg）	＜1	1～4	＞4
植物（皮）（g/kg）	＜30	30～60	＞60

缺硅对一些双子叶植物，如番茄、大豆及黄瓜等“非喜硅植物”也有一定影响。Miyake 和 Takahashi（1978，1983，1985）在严格去硅的条件下观察到了番茄、黄瓜、大豆的缺硅症状，一般表现为：①叶片变黄、新叶退化、叶片出现畸形；②生长点停止生长；③植株开花后授粉异常、花粉繁殖力下降；④易感染病虫害；⑤结果率低，品质及产量下降。虽然这些缺硅症状往往到生长后期才表现出来，但是硅元素对双子叶植物的影响仍然不容忽视。

8.2　硅对作物产量的影响

目前，硅在植物体中是否可以视为必要元素，还没有明确结论，但是硅对作物的增产作用已无异议（Miyake and Takahashi，1978）。对 2005～2006 年东北地区的水稻、玉米、黄瓜、番茄和大豆施用含硅的高炉渣后的产量与经济效益的研究表明（表 8-6），高炉渣对几种作物的产量都有不同程度的提高作用；其中，黄瓜和番茄的平均增产率、效益成本比较高，带来的经济效益较大；大豆的平均增产量虽然达到了 11%，但其效益成本比较低，经济效益相对较差（Liang et al.，2015）。Haynes（2017）综合了世界不同地区硅对作物的增产作用（表 8-7），发现硅的增产率在 1%～66%。

表 8-6　高炉渣施用后东北地区作物的增产率及效益成本比（Liang et al.，2015）

供试作物	增产率范围（%）	平均增产率（%）	效益成本比（%）
水稻	3.5～28.5	10.3**	4.4
玉米	5.6～10.4	7.7*	3.1
黄瓜	9.35～25.6	13.7**	42.9
番茄	8.7～15.9	12.0**	35.7
大豆	7.5～13.6	11.0**	1.7

注：*和**代表与未加高炉渣处理相比，分别在 0.05 和 0.01 水平下差异显著

8.2.1　水稻

水稻是典型的喜硅植物。自 20 世纪 50 年代日本在稻田使用矿渣硅肥以后，在很多国家和地区，通过施加硅肥来促进水稻的生长、提高水稻产量的方法已被广泛使用。另

表 8-7 施硅对作物的增产作用（Haynes，2017）

供试作物（国家/地区）	增产率（%）	供试作物（国家/地区）	增产率（%）
水稻（日本）	1～30	甘蔗（夏威夷）	10～50
水稻（中国）	8～29	甘蔗（佛罗里达）	6～20
水稻（韩国）	17	甘蔗（巴西）	7～12
小麦（中国）	5～12	甘蔗（澳大利亚）	21～41
甘蔗（中国）	15～66		

外，在韩国、泰国、斯里兰卡、中国等国家，利用高炉渣来增加水稻产量的方法也很普遍（Lian，1976；Patnaik，1978），施用 1.5～2.0t/hm^2 炉渣可以使水稻平均产量增加 10%（Lian，1976）。韩国学者 Kim 等（2016）对 1964～2014 年长期施用硅肥的稻田进行了监测，结果表明，在贫瘠的土壤上，硅肥对土壤的改良和对水稻的增产效果明显。

水稻的产量由单位面积有效穗数、每穗粒数和千粒重 3 个因素决定。Tamai 和 Ma（2008）利用低硅突变体（*lsi1* 突变体）及正常野生型（WT）水稻开展了 4 年的研究，发现突变体水稻的产量较 WT 水稻减少了 79%～98%。突变体水稻的有效穗数量及千粒重与野生型水稻无显著差异，但是每穗粒数比野生型水稻减少了 20%，有效粒数仅为野生型水稻的 13.9%。这项研究表明硅积累较少是造成突变体水稻产量较少的重要原因。邓接楼等（2011）研究发现，硅肥的施用可以显著提高水稻产量，硅肥在 0～120kg/hm^2 施用水平时，随着硅肥施用量的增加，水稻产量呈现出逐渐增加的趋势；而在 120～200kg/hm^2 施用水平时，随着硅肥施用量的增加，有效穗数、结实率、成穗率乃至最终的产量有下降趋势（表 8-8）。

表 8-8 不同施硅量对水稻产量及其构成因素的影响

Si 浓度（kg/hm^2）	株高（cm）	穗长（cm）	有效穗数（×10^4/hm^2）	成穗率（%）	每穗总粒数	每穗实粒数	结实率（%）	千粒重（g）	产量（kg/hm^2）
0	82.5a	20.6ab	23.9b	73.1	101.9b	84.7b	83.1b	25.9a	502.3c
40	81.1a	20.9a	24.5b	73.1	109.2b	87.9b	83.6b	27.3a	513.0b
80	80.2a	21.4a	25.5ab	73.3	111.4a	94.7ab	85.0b	26.5a	545.3a
120	81.5a	21.6a	26.5a	74.6	112.7a	100.6a	89.2a	25.9a	559.1a
160	82.4a	20.3b	24.8b	74.4	112.5a	90.5ab	85.4b	25.6a	537.2ab
200	81.9a	21.3a	24.4b	73.9	110.9b	93.3ab	84.1b	26.4a	521.0b

注：表中同列数据后小写字母不同者表示差异显著（$P<0.05$）

不同时期施硅肥对水稻植株的生长发育及产量会产生显著影响。张世浩（2016）在镉污染下不同时期施硅对水稻重金属积累和转运的研究中指出，施硅处理下水稻植株地上部各器官的镉富集系数和转移系数均呈降低趋势，根部镉分配比例显著增加，镉毒害症状得到缓解，其效果尤以 2mmol/L 的施硅量为佳；不同时期施硅均可提高水稻的成穗率、结实率、每穗实粒数、千粒重，尤以分蘖期和拔节期施硅水稻的成穗率、结实率和每穗实粒数提高显著。Ning 等（2014）在对炉渣硅肥对水稻褐斑病及产量影响的研究中指出，未施加炉渣硅肥的水稻叶肉细胞排列紊乱，出现水稻褐斑病，叶绿体退化，细胞壁改变，炉渣硅肥的加入使得这些情况得到缓解，叶片硅质化细胞增多，水稻生长状况有所改善，产量显著提高，水稻褐斑病发病率降低，且施用钢渣比施用铁渣的效果更加显著。

8.2.2 小麦

小麦是世界上栽培最早、面积最广泛的粮食作物之一，能主动吸收和积累硅，属于喜硅植物。贺立源和江世文（1999）对小麦施用硅钙肥的效应进行了研究，发现适量施用硅钙肥能促进小麦对 N、P、K、Ca、Mg 等营养的吸收，减少对 Mn、Zn 的吸收，显著改善小麦的生物学性状，使产量提高 10%～20%。Sarto 等（2015）在对硅酸盐施用条件下土壤肥力和小麦产量的研究中发现与对照相比，硅酸盐的加入显著提高了土壤中小麦的株高、地上部分干重、每株穗数（增加 120%）、籽粒产量（增产 42%），小麦生长情况的改变和产量的提高主要是因为硅酸盐的加入改善了土壤理化性质，提高了 pH（Castro and Crusciol，2013；Crusciol et al.，2009；Camargo et al.，2007）。Naeem 等（2015）在对镉污染土壤中，硅添加对不同品种小麦的影响的研究中指出，硅的加入对小麦根系干物质和秸秆产量的影响不明显，但使籽粒产量显著增加，其中 150mg/kg Si 处理对籽粒产量的影响最为显著。Soratto 等（2012）的研究表明，液体硅肥的施用显著增加了小麦叶片 K 和 Si 的浓度；与对照相比，小麦地上部分干重增加了 47.4%，穗数增加了 10.4%，产量增加了 26.9%（表 8-9）。

表 8-9　叶面施 Si 对小麦产量及其构成因素的影响

变量	对照	Si	*F* 值	变异系数（%）
N 浓度（g/kg）	29.4a	30.0a	0.8^{ns}	5.8
P 浓度（g/kg）	2.6a	2.6a	0.01^{ns}	9.2
K 浓度（g/kg）	22.4b	26.4a	30.37^{***}	8.4
Ca 浓度（g/kg）	9.0a	9.0a	1.28^{ns}	10.2
Mg 浓度（g/kg）	3.4a	3.1a	0.21^{ns}	17.8
S 浓度（g/kg）	2.4a	2.3a	2.19^{ns}	12.8
Si 浓度（g/kg）	13.8b	15.1a	5.31^{*}	10.4
地上部分干重（g）	3562b	5250a	19.02^{***}	24.8
每平方米穗数	456.5b	504.2a	21.86^{***}	6.1
谷粒数	26.2a	28.2a	3.16^{ns}	11.7
千粒重（g）	42.5a	42.6a	0.01^{ns}	3.3
产量（kg/hm^2）	5126b	6503a	9.4^{***}	15.3

注：每一行中均值后面不同的字母代表 *T* 检验结果在 0.05 水平有显著差异，*和***分别代表在 0.05 和 0.001 水平下有显著差异，ns 代表无显著差异

8.2.3 甘蔗

甘蔗也是一种喜硅植物，对 Si 的敏感程度较高，仅次于水稻，且它对硅的吸收量

高于其他矿质营养元素（Liang et al.，2015）。硅肥在甘蔗种植中有着重要的地位，尤其是在一些被风化的热带土壤，如氧化土、老化土、新成土、有机土中。硅酸盐肥料在夏威夷、毛里求斯、佛罗里达、波多黎各、南非、巴西、澳大利亚、印度尼西亚及中国等国家广泛应用于甘蔗种植中，可使甘蔗增产 10%～50%（Alvarez and Datnoff，2001；Ashraf et al.，2009；Berthelsen et al.，2001；Cheong and Halais，1970；Elawad et al.，1982；Gascho，1977；Ayres，1966；Savant et al.，1999）。Elawad 等（1982）的研究表明硅肥的添加能够促进甘蔗生长，增加甘蔗的高度、茎秆直径、茎秆数量、糖产量等；添加 15t/hm^2 硅酸盐可使蔗茎产量提高 68%～79%，使宿根蔗产量提高 125%～129%。Ashraf 等（2009）关于加 K 或加 Si 对甘蔗产量和质量的影响的研究结果如表 8-10 所示，添加 Si、K 或是两者并施均可以显著提高耐盐品种和盐敏感品种的产量，耐盐品种加 Si 甘蔗的产量、每株茎秆数、茎秆周长、茎秆高度、节间距分别比对照增加 28%、40%、42%、21%、26%；两者并施情况下分别增加 48%、60%、52%、40%、58%。盐敏感品种加 Si 甘蔗的产量、每株茎秆数、茎秆周长、茎秆高度、节间距分别比对照增加 59%、54%、57%、17%、29%；两者并施情况下分别增加 88%、77%、71%、38%、75%。Bokhtiar 等（2012）对硅酸钙肥料施用下甘蔗在两种不同土壤中的响应进行了一年的研究，发现施用硅酸钙肥料使得两种土壤中甘蔗的干重和产量分别增加了 77%和 66%、41%和 15%。

表 8-10　添加 Si 或 K 对碱性土中盐敏感和耐盐甘蔗产量的影响（Ashraf et al.，2009）

品种	处理	产量（t/hm^2）	每株茎秆数	茎秆周长（cm）	茎秆高度（cm）	节间距（cm）
盐敏感品种（SPF 213）	对照	33.6e	4.33c	1.20e	1.44c	9.56d
	+K	62.46b	7.00ab	2.02ab	1.93a	16.16a
	+Si	53.55c	6.66b	1.88bc	1.69b	12.36bc
	+（K+Si）	63.21b	7.66ab	2.05a	1.99a	16.73a
耐盐品种（HSF240）	对照	46.52d	5.00c	1.30d	1.44c	10.48cd
	+K	69.71a	7.33ab	1.99ab	1.99a	15.77a
	+Si	59.56b	7.00ab	1.85c	1.74b	13.17b
	+（K+Si）	68.80a	8.00ab	1.98abc	2.02a	16.53a
	LSD（0.05）（K×Si×品种）	4.38	1.08	0.13	0.17	2.13

注：均值后不同的字母代表最小显著差数（LSD）法结果在 0.05 水平下差异显著

8.2.4 玉米

玉米也是一种能够主动吸收、积累 Si 的粮食作物（Liang et al.，2006）。朱从桦等（2016）研究了硅磷配施对低磷土壤春玉米干物质积累、分配及产量的影响，发现磷、硅和硅磷配施均可显著提高玉米拔节期和吐丝期的叶面积指数与净光速率，增加拔节期、吐丝期、灌浆期和成熟期各生育阶段的干物质积累量，降低灌浆期和成熟期叶片的干物质分配比例及灌浆期茎鞘的干物质分配比例，提高籽粒干物质分配比例和收获指数，降低秃尖长度，增加穗长，最终提高每穗粒数、千粒重和籽粒产量。Sousa 等（2010）在 2007～2008 年对施用硅酸钾肥料对玉米光合、生长和产量的影响进行了研究，结果表明硅酸钾施用量为 3.2～4.0L/hm^2 时可显著增加玉米干重、千粒重和产量。Xu 等（2016）研究发现，施用 150kg/hm^2、225kg/hm^2 的硅肥可增加玉米的穗长、每穗粒数、百粒重，减少秃尖长度，从而显著增加玉米产量（表 8-11），在该研究中，硅肥对玉米的增产作用主要是因为硅增加了玉米的光合作用能力和抗氧化酶活性。

表 8-11　施 Si 对玉米产量及其构成因素的影响

处理	穗长（cm）	秃尖长度（cm）	每穗粒数	百粒重（g）	产量（kg/hm^2）
T1	19.81b	2.32a	536c	29.32b	11 225b
T2	19.62b	2.21a	540c	29.81b	11 257b
T3	20.10b	2.10a	533c	30.56b	11 232b
T4	22.36a	1.50b	560b	33.12a	13 776a
T5	22.90a	1.43b	577a	33.43a	13 979a

注：T1 为对照，SiO_2 为 0kg/hm^2，T2、T3、T4 和 T5 处理中 SiO_2 为 45kg/hm^2、90kg/hm^2、150kg/hm^2 和 225kg/hm^2，均值后不同的字母代表邓肯检验结果在 0.05 水平下差异显著，n=10

8.2.5　其他

除了几种具有代表性的粮食作物外，硅肥还被广泛运用于其他的农作物和园艺植物。李清芳等（2004）研究发现，较高的土壤有效硅含量能增强大豆幼苗的光合作用，提高光能利用率，增加碳源积累速度，改善根系活力，促进根系对营养物质的吸收；硅还能提高硝酸还原酶活性，提高植物对氮素的同化能力，这些可能是 Si 使大豆增产的重要原因。Soratto 和 Fernandes（2012）从对施硅后马铃薯（*Solanum tuberosum*）病害及块茎质量和产量的研究中得出，施硅可以减少马铃薯晚疫病和黑胫病的发生，从而增加马铃薯干物质含量，提高马铃薯块茎产量。温映红等（2016）关于施用硅钙钾肥对枣（*Ziziphus jujuba*）产量及品质的研究表明，施用硅钙钾肥可显著增强枣树抗病害的能力，降低裂果率和病果率，并且明显提高吊果比、单果重及产量，增产率可达 21.8%。对中国 26 个省的长期监测数据显示，施加硅酸钾缓释肥后，多种作物的产量均有了显著提高，具体如表 8-12 所示（Liu et al.，2011）。

表 8-12　施用硅酸钾缓释肥后作物的增产率（Liu et al.，2011）

作物	拉丁名	增产率（%）	作物	拉丁名	增产率（%）
马铃薯	*Solanum tuberosum*	12.3	桃	*Prunus persica*	18.1
花生	*Arachis hypogaea*	6.7	葡萄	*Vitis vinifera*	6.5
萝卜	*Raphanus sativus*	11.2	香蕉	*Musa nana*	4.8
大豆	*Glycine max*	5.1	柑橘	*Citrus reticulata*	12.3
菜豆	*Phaseolus vulgaris*	6.0	龙眼	*Dimocarpus longan*	10.7
甜菜	*Beta vulgaris*	4.7	茶	*Camelia sinensis*	11.0
甘蓝	*Brassica oleracea*	15.2	人参	*Panax ginseng*	3.2
辣椒	*Capsicum annuum*	8.4	番木瓜	*Carica papaya*	9.7
笋瓜	*Cucurbita maxima*	11.7			

8.3 硅对作物品质的影响

硅肥不仅可以促进作物的生长、提高作物的产量，也可以显著提高作物的品质。目前，有关硅提高作物品质的报道较多，主要研究对象为粮食作物、经济作物、水果、蔬菜等。

8.3.1 提高粮食作物的品质

影响稻米品质的因素除了品种的遗传特性外，环境条件和栽培措施尤其是人工施用矿质元素等措施对稻米品质的影响也很重要。硅肥对稻米的糙米率、精米率、整精米率、垩白粒率、垩白大小、垩白度、胶稠度、粒长、崩解值、蛋白质含量及脂肪酸含量等均有不同程度的影响（张国良等，2007）。商全玉等（2009）的研究表明（表 8-13、表 8-14），施硅处理可显著增加水稻品种的糙米率、精米率和整精米率；相关分析表明有效硅施用量与精米率呈显著正相关，与整精米率呈极显著正相关。从稻米的外观品质来说，沈农 265 表现出的整体趋势与丰优 2000 相似，即施用硅肥能降低稻米的垩白粒率和垩白度，但过量施用硅肥对降低垩白粒率不利。施用硅肥能增加丰优 2000 的粒长和粒宽，其中施有效硅 240kg/hm^2 与对照差异显著。Ahmad 等（2013）的研究表明，不同 Si 添加水平对稻米品质也有不同程度的影响（表 8-15），籽粒蛋白质含量最高的为 Si2，籽粒淀粉含量最高的是 Si3，均显著高于不加硅的对照。不加硅对照 Si0 不育籽粒的比例最高，这个比例随着 Si 的添加而减少，这可能与硅加入后水稻营养达到平衡、代谢旺盛或是胁迫得到缓解有关系。于立河（2012）在对肥密和硅肥对春小麦的产量及质量的研究中发现，硅肥增加了不耐密品种的容重、蛋白质含量、面筋含量、面粉吸水率，延长了面团断裂时间，改善了面团拉伸特性。通乐嘎和赵斌（2017）对春小麦的研究也发现适当施硅肥可以增加面粉筋力、面团拉伸阻力和拉伸比例，得到弹性好、筋力强、抗拉能力较强的高品质面粉。施加硅肥可以使糯玉米中粗蛋白、赖氨酸、淀粉和可溶性糖等增加，使糯玉米的品质和口感明显改善。张丽阳等（2009）在硅钙肥对爆裂玉米品质影响的研究中也指出，硅钙肥的施加对玉米蛋白质的含量有一定的增加作用。

表 8-13 不同硅肥用量对稻米加工品质的影响（商全玉等，2009）

水稻品种	施硅量（kg/hm^2）	糙米率（%）	精米率（%）	整精米率（%）	粒长（mm）	粒宽（mm）	长宽比	垩白粒率（%）	垩白度（%）	精米白度（%）
沈农 265	0（CK）	78.2d	70.2b	60.1e	4.6a	2.8a	1.64a	8.4a	11.8a	42.57d
	60	78.7c	70.8b	60.4d	4.6a	2.8a	1.64a	6.2b	8.7b	43.47bc
	120	79.2b	71.2a	60.5d	4.6a	2.8a	1.64a	4.2c	7.1c	43.17c
	180	79.1b	71.2a	61.c	4.6a	2.8a	1.64a	2.9d	4.6e	44.23a
	240	78.8c	71.3a	62.1b	4.6a	2.8a	1.64a	0.8e	2.4f	42.63d
	300	79.5a	71.3a	62.5a	4.6a	2.8a	1.64a	2.7d	5.5d	43.57b
丰优 2000	0（CK）	78.9b	66.6c	55.7f	4.03c	2.60c	1.55ab	12.5a	15.2a	44.33a
	60	79.6a	67.2b	56.1e	4.09bc	2.63bc	1.56ab	8.7b	8.4c	43.80ab

续表

水稻品种	施硅量（kg/hm^2）	糙米率（%）	精米率（%）	整精米率（%）	粒长（mm）	粒宽（mm）	长宽比	垩白粒率（%）	垩白度（%）	精米白度（%）
丰优 2000	120	79.9a	68.2a	56.5d	4.28a	2.70b	1.59a	6.6d	7.5c	43.30bc
	180	80.1a	68.7a	57.5b	4.13b	2.67bc	1.55ab	5.3e	7.8c	43.47bc
	240	79.6a	68.7a	57.8a	4.30a	2.80a	1.54b	6.2d	7.6c	42.90c
	300	79.6a	68.3a	57.2c	4.10b	2.67bc	1.54ab	7.6c	9.7b	43.23bc

注：同一列中，同一品种数据后带不同字母者表示在 0.05 水平上差异显著

表 8-14　不同硅肥用量对稻米营养及食品品质的影响（商全玉等，2009）

水稻品种	施硅量（kg/hm^2）	脂肪酸含量（%）	蛋白质含量（%）	直链淀粉含量（%）	食味值
沈农 265	0（CK）	3.2b	8.2ab	19.0d	72.1a
	60	3.2b	8.1b	19.7b	71.6b
	120	3.3ab	8.2ab	19.3c	69.3d
	180	3.2b	8.1b	18.8e	70.8c
	240	3.5a	8.4a	19.9a	68.3e
	300	3.5a	8.4a	19.6b	67.6f
丰优 2000	0（CK）	3.2c	8.0c	19.1b	74.4b
	60	4.5a	8.2b	18.9c	73.4c
	120	3.9b	8.0c	19.5a	74.8b
	180	4.3a	8.2b	19.4a	74.6b
	240	3.4c	8.0c	19.4a	77.0a
	300	4.4a	8.4a	18.6d	67.9d

注：同一列中，同一品种数据后带不同字母者表示在 0.05 水平上差异显著

表 8-15　不同 Si 添加水平对稻米品质的影响（Ahmad et al.，2013）

处理	籽粒蛋白质含量（%）	籽粒淀粉含量（%）	正常籽粒比例（%）	不育籽粒比例（%）	垩白粒率（%）	产量指数（%）
Si0	6.10b	77.30c	70.54	10.95a	12.72	26.25
Si1	6.20ab	77.34c	71.37	10.82b	12.52	26.35
Si2	6.30a	77.40b	72.02	10.24c	12.41	25.95
Si3	6.19ab	77.57a	73.09	10.24c	11.45	25.65
LSD（0.05）	0.15	0.042	ns	0.077	ns	ns

注：Si0、Si1、Si2、Si3 分别代表 Si 在溶液中的比例分别为 0、0.25%、0.50%、1.00%。均值后不同的字母代表 LSD 法结果在 0.05 水平下差异显著，ns 代表差异不显著，n=10

8.3.2　提高经济作物的品质

硅可以促进甘蔗对营养元素的吸收，提高营养元素在蔗茎和蔗叶中的含量，使叶片的光合强度和蔗叶中转化酶的活性得到提高，促进糖分累积，从而增加甘蔗产量和糖分含量（黄湘源等，1992；季明德等，1992）。加硅后，甘蔗的锤度（蔗汁中的可溶性固形物含量）、转光度（蔗汁蔗糖含量）、蔗糖含量、糖分回收率都显著提高（Ashraf et al.，2009）。施用硅肥可使烟草中钾、总糖和还原糖的平均含量显著提高，总氮、蛋白质、

氯的平均含量显著降低，中部烟叶烟碱含量降低，主要化学成分派生值如糖碱比、钾氯比有所提高（表 8-16，表 8-17）（贾国涛等，2016b）。

表 8-16　不同处理中部烟叶化学成分差异（贾国涛等，2016b）

处理	总糖含量（%）	还原糖含量（%）	烟碱含量（%）	蛋白质含量（%）	总氮含量（%）	钾含量（%）	氯含量（%）	糖碱比	钾氯比
T1	15.06a	10.28c	4.37c	11.01c	2.78c	1.99c	1.29b	3.45b	1.54b
T2	15.66a	11.26a	4.24c	11.22b	2.81c	2.19a	1.20c	3.69a	1.83a
T3	15.75a	10.95b	4.84b	11.15b	2.86b	2.16a	1.41a	3.25b	1.53b
CK	11.38b	7.05d	5.15a	11.96a	2.98a	2.07b	1.42a	2.21c	1.46c
平均比 CK 增加值	4.11	3.78	–0.67	–0.83	–0.16	0.04	–0.12	1.25	0.17

注：均值后不同的字母代表邓肯检验结果在 0.05 水平下差异显著。T1，施硅肥 25kg/667m^2；T2，施硅肥 50kg/667m^2；T3，施硅肥 75kg/667m^2；CK，不施硅肥。重复 3 次。糖碱比=总糖含量/烟碱含量。表 8-17 同

表 8-17　不同处理上部烟叶化学成分差异（贾国涛等，2016b）

处理	总糖含量（%）	还原糖含量（%）	烟碱含量（%）	蛋白质含量（%）	总氮含量（%）	钾含量（%）	氯含量（%）	糖碱比	钾氯比
T1	11.29b	7.14c	4.98a	11.43c	2.91b	1.98b	1.54a	2.27b	1.29b
T2	13.91a	9.08a	4.97a	11.42c	2.93b	1.95b	1.34b	2.80a	1.46a
T3	12.38b	8.43b	4.68b	11.71b	2.96b	2.13a	1.51a	2.65a	1.41a
CK	10.49c	7.28c	4.55b	12.13a	3.08a	1.88c	1.58a	2.31b	1.19c
平均比 CK 增加值	2.04	0.94	0.33	–0.61	–0.15	0.14	–0.12	0.26	0.19

目前认为影响茶叶滋味的主要物质有茶多酚、氨基酸、咖啡碱和可溶性糖，硅的加入会对这些物质产生影响，另外，硅能够提高土壤为植物供应有效氮、钾的能力，N 可为氨基酸的合成提供充足的氮源，钾则对茶氨酸的合成具有激活作用（夏建国等，2007）。另外，配施硅钙镁钾肥能够提高桑叶品质，使桑叶中蛋白质、氨基酸、油脂及还原糖含量都显著提高（刘毅等，2013）。

硅肥可以显著改善果品品质。Figueiredo 等（2010）研究发现，叶部喷施硅酸钾可提高草莓果实总糖和葡萄糖含量，降低柠檬酸含量和果肉 pH，还可以使草莓外观鲜亮。Babini 等（2012）也发现施加含 Si 肥料后较容易收获形态上较一致的草莓果实。苏秀伟等（2011）在对酸性土壤条件下硅对苹果品质影响的研究中发现，在酸性土壤果园中合理施用硅肥，可提高苹果果实可溶性固形物和维生素 C 含量（表 8-18）。施用硅肥后，葡萄果实的平均单粒重、硬度、总糖含量、总酸含量、可溶性固形物含量均有提高，硝酸盐含量下降，葡萄品质得到提高（董娟华等，2016；石彦召等，2010）。另外，硅对西瓜、石榴等水果品质的改善作用也有报道（石彦召等，2011；赵晓美，2012）。Hanumanthaiah 等（2015）在 Si 对香蕉品质的研究中发现，叶片施用 Si 可以改善香蕉的品质，保质期最长增加 1.67 天，总可溶性固形物增加 4.14°Brix，果肉比增加 1.39，酸度降低 0.09%，还原糖和非还原糖分别增加 1.58%和 0.90%。

表 8-18　不同浓度硅处理对苹果品质的影响

处理	硬度（kg/cm^2）	可溶性固形物含量（%）	可滴定酸含量（%）	维生素 C 含量（μg/g）
CK	9.45aA	14.53cB	0.50aA	13.8cB
T1	9.41aA	15.02bA	0.47abAB	21.5bAB
T2	9.45aA	15.15abA	0.42bcABC	29.6aA
T3	9.48aA	15.40aA	0.38cBC	30.4aA
T4	9.43aA	14.97bAB	0.36cC	25.8abA

注：表中同列不同大小写字母分别表示在 0.01 和 0.05 水平上差异显著。T1～T3 为不同用量九水偏硅酸钠处理，折合成 SiO_2 分别为 T1，0.433kg/株；T2，0.866kg/株；T3，1.732kg/株；T4，4kg 生石灰/株

可溶性糖、维生素 C、氨基酸和硝酸盐含量是瓜果重要的营养品质参数，施用硅肥可以提高瓜果蔬菜的品质。刘缓等（2014）利用不同浓度的硅在水培条件下对黄瓜的营养品质和生长发育进行了研究，发现加硅可以显著增加黄瓜糖分、维生素 C 和氨基酸含量，大幅度降低硝酸盐含量，加硅后黄瓜甜、脆、嫩，口感好，而且营养价值高。硝酸盐含量大幅降低的主要原因可能是硅的添加显著增加了黄瓜植株对溶液中氮素的吸收和转化效率（Detmann et al.，2012），也有可能是硅参与了植物体内的氮代谢过程，提高了硝酸还原酶的活性（刘缓等，2014）。硅的加入可以提高青蒜苗内可溶性糖、可溶性蛋白、维生素 C、游离氨基酸的含量，改善青蒜苗的营养品质（刘景凯等，2014）。对于番茄来说，加硅使得其中的可溶性固形物、维生素 C、番茄红素含量和果实的坚硬度都增加（Marodin et al.，2016；Stamatakis et al.，2003）。另外，李炜蔷等（2016）的研究表明，适宜的硅水平能够显著提高大葱游离氨基酸、可溶性糖、丙酮酸等的含量，丙酮酸含量是大葱风味物质有机硫化物最直观的反映指标，适当使用硅肥能够提高大葱的品质（表 8-19）。另外，关于硅对芥菜、辣椒等多种作物的品质影响也有一定的研究（刘传平等，2013；李子双等，2015）。

表 8-19　不同硅水平对盆栽大葱假茎品质及产量的影响

品种	硅水平（mmol/L）	游离氨基酸含量（mg/g，干重）	丙酮酸含量（mg/g，鲜重）	可溶性蛋白质含量（mg/g，鲜重）	可溶性糖含量（%）	维生素 E 含量（mg/kg，鲜重）	纤维素含量（%）	综合品质得分	单株产量（g）
天光大葱	0	3.33bc	0.20c	3.55a	1.31b	245.71b	13.31bc	83.61c	127.81c
	0.6	3.51b	0.24bc	3.64a	1.38ab	277.78a	13.55ab	90.53b	149.73a
	1.2	4.33a	0.31a	3.68a	1.55a	271.83a	13.97a	99.58a	152.62a
	1.8	3.22c	0.28ab	3.57a	1.33b	262.10a	12.74c	89.54b	143.54b
章丘大葱	0	3.02c	0.23b	3.66b	2.20c	379.82b	11.65c	83.03d	151.17c
	0.6	3.17ab	0.27a	3.78b	2.79a	380.96b	16.10ab	93.87b	181.72b
	1.2	3.48a	0.27a	4.18a	2.54b	418.84a	17.58a	97.18a	197.81a
	1.8	3.42a	0.26ab	4.06b	2.23c	394.44b	15.29b	90.92c	185.63b
P 值	品种（V）	0	0.819	0.001	0	0	0	0.281	0
	硅水平（Si）	0	0	0.033	0	0	0.017	0	0
	V×Si	0.001	0.028	0.117	0	0	0.127	0.119	0

注：同列数据后不同字母表示处理间在 5%水平差异显著

另外，也有报道指出，加硅可以提高其他植物的品质，如非洲菊（Savvas et al.，2002）、百日草（Kamenidou et al.，2010）、玫瑰（Kamenidou et al.，2010）、金火炬赫蕉（Ademar and Paulino，2013）等。

8.4 硅产品在农业生产中的应用

以往的研究发现，硅元素对许多作物的生长发育、产量及品质均有着显著的影响。农业上使用的硅的来源主要是化工产品、天然矿物质及钢铁工业的副产品。随着人们对硅元素的认识的不断深入，硅肥在农业生产上的应用也越来越广泛。在我国，当前生产中的硅肥主要分为两大类，一类是枸溶性硅肥，另一类是水溶性硅肥。

8.4.1 枸溶性硅肥

8.4.1.1 原料来源及工艺特点

枸溶性硅肥是利用各种工业固体废弃物粗制而成的主要含硅酸钙的硅肥。其原料主要来源于以下几个方面（汤章其，2001；张锦瑞等，2000；杨春华，1992；焦有，1998）：一是炼钢过程中产生的高炉渣，总硅含量为 30%～35%；二是黄磷或者磷酸生产过程中产生的废渣，总硅含量为 18%～22%；三是电厂粉煤灰，总硅含量为 20%～30%；四是废玻璃。硅肥主要是利用上述原材料通过物理或化学方法制成的。其中物理方法主要制作步骤大致相同，先将水淬渣沥水风干，然后进行破碎和筛选除杂，再进入球磨机球磨，过筛，最后包装即可得到矿渣硅酸盐化肥。其产品质量与机械磨细程度有关，产品越细，有效硅含量越高，产品质量越好。另一种是经过化学方法处理形成的硅肥（常淑艳和张敬伟，2008）。这类硅肥含有硅酸钙，具有无毒、无味、无腐蚀性、不吸潮、不变质、长效性及不易流失的特性，一般不会发生浓度过高导致的肥害（冯元琦，2000）。它不溶于水而溶于酸，可以被植物吸收，一般施用量较大，价格低廉，适合作基肥（夏石头等，2001），但需要注意这类化肥的潜在环境风险，即这类化肥中可能带有重金属元素。

8.4.1.2 硅肥标准

很多国家都根据自己的资源类型和特点，制定了相应的硅肥质量标准。例如，日本规定商业硅肥的有效成分中，二氧化硅的含量需要高于20%，氧化钙和氧化镁的总含量高于35%，金属元素 Ni、Cr、Ti 含量的最大允许值为0.4%、4%、1.5%，但是平炉炼铁渣中二氧化硅的含量即使低于20%，其也可以作为硅肥施用；粒度方面要求全部通过10目（2.15mm）筛，多于60%通过30目（500μm）筛。朝鲜则规定商业硅肥中的二氧化硅含量要高于15%；粒度方面规定85%以上通过250μm 筛的为一级品，85%以上通过208μm 筛的为二级品（Ma and Takahashi，2002）。韩国规定矿渣硅酸盐肥料中有效硅，即有效二氧化硅的含量应该高于10%方可使用（冯元琦，2000）。德国利用钢铁废渣开发肥料，其中高炉渣因可用作石灰肥料作为石灰处理剂中和酸性土壤而被广泛应用于农业和林业，德国规定硅肥粒度应有97%小于1.0mm，80%小于315μm。美国硅肥主要是以沙子和珊瑚为原料，加入一定量的煤粉经石灰窑煅烧后，磨细达到一定粒度即得硅肥，该国规定其可溶性二氧化硅含量应为24%左右，氧化钙和氧化镁的总含量应高于35%（任庆华和赵明琦，2005）。目前，我国硅肥主要有炼铁高炉渣硅肥、电炉钢渣硅肥、增钙粉煤灰硅肥、黄磷电炉渣硅肥、碳化煤球造气炉渣硅肥。我国矿渣硅肥还没有专业的硅肥技术标准，各生产厂家根据生产原料的不同，制定了经地方政府批准的企业标准。我国矿渣硅肥的主要成分和有效硅含量如表8-20所示（冯元琦，2001）。

表 8-20　我国矿渣硅肥的主要成分和有效硅含量（%）

硅肥种类	生产单位	主要成分含量							有效硅含量*
		SiO_2	CaO	Al_2O_3	Fe_2O_3	MgO	P_2O_5	K_2O	
炼铁高炉渣硅肥	浙江江宁钢铁有限公司	36.41	42.69	9.72	0.68	0.85	—	2.58	28.5
电炉钢渣硅肥	南昌钢铁有限公司	23.33	63.03	3.43	—	5.41	0.40	—	12.3
增钙粉煤灰硅肥	湖北华电武昌热电厂	38.25	29.65	24.19	3.93	1.83	—	—	26.5
黄磷电炉渣硅肥	中国石化集团南京化学工业有限公司	38.21	46.30	4.79	0.53	6.17	1.91	—	18.5
碳化煤球造气炉渣硅肥	江西高安市化肥厂	20.73	37.87	13.23	2.03	3.05	0.15	0.38	13.2

注：*代表以 0.5mol/L HCl 提取

8.4.1.3　矿渣硅肥发展历史

公元 5～15 世纪，由于硅没有被认为是植物生长的必需元素，因此由钢铁行业产生的炉渣仅作为肥料和石灰材料在欧洲广泛使用，在德国、比利时、法国、英国等地，炉渣的施用使得玉米、马铃薯、甜菜等作物产量有了显著的提高，土壤 pH 也得到了改良。1881 年，美国的 Zippicotte（1881）首次将含硅矿渣作为肥料使用，并获得了专利。第二次世界大战前，日本科学家将钢铁渣施入田间，发现水稻对稻瘟病的抵抗力有了显著的提高。第二次世界大战以后，日本科学家基于不同的有益矿渣对水稻的影响，在水田土壤退化后的田间进行试验，指出钢铁渣的施用对水稻有显著的肥效，而钢铁渣的肥效来源于硅酸。1955 年，日本政府正式将矿渣硅酸盐肥料纳入日本普通肥料的范畴（Liang et al.，2015），1970 年施用硅肥量最高，为 135 万 t。朝鲜每年硅肥的施用量达 75 万 t。我国台湾地区进行了对 1.3 万 hm^2 水稻施用硅肥的示范和推广，其增产率达到 12%，每公顷增产 600kg。东南亚地区生产水稻的国家已将硅作为排在氮磷钾后的第四位营养元素。美国、澳大利亚已在甘蔗种植上普遍施用硅肥（冯元琦，2000）。

8.4.1.4　矿渣硅肥的利弊

矿渣硅肥以硅酸钙为主，同时含有 Mg、Fe、Zn、B、P、Mn、Ni、Cr 等元素，这些成分中除少量元素外，均有利于农作物的生长。P_2O_5 质量分数高于 6%的钢渣具有一定的肥效，特别适用于缺磷的碱性土壤，可用于生产磷肥；硅是水稻生长所需量最大的元素之一，矿渣中的 SiO_2 可作为硅肥使用；矿渣中含有的 CaO 和 MgO 较多，适用于生产磷肥、硅肥，作土壤改良剂。由于矿渣中存在部分重金属元素，因此，枸溶性硅肥存在的一些潜在毒性和环境风险问题是目前需要解决的重要问题之一。表 8-21 显示了澳大利亚部分矿渣中所含的主要重金属及其含量（Haynes et al.，2013）。虽然目前认为这些有害物质的含量未超过最大允许范围，但是考虑到农田废物回收使用带来的潜在环境风险，需要更加严格地对土壤改良剂、土壤调节剂及废料中的重金属元素进行控制。

表 8-21　澳大利亚部分矿渣中所含的主要重金属及其含量（单位：mg/kg）

成分	Cu	Zn	Cr	As	Cd	Pb	Hg
硅酸钙	2.8	6.3	7.8	35.5	0.24	1.16	0.145
高炉渣 1	8.2	6.6	34.7	96.0	1.52	0.72	0.117
高炉渣 2	13.6	124.8	42.5	57.8	1.00	1.01	0.120
高炉渣 3	12.3	5.8	36.8	64.4	0.70	0.69	0.122
钢渣	18.2	58.9	1472.2	213.6	0.99	0.38	1.363
泥浆	25.5	65.7	1211.2	366.5	1.37	49.9	0.290
粉煤灰	64.7	135.7	91.3	0.008	0.56	25.2	0.026

8.4.1.5　*矿渣硅肥应用实例*

钢渣是钢铁工业的副产品，占钢总量的 15%～20%。我国是世界上最大的钢材生产国，每年产生大量的钢渣，但是仅有 10%被回收利用。钢渣中含有大量的营养物质，在农田中施入钢渣不仅能使土壤肥沃，也能促进作物生长，对提高农田的经济效益有着积极的影响。Ning 等（2016）以水稻为研究对象，在重金属污染土壤中加入钢渣作为基肥，结果表明钢渣的施入可以提高土壤的 pH（图 8-6），增加水稻组织干重（图 8-7），降低晚稻籽粒中的镉含量（图 8-8）。另外，有研究表明在施入钢渣后，土壤 pH 由 4 提高至 5.5 以上，而水稻生长最佳 pH 为 5.5～6.5，因此钢渣的加入有利于保障作物的正常生长（图 8-9）（Kimio，2015）。对在重金属污染土壤上种植的水稻施用高炉渣和电炉渣的研究表明，施用两种矿渣改善了土壤的特性，增加了土壤 pH，提高了可交换态 Ca 和 Mg 的含量及能被植物吸收利用的 P、Si、Fe、Mn 等有益元素的含量，促进了水稻的生长，增加了产量，同时，水稻中的重金属含量在安全范围以内（Ginanjar，2012）。粉煤灰是火力电厂在粉状燃煤中加石灰石燃烧后，经水淬磨细而制成的。它的主要有效成分是硅和钙，所以称为硅钙肥。邢世和和周碧青（2003）在 2 种旱地红壤上施用不同质量配比的粉煤灰与滤泥混合物，施用不同质量配比的该混合物后，土壤酸性均明显减弱，土壤中速效 N、P、K 含量显著增加，大于 0.25mm 的微团聚体的含量及比磁化率都有不同程度的提高；大麦根系重量、生物产量和经济产量均显著提高，根系重量和生物产量均随混合物中滤泥比例的提高而提高，而经济产量则以施用“20%粉煤灰+80%滤泥”的增加效果最明显。另外，其他几种矿渣肥料在农业上的应用也有报道。图 8-10 是磷矿渣施入对小松菜的影响对比图，图片清楚地显示，施用磷矿渣的小松菜生长状况良好，而对照植株矮小、叶片发黄，生长状况差（Kimio，2015）。

8.4.2　水溶性硅肥

水溶性硅肥二氧化硅含量为 50%～60%（常淑艳和张敬伟，2008），有效硅含量高，

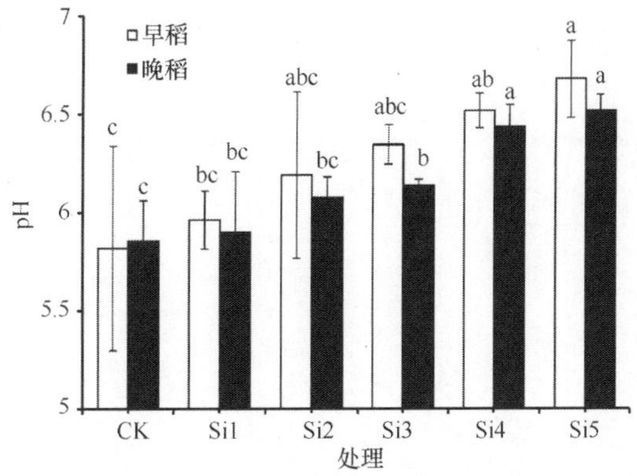

图 8-6　钢渣对土壤 pH 的影响

柱状图上不同字母代表同季水稻在 0.05 水平下差异显著，Si1～Si5 分别代表土壤 SiO_2 的含量为 400mg/kg、800mg/kg、1200mg/kg、1600mg/kg、2000mg/kg

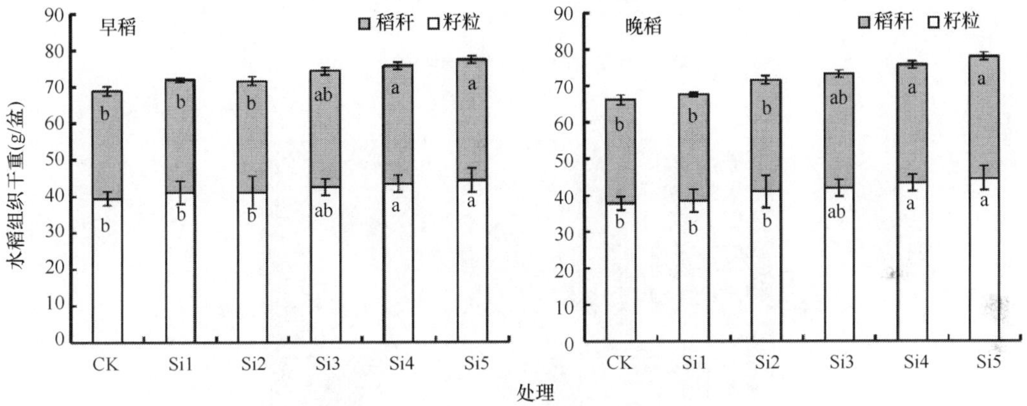

图 8-7　钢渣对水稻组织干重的影响

柱状图上不同字母代表同季水稻在 0.05 水平下差异显著，Si1～Si5 分别代表土壤 SiO_2 的含量为 400mg/kg、800mg/kg、1200mg/kg、1600mg/kg、2000mg/kg

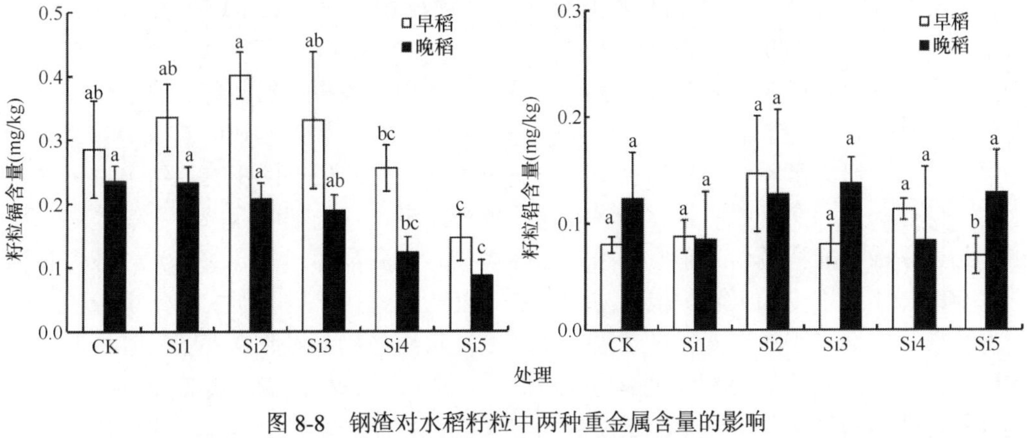

图 8-8　钢渣对水稻籽粒中两种重金属含量的影响

柱状图上不同字母代表同季水稻在 0.05 水平下差异显著，Si1～Si5 分别代表土壤 SiO_2 的含量为 400mg/kg、800mg/kg、1200mg/kg、1600mg/kg、2000mg/kg

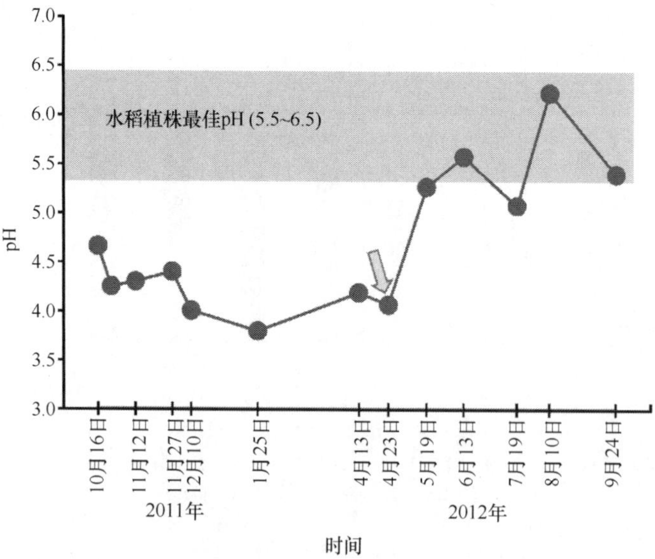

图 8-9　钢渣施入对水稻土壤 pH 的影响

箭头代表施入钢渣

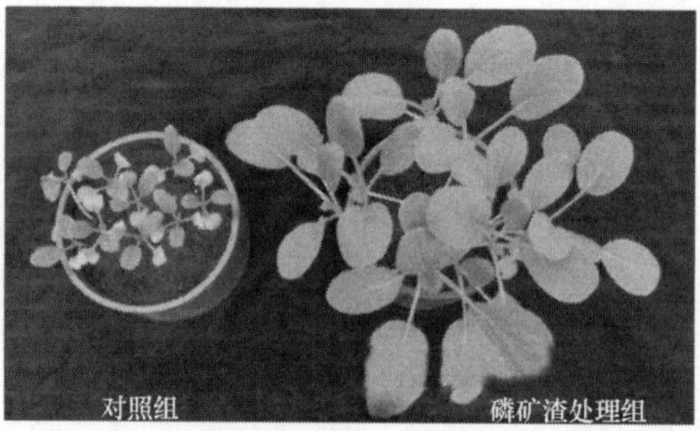

图 8-10　磷矿渣施入对小松菜的影响对比图

这类硅肥能够溶于水，可以被植物直接吸收，如硅酸二钙（$2CaO \cdot SiO_2$）、硅酸一钙（$CaO \cdot SiO_2$）、硅酸钙镁（$CaO \cdot MgO \cdot SiO_2$）、硅酸钠（$Na_2SiO_3$）等，其生产工艺较为复杂，成本较高，但是植物对其吸收利用率较高，施用量较少。这类硅肥属于偏硅酸钠型的高效化肥，一般常用于叶面喷施、冲施和滴灌，多作为基肥（丁旗，2011）。刘光亮等（2011）研究了不同用量的水溶性硅肥对烤烟产量和质量的影响，结果显示施用水溶性硅肥有提高烤烟的产量、经济效益和外观质量，降低烟叶烟碱含量的趋势，可以促进化学成分的协调，改善原烟感官评吸质量。宋利强和刘莹（2017）对施用有机硅水溶缓释肥的小麦和玉米的根系与产量及土壤性状进行了比较研究。结果表明，施用有机硅水溶缓释肥的小麦、玉米根系和产量性状明显优于对照常规肥；有机硅水溶缓释肥处理花后旗叶最大光合速率均较对照高，旗叶及整株衰老速度较慢，同时，有机硅的特殊结构能够减少养分元素间的相互反应，并能够紧密附着在土壤颗粒表面，从而大大减少养分的流失。

8.4.3 其他

8.4.3.1 硅胶

硅胶是一种典型的具有三维空间网状结构的高活性多孔吸附材料，孔道结构丰富，比表面积大，对水分的亲和力较强。硅胶是一种非晶态物质，其分子式为 $m\mathrm{SiO_2}\cdot n\mathrm{H_2O}$，其中的基本结构质点为 Si—O 四面体，Si—O 四面体相互堆积形成硅胶的刚性骨架。它的化学成分及物理性质决定了它难以取代的特点，即硅胶具有不溶于任何溶剂、无毒无味、吸附能力较强、热稳定性较好、化学性质稳定、机械强度高等特点，所以，硅胶在农业方面的应用也非常广泛。硅胶表面有不同的官能团，根据这一特点可以利用其进行层析，用于分离提纯中草药有效成分、制备高纯度的物质、脱水精制色谱担体或担体原料和有机物质等。硅胶可以对土壤进行保湿，给农作物的生长提供优良的环境；可以作为农用防护膜，提高防护膜的耐老化性；也可以选择孔体积较大、离子强度较高的硅胶用作农药载体。同时，硅胶也可用作一种优良的动物饲料添加剂，不仅能够防发霉，而且对饲料的营养价值和适口性不会造成影响（赵希鹏，2011；程燕茹等，2014）。

8.4.3.2 天然含硅物质

除了一些硅产品外，天然含硅物质也有着重要的作用。植硅体，又称作植物硅酸体或者植物蛋白石，是植物根系从土壤溶液中以单硅酸的形式吸收植物所需的硅元素，经过输导组织输送到茎、叶、花、果实等在植物组织中沉积的非晶质无定形二氧化硅（Guntzer et al.，2012）。这些植硅体主要存在于植物细胞的细胞壁、细胞膜及果皮的细胞间隙中。植硅体形态结构多样、大小不一，主要有扇型、棒型、十字型、扇型、齿型、马鞍型、哑铃型等。其成分也较为复杂，主要包括 67%～95%的二氧化硅、1%～12%的水分、0.2%～6%的碳，以及少量的钙、镁、铁、钛、钠等元素。植硅体是土壤生物硅库的重要组成部分，是植物所需硅素的供应者。植硅体被输送到土壤中后，约有 92.5%的植硅体会被迅速分解，重新参与到生态系统的硅素循环过程中，约 7.5%的植硅体能够保存到土壤总硅库中。研究发现，农作物的植硅体含量很高，优化农田的经营管理方式能够提高作物产量和植硅体含量。

另外，天然的含硅矿物质（如硅石灰、橄榄石等）被粉碎后可以作为硅肥来使用。硅藻土也常被一些公司用作硅肥的原料。

主要参考文献

曹逼力, 徐坤, 石健, 等. 2013. 硅对番茄生长及光合作用与蒸腾作用的影响. 植物营养与肥料学报, 19(2): 354-360
常淑艳, 张敬伟. 2008. 硅肥种类及合理施用技术. 植保土肥, (5): 20
陈平平. 1998. 硅在水稻生活中的作用. 生物学通报, 33(8): 6-8
程燕茹, 王玉嬰, 蒋南飞, 等. 2014. 硅胶的发展现状及应用. 化学工程师, 228(9): 36-39
邓接楼, 王艾平, 何长水, 等. 2011. 硅肥对水稻生长发育及产量品质的影响. 广东农业科学, 38(12): 58-61

丁旗. 2011. 硅肥在生产上的用途与施用. 吉林农业, (11): 93
董娟华, 徐德坤, 刘宝传, 等. 2016. 施用硅肥对葡萄产量及品质的影响. 中国园艺文摘, 32(6): 35-36
范业成, 陶其骧, 张明辉. 1981. 江西省主要水稻土硅素有效性的研究. 土壤通报, (3): 7-9
冯元琦. 2000. 硅肥应成为我国农业发展中的新肥种. 化肥工业, 27(4): 9-11
冯元琦. 2001. 硅肥——土壤不可或缺. 中国石油和化工, (1): 33-35, 57
高臣, 刘俊渤, 常海波, 等. 2011. 硅对水稻叶片光合特性和超微结构的影响. 吉林农业大学学报, 33(1): 1-4
葛少彬, 刘敏, 蔡昆争, 等. 2014. 硅介导稻瘟病抗性的生理机理. 中国农业科学, 47(2): 240-251
何电源. 1980. 土壤和植物中的硅. 土壤学进展, 8(Z1): 1-11
贺立源, 江世文. 1999. 小麦施用硅钙肥效应的研究. 土壤肥料, (3): 8-11
黄湘源, 季明德, 张霖林, 等. 1992. 硅元素对甘蔗增产和增糖作用机理的研究Ⅳ. 硅元素对甘蔗中营养元素分布的影响. 甘蔗糖业, (2): 13-18
季明德, 黄湘源, 余锦河. 1992. 硅元素对甘蔗增产和增糖作用机理的研究Ⅵ. 硅元素对蔗叶中转化酶活性的影响. 甘蔗糖业, (4): 6-8
季应明, 陈斌. 2003. 水稻与硅素营养. 中国稻米, 9(2): 25
贾国涛, 顾会战, 许自成, 等. 2016a. 作物硅素营养研究进展. 山东农业科学, 48(5): 153-158
贾国涛, 马一琼, 陈芳泉, 等. 2016b. 枸溶性硅肥对烤烟生理指标和烟叶品质的影响. 中国烟草科学, 37(6): 43-48
焦有. 1998. 粉煤灰的特性及其农业利用. 农业环境与发展, (1): 24-27
柯玉诗, 黄小红, 张壮塔, 等. 1997. 硅肥对水稻氮磷钾营养的影响及增产原因分析. 广东农业科学, (5): 25-27
李清芳, 马成仓, 李韩平, 等. 2004. 土壤有效硅对大豆生长发育和生理功能的影响. 应用生态学报, 15(1): 73-76
李炜蔷, 张逸, 石健, 等. 2016. 硅对大葱矿质元素吸收、分配特性及产量和品质的影响. 植物营养与肥料学报, 22(2): 486-494
李文彬. 2004. 水稻体内硅的生理功能及沉积机理的研究. 北京: 中国农业大学博士学位论文
李子双, 王薇, 张世文, 等. 2015. 氮磷与硅钙肥配施对辣椒产量和品质的影响. 植物营养与肥料学报, 21(2): 458-466
梁永超, 陈兴华, 马同生, 等. 1993a. 硅对番茄生长、产量与品质的影响. 江苏农业科学, (4): 48-50
梁永超, 张永春, 马同生. 1993b. 植物的硅素营养. 土壤学进展, (3): 7-14
刘传平, 徐向华, 廖新荣, 等. 2013. 叶面喷施硅铈复合溶胶对水东芥菜重金属含量及其他品质的影响. 生态环境学报, 22(6): 1053-1057
刘光亮, 陈刚, 窦玉青, 等. 2011. 水溶性硅肥在烤烟中的应用研究. 中国烟草科学, 32(1): 32-34
刘缓, 李建明, 郑刚, 等. 2014. 不同浓度硅对温室水培黄瓜生长发育和营养品质的影响. 西北农业学报, 23(8): 117-121
刘景凯, 刘世琦, 冯磊, 等. 2014. 硅对青蒜苗生长、光合特性及品质的影响. 植物营养与肥料学报, 20(4): 989-997
刘树堂, 韩效国, 东先旺, 等. 1997. 硅对冬小麦抗逆性影响的研究. 莱阳农学院学报, 14(1): 23-27
刘毅, 陈日远, 王范昌, 等. 2013. 硅钙镁钾肥对桑树生长、桑叶产量及品质的影响. 安徽农学通报, 19(23): 49-51
陆欣. 2002. 土壤肥料学. 北京: 中国农业大学出版社
罗丽娟, 林汲, 徐宋萍, 等. 2016. 硅对烟草光合作用的影响. 福建农林大学学报(自然科学版), 45(2): 129-134
明东风, 袁红梅, 王玉海, 等. 2012. 水分胁迫下硅对水稻苗期根系生理生化性状的影响. 中国农业科学, 45(12): 2510-2519

任庆华, 赵明琦. 2005. 利用高炉渣生产硅肥技术综述. 安徽冶金, (1): 54-59
商全玉, 张文忠, 韩亚东, 等. 2009. 硅肥对北方粳稻产量和品质的影响. 中国水稻科学, 23(6): 661-664
邵建华. 2000. 硅肥的应用研究进展. 四川化工与腐蚀控制, 24(6): 44-47
佘恒志, 聂蛟, 李英双, 等. 2018. 施硅量对甜荞倒伏及产量的影响. 中国农业科学, 51(14): 2664-2674
石彦召, 荣娇凤, 苏利, 等. 2010. 增施硅肥对葡萄生理、品质的影响研究. 吉林农业, (11): 98-100
石彦召, 荣娇凤, 苏利, 等. 2011. 增施硅肥对石榴生理、品质的影响研究. 陕西农业科学, 57(1): 49-52
宋利强, 刘莹. 2017. 有机硅水溶缓释肥对小麦-玉米轮作的增产效应. 湖北农业科学, 56(4): 640-644
苏秀伟, 魏绍冲, 姜远茂, 等. 2011. 酸性土壤条件下硅对苹果果实品质和植株锰含量的影响. 山东农业科学, 6: 59-61
汤章其. 2001. 利用高炉渣开发硅肥. 中国资源综合利用, 13(2): 17-18
田福平, 陈子萱, 苗小林, 等. 2007. 土壤和植物的硅素营养研究. 山东农业科学, (1): 81-84
通乐嘎, 赵斌. 2017. 滴灌硅肥和氮肥对春小麦品质的影响. 安徽农业科学, 45(3): 42, 116
温映红, 王曰鑫, 李登科, 等. 2016. 硅钙钾肥对红枣产量及品质的影响. 中国农学通报, 32(19): 69-72
吴朝晖. 2005. 硅素对水稻生长发育影响研究综述. 湖南农业科学, (5): 44-46
夏建国, 杨凌云, 李海霞, 等. 2007. 施硅对川西蒙山茶叶品质的影响研究. 茶叶科学, 27(1): 83-87
夏石头, 萧浪涛, 彭克勤. 2001. 高等植物中硅元素的生理效应及其在农业生产中的应用. 植物生理学通讯, 37(4): 356-360
邢世和, 周碧青. 2003. 不同配比的粉煤灰和滤泥对红壤理化性质与大麦产量的影响. 福建农业大学学报, 32(2): 240-244
邢雪荣, 张蕾. 1998. 植物的硅素营养研究综述. 植物学通报, 15(2): 34-41
许凤英, 张秀娟, 王晓玲, 等. 2014. 液体硅钾肥对水稻冠层结构、光合特性及产量的影响. 江苏农业学报, 30(1): 67-72
杨春华. 1992. 炼钢炉渣综合利用的经济效益与社会效益. 环境污染与防治, (4): 43-45
于立河. 2012. 不同肥密及硅肥对黑龙江春小麦产量与品质形成的调控效应. 呼和浩特: 内蒙古农业大学博士学位论文
曾宪录, 梁计南, 谭中文. 2007. 硅肥对甘蔗叶片一些光合特性的影响. 华中农业大学学报, 26(3): 330-334
张国良, 戴其根, 王建武, 等. 2007. 施硅量对粳稻品种武育粳 3 号产量和品质的影响. 中国水稻科学, 21(3): 299-303
张国良, 戴其根, 张洪程, 等. 2003. 水稻硅素营养研究进展. 江苏农业科学, (3): 8-12
张国芹, 徐坤, 王兴翠, 等. 2008. 硅对生姜叶片水、二氧化碳交换特性的影响. 应用生态学报, 19(8): 1702-1707
张锦瑞, 王伟之, 郭春丽. 2000. 利用粉煤灰生产农用肥. 化工矿物与加工, 29(6): 14-16
张丽阳, 史振声, 王志斌, 等. 2009. 硅钙肥对爆裂玉米品质和生理指标的影响分析. 种子, 28(4): 21-23
张世浩. 2016. 施硅量和施硅时期对镉污染土壤中水稻植株镉积累与转运的调控. 广州: 华南农业大学硕士学位论文
张世浩, 蔡昆争, 王维, 等. 2016. 施硅对高浓度Cd污染土壤中水稻植株Cd积累与分配的调控. 环境科学研究, 29(7): 1032-1040
赵希鹏. 2011. 硅胶的制备及应用现状. 广州化工, 39(24): 24-26
赵晓美. 2012. 钙、硅对西瓜生长发育及品质的影响. 南宁: 广西大学博士学位论文
朱从桦, 张嘉莉, 王兴龙, 等. 2016. 硅磷配施对低磷土壤春玉米干物质积累、分配及产量的影响. 中国生态农业学报, 24(6): 725-735
D'hoore J, 廖兴其. 1980. 土壤硅与植物营养. 土壤学进展, (2): 23-27
Ademar D S, Paulino A W A G. 2013. Heliconia golden torch: productivity and post-harvest quality under different sources and doses of silicon. Revista Brasileira de Engenharia Agrícola e Ambiental, 17(6):

615-621

Ahmad A, Afzal M, Ahmad A U H, et al. 2013. Effect of foliar application of silicon on yield and quality of rice (*Oryza sativa* L.). Cercetari Agronomice in Moldova, 46(3): 21-28

Ali S, Farooq M A, Yasmeen T, et al. 2013. The influence of silicon on barley growth, photosynthesis and ultra-structure under chromium stress. Ecotoxicology and Environmental Safety, 89: 66-72

Alvarez J, Datnoff L E. 2001. The economics of silicon for integrated management and sustainable production of rice and sugarcane. Studies in Plant Science, 8(1): 221-239

Ashraf M, Rahmatullah, Ahmad R, et al. 2009. Potassium and silicon improve yield and juice quality in sugarcane (*Saccharum officinarum* L.) under salt stress. Journal of Agronomy and Crop Science, 195(4): 284-291

Ayres A S. 1966. Calcium silicate slag as a growth stimulant for sugarcane on low-silicon soils. Soil Science, 101(3): 216-227

Babini E, Marconi S, Cozzolino S, et al. 2012. Bio-available silicon fertilization effects on strawberry shelf-life. Acta Horticulturae, 934: 815-818

Berthelsen S, Noble A D, Garside A L. 2001. Silicon research down under: past, present, and future. Studies in Plant Science, 8(1): 241-255

Bokhtiar S M, Huang H, Li Y. 2012. Response of sugarcane to calcium silicate on yield, gas exchange characteristics, leaf nutrient concentrations, and soil properties in two different soils. Communications in Soil Science and Plant Analysis, 43(10): 1363-1381

Camargo M S D, Pereira H S, Korndorfer G H, et al. 2007. Soil reaction and absorption of silicon by rice. Scientia Agricola, 64(2): 176-180

Casey W H, Kinrade S D, Knight C T G, et al. 2004. Aqueous silicate complexes in wheat, *Triticum aestivum* L. Plant, Cell and Environment, 27(1): 51-54

Castro G S A, Crusciol C A C. 2013. Effects of superficial liming and silicate application on soil fertility and crop yield under rotation. Geoderma, 195(1): 234-242

Chen W, Yao X, Cai K, et al. 2011. Silicon alleviates drought stress of rice plants by improving plant water status, photosynthesis and mineral nutrient absorption. Biological Trace Element Research, 142: 67-76

Cheong Y W Y, Halais P. 1970. Needs of sugar cane for silicon when growing in highly weathered latosols. Experimental Agriculture, 6(2): 99-106

Crusciol C A C, Pulz A L, Lemos L B, et al. 2009. Effects of silicon and drought stress on tuber yield and leaf biochemical characteristics in potato. Crop Science, 49(3): 949-954

Detmann K C, Araújo W L, Martins S C V, et al. 2012. Silicon nutrition increases grain yield, which, in turn, exerts a feed - forward stimulation of photosynthetic rates via enhanced mesophyll conductance and alters primary metabolism in rice. New Phytologist, 196(3): 752-762

Elawad S H, Allen L H, Gascho G J. 1985. Influence of UV-B radiation and soluble silicates on the growth and nutrient concentration of sugarcane. Soil and Crop Science Society of Florida Proceeding, 44: 134-141

Elawad S H, Street J J, Gascho G J. 1982. Response of sugarcane to silicate source and rate. Ⅰ. Growth and yield. Agronomy Journal, (3): 484-487

Epstein E. 1994. The anomaly of silicon in plant biology. Proceedings of the National Academy of Sciences of the United States of America, 91(1): 11-17

Erickson K L. 2014. Prairie grass phytolith hardness and the evolution of ungulate hypsodonty. Historical Biology, 26(6): 737-744

Fallah A. 2012. Silicon effect on lodging parameters of rice plants under hydroponic culture. International Journal of AgriScience, 2(7): 630-634

Figueiredo F C, Botrel P P, Teixeira C P, et al. 2010. Leaf spraying and fertirrigation with silicon on the physicochemical attributes of quality and coloration indices of strawberry. Ciencia E Agrotecnologia, 34(5): 1306-1311

Garbuzov M, Reidinger S, Hartley S E. 2011. Interactive effects of plant-available soil silicon and herbivory on competition between two grass species. Annals of Botany, 108(7): 1-9

Gascho G J. 1977. Silicon status of Florida sugarcane. Proceedings of the Florida Soil and Crop Science Society, 36: 188-191

Ginanjar S. 2012. Effect of electrict furnace slag, blast furnace slag, and micro element on growth and yield of paddy rice (*Oryza sativa* L.) IR 64 variety on peat soil from Kumpeh, Jambi. Bogor: Bogor Agriculture University

Gong H J, Chen K. 2012. The regulatory role of silicon on water relations, photosynthetic gas exchange, and carboxylation activities of wheat leaves in field drought conditions. Acta Physiologiae Plantarum, 34(4): 1589-1594

Gong H J, Chen K M, Chen G C, et al. 2003. Effects of silicon on growth of wheat under drought. Journal of Plant Nutrition, 26(5): 1055-1063

Guntzer F, Keller C, Meunier J. 2012. Benefits of plant silicon for crops: a review. Agronomy for Sustainable Development, 32(1): 201-213

Hanumanthaiah M R, Kulapatihipparagi R C, Hipparagi D M, et al. 2015. Effect of soil and foliar application of silicon on fruit quality parameters of banana cv. Neypoovan under hill zone. Plant Archives, 15(1): 221-224

Haynes R J. 2017. Significance and role of Si in crop production. Advances in Agronomy, 146: 83-166

Haynes R J, Belyaeva O N, Kingston G. 2013. Evaluation of industrial wastes as sources of fertilizer silicon using chemical extractions and plant uptake. Journal of Plant Nutrition and Soil Science, 176(2): 238-248

Haysom M B C, Chapman L S. 1975. Some aspects of the calcium silicate trials at Mackay. Proceedings of Australia Sugarcane Technology, 42: 117-122

Kamenidou S, Cavins T J, Marek S. 2010. Silicon supplements affect floricultural quality traits and elemental nutrient concentrations of greenhouse produced gerbera. Scientia Horticulturae, 123(3): 390-394

Kim M, Park S, Lee C, et al. 2016. Long-term application effect of silicate fertilizer on soil silicate storage and rice yield. Korean Journal of Soil Science and Fertilizer, 49(6): 819-825

Kimio I T O. 2015. Steelmaking slag for fertilizer usage. Nippon Steel & Sumitomo Metal Technical Report, 109: 130-136

Lavinsky A O, Detmann K C, Reis J V, et al. 2016. Silicon improves rice grain yield and photosynthesis specifically when supplied during the reproductive growth stage. Journal of Plant Physiology, 206: 125-132

Lewin J, Reimann B E F. 1969. Silicon and plant growth. Annual Review of Plant Physiology, 20(1): 289-304

Lian S. 1976. Silica fertilization of rice. Food Fertilizer Technology Center // The Fertility of Paddy Soils and Fertilizer Applications for Rice. Taipei: Food Fertilizer Technology Center: 197-220

Liang Y C, Hua H X, Zhu Y G, et al. 2006. Importance of plant species and external silicon concentration to active silicon uptake and transport. New Phytologist, 172(1): 63-72

Liang Y C, Ma T S, Li F J, et al. 1994. Silicon availability and response of rice and wheat to silicon in calcareous soils. Communications in Soil Science and Plant Analysis, 25(13-14): 2285-2297

Liang Y C, Nikolic M, Bélanger R, et al. 2015. Silicon in Agriculture. Dordrecht: Springer

Liang Y C, Shen Q R, Shen Z G. 1996. Effects of silicon on salinity tolerance of two barley cultivars. Journal of Plant Nutrition, 19(1): 173-183

Liang Y C, Sun W C, Zhu Y G, et al. 2007. Mechanisms of silicon-mediated alleviation of abiotic stresses in higher plants: a review. Environmental Pollution, 147(2): 422-428

Lindsay W L. 1979. Chemical Equilibrium in Soil. New York: John Wiley & Sons

Liu J M, Han C, Sheng X. 2011. Potassium-containing silicate fertilizer: its manufacturing technology and agronomic effects. Beijing: Proceedings of 5th International Conference on Silicon in Agriculture: 13-18

Liu M, Cai K, Chen Y, et al. 2014. Proteomic analysis of silicon-mediated resistance to *Magnaporthe oryzae* in rice (*Oryza sativa* L.). European Journal of Plant Pathology, 139(3): 579-592

Lux A, Luxová M, Abe J, et al. 2003. The dynamics of silicon deposition in the sorghum root endodermis. New Phytologist, 158(3): 437-441

Ma J F, Takahashi E. 2002. Soil, Fertilizer, and Plant Silicon Research in Japan. Amsterdam: Elsevier Science

Ma J F, Yamaji N. 2006. Silicon uptake and accumulation in higher plants. Trends in Plant Science, 11(8): 392-397

Ma J F, Yamaji N. 2008. Functions and transport of silicon in plants. Cellular and Molecular Life Sciences, 65(19): 3049-3057

Ma J F, Yamaji N, Mitani-Ueno N. 2011. Transport of silicon from roots to panicles in plants. Proceedings of the Japan Academy Series B-Physical and Biological Sciences, 87(7): 377-385

Marodin J C, Resende J T, Morales R G, et al. 2016. Tomato post-harvest durability and physicochemical quality depending on silicon sources and doses. Horticultura Brasileira, 34: 361-366

Marschner H. 2003. Mineral Nutrition of Higher Plants. 2nd. London: Academic Press

Miyake Y, Takahashi E. 1978. Silicon deficiency of tomato plant. Soil Science and Plant Nutrition, 24(2): 175-189

Miyake Y, Takahashi E. 1983. Effect of silicon on the growth of cucumber plant in soil culture. Soil Science and Plant Nutrition, 29(4): 463-471

Miyake Y, Takahashi E. 1985. Effect of silicon on the growth of soybean plants in a solution culture. Soil Science and Plant Nutrition, 31(4): 625-636

Muneer S, Jeong B R. 2015. Proteomic analysis of salt-stress responsive proteins in roots of tomato (*Lycopersicon esculentum* L.) plants towards silicon efficiency. Plant Growth Regulation, 77(2): 133-146

Naeem A, Saifullah, Ghafoor A, et al. 2015. Suppression of cadmium concentration in wheat grains by silicon is related to its application rate and cadmium accumulating abilities of cultivars. Journal of the Science of Food and Agriculture, 95(12): 2467-2472

Ning D, Liang Y, Liu Z, et al. 2016. Impacts of steel-slag-based silicate fertilizer on soil acidity and silicon availability and metals-immobilization in a paddy soil. PLoS One, 11(12): e168163

Ning D, Song A, Fan F, et al. 2014. Effects of slag-based silicon fertilizer on rice growth and brown-spot resistance. PLoS One, 9(7): e102681

Okuda A, Takahashi E. 1962. Studies on the physiological role of silicon in crop plant. Science Soil and Manure in Japanese, 33: 1-8

Okuda A, Takahashi E. 1965. The role of silicon // Okuda A. The Mineral Nutrition of The Rice Plant. Madison: Johns Hopkins Press: 123-146

Patnaik S. 1978. Natural sources of nutrients in rice soils // Patnaik S. Nitrogen and Rice. Manila: IRRI: 501-519

Sarto M V M, Lana M D C, Rampim L, et al. 2015. Effects of silicate application on soil fertility and wheat yield. Semina: Ciências Agrárias, 36(6): 4071-4082

Savant N K, Korndörfer G H, Datnoff L E, et al. 1999. Silicon nutrition and sugarcane production: a review. Journal of Plant Nutrition, 22(12): 1853-1903

Savvas D, Manos G, Kotsiras A, et al. 2002. Effects of silicon and nutrient-induced salinity on yield, flower quality and nutrient uptake of gerbera grown in a closed hydroponic system. Journal of Applied Botany-Angewandte Botanik, 76(5-6): 153-158

Seebold K W, Kucharek T A, Datnoff L E, et al. 2001. The influence of silicon on components of resistance to blast in susceptible, partially resistant, and resistant cultivars of rice. Phytopathology, 91(1): 63-69

Shi Y, Zhang Y, Yao H, et al. 2014. Silicon improves seed germination and alleviates oxidative stress of bud seedlings in tomato under water deficit stress. Plant Physiology and Biochemistry, 78: 27-36

Sommer A L. 1926. Studies concerning the essential nature of aluminum and silicon for plant growth. University of California Publication Agriculture Science, 5: 57-81

Song A, Li Z, Zhang J, et al. 2009. Silicon-enhanced resistance to cadmium toxicity in *Brassica chinensis* L. is attributed to Si-suppressed cadmium uptake and transport and Si-enhanced antioxidant defense capacity. Journal of Hazardous Materials, 172(1): 74-83

Sonobe K, Hattori T, An P, et al. 2013. Effect of silicon application on sorghum root responses to water stress. Journal of Plant Nutrition, 34(1): 71-82

Soratto R P, Crusciol C A C, Castro G S A, et al. 2012. Leaf application of silicic acid to white oat and wheat.

Revista Brasileira de Ciência do Solo, 36(5): 1538-1544

Soratto R P, Fernandes A M C. 2012. Yield, tuber quality, and disease incidence on potato crop as affected by silicon leaf application. Pesquisa Agropecuária Brasileira, 47(7): 1000-1006

Sousa J V D, Rodrigues C R, Luz J M Q, et al. 2010. Foliar application of the potassium silicate in corn: photosynthesis, growth and yield. Bioscience Journal, 26(4): 502-513

Stamatakis A, Papadantonakis N, Lydakis-Simantiris N, et al. 2003. Effects of silicon and salinity on fruit yield and quality of tomato grown hydroponically. Acta Horticulturae, 609: 141-147

Sun W, Zhang J, Fan Q, et al. 2010. Silicon-enhanced resistance to rice blast is attributed to silicon-mediated defence resistance and its role as physical barrier. European Journal of Plant Pathology, 128(1): 39-49

Takahashi E, Tanaka H, Miyake Y. 1981. Distribution of silicon accumulating plants in the plant kingdom. Japanese Journal of the Science of Soil and Manure, 1(52): 511-515

Tamai K, Ma J F. 2008. Reexamination of silicon effects on rice growth and production under field conditions using a low silicon mutant. Plant and Soil, 307(1-2): 21-27

Vaculík M, Landberg T, Greger M, et al. 2012. Silicon modifies root anatomy, and uptake and subcellular distribution of cadmium in young maize plants. Annals of Botany, 110(2): 433-443

Werner D, Roth R. 1983. Silica Metabolism // Lauch A, Bielseski R L. Encyclopedia of Plant Physiology, New Series. Dordrecht: Springer

Winslow M D, Okada K, Correa-Victoria F. 1997. Silicon deficiency and the adaptation of tropical rice ecotypes. Plant and Soil, 188(2): 239-248

Xu H, Lu Y, Xie Z. 2016. Effects of silicon on maize photosynthesis and grain yield in black soils. Emirates Journal of Food and Agriculture, 28(11): 779-785

Ye M, Song Y, Long J, et al. 2013. Priming of jasmonate-mediated antiherbivore defense responses in rice by silicon. Proceedings of the National Academy of Sciences of the United States of America, 110(38): E3631-E3639

Yeo A R, Flowers S A, Rao G, et al. 1999. Silicon reduces sodium uptake in rice (*Oryza sativa* L.) in saline conditions and this is accounted for by a reduction in the transpirational bypass flow. Plant, Cell and Environment, 22(5): 559-565

Yoshida S. 1981. Fundamentals of Rice Crop Science. Manila: BioMed Central Ltd

Yoshida S, Ohnishi Y, Kitagishi K. 1962. Histochemistry of silicon in rice plant: Ⅲ. The presence of cuticle-silica double layer in the epidermal tissue. Soil Science and Plant Nutrition, 8(2): 1-5

Zippicotte J. 1881. Fertilizer: U.S., No. 238240. [2019-11-25]

第 9 章　世界各国对硅与植物的研究概况

硅在地壳中的含量居第二位，主要存在形式是 SiO_2 和硅酸盐，其中 SiO_2 占土壤的 50%～70%。在土壤溶液中，硅元素的浓度与 K、Ca 等营养元素浓度相近，为 0.1～0.6mmol/L，远远超过 P 的浓度。在 pH＜9 时，硅主要以单硅酸[$Si(OH)_4$]的形式为植物根系所吸收，并以此形式随蒸腾流运输到地上部分。国内外大量研究表明，Si 是植物生长的有益元素，在促进植物生长发育、提高植物对胁迫的抗性中起重要作用。

著名化学家和生物学家 Lavoisier（拉瓦锡）于 1787 年首次发现硅存在于岩石中。有关植物中硅的研究可以追溯到 19 世纪初，早在 1804 年，de Saussure 就发现植物中含有硅。1862 年 Sachs 提出了“硅是否参与植物营养过程”的问题。19 世纪末有人发现美国夏威夷地区土壤中硅素含量较低，认为可能与当地甘蔗多年生产消耗 Si 有关，因为甘蔗是喜硅作物。1927 年，美国加州大学的 Sommer 提出硅是水稻生长不可缺少的元素。日本 1935 年开始硅肥研究，1954 年将硅肥投入生产和应用，1957 年成立日本硅肥协会。日本应用含硅炉渣改良退化稻田取得了明显的效果，后续有关土壤和水稻中硅的研究文献日渐增多。20 世纪 70 年代后，一些国家将施用硅肥作为提高水稻产量的重要措施之一。我国 20 世纪 70 年代中期开始硅肥研究，20 世纪 80 年代后期基本实现工业化生产。

近 20 多年来，许多学者从新的角度探讨和评价了硅的作用及机理。目前，国际植物营养研究所（International Plant Nutrition Institute，IPNI）已将 Si 正式列为植物生长的有益元素（beneficial element）或者准必需元素（quasi-essential element）。1999 年 9 月、2002 年 8 月、2005 年 10 月、2008 年 10 月、2011 年 9 月、2014 年 8 月、2017 年 10 月分别在美国、日本、巴西、南非、中国、瑞典、印度召开了 7 届硅与农业国际大会，大大地推动了硅的理论研究及硅肥的应用。

本章简要介绍了世界各国对硅与植物的研究及应用，包括亚洲、欧洲、美洲、大洋洲和非洲等。

9.1　亚洲国家对硅与植物的研究及应用

9.1.1　中国

我国将硅应用于农业生产的历史最早可追溯到 2000 年前。那时我国农民已经开始将稻秆、苜蓿等制作成堆肥进行还田。水稻秸秆中硅含量可高达 10～100mg/kg，用其制备的堆肥富含硅元素，施入土壤后，可有效改良土壤，提高土壤肥力，增加作物产量（Yoshida et al.，1962）。另外，我国农民还有焚烧秸秆还田的习惯，秸秆通过燃烧所形成的草木灰经过还田，也会将 K 和 Si 等元素返还到土壤中，从而在一定程度上补充水稻对养分的需求。由于环境污染问题，目前我国已经禁止露天焚烧秸秆。

从 20 世纪 50 年代开始，我国陆续有报道称，施用富含 Si 的高炉渣、粉煤灰可有效提高水稻、大豆、向日葵、马铃薯、甜菜、小麦、棉花等农作物的产量和品质（Wang et al.，2001；Liang et al.，2015）。中国科学院南京土壤研究所自 20 世纪 70 年代开始，先后在我国广东、广西、湖南、湖北、浙江、江苏等省（区）开展硅肥（高炉渣、粉煤灰等）对水稻作物产量影响的试验。83 个试验点的数据表明，施用 Si 可有效提高水稻产量，平均增幅在 11%左右，该研究结果为我国南方水稻的硅肥推广提供了重要参考依据（臧惠林，1989）。后来的研究集中在对华南地区 pH 和 Si 含量较低的土壤开展矿渣硅肥对水稻、甘蔗、小麦、玉米、蔬菜和一些园艺作物等的影响方面（Liang et al.，2015）。

除了南方酸性土壤外，Liang 等（1994）研究发现，在钙质水稻土中，虽然硅总含量很高，但是真正能够被植物吸收利用的有效硅含量仍较低，此结果进一步表明即使在传统意义上认为是不缺硅的碱性土中，植物所需的硅还是缺乏的，有必要进行外源硅的施加。

最近 20 年来，我国研究人员在硅促进植物生长，增加作物产量，增强植物的抗倒、抗生物胁迫和非生物胁迫的能力等方面进行了广泛研究，并取得了较大进展。浙江大学梁永超课题组在植物对 Si 的吸收方式（Liang et al.，2005a，2006），硅调控植物对重金属（Liang et al.，2005b；Li et al.，2012，2016；Song et al.，2014）、病害胁迫（Liang et al.，2005c；Ning et al.，2014）和盐害的抗性（Liang，1999；Liang et al.，2003）等方面取得了显著进展。其研究证明了双子叶植物黄瓜对硅的吸收同时存在主动吸收和被动吸收的机制，其中主动吸收受外界温度和抑制剂的影响，而被动吸收则由根系内外硅浓度差所驱动。该课题组的另外一个重要工作就是，对硅缓解镉、锌和锰等多种重金属毒害的机制进行了系统的研究，通过在水稻、白菜、油菜等植物上的研究结果得出，提高植物体内抗氧化酶系统的活性从而减轻植物膜脂的氧化是硅介导植物抗重金属的共性机制。近年来，该课题组也开展了施用硅肥对土壤微生物群落结构，特别是对土壤中硝化和反硝化作用的影响研究，以评估施用硅肥对缓解全球变暖的意义（Song et al.，2017）。

西北农林科技大学的宫海军课题组主要围绕硅提高双子叶植物抗旱性和抗盐性进行研究。其对番茄的研究表明，干旱条件下，施硅能提高番茄幼苗根部水势，促进根系对水分的吸收，对于地上部则可促进幼苗的光合作用（Shi et al.，2014，2016）。该课题组通过比较转录组学方法，发现硅能够通过调控黄瓜碳水化合物合成途径，从而缓解盐害胁迫（Zhu et al.，2015，2016）。近年来，该课题组从黄瓜中克隆了 *CsLsi1* 硅转运基因和 *CsLsi2* 硅外排基因，并进行了相关功能的鉴定（Sun et al.，2017，2018）。

华南农业大学蔡昆争课题组从生理学、蛋白质组学和转录组学、土壤微生物的角度研究了硅介导稻瘟病、青枯病抗性的机理。研究表明，硅提高水稻对稻瘟病抗性的机理与硅可以激活植物生化防御反应、影响抗性相关基因和蛋白表达密切相关（Cai et al.，2008；Liu et al.，2014）；而对土传病害青枯病则为硅能启动相关抗性基因和蛋白的表达、参与转录调控及影响土壤微生物群落结构（Chen et al.，2015；陈玉婷等，2015；Lin et al.，2020；Jiang et al.，2019）。该课题组另外一项研究发现，硅还在作物间作系统中起作用。

水稻与蕹菜间作可以显著促进水稻植株对硅的吸收，从而增强水稻对病虫害的抗性（Ning et al.，2017；宁川川等，2017）。Ye 等（2013）发现硅可以提高水稻对稻纵卷叶螟的抗性，施用硅后水稻对害虫取食的防御反应迅速增强，硅对植物的防御反应起到激发效应（priming effect），可激活与抗逆性相关的茉莉酸途径，茉莉酸信号反过来可促进硅的吸收，硅与茉莉酸信号途径相互作用影响着水稻对害虫的抗性。

华中农业大学王荔军课题组对硅与细胞壁结合降低 Cd 污染的研究取得了较大进展。该课题组通过采用原子力显微技术研究发现，硅可以与水稻细胞的细胞壁结合，形成一种[Si-细胞壁基质]Cd 的结构，从而抑制水稻细胞对 Cd^{2+}的吸收（He et al.，2013）。He 等（2015）同样以水稻悬浮细胞作为研究材料，将其在含有/不含有 1mmol/L 硅酸的培养液中培养一段时间后，利用非损伤微测技术在不同浓度的 Cd^{2+}溶液中检测发现，硅预处理可以降低 Cd^{2+}的吸收速率，但是加入 Cu^{2+}后，Cd^{2+}转运相关基因 *Nramp5* 表达显著上调。

此外，中国农业科学院侯茂林课题组在硅提高植物对水稻稻纵卷叶螟等虫害的抗性（韩永强等，2012；Han et al.，2015，2016）方面也开展了大量工作。

在应用方面，我国科技部公布的“九五”重点科技成果推广项目中，硅肥相关项目名列榜首。2004 年 4 月 16 日，农业部发布了由中国农业科学院土壤肥料研究所等单位起草的硅肥行业标准 NY/T 797—2004，标志着经过多年的研究试验和推广，硅肥已成为 21 世纪中国的一种新型肥料。

2000 年和 2017 蔡德龙博士编写了《中国硅营养研究与硅肥应用》（蔡德龙，2000）及《中国硅肥》（蔡德龙，2017），对于硅肥的农业生产应用起到了一定的促进作用。2011 年梁永超教授在北京组织了第五届硅与农业国际大会，2015 年主编 *Silicon in Agriculture: from Theory to Practice*（Liang et al.，2015），扩大了我国的硅研究在国际上的影响。

9.1.2 日本

日本科学家于20世纪初开始逐步开展了硅在高等植物特别是水稻中的作用的研究。Isenosuke Onodera 可能是第一个揭示硅在减轻植物病害中起作用的科学家。他收集了日本西部 13 个省份相邻感染和没有感染稻瘟病的稻田的植株，分析了这些植株的化学元素组成特征，发现感染稻瘟病比没有感染稻瘟病的植株硅含量低，推断水稻植株的硅含量可能与土壤类型有关，因为不同土壤类型的硅含量存在巨大差异（Onodera，1917；Ishiguro，2001）。Onodera 的发现极大地推动了日本科学家在硅对稻瘟病抗性方面的研究。后续研究表明，硅与稻瘟病之间关系密切，抗病品种比感病品种植株 Si 含量高，施用硅肥能显著增强植株对稻瘟病的抗性（Miyake and Adachi，1922）。Kawashima（1927）研究发现，向土壤中施硅可以促进水稻对硅的吸收，降低稻瘟病的发生率，同时稻瘟病的发病率与植株 Si 含量成反比。

随后 20 多年，有关学者多集中于研究硅介导寄主对病害抗性的机理，包括机械障碍和生化机制。Yoshida 等（1962）提出硅提高水稻对稻瘟病抗性的机械屏障假说，其认为沉积于角质层细胞后形成双硅层是硅提高水稻对稻瘟病抗性的重要机制之一。20 世纪 50 年代，日本科学家开始开展对于硅肥在农田生产中应用的探索。Suzuki 和

Shigematsu 利用硅酸钙矿渣作为硅肥来源，按照每公顷 0.2～10t 的施用量将其施加到土壤，可以有效控制稻瘟病，同时提高水稻产量。田间试验还发现，在氮肥过量条件下，施加硅肥能有效缓解水稻胡麻叶斑病的危害（Ishiguro，2001）。

水稻是日本的主要粮食作物，长期单一种植造成土壤养分特别是有效硅的严重流失，进一步影响水稻生长和产量。因此，日本科学家于 1952 年开始在全国范围内使用富 Si 矿渣在稻田进行区位试验，发现施硅对改良土壤和促进作物生长具有明显效果。日本科学家对土壤中硅含量与 pH 的关系进行了研究，发现用稀酸溶剂溶解的硅与水稻吸硅量之间关系密切，建立了施肥量与土壤有效硅含量之间的技术体系（蔡德龙，2017）。日本于 1955 年建立硅肥国家标准，1957 年成立日本硅肥协会，将硅肥作为一种新型肥料进行生产与推广应用（Ma and Takahashi，2002）。这些措施大大促进了硅肥的生产和应用。20 世纪 60 年代日本每年消耗矿渣 100 万 t，1963 年硅肥消费量曾达到 130 万 t 的高峰。

日本对于硅肥的重视，有以下几个原因：①水稻是日本最主要的粮食作物和食物来源，也是 Si 高积累作物；②水稻在日本的种植高度集约化，氮肥施用量很大；③日本土壤普遍缺硅；④以炼钢厂矿渣生产硅肥效益高；⑤日本劳动力短缺，稻草还田逐渐减少。

1995 年 Inanaga 等利用红外和紫外吸收光谱技术，发现在水稻幼苗的细胞壁上，Si 呈现与 Ca 类似的现象，均能和某些有机化合物结合（Inanaga and Okasaka，1995；Inanaga et al.，1995）。其提出假说，认为 Si 可以与木质素-碳水化合物复合体或者酚酸类-碳水化合物复合体结合，而且能与 Ca 竞争细胞壁上的某些结合位点。该假设也被后续实验证据所证实（He et al.，2013，2015）。

自 2006 年以来，日本冈山大学 J. F. Ma 课题组在水稻对硅的吸收、转运和分配等方面取得重大突破，其发现并克隆出控制 Si 吸收和转运的基因 *Lsi1*、*Lsi2*、*Lsi6*，其编码的蛋白包括输入（influx）转运蛋白（Lsi1）、输出（efflux）转运蛋白（Lsi2）和运输蛋白（Lsi6）（Ma et al.，2006，2007）。Ma 等（2006）从野生型水稻经叠氮化钠处理得到的突变株中克隆了与水稻主动吸硅相关的基因 *Lsi1*，其主要在主根和侧根中表达，在根毛中则不表达，且其编码蛋白 Lsi1 分布在根部外皮层和内皮层细胞质膜上。该课题组随后又克隆出另一个编码硅转运蛋白的基因 *Lsi2*，转运蛋白 Lsi2 主要分布在水稻根部外皮层和内皮层细胞质膜上，Lsi2 位于相同细胞间的近侧端，而 Lsi1 则位于细胞的远侧端（Ma et al.，2007）。两个蛋白的作用各不相同，Lsi1 负责将植物体外的硅转运到细胞内，而 Lsi2 的作用则相反，其主要功能是将硅排至细胞外。Yamaji 等（2008）发现一个调节水稻地上部硅分布的转运蛋白 Lsi6，该蛋白主要位于叶片和叶鞘的木质部薄壁细胞，以及茎秆节部位置的木质部转移细胞，它负责 Si 的木质部卸载和 Si 在维管束细胞之间的转移，并最终影响硅在叶片的分布。

到目前为止，研究者已从水稻、大麦、玉米和南瓜中鉴定到多个 Si 转运蛋白（Ma and Yamaji，2015）：在水稻和玉米中分别鉴定出了 3 个 Si 转运蛋白（OsLsi1/ZmLsi1、OsLsi2/ZmLsi2 和 OsLsi6/ZmLsi6），在大麦中鉴定出了 2 个 Si 转运蛋白（HvLsi1 和 HvLsi2），在南瓜中鉴定出了一个内向转运蛋白（CmLsi1）。这些开创性研究对进一步深入理解和认识植物对硅的吸收、转运机理具有重要的意义。

9.1.3 其他亚洲国家

除了中国和日本以外，印度、韩国及东南亚国家（如泰国、马来西亚、印度尼西亚、菲律宾、越南）在农业中特别是水稻生产中也普遍施用硅肥，大部分地区的硅肥施用量在每公顷 225～300kg，并取得了显著增加产量的效果（Savant et al.，1997；Liang et al.，2015）。在韩国，水稻是主要的农作物，但大部分稻田土壤 pH（平均大约为 5.6）和有效硅含量较低。一项针对 365 个土壤样点的测试发现，94%土壤的有效硅含量的范围为 19～300mg/kg，平均值为 70～78mg/kg（Park，2001）。韩国科学家在 20 世纪 50 年代曾进行过高炉渣（作为硅肥）对水稻生长影响的试验，但效果不明显。1960 年以来，该国科学家在有效硅含量低于 130mg/kg 的土壤中开展试验，发现施用硅灰石在氮、磷和钾正常供应的条件下能显著增加水稻的产量。20 世纪 70 年代该国科学家开始了基于土壤测试的稻田土壤肥力管理模型的深入研究，这些方法和模型也可用于各种旱地作物，如玉米、小麦和大麦。而政府每年为农户补贴供应 40 万 t 的硅肥，使得硅肥作为提高水稻等作物土壤肥力的常规肥料得到普遍采纳（Park，2001）。经过硅肥（硅酸钠、炉渣、硅灰石）的大力推广使用，土壤中有效 Si 含量从 1970 年的 72mg/kg 增加到 2003 年的 118mg/kg。一项 26 年（1975～2000 年）的针对黏质稻田的田间试验表明，在硅肥施用量为 1.5t/hm^2 的情况下，水稻产量稳步增加（Kim and Choi，2002）。

印度自 20 世纪 60 年代就有硅肥在农业中应用研究的报道，特别是在水稻作物生产中的应用较多。Parakash 等（2018）编写了 *Silicon in Indian Agriculture* 一书，分别从硅在土壤、水、植物和食品中的含量及分布，硅素养分管理，硅与植物营养和土壤养分，硅对作物生长的影响，硅在农业中的循环，硅的测试方法等方面总结了印度开展硅在农业中的应用试验和研究的概况。该书提出了在印度农业生产中关于水稻和甘蔗等作物的适宜硅肥施用量，硅酸钙为 200～400kg/hm^2，硅钙渣为 2～4t/hm^2；作物秸秆为 2～4t/hm^2，稻壳灰为 0.5～1kg/m^2，粉煤灰为 10t/hm^2，具体用量取决于不同的作物类型。

在菲律宾，国际水稻所（International Rice Research Institute，IRRI）的科学家开展了一系列的田间试验来研究硅肥的不同形式、不同施用量、不同施用方法对稻田的农学效应和虫害影响，并得到了很好的效果（Liang et al.，2015）。硅对水稻产量的提高作用在斯里兰卡、泰国、印度和印度尼西亚也得到了很好的验证与实践。

9.2 欧洲国家对硅与植物的研究及应用

早在 1800 年，植物学家就开始测量不同植物类型的元素组成，发现植物体内的硅含量远超过其他矿质元素，硅在禾本科植物中的含量特别高，比一些双子叶植物中的含量要高 10～20 倍（Rodrigues and Datnoff，2015）。英国化学家 Davy（1819）是最早研究 Si 在单子叶植物（如马尾草、燕麦、小麦等）中分布的科学家，并在其发表的 *Elements of Agricultural Chemistry*（《农业化学基础》）中详细地描述了硅在植物中分布的科学价值。其认为硅在农业上具有重要的应用价值，植物表皮中富含硅，就像动物王国里昆虫披上了一层厚厚的外壳，这对于支撑植物生长和保护植物免受病虫害侵袭起着重要作用。德国科学家 Struve（1835）是另外一位研究硅在高等植物细胞壁中沉积的先锋人物。

1840 年德国化学家 Von Liebig（李比希）编写了 *Organic Chemistry in Its Applications to Agriculture and Physiology* 一书，提出矿物质营养理论，认为植物生长需要 N、S、P、K、Ca、Mg、Si、Na 及 Fe 等营养元素，且都是以盐的形态从土壤中吸收这些元素，该理论也奠定了现代化学肥料工业的基础。同时，他也是最早把 Si 列为与 N、P、K 同等重要的植物必需养分的科学家之一。Von Liebig（1840）认为，硅在保持禾本科作物茎秆机械强度方面起重要作用，因为禾本科作物缺硅时往往容易倒伏。通过大量实验，他还发现硅对于双子叶植物甜菜的生长也起重要的促进作用。

1842 年，Berzelius 研究了在田间条件下，Si 与有机质的相互作用（Matichenkov et al.，2001）。Sachs（1865）通过溶液培养技术，研究了不同营养元素在植物体内的分布与作用，证明 Si 在植物体内的存在具有普遍性，但 Si 并非如 N、P、K 那样对植物而言是不可或缺的，这也是首次质疑 Si 对植物生长的必需性的报道。自 1856 年起，英国洛桑试验站研究人员开展了一项硅酸钠对牧草和大麦生长与产量影响的长期定位试验；研究表明，在缺 K 条件下，施用硅酸钠能持续显著增加作物产量（2002～2005 年），但在 K 养分充裕时则没有效果（Rothamsted Research，2006；Liang et al.，2015）。早在 19 世纪末期，Kreuzhage 等学者就通过高分辨率电镜技术手段，首次研究了硅在燕麦不同组织的显微分布和特定位置，并提出了硅在细胞空腔中的集聚可能对植物抗病性起到积极作用。Germar 和 Wagner 分别在 1934 年和 1940 年研究发现，施硅可显著提高小麦和黄瓜对白粉病的抗性，主要原因在于硅的吸收与积累能增强植株的机械强度和诱导生成抗性物质（Rodrigues and Datnoff，2015）。

过去的一个世纪，关于 Si 的生理效应和农学作用在欧洲得到了广泛的研究。最有代表性的工作是有关硅是否是必需元素的争论。Marschner 等（1990）的研究表明，在缺硅实验中，导致黄瓜和番茄产生不良症状的原因是营养液中 Zn 含量过低而 P 含量过高，并非缺 Si，反驳了日本科学家认为 Si 是植物必需元素的观点，该结果也进一步支持了 Arnon 和 Stout（1939）认为 Si 并非植物必需元素的观点。

此外，欧洲科学家还开展了硅缓解重金属 Al、Mn、Cd 毒害及氧化胁迫的研究（Rogalla and Römheld，2002；Wang et al.，2004；Fleck et al.，2011）。Fleck 等（2011）的研究表明，施 Si 可以通过调控栓质化和木质化相关基因的转录、表达而降低水稻的活性氧含量并减轻氧化胁迫，从而促进表皮的栓质化和厚壁组织的木质化（Fleck et al.，2011）。同时，Si 还可以缓解黄瓜缺 Fe 的症状，促进根部和木质部 Fe 的活化（Pavlovic et al.，2013）。

在硅介导植物对病害的抗性方面，德国 Wydra 课题组从植物病理、生理和分子水平阐明了 Si 提高番茄对青枯病抗性的机理（Dannon and Wydra，2004；Diogo and Wydra，2007；Ghareeb et al.，2011a，2011b；Kiirika et al.，2013；Kurabachew et al.，2013）。

近年来，英国约克大学的 S. E. Hartley 和澳大利亚西悉尼大学的 S. N. Johnson 合作，在全球变暖背景下，在硅调节草本植物初生和次生代谢、间接影响植食者的取食风险方面取得较大进展。其研究发现，CO_2浓度升高虽能促进植物生长，但会增加酚酸含量，同时降低植株的 Si 含量，而植株体内的酚酸含量与昆虫取食量成正比，从而导致一些草本植物更容易受到植食者的危害和其他环境胁迫的影响（Frew et al.，2016；Johnson and Hartley，2018）。Si 还能影响植物-植食者-捕食者三级营养关系，施 Si 能显著促进草本植物对 Si 的吸收，降低植物对植食者的适口性，同时降低捕食者甲虫及蟋蟀的摄食量，也可减少捕食者螳螂的捕食行为（Frew et al.，2017；Ryalls et al.，2017）。这些研究对于未来全球变化情况下认识 Si 的作用尤其重要，也为 Si 与害虫的综合管理提供了科学基础。

此外，欧洲科学家对植物 Si 含量的测定和分析的新方法也做了一些探索。例如，法国科学家利用新的荧光染料来标记生物硅（Desclés et al.，2008）、利用钛提取剂来测定植株 Si 含量（Guntzer et al.，2010），英国科学家用 X 射线荧光光谱来分析植株的 Si 含量（Reidinger et al.，2012），比利时科学家利用近红外反射光谱测定植物体内的 Si 含量（Smis et al.，2014），斯洛伐克科学家利用荧光显微方法测定黄瓜根部的生物硅和植硅体（Soukup et al.，2014），等等。

9.3 美洲国家对硅与植物的研究及应用

9.3.1 美国

早在 19 世纪末期就有人发现夏威夷土壤有效硅含量较低，利用矿渣作为肥料可以改善土壤硅素状况，提高作物产量。20 世纪初，研究发现施用硅酸钙能使大豆产量增加 21%，并且效果优于石灰、钾肥和磷酸盐。随后几十年的研究针对水稻、珍珠粟、向日葵、甜菜、番茄、大麦等作物，探索了大量施用硅对作物生长、病害抗性、酸性土壤改良等的作用，进一步证实了 Si 在植物中的潜在益处（Tubana et al.，2016）。

在 1950 年以前，关于硅是否是高等植物的一种必需营养元素一直没有令人信服的结论。Raleigh（1939）是第一个研究硅对双子叶植物病害抗性的科学家，他的研究发现，在营养液中添加硅可显著促进甜菜的地上部和地下部生物量积累，增强其对病害的抗性，如果缺硅则甜菜容易感病。早期研究认为，硅对于某些作物（如水稻、向日葵、大麦、甜菜等）来说是一种重要的营养元素（Liang et al.，2015），但很难解释硅是一种必需元素，因为实验都是用石蜡包裹的玻璃容器或者用沥青漆的铁质容器，很难创造一个无硅的实验环境条件，化学容器、水和灰尘都可能含有硅，会造成硅的污染。

1939 年美国学者 Arnon 和 Stout 提出判断植物必需矿质营养元素的 3 条标准：①这种化学元素对所有植物的生长发育是必不可少的，缺乏这种元素植物就不能完成其生命周期；②植物缺乏这种元素会表现出特有的症状，只有补充后症状才能减轻或消失，而且其他化学元素均不能代替其起作用；③这种元素必须直接参与植物的新陈代谢，对植物起直接的营养作用，而不是改善环境的间接作用。因此硅一致被认为属于有益元素而不是必需元素，其原因是硅与 N、P、K、Fe、Ca 等不同，很难用同位素来进行示踪。同时，硅广泛存在于自然界，人们难以得到无硅素的纯水，况且空气中的灰分等也含有一定量的硅，不添加硅元素，植物同样能开花结果。在一个水培实验中，Woolley（1957）用双蒸水（Si 含量为 0.000 85g/L）种植番茄研究 Si 是否是番茄所必需的，发现不添加硅的植株长得很好，很难解释 Si 的作用。

William 和 Vlamis（1957a，1957b）在揭示硅对植物生长的重要性方面做了开拓性工作。他们发现硅处理可以减缓 Mn 的毒害，但是并不降低大麦叶片中 Mn 的含量，Si 使 Mn 在植株中的分布更加均匀，避免集中在毒害部位。首先直接将硅作为肥料而不是改良剂使用是在夏威夷的甘蔗生产中进行的，这项研究主要是探索在缺 Si 土壤下施用 Si 对甘蔗叶斑病的影响；结果表明施用硅酸钙炉渣可显著缓解叶斑病，提高甘蔗产量和茎秆的蔗糖含量，以及降低叶片中 Mn/Si 的值。Ayres（1966）研究发现，施用 6.2t/hm^2 的电炉渣可使甘蔗产量增加 9%～18%，使蔗糖含量增加 11%～22%，而可溶性的 Si 可显著抑制甘蔗对 Al 和 Mn 的吸收。随后类似的工作在美国南部的佛罗里达地区的水稻、甘蔗、柑橘等作物生产中广泛开展，特别是 Datnoff 等（1992，1997，2001）学者，他们针对 Si 提高水稻抗病（稻瘟病、褐斑病等）性做了大量的研究工作。佛罗里达地区广泛种植水稻和甘蔗，土壤容易出现 Si 的缺乏，施用硅酸钙矿渣能增加 30%的水稻产量和 25%～129%的甘蔗产量，并显著降低稻瘟病发病率和稻谷的变色比率，从而推动硅肥在这类作物生产中的广泛施用。

21 世纪以后硅的研究与推广应用扩展到美国其他州和地区（Tubana et al.，2016）。从 2000 年开始，研究者在路易斯安那州建立了一系列田间试验来评估硅酸盐矿渣对甘蔗产量和水稻病害的影响；在堪萨斯州开展了 Si 对玉米植株体内 Si 沉积的影响研究；在犹他州开展了 Si 对大豆、玉米、水稻、小麦干旱胁迫的影响研究，发现 Si 在干旱胁迫下可使生殖生长期玉米和小麦的生物量显著增加 18%和 17%，使玉米水分利用效率提高 36%；在新泽西州开展了硅酸钙矿渣施用对南瓜、卷心菜、冬小麦、玉米、燕麦、牧草等生长的影响研究，发现 Si 的施用能促进作物吸收 Si，增加产量，减轻病害（如白粉病）和害虫（如欧洲玉米螟）的危害，在随后几年还有后效作用。除了农作物外，硅肥在牧草和园艺作物中也得到广泛应用，伊利诺伊州、缅因州、俄克拉荷马州和俄亥俄州的科学家对此进行了实践（Tubana et al.，2016）。除此之外，科学家对路易斯安那州的水稻昆虫管理、堪萨斯州和伊利诺伊州的园艺作物也开展了 Si 的应用效果评价。

在硅的抗性机理方面，从 1990 年以来，美国科学家发现硅提高植物抗病性的机理主要与机械屏障有关，后来更多的研究认为与硅诱导植物的生理防御反应（如增强防御相关酶活性，诱导次生代谢物质如植保素、稻壳酮等）及分子调控[如基因表达、激素（如 SA、JA、ETH）代谢]等有关，从而增强了寄主对病害的抗性。美国植物营养学家 Epstein 连续在国际著名刊物发表综述，系统总结了 Si 在化学、生理和分子方面作用的研究，讨论了硅在土壤中的分布、对植物生长的重要性，论述了硅为什么不应该被忽略等，并提出把 Si 作为一种有益元素甚至是准必需元素，这大大推动了 Si 在国际上的研究（Epstein，1994，1999；Epstein and Bloom，2005）。2006 年美国加州大学教授 L. Taiz 和 E. Zeiger 编著的经典教材 *Plant Physiology*（《植物生理学》）将硅列为植物生长的必需元素。目前，国际植物营养研究所已经将 Si 正式列为植物生长的一种有益元素或者准必需元素，强调了 Si 在植物营养中的重要性，特别是在环境胁迫条件下的重要作用（http://www.ipni.net/nutrifacts-northamerican）。

9.3.2 加拿大

加拿大对于硅（Si）与植物的早期研究主要包括 4 个方面（Menzies et al.，2001）：①Si 在高等植物器官和细胞中的位置、分布及沉积；②Si 的生物化学；③Si 在植物-真菌病原体相互作用中的作用；④使用硅藻土和二氧化硅气凝胶来控制采后产品中的昆虫。J. A. Mc Keague 等学者早在 20 世纪 60 年代就对土壤中 Si 的形态、含量、吸收转化机制做了探讨。20 世纪 70 年代开始，加拿大以 A. G. Sangster 等为代表的学者在揭示 Si 在高等植物（如禾本科蜀黍族植物）器官（如根、叶）和细胞中的分布与沉积方面做了大量开创性工作（Sangster 1981，1983，1985；Aderkas et al.，1986）。尽管 Si 在植物中的含量差别很大，但是早在 1978 年 Sangster 认为植物中的 Si 含量主要取决于植物在分类单元和进化树中所处的位置，而与环境条件（即土壤中的 Si 浓度和土壤溶液的 pH）关系不大。20 世纪 90 年代中期，以 Stumpf 和 Menzies 为代表的科学家开始研究硅提高大豆抗疫病和黄瓜抗白粉病能力的相关机理（Stumpf and Heath，1985；Menzies et al.，1991；Menzies，1991），其从细胞学的角度揭示了硅通过在细胞间沉淀形成坚实的机械防御。

最近 20 多年来，以拉瓦尔大学（Laval University）的 R. R. Bélanger 为代表的课题组，在 Si 介导植物对病害（白粉病等）抗性的机理方面的研究较为深入，涉及的植物包括拟南芥、小麦、黄瓜等（Fauteux et al.，2005，2006；Deshmukh et al.，2015；Coskun et al.，2019）。研究发现，Si 处理能激活植物对病原体的快速反应，增强过氧化物酶和多酚氧化酶活性，促进酚类化合物积累，并通过增加植保素含量来参与黄瓜对白粉病的抗性反应，而这种化学防御长期以来被认为在葫芦科中是不存在的。此外，通过转录组分析，该课题组发现 Si 只有在植物受到逆境胁迫时才能激发防御反应（Fauteux et al.，2006）。该课题组在木贼科植物问荆（*Equisetum arvense*）中发现了一种新型的 Si 转运蛋白，该植物是一种原始植物，以其积累大量 Si 的能力而闻名（Grégoire et al.，2012）。随后该课题组对 25 种 Si 吸收能力不同的植物的 985 个水通道蛋白进行了比较分析，在此基础上提出基于 NIP-III AQP 对不同植物吸 Si 能力进行分类的新方法（Deshmukh et al.，2015）。研究者最新提出了 Si 介导植物胁迫抗性的“质外体阻控假说”，认为 Si 在植物体内的积累形成了质外体屏障，可以阻止病菌、害虫、有毒物质等侵入植株（Coskun et al.，2019）。

9.3.3 巴西

水稻是巴西的主要农作物之一，而稻瘟病、纹枯病、谷物脱色是造成巴西粮食产量及质量显著下降的主要原因。巴西水稻生产在选用抗性品种的基础上，合理进行养分管理，除了常规的施肥外，Si 肥也在水稻养分管理中起积极作用。对 12 个易感稻瘟病的水稻品种的田间试验表明，每公顷施用 800kg 的二氧化硅肥能显著降低稻瘟病的发病率，提高植株的抗性，降低籽粒的变色比率，而盆栽试验的效果更加明显（Prabhu et al.，2001）。目前，巴西最主要的硅研究团队为 F. Á. Rodrigues 领衔的维索萨联邦大学（Federal University of Vicosa）团队。Rodrigues 早年留学于美国，师从美国著名硅研究学者 L. E. Datnoff。自 Rodrigues 回到巴西任教后，其团队对利用硅防治本地常见热带作物的病害，如水稻的胡麻叶斑病（Dallagnol et al.，2009）、大豆的锈病和灰斑病（Pereira et al.，2009；Nascimento et al.，2018）、小麦的麦瘟病（Perez et al.，2014）、香蕉的枯萎病（Fortunato et al.，2012）、高粱的炭疽病（Resende et al.，2009）等进行了大量探索。

9.4　大洋洲和非洲国家对硅与植物的研究及应用

9.4.1　澳大利亚

早期对 Si 的研究做出比较大的贡献的为 L. H. P. Jones 和 K. A. Handreck 等学者，他们在 20 世纪 60 年代开展了一系列关于 Si 对土壤、植物和动物的影响研究，分析了 Si 在燕麦、小麦体内的吸收和分配及形成的硅化结构，揭示了 Si 含量与水分蒸发之间的关系（Datnoff et al.，2001）。1967 年，Jones 和 Handreck 在国际著名刊物发表综述，论述了硅的生物化学、有效性、吸收和影响吸收的因素、减缓镁毒性的机制等。1969 年，Lewin 和 Reimann 撰写文章 *Silicon and Plant Growth*（《硅和植物生长》），讨论了硅的化学形态、在植物体内的吸收和分布、对植物生长的效应，以及硅缺乏时造成的 Mn 和 Fe 毒害、硅与 P 和 B 的互作等。

从 20 世纪 70 年代开始，澳大利亚对硅的研究大多集中在甘蔗方面，主要原因是澳大利亚是世界最主要的蔗糖生产国和出口国之一，甘蔗生产（制糖业）在农业上占有重要的地位，同时甘蔗又是对 Si 需求比较大的作物。这个时期的研究主要是在澳大利亚中部和昆士兰北部湿润区开展硅酸钙施用对甘蔗的影响试验，施用效果因土壤类型而存在差异。这些研究表明随着硅酸钙施用量的增加，甘蔗叶片的 Si 含量也增加，Si 的施用也显著增加了甘蔗的产量，但这些研究并没有区分 Si 和 Ca 的作用（Haysom and Chapman，1975）。Rudd 和 Berthelsen（1998）在昆士兰北部偏西的湿润区开展试验，发现硅酸钙在高度风化的沙土上能显著增加甘蔗产量（38%），而且甘蔗产量与叶片的 Si 含量密切相关（r^2=0.86）。该项试验结果积极地推动了澳大利亚对 Si 的研究，包括土壤中 Si 素养分测定及饱和容量评价、Si 的测定方法、不同 Si 素来源的效果等。

2017 年昆士兰大学 Haynes 教授撰写综述，分析讨论了硅在土壤中的分布状况，硅的吸收，硅提高作物生长速率和对环境胁迫抗性的机制，植株和土壤中 Si 的测定方法，硅肥来源，等等。

9.4.2　南非

在南非，最早发现硅在甘蔗中的有益作用是在 1937 年，是由年轻学者 D'Hotman De Villies 发现的。他的研究表明，在高度风化的甘蔗土壤上施用 200～400t/hm^2 的富含 Si

的玄武岩，可以使每公顷的甘蔗产量增加 30～60t。Meyer 和 Keeping（2001）总结了自 1970 年以来进行的许多温室和田间硅在甘蔗上的施用试验，并比较了偏硅酸钙矿渣和碳酸钙硅对甘蔗产量及土壤特性的影响。在进行的 5 个田间试验中有 4 个试验表明硅酸钙矿渣和石灰处理能显著增加甘蔗产量。所有改良剂都可降低土壤中的可交换铝和锰含量，作物产量的增加与植株中二氧化硅浓度的增加有关。随后的研究集中在作物对硅的吸收和寄主植物对非洲茎螟（*Eldana saccharina*）（鳞翅目：螟蛾科）的抗性之间的关系方面。大规模甘蔗盆栽试验表明，人工接种 *E. saccharina* 后，硅酸钙处理使螟虫危害率降低 33.7%，螟虫重量减少 19.8%。近红外光谱（near-infrared spectros copy，NIRS）电镜扫描表明，高达 60%的对 *E. saccharina* 抗性的差异与叶片硅含量有关（R=0.60）（Meyer and Keeping，2001）。此后研究者还开展了一系列硅对非洲茎螟的抗性方面的研究（Keeping and Meyer，2006；Smith et al.，2007；Kvedaras et al.，2007，2009）。

总之，自从 20 世纪 80 年代以来，国际上对硅与植物抗性及在农业上应用的研究越发活跃，极大地推动了植物硅素营养的理论研究，并在实践应用上取得了显著成效。施硅作为一种简单、可持续的方法在提高植物抗性和促进农业生产中起重要作用。

主要参考文献

蔡德龙. 2000. 中国硅营养研究与硅肥应用. 郑州: 黄河水利出版社

蔡德龙. 2017. 中国硅肥. 武汉: 湖北科学技术出版社

陈玉婷, 林威鹏, 范雪滢, 等. 2015. 硅介导番茄青枯病抗性的土壤定量蛋白质组学研究. 土壤学报, 51(1): 162-173

韩永强, 魏春光, 侯茂林. 2012. 硅对植物抗虫性的影响及其机制. 生态学报, 32(3): 974-983

宁川川, 杨荣双, 蔡茂霞, 等. 2017. 水稻-雍菜间作系统中种间关系和水稻的硅、氮营养状况. 应用生态学报, 28(2): 474-484

臧惠林. 1989. 硅肥对水稻的增产效应和硅肥资源的研究. 化肥工业, (4): 12-14

Aderkas P V, Rogerson A, Freitas A D. 1986. Silicon accumulation in fronds of the ostrich fern, *Matteuccia struthiopteris*. Canadian Journal of Botany, 64(3): 696-699

Arnon D I, Stout P R. 1939. The essentiality of certain elements in minute quantity for plants with special reference to copper. Plant Physiology, 14(2): 371-375

Ayres A S. 1966. Calcium silicate slag as a growth stimulant for sugar cane on low-silicon soils. Soil Science, 101(3): 216-227

Cai K, Gao D, Luo S, et al. 2008. Physiological and cytological mechanisms of silicon - induced resistance in rice against blast disease. Physiologia Plantarum, 134(2): 324-333

Chen Y, Liu M, Wang L, et al. 2015. Proteomic characterization of silicon-mediated resistance against *Ralstonia solanacearum* in tomato. Plant and Soil, 387(1-2): 425-440

Coskun D, Deshmukh R, Sonah H, et al. 2019. The controversies of silicon's role in plant biology. New Phytologist, 221(1): 67-85

Dallagnol L J, Rodrigues F Á, Mielli M V, et al. 2009. Defective active silicon uptake affects some components of rice resistance to brown spot. Phytopathology, 99(1): 116-121

Dannon E A, Wydra K. 2004. Interaction between silicon amendments, bacterial wilt development and phenotype of *Ralstonia solanacearum* in tomato genotypes. Physiological and Molecular Plant Pathology, 64(5): 233-243

Datnoff L E, Deren C W, Snyder G H. 1997. Silicon fertilization for disease management of rice in Florida. Crop Protection, 16(6): 525-531

Datnoff L E, Snyder G H, Deren C W. 1992. Influence of silicon fertilizer grades on blast and brown spot development and on rice yields. Plant Disease, 76(10): 1011-1019

Datnoff L E, Snyder G H, Korndörfer G H. 2001. Silicon in Agriculture. New York: Elsevier Science

Davy H. 1819. Elements of Agricultural Chemistry. Hartford: Hudson and Co

Desclés J, Vartanian M, El Harrak A, et al. 2008. New tools for labeling silica in living diatoms. New Phytologist, 177(3): 822-829

Deshmukh R K, Vivancos J, Ramakrishnan G, et al. 2015. A precise spacing between the NPA domains of aquaporins is essential for silicon permeability in plants. The Plant Journal, 83(3): 489-500

Diogo R V C, Wydra K. 2007. Silicon-induced basal resistance in tomato against *Ralstonia solanacearum* is related to modification of pectic cell wall polysaccharide structure. Physiological and Molecular Plant Pathology, 70: 120-129

Epstein E. 1994. The anomaly of silicon in plant biology. Proceedings of the National Academy of Sciences of the United States of America, 91(1): 11-17

Epstein E. 1999. Silicon. Annual Review of Plant Biology, 50(1): 641-664

Epstein E, Bloom A J. 2005. Mineral Nutrition of Plants: Principles and Perspectives. 2nd. Sunderland: Sinauer Associates Inc

Fauteux F, Chain F, Belzile F, et al. 2006. The protective role of silicon in the *Arabidopsis*-powdery mildew pathosystem. Proceedings of the National Academy of Sciences of the United States of America, 103(46): 17554-17559

Fauteux F, Rémus-Borel W, Menzies J G, et al. 2005. Silicon and plant disease resistance against pathogenic fungi. FEMS Microbiology Letters, 249(1): 1-6

Fleck A T, Nye T, Repenning C, et al. 2011. Silicon enhances suberization and lignification in roots of rice (*Oryza sativa*). Journal of Experimental Botany, 62(6): 2001-2011

Fortunato A A, Rodrigues F Á, do Nascimento K J T. 2012. Physiological and biochemical aspects of the resistance of banana plants to *Fusarium* wilt potentiated by silicon. Phytopathology, 102(10): 957-966

Frew A, Allsopp P G, Gherlenda A N, et al. 2017. Increased root herbivory under elevated atmospheric carbon dioxide concentrations is reversed by silicon - based plant defences. Journal of Applied Ecology, 54(5): 1310-1319

Frew A, Powell J R, Sallam N, et al. 2016. Trade-offs between silicon and phenolic defenses may explain enhanced performance of root herbivores on phenolic-rich plants. Journal of Chemical Ecology, 42(8): 768-771

Germar B. 1934. Über einige Wirkungen der Kieselsäure in Getreidepflanzen, insbesondere auf deren Resistenz gegenüber Mehltau. Zeitschrift für Pflanzenernährung, 35(1-2): 102-115

Ghareeb H, Bozsó Z, Ott P G, et al. 2011a. Transcriptome of silicon-induced resistance against *Ralstonia solanacearum* in the silicon non accumulator tomato implicates priming effect. Physiological and Molecular Plant Pathology, 75(3): 83-89

Ghareeb H, Bozsó Z, Ott P G, et al. 2011b. Silicon and *Ralstonia solanacearum* modulate expression stability of housekeeping genes in tomato. Physiological and Molecular Plant Pathology, 75(4): 176-179

Gong H J, Chen K M, Zhao Z G, et al. 2008. Effects of silicon on defense of wheat against oxidative stress under drought at different developmental stages. Biologia Plantarum, 52(3): 592-596

Gong H J, Randall D P, Flowers T J. 2006. Silicon deposition in the root reduces sodium uptake in rice (*Oryza sativa* L.) seedlings by reducing bypass flow. Plant, Cell and Environment, 29(10): 1970-1979

Gong H J, Zhu X Y, Chen K M, et al. 2005. Silicon alleviates oxidative damage of wheat plants in pots under drought. Plant Science, 169(2): 313-321

Grégoire C, Rémus-Borel W, Vivancos J, et al. 2012. Discovery of a multigene family of aquaporin silicon transporters in the primitive plant *Equisetum arvense*. The Plant Journal, 72(2): 320-330

Guntzer F, Keller C, Meunier J D. 2010. Determination of the silicon concentration in plant material using Tiron extraction. New Phytologist, 188(3): 902-906

Han Y Q, Lei W B, Wen L Z, et al. 2015. Silicon-mediated resistance in a susceptible rice variety to the rice leaf folder, *Cnaphalocrocis medinalis* Guenée (Lepidoptera: Pyralidae). PLoS One, 10: e0120557

Han Y Q, Li P, Gong S L, et al. 2016. Defense responses in rice induced by silicon amendment against infestation by the leaf folder *Cnaphalocrocis medinalis*. PLoS One, 11: e0153918

Haynes R J. 2017. Significance and role of Si in crop production. Advances in Agronomy, 146: 83-166

Haysom M B C, Chapman L S. 1975. Some aspects of the calcium silicate trials at Mackay. Proceedings of Australia Sugarcane Technology, 42: 117-122

He C W, Ma J, Wang L J. 2015. A hemicellulose-bound form of silicon with potential to improve the mechanical properties and regeneration of the cell wall of rice. New Phytologist, 206(3): 1051-1062

He C W, Wang L J, Liu J, et al. 2013. Evidence for 'silicon' within the cell walls of suspension-cultured rice cells. New Phytologist, 200(3): 700-709

Heath M C, Stumpf M A. 1986. Ultrastructural observations of penetration sites of the cowpea rust fungus in untreated and silicon-depleted French bean cells. Physiological Plant Pathology, 29(1): 27-39

Inanaga S, Okasaka A. 1995. Calcium and silicon binding compounds in cell walls of rice shoots. Soil Science and Plant Nutrition, 41: 103-110

Inanaga S, Okasaka A, Tanaka S. 1995. Does silicon exist in association with organic compounds in rice plant? Soil Science and Plant Nutrition, 41: 111-117

Ishiguro K. 2001. Review of research in Japan on the roles of silicon in conferring resistance against rice blast // Datnoff L E, Snyder G H, Korndörfer G H. Silicon in Agriculture, Studies in Plant Science, Vol 8. Amsterdam: Elsevier Science: 277-291

Jiang N, Fan X, Lin W, et al. 2019. Transcriptome analysis reveals new insights into the bacterial wilt resistance mechanism mediated by silicon in tomato. International Journal of Molecular Sciences, 20(3): 761

Johnson S N, Hartley S E. 2018. Elevated carbon dioxide and warming impact silicon and phenolic - based defences differently in native and exotic grasses. Global Change Biology, 24(9): 3886-3896

Jones L H P, Handreck K A. 1967. Silica in soils, plants and animals. Advances in Agronomy, 19: 107-149

Kawashima R. 1927. Influence of silica on rice blast disease. Japanese Journal of Soil Science and Plant Nutrition, 1: 86-91

Keeping M G, Meyer J H. 2006. Silicon-mediated resistance of sugarcane to *Eldana saccharina* Walker (Lepidoptera: Pyralidae): effects of silicon source and cultivar. Journal of Applied Entomology, 130: 410-420

Kiirika L M, Stahl F, Wydra K. 2013. Phenotypic and molecular characterization of resistance induction by single and combined application of chitosan and silicon in tomato against *Ralstonia solanacearum*. Physiological and Molecular Plant Pathology, 81: 1-12

Kim C B, Choi J. 2002. Changes in rice yield, nutrients' use efficiency and soil chemical properties as affected by annul application of slag silicate fertilizer. Korean Journal of Soil Science and Fertilizer, 35: 280-289

Kreuzhage C, Wolff E. 1884. Bedeutung der Kieselsaure fur die Entwicklung der Haferpfl anze Versuchen in Wasserkultur. Organ F Naturw Forschugen Landw Vers Stat Dresden, 30: 169-197

Kurabachew H, Stahl F, Wydra K. 2013. Global gene expression of rhizobacteria-silicon mediated induced systemic resistance in tomato (*Solanum lycopersicum*) against *Ralstonia solanacearum*. Physiological and Molecular Plant Pathology, 84(5): 44-52

Kvedaras O L, Byrne M J, Coombes N E, et al. 2009. Influence of plant silicon and sugarcane cultivar on mandibular wear in the stalk borer *Eldana saccharina*. Agricultural and Forest Entomology, 11: 301-306

Kvedaras O L, Keeping M G, Goebel F R, et al. 2007. Larval performance of the pyralid borer *Eldana saccharina* Walker and stalk damage in sugarcane: influence of plant silicon, cultivar and feeding site. International Journal of Pest Management, 53: 183-194

Lewin J, Reimann B E F. 1969. Silicon and plant growth. Annual Review of Plant Physiology, 20(1): 289-304

Li P, Song A L, Li Z J, et al. 2012. Silicon ameliorates manganese toxicity by regulating manganese transport and antioxidant reactions in rice (*Oryza sativa* L.). Plant and Soil, 354(1-2): 407-419

Li P, Song A L, Li Z J, et al. 2016. Silicon ameliorates manganese toxicity by regulating both physiological processes and expression of genes associated with photosynthesis in rice (*Oryza sativa* L.). Plant and

Soil, 397(1): 289-301
Liang Y C. 1999. Effects of silicon on enzyme activity and sodium, potassium and calcium concentration in barley under salt stress. Plant and Soil, 209(2): 217-224
Liang Y C, Chen Q, Liu Q, et al. 2003. Exogenous silicon (Si) increases antioxidant enzyme activity and reduces lipid peroxidation in roots of salt-stressed barley (*Hordeum vulgare* L.). Journal of Plant Physiology, 160(10): 1157-1164
Liang Y C, Hua H, Zhu Y G, et al. 2006. Importance of plant species and external silicon concentration to active silicon uptake and transport. New Phytologist, 172: 63-72
Liang Y C, Ma T S, Li F J, et al. 1994. Silicon availability and response of rice and wheat to silicon in calcareous soils. Communications in Soil Science and Plant Analysis, 25(13-14): 2285-2297
Liang Y C, Nikolic M, Bélanger R R, et al. 2015. Silicon in Agriculture: from Theory to Practice. Dordrecht: Springer
Liang Y C, Si J, Römheld V. 2005a. Silicon uptake and transport is an active process in *Cucumis sativus* L. New Phytologist, 167: 797-804
Liang Y C, Sun W C, Si J, et al. 2005c. Effect of foliar- and root-applied silicon on the enhancement of induced resistance in *Cucumis sativus* to powdery mildew. Plant Pathology, 54: 678-685
Liang Y C, Wong J W C, Wei L. 2005b. Silicon-mediated enhancement of cadmium tolerance in maize (*Zea mays* L.) grown in cadmium contaminated soil. Chemosphere, 58: 475-483
Lin W P, Jiang N H, Peng L, et al. 2020. Silicon impacts on soil microflora under *Ralstonia solanacearum* inoculation. Journal of Integrative Agriculture, 19(1): 251-264
Liu M, Cai K, Chen Y, et al. 2014. Proteomic analysis of silicon-mediated resistance to *Magnaporthe oryzae* in rice (*Oryza sativa* L.). European Journal of Plant Pathology, 139(3): 579-592
Ma J F, Takahashi E. 2002. Soil, Fertilizer, and Plant Silicon Research in Japan. Amsterdam: Elsevier Science
Ma J F, Tamai K, Yamaji N, et al. 2006. A silicon transporter in rice. Nature, 440: 688-691
Ma J F, Yamaji N. 2015. A cooperative system of silicon transport in plants. Trends in Plant Science, 20(7): 435-442
Ma J F, Yamaji N, Mitani M, et al. 2007. An efflux transporter of silicon in rice. Nature, 448: 209-212
Marschner H, Oberle H, Cakmak L, et al. 1990. Growth enhancement by silicon in cucumber (*Cucumis sativus*) plants depends on imbalance in phosphorus and zinc supply. Plant Soil, 124: 211-219
Matichenkov V V, Bocharnikova E A, Datnoff L E. 2001. A proposed history of silicon fertilization // Datnoff L E, Snyder G H, Korndörfer G H. Silicon in Agriculture, Studies in Plant Science, Vol 8. Amsterdam: Elsevier Science
Menzies J G. 1991. Effects of soluble silicon on the parasitic fitness of *Sphaerotheca fuliginea* on *Cucumis sativus*. Phytopathology, 81(1): 84-88
Menzies J G, Ehret D L, Cherif M, et al. 2001. Plant-related silicon research in Canada // Datnoff L E, Snyder G H, Korndörfer G H. Silicon in Agriculture, Studies in Plant Science, Vol 8. Amsterdam: Elsevier Science: 323-341
Menzies J G, Ehret D L, Glass A D M, et al. 1991. The influence of silicon on cytological interactions between *Sphaerotheca fuliginea* and *Cucumis sativus*. Physiological and Molecular Plant Pathology, 39(6): 403-414
Meyer J H, Keeping M G. 2001. Past, present and future research of the role of silicon for sugarcane in southern Africa // Datnoff L E, Snyder G H, Korndörfer G H. Silicon in Agriculture, Studies in Plant Science, Vol 8. Amsterdam: Elsevier Science: 257-275
Miyake K, Adachi M. 1922. Chemische untersuchungen über die widerstandsfahigkeit der reisarten gegen die "Imochi-krankheit". The Journal of Biochemistry, 1: 223-239
Nascimento K J T, Debona D, Rezende D, et al. 2018. Changes in leaf gas exchange and chlorophyll a fluorescence on soybean plants supplied with silicon and infected by *Cercospora sojina*. Journal of Phytopathology, 166(11-12): 747-760
Ning C C, Qu J H, He L Y, et al. 2017. Improvement of yield, pest control and Si nutrition of rice by rice-water spinach intercropping. Field Crops Research, 208: 34-43

Ning D F, Song A L, Fan F L, et al. 2014. Effects of slag-based silicon fertilizer on rice growth and brown-spot resistance. PLoS One, 9(7): e102681

Onodera I. 1917. Chemical studies on rice blast (*Dactylaria parasitance* Cavara). Journal of Scientific Agricultural Society, 180: 606-617

Parakash N B, Savant N K, Sonar K R. 2018. Silicon in Indian Agriculture. New Delhi: Westville

Park C S. 2001. Past and future advances in silicon research in the Republic of Korea // Datnoff L E, Snyder G H, Korndörfer G H. Silicon in Agriculture, Studies in Plant Science, Vol 8. Amsterdam: Elsevier Science: 359-371

Pavlovic J, Samardzic J, Masimović V, et al. 2013. Silicon alleviates iron deficiency in cucumber by promoting mobilization of iron in the root apoplast. New Phytologist, 198: 1096-1107

Pereira S C, Rodrigues F Á, Carre-Missio V, et al. 2009. Effect of foliar application of silicon on soybean resistance against soybean rust and on the activity of defense enzymes. Tropical Plant Pathology, 34(3): 164-170

Perez C E A, Rodrigues F Á, Moreira W R, et al. 2014. Leaf gas exchange and chlorophyll a fluorescence in wheat plants supplied with silicon and infected with *Pyricularia oryzae*. Phytopathology, 104(2): 143-149

Prabhu A S, Barbosa F M P, Filippi M C, et al. 2001. Silicon from rice disease control perspective in Brazil // Datnoff L E, Snyder G H, Korndörfer G H. Silicon in Agriculture, Studies in Plant Science, Vol 8. Amsterdam: Elsevier Science

Raleigh G J. 1939. Evidence for the essentiality of silicon for growth of the beet plant. Plant Physiology, 14: 823-828

Reidinger S, Ramsey M H, Hartley S E. 2012. Rapid and accurate analyses of silicon and phosphorus in plants using a portable X-ray fluorescence spectrometer. New Phytologist, 195(3): 699-706

Resende R S, Rodrigues F Á, Soares J M, et al. 2009. Influence of silicon on some components of resistance to anthracnose in susceptible and resistant sorghum lines. European Journal of Plant Pathology, 124: 533-541

Rodrigues F Á, Datnoff L E. 2015. Silicon and Plant Diseases. Cham: Springer

Rogalla H, Römheld V. 2002. Role of leaf apoplast in silicon-mediated manganese tolerance of *Cucumis sativus* L. Plant, Cell and Environment, 25(4): 549-555

Rothamsted Research. 2006. Guide to the classical and other long-term experiments, datasets and sample archive. Harpenden: Rothamsted Research

Rudd A, Berthelsen S. 1998. Increased yield from silicon additions to a Mossman plant crop. Proceedings of Australia Sugarcane Technology, 20: 557

Ryalls J M, Hartley S E, Johnson S N. 2017. Impacts of silicon-based grass defences across trophic levels under both current and future atmospheric CO_2 scenarios. Biology Letters, 13(3): 20160912

Sachs J. 1865. Handbuch der Experimental-Physiologie der Pflanzen. Leipzig: Verlag von Wilhelm Engelmann

Sangster A G. 1978. Silicon in the roots of higher plants. American Journal of Botany, 65: 929-935

Sangster A G. 1981. The distribution of silicon in the adventitious roots of the bamboo *Sasa palmata*. Canadian Journal of Botany, 59(9): 1680-1684

Sangster A G. 1983. Silicon distribution in the nodal roots of the grass *Miscanthus sacchariflorus*. Canadian Journal of Botany, 61(4): 1199-1205

Sangster A G. 1985. Silicon distribution and anatomy of the grass rhizome, with special reference to *Miscanthus sacchariflorus* (Maxim.) Hackel. Annals of Botany, 55(5): 621-634

Savant N K, Snyder G H, Datnoff L E. 1997. Silicon management and sustainable rice production. Advances in Agronomy, 58: 151-199

Shi Y, Zhang Y, Han W, et al. 2016. Silicon enhances water stress tolerance by improving root hydraulic conductance in *Solanum lycopersicum* L. Frontiers in Plant Science, 7: 196

Shi Y, Zhang Y, Yao H J, et al. 2014. Silicon improves seed germination and alleviates oxidative stress of bud seedlings in tomato under water deficit stress. Plant Physiology and Biochemistry, 78: 27-36

Smis A, Murguzur A, Javier F, et al. 2014. Determination of plant silicon content with near infrared reflectance spectroscopy. Frontiers in Plant Science, 5: 496

Smith M T, Kvedaras O L, Keeping M G. 2007. A novel method to determine larval mandibular wear of the African stalk borer, *Eldana saccharina* Walker (Lepidoptera: Pyralidae). African Entomology, 15: 204-208

Sommer A L. 1927. The search for elements essential in only small amounts for plant growth. Science, 66: 482-484

Song A L, Fan F L, Yin C, et al. 2017. The effects of silicon fertilizer on denitrification potential and associated genes abundance in paddy soil. Biology and Fertility of Soils, 53: 627-638

Song A L, Li P, Fan F L, et al. 2014. The effect of silicon on photosynthesis and expression of its relevant genes in rice (*Oryza sativa* L.) under high-Zn stress. PLoS One, 9: e113782

Soukup M, Martinka M, Cigáň M, et al. 2014. New method for visualization of silica phytoliths in *Sorghum bicolor* roots by fluorescence microscopy revealed silicate concentration-dependent phytolith formation. Planta, 240(6): 1365-1372

Struve G A. 1835. De Silicia in Plantis Nonnullis. Berolini: Ph.D. Thesis of Universitas litteraria Friderica Guilelma

Stumpf M A, Heath M C. 1985. Cytological studies of the interactions between the cowpea rust fungus and silicon-depleted French bean plants. Physiologial Plant Pathology, 27(3): 369-385

Sun H, Duan Y, Qi X, et al. 2018. Isolation and functional characterization of CsLsi2, a cucumber silicon efflux transporter gene. Annals of Botany, 122: 641-648

Sun H, Guo J, Duan Y, et al. 2017. Isolation and functional characterization of CsLsi1, a silicon transporter gene in *Cucumis sativus*. Physiologia Plantarum, 159: 201-214

Taiz L, Zeiger E. 2006. Plant Physiology. 4th. Sunderland: Sinauer

Tubana B S, Babu T, Datnoff L E. 2016. A review of silicon in soils and plants and its role in US agriculture: history and future perspectives. Soil Science, 181: 393-411

Von Liebig J. 1840. Organic Chemistry in Its Applications to Agriculture and Physiology. London: Taylor and Walton

Wagner F. 1940. Die Bedeutung der Kieselsäure für das Wachstum einiger Kulturpflanzen, ihren Nährstoffhaushalt und ihre Anfälligkeit gegen echte Mehltaupilze. Phytopathol Ztschr, 12: 427-479

Wang H, Chunhua L, Liang Y. 2001. Agricultural utilization of silicon in China // Datnoff L E, Snyder G H, Korndörfer G H. Silicon in Agriculture, Studies in Plant Science, Vol 8. Amsterdam: Elsevier Science: 343-358

Wang Y, Stass A, Horst W J. 2004. Apoplastic binding of aluminum is involved in silicon-induced amelioration of aluminum toxicity in maize. Plant Physiology, 136(3): 3762-3770

Williams D E, Vlamis J. 1957a. Manganese toxicity in standard culture solutions. Plant and Soil, 8: 183-193

Williams D E, Vlamis J. 1957b. The effect of silicon on yield and manganese-54 uptake and distribution in the leaves of barley plants grown in culture solutions. Plant Physiology, 32: 404-409

Woolley J T. 1957. Sodium and silicon as nutrients for the tomato plant. Plant Physiology, 32: 317-321

Yamaji N, Mitatni N, Ma J F. 2008. A transporter regulating silicon distribution in rice shoots. The Plant Cell, 20: 1381-1389

Ye M, Song Y, Long J, et al. 2013. Priming of jasmonate-mediated antiherbivore defense responses in rice by silicon. Proceedings of the National Academy of Sciences of the United States of America, 110: E3631-E3639

Yoshida S, Ohnishi Y, Kitagishi K. 1962. Histochemistry of silicon in rice plant: III. The presence of cuticle-silica double layer in the epidermal tissue. Soil Science and Plant Nutrition, 8: 1-5

Zhu Y X, Guo J, Feng R, et al. 2016. The regulatory role of silicon on carbohydrate metabolism in *Cucumis sativus* L. under salt stress. Plant and Soil, 406: 231-249

Zhu Y X, Xu X B, Hu Y H, et al. 2015. Silicon improves salt tolerance by increasing root water uptake in *Cucumis sativus* L. Plant Cell Reports, 34: 1629-1646

第 10 章　硅的分析测定方法

硅广泛分布在土壤、植物及各种肥料中，而且硅在这些介质中的存在形式不尽相同。准确有效地分析各介质中硅的结构和含量，可帮助了解土壤的硅水平并采取相应的措施加以调控；明确植物是否缺硅，监测植物的健康生长；准确把握肥料中硅的形态及含量，对于确定肥料在实际生产中的用量起到更好的指导作用。无论是土壤还是植物，最早的硅含量分析是通过样品在化学试剂中反应后产生的质量差来实现的。随着光谱技术的发展，质量法逐渐被光谱法取代，而光谱法更快速，适合大量样本的分析。目前，对于各种介质中不同形式硅的测试分析均有各自的方法，如质量法、比色法、原子吸收光谱法或等离子体发射光谱法等，这些方法都在不断改进和完善，同时出现了一些新的现代的方法，如 X 射线荧光光谱法、近红外光谱（NIRS）法等。在学习和运用新方法的同时，也要了解和掌握经典方法，知道它们各自的优缺点，灵活运用。根据测试目的和材料特点来选择合适的方法能更加快速、准确地得到想要的结果。本章针对各种介质中硅的测试分析方法做了系统的梳理，以供参考。

10.1　土壤全量硅的测定

10.1.1　概述

土壤或胶体中全量硅（total Si）的测定可以采用质量法、滴定法、比色法、原子吸收光谱法或等离子体发射光谱法等（Sparks et al.，1996；鲍士旦，2000）。质量法是全量硅测定的经典方法，适用于碳酸钠或偏硼酸锂碱熔法制备的待测液的测定，其优点是分析结果比较准确，试剂用量少。滴定法适于氢氧化钾熔融法制备的待测液的分析，可用银坩埚或镍坩埚，不能用铂坩埚。质量法和滴定法过去曾被广泛应用，现在逐渐被快速方便的比色法和原子吸收光谱法取代。硅的比色法测定分硅钼黄比色法和硅钼蓝比色法，硅钼蓝比色法比硅钼黄比色法更灵敏，但容易产生较大误差。比色法测定全量硅时易受铁、磷、砷等干扰，需要进行掩蔽和清除，适合于氢氧化钾熔融法和酸分解法制备的待测液的分析。原子吸收光谱法和等离子体发射光谱法都是近年来国内外常采用的测全量硅的方法，适合于四硼酸锂（$Li_2B_4O_7$）熔融法和酸分解法制备的待测液的分析（鲍士旦，2000）。

10.1.2　质量法

10.1.2.1　*方法原理*

将样品用偏硼酸锂熔融，用盐酸溶解熔块，将溶液蒸发至湿盐糊状，在浓盐酸介质中加入动物胶凝聚硅酸，使硅酸脱水成二氧化硅沉淀，然后过滤使其与其他元素分离。沉淀经 920℃灼烧，称量，即得二氧化硅含量。

10.1.2.2　主要仪器

水浴锅、普通电炉、高温电炉、石墨坩埚、瓷坩埚、分析天平等。

10.1.2.3　试剂

1）10g/L 动物胶溶液：称取动物胶（明胶）1g 溶于 100mL 70℃的水中（现配）。

2）200g/L 硫氰酸钾溶液：称取 20g 硫氰酸钾（KCNS，化学纯）溶于水中，稀释至 100mL。

3）浓盐酸（$\rho\approx1.19g/cm^3$）。

4）八水合偏硼酸锂（$LiBO_2·8H_2O$，分析纯）：使用前放在高温电炉中 200℃灼烧 2～3h，除去结晶水。

10.1.2.4　操作步骤

称取过 100 目筛的烘干土壤 0.5～1.0g，放在 9cm 定量滤纸上，另称取偏硼酸锂 3.5g 倾倒在上述土样中，用玻璃棒小心拌匀，然后将玻璃棒在滤纸上擦干净，将混合物包好。在石墨坩埚内放入石墨粉垫成凹型（注 1），将上述包好的混合物放在坩埚中。石墨坩埚先放在普通电炉上炭化，待黑烟冒尽，再将石墨坩埚移入高温电炉中，开始在 500～600℃维持 10min，再升到 900℃熔融 15～20min；打开炉门稍冷，取出坩埚冷却。用细玻璃棒将熔块取出，放在 250mL 硬质烧杯中（如熔块表面有石墨粉，用清洁毛笔刷净），熔块颜色一般呈半透明灰色或淡绿色。再往烧杯中加热水 20mL 和浓 HCl 5mL，用玻璃棒搅拌至熔块全部溶解为止，即得待测液。

用少量水冲洗盛有待测液的烧杯内四周，将烧杯的 1/3～1/2 浸入预先加热的沸水浴锅，在通风橱内蒸发至湿盐糊状（注 2），加浓 HCl 20mL，搅拌后在水浴 80～90℃保温 20min。将现配的动物胶（注 3）置于烧杯中，与待测液一起放入水浴锅中，并使溶液温度保持在 70℃，然后在待测液中沿烧杯壁加入动物胶溶液 10mL，并搅拌数次，在 70℃维持 10min，以便脱硅完全。

取出烧杯，趁热快速用无灰滤纸过滤，再用热水或稀盐酸洗至无高铁离子为止（用硫氰酸钾溶液检查，如无红色则无高铁离子）（注 4），将漏斗中的沉淀物连同滤纸包好，放入已称至恒重的瓷坩埚内。然后在通风橱内的电炉上进行灰化处理（注 5）。开始温度不宜太高，赶去水分后待其冒烟，然后拿掉盖子，使其充分氧化，赶去 CO_2，不冒黑烟后再升高温度，使黑色炭末全部转变成白色或灰白色。将坩埚外部擦净，放入高温电炉中经 900～920℃灼烧 30min，取出稍冷后放入干燥器中平衡 20min，在分析天平上称至恒定质量（注 6），两次称量相差不超过 0.3mg 即可，否则应再次灼烧、称量。同时做空白试验。

10.1.2.5　结果计算

$$土壤全量硅（SiO_2）含量（g/kg）= (m_2-m_1-m_0)\times1000/m \qquad (10\text{-}1)$$

式中，m_0 为空白试验中其他物质的质量（g）；m_1 为空坩埚质量（g）；m_2 为灼烧后坩埚加二氧化硅质量（g）；m 为烘干土样质量（g）。

10.1.2.6 注释

注 1：熔融不彻底将导致结果偏低，因此要求土样完全与偏硼酸锂接触，避免与石墨坩埚接触，可事先在坩埚底部加入少量硼酸盐或石墨粉垫成凹型。

注 2：在水浴中浓缩时只能蒸至湿盐糊状（用玻璃棒搅拌时能搅动，而绝无粉末出现），切勿蒸干，否则会形成不溶解的铁、铝、锰的碱性盐，使结果偏高。

注 3：动物胶溶液必须在 70～75℃时新鲜配制，因动物胶在 70℃时活动能力最强，高于 80℃或低于 60℃均会降低其活动能力。

注 4：在沉淀 SiO_2 时，在烧杯壁或底及玻璃棒上均黏附有少量胶体是不可避免的，一般用 1/8～1/4 滤纸分次擦洗黏附处，并把滤纸放在沉淀上，这样可以减少 SiO_2 的损失。

注 5：灰化过程不能抽风，以免炭粒飞失，低温灰化时温度不能太高，以免滤纸着火，致使二氧化硅被带出，造成损失。

注 6：灼烧后的二氧化硅吸湿性强，冷却后应立即称重。

10.2 土壤有效硅的测定

10.2.1 概述

土壤有效硅（available Si）是指土壤中可供当季作物吸收利用的硅素的统称，包括土壤中的单硅酸及各种易转化为单硅酸的成分，如多硅酸、硅酸盐等，它主要来源于植硅体的分解、部分活性硅的解吸或解聚和无定形硅的风化溶解。土壤有效硅在不同土壤类型中的含量有所差异，一般为 50～250mg/kg，它通常被作为衡量土壤供硅能力的指标。土壤有效硅的含量直接受到土壤理化性状的影响，而具体的影响因素有很多，主要有成土母质、土壤质地、土壤 pH、土壤氧化还原电位、土壤温度、土壤水分、土壤有机质、离子种类等。其中，土壤湿度的变化往往会影响有效硅的含量，因此最好在自然含水量条件下测定，但由于样品处理困难，不易称取代表性样品，故仍常用风干土测定（鲍士旦，2000）。

土壤有效硅可用弱酸或弱碱浸提出来，常用的浸提剂有乙酸-乙酸钠缓冲液（pH 4.0）（Liang et al.，2015）、柠檬酸（0.025mol/L）（Acquaye and Tinsley，1965）、稀硫酸[0.02mol/L 1/2 H_2SO_4]（Fox et al.，1967；Meyer and Bloom，1993）等，也有人用乙酸铵（0.5mol/L，pH 4.8）（Ayres，1966；Fox et al.，1967）和磷酸氢二钠（0.04mol/L，pH 6.2）（Heinai and Saigusa，2006）作浸提液。各种浸提液对土壤有效硅的提取有各自适用的土壤类型。早在 1958 年，日本科学家金泉吉郎和吉田昌一提出了用乙酸-乙酸钠（pH 4.0）缓冲液提取法测定有效硅含量，这种方法最早被提出而且得到广泛应用，适用于酸性和大部分中性土壤，但因其难以溶解铁包膜，对砖红壤和红壤等铁质土、中性及石灰性土壤的有效硅浸提能力略有差异，故对于性质不同的土壤应该有不同的临界指标（周鸣铮，1988；

史瑞和，1996）；而柠檬酸法对于酸性、中性及微碱性土壤的有效硅具有较为一致的浸提能力，因而得到广泛应用（周鸣铮，1988）；稀硫酸浸提法被提出是为了用于南方红壤地区的水稻田与甘蔗田有效硅的测定，目前应用并不广泛（Fox et al.，1967）。浸提液中硅的含量多采用硅钼蓝比色法测定。

10.2.2　乙酸-乙酸钠缓冲液浸提-硅钼蓝比色法

10.2.2.1　方法原理

用乙酸-乙酸钠缓冲液（pH 4.0）作浸提剂，浸提出的硅酸在一定的酸度条件下与钼试剂反应生成硅钼酸（注 1），用草酸等掩蔽剂去除磷的干扰后，硅钼酸可被抗坏血酸等还原剂还原为硅钼蓝，在一定浓度范围内，蓝色深浅与硅含量呈正相关，可进行比色测定。

10.2.2.2　主要仪器

分光光度计、恒温培养箱等。

10.2.2.3　试剂

1）乙酸-乙酸钠缓冲液（pH 4.0）：量取冰醋酸（分析纯）49.2mL，加 NaOAc（分析纯）14.0g，加水溶解，稀释至 1L。用 1mol/L 的 NaOAc 和 NaOH 调节 pH 至 4.0。

2）0.6mol/L 1/2 H_2SO_4溶液：吸取浓 H_2SO_4（分析纯）16.6mL，缓缓加入到 800mL 水中，稀释至 1 L。

3）6mol/L 1/2 H_2SO_4溶液：量取浓 H_2SO_4（分析纯）166mL，缓缓加入到 800mL 水中，稀释至 1L。

4）50g/L 钼酸铵溶液：称取钼酸铵[$(NH_4)_6Mo_7O_{24}\cdot 4H_2O$，分析纯]50.00g，溶于水中，稀释至 1L。

5）50g/L 草酸溶液：称取草酸（$H_2C_2O_4\cdot 2H_2O$，分析纯）50.00g，溶于水中，稀释至 1L。

6）15g/L 抗坏血酸溶液：称取抗坏血酸（左旋，$C_6H_8O_6$，分析纯）1.5g，用 6mol/L 1/2 H_2SO_4溶解并稀释至 100mL。此液需随用随配。

7）50mg/L 硅（Si）标准溶液：准确称取经 920℃灼烧过的二氧化硅（SiO_2，优级纯）0.5347g，放于铂坩埚中，加入无水碳酸钠 4g，搅匀，在 920℃高温电炉中熔融 30min，取出稍冷，熔块用热水溶解，用水冲洗至 500mL 容量瓶中，定容后立即倒入塑料瓶中存放，即为 500mg/L 硅标准贮备液。吸取此溶液 50mL，定容至 500mL，配制成 50mg/L 硅标准溶液。

10.2.2.4　操作步骤

称取通过 2mm 孔径筛的风干土 10.00g 于 250mL 塑料瓶中，加入乙酸-乙酸钠缓冲液 100mL，塞好瓶塞，摇匀，置于预先调节至 40℃的恒温箱中保温 5h（注 2），每隔 1h 摇动一次，取出，过滤至三角瓶中，弃去最初滤液。

吸取滤液 1～5mL 于 50mL 具塞试管中，用水稀释至 15mL 左右，加入 0.6mol/L 1/2 H_2SO_4 溶液 5mL，在 30～35℃下放置 15min，加钼酸铵溶液 5mL，摇匀后放置 5min（注 3），依次加入草酸溶液 5mL 和抗坏血酸溶液 5mL，转移至 50mL 容量瓶中用水定容，放置 20min 后在分光光度计上 700nm 波长处比色。同时做空白试验。

在样品测定同时，分别吸取 50mg/L 硅标准溶液 0.00mL、0.25mL、0.50mL、1.00mL、1.50mL、2.00mL、2.50mL 于 50mL 容量瓶中，用水稀释至约 15mL，其余步骤同样品测试一致，在 700nm 波长处比色。即得到 ρ（Si）分别为 0.00mg/L、0.25mg/L、0.50mg/L、1.00mg/L、1.50mg/L、2.00mg/L、2.50mg/L 的一系列吸光值。建立回归方程，或以硅（Si）浓度为横坐标、吸光值为纵坐标，绘制工作曲线。

10.2.2.5 结果计算

$$土壤有效硅（Si）的含量（mg/kg）=\rho\times V\times ts/(m\times k) \quad (10\text{-}2)$$

式中，ρ 为根据回归方程所得硅的质量浓度（mg/L）；V 为测定时的定容体积（mL）；ts 为分取倍数；m 为风干土质量（g）；k 为水分系数。

$$土壤有效 SiO_2 含量（mg/kg）=土壤有效硅（Si）的含量（mg/kg）\times 2.14 \quad (10\text{-}3)$$

10.2.2.6 注释

注 1：酸度对硅钼黄和硅钼蓝保持颜色稳定有很大影响。当硫酸溶液在 0.06～0.35mol/L（1/2 H_2SO_4）酸度范围内，硅钼黄颜色比较稳定；在 0.60～9.00mol/L（1/2 H_2SO_4）酸度范围内，硅钼蓝颜色比较稳定。

注 2：浸提温度和时间对浸出的硅酸量有很大影响。乙酸-乙酸钠缓冲液法要求浸提温度稳定在（40±1）℃，而柠檬酸法要求浸提温度稳定在（30±1）℃；浸提时间为 5h，每隔 1h 摇动 1 次。

注 3：生成的硅钼黄的稳定时间受温度影响很大。因此，从加入钼酸铵溶液到加入草酸溶液的时间间距应视温度而定。一般温度在 20℃左右时，时间间距应为 10min；在 15℃以下时，应为 15～20min；而在 30℃以上时，不应超过 5min。为了保证结果重现性好，统一在加入硫酸溶液（0.6mol/L 1/2 H_2SO_4）后于 30～35℃保温 15min，加入钼酸铵后，摇匀放置 5min。因此，显色过程要保证将温度控制在最佳范围内。

10.2.3 柠檬酸浸提-硅钼蓝比色法

10.2.3.1 方法原理

除浸提剂用 0.025mol/L 柠檬酸和浸提温度为 30℃外，其余同 10.2.2.1。

10.2.3.2 主要仪器

同 10.2.2.2。

10.2.3.3 试剂

1）0.025mol/L 柠檬酸浸提剂：称取柠檬酸（$C_6H_8O_7\cdot H_2O$，化学纯）5.25g 溶于水

中，稀释至 1L。

2）其余试剂同 10.2.2.3。

10.2.3.4　操作步骤

称取通过 2mm 孔径筛的风干土 10.00g 于 250mL 塑料瓶中，加入柠檬酸浸提剂 100mL，塞好瓶塞，摇匀，置于预先调节至 30℃的恒温箱中保温 5h，每隔 1h 摇动一次，取出，过滤至三角瓶中，弃去最初滤液。

吸取滤液 1～5mL 于 50mL 容量瓶中，以后的步骤同 10.2.2.4。

10.2.3.5　结果计算

同 10.2.2.5。

10.2.4　稀硫酸浸提-硅钼蓝比色法

10.2.4.1　方法原理

除浸提剂用 0.01mol/L 硫酸铵溶液和浸提温度为 20℃外，其余同 10.2.2.1。

10.2.4.2　主要仪器

分光光度计、恒温摇床等。

10.2.4.3　试剂

1）0.01mol/L 硫酸铵溶液：称取硫酸铵[$(NH_4)_2SO_4$，分析纯]3.0g 溶于水中，稀释至 1L。

2）其余试剂同 10.2.2.3。

10.2.4.4　操作步骤

称取通过 2mm 孔径筛的风干土 5.00g 于 250mL 塑料瓶中，加入 0.01mol/L 硫酸铵溶液 100mL，塞好瓶塞，摇匀，置于预先调节至 20℃的恒温摇床中振荡 30min，取出，过滤至三角瓶中，弃去最初滤液。

吸取滤液 1～5mL 于 50mL 容量瓶中，以后的步骤同 10.2.2.4。

10.2.4.5　结果计算

同 10.2.2.5。

10.3　土壤中各形态硅的测定

10.3.1　概述

硅在土壤中以多种形态存在（图 1-1），但能被植物吸收利用的主要是无机硅中的非晶态硅，非晶态硅又分为水溶性硅、活性硅和无定形硅（Kurtz et al.，2002）。各非晶态硅对植物硅素营养具有重要意义，同时它们之间又存在着相互转化的动态平衡关系（图 1-2）。土壤水溶性硅是指可溶于土壤溶液中并以单硅酸（H_4SiO_4）形式存在的硅素，容易被植物直接吸收利用，但含量极低，在土壤中一般为 10～40mg/kg。对于水溶性硅的测定，为了便于得到澄清的滤液，采用 0.02mol/L $CaCl_2$ 溶液代替蒸馏水作为浸提剂（向万胜等，1993）。尽管土壤活性硅不能被植物直接吸收，但在特定的环境下能转化成水溶性硅，可作为土壤水溶性硅的重要储备库。Tweneboah 等（I967）将能溶于 pH 1.5 的 0.5mol/L $CaCl_2$ 中的硅称为活性硅。无定形硅主要由无定形铝硅酸盐和无定形二氧化硅两类组成，并以无定形二氧化硅为主。目前已被普遍作为分离土壤无定形硅的方法的是 Hashimoto 和 Jackson（2013）提出的 0.5mol/L NaOH 碱热溶法，该法所溶出的硅包括无定形的铝硅酸盐和二氧化硅。另外，在水田条件下，水溶液中往往含有一定量的单硅酸，可直接取水样进行测定。3 种形态硅的浸提液均用硅钼蓝比色法测定。

10.3.2 土壤水溶性硅的测定

10.3.2.1 方法原理

用 0.02mol/L $CaCl_2$ 溶液作浸提剂，浸提出的硅酸在一定的酸度条件下与钼试剂反应生成硅钼酸，用草酸等掩蔽剂去除磷的干扰后，硅钼酸可被抗坏血酸等还原剂还原为硅钼蓝，在一定浓度范围内，蓝色深浅与硅含量成正比，可进行比色测定。

10.3.2.2 主要仪器

恒温摇床、分光光度计等。

10.3.2.3 试剂

1）0.02mol/L $CaCl_2$ 溶液：称取无水氯化钙（$CaCl_2$，化学纯）2.22g 溶于水中，稀释至 1L。

2）其余试剂同 10.2.2.3。

10.3.2.4 操作步骤

称取通过 2mm 孔径筛的风干土 10.00g 于 250mL 塑料瓶中，加入 0.02mol/L $CaCl_2$ 溶液 50mL（土液比为 1∶5），塞好瓶塞，摇匀，置于预先调节至 25℃（注 1）的恒温摇床中振荡 12h，取出，过滤至三角瓶中，弃去最初滤液。

吸取滤液 1～5mL 于 50mL 容量瓶中，以后的步骤同 10.2.2.4。

10.3.2.5 结果计算

同 10.2.2.5。

10.3.2.6 注释

注 1：测土壤水溶性硅含量时溶液温度不宜过高，否则其他形态的硅可能会转化为水溶性硅，导致所测结果偏高。

10.3.3　土壤活性硅的测定

10.3.3.1　方法原理

除浸提剂用 pH 1.5 的 0.5mol/L $CaCl_2$ 溶液外，其余同 10.3.2.1。

10.3.3.2　主要仪器

恒温培养箱、分光光度计等。

10.3.3.3　试剂

1）pH 1.5 的 0.5mol/L $CaCl_2$ 溶液：称取无水氯化钙（$CaCl_2$，化学纯）55.5g 溶于水中，稀释至 1L，并用稀 HCl 和稀 NaOH 调节 pH 至 1.5。

2）其余试剂同 10.2.2.3。

10.3.3.4　操作步骤

称取通过 2mm 孔径筛的风干土 10.00g 于 250mL 塑料瓶中，加入 pH 1.5 的 0.5mol/L $CaCl_2$ 溶液 100mL（土液比为 1∶10），塞好瓶塞，摇匀，置于预先调节至 30℃的恒温箱中保温 5h，每隔 1h 摇动一次，取出，过滤至三角瓶中，弃去最初滤液。

吸取滤液 1～5mL 于 50mL 容量瓶中，以后的步骤同 10.2.2.4。

10.3.3.5　结果计算

同 10.2.2.5。

10.3.4　土壤无定形硅的测定

10.3.4.1　方法原理

除浸提方法用 0.5mol/L 的 NaOH 溶液煮沸土壤 2.5min 外，其余同 10.3.2.1。

10.3.4.2　主要仪器

电热板、分光光度计等。

10.3.4.3　试剂

1）0.5mol/L 的 NaOH 溶液：称取氢氧化钠（NaOH，化学纯）20.0g 溶于水中，稀释至 1L。

2）其余试剂同 10.2.2.3。

10.3.4.4　操作步骤

称取通过 2mm 孔径筛的风干土 10.00g 于 250mL 三角瓶中，加入 0.5mol/L 的 NaOH

溶液 100mL（土液比为 1∶10），摇匀，放在通风橱中的电热板上加热，待溶液沸腾后计时 2.5min，取出，稍冷却后过滤至三角瓶中，弃去最初滤液。

吸取滤液 1mL 于 50mL 容量瓶中，以后的步骤同 10.2.2.4。

10.3.4.5 结果计算

同 10.2.2.5。

10.4 肥料中硅含量的测定

不同种类肥料中硅的含量和有效性不尽相同，需根据肥料特点和测试目的来选择合适的测试分析方法。硅肥分为缓效硅肥和水溶性高效硅肥两大类，其有效成分活性 SiO_2 的含量常在 15%～35%（季相金等，1991）。缓效硅肥是利用铁钢渣、高炉渣、粉煤灰等工业废渣或硅矿石，经粗加工磨细过筛制成的硅肥，是以硅酸钙为主的枸溶性矿物肥料，此类硅肥一般有效硅含量较低且具有迟效性，因此建议测其中的有效硅，采用测土壤中有效硅的方法。水溶性高效硅肥主要成分是硅酸的钠盐和钾盐，通常含水溶性硅 25%以上，将水溶性高效硅肥施入土壤会迅速增加土壤中水溶性硅含量，因此建议测其中的水溶性硅，采用测土壤中水溶性硅的方法。另外，含硅量高的有机肥（不包括植物秸秆）也是土壤补充硅的重要来源，但是其所含硅成分复杂，需根据测试目的来判断测试何种硅，如水溶性硅、有效硅或者全量硅，均可采用测土壤硅的方法。

10.5 植物中硅含量的测定

10.5.1 概述

硅是地球上绝大多数植物生长的矿质基质，但长期以来硅的重要性一直没有得到应有的重视，部分原因是土壤中的硅广泛存在和缺乏时症状不明显，以及它在植物中的作用和代谢机理还不完全清楚（Epstein，1999；Ma and Takahashi，2002）。目前，尽管硅还未被列为植物的必需元素，但公认的观点是硅是对植物生长有益的元素（Richmond and Sussman，2003）。植物中硅含量的测定是评价植物硅营养状况和衡量土壤供硅水平的重要方法。植物体内硅测定的准确度取决于测定前处理及测定这两个过程。随着世界上对植物硅营养研究的不断发展，植物体内硅含量的测定方法也在不断更新，如重量法（Yoshida et al.，1976）、高温碱熔解法（Fox et al.，1969；Meyer and Bloom，1993；戴伟民等，2005）、碱氧化消化法（朱智伟和林榕辉，1990）、氟化氢溶解法（Novozamsky and Houba，1984；Elliott and Snyder，1991）和 X 射线荧光光谱法（Reidinger et al.，2012）等。重量法是最早用来测定植物中硅含量的方法，但操作烦琐，不适用于批量样品测试；高温碱熔解法适用于硅高累积植物的快速测试，对于含硅量较低的植物，该方法测定结果不稳定；利用 HCl-HF 混合液振荡溶解法可有效提取各种植物中的硅，再利用电感耦合等离子体光谱仪（inductively coupled plasma spectrometer，ICP）分析，可明显提高硅分析的敏感性和准确性（Novozamsky and Houba，1984）。X 射线荧光光谱法是近些年提出的能快速、安全、准确测定植物中硅含量的技术方法，其原理为当照射原子核的 X 射线的能量与原子核内层电子的能量在同一数量级时，核的内层电子共振吸收射线的辐射能量后发生跃迁，而在内层电子轨道上留下一个空穴，处于高能态的外层电子跳回低能态的空穴，将过剩的能量以 X 射线的形式放出，所产生的 X 射线即为代表各元素特征的 X 射线荧光谱线。

10.5.2　重量法

10.5.2.1　方法原理

将植物样品用 H_2SO_4-H_2O_2 消煮后，消煮物再经 1∶10 HCl 溶液处理，使硅酸脱水成二氧化硅沉淀，然后过滤使其与其他元素分离。沉淀经 920℃灼烧，称量，即得二氧化硅含量。

10.5.2.2　主要仪器

铂坩埚或瓷坩埚、高温电炉（马弗炉）、分析天平等。

10.5.2.3　试剂

1）1∶10 HCl 溶液。
2）0.5% HCl 溶液。
3）浓 H_2SO_4。
4）30% H_2O_2。

10.5.2.4　操作步骤

称取过 0.5mm 筛的烘干样品 W（W 视植物类别而定，含 SiO_2 不少于 0.01g）于 50mL 消煮管中，用 H_2SO_4-H_2O_2 消煮，消煮完后全部转移至三角瓶中，消煮物经 1∶10 HCl 溶液处理后，用 9cm 的无灰定量滤纸过滤。然后用带橡皮头的玻璃棒擦洗三角瓶，将沉淀一起洗至滤纸，再用热的 0.5% HCl 溶液淋洗滤纸上部的沉淀，然后再用热水洗至无 Cl^- 为止（用 0.1mol/L $AgNO_3$ 溶液检查）。

将沉淀连同滤纸一起移入已知重量的坩埚（W_2）中，将坩埚放在四孔电炉上，让坩埚盖留一狭缝，逐渐升高炉温使之炭化，待冒烟后开大坩埚盖，使其充分氧化，灰化完全后，加盖，升高温度灼烧，使之变成白色或灰白色。冷却后，擦净坩埚四周污物，将其放入高温电炉中灼烧，温度控制在 920℃，保持 30min。取出稍冷，放入干燥器中冷却后，用万分之一天平称重，重复灼烧，至恒重为止，计为 W_1。

10.5.2.5　结果计算

$$\text{植物总硅（}SiO_2\text{）含量（mg/g）}=[(W_1-W_2)/W]\times 1000 \qquad (10\text{-}4)$$

式中，W_1 为灼烧后坩埚加二氧化硅质量（g）；W_2 为空坩埚质量（g）；W 为植物样品质量（g）。

10.5.3 高温碱熔解法

10.5.3.1 方法原理

植物与 50% NaOH 溶液混合后，在 121℃高压蒸汽灭菌锅中保持 20min，可以溶解无定形的 SiO_2，在浸出液中加酸中和，可用硅钼蓝比色法测定。

10.5.3.2 主要仪器

高压蒸汽灭菌锅、分光光度计等。

10.5.3.3 试剂

1）50% NaOH 溶液：称取氢氧化钠（NaOH，分析纯）50.0g，用 100mL 水溶解。

2）20%乙酸溶液：量取 20mL 冰醋酸（分析纯）于 100mL 容量瓶中，用水定容。

3）20%酒石酸溶液：称取酒石酸（$C_4H_6O_6$，分析纯）20.0g，用 100mL 水溶解。

4）54g/L 钼酸铵溶液：称取钼酸铵[$(NH_4)_6Mo_7O_{24}\cdot 4H_2O$，分析纯]54.0g，溶于水中，稀释至 1L，并调节 pH 至 7.0。

5）还原试剂：先分别配制 A 液和 B 液，A 液，溶解 2g Na_2SO_3 和 0.4g 1-氨基-2-萘酚-4-磺酸于 25mL 蒸馏水中；B 液，溶解 25g $NaHSO_3$ 于 200mL 蒸馏水中。再混合 A 液和 B 液，定容至 250mL，保存于棕色瓶中。

6）50mg/L 硅（Si）标准溶液：准确称取经 920℃灼烧过的二氧化硅（SiO_2，优级纯）0.5347g，放于铂坩埚中，加入无水碳酸钠 4g，搅匀，在 920℃高温电炉中熔融 30min，取出稍冷，熔块用热水溶解，用水冲洗至 500mL 容量瓶中，定容后立即倒入塑料瓶中存放，即为 500mg/L 硅标准贮备液。吸取此溶液 50mL，定容至 500mL，配制成 50mg/L 硅标准溶液。

10.5.3.4 操作步骤

称取 0.1g 烘干粉碎样品于 50mL 离心管中，加入 3mL 50% NaOH 溶液，松松盖上盖子，摇匀，放入 121℃高压蒸汽灭菌锅中保持 20min。待灭菌锅气压下降后，取出，用漏斗转移至 50mL 容量瓶中，用蒸馏水定容，摇匀，此即为待测液。

吸取 1mL 待测液于 50mL 容量瓶中，加入 30mL 20%的乙酸，接着加入 10mL 钼酸铵溶液，摇匀。静置 5min 后，快速加入 5mL 20%的酒石酸，接着快速加入 1mL 还原试剂，最后用 20%的乙酸定容至刻度。30min 后，在分光光度计上 650nm 处测定吸光值。同时做空白试验。

在样品测定同时，分别吸取 50mg/L 硅标准溶液 0.00mL、0.25mL、0.50mL、1.00mL、1.50mL、2.00mL、2.50mL 于 50mL 容量瓶中，其余步骤同样品测试一致，在 650nm 波长处比色。即得到 ρ（Si）分别为 0.00mg/L、0.25mg/L、0.50mg/L、1.00mg/L、1.50mg/L、2.00mg/L、2.50mg/L 的一系列吸光值。建立回归方程，或以硅（Si）浓度为横坐标、吸光值为纵坐标，绘制工作曲线。

10.5.3.5　结果计算

$$植物总硅（SiO_2）含量（mg/g）=\rho\times V\times ts\times 10^{-3}/m \quad (10-5)$$

式中，ρ 为根据回归方程所得硅的质量浓度（mg/L）；V 为测定时的定容体积（mL）；ts 为分取倍数；m 为样品质量（g）。

10.6　生物硅的测定

硅是地壳中第二丰富的元素，常以硅酸盐和二氧化硅的形式存在，目前并没有被认为是植物必需的大量元素或微量元素之一，不过硅能够提高植物对非生物和生物胁迫的抗性，因此常被认为是有益的元素。生物硅（BSi）指的是生源无定形硅，主要来源于硅藻、放射虫等的沉积。硅质浮游植物可吸收水中的可溶性硅酸盐，在体内将其同化成硅质细胞，加速生物硅的沉积。通过研究生物硅的沉积，可以了解不同时期水体表层生产力变化的情况，从而了解古气候的变化、自然界的化学循环、成岩作用等，在地质、古海洋学研究中具有重要意义。但是硅的分布范围广，自然界中除了生物型硅外还存在着大量的无机硅元素。除此之外，硅元素相对稳定，也给生物硅和植硅体的测定带来困难，本节主要对目前沉积物或者土壤中生物硅的测定方法进行阐述与对比。

10.6.1　土壤和沉积物中生物硅的测定方法

10.6.1.1　微化石计数法

微化石计数法是通过在显微镜下观察硅质微体化石的数量以估算 BSi 数量的方法。最初 Davis（1965）用观察计数的方法对整个个体的植硅体进行计数，但是全计数的方式是难以实行的。Round（1957，1961）对样品进行部分计数再统计整体的数量，但这样会导致结果不准确，因为植硅体在蒸发后的样品中分布是不均匀的，误差较大。Battarbee（1973）将样品中的水分蒸发后再进行计数，但是由于是常温蒸发，检测周期较长。目前微化石计数法经过不断改进，基本步骤为用盐酸和过氧化氢去除碳酸盐及有机质→重液浮选纯化、除黏土→过筛除杂→制片观察计数。其中第一步除杂方法与化学提取法一致，是目前植硅体除杂中较为常见的方法。但通过观察计数测定 BSi 含量的结果精确度不足，仅适用于定性研究（李世雄等，2013a，2013b）。而且在操作步骤中如果硅晶体裂成碎片，则不便于计数。该法要求样品纯度高，适用范围窄，较少得到应用。

10.6.1.2　化学元素正规分布法

化学元素正规分布法的前提是认为 SiO_2/Al_2O_3 的值是固定的，即 $SiO_2:Al_2O_3=3:1$。用公式表示即 $SiO_{2BSi}=SiO_{2measured}-3Al_2O_{3measured}$，测得样品的总硅量减去非 BSi 的部分即为 BSi 含量（李世雄等，2013a）。但沉积物的成分复杂，SiO_2/Al_2O_3 的值并不固定，而且非 BSi 和 BSi 分离较难，在沉积物成分比较复杂或非 BSi 成分较多时，测定结果的准确性会受到较大影响。目前常用 Si/Al 值校正化学提取法的结果，俞小勇等（2018）测定了珠江口及近岸海域底层和表层的 Si/Al 值，结果分别为（2.69±1.50）mol/mol、（2.14±0.65）mol/mol，用于校正 BSi 的结果。

10.6.1.3　X 射线衍射法

X 射线衍射法分为直接 X 射线衍射法和间接 X 射线衍射法。前者对沉积物进行直接测定，无须热处理。间接 X 射线衍射法是利用酸处理去除样品中的 $CaCO_3$，然后通过热处理将蛋白石转化为方晶石，然后用 X 射线衍射法测定方晶石的含量，从而求出 BSi 的含量。国际互校的结果发现使用 X 射线衍射法的测定结果高于化学提取法，这可能是由于化学提取法不能把某些非晶硅提取出来（Conley，1998）。但由于该法需先测定黏土矿物的绝对含量，而黏土矿物含量测定的方法也不固定，准确度较难保证，也影响了该法的应用。

英国科学家 Reidinger 等（2012）提出了一种新的便携式 X 射线荧光光谱仪（P-XRF），能够快速、安全、准确地同时测定植物材料的 Si 和 P 含量，使用这种技术，每天能够处理和分析 200 个植物样本。

10.6.1.4　红外光谱法

红外光谱法主要是依据不同硅组分对于特定波长的吸收进行测定的，可分为直接红外光谱法和修正红外光谱法。直接红外光谱法直接对样品进行测定，通过外标法得到 BSi 的含量。若样品中非 BSi 含量较大，则需通过纯石英作为参比进行修正测定。红外光谱法测定结果受生物硅的来源、碳酸盐含量影响，对于碳酸盐含量高、生物硅含量低的样品，光谱预测结果往往高于测定含量（尚文郁等，2012）。样品中非 BSi 含量较高、BSi 含量较低时，由于吸收峰会有严重重叠，较难对 BSi 进行定量，会影响结果的准确性。例如，比利时科学家利用近红外反射光谱（near infrared reflectance spectrum，NIRS）测定植物体内的 Si 含量，分析了 29 种植物的 442 个样本，近红外光谱预测值与实际测定值相关性很高（图 10-1a）（R^2=0.8923），对禾本科植物效果更好（图 10-1b）（R^2=0.9502）（Smis et al.，2014）。

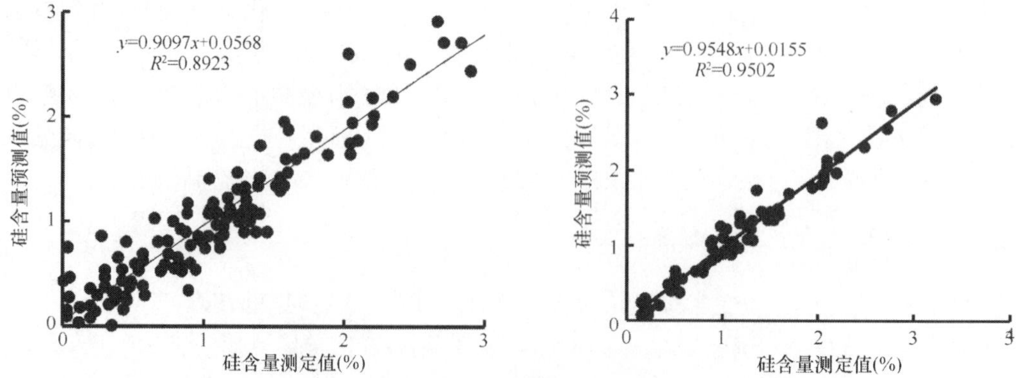

图 10-1　基于 NIRS 的硅含量测定值与预测值之间的相关关系图

a. 所有植物样本；b. 禾本科植物

10.6.1.5 化学提取法

化学提取法是目前应用较多的方法。化学提取法分为单点提取法和连续提取法。该法使用 NaOH 或者 Na_2CO_3 作为提取剂，使沉积物中的 Si 以溶解态硅的形式释放到溶液中。单点提取法是使用提取剂加热提取至一定时间后，测定提取液硅含量。而连续提取法则是通过设置不同的时间点，分别测定提取液硅含量。但是对于不同类的沉积物，其成分不一，因此提取剂的种类和浓度、提取温度、提取时间等参数均需经过试验调整（表 10-1）。

表 10-1 化学提取法测定 BSi 含量的参数

序号	对象	取样量（mg）	提取剂种类	提取剂浓度	提取温度（℃）	提取时间（h）	参考文献
1	厦门西海域（单口半封闭型内湾）沉积物	30	Na_2CO_3	0.5mol/L	90	5	赵立波等，2004
2	水库底泥	30	Na_2CO_3	2.0mol/L	85	5	廖波等，2006
3	水源地水库沉积物	30	Na_2CO_3	1.0mol/L	85	—	李世雄等，2013b
4	乌江流域水库沉积物	20	Na_2CO_3	0.5mol/L	85	5	雷云逸等，2011
5	尼日尔南部狼尾草	30	Na_2CO_3	1%	85	5	Issaharou-Matchi et al.，2016

目前研究中，化学提取法大多选用 Na_2CO_3 作为提取剂，用于提取沉积物时浓度较高，为 0.5～2.0mol/L，用于提取植物时浓度较低，提取温度大多在 85℃，时间为 5h。从国际互校结果可以看出，在 30 家参加生物硅测定的实验室中，有 29 家采用化学提取法，1 家采用 X 射线衍射法；而在 29 家采用化学提取法的实验室当中，有 21 家采用 Na_2CO_3 作为提取剂，7 家采用 NaOH 作为提取剂，1 家采用两种混合的提取剂（Conley，1998）。

除了传统的提取剂外，法国科学家利用钛作为提取剂，能够快速、安全测定不同植物体内的 Si 含量（Guntzer et al.，2010），与传统的电热蒸发法具有很好的相关性（图 10-2）。

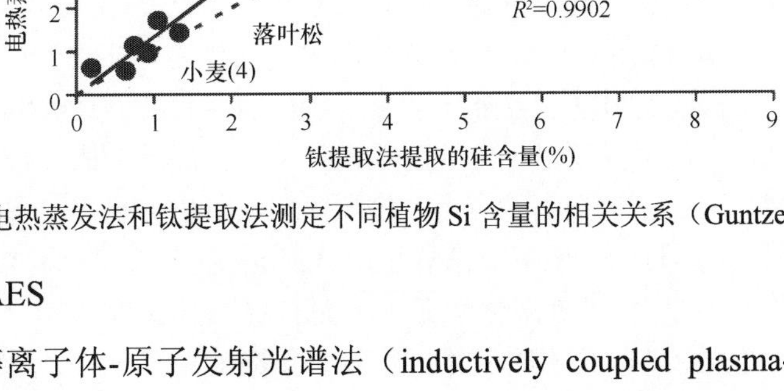

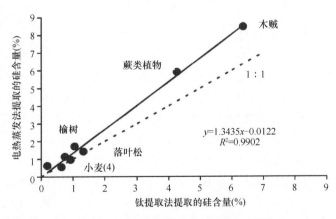

图 10-2 采用电热蒸发法和钛提取法测定不同植物 Si 含量的相关关系（Guntzer et al.，2010）

10.6.1.6 ICP-AES

电感耦合等离子体-原子发射光谱法（inductively coupled plasma-atomic emission

spectrometry，ICP-AES）是利用高频电感耦合产生等离子体放电的光源进行原子发射光谱分析的方法，目前在无机元素分析中广泛应用。熊志方等（2010）利用化学提取法作为前处理方法，用 ICP-AES 进行上机分析，测定提取液中的硅含量，提高了测定结果的准确性。Li 等（2014）在测定植物有效硅含量时，用 $CaCl_2$ 溶液提取样品后，使用 ICP-AES 进行分析。同样，金燕等（2012）通过将碳酸钠、四硼酸锂和偏硼酸锂作为熔融剂，对土壤或沉积物进行高温碱熔处理，用 ICP-AES 进行分析，测定土壤和沉积物中的总硅，取得了较好的测试效果。可以得知，使用 ICP-AES 能准确测定溶液中的硅含量，其关键在于提取过程中提取剂能否将 BSi 完全提取，且除去非 BSi 等的影响。

10.6.1.7 高温滴定法

高温滴定法利用 BSi 中的 SiO_2 与 $CaCO_3$ 反应，生成 CO_2 气体，通过测量生成 CO_2 的量计算 BSi 的量（Lee and Sackeet，1998）。高温滴定法假设样品中其他物质不会与 $CaCO_3$ 反应生成 CO_2，样品中的其他杂质会对结果造成影响，应在前处理过程中先把样品中的杂质除去再进行测定。对于 BSi 含量较低的样品，其测量误差较大。该法测量周期长（3 天），而且测量 CO_2 生成量的系统对温度和压力都有要求。

10.6.1.8 傅里叶变换红外光谱法

傅里叶变换红外光谱法（Fourier transform infrared spectrometry，FTIR）与红外光谱法的原理类似，但精度相对较高。该方法中光源发出的光分为反射和透射，从而形成一定的光程差，再使之复合产生干涉，所得到的干涉图函数包含了光源的全部频率和强度信息。用计算机将干涉图函数进行傅里叶变换，可以得出原光源的强度按频率的分布。但是对于成分复杂的沉积物，其图谱重叠部分较多，会影响结果的准确性。Rosén 等（2010）建立了用 FTIR 测定湖泊沉积物中生物硅的方法，FTIR 推断值与化学提取法结果的相关性为 0.68～0.94。Petrovskii 等（2016）建立了校正模型，其中生物硅主要观察 818～835cm^{-1} 波段，该模型与化学提取法的相关系数达 0.99。

10.6.2 几种测定方法的分析对比

综合微化石计数法、化学元素正规分布法、X 射线衍射法、红外光谱法、化学提取法和 ICP-AES 的优缺点及适用范围对比（表 10-2）可知，目前各种方法均不适用于 BSi 含量低且成分复杂的样品，ICP-AES 虽然可以提高测定提取液中 Si 的灵敏度，但是也受提取方式的制约。需要研究对低含量样品进行测定的方法。

目前关于 BSi 含量测定的一个问题是除去非 BSi 对测定结果的影响，在测定前需要对结果进行校正。X 射线衍射法和红外光谱法属于仪器直接测定的方法，除去非 BSi 影响的可操作性较低，虽然可以通过一定的方式进行校正，但是对成分较复杂的沉积物校正后结果仍不理想，限制了该方法的应用。化学提取法可以通过多种参数进行调节，校正非 BSi 的影响，但是旧有的化学提取法均采用分光光度法进行分析，对方法的检出限、精密度和准确度等影响较大，可使用化学提取法提取后，将提取液酸化上机，用 ICP-AES 的仪器进行测量。ICP-AES 的检出限较低，精密度和准确度较高，可以使结果得到保障。

表 10-2　BSi 含量测定方法的优缺点及适用范围

序号	测定方法	优点	缺点	适用范围
1	微化石计数法	快捷、直观	不能准确计数	定性检测
2	化学元素正规分布法	不会受 BSi 年代远近的影响，即使发生成岩变化，对测定也不会产生太大的影响	沉积物的成分复杂，SiO_2/Al_2O_3 的值并不固定，而且非 BSi 和 BSi 分离较难，在沉积物成分比较复杂或非 BSi 成分较多时，对结果准确性有影响	成分较为单一的样品
3	X 射线衍射法	可直接测定，无须加热处理	预处理烦琐，易受黏土矿物干扰	不适用于 BSi 含量较低的样品
4	红外光谱法	特征性强，非破坏法	BSi 含量较小时，由于吸收峰会有严重重叠，较难对 BSi 进行定量，影响结果的准确性	不适用于 BSi 含量较低的样品
5	化学提取法	应用较广，操作方便，可根据沉积物的情况调节提取条件	选取的测定提取液 Si 含量的时间点如果较少的话，黏土矿物溶解直线的外推存在不确定性，对于低 BSi 含量样品有可能导致较大的偏差	不适用于 BSi 含量较低的样品
6	ICP-AES	应用广泛，准确度高	受提取剂和提取方式的制约	不适用于 BSi 含量低且成分复杂的样品

但是对于不同的检测对象，需要进行提取方法的调整，而且对于 BSi 含量较低、非 BSi 含量较高的样品，测定结果的准确性变化较大。

关于 BSi 含量测定的另外一个问题是，方法的准确度无法评价，目前使用的标准品主要是国际互校的样品（BSi）与国家土壤和沉积物的标准物质（SiO_2），国际互校实验室间的结果存在较大误差，而且检测结果的准确度具有不确定性，只能作为参考。国家土壤和沉积物的标准物质主要是对土壤与沉积物中的总硅（以 SiO_2 计）进行准确度的评价，不能完全用于评价 BSi 含量测定的准确度。而且对于不同沉积物，其提取条件需要进行调整，对于 BSi 标准物质的确定也会带来困难。

10.7　植硅体及植物硅细胞的显微观察方法

10.7.1　植硅体的形态

植硅体也称植物硅酸体，指某些高等植物吸收地下水或土壤中的溶解性硅后，在体内沉积的含水非晶态二氧化硅颗粒。不同的植物其植硅体的形态各不相同，通过对植硅体的研究，可以了解不同时期植物生长的情况，具有古气候学的研究意义。目前国内对植硅体没有统一的分类模式，在植硅体方面的研究以禾本科植物为主。国内吕厚远等（2002）将禾本科植物的植硅体分成 14 个类别：哑铃型、短鞍型、多齿型、弱齿型、帽型、突起扇型、无突起扇型、方型、长方型、板状棒型、平滑棒型、刺状棒型、长尖型、短尖型。

植硅体形态的描述在国内外基本一致，目前研究者通常使用普通光学显微镜、荧光显微镜、扫描电子显微镜（scanning electron microscope，SEM）、X 射线显微镜等观察植硅体。

10.7.2　植物硅细胞的显微观察方法

10.7.2.1　普通光学显微镜观察

该法利用光学原理，把人眼不能分辨的微小物体放大成像，以供人们提取微细结构信息。普通光学显微镜可将物体放大1000～2000倍，刘森等（2014）将烘干后的植物样品加入浓硝酸中除去有机质至溶液澄清，再用高氯酸和稀盐酸处理，清洗后，用普通光学显微镜观察香蒲（图 10-3a）、芦苇（图 10-3b）、柳叶（图 10-3c）等植物的植硅体形态并与黄河口湿地植硅体形态进行对比，通过普通光学显微镜可以观察 10～100μm 的植硅体。

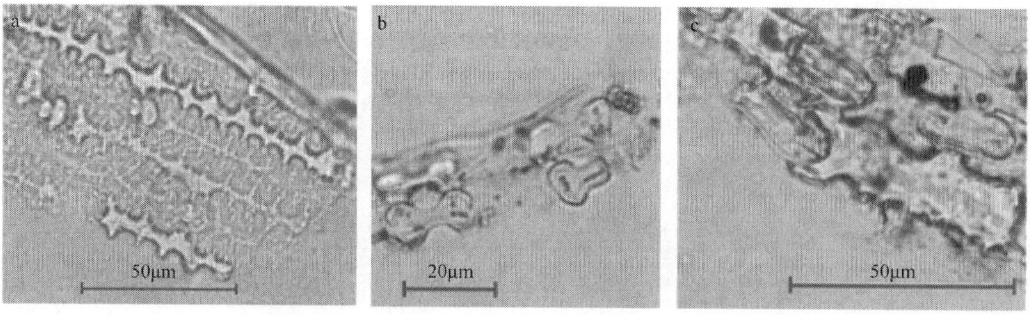

图 10-3 普通光学显微镜下香蒲（a）、芦苇（b）和柳叶（c）的植硅体

10.7.2.2 荧光显微镜观察

该法是以紫外线为光源，用其照射被检物体，使之发出荧光，然后在显微镜下观察物体的形状及其所在位置。植物细胞中，叶绿素会发出荧光，对于不能产生荧光的物质，通过添加荧光染料，经紫外线照射后也能发出荧光，荧光显微镜可对发出荧光的物质进行定性或定量的研究。Soukup 等（2014）选取了高粱植株根尖部位，用不同 pH 范围的浸提液浸泡，在荧光显微镜下观察，发现在碱性条件（pH=12）下更容易观察到植硅体（图 10-4）。此外，Shetty 等（2012）采用激光共聚焦显微镜对玫瑰叶片进行了观察，发现表皮的硅沉积量较叶肉的多，同时加硅处理后的硅沉积量也增加。该法的原理是用点光源照射样品，在焦平面上形成一个轮廓分明的小光点，该点被照射后发出荧光，被物镜收集，并沿原照射光路回送到由双向色镜构成的分光器，分光器将荧光直接送到探测针孔，以激光逐点扫描样品，探测针孔后的光电倍增管也逐点获得对应的共聚焦图像，最终整合成完整的共聚焦图像。斯洛伐克科学家利用荧光显微方法测定了黄瓜根部的生物硅和植硅体（Soukup et al.，2014），他们认为这种方法可以在短时间内完成对多个样本的观察，适用于大批量测定。采用这个方法研究者发现，高粱生长 3 天时所需的硅酸钠最低浓度为 25μmol/dm^3，低于这个浓度则会影响根内胚层中植硅体的形成。

Dabney 等（2016）开发了一种利用生物硅的自发荧光通过荧光显微镜和图像处理软件来鉴定落草（*Koeleria macrantha*）叶片组织中硅的大小及分布的方法，这种方法适用于草本植物包括牧草、草坪草和谷类作物的生态与地质学研究。

10.7.2.3 扫描电子显微镜观察

该法是用极狭窄的电子束去扫描样品，通过电子束与样品的相互作用产生各种效应，可将物体放大 20 万倍。扫描电镜观察是目前较为常用的方法，一般的步骤为：将样品用液氮干燥，固定在样品铜台上，用真空离子溅射仪喷金包埋，用扫描电镜观察、

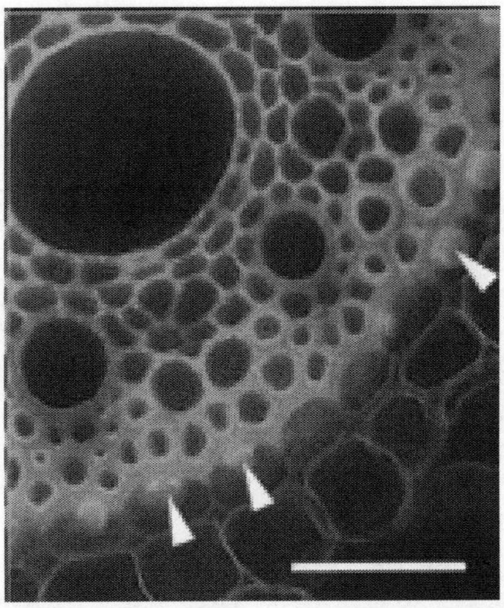

图 10-4　荧光显微镜下高粱根尖的植硅体
比例尺为 50μm

分析、拍照（沈恒胜等，2005；张国良等，2006）。观察预处理脱水干燥的过程，可以采用 4%戊二醛固定 48h，1%四氧化锇固定 3h，0.1mol/L 磷酸缓冲液浸洗，30%、50%、70%、80%、90%、100%乙醇梯度脱水，乙酸异戊酯过渡，干燥的方法（杨秉耀等，2006；Zhang et al.，2013），图 10-5 为用扫描电镜观察的水稻叶片的植硅体（杨秉耀等，2006）。扫描电镜与能谱（energy spectrum，EDS）结合，可以通过扫描电镜对植硅体进行观察，用能谱对成分进行分析。潘明珠等（2016）用扫描电镜观察了稻秸皮层横截面上的表皮组织、薄壁组织和维管束，用 EDS 分析了其元素构成，发现硅主要分布于叶鞘、茎秆的外层。Abed-Ashtiani 等（2012）通过扫描电镜观察到水稻叶面哑铃型的植硅体，通过 EDS 分析发现添加硅胶处理后，叶片中硅含量显著增大。Cai 等（2008）用扫描电镜观察水稻叶片发现，施硅后哑铃型的硅化细胞更多，排列紧密、整齐，形态清晰，而且气孔外围的硅突相对增多、增大、密集（图 10-6）。Ye 等（2013）用同样的方法观察了水稻叶片的植硅体，发现 OsAOS RNAi 和 OsCOI1 RNAi 基因型的水稻的硅细胞不及野生型

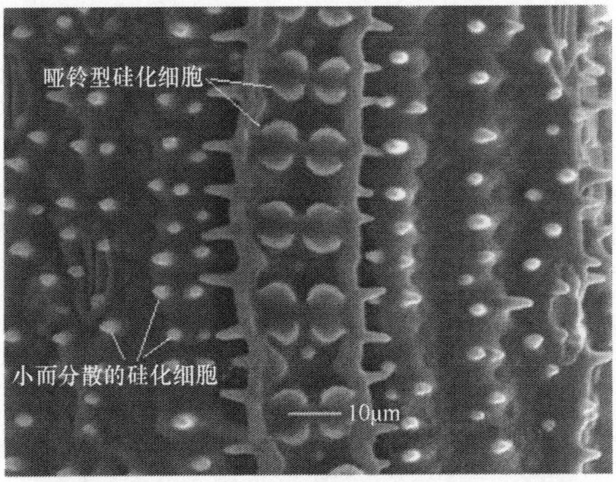

图 10-5　扫描电子显微镜下水稻叶片的植硅体

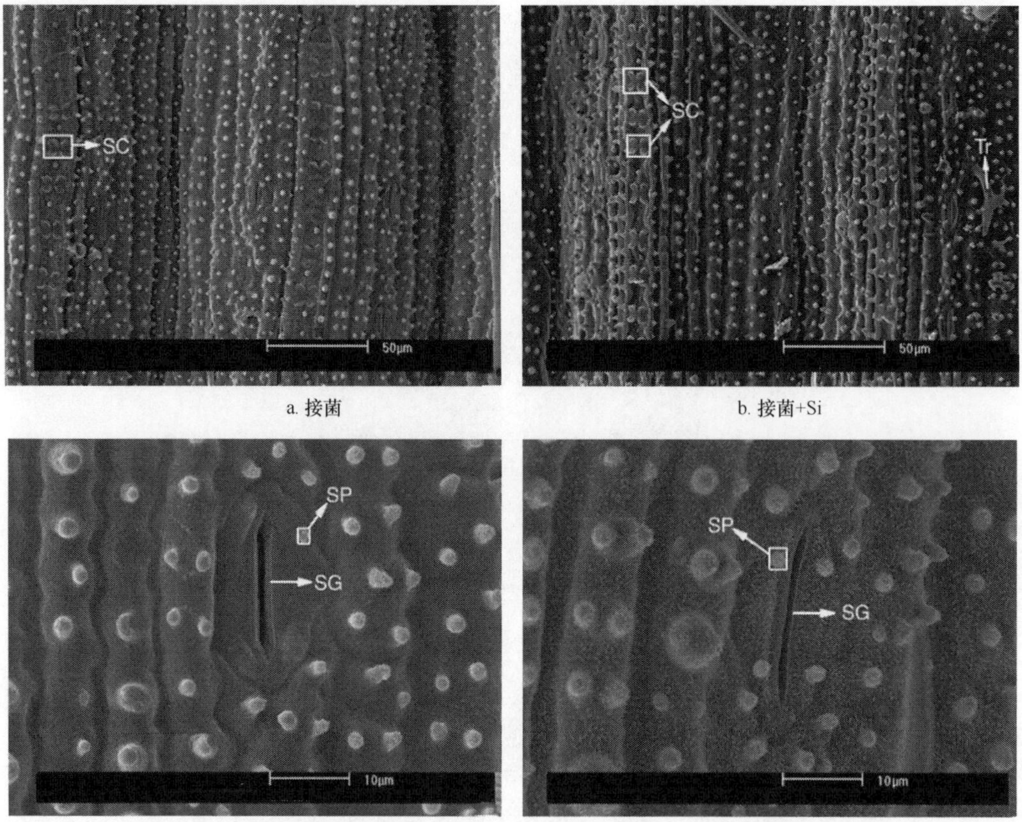

a. 接菌　b. 接菌+Si　c. 接菌　d. 接菌+Si

图 10-6　施硅和稻瘟病菌接种处理对水稻品种 CO39 叶片显微结构的影响

SC，硅化细胞；SP，硅突；SG，气孔保卫细胞；Tr，刺毛

水稻明显。Soukup 等（2017）用扫描电镜观察了高粱根部硅聚集体并用能谱分析其成分，除此之外还用拉曼光谱对样品进行分析。同样，Zhang 等（2013）除利用 SEM 观察、能谱分析外，还用拉曼光谱分析了硅化细胞的构造，发现细胞中 1092cm^{-1}、792cm^{-1}、566cm^{-1}、493cm^{-1} 的波段较为突出，1092cm^{-1}、792cm^{-1}、493cm^{-1} 的波段均为 Si—O 键相关波段。

10.7.2.4　X 射线显微镜观察

X 射线显微镜的原理与光学显微镜类似，主要与扫描电镜联用，用于观察硅沉积的情况。Isa 等（2010）通过 X 射线显微镜观察了水稻叶鞘，发现硅会分布在组织的各处使植株维持直立状态。Fauteux 等（2006）通过观察拟南芥叶片发现，不加硅的图几乎没有颜色，加硅处理后，图中显示多个色块，其中显示红色的部分表示硅含量较高（图 10-7a）。Arsenault-Labrecque 等（2012）发现硅的沉积主要发生在大豆叶片毛状体的底部和其周围的细胞中（图 10-7b）。Filha 等（2011）通过观察小麦叶片发现，Alianca 小麦品种硅沉积较多，加硅处理后，两个品种的硅沉积均增多（图 10-7c）。

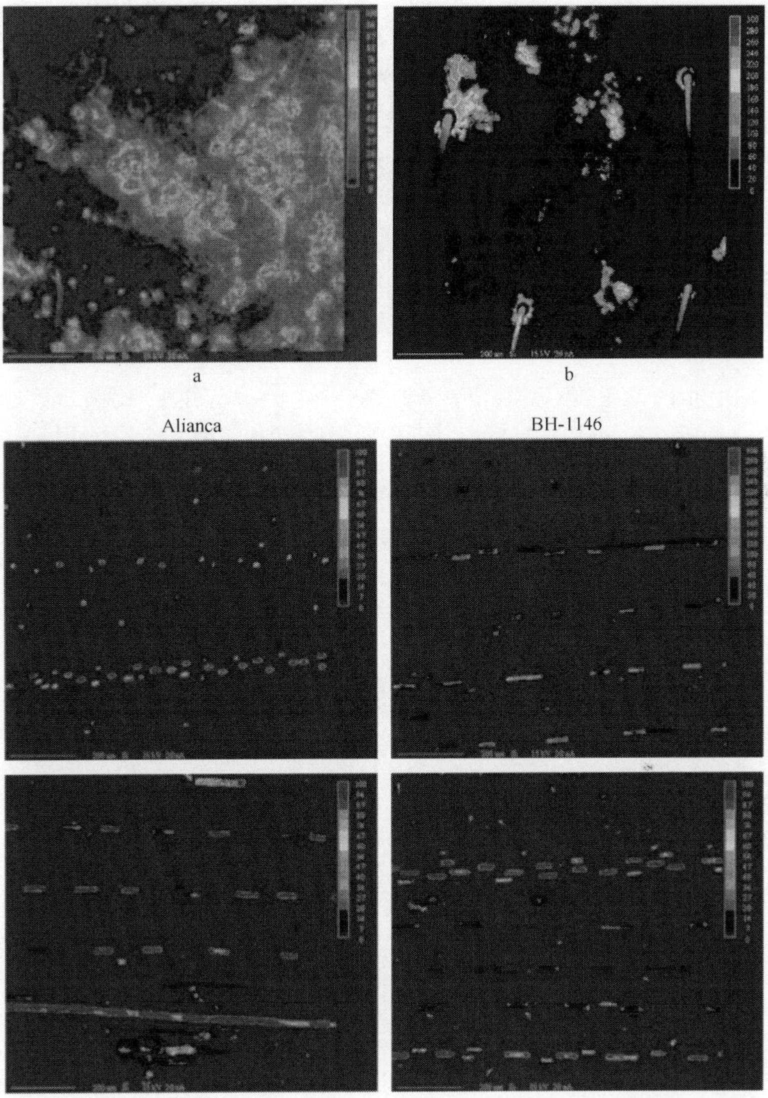

a　　　　　　b

Alianca　　　　　　BH-1146

−Si

+Si

c

图 10-7　X 射线显微镜下拟南芥叶片（a）、大豆叶片（b）和小麦叶片（c）的植硅体（另见封底二维码）
a、b、c 比例尺分别为 100μm、200μm、200μm

10.7.2.5　透射电子显微镜观察

其原理是把经加速和聚集的电子束投射到非常薄的样品上，电子与样品中的原子碰撞而改变方向，产生立体角散射。散射角的大小与样品密度、厚度相关，最终形成明暗不同的影像并显示出来。Desclés 等（2008）利用透射电子显微镜（transmission electron microscope，TEM）观察了硅藻中不同硅的形态（图 10-8）。

10.7.3　几种观察方法的对比

通过显微镜的观察，可以了解植物硅细胞的结构和分布，不同观察方法之间的对比

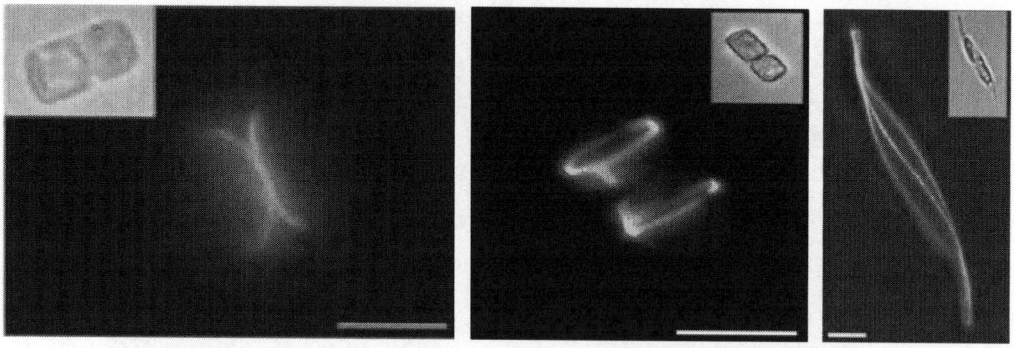

图 10-8 透射电子显微镜下威氏海链藻（a、b）和筒柱藻（c）中硅的图像

a、b、c 比例尺分别为 10μm、5μm、5μm

见表 10-3。普通光学显微镜和荧光显微镜观察仅对细胞进行初步观察，目前对植硅体整体形态的观察以扫描电子显微镜观察为主，通过 SEM 可以观察不同植物的植硅体形态，加上能谱可以分析细胞中各种元素的含量。X 射线显微镜观察可以清晰地反映细胞中硅的分布情况，而透射电镜则能从另一个角度观察细胞的晶体结构。综合各种观察方法，能够全面地了解各种植物中植硅体的状态，有助于对植硅体的研究。

表 10-3 硅细胞显微观察方法对比

方法	优点	缺点	适用范围
普通光学显微镜观察	可以对细胞进行实时动态观察	放大倍率和分辨率较低	对细胞的初步观察
荧光显微镜观察	光学显微镜的一种，较普通光学显微镜的放大倍率高	不能产生荧光的物质需通过添加荧光染料进行观察	对细胞的初步观察
扫描电子显微镜观察	能清楚观察细胞表面的结构，细胞切片制备简单，放大倍率和分辨率高	由于电场因素，图像有可能会发生变形或出现不规则亮线	细胞表面结构的观察，应用最广泛
X 射线显微镜观察	分辨率和精度较高，可生成三维影像	主要用于宏观观察，对于微观信息的观察效果不及电镜	块体分析，可以分析细胞分布情况
透射电子显微镜观察	放大倍率较高，可以观察非常小的细胞结构	被观察细胞可能会遭到破坏	观察细胞的晶体结构

主要参考文献

鲍士旦. 2000. 土壤农化分析. 北京: 中国农业出版社: 211-236

戴伟民, 张克勤, 段彬伍, 等. 2005. 测定水稻硅含量的一种简易方法. 中国水稻科学, 19(5): 460-462

季相金, 高日英, 马靖, 等. 1991. 硅肥中硅的比色测定. 土壤肥料, (4): 39-40

金燕, 武中波, 李广柱, 等. 2012. 碱熔-电感耦合等离子体原子发射光谱法对土壤和沉积物中硅的测定. 环境化学, 31(4): 558-559

雷云逸, 汪福顺, 陆丹萍, 等. 2011. 乌江流域水库沉积物中生物硅的测定方法及其环境意义. 矿物学报, 31(1): 30-35

李世雄, 郭沛涌, 侯秀富. 2013a. 海洋沉积物中生物硅的分析技术研究进展. 海洋环境科学, 32(1): 152-156

李世雄, 郭沛涌, 明迅, 等. 2013b. 水源地水库沉积物中生物硅的测定. 华侨大学学报(自然科学版),

34(2): 176-181
廖波, 朱俊, 吴盈盈, 等. 2006. 水库底泥中生物硅的测定方法探索. 内江师范学院学报, 21: 226-229
刘森, 冉祥滨, 车宏, 等. 2014. 黄河口湿地土壤中生物硅的分布与植硅体的形态特征. 土壤, 46(5): 886-893
吕厚远, 贾继伟, 王伟铭, 等. 2002. "植硅体"含义和禾本科植硅体的分类. 微体古生物学报, 19(4): 389-396
潘明珠, 杜俊, 甘习华, 等. 2016. 稻秸皮层硅物质的分布及超微构造. 农业工程学报, 32(4): 309-314
尚文郁, 孙青, 凌媛, 等. 2012. 近红外漫反射光谱在沉积物化学成分分析中的研究进展. 岩矿测试, 31(4): 582-590
沈恒胜, 陈君琛, 黄进华, 等. 2005. 水稻叶表皮硅体显微结构及其分布. 福建农林大学学报(自然科学版), 34(2): 137-140
史瑞和. 1996. 土壤农化分析. 北京: 农业出版社: 167-168
向万胜, 何电源, 廖先苓. 1993. 湖南省土壤中硅的形态与土壤性质的关系. 土壤, 25(3): 146-151
熊志方, 路波, 于心科, 等. 2010. 湿碱消解-等离子体发射光谱法测定海洋沉积物中的生物硅. 岩矿测试, 29(1): 1-4
杨秉耀, 陈新芳, 刘向东, 等. 2006. 水稻不同品种叶表面硅质细胞的扫描电镜观察. 电子显微学报, 25(2): 146-150
俞小勇, 徐杰, 龙爱民, 等. 2018. 夏季珠江口及近岸海域悬浮颗粒物生物硅分析. 海洋学研究, 36(3): 67-75
张国良, 戴其根, 张洪程. 2006. 施硅增强水稻对纹枯病的抗性. 植物生理与分子生物学学报, 32(5): 600-606
赵立波, 黄凌风, 潘科, 等. 2004. 内湾沉积物中生物硅的测定方法及其应用初探. 厦门大学学报(自然科学版), 43: 153-158
周鸣铮. 1988. 土壤肥力测定与测土施肥. 北京: 农业出版社
朱智伟, 林榕辉. 1990. 碱氧化消化法快速测定谷壳中的硅. 中国水稻科学, 4(2): 89-91
Abed-Ashtiani F, Kadir J B, Selamat A B, et al. 2012. Effect of foliar and root application of silicon against rice blast fungus in MR219 rice variety. The Plant Pathology Journal, 28(2): 164-171
Acquaye D, Tinsley J. 1965. Soluble silica in soils // Hallsworth E G, Crawford D V. Experimental Pedology. London: Butterworth: 126-148
Arsenault-Labrecque G, Menzies J G, Bélanger R R. 2012. Effect of silicon absorption on soybean resistance to *Phakopsora pachyrhizi* in different cultivars. Plant Disease, 96(1): 37-42
Ayres R S. 1966. Calcium silicate as a growth stimulant for sugarcane on low silicon soils. Soil Science, 101(3): 216-227
Battarbee R W. 1973. A new method for the estimation of absolute microfossil numbers, with reference especially to diatoms. Limnology and Oceanography, 18(4): 647-653
Cai K, Gao D, Luo S, et al. 2008. Physiological and cytological mechanisms of silicon-induced resistance in rice against blast disease. Physiologia Plantarum, 134(2): 324-333
Conley D J. 1998. An interlaboratory comparison for the measurement of biogenic silica in sediments. Marine Chemistry, 63(1-2): 39-48
Dabney C, Ostergaard J, Watkins E, et al. 2016. A novel method to characterize silica bodies in grasses. Plant Methods, 12: 3
Davis M B. 1965. A method for determination of absolute pollen frequency // Kummel B, Raup D M. Handbook of Palaeontological Techniques. San Francisco: Freeman: 674-686
Desclés J, Vartanian M, El Harrak A, et al. 2008. New tools for labeling silica in living diatoms. New Phytologist, 177(3): 822-829
Elliott C L, Snyder G H. 1991. Autoclave-induced digestion forthe colorimetric determination of silicon in rice straw. Journal of Agricultural and Food Chemistry, 39(6): 1118-1119
Epstein E. 1999. Silicon. Annual Review of Plant Biology, 50(1): 641-664

Fauteux F, Chain F, Belzile F, et al. 2006. The protective role of silicon in the *Arabidopsis*-powdery mildew pathosystem. Proceedings of the National Academy of Sciences of the United States of America, 103(46): 17554-17559

Filha M X, Rodrigues F Á, Domiciano G P, et al. 2011. Wheat resistance to leaf blast mediated by silicon. Australasian Plant Pathology, 40(1): 28-38

Fox R L, Silva J A, Plucknett D L, et al. 1969. Soluble and total silicon in sugarcane. Plant and Soil, 30(1): 81-92

Fox R L, Silva J A, Younge O R, et al. 1967. Soil and plant silicon and silicate response by sugar cane. Soil Science Society of America Journal, 31(6): 775-779

Guntzer F, Keller C, Meunier J D. 2010. Determination of the silicon concentration in plant material using Tiron extraction. New Phytologist, 188(3): 902-906

Hashimoto I, Jackson M L. 2013. Rapid dissolution of allophane and kaolinite-halloysite after dehydration. Clays and Clay Minerals, 7: 102-113

Heinai H, Saigusa M. 2006. Silicon availability of nursery bed soils and effects of silicon fertilizer applied on the growth and silicon uptake of rice (*Oryza sativa* L.) seedlings. Soil Science and Plant Nutrition, 52(2): 253

Isa M, Bai S, Yokoyama T, et al. 2010. Silicon enhances growth independent of silica deposition in a low-silica rice mutant, *lsi1*. Plant and Soil, 331(1-2): 361-375

Issaharou-Matchi I, Barboni D, Meunier J D, et al. 2016. Intraspecific biogenic silica variations in the grass species *Pennisetum pedicellatum* along an evapotranspiration gradient in South Niger. Flora-Morphology, Distribution, Functional Ecology of Plants, 220: 84-93

Kurtz A C, Derry L A, Chadwick O A. 2002. Germanium-silicon fractionation in the weathering environment. Geochimica et Cosmochimica Acta, 66(9): 1525-1537

Lee K, Sackeet W M. 1998. The high temperature titration of biogenic silica. Deep-Sea Research Part I: Oceanographic Research Papers, 45(6): 1015-1028

Li Z, Song Z, Cornelis J T. 2014. Impact of rice cultivar and organ on elemental composition of phytoliths and the release of bio-available silicon. Frontiers in Plant Science, 5: 529

Liang Y C, Nikolic M, Bélanger R R, et al. 2015. Silicon in Agriculture: from Theory to Practice. Dordrecht: Springer

Ma J F, Takahashi E. 2002. Soil, Fertilizer and Plant Silicon Research in Japan. Amsterdam: Elsevier Science

Meyer M L, Bloom P R. 1993. Lithium metaborate fusion for silicon, calcium, magnesium, and potassium analysis of wild rice. Plant and Soil, 153(2): 281-285

Novozamsky R, Houba V J G. 1984. A rapid determination of silicon in plant material. Communications in Soil Science and Plant Analysis, 15(3): 205-211

Petrovskii S K, Stepanova O G, Vorobyeva S S, et al. 2016. The use of FTIR methods for rapid determination of contents of mineral and biogenic components in lake bottom sediments, based on studying of East Siberian lakes. Environmental Earth Sciences, 75(3): 226

Reidinger S, Ramsey M H, Hartley S E. 2012. Rapid and accurate analyses of silicon and phosphorus in plants using a portable X-ray fluorescence spectrometer. New Phytologist, 195(3): 699-706

Richmond K E, Sussman M. 2003. Got silicon? The non-essential beneficial plant nutrient. Current Opinion in Plant Biology, 6(3): 268-272

Rosén P, Vogel H, Cunningham L, et al. 2010. Fourier transform infrared spectroscopy, a new method for rapid determination of total organic and inorganic carbon and biogenic silica concentration in lake sediments. Journal of Paleolimnology, 43(2): 247-259

Round F E. 1957. The late-glacial and postglacial diatom succession in the Kentmere valley deposit. New Phytologist, 56(1): 98-126

Round F E. 1961. The diatoms of a core from Esthwaite Water. New Phytologist, 60(1): 43-59

Shetty R, Jensen B, Shetty N P, et al. 2012. Silicon induced resistance against powdery mildew of roses caused by *Podosphaera pannosa*. Plant Pathology, 61(1): 120-131

Smis A, Murguzur A, Javier F, et al. 2014. Determination of plant silicon content with near infrared reflectance spectroscopy. Frontiers in Plant Science, 5: 496

Soukup M, Martinka M, Bosnić D, et al. 2017. Formation of silica aggregates in sorghum root endodermis is predetermined by cell wall architecture and development. Annals of Botany, 120(5): 739-753

Soukup M, Martinka M, Cigáň M, et al. 2014. New method for visualization of silica phytoliths in *Sorghum bicolor* roots by fluorescence microscopy revealed silicate concentration-dependent phytolith formation. Planta, 240(6): 1365-1372

Sparks D L, Page A L, Helmke P A, et al. 1996. Methods of Soil Analysis, Part3, Chemical Methods. Madison: Soil Science Society of America

Tweneboah C K, Greenland D J, Oades J M. 1967. Changes in charge charactistics of soils after treatment with 0.5M calcium chloride at pH 1.5. Soil Research, 5(2): 247-261

Ye M, Song Y, Long J, et al. 2013. Priming of jasmonate-mediated antiherbivore defense responses in rice by silicon. Proceedings of the National Academy of Sciences of the United States of America, 110(38): E3631-E3639

Yoshida S, Forno D A, Cock J H, et al. 1976. Laboratory Manual for Physiological Studies of Rice. Manila: International Rice Research Institute: 17-22

Zhang C, Wang L, Zhang W, et al. 2013. Do lignification and silicification of the cell wall precede silicon deposition in the silica cell of the rice (*Oryza sativa* L.) leaf epidermis? Plant and Soil, 372(1-2): 137-149

附录I　基于SCI-E的世界植物硅营养研究的文献计量学分析（1987～2017年）

硅（silicon，Si）是地壳中含量仅次于氧的元素，尽管目前并没有被认为是植物的必需营养元素（高丹等，2010），但大量研究表明，硅对植物生长具有诸多有益作用，能显著增强植物对生物胁迫（Datnoff et al.，1997；Seebold et al.，2001；Fauteux et al.，2005；Kvedaras and Keeping，2007；Hou and Han，2010；Wang et al.，2013）和非生物胁迫（Yeo et al.，1999；Matsui et al.，2001；Kidd et al.，2001；Iwasak et al.，2002；Gong et al.，2003）的抗性。硅对于植物的作用也越来越为科学家所关注，相关机制研究逐步深入。文献计量学能够基于文献事实，揭示新理论发展的方向，促进学科内容的发展（邱均平和王宏鑫，2000）。通过对各学科的研究产出进行科学计量分析和比较，可以从侧面了解该学科在国际上的发展趋势及相关机构的学科布局、整体科研实力和学科优势（谭宗颖和龚旭，2006）。目前该分析方法已被广泛应用在多个研究领域，如林业科学（李吉跃和赵世华，1999）、植物保护科学（赵世华，2002）、生物入侵（贺萍等，2009）、医学（何嘉凌，2009）、超级稻研究等（李晓等，2009）。

ISI Web of Science是全球最大、覆盖学科最多、影响最大的综合性学术信息资源库，收录了自然科学、工程技术、生物医学等各个研究领域最具影响力的8700多种核心学术期刊。为了更加全面地了解国际上植物硅营养研究的进展，本附录采用文献计量学方法，对1987～2017年ISI Web of Science数据库所收录的相关文献进行分析，试图从大数据的角度，系统地分析和归纳全球对于植物硅营养研究的现状与前景，从宏观上把握该领域的发展，为相关领域的科研工作者和决策者提供数据参考。

I.1　材料与方法

I.1.1　数据来源

SCI是美国科学情报所（Institute of Scientific Information，ISI）出版的一个享誉世界的数据库，至2017年，已收录各类期刊10 000余种，涉及约150个学科，其收录的文献能够反映科学前沿的发展动态，它在衡量国家、科研机构或高校的科研实力，评价科研人员学术水平等方面发挥着重要的作用（干文芝等，2013）。因此，本附录选择SCI-Expanded（SCI-E）网络数据库进行数据的检索分析。

I.1.2　检索策略

本附录基于Web of Science数据库，在高级检索（Advanced Search）模式下，以Ti=Si

or Ti=silicon 为检索策略，筛选出 1987～2017 年被 SCI 收录的文献记录。利用 Web of Science 提供的分析统计功能，对这部分文献进行 Subject Area 分析，选择 plant sciences、agriculture、agronomy 领域，从中分离出 article、review、proceedings paper 数据做进一步的分析。

I.1.3　数据处理

使用 Thomson Reuters 公司的 HistCite 软件，并利用 Microsoft Excel 的绘图和统计功能对植物硅营养相关论文的年度变化趋势、主要发文国家/机构、期刊分布情况、主要研究人员进行分析，利用引文网络分析工具 CiteSpace（Chen，2004）对文献关键词进行数据挖掘及可视化分析。本附录所标明的影响因子为 SCI2017 版的 5 年平均影响因子。

I.2　结果与分析

I.2.1　植物硅营养研究的年度变化趋势

论文的年度发表趋势能够在一定程度上反映该领域的研究状况、水平及发展速度，并通过图表反映出某一时间段内该领域研究的热点时期（程慧荣等，2007）。

1987～2017 年，Web of Science 数据库中共收录了世界植物硅营养研究相关文献 674 篇，各年的发文量如图 I-1 所示，从发文量看，总体呈上升趋势，表明世界各国学者对该领域的研究越发重视，关注度也逐年增加。该领域近 30 年的发文量基本经历了 3 个阶段：①1987～1999 年，研究起步阶段，发展较为缓慢，年均发文量均在 10 篇以下；②2000～2007 年，发文量快速增长，共 119 篇文章被 Web of Science 数据库收录，年均发文量在 14 篇以上；③2008～2017 年，论文发表数量增长迅猛，其间发表文章 452 篇，年均发文量在 45 篇以上。据此趋势可预测，在未来一段时间内，植物硅营养研究仍将是学术界关注的热点之一。

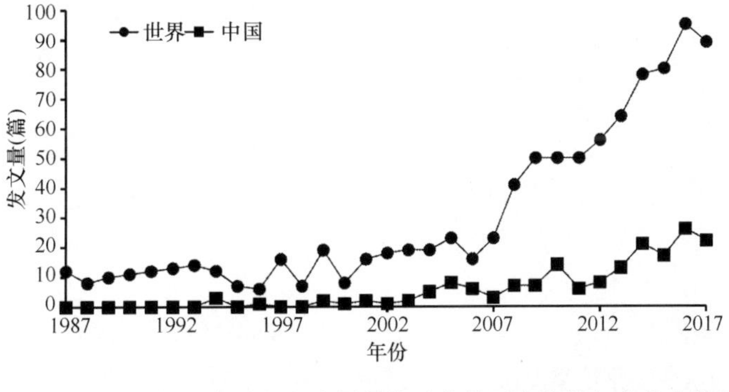

图 I-1　1987～2017 年世界和中国植物硅营养研究文献年度发表情况

中国在该领域的研究也相对较早，Web of Science 数据库收录较早的一篇中国作者的文献为梁永超等于 1994 年发表在 *Communications in Soil Science and Plant Analysis* 上的题为“Silicon Availability and Response of Rice and Wheat to Silicon in Calcareous Soils”的文章。此后23年间，中国作者发文数量持续增长，至2017年，第一作者单位所在地为中国的文献共134篇。

I.2.2 植物硅营养研究的国家分析

论文被SCI收录的数量和被引频次能够反映一个国家的整体科研实力与影响力（黄宝晟，2009）。通过使用HistCite软件对Web of Science数据库的数据进行分析可得，1987～2017年共有中国、美国、日本、巴西等54个国家发表了植物硅营养研究的相关论文。如表I-1所示，文章发表量前10位的国家共发表相关研究论文615篇。中国发文量为134篇，名列第一；美国、日本发文量分别为105篇和93篇，分别名列第二、第三；巴西发文量为80篇。发文量前4位的国家共发表文章412篇，占全部文章的61.1%，表明该领域的研究国家相当集中。

表I-1　世界植物硅营养研究发文量前10的国家的发文及被引文章情况

序号	国家	发文量（篇）	排序	总被引频次	排序	篇均被引频次	排序	高被引文章数量（篇）	排序
1	中国	134	1	4508	2	33.6	6	17	2
2	美国	105	2	4353	3	41.5	4	13	3
3	日本	93	3	4700	1	50.5	3	18	1
4	巴西	80	4	1222	7	15.3	9	1	7
5	德国	45	5	1785	6	39.7	5	6	6
6	英国	41	6	2600	4	63.4	1	12	4
7	加拿大	37	7	2027	5	54.8	2	9	5
8	伊朗	30	8	198	10	6.6	10	0	10
9	巴基斯坦	28	9	547	8	19.5	8	1	7
10	印度	22	10	504	9	22.9	7	1	7

从文献总被引频次看，日本位居第一，高达4700次；中国为4508次，名列第二；美国为4353次，位居第三；总被引频次超过2000次的国家还有英国及加拿大。从篇均被引频次看，英国最高，为63.4次；加拿大、日本也达到54.8次和50.5次；中国为33.6次，位列第六。

其中高被引论文（674篇文献，被引用频次前10%的文献，既被引频次≥75次）共78篇，日本有18篇，占比23.1%；中国有17篇，占比21.8%；美国有13篇，占比16.7%；英国有12篇，占比15.4%。以上4个国家高被引文章共60篇，占比76.9%，可见高被引文章主要集中在以上4个国家。

总体而言，从发文量、总被引频次、篇均被引频次和高被引文章数量来看，日本、中国和美国在植物硅营养研究领域的论文综合影响力较高，巴西虽然发文量大，但篇均被引频次不高。

科研领域的国际合作与交流能够促进各国研究水平的提高，尤其是随着大科学时代的到来，国际科研合作越发重要（干文芝等，2013）。利用引文网络分析工具CiteSpace

对全部发文国家进行合作分析，以反映各国家之间的合作关系（图 I-2）。图 I-2 中，节点表示国家，节点越大，表示该国家发文量越多，点间连线表示国家间合作发文数量，连线越粗，表示联合发文数量越多，学术交流越多。图 I-2 表明，全球范围内，研究呈现多极化现象，以日本、美国、中国、德国、法国、加拿大、英国、巴西等发文量大国为极点，联合其他国家进行相关研究，加拿大、德国、日本、英国、美国多为合作发文，国家之间科研协作较多，而巴西、中国则多为独立发文，两国参与国际合作的能力仍有待进一步增强。

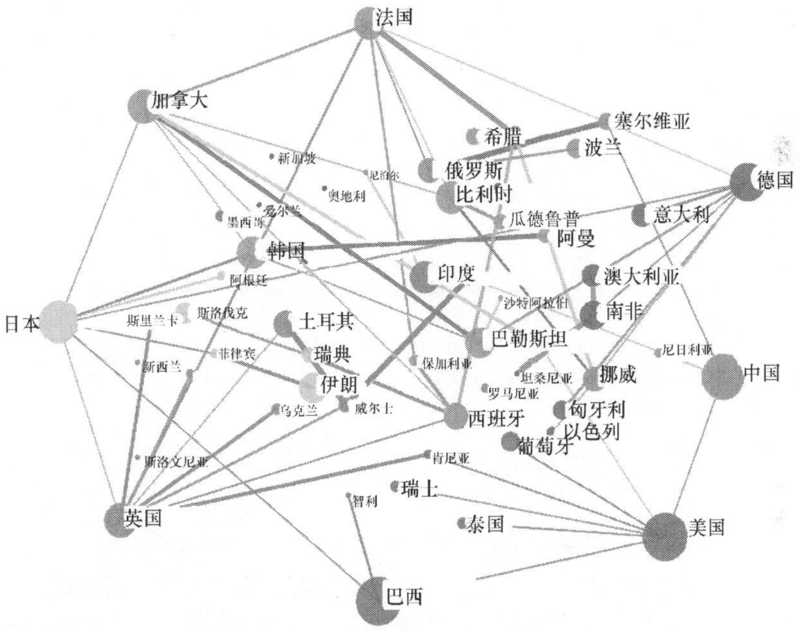

图 I-2　国际上植物硅营养研究的合作情况

经 HistCite 软件对 Web of Science 数据库进行分析，检索到植物硅营养研究的机构共 567 个，发文量前 20 的机构（表 I-2）共来自于 9 个国家，中国最多（7 个），共发文 108 篇；其次是日本（3 个），发文量 54 篇；美国、巴西、加拿大各 2 个；巴基斯坦、比利时、捷克、德国各有 1 个。篇均被引频次最高的为日本的 Kagawa University（102.1 次），第二位和第三位分别为加拿大的 Agriculture & Agri-Food Canada（71.1 次）及中国的 Nanjing Agricultural University（68.2 次）。

表 I-2　世界植物硅营养研究发文量前 20 的机构

序号	机构	国家	发文量（篇）	总被引频次	排序	篇均被引频次	排序
1	Federal University of Vicosa	巴西	49	718	8	14.7	20
2	University of Florida	美国	34	1208	3	35.5	10
3	Okayama University	日本	30	1941	1	64.7	5
4	Laval University	加拿大	23	1529	2	66.5	4
5	Chinese Academy of Sciences	中国	19	739	7	38.9	9
6	Northwest A & F University	中国	18	307	14	17.1	19

续表

序号	机构	国家	发文量（篇）	总被引频次	排序	篇均被引频次	排序
7	China Agricultural University	中国	17	600	10	35.3	11
8	Nanjing Agricultural University	中国	17	1159	4	68.2	3
9	Chinese Academy of Agricultural Sciences	中国	16	749	6	46.8	7
10	Tottori University	日本	14	572	11	40.9	8
11	Federal University of Uberlandia	巴西	14	427	13	30.5	12
12	University of Agriculture Faisalabad	巴基斯坦	12	209	20	17.4	18
13	Catholic University of Louvain	比利时	11	228	19	20.7	17
14	Huazhong Agricultural University	中国	11	252	17	22.9	16
15	Kagawa University	日本	10	1021	5	102.1	1
16	Leibniz Universität Hannover	德国	10	303	15	30.3	13
17	South China Agricultural University	中国	10	301	16	30.1	14
18	USDA Agricultural Research Service	美国	10	240	18	24.0	15
19	Agriculture and Agri-Food Canada	加拿大	9	640	9	71.1	2
20	Comenius University	捷克	9	526	12	58.4	6

I.2.3 植物硅营养研究的期刊分布情况

通过对刊载论文的出版物进行统计，可以辅助确定该领域 SCI 来源的核心期刊，有助于研究人员选择重点期刊进行阅读和投稿（干文芝等，2013）。

经分析，检索到的 674 篇文献共分布在 108 种期刊上，每种期刊平均载文量为 6.2 篇，载文量前 20 的期刊如表 I-3 所示。20 种期刊共载文 472 篇，占总载文量的 70.0%，每种期刊平均载文量为 23.6 篇。其中，影响因子最高的刊物为 *New Phytologist*（7.43），刊物平均影响因子为 2.77。载文量最多的刊物为美国出版的 *Journal of Plant Nutrition*，共载文 72 篇，该刊物创刊于 1979 年，影响因子为 0.57；载文量排第二名的为 *Plant and Soil*。

表 I-3 世界植物硅营养研究载文量前 20 的刊物

序号	刊物名称	影响因子	中国科学院分区	总载文量（篇）	总被引频次	排序	篇均被引频次	排序
1	*Journal of Plant Nutrition*	0.57	4	72	1541	2	21.4	13
2	*Plant and Soil*	3.31	1	53	1867	1	35.2	10
3	*Communications in Soil Science and Plant Analysis*	0.54	4	46	608	12	13.2	16
4	*Frontiers in Plant Science*	3.68	2	31	320	15	10.3	19
5	*Acta Physiologiae Plantarum*	1.44	4	24	286	17	11.9	17
6	*Soil Science and Plant Nutrition*	1.12	3	24	970	4	40.4	9
7	*Environmental and Experimental Botany*	3.67	2	22	964	5	43.8	7
8	*Phytopathology*	3.04	1	21	1403	3	66.8	3
9	*Journal of Plant Nutrition and Soil Science*	2.16	2	19	605	13	31.8	11
10	*Journal of Plant Physiology*	2.83	3	19	877	8	46.2	6
11	*Physiological and Molecular Plant Pathology*	1.40	3	18	902	7	50.1	5

续表

序号	刊物名称	影响因子	中国科学院分区	总载文量（篇）	总被引频次	排序	篇均被引频次	排序
12	*Plant Physiology and Biochemistry*	2.72	3	18	309	16	17.2	15
13	*New Phytologist*	7.43	1	16	650	11	40.6	8
14	*Tropical Plant Pathology*	0.78	4	16	105	20	6.6	20
15	*Annals of Botany*	3.65	2	14	792	10	56.6	4
16	*Journal of Experimental Botany*	5.35	2	13	958	6	73.7	1
17	*Plant Disease*	2.94	1	13	396	14	30.5	12
18	*Journal of Phytopathology*	0.82	4	12	138	19	11.5	18
19	*Plant Physiology*	5.95	1	12	850	9	70.8	2
20	*Journal of Plant Growth Regulation*	2.05	3	9	178	18	19.7	14

I.2.4　植物硅营养研究的人员分析

通过对研究人员分析，可以了解该领域的主要作者和核心作者，有利于读者了解作者的研究情况，促进该领域内的学术研究与合作（干文芝等，2013）。

674 篇文献共涉及作者 1821 名，篇均作者 2.7 人，表明在植物硅营养研究领域呈现出多方合作的态势。发文量前 10 的作者如表 I-4 所示，这 10 名作者分别来自 5 个国家，其中日本最多，有 3 位；中国、巴西、加拿大各有 2 位。篇均被引频次最高的作者为 J. F. Ma，达 80 次；发文量前 10 位的作者中，中国籍作者有两位，分别为浙江大学的 Liang Yongchao（梁永超）和西北农林科技大学的 Gong Haijun（宫海军）。

表 I-4　世界植物硅营养研究发文量前 10 的作者

序号	作者	国家	发文量（篇）	总被引频次	排序	篇均被引频次	排序
1	F. A. Rodrigues	巴西	51	1083	7	21.2	9
2	J. F. Ma	日本	39	3119	1	80.0	1
3	L. E. Datnoff	美国	29	1139	6	39.3	8
4	R. R. Belanger	加拿大	23	1529	3	66.5	5
5	J. G. Menzies	加拿大	21	1403	4	66.8	4
6	N. Yamaji	日本	20	1587	2	79.4	2
7	Liang Yongchao	中国	18	1401	5	77.8	3
8	Gong Haijun	中国	15	779	8	51.9	6
9	S. Inanaga	日本	13	546	9	42.0	7
10	F. M. DaMatta	巴西	12	245	10	20.4	10

经分析，1987～2017 年，中国植物硅营养研究发文量≥5 篇的作者共 10 位，基本情况如表 I-5 所示。

表 I-5 植物硅营养研究发文量前 10 的作者（中国）

序号	作者	研究机构	发文量（篇）	总被引频次	排序	篇均被引频次	排序
1	Liang Yongchao（梁永超）	浙江大学	18	1401	1	77.8	1
2	Gong Haijun（宫海军）	西北农林科技大学	15	779	2	51.9	3
3	Cai Kunzheng（蔡昆争）	华南农业大学	10	301	5	30.1	6
4	Wang Lijun（王荔军）	华中农业大学	10	472	3	47.2	4
5	Wang Shiwen（王仕稳）	西北农林科技大学	8	178	7	22.3	7
6	Yin Lina（殷俐娜）	西北农林科技大学	8	178	7	22.3	7
7	Deng Xiping（邓西平）	西北农林科技大学	6	122	10	20.3	10
8	Shen Xuefeng（沈雪峰）	华南农业大学	6	128	9	21.3	9
9	Zeng Rensen（曾任森）	福建农林大学	6	184	6	30.7	5
10	Zhang Fusuo（张福锁）	中国农业大学	6	333	4	55.5	2

10 位作者均来自高校，其中梁永超发表相关文献 18 篇，位居中国第一，世界第七，这表明梁永超课题组在本研究领域处于国内领先水平。从 2015～2017 年发文的数量看，以西北农林科技大学的宫海军课题组、华南农业大学的蔡昆争课题组较多，可以推测以上 2 个课题组是目前国内硅营养研究的主力，值得同行关注。

I.2.5 植物硅营养研究的论文影响力分析

论文被引频次在一定程度上反映了其对后续研究的影响程度（干文芝等，2013）。本附录分析的 674 篇文献中，总被引频次为 22 962 次，篇均被引频次为 34.1 次；高被引论文（被引频次≥75 次）共有 78 篇，占全部论文的 11.6%，其中被引频次超过 200 次的有 10 篇，如表 I-6 所示。

表 I-6 被引频次超过 200 次的文献列表

作者	年份	被引频次	题目	文章类型	刊物
E. Epstein	1999	898	Silicon	综述	*Annual Review of Plant Biology*
J. F. Ma	2006	515	Silicon uptake and accumulation in higher plants	综述	*Trends in Plant Science*
V. Martin-Jézéquel	2000	453	Silicon metabolism in diatoms: implications for growth	综述	*Journal of Phycology*
J. F. Ma	2004	428	Role of silicon in enhancing the resistance of plants to biotic and abiotic stresses	综述	*Soil Science and Plant Nutrition*
M. Hodson	2005	374	Phylogenetic variation in the silicon composition of plants	综述	*Annals of Botany*
Zhu Zhu jun	2004	342	Silicon alleviates salt stress and increases antioxidant enzymes activity in leaves of salt-stressed cucumber (*Cucumis sativus* L.)	研究文章	*Plant Science*
Liang Yong chao	2003	320	Exogenous silicon (Si) increases antioxidant enzyme activity and reduces lipid peroxidation in roots of salt-stressed barley (*Hordeum vulgare* L.)	研究文章	*Journal of Plant Physiology*
Gong Haijun	2005	259	Silicon alleviates oxidative damage of wheat plants in pots under drought	研究文章	*Plant Science*
P. S. Kidd	2001	218	The role of root exudates in aluminium resistance and silicon-induced amelioration of aluminium toxicity in three varieties of maize (*Zea mays* L.)	研究文章	*Journal of Experimental Botany*
A. R. Yeo	1999	203	Silicon reduces sodium uptake in rice (*Oryza sativa* L.) in saline conditions and this is accounted for by a reduction in the transpirational bypass flow	研究文章	*Plant, Cell and Environment*

被引频次最高的文章为E. Epstein等于1999年发表在世界顶级期刊*Annual Review of Plant Biology*上的“Silicon”，被引频次达898次。该文中，Epstein首次系统地总结了硅在植物体内的分布，硅对植物生长的调控，以及硅在缓解植物受到的外界生物与非生物胁迫方面所发挥的作用，强调了硅对植物生长调控的重要潜力，对于后续研究具有重大推动作用。

从时间分布上看，这10篇高被引文章主要分布于1999～2006年，这与图I-1中发文量的拐点相吻合，自2008年后，植物硅营养相关研究得到高速发展。

在这10篇文献中，由中国第一作者完成的共有3篇，论文总被引频次为921次，篇均被引频次为307次，这也表明中国在本领域处于世界先进水平。

I.2.6 植物硅营养研究的关键词分析

关键词是论文主要内容的重要概括，其出现频次等于附有该关键词的学术论文数量，出现频次越高，表明相关的研究越多，研究内容的集中性越强（安秀芬和黄晓鹂，2002）。因此，通过对植物硅营养研究相关文献关键词的分析，可以推测该领域研究的主要内容。

通过引文分析工具CiteSpace生成关键词共现图谱，可以揭示该研究领域的热点和主题（马费成和张勤，2006）。图谱中圆圈代表关键词节点，圆圈越大，表示该关键词出现频次越多。

使用CiteSpace对1987～2017年植物硅营养研究SCI论文关键词进行统计分析，生成关键词共现图谱。从中筛选出现频次前100的关键词，通过手工方式合并同义词及分类整理后，最终归纳出出现频次前70的关键词（表I-7）。我们根据语义，将关键词归为研究物种、研究位置、生理代谢过程、重金属胁迫、矿质元素、生物胁迫、非生物胁迫、植物影响和其他等共9大类。

从研究物种看，自1987～2017年，研究人员已从水稻、大麦、玉米、甘蔗、黄瓜、番茄、豇豆、拟南芥等物种上研究了硅对于植物的作用，其中出现频次最高的为水稻，达277次，远高于第二位的大麦，可见水稻目前仍为研究硅的经典模式植物；另外，单子叶植物的出现频次高达488次，远高于双子叶植物的106次，这表明目前对于硅在双子叶植物中吸收和利用的研究仍比较欠缺，建议相关科研工作者和决策者加大该方面的研究与投入。

从研究位置看，高频关键词中只有根系、叶片和幼苗，表明茎的相关研究仍然较少。

从词频上看，部分研究侧重于硅对植物生理代谢的影响，其中脂质过氧化出现的频次最高，达55次。施硅对植物光合作用、叶绿素荧光、木质素含量、脯氨酸含量、抗氧化酶活性等均有影响。

重金属大类共出现了锰、镉、铝、锌、毒性等5个关键词，可见硅提高植物对重金属的抗性也是硅营养研究的一个重要方向。

硅提高植物对生物和非生物胁迫的抵抗或者耐受能力也是研究人员关注的热点之一，从词频角度，目前研究人员研究较多且较为成熟的是硅在提高植物抵御干旱、盐害

表 I-7　植物硅营养研究出现频次前 70 的关键词

类别	频次	关键词	类别	频次	关键词
研究物种	277	水稻	非生物胁迫	70	非生物胁迫
	93	大麦		56	盐胁迫
	69	小麦		36	盐分
	62	黄瓜		35	氧化胁迫
	33	玉米		26	干旱
	20	拟南芥		24	水分胁迫
	16	甘蔗		16	耐盐性
	12	豇豆		11	盐害胁迫
	12	番茄	生物胁迫	68	白粉病
研究位置	61	叶片		38	霉菌
	61	根系		32	诱导抗性
	40	幼苗		29	病害
生理代谢过程	55	脂质过氧化		25	抗病性
	43	自由基		24	稻瘟病抗性
	39	光合作用		22	寄主抗性
	33	酶活性		18	植物抗毒素
	29	抗氧化酶		16	终极腐霉
	20	过氧化氢	植物影响	131	生长
	18	过氧化物酶		120	抗性
	14	脯氨酸		90	耐性
	13	叶绿素荧光		88	积累
	12	木质素		44	品种
重金属胁迫	37	毒性		32	产量
	28	锰	其他	306	硅
	26	镉		277	植物
	23	铝		60	机理
	8	锌		48	载体
矿质元素	30	营养		40	土壤
	28	硅酸钾		37	可溶性硅
	25	施肥		34	有机硅
	24	硅酸钙		30	吸收
	22	氮		24	管理
	20	硅酸盐		21	细胞壁
	20	钙		14	离子
	17	过硫酸钾		13	水

等非生物胁迫，白粉病、稻瘟病、霉菌所导致的生物胁迫的能力方面的作用，其他领域的研究仍有待进一步深入。

I.3　结　　论

1）由以上分析可得，1987～2017年全球植物硅营养研究发文量增长迅速，共发文674篇，主要经历了3个发展阶段。日本、中国、美国、德国、英国、巴西、加拿大为该研究的主要国家。此外，植物硅营养研究呈现多方合作趋势。

2）1987～2017年，中国发表的硅与植物营养的文章被SCI数据库共收录134篇，占总量的19.9%，位列世界第1，总被引频次达4508次，居世界第2，篇均被引频次达33.6次，居世界第6，高被引文献达17篇，居世界第2；发文量前20的机构中，中国共有7个；浙江大学梁永超和西北农林科技大学宫海军发文量位居世界第7和第8。以上指标表明，中国在硅与植物营养方面具有较好的研究基础，位于世界前列。西北农林科技大学的宫海军课题组和华南农业大学的蔡昆争课题组为近年来国内硅研究的重要团队。此外，中国多为独立发文，参与国际合作的能力有待进一步增强。

3）1987～2017年，研究者在水稻、小麦、大麦等多种单子叶植物和黄瓜、番茄、豇豆等双子叶植物上对硅在植物中的作用进行了相关研究，但是双子叶植物研究仍然较少，建议加大研究及资金投入力度。硅在提高植物对生物及非生物胁迫的抵抗与耐受能力方面的作用也是目前研究的重点之一。

4）由于本附录的计量分析仅仅引用了ISI Web of Science数据库，缺乏其他英文文献数据库和中文数据库的数据，因此结果分析也存在一定的局限性，只能从一个侧面来了解国际上硅与植物的研究状况。

主要参考文献

安秀芬，黄晓鹂. 2002. 期刊工作文献计量学学术论文的关键词分析. 中国科技期刊研究，13(6): 505-506

程慧荣，张晓阳，孙坦，等. 2007. 基于Web of Science的本体研究论文定量分析. 现代图书情报技术，(11): 46-50

干文芝，胡宗达，任永宽，等. 2013. 基于文献计量学的国际土壤呼吸研究态势分析. 西南农业学报，26(3): 1105-1111

高丹，陈基宁，蔡昆争，等. 2010. 硅在植物体内的分布和吸收及其在病害逆境胁迫中的抗性作用. 生态学报，30(10): 2745-2755

何嘉凌. 2009. 关于心脏移植的文献计量学分析. 科技情报开发与经济，(8): 111-113

贺萍，路文如，骆有庆. 2009. 生物入侵文献计量分析. 北京林业大学学报，(3): 77-83

黄宝晟. 2009. 文献计量法在基础研究评价中的问题分析. 研究与发展管理，20(6): 108-111

李吉跃，赵世华. 1999. 从科技文献看中国森林培育学50年之发展. 北京林业大学学报，21(5): 63-78

李晓，陈春燕，郑家奎，等. 2009. 基于文献计量学的超级稻研究动态. 中国农业科学，42(12): 4197-4208

马费成，张勤. 2006. 国内外知识管理研究热点——基于词频的统计分析. 情报学报，25(2): 163-171

邱均平，王宏鑫. 2000. 20世纪文献计量学发展的层次分析. 高校图书馆工作，20(4): 1-8

谭宗颖, 龚旭. 2006. 十二国科学产出影响及学科优势的国际比较——基于引文计量的分析. 中国基础科学, 8(2): 32-36

赵世华. 2002. 中国林业科学发展计量研究. 林业科技管理, (3): 32-36

Chen C. 2004. Searching for intellectual turning points: progressive knowledge domain visualization. Proceedings of the National Academy of Sciences of the United States of America, 101(suppl 1): 5303-5310

Datnoff L E, Deren C W, Snyder G H. 1997. Silicon fertilization for disease management of rice in Florida. Crop Protection, 16(6): 525-531

Fauteux F, Rémus - Borel W, Menzies J G, et al. 2005. Silicon and plant disease resistance against pathogenic fungi. FEMS Microbiology Letters, 249(1): 1-6

Gong H, Chen K, Chen G, et al. 2003. Effects of silicon on growth of wheat under drought. Journal of Plant Nutrition, 26(5): 1055-1063

Hou M, Han Y. 2010. Silicon-mediated rice plant resistance to the Asiatic rice borer (Lepidoptera: Crambidae): effects of silicon amendment and rice varietal resistance. Journal of Economic Entomology, 103(4): 1412-1419

Iwasaki K, Maier P, Fecht M, et al. 2002. Effects of silicon supply on apoplastic manganese concentrations in leaves and their relation to manganese tolerance in cowpea (*Vigna unguiculata* (L.) Walp.). Plant and Soil, 238(2): 281-288

Kidd P S, Llugany M, Poschenrieder C H, et al. 2001. The role of root exudates in aluminum resistance and silicon - induced amelioration of aluminum toxicity in three varieties of maize (*Zea mays* L.). Journal of Experimental Botany, 52(359): 1339-1352

Kvedaras O L, Keeping M G. 2007. Silicon impedes stalk penetration by the borer *Eldana saccharina* in sugarcane. Entomologia Experimentalis et Applicata, 125(1): 103-110

Matsui T, Omasa K, Horie T. 2001. The difference in sterility due to high temperatures during the flowering period among japonica-rice varieties. Plant Production Science, 4(2): 90-93

Seebold K W, Kucharek T A, Datnoff L E, et al. 2001. The influence of silicon on components of resistance to blast in susceptible, partially resistant, and resistant cultivars of rice. Phytopathology, 91(1): 63-69

Wang L, Cai K, Chen Y, et al. 2013. Silicon-mediated tomato resistance against *Ralstonia solanacearum* is associated with modification of soil microbial community structure and activity. Biological Trace Element Research, 152(2): 275-283

Yeo A R, Flowers S A, Rao G, et al. 1999. Silicon reduces sodium uptake in rice (*Oryza sativa* L.) in saline conditions and this is accounted for by a reduction in the transpirational bypass flow. Plant, Cell and Environment, 22(5): 559-565

附录 II　历届硅与农业国际大会介绍

硅与农业国际大会（The International Conference on Silicon in Agriculture，ICSA）是唯一关于 Si 在农业上的应用及研究进展的专门国际研讨会。该会议每隔三年召开一次，主题包括 Si 的土壤化学，植物对 Si 的吸收、运转，Si 与生物胁迫和非生物胁迫，Si 对作物生长和品质的影响，Si 的测试分析方法，等等，每次会议均出版论文集。此前 ICSA 已举办了七届国际大会，分别在美国佛罗里达（第一届，1999 年）、日本鹤冈（第二届，2002 年）、巴西乌贝兰迪亚（第三届，2005 年）、南非德班（第四届，2008 年）、中国北京（第五届，2011 年）、瑞典斯德哥尔摩（第六届，2014 年）、印度班加罗尔（第七届，2017 年）召开。第八届将于 2022 年在美国路易斯安那州的巴吞鲁日（Baton Rouge）举行。

在 2014 年瑞典斯德哥尔摩举行的“第六届硅与农业国际大会”期间，成立了“硅与农业国际学会”（The International Society for Silicon in Agriculture，ISSAG），由硅与农业的研究、生产、推广、管理人员组成。ISSAG 的使命是“基于 Si 对植物、土壤和环境的益处，推动、传播和促进硅在农业及相关领域的科学研究与推广应用”。学会网址：http://www.issag.org/home.html。

第一届硅与农业国际大会（The 1st International Conference on Silicon in Agriculture）

第一届硅与农业国际大会于 1999 年 9 月 27～29 日在美国的佛罗里达（Florida）召开，主题是“硅与植物健康和土壤生产”，会议组织者为当时在佛罗里达大学任职的 L. E. Datnoff 教授。来自世界上 19 个国家和地区的 90 名科学家、生产者、硅肥生产经营者参加了会议，会议涉及 20 个口头报告和 40 篇墙报论文。美国加州大学戴维斯（Davis）分校的 E. Epstein 教授作了“植物中的 Si——事实与概念”，日本 J. F. Ma 博士作了“Si 在作物中的有益作用”，英国 J. Raven 博士作了“Si 在植物细胞和组织中的运转”，加拿大 A. Sangster 博士作了“Si 在高等植物中的沉积”，荷兰 W. Voogt 博士作了“园艺作物无土栽培营养液中的 Si”，加拿大 R. B. Richard 博士作了“Si 在黄瓜病害防控中的作用方式”，美国 L. E. Datnoff 教授作了“利用 Si 来减少杀菌剂和增强植物病害抗性”等大会报告。

会议结束后由 Elsevier 出版社出版专著 *Silicon in Agriculture*（2001），这是第一本关于硅在农业上应用的专著。该书内容比较丰富，系统总结了硅在农业上的研究情况及世界各国的研究历史和概况。具体内容包括：①植物中的硅——概况与基础；②硅对作物的有益作用；③硅在细胞和组织水平上的运转；④硅的化学基础；⑤硅在高等植物中的沉积；⑥硅在无土栽培园艺作物中的应用；⑦硅对植物生长和作物产量的影响；⑧植物类型、硅浓度和硅的反应；⑨硅与双子叶植物病害的抗性；⑩硅在病害综合管理中的应用——减少杀菌剂的使用和提高植物的抗病性；⑪植物、土壤和肥料中硅的分析方法；⑫

农业生产中硅的来源；⑬硅与土壤物理和化学特性的关系；⑭硅在水稻和甘蔗综合管理的持续生产上的经济效益；⑮植物地下部硅的研究——过去、现在和未来；⑯南非甘蔗作物硅的研究——过去、现在和未来；⑰日本硅与稻瘟病抗性的研究综述；⑱巴西硅与病害抗性研究进展；⑲哥伦比亚硅肥对水稻病害发育和产量的影响；⑳加拿大植物硅的研究进展；㉑中国硅在农业上的应用；㉒韩国硅的研究进展。

第二届硅与农业国际大会（The 2nd international conference on Silicon in Agriculture）

第二届硅与农业国际大会于2002年8月22～26日在日本的鹤冈（Tsuruoka）召开，由当时还在香川大学任职的J. F. Ma博士等组织。分为Si与植物病害、土壤中的Si、植物中的Si、Si肥与作物生产、亚洲国家的Si研究等5个专题，包括30个口头报告和55篇墙报论文。美国E. Epstein教授作了“植物营养中的Si”，日本E. Takahashi教授作了“日本的Si研究概况”，英国M. Hodson博士作了“Si与植物的非生物胁迫”，日本J. F. Ma博士作了“水稻对Si的吸收特性”，美国L. E. Datnoff博士作了“Si在草坪草病害管理中的作用”等大会报告。

大会同时举行了两个卫星会议，包括在鹤冈进行的“农业与环境”公众开放演讲及在Shorai举行的“Shorai平原地区的稻田可持续生产系统”，水稻生产的主产区Shonai地区的许多农户也参加了后面这个卫星会议。会议召开之前由Elsevier出版了J. F. Ma博士和E. Takahashi主编的*Soil, Fertilizer, and Plant Silicon Research in Japan*（《日本土壤、肥料和植物的Si研究进展》），会后这两位学者编辑了本次会议的论文集“Proceedings of the 2nd Silicon in Agriculture Conference, Tsuruoka, Yamagata, Japan”。

第三届硅与农业上国际大会（The 3rd international conference on Silicon in Agriculture）

第三届硅与农业国际大会于2005年10月22～26日在巴西的Uberlandia（乌贝兰迪亚）召开，由乌贝兰迪亚联邦大学G. H. Korndorfer教授组织。会议分为4个专题，包括Si的一般特性、Si与病虫害防治、植物中的Si、Si的土壤和肥料化学。美国E. Epstein教授作了“农业生产中的Si——历史回顾”，英国M. Wainwright博士作了“Si和微生物学——概述”，中国梁永超教授作了“Si与植物的非生物胁迫”，日本J. F. Ma博士作了“水稻对Si的需求”，美国L. E. Datnoff博士作了“Si与病害管理”，澳大利亚S. Berthelsen博士作了“植物、土壤、肥料中Si的分析方法”等大会报告。

第四届硅与农业国际大会（The 4th international conference on Silicon in Agriculture）

第四届硅与农业国际大会于2008年10月26～31日在南非的德班（Durban）召开。由夸祖鲁·纳塔尔大学的M. D. Laing教授组织，会议专题包括Si的土壤化学、Si与植物胁迫、Si与病害管理、植物中的Si等。美国E. Epstein教授作了“Si对植物的多种作用”，巴西G. Korndorfer教授作了土壤、植物和肥料中有效Si的测定方法，中国梁永超教授作了“Si对高等植物生长及病害环境胁迫抗性的影响”，J. Meyer作了“南非糖业生产中土壤 Si 的供应潜力”，美国 L. E. Datnoff 博士作了“可溶性和不溶性 Si 对水稻稻瘟病抗性的影响”，加拿大的 R. R. Belanger 教授作了“通过转录组揭示 Si 对植物的有益作用”，南非的 M. D. Laing 教授作了“双子叶植物中的 Si”等大会报告。

大会正式开始之前组织委员会编辑了论文集。会议期间，日本的 J. F. Ma 教授、加拿大的 R. R. Belanger 教授和中国的梁永超教授获得国际“硅与农业研究突出贡献奖”，梁永超教授同时成功申请到第五届硅与农业国际大会在中国举办的主办权。

第五届硅与农业国际大会（The 5th international conference on Silicon in Agriculture）

第五届硅与农业国际大会于 2011 年 9 月 13～18 日在北京召开，承办单位为中国农业科学院，由梁永超教授组织。这是中国首次举办硅与农业国际大会，反映了中国在土壤和植物硅素营养科学研究及硅肥农业应用领域取得的重要成绩。来自世界上 28 个国家的 200 多名学者和代表参加了会议。会议主题是“Si 与农业的可持续发展”，并出版了会议专集。

会议期间，梁永超教授作了“硅在中国农业上的应用研究进展”，日本冈山大学的 J. F. Ma 教授作了“不同植物物种硅从根到穗的转运机制”、中国农业大学资源与环境学院的张福锁教授作了“植物生物学中硅异常性的本质”，美国路易斯安那州立大学植物病理与作物生理系主任 L. E. Datnoff 教授作了“硅与生物胁迫”的大会报告。会议分为 6 个专题，包括土壤中硅转化的化学与生物学机制及硅素丰缺诊断；土壤-植物-肥料中硅素检测、硅肥生产技术与标准；植物对硅吸收、转运和淀积的生理与分子机制；硅提高植物对生物胁迫抗性的机制；硅提高植物对非生物胁迫抗性的机制；硅素养分的综合管理等，包括 57 个口头报告和 28 篇墙报论文，详尽展示了硅与农业领域近 10 年来的最新进展与成果。会议期间，组织委员会还组织参会代表参观了天津宝坻硅肥试验示范区，代表目睹了施用硅肥显著促进水稻生长、较大幅度提高产量、明显提高抗病性的大田试验效果，进一步加深了它们对硅肥对水稻生产重要作用的认识。

第六届硅与农业国际大会（The 6th international conference on Silicon in Agriculture）

第六届硅与农业国际大会于2014年8月26～30日在瑞典的斯德哥尔摩（Stockholm）召开，来自世界 35 个国家和地区的 350 名代表参加，这是首次在欧洲举行的硅与农业国际大会，由瑞典斯德哥尔摩大学 G. Maria 博士和斯洛伐克布拉迪斯拉发夸美纽斯大学的 A. Lux 教授组织。会议包括 8 个专题，分别为：①土壤、植物和环境中硅的化学分析；②农业系统的 Si 循环和硅肥；③植物 Si 吸收和积累的分子及生理机制；④Si 对植物生长和发育的影响；⑤硅与非生物胁迫；⑥硅与生物胁迫；⑦基于人类和动物健康方面的硅对作物营养价值的影响；⑧硅肥产品。

英国剑桥大学 J. D. Powell 教授作了“粮食作物硅含量的健康价值”，法国艾克斯-马赛第三大学 C. Keller 教授作了“农业土壤中的硅：有效性是一个问题吗？”的大会报告。英国诺丁汉特伦特大学 C. Perry 教授作了“生物硅的分析方法及化学研究”，加拿大拉瓦尔大学 R. B. Richard 教授作了“硅对植物生物胁迫的影响”，日本冈山大学 J. F.

Ma 教授作了“硅转运蛋白及其在植物中的作用”，塞尔维亚贝尔格莱德大学 M. Nikolić 教授作了“硅在植物营养吸收和运输中的作用”的主旨嘉宾演讲。会议期间，A. Lux 教授获得“硅与农业研究突出贡献奖”。

第七届硅与农业国际大会（The 7th international conference on Silicon in Agriculture）

第七届硅与农业国际大会于 2017 年 10 月 24～28 日在印度班加罗尔召开，由班加罗尔农业科学大学 N. B. Prakash 教授组织，会议的主题是“持续农业的 Si 解决途径”。会议包括 7 个专题，分别为①农业中硅循环的生物地球化学；②土壤、植物和肥料中硅的化学与分析；③植物吸收和积累硅的机制；④硅在非生物胁迫中的抗性作用；⑤硅在生物胁迫中的抗性作用；⑥硅肥与植物生长性能；⑦硅对植物生长发育的影响。美国 T. S. Brenda 博士作了“研究植物和土壤中硅的动态有助于建立硅肥施用指南”，中国梁永超教授作了“Si 介导植物对非生物胁迫抗性的研究进展与展望”，加拿大 R. B. Richard 教授作了“硅增强植物病害抗性的研究进展”，美国 L. E. Datnoff 教授作了“为什么在温室和大田生产中没有将施用 Si 肥列为常规施肥措施？”等大会报告。

第八届硅与农业国际大会（The 8th international conference on Silicon in Agriculture）

第八届硅与农业国际大会将于 2022 年 5 月 23～26 日在美国路易斯安那州的新奥尔良召开。